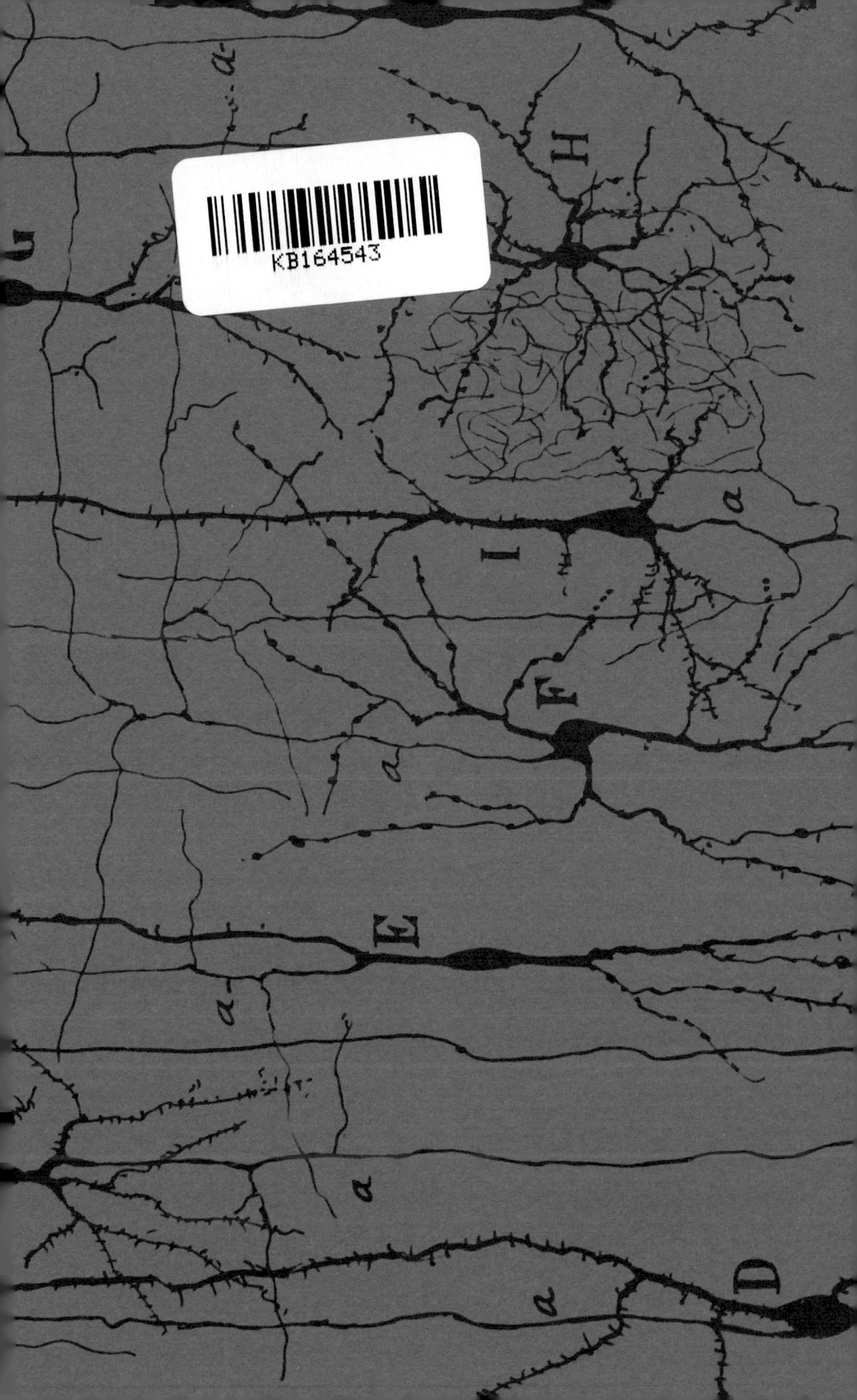
KB164543

THE IDEA OF THE BRAIN
*A History*

# 뇌 과학의 모든 역사

**THE IDEA OF THE BRAIN**
Copyright © Matthew Cobb, 2020
All rights reserved
Korean translation copyright 2021 by PRUNSOOP PUBLISHING CO.,LTD.
Korean translation rights arranged with Andrew Nurnberg Associates Ltd. through EYA (Eric Yang Agency)

이 책의 한국어판 저작권은 EYA (Eric Yang Agency)를 통해 Andrew Nurnberg Associates Ltd.와 독점계약한 (주)도서출판 푸른숲에 있습니다.
저작권법에 의하여 한국 내에서 보호를 받는 저작물이므로 무단전재 및 복제를 금합니다.

THE IDEA OF THE BRAIN
*A History*

# 뇌 과학의 모든 역사

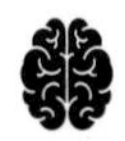

인간의 가장 깊은 비밀,
뇌를 이해하기 위한 눈부신 시도들

---

매튜 코브MATTHEW COBB 지음
이한나 옮김

시공사

나를 이 길로 나아갈 수 있게 해준

셰필드대학교 심리학과 교수 케빈 코널리(1937~2015)를 추억하며

## 추천의 말

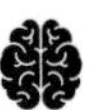

미국에서 며칠간의 신경과학 세미나를 마치고, 로스앤젤레스에서 한국으로 건너오는 비행기 안에서 이 책을 단숨에 읽었다. 태평양을 가로지르면서, 17세기부터 오늘날에 이르기까지, 생각과 마음의 기원을 탐색해온 뇌 과학 역사의 바다를 이 책을 통해 횡단하게 된 것이다.

무지막지하게 재미있는 이 책은 '뇌는 어떻게 생각을 만들어내는가?'라는 질문에 집요한 실험과 과감한 통찰로 해답을 제시해온 뛰어난 학자들을 소개하고, 수백 년간 우리가 뇌에 대해 알게 된 사실들을 시대순으로 정리한다. 최근 들어 뇌 과학 책들이 범람하면서도, 정작 뇌 과학의 역사를 제대로 다룬 책이 없었다는 점에서 이 책은 출판계나 학계 모두에 각별히 소중하다.

하지만 이 책이 그저 신경과학의 역사나, 뇌의 해부학, 혹은 신경생리학을 다루고 있지만은 않다. 이 책의 가장 큰 매력은 인류가 뇌를 이해하는 방식의 변천사를 통해 그동안 마음과 영혼의 문제를 어떻게 바라보고 해석해왔으며, 그것이 어떻게 다시 뇌 과학 연구에 영향을 미쳤는지를 문화사적 고찰을 통해 서술하고 있다는 점이다. 때로는 정교한 시계태엽 장치로, 때로는 전화교환수로, 그리고 오늘날 컴퓨터나 인공지능으로 끊임없이 비유되어온 '뇌'는 당대 가장 정교한 기계장치로 은유되면서 뇌 과학자들의 연구에도 막대한 영향을 미쳤다. 셰익스피어, 메리 셸리, 필립 K. 딕 등 당대 최고의 작가들에게 뇌는 한 치의 오차도 없이 맞물려 돌아가는 톱니바퀴 속에서 '생각을 잉태해내는 기계'로 비유되어 왔다. 하지만 기계란 모름지기 인간이 만든 것! 인간이 만들지 않은 뇌를 인간이 만든 것에 비유해온 역사는 뇌를 제대로 이해하는데 장해물이 되기도 했다.

이 책이 가진 또 하나의 묵직한 미덕은 지난 수백 년 동안 뇌의 구조와 기능을 이해하기 위해 신경과학자들이 개발해온 기발한 실험들을 흥미롭게 소개하고, 그 결과가 뇌에 대해 어떤 통찰을 주었는지 친절하게 서술해서 신경과학의 실험 현장에 놓여 있는 듯한 경험을 하게 해준다는 점이다. 인간이 자신들의 '뇌'로 '뇌'를 연구한다는 것에는 본질적인 한계가 있지만, 그 한계를 극복하려는 인류의 집단지성이 뇌의 실체를 어떻게 규명하려 애써왔는지를 이 책을 통해 알 수 있다.

이 책은 역사책이지만, 뇌 과학의 현재와 미래를 다룬 장들이 있다. 지난 70여 년 동안 뇌를 컴퓨터에 비유함으로써 뇌에 대한 우리의 지식이 얼마나 발달할 수 있었으며 동시에 교착 상태에 빠질 수밖에 없었는지 적나라하게 폭로한다. 향후, 뇌의 구조와 기능에 대한 근본원리, 즉 '대통합 이론'을 어떻게 만들 수 있을지, 저자의 과감한 주장을 들을 수도 있다.

어마무시하게 재미있는 뇌 과학의 역사책! 이 책 한 권으로 마음과 정신을 탐구해온 인류의 발자취를 함께 따라가 보시길 바란다. 뇌 과학의 역사가 바로 '나는 누구인가?'를 추적해온 인류의 역사이기도 하니까.

**정재승** 뇌 과학자, 《과학 콘서트》, 《열두 발자국》 저자 우리는 인공지능 시대에 살고 있다. 알파고의 등장 이후 특이점이 오리라는 사실을 부인하기보다는 오히려 자율주행 자동차와 로봇 노동자의 도래를 기대하게 되었다. 이 모든 것이 인공지능 발전의 산물일까? 이 책을 읽기 전에는 그런 줄 알았다. 하지만 이 책은 그게 '아니다'라고 분명하게 말한다. 우리는 뇌의 작동 방식을 수압식 기계나 전화교환국, 컴퓨터 그리고 클라우딩 컴퓨팅에 빗대어 생각했다. 저자는 그 이유를 우리가 아직 뇌의 작동 방식을 이해하지 못하기 때문이라고 설명한다.

《뇌 과학의 모든 역사》는 과학사 저술답게 선사시대에서 21세기에 이르는 방대한 연구를 종합하는 동시에 그 한계를 조목조목 짚으면서 뇌 과학이 나아가야 할 방향을 명확히 제시한다. 많은 사람들에게 불편할 내용이다. 이 책은 서가에서 뇌 과학 책들을 치워야하는 게 아닌지 고민하게 한다.

**이정모** 국립과천과학관장, 《저도 과학은 어렵습니다만》 저자

뇌를 이해하기 위한 우리의 여정을 풀어낸 이 매력적인 역사책은 꼼꼼하게 조사한 내용들과 흥미로운 생각들로 가득하다. 코브는 한결같은 회의론자이지만 마음 탐구라는 캄캄한 길을 헤쳐 나가는 와중에 기분 전환이 될 만한 수많은 이야깃거리들을 건네며 그 막막함에 공감해주는 안내자이기도 하다. 이 책을 읽는다고 뇌를 더 잘 이해하게 되지는 않을지 몰라도 뇌의 사고력 자체는 한결 풍부해질 것이다.

**가이아 빈스**Gaia Vince 《초월》 저자

날카로운 근거를 바탕으로 스릴 넘치게 쓰인 이 책은 가장 깊은 내면의 자신을 이해하기 위한 방대한 규모의 고차원적 탐구를 일목요연하게 보여준다. 이 책에서 다루는 내용의 폭과 규모는 감탄을 자아내며 뇌 자체는 물론 과학과 인류에 깊은 경이감을 느끼게 한다. 그야말로 성찬이다.

**대니얼 M. 데이비스**Daniel M. Davis 맨체스터대학교 면역학 교수, 《뷰티풀 큐어》 저자

정말 훌륭한 작품이요, 즐거운 읽을거리다. 내 평생 뇌에 관해 읽은 책 중 단연 최고다.

**리처드 C. 앳킨슨**Richard C. Atkinson 심리학자, 캘리포니아대학교 명예총장

뇌가 어떻게 그 기능을 수행하는지 알아내려는 인간의 노력으로 쌓아올린 장대한 역사를 날카롭게 고찰했다. 시야의 폭과 범위, 통찰이 가히 감탄할 만하다.

**마이클 가자니가**Michael S. Gazzaniga 뇌 과학자, 《뇌로부터의 자유》 저자

내용이 풍부하고 독자 스스로 생각해볼 계기를 마련해주는 이 책은 나도 딱 이렇게 쓸 수 있다면 얼마나 좋을까 싶은 책으로 오래도록 여운이 남을 것 같다. 미래의 뇌 연구를 위한 중요한 한 걸음이다.

**마리나 피치오토**Marina Picciotto 예일대학교 정신의학과 교수,
〈저널 오브 뉴로사이언스The Journal of Neuroscience〉 편집장

이 책은 뇌와 뇌의 기능, 그리고 뇌와 마음과의 관계가 무엇인지 고찰하는 데 다양한 방법이 있음을 알려준다. 코브의 박식함과 흡입력 있는 문체 덕에 독자들을 어느새 우연한 발견과 논란, 무너진 가설들로 가득한 흥미진진한 여정에 함께하게 된다.

〈사이언스Science〉

아주 훌륭한 책. 고대부터 현재까지 뇌를 대하는 관점의 변천사를 야심차게 담아낸 지적인 역사서. 엄선된 사례들과 더불어 변화의 배경이 된 사회적 요인들을 명료하게 설명하여 이렇듯 누구나 이해하기 쉬운 글로 풀어냈다는 점에서 중요한 의의를 지닌다.

**스티븐 캐스퍼**Stephen Casper 클라크슨대학교 역사학 교수, 〈네이처Nature〉

뇌가 컴퓨터와 같다는 발상은 그저 오래 전부터 쓰였던 비유법의 최신 버전에 불과하며 시간이 갈수록 더는 참신할 것도 없는 개념이다. 동물학자 매튜 코브의 다채롭고 흥미로운 책은 그렇게 주장한다.

**스티븐 풀**Steven Poole 《리씽크Re think, 오래된 생각의 귀환》 저자

세상에서 가장 복잡한 대상에 관한 이야기를 이토록 명료하고 통찰력 있게, 그러면서도 재치 있게 풀어낸 책은 없었다. 미래의 발견을 위한 길까지 제시해준 이 책은 그야말로 걸작이다.

**애덤 러더포드**Adam Rutherford 《사피엔스 DNA 역사》 저자

매튜 코브는 연구자들이 어쩔 수 없이 인간의 뇌와 당시 널리 쓰이던 기계를 비교하다 보니 제한적일 수밖에 없었던 관점으로나마 기억과 의식, 자유의지라는 난해한 문제들을 풀기 위해 분투하던 다사다난했던 뇌 연구의 역사를 이해하기 쉽게 풀어냈다. 역사서로서 학식이 깊지만 흡입력 있고 생생한 문체로 쓰인 이 책은 우리 자신의 뇌를 이해하기 위해 반복된 노력을 낙관적인 시선으로 바라보면서도 한편으로는 과학에서 가장 중요한 말은 '우리는 모른다'라는 점을 다시금 떠올리게 한다.

**제리 코인**Jerry A. Coyne 진화생물학자

마음을 둘러싼 수수께끼는 오래 전부터 거창하게 떠벌리기 좋아하던 사람들이 즐겨 삼던 주제였다. 《뇌 과학의 모든 역사》는 그처럼 마음만 앞선 이들에게 있어 신경과학이란 여전히 정글짐과 같은 존재임을 여실히 보여준다. 이 책은 이제 막 꿈을 키워가는 젊은 학자 및 학계의 전통이나 핵심 연구 문제들에 관심이 있는 학생에게 좋은 출발점이 될 것이다. 아울러 여기에 담긴 박식함에는 가볍게 향수에 젖어 볼까 했던 무뚝뚝한 기성 전기생리학자들도 충분히 만족할 것이다. 매튜 코브

는 여러 연구 문제들이 명확하게 드러났지만 이를 해결하기 위한 분투는 막 시작되었던 시기를 잘 짜인 틀에 절묘하게 담아냈다.

**〈커런트 바이올로지**Current Biology〉

뇌에 관한 지식의 발전과 그를 가능케 한 비범한 사람들을 학구적이면서도 놀라우리만치 재미있게 소개한다.

**크리스 프리스**Chris Frith **신경심리학자**

---

뇌가 정말 기계라면 일반적으로 다른 기계들의 작동 기법을 알아내려고 할 때 사용하는 방법 이외의 방식으로 작동 기법을 알아내기를 바라서는 안 된다. 따라서 다른 모든 기계를 대할 때와 같은 방식만이 남게 된다. 즉 전체를 조각조각 분해해서 이들 각각이 어떤 일을 하는지 보고, 하나로 합쳐졌을 때는 또 어떤 일을 할 수 있는지 따져보아야 한다.

니콜라우스 스테노Nicolaus Steno, 《뇌에 관하여On the Brain》, 1669

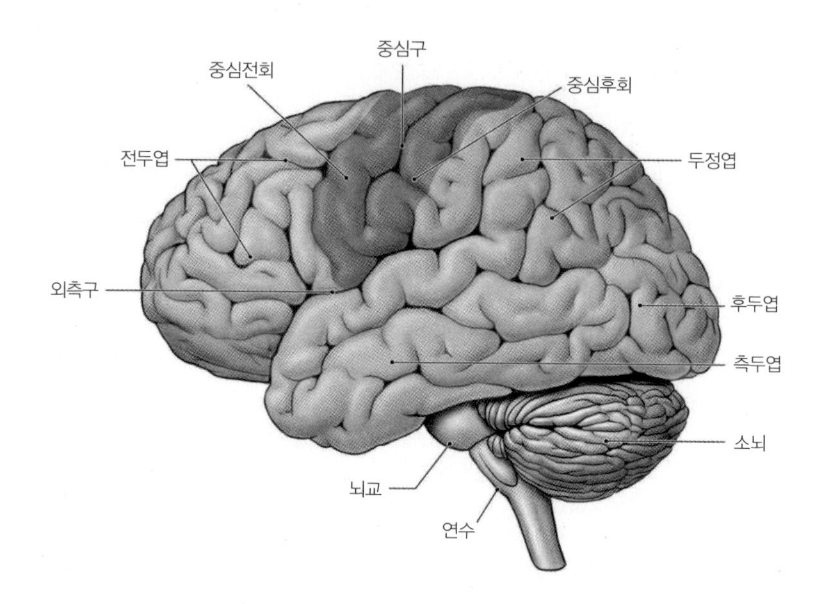


**그림 1** 인간 뇌의 기본 영역들.

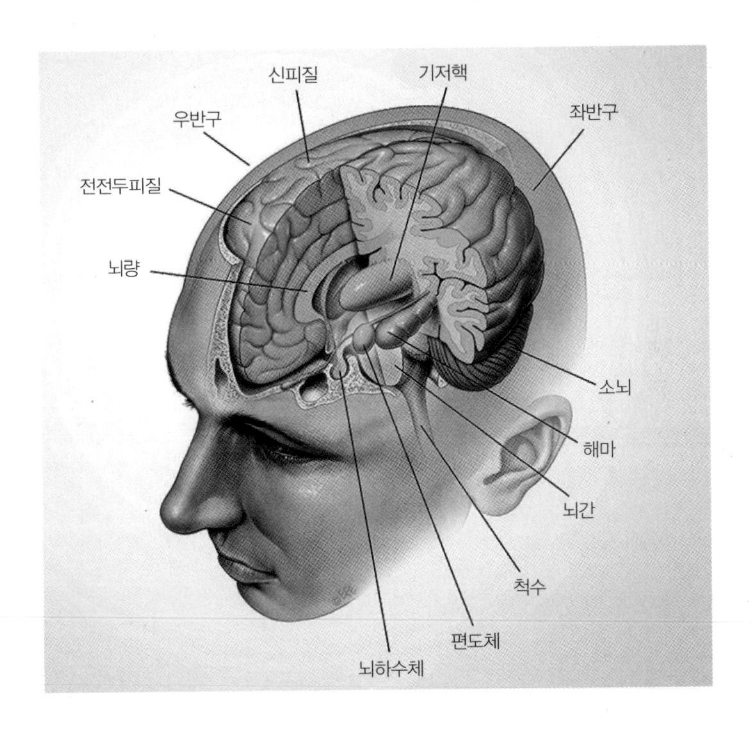


**그림 2** 뇌 입체 해부도.

**일러두기**

- 본문의 각주 중 ◆는 지은이 주, ●는 옮긴이 주입니다. 후주는 숫자로 표기했습니다.
- 단행본은 《》로, 잡지, 신문, 논문, 영화는 〈 〉로 묶었습니다.

# 들어가는 말

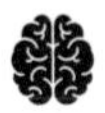

1665년, 덴마크의 해부학자 니콜라우스 스테노가 파리의 남쪽 변두리 지역 이시Issy에서 개최된 소규모 사상가 모임에서 강연을 했다. 이 비공식적인 모임이 바로 프랑스과학아카데미의 시초이자 현대적인 뇌 연구법이 처음으로 제시된 순간이다. 스테노는 이 강연에서 만약 우리가 진정으로 뇌가 어떤 기능을 어떻게 수행하는지를 알고자 한다면 단순히 뇌의 구성 요소들을 개별적으로 설명하는 데 그칠 것이 아니라 뇌를 하나의 기계로 바라보며 그 작동 원리를 파악하겠다는 목적의식을 가지고 각 영역을 뜯어보아야 한다고 열변을 토했다.

이는 혁명적인 개념이었고, 이후 350년이 넘도록 학계는 스테노가 제시한 바를 따르고 있다. 죽은 자의 뇌를 유심히 살피고, 살아 있는 뇌의 일부를 제거하며, 신경세포(뉴런)의 전기적 활동을 기록하고, 특히 최근에는 신경 기능에 인위적인 변화를 가한 뒤 그로 인해 발생하는 믿기 힘들 정도로 놀라운 결과를 관찰하기도 한다. 대부분의 신경과학자들이 스테노의 이름을 모른다고 할지라도, 그의 통찰은 수백 년간 뇌 과학을 지배해왔으며, 뇌라는 가장 특별한 신체 기관을 이해하는 데 눈부신 진전을 이루는 밑바탕이 되었다.

이제 우리는 실험 쥐에게 생전 맡아본 적 없는 냄새를 기억하게 만들 수도 있고, 쥐가 가진 나쁜 기억을 좋은 기억으로 바꿀 수도 있으며, 심지어 순간적으로 뇌에 강한 전류를 흘려보내 사람들이 타인의 얼굴을 지각하는 방식을 바꿀 수도 있다. 인간과 동물들의 뇌 기능 지도functional map•는 점점 더 세밀하고 복잡해지고 있다. 일부 종들의 경우 마음만 먹으면 뇌의 구조 자체를 바꾸어 행동을 변화시킬 수도 있다. 뇌에 관한 지식이 쌓이면서 얻게 된 가장 놀라운 결과물로는 사지가 마비된 사람이 생각하는 대로 로봇 팔을 조종할 수 있게 되었다는 점을 꼽을 수 있다.

그러나 그것이 이제 우리에게 불가능이란 없다는 뜻은 아니다. 적어도 지금 시점에서 우리는 인간의 뇌에 인위적으로 정밀한 감각경험을 만들어낼 수 없다(환각성 약물이 존재하지 않는 감각경험을 만들어내기는 하지만 어떤 감각경험을 만들 것인지까지 우리가 통제하지는 못한다). 쥐를 대상으로 한 실험만 놓고 보면 마치 우리가 이 같은 일을 해내는 데 반드시 필요한 정교한 통제력을 이미 갖추고 있는 것 같지만 말이다. 가령 최근 두 개의 연구팀이 실험 쥐들에게 줄무늬를 보면 물병을 핥도록 훈련시키고 이때 쥐들의 뇌 시각 중추에 속하는 소수의 세포들이 주어진 시각 정보에 어떻게 반응하는지 기록했다. 그러고 난 뒤 복잡한 광유전학 기술을 활용하여 줄무늬를 볼 때의 신경 활동 패턴을 해당 뇌세포에 인위적으로 재현했다. 그러자 완전한 어둠 속에서도 쥐들은 꼭 눈앞에서 줄무늬를 본 것처럼 반응했다. 이러한 결과는 특정한 신경 활동 패턴을 재현하는 것과 실제 눈으로 시각 자

• 뇌의 각 영역별로 어떠한 기능을 수행하는지 시각적으로 나타내는 자료.

극을 보는 경험이 쥐에게 동일한 것이라는 사실을 보여준다. 이를 더욱 명확히 알기 위해서는 앞으로 더욱 정교한 실험 설계가 나와야 하겠지만, 머지 않아 우리는 신경망의 활동 패턴이 어떻게 지각이라는 경험을 창조해내는지 이해할 수 있을 것이다.

이 책은 지금은 잊힌 이들을 포함하여 뛰어난 천재들이 어떠한 과정을 거쳐 뇌가 생각을 만들어내는 기관이라는 사실을 규명하고 본격적으로 뇌의 기능을 증명하기 시작했는지, 그 수백 년간의 발견에 관한 이야기다. 더불어 뇌가 무엇을 하는지 알아내기 위해 노력하며 발견한 굉장한 사실들과 이 같은 통찰을 이끌어낸 기발한 실험들을 소개한다.

하지만 이렇듯 놀라운 진보를 소개하는 이야기에는 뇌가 어떻게 기능하는지 설명하는 수많은 책이 대부분 간과하고 있는 치명적인 함정이 있다. 이토록 탄탄한 지식을 쌓았음에도 우리가 수십억은 고사하고 단 수십 개 뉴런 간의 상호작용 수준에서조차 뇌의 활동을 일으키는 기제를 명확하게 파악하지 못했다는 점이다.

물론 대략적으로야 어떠한 과정을 거치는지 알고 있다. 뇌는 선천적·후천적으로 생겨난 신경망을 활용하여 자극들을 표상represent[••]함으로써 세상과 상호작용하고 뇌 이외의 다른 신체 부위와 신호를 주고받는다. 뇌는 적절한 반응을 준비하기 위해 주어진 자극들이 앞으로 어떻게 변화할지 예측하고, 우리 몸이 반응을 행동으로 옮길 수 있도록 대비한다. 이 모든 일은 뉴런 및 뉴런들 간의 복잡한 상호연결, 더불어 수많은 화학적 신호들을 통해 이루어진다. 우리의 뿌리 깊은 정서에 반하기는 하지만, 우리 머릿속에 이 모든 활동을 지켜보는 영혼 따위는 존재하지 않는다. 그저 뉴런과 뉴런의 연결 그리고 그 연결망을 타고 흐르는 화학물질들만이 있을 뿐이다.

•• 일정한 도식 체계에 따라 구체적인 형태로 지각하는 과정.

그러나 뇌에서 어떤 일이 벌어지는지를 신경망과 이것을 구성하는 세포들 수준에서 논하거나, 특정 신경망의 활동에 변화가 생겼을 때 어떠한 결과가 발생할 것인지 예측하는 데 있어서 우리는 여전히 초기 단계에서 있다. 쥐의 정밀한 신경 활동 패턴을 그대로 복제하여 인위적으로 시지각 경험을 일으키는 것은 가능하지만, 왜 그리고 어떻게 시지각 경험이 그 같은 패턴의 신경 활동을 만들어내는지는 제대로 이해하지 못하는 것이다.

어째서 이토록 눈부신 진전을 이루었으면서도 여전히 우리 머릿속에 있는 놀라운 기관에 관해서는 겉핥기 정도로밖에 깨치지 못하고 있는지를 설명할 핵심적인 단서는 뇌를 하나의 기계로 바라봐야 한다는 스테노의 주장에서 찾아볼 수 있다. '기계'라는 단어가 지칭하는 대상은 지난 수백 년 동안 너무나도 다양하게 변화했는데, 그 각각이 지니는 의미는 뇌를 바라보는 시각에도 영향을 미쳤다. 이를테면 스테노의 시대에 존재하던 기계는 고작 수력이나 태엽에 기반한 것들이 전부였다. 뇌의 구조나 기능적 측면을 이해하기 위해 사용했던 기계에 대한 비유는 얼마 지나지 않아 한계가 있음이 밝혀졌고, 이제는 어느 누구도 뇌를 이런 방식으로 바라보지 않는다. 뇌의 신경들이 전기자극에 반응한다는 사실을 발견한 뒤, 19세기에는 뇌가 일종의 전신망과 같다고 여겼다. 이후 뉴런과 시냅스의 존재를 규명한 다음에는 뇌의 조직 체계와 그로부터 산출되는 결과물이 가변적이라는 점을 고려하여 전화 교환국과 유사하다고 생각했다(이 같은 비유는 여전히 논문에서 심심치 않게 마주할 수 있다).

1950년대를 기점으로 뇌를 대하는 우리의 인식은 계산, 정보, 부호, 피드백루프feedback loop 등 생물학계를 휩쓴 컴퓨터 기반 개념들의 지배를 받게 되었다. 그러나 지금껏 밝혀낸 뇌의 기능 중 상당수가 대체로 컴퓨터와 같은 연산 과정을 거친다고는 해도, 모든 세부적인 처리 과정까지 속속들이 파악한 기능은 극히 소수에 불과하며, 신경계가 어떻게 '계산'하는지를 설명하는 가장 뛰어나고 영향력 있었던 직관 중 일부는 이제 틀린 것으로 판명되었다. 무엇보다 컴퓨터와 뇌의 유사성을 처음 도출한 20세기 중반의 과학자들이 곧 깨달았듯, 뇌는 디지털이 아니다. 가장 단순한 동물의 뇌조차도 지금까지 우리가 개발했거나 앞으로 개발할 컴퓨터와는 다르다. 그럼에도 뇌는 시계보다는 컴퓨터와 더 비슷하다고 볼 수 있으며, 우리는 컴퓨터와 뇌의 유사성을 생각해봄으로써 우리의 머리와 다른 동물들의 머릿속에서 무슨 일이 벌어지고 있는지에 관해 통찰을 얻을 수 있다.

이렇듯 우리가 그동안 뇌가 어떤 기계와 닮았다고 상상했는지를 되짚어보면 아직 뇌를 완전히 이해하지 못했다고 하더라도 과거에 비해서는 뇌에 대한 개념이 훨씬 풍부해졌음을 분명히 알 수 있다. 이는 우리가 발견한 놀라운 사실뿐만 아니라 그 사실들을 어떻게 해석하느냐에 따른 결과이다.

이 같은 변화는 한 가지 중요한 점을 시사한다. 지난 수백 년 동안 층층이 쌓인 각각의 기계에 대한 비유가 우리의 지식에 저마다 기여를 했고, 그 덕분에 새로운 실험을 수행하고 과거의 연구 결과들을 재해석할 수 있었다. 하지만 한편으로 이러한 비유에 너무 매달려 있었던 탓에 우리는 우리가 사고하는 방식과 대상을 스스로 제한하고 말았다. 우리가 그동안 뇌를 입력값에 반응하고 데이터를 처리하는 컴퓨터와 같다고 여김으로써 뇌가 세상에 직접 개입하고 그에 따라 구조와 기능을 진화시켜온 능동적인 기관이라는 사실을 망각하고 있었다는 점을 깨닫는 과학자들이 많아지고 있다. 우리는 뇌 활동의 가장 핵심이 되는 부분을 놓치고 있었다. 우리가 사용하는 비유가 언제나 우리에게 도움이 되는 방향으로 개념을 형성해주는 것은 아니라는 뜻이다.

기술과 뇌 과학 사이의 연결성은 훗날 전혀 예상치 못한 새로운 기술이 개발된다면 뇌에 대한 우리의 개념 또한 다시금 바뀔 수 있다는 점을 시사한다. 그렇게 새로운 통찰이 생겨나면 우리는 지금 확실하다고 믿고 있는 사실들을 재해석하고, 몇몇 잘못된 가정들을 폐기하고, 새로운 이론과 생각들을 발전시킬 것이다. 자신이 던지는 질문이나 고안해낸 실험 설계가 기술적 비유에 의해 틀에 갇히고 제한되었다는 사실을 깨닫고 나면, 과학자들은 미래에 대한 기대감에 부풀어 차세대 혁신은 무엇이 될 것이며 이를 자신의 연구에 어떻게 적용할 수 있을지 궁리하게 된다. 만약 내가 이를 미리 살짝 알 수 있었다면 아마도 어마어마한 부자가 되었을 것이다.

## 우리는 뇌에 대해 얼마나 알고 있는가

이 책은 신경과학의 역사가 아니며, 뇌 해부학이나 생리학의 역사도, 의식에 관한 연구의 역사도, 심리학의 역사도 아니다. 이러한 내용을 일부 담고 있기는 하지만 내가 이야기하는 역사는 두 가지 측면에서 조금 특별하다.

첫째, 나는 뇌가 무슨 일을 어떻게 하는지를 둘러싼 과거부터 현재까지의 다양한 생각을 실험적 근거에 초점을 맞추어 이야기하고자 한다. 이는 개별적인 분과 학문의 역사를 들려주는 것과는 분명한 차이가 있다. 또한 '실험적 근거'는 이 책이 인간의 뇌만을 다루는 것이 아님을 의미한다. 포유류건 아니건, 다른 동물의 뇌도 인간의 머릿속에서 무슨 일이 벌어지고 있는지 이해하는 데 실마리를 제공했다.

뇌를 이해하는 방식의 변천사 속에는 계속해서 되풀이되는 주제와 논쟁거리들이 있는데, 그중 일부는 오늘날까지도 치열한 논쟁을 불러일으킨다. 뇌의 기능들이 얼마나 특정 영역에 국재화localized•되어 있는가를 둘

• 뇌 전반이 아닌 국지적인 영역에서만 특정 기능이 처리된다는 의미.

러싼 끊임없는 논란이 한 가지 예이다. 이러한 생각은 수천 년 전부터 시작되어, 오늘날에도 손의 감각을 느끼거나 문장의 구성을 이해하거나 스스로를 통제하는 능력을 담당하는 영역이 각기 정해져 있다는 주장이 반복적으로 제기된다. 그러나 담당 영역이라고 여겼던 곳 이외의 부분들도 해당 기능의 활동에 영향을 주거나 보조 역할을 한다는 사실과 더불어, 문제의 뇌 영역 또한 다른 기능에 관여한다는 사실이 밝혀지면서 이 같은 주장은 곧 애매해지고 말았다. 기능의 국재화 이론이 완전히 뒤집힌 것은 아니지만 본래의 개념보다는 훨씬 불분명해진 것이다. 그 이유는 간단하다. 뇌는 여느 기계와 달리 인간이 설계한 것이 아니기 때문이다. 뇌는 5억 년이 넘는 시간 동안 스스로 진화해온 기관이기에 사실상 우리가 만들어낸 기계들과 똑같이 기능하리라 예상할 근거가 없다. 따라서 뇌를 하나의 기계로 바라보아야 한다는 스테노의 생각이 지금껏 믿을 수 없을 정도로 많은 발전을 이루게 해주었다고는 해도 그러한 시각만으로는 뇌가 어떻게 기능하는지에 관해 모두가 만족할 완벽한 해설을 결코 내놓지 못할 것이다.

이 책 전반에 걸쳐 소개하는 뇌 과학과 기술의 상호작용을 보면 과학이 문화 속에 깊숙이 박혀 있어 떼려야 뗄 수 없는 존재라는 사실을 새삼 느끼게 된다. 그렇기에 과학적인 생각들이 어떻게 셰익스피어, 메리 셸리, 필립 K. 딕 같은 인물들의 작품에 파문을 일으켰는지도 이 책에 담았다. 문화사를 살펴보면 흥미롭게도 비유의 영향력이 양방향으로 드리울 수 있다는 사실을 알게 된다. 이를테면 19세기에 뇌와 신경계가 전신망과 같다고 여겨졌듯, 전선을 타고 흐르는 모스부호 메시지와 부호를 해독하는 이들이 그 메시지에 보이는 반응 또한 신경 활동과 같은 맥락으로 받아들여졌다. 마찬가지로 컴퓨터가 세상에 처음 등장하자 사람들은 컴퓨터를 뇌와 같다고 생각했다. 컴퓨터를 통해 우리의 뇌를 이해하기보다는 최초의 디지털 컴퓨터를 개발하려는 존 폰 노이만John von Neumann의 계획을 정당화하는 데

생물학에서의 발견들이 쓰이기도 했다.

이 책이 단순한 역사책이 아니라는 사실을 보여주는 두 번째 근거는 차례에서 찾아볼 수 있다. 이 책은 과거, 현재, 미래의 총 3부로 나뉘어 있다. 2부 '현재'에서는 지난 70여 년 동안 뇌를 컴퓨터에 비유하면서 뇌에 대한 우리의 지식이 어떻게 발달했는지를 다룬 뒤, 사실상 한편에서는 이제 우리가 뇌를 알아가는 일에서 교착 상태에 이르렀음을 느끼고 있다는 결론을 내린다.

이러한 결론은 얼핏 역설적으로 느껴질 수 있다. 아닌 게 아니라 우리는 아주 작은 동물에서부터 인간에 이르기까지 다양한 생물의 뇌 구조 및 기능에 관해 방대한 데이터를 쌓았다. 수만 명의 연구자가 막대한 시간과 에너지를 들여 뇌가 어떤 일을 하는지 알아내기 위해 노력하고 있으며, 놀라운 신기술의 도움으로 뇌의 활동을 정확히 묘사하고 뇌에 직접 조작을 가할 수도 있게 되었다. 또 하루가 멀다 하고 뇌의 작용 기제를 이해하는 데 실마리를 제공할 새로운 발견이 이루어졌다는 소식과 더불어 인류에게 위협일지 도움일지는 모르지만 종국에는 신기술이 인간의 마음을 읽거나 범죄자를 찾아내거나 심지어 인간의 마음을 컴퓨터에 업로드하는 것과 같은 다소 터무니없는 일까지 가능케 하리라는 이야기를 듣곤 한다.

하지만 이 모든 희망찬 분위기와는 반대로 지난 10여 년간 학술지와 책에 실린 글들은 일부 신경과학자들 사이에서 앞으로 나아가야 할 길이 명확하지 않다는 여론이 형성되고 있음을 보여준다. 단순히 더 많은 데이터를 모으거나 흥미진진한 최신식 실험법에 기대는 것과는 별개로 어디로 나아가야 할지 뚜렷한 방향이 보이지 않는다는 것이다. 그렇다고 모든 사람이 비관적이라는 뜻은 아니다. 일각에서는 새로운 수학적 기법들을 적용하면 인간의 뇌에 존재하는 무수한 상호연결을 이해할 수 있으리라고 자신 있게 주장한다. 동물 연구에 치중하자는 연구자들도 있다. 지렁이나 구더기의 조그마한 뇌에 주의를 집중하며 단순한 시스템의 원리를 먼저 이해하고 난 뒤 이로부터 얻은 지식을 보다 복잡한 사례에 적용하는, 기존의 잘 정립된 접근법을 취하자고 말이다. 다만 상당수의 신경과학자들이 이와 같은 문제를 고민한다고 한들, 뇌에 관한 모든 분과 학문을 아우르는 이른바 '대통합 이론'이 부재하기 때문에 점점 발전이 단편적이고 더디게 이루어지는 것은 당연하다고 치부된다.

문제는 두 가지다. 일단 뇌는 우리가 상상할 수 없을 만큼 복잡하다. 대부분의 학자들이 그동안 집중적으로 파고 들었던 인간의 뇌뿐만 아니라 그 어떤 동물의 뇌가 되었든, 뇌라는 것은 지금까지 세상에 알려진 모든 물체를 통틀어 가장 복잡한 존재이다. 천문학자 마틴 리즈Martin Rees는 별 한 개보다 곤충 한 마리가 더 난해하다고 말했으며, 찰스 다윈Charles Darwin에게는 매우 작은 크기임에도 그토록 다양한 행동을 가능케 하는 개미 한 마리의 뇌가 "세상에서 가장 경이로운 물질 중의 하나요, 어쩌면 인간의 뇌보다도 더욱 신비로운 것"이었다. 우리 앞에 놓인 도전의 규모는 이렇게나 어마어마하다.

여기에서 두 번째 문제가 발생한다. 전 세계 연구실에서 생산하는 뇌와 관련된 데이터가 쓰나미처럼 밀려오는데도 우리는 이 모든 것이 대체 무엇을 의미하는지 그리고 어떻게 활용해야 할지 갈피를 잡지 못하고 있다. 나는 이러한 상황들이 지난 반세기 동안 요긴하게 쓰였던 컴퓨터에 대한 비유가 한계에 다다랐음을 보여준다고 생각한다. 뇌가 전신 시스템과 유사하다는 19세기의 믿음이 결국 그 힘을 잃어버렸듯이 말이다. 몇몇 과학자들은 이제 대놓고 뇌와 신경계에 대한 가장 기본적인 비유들, 이를테면 신경망이 신경 부호를 통해 외부 세계를 표상한다는 개념 같은 것이 과연 얼마나 유용한가에 의문을 제기한다. 이는 뇌의 작용 기제에 관해 새로이 밝혀진 과학적 지식들이 우리가 마음속 가장 깊숙이 간직하고 있던 비유에 부합하지 않는다는 사실을 시사한다.

꼭 새로운 기술이 나오지 않더라도 뇌가 어떻게 정보를 처리하는지에 영감을 받아 개발된 인공지능과 뉴럴네트워크neuronal networks•에 관련된 컴퓨터 연산 기술이 발달하다 보면 역으로 우리가 뇌를 대하는 시각에 영향을 주어 컴퓨터에 대한 비유의 수명이 다시금 연장될지도 모른다. 어쩌면 말이다. 그러나 현대 컴퓨터과학에서 가장 선구적이고 영향력 있는 딥러닝을 이끌어가는 연구자들조차 자신들이 만든 프로그램이 어떻게 작동하는지 모른다고 해맑게 인정하고 있다. 나는 컴퓨팅 기술이 뇌가 어떻게 작용하는지를 깨우쳐주리라는 확신이 들지 않는다.

우리가 뇌에 대해 확실히 알지 못하고 있다는 점을 나타내는 가장 비극적인 지표는 바로 실제로 우리가 마주하고 있는 정신건강의 이해에 관한 문제다. 1950년대부터 과학과 의학계에서는 정신질환을 치료하기 위해 화학적 접근법을 도입했다. 그러나 약물을 개발하는 데 수십억 달러가 쓰였음에도 널리 처방되고 있는 약물 중 상당수는 어떻게 효과가 나타나는지, 심지어 정말 효과가 있기는 한 것인지 여전히 명확하지 않다. 주요 정신질환 문제에 대한 약물치료적 접근법도 별다른 성과가 보이지 않는다. 대부분의 대형 제약회사들도 비용과 위험부담이 너무 크다는 이유로 우울증이나 불안장애 같은 증상들을 치료하기 위한 신약 개발을 포기했다. 그럴 만도 하다. 가장 단순한 형태를 가진 동물의 뇌가 어떻게 기능하는지조차 제대로 이해하지 못하는 상황이라면 우리 머릿속에서 무엇인가 명백하게 이상한 일이 벌어진다고 해도 이에 효과적으로 대응하리라고 기대하기는 어렵기 때문이다.

• 동물의 생물학적인 뇌 신경 회로에 기반하여 정보를 복잡하게 연결된 망으로 나타내고 처리하여 궁극적으로 인간의 뇌 기능을 모방하려는 컴퓨터 프로그램 및 데이터 구조.

뇌의 뉴런 간의 수많은 연결을 도식화한, 이른바 커넥톰connectomes이라고 불리는 신경망 지도를 그리는 데 지금껏 엄청나게 많은 에너지와 자원이 소모되었다. 쉽게 말해 머릿속의 배선도를 그리는 작업이다. 포유류의 뇌는 너무나 복잡해서 세포 하나하나 수준의 세밀한 커넥톰을 그리는 일은 요원하지만, 그보다 낮은 해상도의 지도를 제작하는 일에는 어느 정도 진척이 있었다. 뇌의 각 부분이 어떻게 연결되어 있는지 이해하기 위해 이는 반드시 필요한 작업이지만 그렇다고 이 자체가 뇌가 무엇을 하는지 설명하는 모형을 만드는 일은 아니다. 여기에 소요되는 시간을 과소평가해서도 안 된다. 현재 연구자들은 구디기의 뇌에 존재하는 1만 개의 세포 모두를 포함하는 기능적 커넥톰을 그리고 있는데, 앞으로 50년 안에 이 각각의 세포들과 그 세포들 간의 상호연결이 하는 일을 완전히 이해할 수 있게 되는 것만도 기대 이상의 놀라운 성과일 것이다. 이 같은 관점에서 보면 구성하는 세포의 수가 수백억 개이고 마음이라는 신비로운 감각을 만들어내는 믿을 수 없는 기이한 능력을 갖춘 인간의 뇌를 제대로 이해하는 일은 도저히 실현 불가능한 꿈처럼 느껴진다. 하지만 과학은 이러한 목표를 이룰 수 있는 유일한 수단이며 결국은 이루어내고야 말 것이다.

과거에도 지금처럼 뇌 연구자들이 어떻게 나아가야 할지 불확실했던 시기가 여러 차례 있었다. 1870년대에는 전신 시스템에 대한 비유가 힘을 잃으며 뇌 과학계 전반에 회의감이 짙게 드리웠고, 이에 의식의 본질을 설명할 수 있는 날은 절대로 오지 않으리라 단정하는 연구자도 많았다. 그로부터 150년이 지난 지금까지도 우리는 여전히 의식이 어떻게 생겨나는지 알지 못하지만 과학자들은 그래도 전보다 자신 있게, 이것이 아무리 거대한 도전일지라도 언젠가는 그 비밀이 풀리리라 말할 수 있게 되었다.

과거의 사상가들이 뇌의 기능을 알아가는 과정에서 어떤 어려움을 겪었는지 이해하는 것 또한 우리가 목표를 이루기 위해 지금 반드시 해야 하는 기초 작업이다. 현재의 무지를 과거에 겪었던 패배의 흔적이 아니라 앞으로 무엇을 발견해야 하는지, 또 그 해답을 구하기 위한 연구 프로그램을 어떻게 개발할 것인지를 알려주는 도전의 대상으로 보아야 한다. 이것이 바로 미래에 관해 이야기하는 이 책의 마지막 부분이다. 일부 독자들은 3부의 글이 다소 도발적이라고 느낄 수도 있는데, 그것이 바로 내가 의도한 바이다. 나는 뇌란 무엇이며 뇌가 어떤 일을 어떻게 하는지 숙고해보고, 무엇보다 뇌에 비유할 만한 새로운 기술이 부재한 상황에서도 앞으로 어떻게 나아갈 수 있을지 생각하는 계기를 만들어보고자 했다. 이 또한 이 책이 단순한 역사책 이상인 이유이며, 결과적으로 과학에서 가장 중요한 말은 '우리는 모른다'라는 점을 강조하는 대목이다.

2019년 9월

맨체스터에서

# 차례

## 현재

## 미래

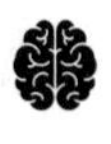

# 과거

*PAST*

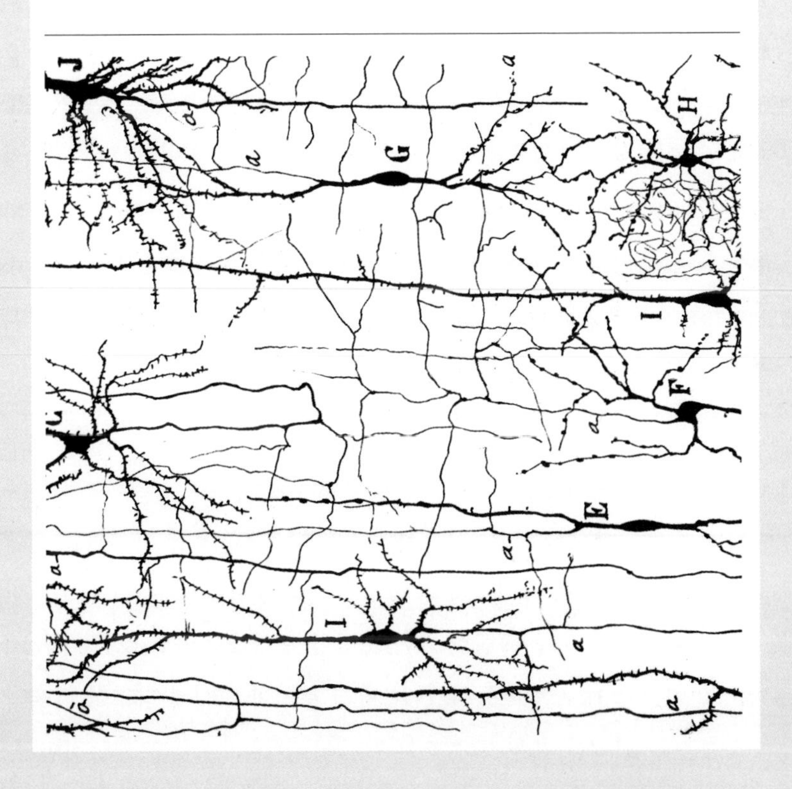

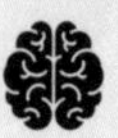

과학의 역사는 다른 종류의 역사와는 다르다고 할 수 있는데, 과학은 일반적으로 진행형이기 때문이다. 과학의 각 단계는 기존의 통찰을 통합하거나 폐기하거나 변형시킴으로써 형성된다. 이러한 특성 때문에 그 자체로는 결코 완성된 형태가 아니고 미래의 새로운 발견에 의해 한때 진리라고 여겼던 개념도 얼마든지 뒤집힐 수 있지만, 이는 이전보다 훨씬 더 정확한 이해를 낳는다. 이렇듯 근본적으로 진행형이라는 측면 때문에 과학자들은 과학의 역사를 위인(대부분의 경우 남성)들의 대행진이자 이들 각각이 옳았는지, 비난받거나 무시당했는지, 또는 틀렸는지를 평가하는 기록의 집약체라고 표현한다. 하지만 실제 과학의 역사는 눈부신 이론과 발견의 연속이 아니다. 우연한 사건과 실수 그리고 혼란이 가득할 뿐이다.

과거를 올바르게 이해하고, 오늘날의 이론과 체제들이 자리 잡게 된 배경을 자세히 설명하며, 나아가 내일은 어떤 생각들이 지배하게 될지 그려보기 위해서는 과거의 사상들이 그 당시에는 우리가 현재 이해하는 것들에 도달하기 위한 중간 과정이라고 여겨지지 않았다는 점을 기억해야 한다. 과거의 관념들은 아주 복잡한 데다 분명한 근거가 없었던 탓에 그 자체로 이미 완전한 상태로 받아들여졌다. 지금 보기에 시대에 뒤떨어진 생각일지라도 모두 한때는 선구적이고 가슴을 뛰게 하는 새로운 개념이었다. 과거의 괴상한 생각들을 우습다고 느낄 수는 있지만 깔보는 것은 절대 금물이다. 지금 우리에게 당연해 보이는 것은 모두 피나는 노력과 치열한 고뇌 덕분에 알아차리기조차 힘들었던 과거의 오류들이 바로잡힌 결과이기 때문이다.

과거에 사람들이 틀리거나 지금 기준에서는 도저히 믿을 수 없는 생각들을 받아들였다면 문제는 왜 그랬느냐를 이해하는 것이다. 대체로 지금 어떠한 접근법이나 개념에서 모호하고 불분명하다고 느끼는 요소를 보면 왜 그런 생각들이 받아들여졌는지를 알 수 있다. 어쩌면 결정적인 실험적 증거가 나타나기 전까지는 바로 이런 부정확한 이론들 덕분에 각기 다른 관점을 가진 과학자들이 공통된 틀 안에서 사고할 수 있었는지도 모른다.

절대로 과거의 생각들이나 사람들을 어리석다고 치부해서는 안 된다. 우리도 언젠가는 과거가 될 것이고, 우리 후손들이 보기에는 지금의 생각들도 놀랍고 우스울 것이다. 우리는 우리의 선조들이 그랬듯 그저 묵묵히 최선을 다할 뿐이다. 그리고 이전 세대와 마찬가지로 우리가 인식하는 과학적 개념들은 과학이라는 테두리 안에서 얻은 증거뿐만 아니라 그런 개념이 생겨나게 된 사회적, 기술적 맥락의 영향을 받는다. 우리의 이론과 해석이 틀리거나 부정확하다면 미래의 실험적 증거를 통해 입증될 것이며, 그렇게 우리는 한 걸음씩 나아갈 것이다. 이것이 바로 과학의 힘이다.

# 1

# 심장

## 선사시대에서 17세기까지

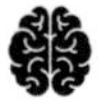

과학적으로 합의된 바에 따르면, 생각이란 우리가 이해할 수는 없지만 지금까지 알고 있는 세상의 모든 것을 통틀어 가장 복잡한 구조물을 이루고 있는 수십억 개의 세포들이 활동함으로써 생겨난다. 뇌 말이다. 놀랍게도 뇌에 대해 이렇게 주목하게 된 것은 비교적 최근의 일이다. 선사시대와 역사시대를 통틀어 사실상 우리가 알고 있는 모든 기록을 살펴보면 과거 대부분의 시간 동안 인간은 뇌가 아닌 심장을 생각과 감정의 근원이라 여겼다는 것을 알 수 있다. 이처럼 과학이 발달하기 전부터 오랜 세월 지속되었던 믿음이 가지는 힘은 우리가 일상 속에서 흔히 사용하는 언어에서도 엿볼 수 있다. 이를테면 '가슴 깊이 새기다', '가슴이 찢어지다', '가슴에서 우러나다'와 같은 관용구들이다(서로 다른 언어권에서도 유사한 사례를 찾아볼 수 있다). 이러한 표현들은 지금은 폐기 처분된 옛날 세계관이 담고 있던 정서적인 뉘앙스를 지니고 있다. 앞의 표현에서 '가슴'이라는 단어를 '뇌'로 바꾸면 어떤 느낌이 드는지 보라.

인류가 남긴 최초의 문학작품은 과거의 문화에서 이러한 개념이 얼마나 중요한 역할을 했는지를 잘 나타낸다. 4,000년 전 현재의 이라크 지역에서 쓰인 《길가메시 서사시》에는 정서와 감정이 명백히 심장에서 비롯되는 것으로 묘사되며 약 3,200년 전에 쓰인 인도의 성전 베다 찬가들을 엮은 리그베다에도 생각이 심장에서 생겨나는 것으로 그려진다.[1] 현재 대영박물관에 소장하고 있는 샤바카 돌은 고대 이집트에서 제작된 반짝이는 회색의 현무암 조각으로, 생각을 하는 데 있어서 심장이 차지하는 중요성에 초점을 맞춘 3,000년 전의 이집트 신화를 담은 상형문자로 뒤덮여 있다.[2] 구약성서는 샤바카 돌이 새겨졌을 때와 비슷한 시기에 유대인들 또한 심장이 인간과 하느님의 생각의 원천이라고 믿었다는 사실을 보여준다.[3]

심장 중심 관점은 아메리카 대륙에도 존재했는데, 중앙아메리카의 대제국 마야(서기 250년~900년)와 아즈텍(서기 1400년~1500년) 모두 정서와 생각의 발원으로 심장을 주목했다. 도시 문화가 광범위하게 발달하지 않았던 북아메리카와 그 밖의 중앙아메리카 지역 사람들이 품고 있던 믿음에서도 비슷한 통찰을 얻을 수 있다. 20세기 초, 민족지학자들은 지역 토착민들과 협력하여 그들의 전통과 신념을 문서화하는 작업을 했다. 이때의 기록이 유럽인 유입 이전에 존재했던 문화를 보편적으로 다루었다고 확신할 수는 없지만, 연구에 기여했던 토착민들은 대다수 '생명령life-soul'• 혹은 정서적인 차원의 의식 같은 것들이 심장과 숨결에 깃들어 있다고 여겼다. 이러한 시각은 그린란드부터 니카라과에 이르기까지 널리 퍼져 있었으며, 태평양 북서쪽에서 생활하던 코스트 샐리시족에 속하는 에스키모인부터 미국 애리조나주의 호피족까지 생태학적으로도 매우 다양한 사람들에

• 영혼 관념의 일종으로 영혼이 생명체가 살아 움직이게 하는 원동력이며 육체와의 분리는 곧 죽음을 의미한다는 생명의 기본 원리.

게 영향을 주었다.[4]

이 같은 관념은 20세기 초엽에 미국 뉴멕시코주를 여행했던 스위스의 정신분석학자 칼 융Carl Jung의 이야기와 놀라울 정도로 일치한다. 푸에블로족이 지대가 높은 타오스고원 위에 지은 어느 어도비 하우스•• 건물의 옥상에서 융은 타오스 푸에블로족의 장로 옥비에 비아노Ochwiay Biano와 대화를 나누었다. 비아노는 백인들이란 잔인하고 불안정하며 늘 안달복달하는 성미인 것 같아 도저히 이해할 수가 없다고 말했다. "전부 미친 사람들 같소." 이에 흥미를 느낀 융은 비아노에게 왜 그렇게 생각하느냐고 물었다.

> "그들은 자기네가 머리로 생각한다고 말하잖소." 그가 답했다.
>
> "그야 물론이지요. 그럼 어르신은 어디로 생각하십니까?" 내가 놀라서 물었다.
>
> "우리는 여기로 생각한다오." 그는 자신의 가슴을 가리키며 말했다.[5]

그러나 이처럼 널리 퍼져 있던 심장 중심 관점을 모든 문화권에서 공유했던 것은 아니다. 지구의 반대편, 오스트레일리아 원주민인 애보리진과 토러스해협 주민들이 품었던(그리고 지금도 품고 있는) 세계관의 핵심은 인간이 땅과 이어져 있다는 믿음으로, 마음과 영혼에 대한 관념 또한 여기에서 출발해 확장되었다. 생각의 근원을 신체 내에서 찾는다는 것은 그들의 세계관에 속하지 않는 개념이었다.[6] 이와 마찬가지로 의학과 해부학에 대한 중국의 전통적인 접근방식은 어느 기관이 어떤 기능을 관장하는지보다 일련의 힘이 어떻게 서로 상호작용하느냐에 주로 집중되어 있다. 그렇지만 막상 중국의 사상가들이 본격적으로 특정 신체 기관의 역할을 규명하고자

•• 흙벽돌로 지은 아메리카 전통 건축물.

나섰을 때는 이들 역시 심장이 핵심이라고 여겼다.[7] 기원전 7세기경 중국의 철학자 관중管仲이 집필한 《관자》에서는 심장이 오감을 비롯한 신체 모든 기능의 근본이라고 논하고 있다.

심장 중심 관점은 우리가 매일 일상적으로 경험하는 바와 일치한다. 우리의 감정이 변할 때마다 심박의 리듬이 변한다. 특히 분노, 성욕, 두려움처럼 강렬한 정서는 우리 내부의 장기 중 적어도 한 군데 이상에 집중되어 있으며, 마치 혈액을 타고(혹은 단순히 혈액 자체가 되어) 몸 전체에 흐르면서 우리의 사고방식을 변화시키는 듯하다. 바로 이 때문에 '심장이 내려앉다'처럼 심장과 관련된 오래된 관용구들이 지금까지 사라지지 않고 계속 쓰이는 것이다. 즉 우리가 우리 내면세계의 중요한 부분을 차지하는 경험을 해석하고 받아들이는 방식과 심장 중심 관점이 일치했기 때문이다. 마치 태양이 지구를 도는 것처럼 보이듯, 인간으로서 일상적으로 겪는 경험은 우리의 생각이 어디에서 비롯되었는지를 쉽게 설명해주었다. 바로 심장이라고. 이러한 해설이 충분히 말이 된다고 느껴졌기에 사람들은 이를 철석같이 믿었다.

*

심장이 내면세계의 중심이라는 관점이 보편적이긴 했지만, 일부 문화권에서는 뇌도 어떤 역할을 한다는 사실을 인지하고 있었다. 부상을 입은 환자의 사례를 통해서만 알아차릴 수 있었지만 말이다. 고대 이집트에서는 다수의 필경사들이 《에드윈 스미스 파피루스Edwin Smith Papyrus》라는 의학 문헌을 제작했다.[8] 이 필사본에는 뇌의 주름에 대한 간략한 설명과 더불어 한쪽 머리에 손상을 입으면 신체의 반대편에 마비가 일어날 수 있다는 사실이 담겨 있는데, 그럼에도 집필자들 역시 다른 고대 이집트인들과 마찬가지로 영혼과 심적 활동이 발생하는 곳은 심장이라고 믿었다.

기록상 우리의 전 지구적인 심장 중심 관점에 정식으로 최초의 도전장을 던진 곳은 고대 그리스였다. 기원전 600년에서 250년 사이, 약 350년 동안 그리스의 철학자들은 수많은 대상에 대해 현대 사람들이 세상을 바라보는 관점의 기틀을 마련했는데, 그중에는 뇌도 포함되었다. 초기의 그리스인들도 다른 사람들처럼 심장이 감정과 사고의 근원이라고 여겼다. 이러한 사실은 호메로스Homeros가 대략 기원전 12세기에서 8세기 사이에 엮은 것으로 추정되는 구전 서사시에서 찾아볼 수 있다. 최초로 기록된 철학자들의 견해도 마찬가지로 심장에 쏠려 있다.[9] 그러다 기원전 5세기에 이르렀을 때 철학자 알크메온Alcmaeon이 이러한 관점에 이견을 제시했다. 알크메온은 이탈리아의 '발'에 위치했던 그리스의 도시 크로톤에 살았으며, 이따금 의사이자 신경과학의 아버지로 묘사되기도 한다. 오늘날 우리가 그와 그의 업적에 대해 알고 있는 사실들은 전부 풍문으로 들은 것밖에 없지만 말이다. 그가 직접 남긴 기록은 현재 하나도 남아 있지 않다. 남아 있는 것이라고는 후대의 사상가들이 단편적으로 인용한 일부뿐이다.

알크메온은 감각에 관심이 있었고, 그에 따라 자연스레 핵심적인 감각기관들이 모여 있는 머리에 집중하게 되었다. 이후의 기록가들에 의하면, 알크메온은 눈과 그 밖의 감각기관들이 그가 좁은 관이라고 표현한 어떤 것들을 통해 뇌와 연결되어 있다는 사실을 보여주었다고 한다. 알크메온보다 300년 뒤에 살았던 아에티우스Aetius라는 인물의 증언에 따르면 알크메온은 "지식을 관장하는 기관은 뇌"라고 여겼다고 한다. 알크메온이 정확히 어떻게 이 같은 결론에 도달했는지는 확실치 않다. 후대의 저술가들은 그가 단순한 내성법introspection•이나 철학적 사색뿐만 아니라 직접적인

• 자신의 정신적, 심리적 상태나 기능을 스스로 관찰하여 보고한 자료를 분석하는 방법.

조사 연구에 근거했다고 전하지만 이에 대한 증거가 있는 것은 아니다. 어쩌면 안구(꼭 인간의 안구가 아니더라도)를 해부해보았거나, 동물의 머리를 요리하기 위해 손질하는 장면을 목격했거나, 아니면 그저 단순히 손가락으로 동물의 눈, 혀, 코가 두개골 내부에서 어떻게 서로 연결되어 있는지 확인했을 수도 있다.[10]

그러나 이러한 통찰에도 불구하고 뇌가 중심이라고 분명하게 주장하는 글이 최초로 기록된 것은 알크메온이 죽고 나서도 수십 년이 더 흐른 뒤였다. 바로 코스섬의 의학전문학교에서 제작된 문헌들로, 이곳 출신 중에서 가장 유명한 인물로는 히포크라테스Hippocrates가 있다. 코스 의학전문학교에서 생산된 연구물들의 상당수가 히포크라테스의 업적으로 여겨지는데, 사실 실제 저자가 누구인지는 알려져 있지 않다. 이때 자료들 중에서 가장 의의가 큰 문헌으로 꼽히는 것은 기원전 400년경 비전문가들을 대상으로 쓰인 〈신성병에 대하여On the Sacred Disease〉로 뇌전증을 다루고 있다(뇌전증이 어째서 종교적이고 신성한 병으로 여겨졌는지는 명확하지 않다).[11] 저자(들)의 주장은 다음과 같다.

> 우리가 겪는 즐거움, 유쾌함, 웃음, 재미는 비탄, 고통, 불안, 눈물과 마찬가지로 뇌에서 일어나는 일 그 이상도 이하도 아니라는 사실을 다들 깨달아야 한다. 뇌는 특히 우리가 생각하고 보고 듣는 것과 더불어 아름다움과 추함, 선과 악, 쾌와 불쾌를 구별할 수 있게 해주는 기관이다. (…) 광기와 섬망의 근원이자 주로 밤이면(심할 경우 이따금씩 낮에도) 우리를 덮쳐오는 공포와 두려움을 만들어내는 곳 또한 뇌이며, 불면증과 몽유병, 일어나지 않을 일에 대한 생각들, 자신의 본분과 도리에 대한 망각, 기행의 원인이 자리하는 곳이기도 하다.[12]

〈신성병에 대하여〉의 논거가 부분적으로 다소 미숙할지라도 이는 당시로써는 선구적이었던 해부학(저자(들)는 "다른 모든 동물과 마찬가지로 인간의 뇌는 두 개의 부분으로 구성되어 있으며 중앙의 얇은 막이 둘 사이를 가르고 있다"라고 서술했다)에 기반하고 있는데, 그럼에도 한편으로는 이해의 수준이 상당히 빈약했다는 사실을 알 수 있다. 이 문헌에서는 "인간이 입과 콧구멍을 통해 공기를 들이마실 때 숨이 가장 먼저 향하는 곳은 뇌"라며 혈관이 신체 곳곳으로 공기를 운반한다고 주장했다. 뇌전증은 점액이라고 불리는 체액•이 혈관 속에 침투하여 공기가 뇌에 도달하지 못하게 막기 때문에 발작이 일어난다는 개념으로 설명했다. 일각에서는 뇌전증이 뇌의 특정 영역에서 비롯될 수 있다는 사실을 도가 지나칠 정도로 심각하게 받아들였다. 기원전 150년경에 활동했던 그리스의 의사 아레타에우스Aretaeus the Cappadocian는 뇌전증을 치료하기 위해 두개골에 구멍을 뚫는 천두술을 시행하기도 했으며, 이는 18세기까지 유럽 의학계의 전통으로 이어져 내려왔다.[13] 아레타에우스가 이 수술법을 처음 개발한 것은 아니다. 의학적 중재법••을 처음으로 언급하는 자료들을 찾아보면 모두 두개골을 뚫거나 긁어내어 구멍을 내는 일이었고, 1만 년도 더 전부터 세계 곳곳에서 시행되었음을 알 수 있다.[14] 언뜻 선사시대의 천두술을 정신외과적 치료법의 초기 형태로 볼 수 있지 않을까 하는 생각이 들 수 있지만(천두술은 흔히 '악령'을 몰아내기 위한 수단으로 쓰였다고 한다) 생각의 근원이 심장이라는 관점이 전 세계를 지배했음을 떠올려본다면 그럴 가능성은 매우 낮다. 그보다는 지주

• 흔히 히포크라테스가 주장한 것으로 알려진 4체액설은 네 종류의 체액(혈액, 점액, 황담즙, 흑담즙)의 조화가 깨짐으로써 질병이 발생한다고 주장한다.

•• 환자의 상태에 의학적 진단을 내린 뒤 그에 따라 가하는 수술적 또는 기타 의학적 치료 방법. 의학적 중재법은 수술적 중재법의 상위개념으로 수술요법뿐 아니라 약물요법 등을 포함한다.

막하출혈의 고통을 완화하거나 머리에 부상을 입은 환자의 뼛조각을 제거하기 위해 이토록 위험한 수술을 했다는 의견이 더욱 신빙성 있다.

그러나 알크메온과 코스 의학전문학교의 주장에도 불구하고 뇌가 생각과 정서를 관장하는 기관이라는 증거가 전무한 상황에서는 심장이 이 모든 역할을 수행한다는 명백한 믿음을 제치고 뇌 중심 관점을 택할 이유가 없었다. 이로 인해 역사적으로 가장 영향력 있는 그리스의 철학자 아리스토텔레스Aristoteles 또한 우리가 생각하고 움직이는 데 뇌는 아무런 기여도 하지 않는다고 일축했다. 《동물 부분론Parts of Animals》에서 그는 다음과 같이 서술했다.

> 그리고 물론 뇌는 오감 중 어느 것에도 전혀 관여하지 않는다. 감각의 소재이자 원천은 심장이라고 보는 것이 정확하다. (…) 쾌락과 고통을 포함한 모든 감각은 명백히 심장에서 비롯된다.

생각의 근원이 심장에 있다는 아리스토텔레스의 주장은 움직임과 온기와 생각이 서로 연결되어 있듯• 누가 보더라도 너무나 자명한 이치를 바탕으로 세워진 것이었다. 아리스토텔레스는 심장은 우리가 감정을 느끼는 동시에 활동량이 변화하지만 뇌는 아무리 보아도 별로 하는 일이 없지 않느냐고 지적했다. 심장은 우리가 다양한 감각을 느끼기 위해 반드시 필요한 혈액의 원천인 반면 뇌는 자체적으로 혈액을 전혀 담고 있지 않다고도 주장했다. 나아가 그의 주장에 따르면 심장은 모든 대형 동물에게 있지만 뇌는 고등동물들만의 전유물이다. 마지막으로 차갑고 움직임이 없는 뇌와는 달

• 아리스토텔레스는 심장이 움직이면서 뿜어내는 온기가 생명의 원천이며 여기에서 비로소 영혼이 생겨난다고 믿었다.

리 온기가 있고 움직임이 있다는 사실이야말로 심장이 생명의 핵심 요소를 지니고 있는 증거라고 덧붙였다.[15] 뇌와 생각 사이의 연결성을 증명해줄 어떠한 실질적인 근거도 없었으므로 아리스토텔레스의 논리적인 주장은 당대 사람들에게 코스 의학전문학교에서 제작한 문헌들만큼이나 타당한 것으로 받아들여졌다. 뇌와 심장 중 무엇이 생각의 근원인지는 더 다툴 여지도 없었다. 지구 곳곳에서는 계속해서 전과 다를 바 없는 삶이 이어졌다. 대부분의 사람들에게 여전히 생각은 심장에서 비롯된 것이었다.

## 심장과 뇌 사이에서 고뇌한 고대 철학자들

아리스토텔레스가 사망한 뒤, 그리스 지배하에 있던 이집트의 나일 삼각지 서쪽 끝에 위치한 알렉산드리아에서 마침내 뇌가 어떤 역할을 하는지에 대한 통찰이 시작되었다. 격자형으로 설계된 거리에 지하 배수시설을 갖추고 다양한 문화적 배경을 지닌 사람들을 품었던 알렉산드리아는 그리스·로마 시대의 중요한 중심지 가운데 하나였다. 이렇듯 지적으로 풍족한 환경의 혜택을 누렸던 사람들 중에는 당대의 주요 해부학자로 손꼽히는 두 명의 그리스인, 헤로필로스Herophilos와 에라시스트라토스Erasistratos도 있었다.[16]

헤로필로스와 에라시스트라토스가 직접 남긴 문헌은 단 하나도 남아 있지 않지만 후대의 저술가들에 따르면 이 둘은 뇌의 구조에 관해 몇 가지 중대한 발견을 했다고 한다. 알렉산드리아에서 이처럼 급격한 발전이 이루어진 이유는 짧은 기간이지만 역사상 최초로 인체 해부가 허용되었기 때문이다. 이와 관련하여 사형선고를 받은 범죄자들이 매우 끔찍한 환경에서 생체해부를 당했다는 이야기 또한 전해진다. 어째서 유독 알렉산드리아에서만 해부가 허용되었는지는 정확히 알려지지 않지만 어쨌든 결과적으로 알렉산드리아의 의사들은 간과 눈, 순환계와 관련된 해부학적 지식을 눈부시게 발전시켰다. 심장이 일종의 펌프 역할을 한다는 사실을 발견한 것도 이 무렵이었다.

인체를 직접 해부하고 연구한 덕분에 헤로필로스와 에라시스트라토스는 뇌와 신경계에 관해 여러 가지 매우 중요한 발견을 할 수 있었다. 아마도 헤로필로스는 척수가 어디에서부터 시작되며 신경들이 어떻게 뻗어나가는지를 알아냈을 뿐 아니라 인간 뇌의 핵심적인 두 개 부위, 즉 피질(뇌의 거대한 두 덩어리)과 소뇌(뇌의 뒷부분에 붙어 있는 영역으로 그는 이곳이 지능을 담당한다고 믿었다)의 해부학적인 구조를 규명해낸 듯하다. 그는 또한 감각기관에 연결된 신경과 행동을 유도하는 운동신경을 구분했으며, 이를 통해 시신경은 내부가 텅 비어 있어 어떤 특별한 공기가 이 공간을 지나감으로써 우리가 감각을 느낄 수 있게 된다는, 이른바 감각 이론을 만들어냈다.[17] 에라시스트라토스는 이와는 명백히 다른 접근을 취했다. 수사슴이나 토끼의 뇌와 비교해볼 때 인간의 뇌는 수많은 주름에서부터 알 수 있듯 다른 동물의 뇌보다 훨씬 복잡하게 생겼으며 이로 인해 높은 지능을 가지게 되었다는 결론을 내렸다.

그러나 이토록 정확한 묘사에도 불구하고 헤로필로스와 에라시스트라토스의 업적은 생각과 감정의 근원이 뇌냐 아니면 심장이냐 하는 문제를 해결하지 못했다. 그저 뇌가 아주 복잡한 기관이라는 사실만을 보여주었을 뿐이다. 반면 아리스토텔레스가 주장한 심장 중심설은 물론 그의 위신 덕분이기도 하겠지만 무엇보다도 사람들이 일상 속에서 매일 경험하는 바와 일치했기에 어마어마한 영향력을 유지했다.

서구 문명 역사상 가장 큰 위업을 떨친 사상가 중 한 명이 뇌의 역할에 관한 확실한 증거를 발견한 것은 그로부터 다시 400년이 지난 뒤였다. 바로 갈레노스Galenos의 등장이다. 로마의 시민 갈레노스는 서기 129년, 현재는 터키 서부에 속하는 당시 페르가몬의 어느 부유한 가정에서 태어났다.[18] 오늘날 그는 주로 의학적 사안을 다룬 작가로 알려져 있지만(그가 제시한 관념들은 이후 1,500년 동안 서구 의학과 문화의 토대가 되었다) 사실 수많은 철학적 글귀와 시, 산문 등을 써낸 로마시대 후기의 주요 사상가였다.[19]

갈레노스는 알렉산드리아를 비롯한 동부 지중해 전반을 다니며 연구를 했지만 그의 인생에서 가장 중요한 시기는 로마에서 지냈던 때이다. 서기 162년, 그는 검투사들의 상처를 치료하고 인체에 관해 많은 지식을 쌓으며 페르가몬에서 4년을 보내고 32세에 로마에 입성했다. 그리고 곧 상류사회에서 인정받는 어엿한 의사로 마르쿠스 아우렐리우스Marcus Aurelius 황제를 비롯하여 도시의 유명 인사들을 방문하게 되었고 격론을 펼치기 좋아하는 뛰어난 해부학자로 명성을 얻었다. 자신이 발견한 바를 선보이기 위해 갈레노스는 새로운 지식을 말로 설명함과 동시에 동물실험을 통해 입증하는 '해설 강연'을 실시했다. 여기에 초청된 관객들은 갈레노스의 퍼포먼스를 직접 목격하고 그의 주장이 정당하다는 사실을 검증했는데, 갈레노스가 무엇인가를 이해하기 위해서는 경험만큼 중요한 것이 없다고 여겼기 때문이다. (뒤이어 소개되는 갈레노스의 연구 과정은 다소 불쾌할 수 있다. 비위가 약한 독자들은 다음 세 문단을 건너뛰기 바란다.)

갈레노스의 흥미를 끈 핵심 주제 중 하나는 뇌의 역할이 무엇이며 생각과 영혼이 머무르는 곳은 어디인가 하는 문제였다. 그는 뇌가 행동과 사고의 기본이 되는 기관이라고 확신했으며 동물실험을 통해 이를 증명할 수 있다고 믿었다. 이 모든 것은 마취제가 없던 때의 일이다. 갈레노스 역시 실험을 위해 동물에게 가하는 공포에 익숙하지 않았기에 얼굴 표정이 지나치게 드러나 실험에 방해가 되는 원숭이들은 실험에 이용하지 말라는 충고를 남기기도 했다. 갈레노스는 동물들에게 분노와 욕구에 관련된 영혼이 없다는 설에 반대했지만 고통에 대해서는 아무런 언급도 하지 않았다. 통증에

대한 묘사는 어디까지나 그의 연구에서 관심 영역 밖이었다.[20]

갈레노스의 가장 중요한 실험 중 하나는 목소리를 내는 데 신경이 어떠한 역할을 하는지에 초점을 맞춘 연구였다. 실험은 돼지를 대상으로 진행되었는데, 이유는 단순히 "목소리를 손상시키는 실험에서는 목청이 큰 동물을 이용하는 것이 제일 편리하기 때문"이었다.[21] 그는 실험의 희생양이 된 불쌍한 돼지를 뒤로 눕혀 결박하고는 입마개를 단단히 채운 뒤 돼지의 살을 갈라 목의 경동맥 양측을 지나는 반회 후두 신경들이 겉으로 드러나게 했다. 이 신경들을 실로 꽉 묶자 입마개를 뚫고 먹먹하게 울리던 울음소리가 멎었으며, 실을 느슨하게 풀자 목소리가 다시 돌아왔다. 울음소리가 후두에서 생성되었다는 사실 자체는 명백했지만 어쩐지 그 외에도 무엇인가가 뇌에서 신경을 타고 내려오는 듯 보였다.

이러한 통찰은 갈레노스가 여전히 심장 중심 관점을 고수하던 반대파들의 눈앞에서 직접 뇌의 중요성을 입증함으로써 더욱 힘을 얻었다. 갈레노스는 살아 있는 동물의 몸을 가른 뒤 반대파에게 이 동물의 심장을 움켜쥐고 더 이상 뛰지 않게 해보라고 시켰다. 그러자 불쌍한 실험동물은 심장이 멈춘 뒤에도 계속해서 가냘픈 울음소리를 흘렸는데, 이는 울음소리를 내는 데 심장의 움직임이 필수가 아니라는 사실을 명확히 보여주는 것이었다. 하지만 갈레노스가 실험동물의 두개골을 열고 사람들에게 뇌를 누르도록 하자 이번에는 곧바로 울음소리가 멎고 실험동물은 무의식 상태로 빠져들었다. 갈레노스에 의하면 뇌를 누르던 힘을 풀자 "실험동물은 의식을 되찾았고 다시금 움직일 수 있게 되었다." 이 같은 사실은 청중들에게 꽤나 큰 충격이었을 것이다. 역사학자 모드 글리슨Maud Gleason의 표현에 따르면 "갈레노스의 해부학 퍼포먼스는 점차 지적인 논쟁보다는 마술쇼에 가까워졌다"고 할 정도였으니 말이다.[22]

그 외에도 수많은 해부학적 묘사와 더불어 환자들을 비롯한 인간을 대상으로 수술적 중재법을 시행하여 획득한 증거들을 기반으로 갈레노스는 뇌가 생각의 중심이라는 사실을 확신하게 되었다. 그가 주장한 바에 따르면 뇌는 **프네우마**pneuma라는 특별한 공기를 생성하는데, 뇌를 다칠 경우 이 공기가 밖으로 새어나가기 때문에 무의식 상태에 빠지게 되며, 다시 내부에 충분한 양이 쌓이면 의식이 돌아오게 된다. 또한 육체의 움직임은 뇌에서 생성된 공기가 내부가 텅 빈 것으로 보이는 신경들을 타고 흐른 결과라고 말했다. 그의 해부학 연구 결과들은 대부분 인간이 아닌 동물을 대상으로 한 실험에서 도출되었지만 아리스토텔레스가 주장했던 바와 달리 신체의 모든 신경이 심장에서 뻗어 나온 것이 아니라 뇌와 연결되어 있다는 사실을 분명히 보여주었다.

그러나 갈레노스가 제시한 여러 증거에도 불구하고 아리스토텔레스와 같은 사상가들의 권위와 일상 속의 경험이 지니는 힘이 너무나도 강했던 탓에 로마에서조차 새로운 뇌 중심 관점이 기존의 관념을 몰아내지는 못했다. 갈레노스는 4백여 편의 논문을 쓰는 등 어마어마한 분량의 연구물을 남겼는데(그중 170편 이상이 지금까지 전해지고 있으며 의학과 자연과학의 모든 영역을 다루고 있다), 이후 로마제국이 쇠락의 길을 걷게 되면서 그의 연구를 더욱 발전시켜 후속 발견을 가능케 할 만한 지적 환경 또한 무너져버렸다. 단순히 생각이 어디에서 비롯되었는지 상상하는 것만으로는 결코 문제를 풀 수 없다. 갈레노스의 연구가 시사하듯 해부학 및 실험연구는 반드시 필요하다. 이는 다양한 견해를 서로 나누고 전달함으로써 지적으로 개방되어 있고, 과거의 성공과 실패에 대한 지식을 쌓는 분위기가 형성되어야만 가능하다. 하지만 그러한 연구 환경은 수백 년이 흐르도록 다시 조성되지 않았다.

*

로마와 그리스의 문화유산 중 상당수는 비잔티움(현재의 이스탄불)을 중심으로 한 동로마제국의 도서관들에 보관되었다. 7세기 이래로 이슬람의 발흥과 더불어 다양한 칼리프•들이 등장하면서 서쪽으로 프랑스, 북쪽으로 불가리아, 동쪽으로 투르크메니스탄과 아프가니스탄까지 넓은 지역에 걸쳐 하나의 문화권이 형성되었다. 이렇게 생겨난 이슬람 사회는 지식과 기술적인 능력에 높은 가치를 부여했다. 새로운 지배층과 통치 집단의 입맛에 맞추기 위해 다리와 운하를 건설했으며, 점성술이 발달했고 종이와 유리를 만들었다. 이 모든 일에는 오래된 지혜를 재발견하거나 새로운 지식을 발달시키는 과정이 필요했다.[23]

처음에는 바그다드를 중심으로 칼리프들과 부유한 상인들의 후원을 받아 페르시아나 비잔티움의 도서관들에 보관되어 있던 그리스어와 로마어로 쓰인 문헌들을 번역하는 물결이 일었다. 이들 문헌에 기록되어 있던 개념들은 얼마 지나지 않아 사상가들이 대수학, 천문학, 광학, 화학 등 완전히 새로운 영역에서 지식을 발달시킴에 따라 점차 확장되어 갔다. 하지만 의학과 해부학만은 번역된 문헌들에 묶여 그리스와 로마시대의 관점에 단단히 기반을 두고 있었다. 특히 아리스토텔레스와 히포크라테스 시절부터 존재했던 심장과 뇌의 역할에 관한 논쟁은 수십 년이 흐르고 나서까지 고스란히 이어졌다.

이 시기 가장 유명한 의사이자 철학자 중 한 명인 이븐 시나Ibn-Sīnā는 서구권에서는 아비센나Avicenna라는 이름으로 알려져 있다. 980년, 현재 우즈베키스탄에 속하는 지역에서 태어난 이븐 시나는 지금의 이란에서 생활

• 이슬람 교단의 지배자.

하며 수백 권의 책을 썼다. 그의 저술은 머나먼 인도에서 쓰였던 치료법과 진단 기준들은 물론 그리스와 아라비아의 사상까지 모두 아울렀는데, 12세기 들어 라틴어로 번역되고 나서는 500년 동안 서구 의학계에도 깊은 영향을 끼쳤다. 이븐 시나는 신경이 뇌 또는 척수에서부터 시작한다는 갈레노스의 주장을 받아들이기는 했지만 아리스토텔레스와 마찬가지로 육체의 모든 움직임과 감각의 원천은 심장이라는 견해를 고집했다.[24] 이 같은 관점은 지성의 근원으로 주로 심장을 언급하며 성경과 마찬가지로 뇌에 관해서는 일언반구도 없는 코란과도 일치했다.

이 시기 갈레노스의 사상이 퍼져나간 또 다른 경로는 10세기에 활동했던 의사 마주시 알리 이븐 알 압바스Alī ibn al-ʻAbbās al-Majūsī의 저술을 통해서였다. 서구권에서는 할리 압바스Haly Abbas라는 이름으로 알려진 그는 한 역사학자의 묘사에 따르면 "아랍 이름을 사용하고 코란어로 글을 쓰는 페르시아인이자 그리스의 전통을 받아들인 조로아스터교•• 신도이며, 사후 1세기도 지나지 않아 서구 라틴 사회에 자신의 사상을 퍼뜨린 이슬람권 출신의 사상가"였다. 당시에 국가와 종교를 뛰어넘어 사상 교류가 범세계적으로 얼마나 풍부하게 이루어졌는지 강조하기 위해 첨언하자면 차후 그의 저술은 이슬람교도로서 북아프리카에서 망명한 전적이 있는 이탈리아의 어느 기독교 수도사에 의해 라틴어로 번역되기도 했다.[25]

마주시는 갈레노스의 글 중에서 특히 뇌의 구조와 역할에 대해 서술한 문헌들을 번역했는데, 다음과 같은 내용이 핵심 주제였다. "뇌는 정신활동을 하는 개체에게 가장 주요한 기관이다. 뇌 내부에는 기억, 추론, 지능이 자리하고 있으며 뇌를 통해 힘, 감각, 수의운동 능력이 신체 곳곳에 배분된다."[26]

•• 고대 페르시아의 종교.

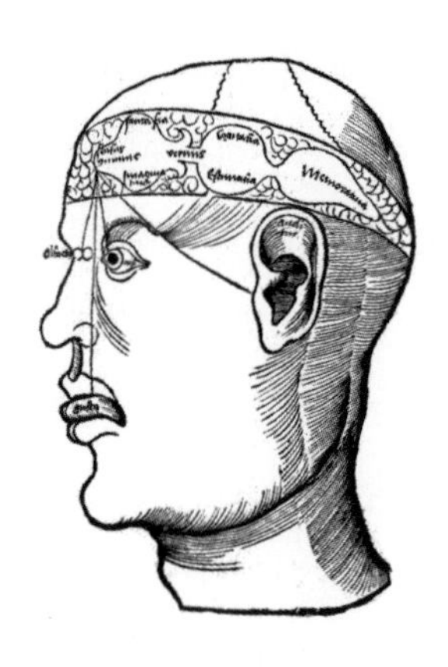

**그림 3** 뇌실 기능의 국재화론을 표현한 그레고르 라이쉬Gregor Reisch의 삽화(1504년). 지각과 상상력은 앞쪽에, 인지 기능은 중앙에, 기억은 뒤쪽에 위치해 있다.

마주시는 갈레노스가 제시하지 않은 개념을 제안하기도 했는데, 이를테면 뇌에 있는 세 개의 공동, 즉 뇌실은 심장에서 생성되어 혈액을 타고 뇌로 이동한 복수의 동물혼animal spirits◆으로 채워져 있다는 주장이었다. 그의 말에 따르면 각각의 뇌실은 저마다 다른 심리적 기능을 갖추고 있는데, "전측 뇌실 안에 담긴 동물혼은 감각과 상상을 자아내고, 중앙 뇌실에 있는 동물혼은 지능과 추론 능력으로 화하며, 후측 뇌실로 보내진 동물혼은 운동과 기억을 만들어내는 역할"을 한다는 것이었다.

마땅한 근거는 없었지만 이 견해는 1,000년이 넘도록 유럽과 중동지역에 걸쳐 많은 사람의 지지를 받았다.[27] 문헌에 처음 등장한 것은 4세기 무렵 시리아 에메사의 주교 네메시우스Nemesius의 글이었는데, 그로부터 몇 십 년이 지난 뒤 성 아우구스티누스Augustinus가 간략하게 언급함으로써 종교계

◆ 여기에서 '동물animal'이라는 용어는 '동적이다animated'와 같은 어원에서 비롯되었으며, 심장과 마음을 의미하는 라틴어 아니무스animus를 의미한다.

의 승인이라는 품격까지 더해져 오래도록 인기가 지속되었다.[28] 뇌실 기능의 국재화론ventricular localization은 4세기에서 6세기 사이, 1,200년이 넘는 시간 동안 24종 이상의 버전이 파생되며 그 자체가 자명한 진리로 널리 받아들여졌다.[29] 이 이론을 아무런 의심 없이 수용했던 인물들 중에는 레오나르도 다 빈치Leonardo da Vinci, 로저 베이컨Roger Bacon, 토마스 아퀴나스Thomas Aquinas, 아베로에스Averroës, 이븐 시나를 비롯한 유럽과 아랍권의 위대한 사상가들도 다수 포함되어 있다.

### 중세의 지식인들, 인간의 마음을 해부하다

13세기에 들어서면서 뇌실 기능의 국재화론과 생각 및 정서가 심장에서 비롯되었다는 상반된 관념이 공존하는 이븐 시나의 글이 라틴어로 번역되어 유럽의 여러 신생 대학 내에서 지배적인 견해로 굳어졌다. 갈레노스가 주장한 뇌 중심 관점이 마주시식 버전으로 이탈리아 나폴리 남부의 살레르노에 위치한 의과대학을 통해 퍼지기는 했지만 아리스토텔레스의 철학을 바탕으로 하고 있다는 이유로 결국 사람들은 이븐 시나의 사상을 택했다. 아리스토텔레스의 사상이 유럽에서 지배적인 생각으로 자리 잡은 데는 수 세기 동안 서구문화 지식인 중에서 가장 뛰어난 인물로 꼽혔던 도미니코 수도회의 수도사 토마스 아퀴나스의 글이 한몫했다. 아퀴나스는 아리스토텔레스의 사상이 기독교와 잘 어우러지도록 하기 위해 기독교 교리를 이와 상충되는 고대 이교도 사상과 융합시켰다. 이렇듯 지식을 전파하고 무엇이 용인되는지를 판단하는 데 신학자들이 결정적인 역할을 했기 때문에 해부학처럼 실증적인 탐구가 중심이 되어야 할 연구 분야들이 종교라는 안개의 장막 속에 철저하게 갇히고 말았다.

새로운 문헌을 접한 독자들은 이븐 시나와 아리스토텔레스의 심장 중심 관점, 살레르노 의과대학과 갈레노스의 뇌 중심 관점, 그리고 이 둘 사이를 중재하는 다양한 시도 사이에 분쟁이 있다는 사실을 잘 알고 있었다. 이를테면 13세기에 알베르투스 마그누스Albertus Magnus는 갈레노스가 틀렸으며 아리스토텔레스가 이야기한 것처럼 모든 신경은 심장에서 출발한다고 우김으로써 논란을 종식시키려 했다.[30] 현대라면 이렇게 모순적인 주장이 눈앞에 있을 때 직접 관찰하여 답을 구할 것이다. 그러나 중세 시대 사람들이 취한 해결 방안은 다분히 스콜라적이고 이론적인 접근법이었다. 사상가들은 존경하는 선조들의 상반되는 관점을 두고 실험이 아닌 교과서적인 탁상공론을 통해 문제를 해결하려고 했다.

하지만 14세기 초 루치의 몬디노Mondino de Luzzi가 의학 및 해부학 교수로 재직하고 있던 볼로냐 의과대학에서 중세 스콜라철학이 해부학적 지식에 행사하던 지배력이 느슨해지기 시작했다. 몬디노는 인간의 신체를 해부해본 자신의 경험에 기초하여 〈몬디노의 해부학Anatomia Mundini〉이라는 논문을 썼다. 1,500년도 더 이전인 알렉산드리아의 에라시스트라토스와 헤로필로스 시대 이후 처음이었다.

14세기 초 몬디노가 인체 해부를 할 수 있었던 도덕적, 사회적 변화에 대해서는 명확히 알려진 바가 없다. 그가 해부했던 신체는 범죄자들의 사체였던 것으로 추정된다(실제로 그의 설명은 다음과 같이 시작한다. "참수 또는 교수형을 당하여 사망에 이른 인간의 사체가 등을 바닥에 대고 반듯이 누워 있다").[31] 그 이전에도 몇 가지 선례가 있다. 살레르노에서는 12세기에 동물 해부를 했고, 그보다 수십 년 앞서 이탈리아 볼로냐에서는 사인을 밝히기 위해 사체를 부검하기도 했다. 따라서 몬디노가 해부를 의학 실습 과정으로 통합한 것은 대담한 혁신이라기보다는 당연한 발달 수순이었다.[32] 종교적인 가르침과의 단절을 의미하는 것도 아니었다. 기독교나 이슬람의 신학에서 해부를 금지하지는 않았기 때문이다. 9세기와 12세기 무렵에 쓰인 아랍권의 일부 문헌에서도 해부에 관한 언급이 등장하지만 학자들이 갈레노스와 아리스토텔레스의 글을 발견하고 번역할 때 전반적으로 자료에 기록된 지식에 충분히 납득하고 만족해서인지 고대의 관점이나 자기 자신들이 직접 관찰한 바와 비교할 생각까지는 미처 하지 않은 듯하다.[33] 바로 이러한 면에 드디어 변화가 생겨나기 시작했다. 그리고 1,500년 전 알렉산드리아에서 매우 짧은 기간 동안 해부가 시행되었던 것과 달리 적어도 서유럽에서는 해부를 대하는 태도가 영구적으로 바뀌었다.

여기에서 핵심은 몬디노가 사체의 내부를 들여다보았다는 사실 자체가 아니라 그렇게 함으로써 직접적인 실험연구의 중요성을 알렸다는 점이다. 궁극적으로 인간의 신체에 관한 주장들을 실제로 검증하는 일이 가능하며, 단순히 고대로부터 전해 내려오는 지식들을 답습하지 않고도 독립적으로 지식을 습득할 수 있다는 점이 혁명인 것이다. 그러나 방법은 급진적이었을지 몰라도 몬디노가 내린 결론은 그렇지 않았다. 그는 갈레노스가 내놓은 해부학적 구조에 관한 견해를 그저 되풀이하는 데 그쳤으며, 정작 각각의 기능을 설명할 때는 목소리를 비롯한 육체의 움직임이 심장에서 비롯되었다는 아리스토텔레스식의 해석을 덧붙였다.[34]

몬디노의 책은 인체 해부가 인간의 마음을 이해하기 위한 도구로써 잠재력을 갖추고 있음을 보여주기는 했지만 학계에 별다른 파장을 일으키지는 못했다. 인쇄술이 발달하기 이전의 세계에서는 생각이 퍼져나가는 속도가 더뎠으며, 고대에서 전해진 문헌 증거만이 결정적인 것으로 여겨졌다. 성경부터 시작해서 아퀴나스 및 기타 교회 지도자들이 그들의 신학 체계로 통합한 온갖 문헌들 말이다. 이 때문에 여전히 사실이 아니라 신앙이 지식의 본질로 여겨지며 유럽 내 지식체계의 기틀을 이루고 있었다.

*

15세기부터는 이른바 르네상스와 과학혁명이라고 일컬어지는 시대가 잇달아 도래하며 유럽에서 문화와 기술의 변화 속도가 급격하게 빨라졌다. 역사학자들은 지금도 무엇을 계기로 이 같은 순간이 찾아왔는지, 혹은 정말 그렇게 지칭할 만한 시대가 실존하기는 했던 것인지를 두고 갑론을박을 벌이고 있지만 말이다. 유럽식 인쇄술(중국에서 이동 형태의 기술이 개발된 지 수백 년이 흐른 뒤 나온)의 발명은 지식의 유통 방식을 완전히 뒤바꾸었다. 성경이 현지어로 번역되고 개신교가 떠오르기 시작하자 사람들은 꼭 상위계층을 통하지 않고서도 개인이 직접 세상에 대한 지식을 습득할 수 있다고 생각하게 되었다. 네덜란드와 영국에서 일어난 혁명은 케케묵은 귀족 권력을 타도하고 정치적·사회적·경제적으로 새로운 계층이 끼어들 공간을 마련해주었으며, 세상에 대한 보다 급진적인 관점을 가져왔다. 한편 유럽인들이 아메리카 대륙을 발견하고 매독과 같은 새로운 질병들이 등장하면서 새로운 사건들을 이해하는 데 별다른 도움이 되지 못하는 고대 문헌에 대한 믿음이 약해지기 시작했다. 아울러 망원경과 현미경의 발명으로 그전까지는 상상조차 하지 못했던 세상을 볼 수 있게 되었으며, 피스톤펌프나 태엽 장치 같은 기술의 발달은 우주에서 인체에 이르기까지 만물의 작동 원리를 설명할 새로운 비유적 발상을 제공했다.

1543년에는 우주와 그 안의 생명체들을 향한 우리의 시각을 완전히 바꾼 전혀 다른 분야의 책 두 권이 출간되었다. 첫 번째 책은 니콜라우스 코페르니쿠스Nicolaus Copernicus가 저술한 《천체의 회전에 관하여》로 두 세기도 더 전에 아랍의 천문학자들이 발전시킨 이론들을 활용하여 태양 주위를 공전하는 지구의 수학적 모형을 서술했다. 두 번째는 안드레아스 베살리우스Andreas Vesalius가 쓴 《사람 몸의 구조》다. 총 일곱 권에 걸쳐 7백 쪽이 넘는 분량으로 풀어낸 이 책은 지식과 미학을 결합하여 당대 그 어떤 문헌보다도 인체 해부에 대한 정확한 정보를 독자에게 제공했다. 특히 베살리우스는 새로운 인쇄 기술을 십분 활용하여 자신의 해부 경험에 기초한 인상적인 목판화를 2백 점 이상 수록하여 본문의 질을 한층 높였다. 파도바대학교의 의학 교수였던 그는 지식 자체뿐만 아니라 그러한 지식을 손에 넣은 경로 및 그 지식을 제시하는 방식에서도 진정으로 혁명적인 저서를 남겼다.

그보다 수십 년 앞서 카르피의 야코포 베렌가Jacopo Berengario도 실제 해부 경험에 기반한 인체 해부도를 실은 책을 출간했지만 시각적으로 생생한 충격을 주기는커녕 해부학적으로 정확한 정보를 전달하지도 못했다.[35] 뇌 해부도를 세상에 선보인 데도 선례가 있었다. 1517년, 독일의 군의관이었던 한스 폰 게르스도르프Hans von Gersdorff는 해부 과정의 여러 단계에서 대뇌피질의 형태를 보여주는 여섯 개의 작은 그림을 담은 도판을 만들어냈으며, 1538년에는 요한 드레안더Johannes Dryander가 뇌 해부 과정을 상대적으로 단순하게 묘사한 열한 점의 목판화를 출판하기도 했다.[36] 하지만 베살리우스의 1543년도 작품은 이들과는 완전히 격이 달랐다. 감히 비할 바가 없는 전무한 것이었다.

《사람 몸의 구조》의 각 권은 골격, 근육, 내부장기 등 저마다 다른 신체 계통을 다루고 있다. 육십 쪽 분량의 마지막 권은 온전히 뇌를 설명하고 있으며, 적어도 여섯 명의 해부 대상자들을 관찰하고 그린 것으로 보이는 열한 개의 두개골 내부 그림이 수록되어 있다.[37] 뇌를 나타낸 판화들은 상당히 자연스럽고 정확한 묘사인 듯 보였지만 사실은 다른 그림들과 마찬가지로 눈으로 볼 수 있는 대표적인 정보만을 매우 선택적으로 담고 있었다.[38] 어쨌든 《사람 몸의 구조》는 당시 해부학 지식이 크게 도약했다는 사실을 잘 보여준다. 가령 베살리우스는 갈레노스가 동물혼이 뇌로 흘러들어갈 수 있게 하는 역할을 한다고 주장했던 혈관망인 **괴망**rete mirabile을 보지

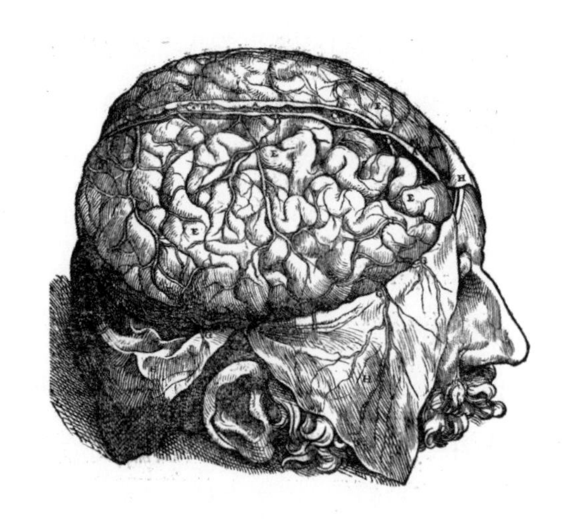

**그림 4** 베살리우스의 저서에 실린 인간 뇌 해부도.

못했다고 보고했다. 이에 베살리우스는 대담하게도(그리고 정확하게) 갈레노스가 틀렸으며 해당 구조물은 인체에 존재하지 않는다고 결론지었다.[39] 그리고 학생들이 직접 부검에 참관하여 인체를 자세히 들여다보고 "미래에는 해부학 교재를 덜 맹신해야 한다"고 주장했다.[40] 베살리우스는 괴망에 대한 갈레노스의 주장을 반박하며 이를 인체를 공부하는 새로운 방식을 찾는 강령으로 삼았다.

또한 베살리우스는 이 모든 것이 의미하는 바와 인체, 특히 뇌가 작동하는 기제에 관한 수수께끼를 풀기 위해 고심했다. 그리고 바로 이 시점에서 그는 메스의 한계를 절감했다. 세밀한 인체 해부를 통해 구조는 알 수 있었지만 뼈나 힘줄, 신경 같은 뻔한 경우들을 제외한 기능적인 면에서는 실질적으로 어떠한 통찰도 얻지 못했던 것이다. 이러한 해석의 어려움은 인간의 행동이 어디에서 비롯되며 다른 동물들과는 어떤 차이가 있는지 이해하고자 할 때 가장 크게 드러났다. 그는 "양, 염소, 소, 고양이, 원숭이, 개, 새를 해부했더니 뇌의 구조가 인간의 것과 아무런 차이도 없다"는 사실

을 발견한 것이 문제였다고 설명했다.[41]

비율 면에서 인간의 뇌가 다른 동물들의 뇌보다 훨씬 크기는 했으나 베살리우스는 인간과 그 외 척추동물들의 뇌 구조 사이에서 어떠한 질적인 차이도 찾아내지 못했다. 인간과 다른 동물들 간의 명백한 행동적, 심리적 차이를 만들어내는 어떤 사실도 밝혀내지 못한 것이다. 그의 해부 연구는 뇌가 어떻게 기능하는지에 대한 해답을 제시하지는 못했지만 적어도 당시 지배적이었던 심리학의 뇌실 이론이 틀렸을지도 모른다는 점을 시사했다. 해부 결과 뇌실들은 '속이 텅 빈 공간 혹은 통로에 불과'한 공간으로 보였기 때문이다. 뇌가 기능하는 원리에 대한 더 그럴듯한 설명을 찾지 못한 베살리우스는 국재화 이론을 펼쳤던 신학자들의 견해를 "순 거짓말에 말도 안 되는 엉터리"라고 혹평했으며, 아주 강한 어조로 "뇌에서 어느 영역이 궁극적인 영혼의 기능을 담고 있는가에 대해 아무것도 속단해서는 안 된다"고 결론지었다.

베살리우스의 뇌 연구는 심장이 아닌 뇌가 생각과 움직임의 근원이라는 발상에 바탕을 두고 있었다. 그러나 사실 이러한 가정을 뒷받침하는 근거는 매우 빈약했다. 실험적으로 증명된 사례는 무려 1,200년도 더 전에 갈레노스가 남긴 문헌이 유일했기 때문이다. 베살리우스가 죽고 30년이 더 흐른 뒤, 몽펠리에대학교 교수이자 프랑스 앙리 4세의 주치의였던 앙드레 두 로랑스André du Laurens 역시 다음과 같이 뇌의 역할에 대한 그의 신념을 단호하게 주장하는 것 외에는 별달리 할 수 있는 일이 없었다.

> 이에 나는 영혼의 주요 소재가 뇌라고 단언한다. 영혼이 지닌 가장 고결한 힘이 그곳에 머무르며 가장 고귀한 활동을 수행하고 있음이 무엇보다 명백하기 때문이다. 행동, 감각, 사고, 담화, 기억의 모든 수단은 뇌 안에 존재하거나 뇌의 작용에 수반된다.◆[42]

두 로랑스는 뇌실들의 역할에 관해서는 그저 "아직 완전히 해결되지 않았다"고 서술하며 조심스레 답을 피했다.

인간이 사고하는 데 있어 뇌가 어떤 역할을 하는지 이해하기 위한 이 모든 시행착오는 사상가들이 심장이 아닌 뇌가 핵심 기관임을 깨닫는 과정이 결코 어느 한 순간의 '뇌 중심적 통찰'에 의해 이루어지지 않았다는 사실을 여실히 보여준다. 누가 보더라도 심장에 비해 훨씬 복잡하게 생긴 뇌의 특성은 생각과 감정이 뇌에 위치해 있으리라는 점을 강력하게 시사했지만, 관습의 무게와 일상 속 경험의 힘 탓에 16세기와 17세기의 가장 위대한 사상가들조차 이와 전혀 상반되는 관념을 지닐 수밖에 없었다. 셰익스피어는 《베니스의 상인》 3막에서 당시 많은 사람들이 느꼈던 혼란을 절묘하게 묘사했다.

> 말해주세요, 사랑은 어디에서 태어나나요?
> 심장인가요 아니면 머리인가요?[43]

◆ 두 로랑스는 자신의 몸이 유리로 만들어져 있다고 믿으며 산산이 깨질까 봐 두려워하는, 한때 널리 퍼져 있던 증상인 '유리망상증'에 대해서도 묘사했다. 19세기 초부터는 이러한 증상이 보고되는 빈도가 서서히 감소했는데, 이는 정신건강과 관련된 일부 증상들이 사회적 맥락과 밀접하게 연결되어 있다는 사실을 나타낸다. 심지어 참전병들의 외상 후 스트레스 장애PTSD도 마찬가지인데, 지금 보고되는 PTSD의 증상들은 제1차 세계대전 당시와 비교하면 매우 큰 차이가 있다. Speak, G., *History of Psychiatry* 1(1990): 191-206.

# 2

# 힘

## 17세기에서 18세기까지

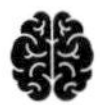

17세기에는 유럽의 사상가들이 앞서 셰익스피어가 던진 질문에 대한 답이 '머리', 더 정확히는 뇌라는 것에 점차 확신을 가지기 시작했다. 이러한 태도의 변화는 더디고 복합적으로 이루어졌다. 뇌가 정답이라고 일거에 증명할 만한 실험이나 해부 연구는 없었다. 대신 기존의 관념들과 새로운 사상들이 공존하면서 해당 기능이 뇌의 역할임을 시사하는 사상과 지식들이 조금씩 착실히 쌓여나갔다. 가령 이때로부터 수십 년 뒤 덴마크의 해부학자 니콜라우스 스테노가 언급한 바와 같이 1620년대에 윌리엄 하비William Harvey는 "심장이 그저 근육에 불과하다"는 사실을 증명했다.[1] 하비는 뇌를 '감각기관'이자 '신체에서 가장 값진 구성 요소'라고 칭하며 뇌가 복잡한 구조물임을 인식하기는 했지만, 그 또한 아리스토텔레스가 옳다고 여겼으며 혈액이 심장에서 생성된 어떤 신비로운 영혼을 운반한다고 생각했다. 지금은 모호해 보이는 하비의 사상은 결정적인 증거가 부족했던 당시 상황을 반영한다.

뇌의 중요성을 강조한 가장 영향력 있는 인물 중 하나는 1620년대와 1630년대에 뇌를 직접 해부했던 프랑스의 사상가 르네 데카르트René Descartes다. 1633년에 갈릴레오 갈릴레이Galileo Galilei가 종교재판에서 유죄를 선고받은 일로 데카르트는 자신의 사상을 발표하지 않기로 결심했지만 그의 저술들은 1662년에 이르러 결국 유작으로 세상의 빛을 보게 되었다.[2] 여타 많은 사상가와 마찬가지로 데카르트 역시 심장이 정념의 발원지라는 주장에 대해 "진지하게 생각할 가치도 없다"고 일축했다.[3] 뇌를 대하는 그의 관점은 기존의 사상들보다 훨씬 참신했다. 데카르트는 동물의 몸이 마치 기계처럼 작동하고 여기에 뇌가 핵심 역할을 수행한다고 여겼으며, 나아가 **동물 기계** animal machines라는 개념을 제시했다.[4] 무엇보다 인간은 영혼이 있고 언어를 구사한다는 점에서 다른 동물들과 구별되며, 이를테면 인간의 뇌와 유인원의 뇌 사이의 주요 해부학적 차이는 뇌의 기저에 있는 콩알만 한 크기의 구조물인 송과선에서 비롯된다고 믿었다. 데카르트는 송과선이 오직 인간에게만 존재하며, 송과선이 심장에 의해 공급된 혈액에서 동물혼을 생성하여 정신과 육체의 상호작용을 가능케 한다고 주장했다. 데카르트에 따르면 이곳이 우주를 구성하는 두 개의 기본 요소인 **물질적인 것** res extensa(육체)과 **사유하는 것** res cogitans(영혼)의 상호작용이 일어나는 장소였다.

데카르트가 송과선에 주목한 것은 그의 다소 단정적인 주장과 미심쩍은 해부학적 근거가 어우러진 결과였다. 데카르트는 대뇌피질로 올라가는 신경들이 송과선을 이리저리 흔들리게 만들어 송과선이 "우리가 지각적으로 구별할 수 있는 사물의 차이만큼 다양한 방식으로" 움직임으로써 여러 사물들을 지각하고 그에 따라 반응하게 한다고 주장했다.[5] 물론 그런 신경 따위는 존재하지 않으며, 1660년대에 그의 주장이 세상에 알려지자마자 해부학자들은 그가 인간 고유의 구조물이라고 여겼던 송과선이 사실상 모든 척추동물에게서 발견된다는 사실을 증명했다.

그런 데카르트의 사상에서도 꾸준히 영향력을 떨쳤던 한 가지 측면이 있는데, 바로 동물혼이 어떻게 신경을 타고 움직였는가에 관한 설명이다. 다른 많은 사람이 그랬듯 그 또한 동물혼이 유체로 이루어져 있으며 빠르게 움직인다고 생각했다. 하지만 이전 세대의 사상가들과 달리 데카르트는 이러한 움직임이 어떻게 인간의 행동을 만들어내는지에 대한 설명까지 제공했다. 당시 프랑스 왕족들의 정원에서 유행하던 수압식 자동 기계장치 혹은 오토마타•와 같은 형태로 작동한다고 보았던 것이다. 이 장치들은 스스로 움직일 수 있는 대형 동상으로 물과 공기가 금속 몸체에 주입되면 그것을 동력으로 삼아 초목 사이에서 갑자기 툭 튀어나오거나, 악기를 연주하거나, 말을 하기도 했다. 데카르트는 이 기계장치의 움직임과 인간 및 동물의 행동 사이에서 명확한 유사성을 도출해냈다.

> 내가 설명하고 있는 기계의 신경들은 이 분수를 작동시키는 파이프에 비유할 수 있으며, 근육과 힘줄은 이를 움직이게 하는 다양한 장치와 태엽으로, 동물혼은 동력을 공급하는 물로, 심장은 그 물의 공급원으로, 그리고 뇌에 있는 빈 공간들은 저장 탱크로 비유할 수 있다.[6]

데카르트는 이 모형을 이용하여 우리가 반사운동이라고 부르는 단순한 행동들이 어떻게 비롯되었는지 설명했다.•[7] 그는 거인 꼬마가 자신의 발을 끌어당겨 불에서 떼어놓는 듯한 그림을 제시했는데, 그에 따르면 이는 동물혼이 신경을 타고 발에서부터 뇌로 올라갔다가 다리에 있는 근육으로 다시 내려왔기 때문에 이루어진 동작이다. 이 모든 가설은 행동과 신경 기능들을 두루뭉술하게만 설명했던 과거에 비해 결정적으로 한 걸음

• 기계장치를 통해 움직이는 인형이나 조형물.

**그림 5** 움직임의 원리에 대한 데카르트의 견해를 반영한 그림.

나아간 것이었다. 수천 년 동안 사상가들은 동물혼이 유체나 바람처럼 움직인다고 주장했고, 이 같은 형태의 움직임이 가진 빠른 속도 및 손에 잡히지 않는다는 성질 덕분에 제법 그럴 듯한 비유로 받아들여졌다. 오토마타의 수압식 동력 체계를 활용한 데카르트의 비유는 이보다 훨씬 더 설득력 있었지만 신경 안에 있는 영혼이 무엇으로 만들어졌는지를 둘러싸고는 여전히 많은 논란이 있었으며, 갈레노스가 주장한 신경 속 특별한 공기인

◆ 역사학자 에리카 데이글Erica Daigle에 따르면 "프네우마의 본질은 갈레노스의 이론을 접한 이들에게 언제나 당혹감을 안겨주었는데, 이렇게 혼란에 빠졌던 인물들 틈에는 베살리우스, 토마스 윌리스Thomas Willis, 데카르트를 비롯하여 17세기에 활동하던 관계자들이 다수 포함되어 있었다." 그 명단에 나도 추가해도 될 듯하다. Daigle, E. *Reconciling Matter and Spirit: The Galenic Brain in Early Modern Literature*, PhD thesis, (University of Iowa, USA, 2009): 7, http:ir.uiowa.edu/etd/286.

**프네우마**라는 관념 또한 혼란을 부추겼다. 이에 관해 스테노는 1665년, 다음과 같이 묘사했다.

> 그것이 (…) 송과선과 분리된 특별한 물질일 수 있을까? 장액이 그 원천일 수는 없을까? 혹자는 주정(에탄올)에 비유하기도 하며, 실제로 빛과 유사한 물질일 가능성도 있다. 요컨대 일반적인 해부만으로는 동물혼과 관련된 문제를 어느 것 하나 속 시원히 해결할 수 없다.[8]

스테노가 신경의 기능에 대해 현존하는 모든 설명을 자신 있게 일축할 수 있었던 데는 최신 기술을 활용한 연구가 일조했다. 바로 현미경이다. 그의 친구인 네덜란드의 현미경학자 얀 스바메르담Jan Swammerdam과 이탈리아의 해부학자 마르첼로 말피기Marcello Malpighi는 모두 신경의 구성 요소를 연구했으며 신경 안에는 어떠한 액체나 공기도 존재하지 않는다는 데 합의했다. 스바메르담은 그런 생각을 쓸데없는 헛소리라고 말하기도 했다.[9] 신경의 기능에 대한 데카르트의 수압식 오토마타설이 틀렸다는 것은 스바메르담이 개구리를 해부하여 신경 외부를 가위로 건드리자 신경에 연결된 근육이 수축한다는 사실을 보여주며 실험으로 증명했다. 그의 주장에 따르면 이는 "인간과 짐승의 몸에 존재하는 모든 근육의 움직임에 적용"된다. 움직임을 만들어내기 위해 신경에서 어떤 작용이 일어나건 간에 데카르트가 말한 수압식 오토마타 내부의 물의 움직임과는 전혀 달랐다. 신경의 끝이 잘려 소위 말하는 액체나 기체 형태의 혼이 전부 빠져나간 뒤에도 그 전과 똑같은 현상이 벌어졌기 때문이다. 스바메르담은 이렇게 말했다. "근육의 움직임을 만들어내기 위해서는 그 기원이 뇌가 되었든 혹은 골수나 다른 어떤 곳이 되었든 단순하고 자연스러운 움직임 또는 신경 그 자체에 대한 자극이 필요하다."

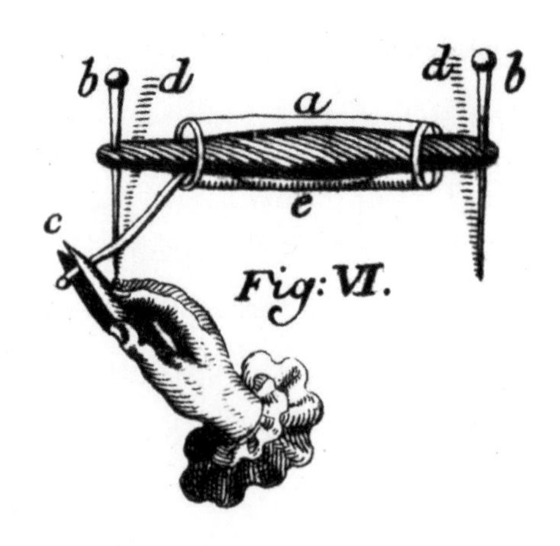


**그림 6** 개구리의 신경(c)을 금속 가위로 건드리면 근육(a)이 수축해서 핀(b)을 표시된 위치(d)까지 잡아당긴다는 것을 보여준 스바메르담의 실험.

스바메르담도 신경의 기능에 대한 진정한 답은 "헤아릴 수 없이 깊은 어둠 속에 파묻혀 있다"고 믿었지만 새로운 비유를 사용하여 신경이 작용하는 방식을 추측했다.

> 그 어떤 실험으로도 우리가 이해할 수 있거나 설명할 수 있는 물질이 신경을 타고 근육으로 흘러들어간다는 것을 보여줄 수가 없다. 그 밖의 다른 무엇인가가 신경을 통과해 근육으로 향한다는 것 또한 마찬가지다. 이 모든 것은 매우 빠르게 움직이며, 사실상 너무 빨라서 순간적이라고 칭하는 편이 올바른 표현일지도 모른다. 그러므로 소위 말하는 영혼 혹은 신경에서 근육까지 순식간에 날아가는 그 알 수 없는 물질은 기다란 나무 기둥이나 판자의 한쪽 끝을 손가락으로 두드렸을 때 반대쪽 끝에서 거의 동시에 진동을 느낄 수 있을 만큼 빠르게 전달되는 신속한 움직임에 견주어야 마땅할 것이다.

스바메르담의 실험은 프네우마라는 공기에 의한 가설이나 수압식 모형 모두 신경의 기능을 올바르게 설명하지 못했음을 보여주었다. 그 대신 여기에는 우리가 만질 수 없는 어떤 움직임이 관여하고 있는 듯했다. 신경을 자극하면 마치 진동처럼 근육에서 거의 즉각적인 반응이 일어났기 때문이다. 스바메르담은 적절한 비유를 찾아보려 애를 썼지만 어쨌든 중요한 사실은 기존의 설명이 틀렸으며 물리적으로 신경을 자극함으로써 인위적인 움직임을 만들어내는 일이 가능함을 그가 증명했다는 것이다.

### 뇌는 기계장치인가

신경 기능의 원리에 대한 연구가 한창이던 시기, 해부학자들이 데카르트가 제안한 가설들에 관심을 가지면서 뇌에 대한 새로운 연구들도 진행되었다. 그중 학계에 가장 큰 기여를 한 인물은 아마도 인맥이 넓었던 영국 옥스퍼드대학교의 의사 토마스 윌리스일 것이다. 그와 동시대를 살았던 호사가 존 오브레이John Aubrey는 그를 "보통 키에 짙은 머리칼이 (붉은 돼지처럼) 얼룩덜룩한 어마어마한 말더듬이"라고 묘사했다.[10] 당시 신설되었던 영국왕립학회의 지적인 회장 로버트 보일Robert Boyle의 영향을 받은 윌리스는 1660년대 초, 정신건강 문제에 대한 유물론적 해석을 고안하면서 해당 문제의 기원이 뇌라고 보았다.[11]

1664년에 윌리스는 친구였던 크리스토퍼 렌Christopher Wren•의 멋진 삽화를 곁들여 뇌의 해부학적 구조를 설명하는 책을 라틴어로 출간했다. 그 후 20년 동안 이 책은 8판까지 제작되었고, 런던뿐 아니라 암스테르담과 제

• 영국의 유명 건축가.

네바에서도 출간되었다. 1684년에 나온 영문 번역판은 이해하기가 어려운 편인데, 고어인 탓도 있지만 비교해부학•의 역사를 연구한 성마른 성격의 역사학자 F. J. 콜F. J. Cole에 따르면 윌리스가 구사하는 라틴어가 "고상한 동시에 복잡한" 탓도 있었다. 그가 보기에 윌리스는 "명료하고 지적인 표현력"이 부족하며 문제를 "난해한 추측성 논쟁"으로 끌고 가는 경향이 강한 인물이었다.[12] 직설적으로 말해 윌리스는 자신이 정확히 어떤 생각을 하고 있는지 분명하게 표현하지 못했다.

윌리스는 그의 저작에서 데카르트를 훨씬 능가하는 대규모의 해부 실험 결과를 서술했다. 그의 연구는 인간의 뇌는 물론 말, 양, 송아지, 염소, 돼지, 고양이, 여우, 토끼, 거위, 칠면조, 물고기, 원숭이까지 수많은 '희생양'을 대상으로 이루어졌다.[13] 해부와 더불어 혈관에 특수 물질을 주입해 뇌 영역들 간의 연결성을 관찰하는 염색 기법을 통해 윌리스는 생각을 가능케 하는 것이 "외부 경계를 이루는 영역들이 접히면서 조성된 텅 빈 공간"에 불과한 뇌실이 아니라 뇌 자체를 구성하는 물질이라는 결론에 도달했다.[14] 베살리우스가 주장했듯 뇌실은 액체로 채워진 공간 그 이상도 이하도 아니었다.

윌리스는 뇌를 이루고 있는 물질의 복잡한 구조적 특성을 두고 뇌가 "구불구불하고 심하게 굴곡진 틀"을 갖추고 있다는 별 도움 안 되는 설명을 했지만 바로 이러한 구조가 뇌의 기능적인 체제를 반영한다고 보았다. 그는 기억이 피질의 주름에 깃들어 있다고 주장했으며, 소뇌는 심장박동 같은 의지나 의도에 관계없이 나타나는, 불수의적 활동••에 관여하고 대부분의 척추동물에게 공통으로 존재한다고 주장했다. 이는 대규모의 비교해

• 여러 동물 간의 해부학적 구조의 차이를 연구하는 학문.

•• 의식적인 통제나 의도와 관계없이 자발적으로 나타나는 신체 기관의 활동.

부학 실험 및 뇌의 각 영역과 신체 다른 여러 부위 사이의 연결성을 관찰한 결과에 기반하여 도출한 결론이었다. 인간의 뇌 표면은 수많은 주름이 잡혀 있는 등 매우 복잡한 반면 고양이의 뇌는 상대적으로 단순했으며, 물고기와 새의 뇌는 그보다도 더 단순했다. 윌리스는 이러한 차이를 정신 능력의 차이와 관련이 있다고 보며 "인간 뇌의 주름과 굴곡은 그 어떤 생명체보다 훨씬 많고 거대하며, 이로 인해 다양하고 많은 종류의 우수한 기능들이 가능하다"고 주장했다.

시지각의 경우, 윌리스는 눈에서 생성된 '감각 인상sensible impression'◆이 '파동 혹은 물결'에 의해 실제로 지각이 '일어나는' 소뇌로 이동하고, 대상의 이미지에 대한 기억이 피질의 바깥층에 국재화되는 한편, 이유는 알 수 없지만 그에 대한 생각은 뇌량(뇌의 두 반구를 이어주는 구조물)에서 이루어진다고 주장했다. 동물혼은 뇌의 피질이 혈액 속의 무엇인가를 영혼으로 변환함으로써 생성되는 것이었다. 지난 수천 년 동안 사상가들이 이야기했듯 윌리스 또한 피와 심장을 생명을 이루는 필수 요소들의 원천으로 상정했다. 하지만 영혼들이 어떻게 행동을 만들어내는지에 관해서는 다소 모호한 의견을 내놓았다. 그의 글에 의하면 영혼은 "다른 양상의 움직임에 들어가서 다양한 방식으로 발산"되며, "서서히 전개"되고 "확산"되고 "진행"되다가 마침내 "생각, 기억, 욕구 그리고 영혼이 지닌 그 밖의 우수한 기능들을 실행"시키는 것이었다.

윌리스가 해부학적으로 정확한 설명을 제시하기는 했지만 뇌가 실제로 어떤 원리로 기능하는지에 대한 생각은 순전히 추측에 불과했다. 윌리

◆ '인상'이라는 용어는 17세기에 '감각'과 동의어로 쓰이기 시작했는데, 지각이 어떤 압력에 의해 신경의 형태나 기능을 변형시킴으로써 물리적인 기록 과정을 수반한다는 개념을 나타낸다.

스의 책이 세상에 나오고 몇 개월 뒤, 스테노는 한때 스파이로도 활동했던 부유하고 영향력 있는 프랑스인 애서가이자 후원자였던 멜키세덱 테베노 Melchisédech Thévenot의 초대를 받아 파리를 방문했다.[15] 1665년 초, 명석하고 열정적인 스물일곱 살 청년 스테노는 파리 바로 남쪽, 이시에 있는 테베노의 별장에서 뇌에 관한 강연을 했다. 테베노의 학식 있는 지인들이 꾸린 이 소규모 모임은 훗날 프랑스 과학아카데미의 전신이 된 모임들 중 하나였는데, 스테노는 이곳에서 연설을 하며 뇌를 둘러싼 당대의 무지를 다음과 같이 직설적으로 묘사했다. "뇌의 해부학에 관한 여러분의 호기심을 충족해 드리겠다는 약속 대신 저는 여기 이 자리에서 제가 뇌에 대해 아는 것이 아무것도 없음을 진심을 담아 고백하는 바입니다."[16]

스테노도 윌리스와 마찬가지로 뇌의 구조가 기능을 반영한다고 여겼으나 그 자신도 강조했듯 뇌의 구조가 매우 심오하다고 생각했다. 스테노는 뇌실의 국재화 이론을 일축했을 뿐 아니라 뇌의 여러 부분을 각기 다른 활동과 연결 지었던 윌리스의 연구도 쓸데없는 짓이라고 멸시했다. 윌리스가 생각이 발생하는 곳이라고 주장했던 뇌량에 대해서는 너무나도 알려진 바가 없기에 누구든 "자기 멋대로 떠들 수 있는 것"이라고 꼬집었다.[17] 스테노가 반복해서 명시했던 것처럼 그때까지 쓰인 뇌에 대한 글들은 대부분 "모호한 용어와 비유 그리고 부적절한 비교"라는 특징을 가지고 있었다.

데카르트와 달리 스테노는 뇌가 "우리의 영혼을 만드는 주요 기관이자 영혼이 감탄할 만한 일들을 수행하는 데 활용하는 도구"라는 사실을 받아들이는 것 이상으로 영혼의 소재를 파고드는 데는 관심이 없었다. 스테노는 대단히 신실한 인물이었고 실제로 얼마 뒤 과학을 버리고 가톨릭으로 전향하여 주교가 되었지만, 아무리 살펴보아도 뇌의 어디에 영혼이 위치하는지 알아낼 수 없었기에 그에 대한 추측을 하지 않았던 것이다.

스테노는 사상가들이 먼저 뇌의 구성 요소들을 정확히 설명해야 한다고 주장했다. 여기에는 정밀한 그림 및 다양한 발달단계에서 동물과의 비교연구도 포함되었다. 그러고는 뇌를 어떻게 바라볼 것인지 뿐만 아니라 어떻게 연구해야 하는지에 대해서도 극적인 표현을 사용해 과감한 주장을 했다.

> 뇌가 정말 기계라면 다른 기계들의 작동 기법을 알아내려고 할 때 사용하는 방법 외의 방식으로 작동 기법을 알아내기를 바라서는 안 된다. 따라서 다른 모든 기계를 대할 때와 같은 방식만이 남는다. 즉 전체를 조각조각 분해해서 각각이 어떤 일을 하는지 그리고 하나로 합쳐졌을 때는 어떤 일을 할 수 있는지 따져보아야 한다.[18]

그러나 스테노 자신도 이러한 연구 절차를 따르지 않았다. 그는 얼마 지나지 않아 토스카나로 떠났으며, 그곳에서 짧은 시간 동안 지질학의 기반을 닦고, 여성에게 난자가 있다는 사실을 알리고, 근육이 어떻게 움직이는지 밝힌 뒤 1675년에 신부가 되었다. 그럼에도 뇌의 기능을 어떻게 연구해야 하는가에 관한 스테노의 통찰은 학계에 깊은 영향을 남겼다. 전체를 부분적으로 뜯어보고 각각의 기능을 규명하는 접근법은 그 이래로 줄곧 따르고 있는 방식이니 말이다.

*

뇌가 단순히 기계와 닮은 것이 아니라 실제로 일종의 기계장치라는 스테노의 관점은 17세기 유럽에서 일어난 관점의 변화와 궤를 같이한다. 철학자 및 의사들은 신체를 기계에 빗대어 표현하는 데 점차 익숙해졌다 (이러한 관점은 우주 전체로 확장되어 천체역학의 규칙성을 일종의 거대한 태엽 장치로 보기도 했다).[19] 예컨대 1641년에는 철학자 토마스 홉스Thomas Hobbes가 다음과 같은 수사적 의문을 던졌다. "심장은 태엽에 지나지 않고, 신경이란 수많은 끈이며, 관절이란 전체를 움직이게 하는 수많은 톱니바퀴일 뿐이지 않은가."[20]

홉스가 기계와 해부학적 구조 사이에서 도출해낸 유사성은 신체의 다양한 물리적인 기능에 제법 합리적으로 들어맞았다. 심장은 그야말로 펌프(혹은 태엽)이며 다른 기관들도 그의 비유대로였던 것이다. 그런데 뇌는 조금 달랐다. 물리적인 구성 요소 측면에서 이해할 수 있는 내부의 조직 체계가 명백히 결여되었다는 점, 그리고 태엽 장치는 고사하고 적절히 비유할 만한 그 어떤 기계장치도 존재하지 않는다는 점에서 특별했다. 뇌의 기능을 결정적으로 뒷받침할 실험적 근거가 전무했으므로 뇌와 마음의 연결성에 관한 17세기 및 18세기의 논쟁은 당대의 기계들을 활용하여 이해에 도움이 되는 비유를 들거나 근거로 쓸 만한 구체적인 무언가를 제시하기보다는 어떻게 그 같은 연결이 존재할 수 있는가라는 형이상학적인 측면에 초점이 맞춰져 있었다. 이때의 철학적 논쟁은 이후 뇌와 마음의 연결성에 관한 관점의 기본 토대가 되었다.

홉스는 엄격한 유물론적 접근법을 내세웠는데, 영혼이 '무형의 물질'이라던 데카르트의 모순된 관념을 일축하고, 그 대신 사고력을 갖춘 것이라면 응당 물질로써 존재해야 한다고 주장했다. 사유하는 물질thinking matter 말이다. 홉스의 접근법은 별나기로 유명한 뉴캐슬의 공작부인 마거릿 캐번디시Margaret Cavendish의 공감을 얻었다.[21] 1664년, 캐번디시는 "감각적이고 이성적인 물질이 (…) 뇌를 구성할 뿐만 아니라 사고, 개념, 상상, 공상, 이해, 기억, 추억 그리고 그 밖에 머릿속에서 일어나는 모든 일들, 다시 말해 뇌에서 일어나는 모든 활동을 만들어낸다"고 주장했다. 나아가 마음이 비물질적인 존재라고 믿는 이들에게 이렇게 이의를 제기하기도 했다.

> 뇌에는 감각도, 논리도 없고 자발적인 움직임도 없으므로 지각 또한 존재하지 않는다고 말하며, 모든 것이 유형의 물질을 움직이게 만드는 신체와 동떨어진 비물질적 원리와 무형의 영혼에서 비롯되었다는 이들에게 묻고 싶다. 그들이 말하는 비물질적인 관념들은 대체 어디에, 신체의 어느 부위, 어느 곳에 존재하는가?[22]

보헤미아의 엘리자베스Elizabeth 왕녀도 데카르트와 사적으로 주고받은 서신에서 그의 관점을 이해하지 못하겠다는 뜻을 표현했다. 1643년에 쓴 글에서 엘리자베스는 "물질의 존재와 그 연장선으로서 영혼의 존재를 받아들이는 편이 무형의 어떤 것이 신체를 움직이고 또 신체에 의해 움직인다는 걸 인정하는 것보다 쉽게 느껴지는걸요"[23]라고 언급했다.

왕녀가 보기에 데카르트가 지칭하는 무형의 물질이 무엇이건, 그것이 물리적인 세계와 상호작용한다는 주장을 받아들이기보다는 사유하는 물질의 존재를 상상하는 편이 더 직관적이었던 것이다.

그로부터 수십 년이 흐른 뒤, 네덜란드의 급진적인 철학자 바뤼흐 스피노자Baruch de Spinoza는 "마음과 몸은 하나요, 같은 것"이라고 확신했지만 당시 지식의 한계로 인해 증명할 수 없다는 사실 또한 인정했다.

> 다시 말해 어느 누구도 마음이 어떻게 혹은 어떤 방법으로 몸을 움직이는지, 얼마나 다양한 종류의 움직임을 신체에 전할 수 있는지, 얼마나 빠르게 움직일 수 있는지 알지 못한다. 따라서 누군가가 이러저러한 신체적 활동의 기원이 마음에 있으며 이것이 신체를 지배한다고 말한다면 그는 아무런 의미 없는 이야기를 하는 것이거나 허울뿐인 용어들로 포장하여 사실은 자신이 언급한 움직임의 원인에 대해 무지하며 궁금해하지조차 않는다는 사실을 자백하는 것이다.[24]

철학계에서는 많은 거물이 마음에 대한 유물론적 설명에 반대했다. 1712년, 고트프리트 라이프니츠Gottfried Leibniz는 말년에 집필한 글 중 하나에서 사유하는 물질 따위는 존재하지 않는다는 통념적인 시각을 드러냈는데, 과연 그것이 어떤 원리로 이루어질 수 있는지 상상할 수 없었기 때문이었다.

> 만약 스스로 생각하고 느끼고 지각하는 일이 가능한 구조를 갖춘 기계가 있다고 가정해보자. 그 비율을 유지하되 규모만 확대해서 마치 우리가 방앗간에 들어가듯 그 기계 안으로 들어갈 수 있다면 우리는 그 안에서 분명 서로 밀고 누르는 부품들 외에는 아무것도 찾을 수 없을 것이다. 지각 과정을 설명해주는 그 무엇도 발견할 수 없을 것이다.[25]

이는 훗날 라이프니츠의 방앗간 논증으로 알려졌으며, 당대의 기술에 알맞은 새로운 버전으로 적절히 업데이트되면서 오늘날까지 수백 년 동안 뇌가 어떻게 작용하는지를 설명하는 논증으로 이어진다.

## 사유하는 물질을 둘러싼 철학적 논쟁들

사유하는 물질의 존재 여부에 관한 철학적 논쟁은 1689년 존 로크John Locke의 《인간지성론》이 출간되면서 더욱 거세졌다.[26] 지금은 철학자로 기억되는 로크는 원래 의사 수련을 받았으며, 1660년대 초 윌리스의 해부학 연구를 도왔던 리처드 로어Richard Lower의 친한 친구였다. 또한 영국왕립학회의 회원이기도 했다(보일이 그의 후원자였다). 《인간지성론》은 출간되고 얼마 지나지 않아 옥스퍼드대학교에서 강의자료로 쓰이는 등 좋은 반응을 얻었지만, 사유하는 물질이라는 문제를 대하는 로크의 방식 탓에 17세기 말에는 수많은 공격의 대상이 되었다. 로크의 관점, 혹은 다른 사람들이 그가 취한 관점이라고 믿었던 사상(철학자들은 여전히 그가 무슨 말을 하려고 했는지를 두고 다투고 있다)은 마음, 영혼 그리고 자아에 대한 18세기 서구 사회의 관념이 형성되는 데 큰 역할을 했다.

그런데 놀랍게도 로크의 영향이 그렇게 오래 지속된 데 비해 사유하는 물질 논쟁에 그가 직접적으로 기여한 부분은 상당히 적었다. 《인간지성론》의 3부에서 로크는 생각의 기원으로서 비등한 가능성을 품은 두 가지 가설을 간략하게 제시했다. 신이 스스로 생각할 수 있는 능력을 갖춘 물질을 창조해냈거나, 자력으로 활동하지 못하는 물질에 생각이라는 무형의 물질을 갖다 붙였을 것이라는 가설이었다. 로크는 특유의 장황하고 복잡한 산문체로 다음과 같이 설명했다.

> 우리에게는 **물질**과 **사유**라는 개념이 있지만 일개 물질이 사유하는 존재일지 아닐지는 결코 알 도리가 없을 것이다. 우리 자신이 품고 있는 **관념**을 가지고 사색해보았자 신의 계시가 있지 않는 한 우리로서는 전지전능하신 신께서 지각하고 사유하는 힘을 어떤 물질 체계에 알맞게 부여하신 것인지, 물질에 사유하는 무형의 물질을 연결 지어 가져다 붙인 것인지 밝혀낼 수 없다. 그런 연유로 관념적인 측면에서 본다면 신께서 하고자 하실 경우 물질에 사유하는 능력을 덧붙일 수 있다고 상상하는 편이 물질에 사유하는 능력을 지닌 또 다른 물질을 덧붙인 것이라 믿는 쪽보다 우리가 이해하는 바와 가까울 터이다.[27]

로크의 주장은 홉스나 캐번디시의 주장보다는 훨씬 덜 단정적이고 온건했지만, 만약 물질이 스스로 사유할 수 있는 존재라면 영혼도 결국 물질이라는 뜻이고, 이는 곧 영생이 불가능하다는 논리가 성립함을 의미하기 때문에 수많은 보수파 사상가가 이를 불경스러운 논쟁으로 받아들이고 분노했다. 아일랜드의 어느 신학자는 로크의 글을 두고 "틀림없이 기독교에 대항하려는 악마의 마지막 대분투"라며 비난하기도 했다.[28]

사유하는 물질에 대한 또 다른 갈래의 반대 의견은 우주가 입자들로 구성되어 있다는 신념이 점차 커져가던 배경 속에서 생겨났다. 그들의 주장은 이러했다. 모든 물질이 원자로 이루어져 있다고 가정할 때, 사유하는 물질을 구성하는 원자들은 반드시 무언가 특별한 성질을 지니고 있어야 한다. 하지만 모든 원자는 기본적으로 동일하므로 뇌를 구성하는 것 또한 그 무엇도 특별할 수 없다. 많은 이가 이러한 역설을 사유하는 물질이라는 개념에 맞서는 치명적인 논증으로 받아들였다. 즉 모든 물질이 사유할 수 있든지, 아니면 그 어떤 물질도 사유할 수 없다는 것이다. 1692년, 영국왕립학회에서 '물질과 운동은 사유하지 못한다'라는 제목으로 리처드 벤틀리Richard Bentley가 강연한 내용에 따르면 사유하는 물질에 대한 신념은 "가공할 불합리"를 낳았다. 그는 "그렇다면 모든 가축과 돌이 통찰력 있고 이성을 갖춘 생명체이며 (…) 우리 몸의 원자 하나하나가 저마다의 자의식과 고유한 감각 능력을 부여받은 개별적인 동물일 것이다"라고 꼬집었다.[29]

일부 사상가들은 이 같은 가능성을 포용하기도 했다. 영국의 의사였던 프랜시스 글리슨Francis Glisson은 모든 물질의 근본적인 특성은 자극감수성irritability(현대 용어로 보자면 자극에 대한 '반응성' 정도가 동의어로 쓰일 수 있다)인데, 바로 이것이 지각이 이루어지는 기본 바탕이며, 곧 전 우주가 어떤 방식으로든 지각이 있는 존재임을 시사하는 것이라고 주장했다. 이러한 관점은 범심론이라고 불리며 의식의 특성과 기원에 관한 현대의 일부 신경과학적 논쟁에서 지속적으로 반향을 일으키고 있다.[30]

벤틀리는 종류를 막론하고 사유하는 물질 자체가 불가능하다고 생각했다. 심지어 신이 사유하는 물질을 창조했을 것이라는 로크의 가설에 반박하며 조물주의 전지전능함까지 부정하고자 했다. 그는 "제아무리 전능한 신이라도 생각하는 육신을 창조할 수는 없으며, 이는 신의 힘이 불완전해서가 아니라 애초에 불가능한 것이기 때문이다. 물질과 사유라는 두 개의 개념은 절대로 공존할 수 없다"고 주장했다.[31] 로크를 옹호하던 측의 신학자 매튜 스미스Matthew Smith는 벤틀리의 주장에 대해 "그가 내세우는 모든 근거의 요지는 결국 일개 물질과 운동이 어떻게 감각을 만들어낸다는 것인지 상상할 수 없다는 말뿐이다"라는 정확한 평가를 내렸다.[32]

로크가 사망한 뒤 사유하는 물질을 둘러싼 논쟁은 로크의 친구였던 영국의 부유한 자유사상가 앤서니 콜린스Anthony Collins와 로크의 사상을 반대했던 철학자 새뮤얼 클라크Samuel Clarke가 1706년부터 1708년까지 쓴 일련의 편지들을 엮어낸 책에 잘 요약되어 있다. 클라크는 리처드 벤틀리가 수십 년 전에 그랬던 것처럼 물질 체계가 지닌 각각의 성질은 해당 체계를 이루고 있는 모든 구성 요소에 존재하기 때문에 인체의 어느 한 부분이 의식을 지녔다면 당연히 모든 입자들이 그러해야 마땅하다고 생각했다.[33] 이에 콜린스는 다음과 같이 창발성emergent property•이라는 속성을 통해 뇌 안의 입자 조직이 어떻게 의식을 만들어내는지 설명하려고 애썼다.

> 뇌를 구성하는 모든 입자가 결합되기 전에도 사유하는 행위에 기여하는 힘을 지니고 있다고 생각할 수도 있지만, 그들 각각이 개별적으로 분열되어 있는 동안에는 다른 존재들 이상의 의식을 가지고 있지 않소.[34]

• 하위체계에서는 존재하지 않지만 각각의 하위체계가 모였을 때 상위체계에서 새롭게 발현하는 특성.

결국 이러한 논쟁은 물질의 본질 자체를 다루게 되었으며, 특히 콜린스가 설명한 것처럼 각각의 구성 요소가 지니지 않은 특성을 전체가 지닐 수 있는가에 대한 논쟁으로 옮겨갔다.[35] 이는 단순히 논쟁만으로는 도저히 해결할 수 없는 크나큰 난제였다.

사유하는 물질이라는 관념이 시사하는 점 중에서 특히 수많은 사상가를 괴롭힌 것은 인간이 기계와 본질적으로 다르지 않다는 사실이었다. 인간과 기계 사이의 유사점들을 논하는 것은 일반적으로 매우 부도덕한 일로 여겨졌는데, 이는 곧 인간의 자유의지에 의문을 품는 행위로 비쳤기 때문이다. 만약 인간이 내리는 선택이 영혼이 아닌 기저의 물질적인 과정에서 비롯되었다면 도덕성이 붕괴될 것이라며 논쟁이 이어졌다. 여러 비평가들은 유물론자들이 인간을 기계에 비유하여 순진한 청년들에게 자유분방한 성행동을 하도록 부추기는 것은 아닌지 의심하기도 했다. 존 위티John Witty는 유물론자들의 교활한 책략이 "첫째는 스스로를 일개 기계라고 주장하기 위함이요, 그 다음은 쉽게 짐작할 수 있다시피 숙녀들에게 편지를 통해 형체가 없는 불멸의 영혼을 떨쳐버리도록 설득하기 위함"이라고 평했다.[36]

이처럼 이해하기 어려운 확신은 당시 매우 광범위하게 퍼져 있었다. 많은 사람이 유물론이 성도덕을 심각하게 위협한다고 생각했던 것이다. 예컨대 영국의 수학자였던 험프리 디턴Humphry Ditton은 세상이 급속하게 타락하고 있다고 느꼈으며, 그의 말을 빌리자면 이 모든 문제의 원흉은 "기독교를 송두리째 뒤흔들고 현 시대의 부정 전반을 야기한" 사유하는 물질에 대한 신념이었다.[37] 사유하는 물질의 존재를 받아들인 결과에 대한 다음과 같은 디턴의 극적인 묘사는 그가 이 문제를 얼마나 예민하게 여겼는지 보여준다. "그들이 우리가 가진 모든 지적 능력을 앗아가고 다른 것도 아닌 우리의 영혼을 톱니와 태엽으로 만들어버림으로써, 우리는 한낱 움직이는 헛소리 기계 덩어리가 되어버렸다."[38]

예상했을지 모르지만 프랑스에서는 도덕이나 성 등의 문제에서 사유하는 물질이라는 관념이 미치는 영향에 대한 우려가 비교적 적었고, 그러다 보니 로크의 가설은 대체로 영국해협 밖의 지역에서 더 잘 받아들여졌다. 18세기 초엽에는 프랑스 지식인들 사이에서 〈물질적인 영혼L'Ame materiel〉이라는 익명의 원고가 돌기도 했다. 이 어수선한 글 뭉치에는 "사유하고, 추론하고, 갈망하고, 감정을 느끼고, 그 밖의 활동들을 하는 것은 뇌를 구성하는 물질이다"라는 주장이 담겨 있었다.[39] 원고가 결국 정식으로 출간되지 않았다는 사실로 보아 이러한 관념이 공식적으로는 받아들여지지 않았음을 알 수 있지만 이를 논의하고자 하는 지식인들의 욕구만은 진짜였다.

## 뇌와 신체의 연결고리를 찾아서

철학자들이 마음의 형이상학에 대해서 고민하는 사이, 의사와 다른 연구자들은 지각과 운동이 어떻게 일어나는가라는 훨씬 더 단순한 문제를 고심하고 있었다.[40] 심지어 아이작 뉴턴Isaac Newton조차 여기에 가담했는데, 《프린키피아》 2판의 3권 끝 부분에 뉴턴은 "가장 미묘한 영혼subtle spirit도 모든 육체gross body 안에 존재할 수 있다"고 제언했다. 그에 따르면 신체의 움직임은 "자유의지에 의해 뇌에서 촉발된 뒤 견고하고, 투명하고, 균일한 신경섬유들을 지나 근육으로 전달되어 수축과 팽창 작용을 일으키는 매개체의 진동"을 통해 발생한다.[41] 뉴턴의 관점은 특정한 생리학적 지식이 아니라 우주의 원리에 기반하여 추측한 것이었다. 이를 뒷받침할 어떠한 실험적 자료도 없었으므로 결국 그의 글은 아무런 의미 없는 주장에 지나지 않았다.

뇌와 신체의 움직임 간의 연결성에 대한 18세기의 가장 영향력 있는 사상 중 상당수는 네덜란드 레이든대학교 의학 교수였던 헤르만 부르하버 Herman Boerhaave의 강의를 통해 전파되었다. 부르하버는 아마도 당대의 가장 중요한 인물이었을 것이다. 1715년부터 1776년 사이 영국에서만 근 백 편의 글과 그에 대한 비평이 출간되었으며, 그의 제자들은 시대를 주름잡는 뛰어난 해부학자이자 생리학자로 성장했다. 부르하버는 이미 스바메르담과 글리슨의 연구가 신경을 구성하는 액체가 없다는 사실을 증명했음을 알고 있었지만(말년에는 스바메르담의 업적들을 집대성하여 《자연의 성서The Book of Nature》를 출간하기도 했다), 여전히 신경에는 "무엇보다 신속하고 쉽게 이동하는 즙"이 포함되어 있다고 말했다.[42] 갈레노스 이후 사람들이 줄곧 주창했듯 부르하버는 이 "미묘한 액체"가 혈액에서 생성된다고 주장했다. 또한 스바메르담의 개구리 실험은 인간을 이해하는 데 큰 영향을 미치지 못한다고 일축했다.

> 처음 두 실험은 우리가 생각하는 바와 그 무엇도 다르지 않고 나머지 또한 겨우 차가운 양서동물의 신경 구조가 네발 달린 따뜻한 동물과 다르다는 것을 보였을 따름이니 실질적으로 그의 연구는 신경계에 액체가 실재한다는 사실에 대한 반론이 되지 않는다. 그러므로 이 실험의 결과로는 인간의 육체에 관한 그 어떠한 결론도 도출할 수 없다.

운동과 신경 기능에 대한 부르하버의 개념은 데카르트가 제안한 수압식 관점의 개량 버전인 셈이었고, 1702년 뇌의 박동이 신경계의 액체를 순환시킨다고 주장한 조르지오 바글리비Giorgio Baglivi의 연구 덕에 한층 힘을 얻었다(사실 뇌의 이런 움직임은 동맥 활동의 결과다).[43]

1752년, 부르하버의 제자였던 스위스의 엄격한 칼뱅주의자 알브레히트 폰 할러Albrecht von Haller는 신경 및 뇌의 기능을 바라보는 새로운 방식을 생각해냈다. 할러는 생체 조직이 지니고 있는 자극감수성과 감각성sensibility이라는 두 가지 근본적인 속성에 대해 설명했다. 그는 움직임은 자극감수성(글리슨이 사용한 용어를 차용했다)에 의해 생기는 것으로 근육이 수축할 때 관찰할 수 있으며, **선천성 힘**contractile force이라는 수축성 힘을 수반하는데, 이는 스바메르담의 개구리 다리 실험에서처럼 죽은 뒤에도 계속해서 존재한다고 주장했다. 반면 신경은 감각성을 나타내며 **신경성 힘**nervous force에 수반된다. 할러에 의하면 이 힘은 죽음과 동시에 소멸하며, 그의 실험이 보여주었듯 신경을 묶거나 뇌를 손상시키거나 아편을 처방함으로써 억제하는 것도 가능하다. 대규모 실험 결과 또한 이 두 가지 근본적인 힘이 완전히 분리되어 있음을 시사했다. 이에 할러는 "자극감수성이 강한 부위가 전부 민감한 것은 아니며, 마찬가지로 감각성이 강한 부위가 전부 자극감수성이 높은 것도 아니었다"라는 글을 남겼다.[44]

할러는 이후 입장을 바꿔 신경에는 분명 뇌의 피질에서 생성되어 '신경의 작은 관'을 타고 내려가는 어떤 액체가 담겨 있다고 주장했다. 그의 말에 따르면 이 '신경액nervous liquor'은 "감각과 운동의 수단으로써 극도로 유동적이라 외현적으로 아무런 지체도 없이 감각의 인상이나 자유의지가 내리는 명령을 목적지까지 운반한다."[45] 지식이란 비유가 아닌 실험에 바탕을 두어야 한다는 그의 주장이 무색하게 결국 신경의 기능에 대한 그의 해석은 수백 년 동안 사상가들을 지배했던 생각과 크게 다르지 않았다. 할러의 액체설은 갈레노스의 동물혼 개념과 다를 바 없었다.

다른 사상가들은 이보다 더 과감했다. 1749년에는 영국 요크셔의 의사 데이비드 하틀리David Hartley가 "소리가 강 표면을 따라 내달리듯" 어떤 진동이 신경을 따라 이동할 가능성을 제시한 책을 펴냈다. 반면 에든버러 대학교의 교수이자 부르하버의 또 다른 제자 알렉산더 먼로Alexander Monro는 신경 내에 액체가 존재하며 "신경은 말단이 (…) 상당히 부드럽고 흐물흐물해서 진동을 전달하기에 적합하지 않다"고 믿었으므로 하틀리의 관점에 반론을 제기했다.[46] 그러자 하틀리는 신경은 당연히 팽팽하게 당겨진 상태가 아니기 때문에 "신경 자체가 현악기의 줄처럼 진동해야만 한다"고는 믿지 않는다는 말로 응수했으나 어떻게 부드럽고 흐물흐물한 신경을 타고 진동이 이동할 수 있는지에 대해서는 제대로 설명하지 못했다.[47]

이런 문제에도 불구하고 하틀리는 자신의 진동 이론을 뇌 전체로 확장했다. 그는 어떤 방식인지 알 수 없으나 지각은 뇌에 사람마다 근본적으로 동일한 진동을 유발하며, 나아가 그러한 진동의 위치가 학습의 원리를 설명할 수 있을 것이라고 주장했다.

> 두 개 이상의 사물이 동시에 제시될 때 이들이 감각기관 상에 촉발하는 인상은 서로 너무나도 가까이 붙어 있어서 마음은 감각기관의 해당 부위에 의존하여 정보를 얻는 과정에서 각각을 떼어놓고 볼 수가 없다. 그러므로 이 사물들에 대한 개념은 그 뒤로도 계속해서 서로를 따라다니게 된다.[48]

하틀리가 제안한 개념은 훗날 연합주의•라고 불렸으며, 뇌에서 물리적으로 서로 연결된 감각들이 기억을 형성할 수 있음을 시사했다.[49] 하틀리는 또한 심박이나 장운동 같은 '자율운동'을 수의운동과 구별했다.[50]

또 다른 부르하버의 제자 에든버러대학교의 스코틀랜드 출신 의사 로버트 휘트Robert Whytt는 할러와 하틀리의 관점을 모두 반박했다. 휘트는 신경과 뇌를 통해 운용됨으로써 육체의 움직임을 가능케 하는 무형의 '지각 능력 원리sentient principle'가 존재한다고 주장했다. 1751년, 그는 근육의

• 심리적 연합 작용 과정을 기초로 인간의 의식을 설명하는 심리철학 이론.

수축을 야기하는 어떤 힘이 존재한다는 할러의 의견에 대해 "무지한 것을 감추려는 핑계에 불과하다"고 공격했으며, 자극감수성은 단순히 영혼의 능력이라고 역설했다.[51] 이에 짜증이 난 할러는 휘트가 영혼이 육체의 모든 부위에 존재한다고 믿는 것이 아닌 다음에야 육체에서 떼어낸 근육에 자극이 주어졌을 때 여전히 수축하는 현상을 설명하지 못한다고 맞받아쳤다.[52] 그렇게 두 사람은 1766년에 휘트가 사망할 때까지 계속해서 지면상으로 논쟁을 벌였고, 할러는 심지어 그 후로도 10년이 넘도록 이미 저세상 사람이 된 휘트를 끈질기게 쫓으며 괴롭혔다.[53]

휘트는 인간의 행동이 유물론에 기반할 가능성에 얼마나 적대적이었던지 불수의운동을 묘사할 때조차 '자율'이라는 용어를 사용하지 않았다. 이 같은 용어는 육체가 '순전히 기계적 구조의 힘만으로 움직이는 일개 무생물성 기계'라는 것을 의미할 수 있기 때문이다.[54] 하지만 통찰력 있게도 그는 일부 불수의운동이 실제로 마음의 영향을 받는다는 점에 주목하여 이러한 움직임이 진정한 기계적 반응이 아니라는 것을 증명했다. "배고픈 사람은 음식을 보거나 심지어 그에 대한 **생각**을 떠올리는 것만으로도 평소보다 많은 침이 분비된다"고 말이다.

휘트의 연구는 프랑스 몽펠리에와 파리에서 의학 교수로 있던 장 아스트뤽Jean Astruc의 사상을 바탕으로 세워졌다. 아스트뤽은 괴짜 학자였다. 최초로 성병학에 대한 책을 썼을 뿐 아니라 성경의 원문 분석에 전념했던 선구자들 중 하나로 창세기가 복수의 저자에 의해 쓰였다는 사실을 알린 인물이기도 했다. 아스트뤽은 눈 깜박임, 사정, 호흡과 같은 불수의적 행동은 동물혼이 신경을 타고 뇌에 도달한 뒤 데카르트가 주장한 것처럼 다시 관련 기관들로 '반사reflection'되어 해당 기관들이 적절한 움직임을 만들어내는 과정에 의해 일어난다고 주장했다. 이것이 바로 아스트뤽이 만들어낸 용어 '반사작용reflex'의 어원이다.[55] 반사작용은 데카르트가 처음 언급하고 근

1세기가 흐른 뒤에야 비로소 이름을 얻게 되었다.

휘트가 결정적으로 기여한 것은 반사운동의 신체적인 근거를 탐구한 일이었다. 그는 이러한 움직임을 일으키는 데 척수가 필수 조건이며, 하지의 움직임은 척수의 아랫부분에서 발생한다는 사실 등 특정한 반사작용들이 척수의 각기 다른 부위와 연관되어 있다는 것을 증명했다.[56] 아스트뤽과 마찬가지로 휘트 또한 이를 자극이 주어진 신경과 움직임에 관여하는 신경 간의 연결이라는 측면에서 해석했는데, 척수나 뇌에 있는 두 신경이 만나는 지점에서 그 같은 연결이 이루어진다고 보았다.[57] 휘트는 생각이 무엇에 기반하는가에 대해 단호하게 반유물론적인 관점을 취했지만 그의 연구는 신체의 각기 다른 부위 사이에 일종의 신경 연결이 존재한다고 상정함으로써 특정 행동들을 설명할 수 있음을 시사했다.

## 18세기 독자를 사로잡은 금서, 《인간기계론》

사유하는 물질을 둘러싼 18세기의 논쟁에 가장 악명 높은 의견을 더한 인물은 또 다른 부르하버의 학생, 프랑스인 쥘리앵 오프루아 드 라 메트리Julien Offroy de La Mettrie였다. 1747년, 라 메트리는 몸과 마음에서 일어나는 모든 일을 물질의 작용으로 설명할 수 있다며 인간의 마음과 육체를 바라보는 새로운 방식을 제시하는 《인간기계론》이라는 문헌을 발표했다.[58] 라 메트리는 "영혼의 모든 능력은 뇌 및 전신의 특정 조직 구조에 너무나도 많이 의존하고 있어서 그 조직 자체라고 해도 과언이 아니"라고 주장했다.[59] 그의 관점에서 사유하는 물질은 실존하며, 그것이 바로 뇌였다.

그의 후원자였던 프로이센의 국왕 프리드리히 2세Friedrich II에 따르면 "사유할 수 있는 능력은 기계 조직이 만들어낸 결과에 불과하다"는 라 메트리의 깨달음은 1744년 그가 열병을 앓던 시기에 찾아왔다. 1746년에 라 메트리는 시험 삼아 자신의 생각을 글로 펴냈는데, 즉시 프랑스 권위자들의 비난이 쏟아지자 잽싸게 네덜란드로 달아났다.

그럼에도 라 메트리는 굴하지 않고 마음의 물질적 근거에 대한 연구에 더욱 몰두했으며, 그 결과물이 바로 레이든에서 1747년에 익명으로 출간된《인간기계론》이었다. 이 책은 베스트셀러가 될 만한 요소들을 모두 갖추고 있었다. 대담한 사상을 다루지만 쉬운 구어체로 쓰였고, 정권을 희화하고 조롱했으며, 성적인 언급도 가볍게 담고 있었다. 이 책은 프랑스에서 곧바로 금서로 지정되었고, 당연히 출판본과 원고를 은밀하게 돌려보는 일이 성행했다. 비교적 관대하다고 여겨지던 네덜란드 암스테르담에서조차 이 책을 금지하고, 교수형 집행인이 책을 공개적으로 불태우기도 했다. 그럼에도 불구하고, 아니 오히려 그런 뜨거운 반향을 일으켰기 때문에 기업가 정신이 투철했던 레이든의 출판사는 재빨리 라 메트리의 저서를 두 권 더 출간했다.[60]

라 메트리의 사상 중 상당 부분은 매우 현대적으로 느껴진다. 그는 대형 유인원에게 수화를 가르칠 수 있다고 주장했는데, 그의 말에 따르면 이는 "동물에서 인간으로 진화하면서 급격한 변화가 없었기 때문이다. (…) 단어를 발명하고 언어를 학습하기 전 인류는 무엇이었는가? 그저 동물의 한 종일 따름이었다."[61] 다윈보다 1세기 이상 앞서 그 역시 "네발 동물의 뇌 형태와 구성 요소들은 인간의 뇌와 거의 비슷하다. (…) 기원이나 온갖 비교 요소의 측면에서 인간은 동물과 똑 닮았다"고 주장했다.

흥미로운 점은《인간기계론》에서 라 메트리의 첫 번째 화두가 정신건강 및 신체의 상태가 정신건강에 미치는 영향이었다는 것이다. 라 메트리가 밝힌 일부 증상은 오늘날 우리의 눈에는 다소 괴이해 보인다. 이를테면 "자신이 늑대 인간이나 수탉, 혹은 뱀파이어로 변했다고 상상하는 사람"이라는 진단 기준도 눈에 띈다. 하지만 한편으로는 다양한 형태의 정서적 혼란, 불면증의 끔찍한 영향력, 사지절단술을 받은 환자에게서 나타나는 환상지 증후군•의 비극 등을 뚜렷한 공감과 연민의 시선으로 서술하기도 했다. 이는 1788년 영국의 조지 3세George III가 정신장애 진단을 받은 일에 힘입어 정신질환을 대하는 태도에 서서히 변화의 물결이 일던 18세기 후반 유럽의 분위기를 보여주는 대표적인 예라고 할 수 있다. 그러나 일부 의사들이 정신질환을 앓고 있는 환자들을 조금 더 배려하는 태도를 보이기는 했지만, 의사들은 아직 신체질환조차 어떻게 치료해야 할지 잘 알지 못했으며, 정신건강을 이해하고 치료하는 일에 대한 지식은 그보다도 훨씬 얄팍하고 허술했다.[62] 환자들을 향한 측은지심과 현대적으로 느껴지는 사상을 갖춘 라 메트리라고 예외는 아니었다.

라 메트리의 사상 뒤에는 사실 다소 오래된 관념들이 있었다. 그는 "인간기계의 태엽 장치들"이라고 칭한 불수의운동에 초점을 맞추어 뇌의 작용 기제를 설명했지만 시계에 빗대어서는 모호하게 묘사할 수밖에 없었다.[63] 물질이 어떻게 사유할 수 있는지 설명할 수 없었던 라 메트리는 생각이란 생명체에만 특별히 존재하는 어떤 미지의 힘이 작용한 결과라는 가설로 되돌아가 "조직화된 물질은 그 자체만으로도 조직화되지 않은 물질과 구별되는 동기motive의 원리를 타고나며 (…) 이는 물질과 인간에 관한 수수께끼를 풀기에 충분하다"고 말했다. 이러한 사상은 인간의 뇌와 육체에 대한 놀라운 관념을 만들어냈고, 그에 따르면 인간의 뇌와 육체는 "스스로 태엽을 감는 기계, 말하자면 영구적인 운동의 살아 있는 형태라고 할 수 있으며 (…) 인간은 각자의 움직임에 의해 작동하는 태엽 장치들의 집합체"였

• 수술이나 사고로 갑자기 손발이 절단된 사람이 사라진 손발이 여전히 존재하는 것처럼 감각을 생생하게 느끼는 증상.

다.[64] 현대의 비평가들이 인식했듯 이 같은 생기론••적인 관점은《인간기계론》이라는 극적인 제목에도 불구하고 라 메트리가 유물론적 접근법을 완전히 받아들이지는 못했음을 시사한다.

《인간기계론》 때문에 네덜란드에서 법적으로 큰 곤경에 처하리라는 사실이 명백해진 1748년 2월, 라 메트리는 프리드리히 2세의 초청을 받아들여 베를린으로 도망쳤다. 그곳에서 그는 왕의 주치의가 되었고, 궁궐 내에서 볼테르Voltaire 및 다른 여러 급진적인 사상가들과 만났다. 철학적인 문제에 아주 개방적이었던 프리드리히 2세는 사유하는 물질에 관해 라 메트리와 같은 관점을 갖고 있었다(왕은 볼테르에게 보내는 서신에 "생각과 움직임은 (…) 사람으로서 형태를 갖추고 조직화된 살아 있는 기계의 속성이다"라고 쓰기도 했다).[65]

라 메트리는 쾌활하고 활발한 인물이었고, 왕실의 관례를 그다지 중시하지 않는 느슨한 태도 탓에 요주의 인물로 이름을 떨쳤다. 그는 궁전의 소파에 몸을 던져 잠이 드는가 하면, 날이 더우면 가발을 바닥에 던지고 옷깃을 떼어내고 재킷의 단추를 풀어헤치기도 했다.[66] 그와 동시대를 살았던 사람들은 그를 달가워하지 않았는데, 특히 보수적이었던 할러는 그를 알은체도 하지 않았으며, 프랑스의 철학자 드니 디드로Denis Diderot는 라 메트리를 "정신 나간 인간", "방종하고, 무례하고, 멍청한 아첨꾼"이라고 묘사했다.[67] 1751년 11월, 겨우 42세에 불과했던 라 메트리는 돌연 의문스러운 죽음을 맞았다. 볼테르의 말에 따르면 "꿩고기로 위장한 독수리 고기와 (…) 나쁜 비계, 다진 돼지고기, 생강을 섞어 만든 파이"를 먹은 것이 원인이었다.[68]

19세기 중반까지 라 메트리는 사람들의 기억에서 까맣게 잊혔다가

•• 생명현상이 물리적인 요인 외에도 어떤 초자연적인 원리에 의해 지배된다는 이론.

다시 관심을 받게 되었다. 그 이유는 그의 연구가 이후 과학계에 어떤 특별한 영향을 미쳐서라기보다는 주로 뇌와 행동에 관한 현대적 개념과 유사한 부분들이 눈에 띄었기 때문이다.[69] 그러나 넓은 의미에서 라 메트리의 연구는 아주 중요했다. 인간이 기계라는 그의 견해가 로크를 비판했던 이들이 예상했던 바로 그 부분에서 대중문화를 관통했던 것이다. 바로 외설물이었다.

영국 출판 역사상 가장 큰 악명을 떨친 책 중 하나는 주인공의 이름을 딴《패니 힐》이다. 이 책은《인간기계론》이 나오고 1년 뒤에 출간되었는데, 출간된 지 12개월 만에 저자인 존 클리랜드John Cleland는 신민들을 타락시킨다는 죄로 고발되었으며 책은 금지되었다. 내용이 너무나도 노골적이었던 탓에 무삭제판은 1970년이 되어서야 비로소 영국에서 팔릴 수 있었다. 이 책에서 젊은 패니는 자신이 마주하는 다양한 성기들(아주 많이 등장한다)을 묘사할 때 '기계'라는 용어를 반복적으로 사용하는 한편, 발기는 종종 '자극irritation'에 의한 것으로 표현했다. 작중의 여러 인물들이 피스톤 운동 같은 성행위를 하는 동안 '기계' 또는 '인간기계'로 묘사되기도 했는데, 그렇게 함으로써 드러내고자 했던 책의 중심 주제는 누구나 가지고 있는 성욕이라는 매개체를 통해 몸과 마음의 연결성을 조명하는 것이었다.[70] 클리랜드가《인간기계론》을 읽고 깊이 감명받은 것일 수도 있고, 그저 가볍게 읽을 만한 자신의 작품에 금단의 철학이라는 양념을 더하고 싶은 냉소적인 마음이었을 수도 있다. 어느 쪽이 되었든 인간을 기계로 바라보는 새로운 시각은 정말로 문화에 영향을 미쳤다.

설명이 모호하긴 했지만 라 메트리의 저서에서 핵심이었던 기계에 대한 비유는 복잡하고 정교한 기계 및 오토마타를 향한 관심이 커지던 당시 분위기와 잘 맞아떨어졌다. 특히 소형화 기술이 발달하면서 생동감이 더해진 태엽식 기계들은 데카르트가 언급했던 수압식 동상 따위는 한참 전에 뛰어넘는 수준으로 발전했다. 1738년에는 프랑스의 발명가 자크 드 보캉송 Jacques de Vaucanson이 기계식 플루트 연주자를 만들고 뒤이어 스스로 드럼 반주를 넣는 피리 연주자, 움직이고, 먹고, 배변할 수 있는 **소화하는 오리**라는 기계까지 만들어 파리 주민들을 놀라게 했다.[71] 런던에서는 시계 장인이었던 제임스 콕스James Cox가 화랑 전체를 할애하여 자신이 제작한 오토마타들을 전시했는데, 그중에는 현재 영국 더럼 소재 보우스박물관에서 볼 수 있는 아름다운 은빛 기계식 백조도 있었다. 창의적인 발명품들이 쏟아져 나오던 이 시기의 끝판왕은 뭐니 뭐니 해도 1770년대 스위스의 시계 장인 피에르 자케 드로Pierre Jaquet-Droz가 6천 개가량의 부품으로 조립한 '글 쓰는 사람'이라는 오토마타였다. 현재 뇌샤텔에 전시되어 있는 이 놀라운 기계는 깃펜으로 편지를 쓸 수 있으며, 글을 쓰는 손의 움직임을 따라 유리로 만들어진 눈을 이리저리 굴리며 집중하는 듯한 모습마저 연출한다.

어느 누구도 이 같은 오토마타가 살아 있거나 생각한다고 말하지 않았지만 인간의 행동 양상을 그대로 재현하는 오토마타들의 불쾌한 능력은 이 기계들의 째깍거리는 내부 부품이 어쩌면 우리의 뇌와 육체가 어떤 원리로 작동하는지에 대한 실마리를 제공해줄지도 모른다는 점을 시사했다.

*

18세기에는 뇌의 본질적인 역할에 대한 관념이 점차 학술적이고 대중적인 생각에 기초하게 되었다. 영국 작가 새뮤얼 컬리버Samuel Colliber는 "뇌에 감각(익히 관찰하여 알고 있듯 사고의 한 가지 유형)이 자리 잡고 있다는 사실은 현재 시점에서 보편적으로 합의된 바이다"라고 선언하기도 했다.[72] 약간 과장을 보태긴 했지만 당시 분위기는 명백히 그렇게 흘러가고 있었다. 그로부터 근 반 세기가 흐른 뒤, 데이비드 하틀리의 영향을 강하게 받은 영국의 위대한 화학자이자 비국교파 성직자 조지프 프리스틀리Joseph Priestley는 생각이란 "**신경계**, 더 정확히는 **뇌**가 지닌 속성이다"라고 선언했다.[73] 요크셔 출신 특유의 무뚝뚝한 말투로 그는 "나의 견해로는 뇌가 **사유한다**고 결론 내리는 것은 그것이 **하얗고 부드럽다**고 하는 것과 꼭 같은 이치이다"라고 말했다.[74] 심지어 다음과 같이 자신의 신념을 뒷받침할 만한 타당한 근거를 제시하기도 했다.

> 우리가 추측하는 한 사유하는 능력은 언제나 뇌의 특정 상태를 수반하며 서로 상응한다. 이것이 바로 어떤 속성이든 물질에 선천적으로 내재되어 있다고 믿는 이유다. 뇌가 파괴되고도 사유하는 능력을 유지하는 이의 사례는 존재하지 않으며, 그 기능이 저해되거나 손상되었을 때는 뇌의 균형에 장애가 발생했다고 믿을 만한 충분한 근거가 있으므로 후자에 전자가 자리 잡고 있다고 여기는 것은 필연적인 일이다.[75]

기계에 빗댄 설명이 지배하던 세상에서 특별한 힘과 감각성이 우세한 것처럼 보이는 세상에 이르기까지 과학적 사고의 변화는 18세기 전반에 걸쳐 서서히 일어났다. 17세기, 전 우주를 수학화하여 바라보는 물결에 밀려 사라진 듯했던 생기론이 다시 고개를 들었다. 뉴턴과 다른 학자들의 손에 성공적으로 증명되었던 기계론적 관점 또한 한계를 드러냈다. 이를테면 뉴턴의 중력이론은 어마어마한 예측력을 갖추기는 했지만 어느 누구도 중력이 어떻게 작용하는지 명확히 알지 못했다(지금도 여전히 모른다). 중력은 실재하지만 관찰할 수 있을 뿐, 붙잡아두거나 세부적인 구성 요소들로 분해할 수 없었다. 생리학 분야에서는 기계 모형을 활용해 신체의 열을 설명하려는 실험이 실패했으며, 1700년대 중반에 이르러서는 생기론적인 해석이 더욱 힘을 얻어 라 메트리가 주장한 것처럼 살아 있는 육신의 내부에서 일어나는 과정에 뭔가 특별한 점이 있다는 의견이 대두되기도 했다.[76] 이와 마찬가지로 신경의 기능 및 마음의 본질에 대한 관념에서도 기계를 이용한 비유가 우위를 차지했지만 이 같은 비유도 새롭게 밝혀진 자극감수성과 감각성이라는 특별한 힘에 대해서는 만족할 만한 설명을 제시하지 못했다.

뿐만 아니라 신경에 존재하는 이러한 힘들은 압력이 주어지면 필연적으로 발생하는 수압식 힘 같은 것이 아니었다. 그보다는 조건적으로 발현하며 오직 특정한 환경에서만 관찰이 가능했다. 1784년, 오스트리아의 생리학자 게오르게 프로차스카George Prochaska는 "부싯돌과 강철 사이에 마찰이 가해지지 않는 한 불꽃이 강철 또는 부싯돌 안에 잠재하고 있듯, **신경성 힘** 또한 자극이 가해져 촉발되기 전까지는 신경계의 활동을 불러일으키지 않고 잠재해 있다"고 주장했다.[77]

이러한 조건성 비기계적 관점은 앞서 알려진 신경 내의 힘들이 대체 어떻게 그 같은 역할들을 충족할 수 있는가에 대한 문제를 불러일으켰다. 수력도, 기압도, 진동도 이를 설명하기에는 적합하지 않은 듯했다. 하지만 이 잠재적 힘의 정체를 밝힐 만한 흥미진진한 단서가 존재했다. 그것은 신체에 극적이고 무시무시한 영향을 미치며 생명 그 자체와도 직결되어 있는 것처럼 보이는 새로운 현상에서 비롯되었다. 바로 전기였다.

3

# 전기

18세기에서 19세기까지

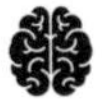

1815년 4월 초, 인도네시아의 탐보라 화산이 놀랄 만큼 맹렬한 기세로 분화했다. 백 세제곱킬로미터에 달하는 바위가 산산이 부서져 하늘 높이 흩날리고, 짙은 가스와 미세한 잔해들이 수 개월간 대기를 떠돌았으며, 전 지구의 기후가 심각한 영향을 받았다. 유럽에서는 그 다음 해를 '여름이 없는 해'라고 불렀다. 작물이 시들고, 질병이 퍼지고, 스위스에서 제네바 호수를 찾은 영국인 관광객 네 명이 "습하고 불쾌한 여름철 날씨와 쉴 새 없이 내리는 비" 탓에 꼼짝없이 집 안에만 갇혀 있기도 했다.[1] 시간을 때우기 위해 그들은 각자 귀신 이야기를 하나씩 쓰기로 했다. 이 여행객 중 한 명이 당시 18세였던 메리 셸리였으며, 그가 쓴 이야기가 바로 《프랑켄슈타인》이다. 훗날 셸리는 인체 조각들을 모아 생명을 불어넣는 프랑켄슈타인 박사의 설정이 몇 년 전, 처형된 범죄자들의 신체를 전기로 자극하여 근육을 씰룩거리게 함으로써 살아 있는 인간을 서툴게나마 흉내 냈던 실험에서 아이디어를 얻은 것이라고 설명했다.[2]

전기에 대한 관심은 18세기 전반에 걸쳐 점차 커졌으며, 1750년대에 이르자 유럽에서는 전기적 현상을 공개적으로 선보이는 일이 다반사가 되었다.[3] 이러한 실연들은 '전기 기술자'들이 진행했는데, 모직물을 유리나 호박琥珀 조각에 문질러 정전기를 일으키거나, 조금 더 발전한 경우에는 손으로 플라이휠•을 돌려 유리로 된 물체를 펠트나 모직물에 대고 회전시킴으로써 전하••를 발생시키는 특수 제작 기계를 사용하기도 했다. 그 결과는 때로 기묘했다. 세인트 엘모의 불•••을 유리구 안에 불러낼 수도 있었고, '매달린 소년'으로 알려진 마술에서는 운 나쁘게 발탁된 소년을 천장에 매달아둔 채로 유리관을 비벼 만들어낸 정전하를 통하게 해 깃털 등 가벼운 물체나 금속 조각들이 마법처럼 공기를 가르고 날아와 소년에게 달라붙는 장면을 연출하기도 했다.

결정적인 순간은 1746년, 레이든대학교의 피터르 판 뮈스헨브루크Pieter van Musschenbroek가 전기를 붙잡아두고 저장할 수 있는 방법을 발명함으로써 찾아왔다.[4] 비단실이 발전기와 유리병 사이를 지나가자 물로 채워져 있던 병에 전하가 축적되었던 것이다(얼마 지나지 않아 금속 포일을 빈 병의 내벽과 외벽에 대면 훨씬 더 효율적이라는 사실이 밝혀졌다). 병의 안팎에 연결된 선을 동시에 만지면 병이 순간적으로 방전되면서 엄청난 양의 전기충격이 가해졌다(충전 가능한 양은 3만 볼트가 넘었다). 이 기기의 두 부분을 연결하고 있는 용감한 사람을 다른 누군가가 붙잡으면 그 역시 감전되었다. 이 같은 연쇄작용은 초현실적일 정도로 길게 이어질 수 있었는데, 프랑스 철학자 장 놀레Jean Nollet는 2백 명의 불쌍한 수도승들을 데려다 서로 손을 잡

• 회전하는 물체의 회전 속도를 고르게 하기 위하여 회전축에 달아 놓은 바퀴.

•• 전기 현상을 일으키는 물질의 기본 성질. 이 중 정지상태의 전하를 정전하라고 한다.

••• 지표의 돌출된 부분에서 대기 중으로 방출되는 다소 지속적인 방전 현상.

고 4백 미터가 넘는 긴 줄로 서게 하고는 전기를 방출시켜 전하가 그들을 관통하는 순간 그 많은 사람이 전부 저도 모르게 공중으로 펄쩍 뛰어오르는 장관을 연출함으로써 사람들에게 구경거리를 선사했다.[5]

전기는 각종 마비 증세를 치료하는 데도 활용되었다. 발전기와 일명 라이든병Leyden jar을 들고 영국을 순회하며 아픈 이들을 치료해주던 떠돌이 의사들 가운데는 감리교의 창시자 존 웨슬리John Wesley와 훗날 프랑스 혁명을 이끌었던 장 폴 마라Jean Paul Marat도 있었다. 이 치료법은 일견 매우 성공적이어서 1780년대 이후로는 유럽 병원의 상당수가 발전기와 라이든병을 설치하기도 했다.[6]

그로부터 얼마 지나지 않아 사람들은 전기가 모든 동물의 육체에 영향을 미칠 수 있으며 이는 동물이 죽은 상태여도 성립된다는 사실을 깨닫게 되었다. 1753년, 이탈리아 토리노의 잠바티스타 베카리아Giambatista Beccaria 교수는 '튼튼한 수탉의 넓적다리 근육'에 전기 스파크로 자극을 가하면 격렬한 수축을 유발할 수 있음을 밝혔다.[7] 볼로냐에서는 마르크 칼다니Marc Caldani가 개구리 뒷다리를 떼어낸 뒤 전기가 흐르는 막대를 가까이 대면 "매번 하지 근육이 움직이는 것을 관찰했다. 이는 오로지 전기의 힘만으로 발생한 것이었다"라고 기록했다.[8] 조지프 프리스틀리 또한 전기가 개구리에 미치는 영향을 연구했으며, 라이든병에서 흘러나온 전기가 죽은 동물의 폐를 부풀게 할 수도 있다는 사실을 보여주었다. 그가 어째서 이 주제로 더 많은 실험을 하지 않았는지에 대해 다음과 같이 설명한 것을 보면 이러한 연구자들이 모두 비정한 야만인은 아니었음을 알 수 있다. "나는 두꺼비, 뱀, 물고기 등과 그 밖의 다양한 무혈 동물들에게도 전기충격을 가할 수 있었지만 그러지 않았다. 이는 철학적 발견을 위해 인간성을 비용으로 지불하는 셈으로, 너무나도 비싼 값을 치르는 것이다."[9]

1749년에 데이비드 하틀리는 이처럼 점차 커져가던 전기의 매력과 신경의 기능에 관해 뉴턴이 개략적으로 제시했던 사상을 연관 지어 "전기는 진동 이론과도 다양한 방식으로 연결되어 있다"고 주장했다.[10] 그로부터 6년 뒤, 스위스의 사상가 샤를 보네Charles Bonnet는 한 걸음 더 나아가 "동물혼이 빛이나 전기적 물질과 유사한 성질을 지닌 것은 아닐까" 하고 생각했다. 아마도 현재 우리가 신경이 어떻게 기능하는지 이해하는 데 기초가 되는 '전달'이라는 용어를 최초로 사용한 것도 보네였을 것이다. "신경들은 그저 경탄할 만큼 빠른 이 물질을 전달하기 위해서만 존재하는 실일까?"라고 말이다.[11] 1760년에 보네는 신경이 "신비성과 기동성에 있어 빛에 필적하는 액체"를 담고 있다고 주장하며 다시금 전기와 신경 기능 간의 연관성을 상기시켰다. 다만 그는 자신이 이 같은 주장을 하는 데 근거가 없다는 사실을 분명히 밝히고자 했다.

> 우리는 동물혼의 본질을 알지 못한다. 동물혼은 이를 여과하거나 만들어내는 혈관보다도 훨씬 더 우리의 감각과 기구로는 밝혀낼 수 없는 범위에 있다. 오직 추론을 통해서만 우리는 이 존재를 받아들이고 이들 동물혼과 전기적 액체 사이의 어떤 유사성을 짐작해볼 수 있다. 유사성은 주로 이 액체가 지니고 있는 어떤 비범한 속성에 기초한다. 그 속성이란 특히 이동할 때의 빠른 속도와 자유로움으로, 하나 혹은 그 이상의 실을 따라서, 또는 물줄기를 통해 이동할 때 드러난다.[12]

1750년대 후반을 기점으로 세계에서 가장 오래된 대학이 있던 볼로냐는 신경이 기능하는 데 전기가 어떤 역할을 하는지를 두고 잇달아 벌어진 치열한 논쟁의 주 무대가 되었다. 마르크 칼다니와 펠리체 폰타나Felice Fontana는 자극감수성이 해답을 제시한다는 할러의 관점을 지지한 반면 다른 이들은 전통적인 동물혼에 대한 관념을 옹호하되 보네의 주장에 따라 동물혼이 전기의 형태를 띤다고 여겼다.[13] 이러한 논란이 해소되지 못했다는 사실은 당시의 지식이 교착 상태에 이르렀음을 여실히 보여준다. 여기에서 한 발자국 더 나아가기 위해서는 전혀 다른 종류의 새로운 근거가 절실했다.

## 동물 전기 실험으로 감각의 근원을 파헤치다

일부 어종이 기이한 전기를 발생시킨다는 사실은 수천 년 동안 익히 알려져 있었다. 유럽에서는 전기가오리라고 불리는 작은 가오리가 일으키는 마비 효과에 대해 알고 있었고, 고대 이집트인들은 비슷한 힘을 지닌 전기메기를 그림으로 남겼으며, 아마존 분지에 살던 사람들은 전기뱀장어가 동물을 마비시키는 능력을 가지고 있다는 것을 잘 파악하고 있었다.[14] 하지만 이러한 동물들이 일으키는 극적인 전기충격의 정확한 본질은 알지 못했다. 이에 17세기의 프란체스코 레디Francesco Redi나 18세기의 르네 레오뮈르René Réaumur 등 이 효과를 연구했던 학자들은 물고기의 빠른 움직임이 전기를 발생시킨다고 여겼다.

1757년, 프랑스의 탐험가 미셸 아당송Michel Adanson은 세네갈 민물 메기에게서 나오는 전기 효과가 라이든병에서 만들어지는 것과 같다는 결론을 내렸다.[15] 그로부터 10년 뒤, 박물학자 에드워드 밴크로프트Edward Bancroft는 기아나에 서식하는 마비를 일으키는 뱀장어(사실 엄밀히 말하자면 뱀장어가 아니다)가 생성해내는 전기가 '발전기와 완전히 동일한 방식'으로 낚싯줄을 타고 여남은 명의 사람들에게 연쇄적으로 전달될 수 있다는 사실을 보여주었다. 박물학자 존 월시John Walsh에게서 영감을 받아 물리학자 헨리 캐번디시Henry Cavendish와 해부학자 존 헌터John Hunter가 참여한 전기가오리에 대한 후속 연구들은 이 물고기의 몸 양측 표면에 달린 전기 생성을 담당하는 거대한 구조물이 마치 라이든병과 같은 기능을 함을 밝혀냈다.

1775년에 월시는 결국 전기가오리가 만들어낸 전하에서 스파크를 얻는 데 성공함으로써 실제로 전기가오리의 발전기관이 전기를 생성할 수 있다는 사실을 증명했다. 동물혼이 전기로 이루어져 있을지도 모른다는 가설은 그간 커다란 문제를 마주하고 있었다. 영혼은 분명 신경에만 국한되어 있는 데 반해 전기는 필시 몸 전체에 흘렀던 것이다. 그러던 차에 전기가오리를 통해 전기가 특정 기관에 담겨 있을 수 있다는 것이 밝혀지자 신경 또한 이와 유사한 방식이 가능할 수 있다는 가설이 제기되었다.[16] 프랑스의 물리학자 피에르 베르톨롱Pierre Bertholon은 모든 동물이 "저마다 몸속에 전기를 품고 있다"고 결론을 내렸는데, 호흡이나 혈액순환 등의 움직임으로부터 발생한 마찰이 인공 발전기처럼 작용하여 자체적으로 전기를 생성한다는 것이었다.[17] 아울러 그러한 전기는 신경을 통해 근육을 자극함으로써 모든 움직임의 기반이 된다고 주장했다.

몇 년 뒤, 볼로냐 출신 의사 루이지 갈바니Luigi Galvani는 프리스틀리나 다른 학자들이 30년 전에 했던 연구를 이어 분리된 개구리 다리의 움직임을 통해 라이든병에서 방출된 전기에 동물들이 어떻게 반응하는지 연구하기 시작했다. 그러다 1791년에 천둥이 치는 날 전하를 띤 대기 또한 근육의 수축을 유발할 수 있다는 사실을 우연히 발견하면서 신경이 전기에 극도로 예민한 특성을 가지고 있음을 밝혀냈다.[18] 갈바니의 가장 흥미로운 발견은 전하를 공급할 만한 외부적 요인이 없는 상황에서도 근수축이 일어나는 것을 목격한 일이다. 그보다 1세기 이상 앞서 스바메르담이 메스로 개구리의 신경을 건드리면 신경에 붙어 있던 근육이 수축한다는 것을 밝히며 이를 자극감수성이 작용한 결과라고 설명했던 바 있다. 갈바니 또한 유사한 현상을 발견했는데, 개구리의 근육이 철판 위에 놓여 있고 그에 연결된 신경이 은이나 다른 금속에 닿아 있을 때 수축이 일어난다는 사실을 알아차

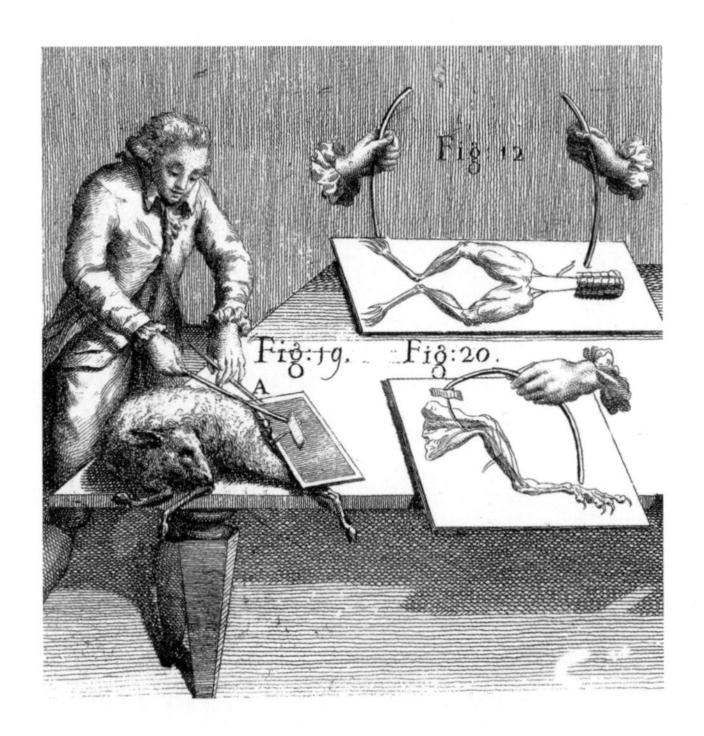


**그림 7** 갈바니의 개구리 다리 실험. 좌측의 인물이 양털을 문질러 정전하를 발생시키고 있다.

린 것이다. 이에 갈바니는 신경에는 일종의 내재적 전기가 흐르고 있으며 이것이 금속을 통해 근육으로 전달된 것이라는 결론을 내렸다.[19] 이 효과는 개구리에만 국한되지 않았다. 1792년 5월, 갈바니는 볼로냐의 성 우르술라 병원에 근무하던 가스파르 젠틸리Gaspar Gentili 교수가 집도하는 팔다리 절단 수술에 참관했다. 수술이 끝난 직후 그가 이 불쌍한 환자의 팔과 다리를 가져다가 '교수와 다른 의사들, 학자들이 지켜보는 가운데' 단순히 금속 포일 조각을 신경에, 은 조각을 근육에 댄 다음 두 개의 금속을 서로 맞닿게 하자 절단된 팔의 손가락이 움직이고 다리 근육이 수축했다.[20]

갈바니는 이러한 실험이 "동물의 몸 대부분에 내재되어 있지만 근육과 신경에서 가장 두드러지게 나타나는" 이른바 동물 전기animal electricity의 존재를 보여주며, 이는 전기가오리나 다른 유사한 어종에서 관찰할 수 있는 전기와 근본적으로 같은 것으로서 피질에서 생성된 뒤 혈액에서 추출되어 신경으로 들어간다고 주장했다.[21] 어떤 의미로는 이전과 별로 달라진 점이 없었다. 수백 년 전 동물혼이 어떻게 생겨나는가에 관한 생각과 유사했기 때문이다.

신경의 전기가 어떻게 근육을 수축시키는지는 갈바니도 증기 혹은 자극감수성에 의한 것이 아닐까 짐작만 할 뿐 선뜻 답하지 못했다. 이렇듯 가장 단순한 움직임조차 어떻게 발생하는지 이해하지 못했음에도 갈바니는 세상 그 무엇보다 복잡한 문제에 대한 답을 제시하기에 나섰다. 바로 마음과 움직임 사이의 연결성에 대한 문제 말이다.

> 어쩌면 마음은 아주 쉽게 생각할 수 있듯 그 경이로운 힘으로 대뇌나 대뇌 외부의 어느 신경으로든 향하는 추동력을 만들어내며, 이에 상응하는 근육에서부터 앞서 추동력을 불러들인 부위의 신경까지 신경전기적 액체가 재빠르게 흘러들어가도록 하는 것일지도 모른다.[22]

1793년에는 토리노의 의사 유세비오 발리Eusebio Valli가 동물 전기라는 새로운 개념이 해묵은 동물혼을 대체했다고 주장하며 갈바니의 주장을 열렬히 지지하고 보충했다.[23] 발리는 신경이 전기에 기반하여 기능한다면 전기가오리의 전기 기관과 마찬가지로 다른 조직과는 완전히 차별화된 특별한 구조물을 갖추고 있어야 마땅하다는 사실을 깨달았다. "뇌, 척수 그리고 신경은 특정한 구조를 갖추고 있으며, 이들 내부의 전기적 양상은 바로 여기에 달려 있다"고 말이다.

그로부터 몇 개월 뒤, 에든버러의 의사 리처드 파울러Richard Fowler가한 가지 문제점을 지적했다. 갈바니가 제안한 동물 전기 효과는 신체조직이 두 개의 각기 다른 금속에 닿아 있을 때에만 발생하는 듯하다는 것이었다.[24] 이러한 비판점은 이탈리아 파비아대학교 소속 알레산드로 볼타Alessandro Volta가 진행하던 연구의 핵심이기도 했는데, 그는 단지 두 가지 다른 금속에 닿기만 해도 약한 전류가 발생해 개구리의 근육을 수축시킬 수 있음을 증명했다. 아울러 실험에서 관찰한 근수축은 그저 두 가지 금속에 닿아 발생한 전기자극에 대한 반응일 뿐이라며 동물들의 체내에서 전기가 발생한다는 사실을 발견했다던 갈바니의 주장을 즉시 반박했다.[25]

볼타의 비난에 기분이 상했던 갈바니는 자신의 조카 지오바니 알디니Giovanni Aldini와 함께 실험을 통해 금속의 접촉은 일절 없이 겉으로 노출된 근육에 신경이 닿게 하기만 해도 근수축이 일어날 수 있음을 보여주었다. 이 같은 결과는 2년 뒤 알렉산더 훔볼트Alexander Humboldt에 의해서도 확인되었다.[26] 볼타는 이에 눈 하나 깜짝하지 않고 이 경우에도 조직 외부의 액체 등 어떤 외부 요소가 근수축을 일으키는 데 관여하고 있다고 주장했다.[27] 볼타에 의하면 육체는 철저히 수동적이며 이른바 혼합 물질들 간의 상호작용에 의해 알 수 없는 방식으로 생성된 외부의 전기자극에 반응하는 것일 뿐이었다.

이는 그렇게 틀린 말은 아니었다. 지금이야 갈바니가 맨 처음 두 개의 금속을 가지고 진행한 실험의 결과는 두 가지 종류의 금속이 지닌 각기 다른 전자친화도•가 전류를 발생시켰기 때문이며, 갈바니와 훔볼트가 금속을 사용하지 않고 진행한 실험은 손상된 조직이 신체 다른 부위에 비해 음전하를 띰으로써 전류가 흐르게 되는 손상전류를 발생시켰기 때문이라는 사실이 알려져 있다.[28] 하지만 갈바니가 동물의 체내에 일종의 전기가 있

• 진공 중에 떨어져 있던 중성원자와 전자가 접근하여 결합할 때 방출되는 에너지.

다고 주장했던 것은 근본적으로 옳았으며, 그가 흐트러진 평형상태disturbed equilibria라고 칭했던 현상은 전류를 흐르게 하는 기본 바탕이었다. 이에 대한 보다 깊이 있고 명확한 설명은 근 150년이 흐르고서야 등장했는데, 바로 체내의 전하가 화학적 원리에 기반한다는 사실이었다. 신경은 전기화학적으로 신호를 전달했던 것이다.

이 같은 실험들이 동물의 움직임이 발생하는 원리를 밝혀냈다는 데 대해 모든 사람이 납득한 것은 아니었다. 1801년 영국의 의사 이래즈머스 다윈Erasmus Darwin(찰스 다윈의 할아버지)은 다음과 같은 글을 남겼다. "나는 최근 갈바니와 볼타, 그리고 다른 학자들이 발표한 실험들이 근섬유를 수축시키는 동물혼과 전기적 액체 사이의 유사성을 보인 결정적인 근거라고 생각하지 않는다."[29] 그러나 새로운 실험들이 등장하며 이 문제가 일단락되자 다윈은 곧 자신이 오히려 소수파에 속해 있음을 깨닫게 되었다.

새로운 통찰은 볼타가 동물들이 내재적으로 전기를 발생시킨다는 사실을 뒷받침하는 가장 강력한 논거를 집중적으로 탐구해보기로 마음먹으면서 이루어낸 대단히 혁명적인 발견 덕분에 생겨났다. 바로 전기가오리의 전기충격에 관한 연구였다. 1799년 가을, 영국의 화학자이자 발명가였던 윌리엄 니콜슨William Nicholson이 제안한 개념들에 따라 볼타는 전기가오리의 전기 기관이 가지고 있는 반복적인 구조가 발전 능력의 원천인지를 연구하기 시작했다.[30] 이 같은 가설을 시험하기 위해 볼타는 전기가오리의 해부학적 구조를 본떠, 희석한 산성 물질에 적신 판지 조각들과 함께 아연판과 구리판들을 번갈아 배치한 인공 전기 기관을 만들어냈다. 이는 원판 더미를 쌓아올렸다는 의미에서 파일pile•이라고 불렸는데, 해당 용어를 그대로 사

• 차곡차곡 쌓은 더미라는 뜻.

용하는 프랑스어와 달리 영어로는 현재 '배터리'◆라고 부른다.

놀랍게도 이 기기는 내부 부품들 간의 상호작용을 통해 지속적으로 흐르는 전류인 직류를 생성했다. 갈바니와 볼타의 논쟁이 새로운 에너지원의 발견으로 이어진 것이다. 이 중대한 발견은 1800년 3월 그가 영국왕립학회에 보내는 편지를 통해 세상에 알려졌고, 같은 해 6월 정식으로 발표되었다.[31] 그렇게 화학적 전기의 시대가 열렸으며, 곧 전 유럽의 물리학자와 화학자들이 자신들의 연구에서 배터리를 사용하여 새로운 형태의 힘을 실연함으로써 대중들을 매료시켰다. 험프리 데이비Humphry Davy의 그 유명한 런던에서의 강연처럼 말이다. 1812년에는 어느 십 대 소녀도 데이비의 극적인 전기 실연 중 하나에 참석한 듯하다. 그녀의 이름은 메리 고드윈Mary Godwin이었는데, 사람들에게는 결혼한 뒤의 이름인 메리 셸리로 더 잘 알려져 있다.[32]

영국왕립학회에 보낸 편지에서 볼타는 근육으로부터 나오는 어떠한 전하도 없는 상태에서도 외부에서 가하는 전기의 힘만으로 신경을 자극할 수 있다는 사실을 묘사하면서, 인공 전기 기관을 머리의 다양한 부위에 연결함으로써 어떻게 혀에서 미각이 느껴지고, 눈에서 빛이 보이며, 귀에서 소리가 들리게 만들 수 있는지 설명했다. 인위적으로 자극할 수 없는 단 한 가지의 감각은 후각이었다. 콧속으로는 전류를 흘려보내봤자 단지 따끔한 감각만을 야기할 뿐이었다.◆◆ 주목할 점은 볼타가 신경들이 실제로 어떻게 기능하는지에 관해서는 다루지 않았다는 사실이다. 그는 전기에 대한 반응

◆ 하나 예외가 있다면 '원자로 파일'인데, 핵반응로에서는 여전히 파일이라는 용어를 사용한다. '원자로 배터리'는 아무래도 어감이 어색하다.

◆◆ 볼타가 코에서 아무런 효과를 관찰하지 못했던 것은 후각세포를 제대로 자극하지 않았기 때문이었는데, 후각세포는 두개골의 맨 아랫부분에 달려 있어 비강 내에서도 약 눈높이 정도로 상부에 위치한다. 절대 집에서 따라해서는 안 된다.

이 언제나 외부 자극에 의한 것이라고 주장했는데, 그 같은 자극이 없을 때 어떻게 신경들이 기능할 수 있는지는 설명하지 않았다. 이에 갈바니는 평소 상태의 뇌가 신경을 통해 어떤 식으로든 전하를 방출한다고 주장했고, 볼타는 아무런 말도 할 수가 없었다.

## 인체로 옮겨온 전기자극 실험

볼타는 1827년까지 살았으나 이 시점 이후로는 동물 전기 연구에 있어 더 기여한 바가 없다. 하지만 다름 아닌 볼타가 발명한 배터리 덕분에 체내 전기의 중요성을 역설했던 갈바니의 생각들이 그의 조카 겸 공동 연구자였던 알디니와의 연구를 통해 유명세를 타게 되었다는 사실은 희대의 아이러니다. 19세기 초엽, 알디니는 여러 유럽 도시를 돌며 일련의 섬뜩한 실험들을 진행했으니, 바로 볼타의 배터리를 사용해 전기가 동물의 몸, 특히나 인간의 사체를 움직이게 만드는 힘이 있음을 보여주는 충격적인 실험이었다.[33] 그중 가장 널리 알려진 사건은 1803년 1월 런던에서 아내와 아이를 수로에 빠뜨려 죽인 혐의로 한 시간 전에 교수형을 당한 조지 포스터George Forster의 시신을 대상으로 했던 것이었다.[34] 영국왕립외과대학의 몇몇 의사들이 보는 앞에서 알디니가 사체의 머리에 전극을 부착하자 포스터의 왼쪽 눈이 떠지고 얼굴이 일그러졌다.[35] 〈타임스〉에는 다음과 같은 짤막한 기사가 실렸다. "이후 이어진 절차에서는 오른손이 번쩍 들어 올려져 주먹을 꽉 쥐었으며 다리와 넓적다리가 움직였다. 무지한 목격자들에게는 이 비참한 남자가 금방이라도 다시 생명을 되찾으려는 것처럼 보였다."[36]

전 유럽에서 행해졌던 알디니의 실험은 산전수전을 다 겪고 무감각해질 대로 무감각해진 의료계 종사자들조차 경악시켰는데, 라이든병의 일회성 전기충격이 야기한 짧은 경련과는 완전히 다르게 배터리에서 흘러나오는 직류는 마치 살아 있는 사람의 움직임처럼 괴이하고 조직화된 행동을 만들어냈기 때문이다. 이는 전기가 단순한 자극원이 아니라 실제 복합적인 행동의 신경적 근원이라는 사실을 시사했다.[37] 실험에 대한 알디니의 설명도 대체로 괴기스럽고 불쾌했다. 그나마 덜 자극적인 예를 두 가지 소개하자면 다음과 같다. 그가 동물실험에서 죽은 소의 머리에 전류를 흘려보내자 "소가 네 다리 모두를 어찌나 격렬하게 움직였던지 지켜보던 몇몇 관중들이 매우 놀라 조금 거리를 두고 뒤로 물러나 있는 편이 현명하리라 판단할 정도"였으며, 목이 잘린 소의 몸에 전류를 흘려보냈더니 횡격막이 급격히 수축하고 배설물이 흘러나왔다.[38] 파리국립연구원은 프랑스에서 진행했던 실험을 이 같이 보고했다.

> 개의 잘린 머리를 두고 알디니는 강력한 배터리를 작동시킴으로써 가장 끔찍한 경련을 일으켰다. 머리가 잘린 개는 입을 벌렸고, 이를 갈았으며, 눈알은 궤도를 그리며 데굴데굴 굴렀다. 이성과 성찰이 상상력을 제한하지만 않았더라면 그를 목격한 이들은 아마도 이 동물이 되살아나 고통스러워하고 있다고 믿었을지도 모른다.

알디니의 실험들이 모두 이토록 비도덕적이고 비정했던 것은 아니었다. 그는 전기자극을 가해 매미를 울게 하거나 반딧불이가 빛을 발하게 만들기도 했으며, 이 기술을 활용하여 "곤충의 기관에 대한 보다 정밀한 지식을 얻는 일"이 가능하지 않을까 생각하기도 했다. 그의 혜안은 그 뒤로도 거의 200년 동안 결실을 맺지 못했지만 말이다. 또한 배터리를 이용한 선구적인 치료도 시행했다. 그는 '깊은 우울감'에 시달렸던 루이 란자리니Louis Lanzarini라는 27세 농부의 사례를 소개했다. 처음에는 얼굴에, 그 다음에는

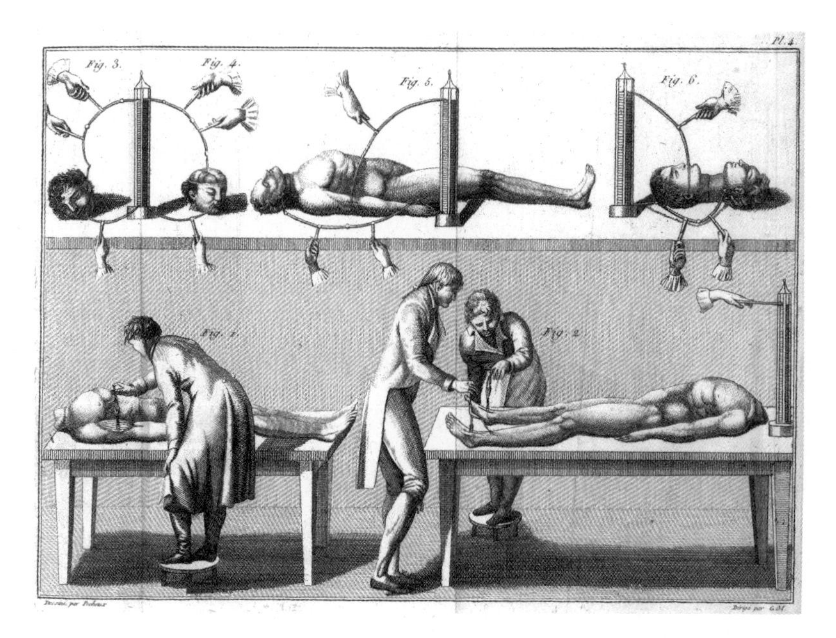


**그림 8** 전기가 인체에 미치는 영향을 살펴본 알디니의 실험.

두개골에 전기충격 요법을 받은 뒤 란자리니의 증상은 차츰 완화되었다. 그 후로도 몇 달간 환자를 추적 관찰한 알디니는 그가 "아주 건강하며 정상적인 활동을 영위"할 수 있게 되었다고 보고했다.[39]

알디니는 프랑켄슈타인과는 거리가 멀었지만 그와 달리 이에 제법 근접한 사람들도 있었다. 독일의 의사 카를 아우구스트 바인홀트Karl August Weinhold는 두 가지 종류의 금속을 통해 발생시킨 전기가 실제로 생명을 되살릴 수 있다는 주장을 펼치며 메리 셸리의 걸작에나 나올 법한 터무니없는 실험들을 진행했다.[40] 심약한 독자들은 다음 단락을 건너뛰기 바란다.

1817년 출간된 《생명체와 그를 이루는 근본적인 힘에 대한 실험Versuche über das Leben und seine Grundkräfte》이라는 제목의 책에서 바인홀트는 각기 다른 금속들이 마치 인공 뇌처럼 작용할 수 있다고 서술했다. 그는 책에서 살아 있는 새끼고양이의 뇌를 적출한 뒤 아연과 은을 텅 빈 두개골 안에 삽입하자 고양이가 움직이기 시작했으며, 20분간 "머리를 들어올려 눈을 뜨고 멍한 표정으로 똑바로 앞을 바라보며 기기 위해 애를 쓰다가 수차례 넘어지고 다시 일어서기를 반복하더니 각고의 노력 끝에 절룩거리며 몇 발짝 돌아다니고는 지쳐 쓰러졌다"고 주장했다.[41] 바인홀트는 이를 프랑켄슈타인 스타일로 "완전한 물리적 생명을 창조"해낼 수 있음을 보인 것이라고 결론지었다.[42] 하지만 이 모든 내용을 너무 곧이곧대로 믿어서는 곤란하다. 그로부터 수십 년 뒤, 젊은 독일계 의사 막스 노이베르거Max Neuberger는 바인홀트의 연구가 "괴상하기 짝이 없다"며 그의 실험을 두고 "그 자신만의 생각과 관찰에 대한 판타지를 분명히 보여주는 것"이라고 말하기도 했다.[43] 노이베르거가 이렇듯 비웃었던 이유는 단순하다. 바인홀트의 주장이 실현 불가능했기 때문이다.

그토록 극적이면서도 의심스러운 근거에도 불구하고, 아니 사실 오히려 그러한 실험 결과들 덕분에 뇌가 기능하는 데 있어서 전기가 핵심적인 역할을 한다는 개념이 보편화되었다. 1805년, 독일의 화학자이자 물리학자였던 요한 리터Johann Ritter가 동물혼과 갈바니가 관찰했던 동물 전기가 기능적으로 동일한 것이라고 내린 결론에 수많은 사상가들이 동의했다.[44] 갈바니즘으로 알려진 현상을 실질적으로 입증하는 것이 일종의 오락거리로 자리 잡으면서 대중들은 곧 이러한 관념에 마음을 빼앗기게 되었다. 일례로 1804년 9월 28일, 〈타임스〉는 런던의 라이시엄 극장에서 있을 하디 씨Mr. Hardie의 강연 소식을 알렸다. 그는 자신의 강연에서 "해부된 동물들의 떨어져나간 네 다리가 기고, 차고, 뛰어오르는 등의 동작들을 하게 만들 것이다. 몸통에서 분리된 지 오랜 시간이 지난 양이나 소 그리고 그 밖의 대형 동물들의 머리가 냄새를 맡고, 물어뜯고, 씹고, 삼키고, 마시는 것 외에도 다른 여러 가지 수의운동들을 할 것"이라고 장담했다.

신경과 뇌가 어떻게 기능하는지에 관한 이 같은 발견들의 중요성은 《브리태니커 백과사전》 1827년판을 통해 대중들에게 알려졌다. 훗날 자신의 이름을 딴 유의어 사전 《로제스 시소러스Roget's Thesaurus》를 저술한 의사 피터 마크 로제Peter Mark Roget는 신경의 기능이 "자연계에서 우리가 알고 있는 그 어떠한 현상보다도 전선을 타고 흐르는 전기적 힘의 전달 방식과 닮았다"고 설명했다.[45] 이와 유사한 사상들이 19세기 영국에서 홍했던 자기 개선 운동Self-improvement을 통해 널리 퍼졌다. 1832년에는 급진주의 논설가 로버트 칼라일Robert Carlile◆과 '정신적 결혼', 즉 사실혼 관계라고 밝혀 세상을 시끄럽게 했던 엘리자 샤플스Eliza Sharples라는 젊은 여성이 칼라일 소유의 런던 블랙프라이어스 원형극장에서 고대 신화에 등장하는 다양한 인물처럼 분장하고 연속 강연을 열기도 했다.[46] 1832년 3월에 있었던 '원형극장 안주인의 일곱 번째 강연'에서 샤플스는 청중들에게 뇌는 그저 "심장에 박동을 가하고 신체에서 일어나는 모든 현상들을 책임지는 배터리"일 뿐이라고 설명했다.[47]

당시 보통 사람들이 뇌와 마음 그리고 전기 사이에 관련이 있다는 사실을 알고 있었다는 가장 강력한 근거는 아마도 폭넓은 독자층을 자랑하던 19세기 중반의 대중과학 서적 《창조의 자연사적 흔적Vestiges of the Natural History of Creation》에 그러한 정보가 등장했다는 사실일 것이다.[48] 1844년에 익명으로 출간된 이 책은 스코틀랜드의 작가 겸 지질학자였던 로버트 챔버스Robert Chambers가 쓴 것으로, 전 세계적인 베스트셀러가 되었다. 자신의 주장을 뒷받침하는 근거로 새끼고양이 실험에 대한 바인홀트의 엉터리 묘사를 인용

◆ 1819년에 칼라일은 맨체스터에서 벌어졌던 피털루 학살을 대중들에게 알리는 데 핵심적인 역할을 했다. 그의 글은 메리 셸리의 유명한 시 〈혼돈의 가면극The Masque of Anarchy〉의 밑거름이 되기도 했다.

하기는 하지만 어쨌든 뇌에 관해 다루는 절에서는 "뇌와 갈바니의 배터리 사이의 절대적인 동질성"을 똑똑히 강조했다.[49] 챔버스는 만약 뇌가 하나의 배터리라면 생각이란 일개 전기의 작용일 뿐이며, "만약 정신작용이 전기적인 것"이라면 그 속도를 측정하는 일도 가능하리라고 주장했다. 가장 정확한 계산 결과에 의하면 빛의 속도 값은 초속 30만 킬로미터가량이라고 알려져 있는데, 이로 미루어 챔버스는 전기의 속도 및 그에 따른 정신작용의 속도 또한 그와 근사하리라고 추정할 수 있었다.[50]

## 신경의 활동 속도를 측정하다

신경 활동과 전기 사이의 연결성에 대한 의견은 점차 일치해가고 있었던 데 반해 이 같은 관점을 지지할 실험적 근거는 현저하게 부족했다. 신경 활동과 근수축에 전기가 어떤 역할을 하는지에 관해 근 반 세기 동안 연구를 지속했음에도 불구하고 누구 하나 신경을 타고 이동하는 것이 전류뿐이라는 사실을 증명하지 못했으며, 그러한 전류의 전도가 어떻게 이루어지는지를 설명할 수 있는 이도 전무했다. 프랑스 의사 프랑수아 아킬레 롱게 François-Achille Longet가 1842년에 남긴 말처럼 그야말로 "신경 내에 전류가 흐른다는 가설을 지지할 만한 어떠한 직접적인 증거도 없었다."[51]

결정적인 결론을 도출하는 과정에서 겪어야 했던 어려움은 오락가락하는 실험 결과들로 인해 전기와 신경 활동 간의 관련성 여부를 두고 계속해서 이리저리 마음을 바꿔야 했던 이탈리아의 생리학자 카를로 마테우치 Carlo Matteucci의 연구물에도 잘 드러나 있다. 1838년에 마테우치는 전류의 세기와 방향을 측정하는 검류계를 이용해 근육의 수축을 연구하던 중 근수축이 언제나 전류의 흐름과 관련되어 있다는 사실을 발견했다.[52] 그리고 그로부터 4년도 지나지 않아 복합적인 실험 결과를 마주한 마테우치는 입장을 뒤집어 전기가 수축의 원인이 아니며 근수축은 신경성 힘이라고 불리는 다른 무엇인가에 의해 일어나는 것이라고 주장했다.[53] 1840년대 말에 이르자 새롭게 드러난 실험적 증거로 인해 그는 이제 "이러한 수축의 원인은 명백히 전기적인 현상에 있다"고 다시금 견해를 수정해야 했다.[54] 해당 분야에서 가장 뛰어난 연구자가 이처럼 손바닥 뒤집듯 의견을 바꾼 사건 때문에 결국 그 어떤 설명도 신뢰를 얻지 못했다.

돌파구는 19세기의 가장 위대한 과학자 가운데 하나였던 독일 베를린대학교의 요하네스 뮐러Johannes Müller로부터 영향을 받은 어떤 연구 결과와 함께 찾아왔다.[55] 뮐러는 신경 활동의 본질과 마음 및 지각 간의 연관성에 특히 관심이 많았는데, 이십 대 중반에는 특정한 유형의 신경을 자극하면(예컨대 안구를 압박함으로써 망막에 있는 신경에 자극을 가하면) 자극의 물리적인 속성(이 경우에는 압력)이 아닌 해당 신경이 평소 주고받는 감각의 형태(시각)로 지각된다는 사실을 알아차리기도 했다. 뮐러는 이를 '특수 신경 에너지의 법칙'이라고 칭하며 각각의 말초신경이 이와 연결된 감각기관이 무엇이냐에 따라 특정한 유형의 에너지를 전달한다고 여겼다.

뮐러가 이러한 입장을 취했던 이유 중 하나는 그가 신경이 전기를 전달한다는 사실을 받아들이지 않았기 때문이었다. 대신 그는 유기체들이 생명을 유지시켜주는 '생기vital principle'를 품고 있으며 그것이 마음이 기능하고 행동을 만들어내는 데 관여한다고 여겼다. 이러한 생기론적 관점은 낭만주의 운동이 한창이던 19세기 초반 유럽에서 보편적인 사상이었으며, 메리 셸리의 《프랑켄슈타인》에 기여한 여러 맥락적 요소들 중 하나이기도 했다. 뮐러의 눈에는 유기체 안에 전기가 존재한다는 모든 이야기가 그저 비유적인 것으로 비쳤다.

그러므로 신경 내부의 전류에 대해 이야기한다는 것은 신경 활동의 원리를 빛 또는 자성과 비교하는 것만큼이나 상징적인 것이다. 신경의 원리가 지닌 본질에 있어 우리는 빛이나 전기의 본질을 대할 때만큼 무지하나, 그 속성에 있어서는 빛과 여타 헤아릴 수 없는 힘에 대한 것만큼 잘 파악하고 있다.[56]

뮐러는 신경 활동의 본질에 대해 확신이 없을 뿐만 아니라 그 빠른 속도 탓에 신경 활동을 완전히 이해하기란 불가능하다고 생각했다. "우리는 어쩌면 영원히 신경 활동의 속도를 측정할 힘을 손에 넣지 못하리라. 빛의 경우와 달리 광활한 공간을 통해 전파되는 양상을 비교할 기회가 없는 까닭이다"라고 말이다.

1858년, 자살로 57세에 생을 마감한 뮐러는 학자로서의 경력은 비교적 짧았지만 19세기 과학계의 가장 위대한 학자로 손꼽히는 몇몇 인물들을 비롯하여 놀랄 정도로 많은 수의 명석한 학생과 연구자들의 주목을 받았다. 여기에는 헤르만 폰 헬름홀츠Hermann von Helmholtz나 에른스트 헤켈Ernst Haeckel과 같은 거물들은 물론, 상대적으로 덜 알려졌지만 마찬가지로 중요한 인물인 루돌프 피르호Rudolf Virchow와 에밀 뒤부아 레몽Emil du Bois-Reymond도 포함되어 있었다.[57] 뮐러로 인해 물리학의 방법론과 관점을 생리학 연구에 적용하려는 의욕이 고취된 이 청년들은 제자들이 스승의 오류를 바로잡는 데 힘쓰는 학계의 오랜 전통에 편승했다. 뮐러의 생기론을 부정하고 일관되게 유물론적 접근을 지지했던 것이다. 뒤부아 레몽과 에른스트 브뤼케Ernst Brücke는 1842년에 자신들이 쓴 성명서에서 표현했듯 "유기체 내부에는 물리학과 화학에 공통적으로 존재하는 힘 외의 다른 힘은 운용되지 않는다"고 믿었다.[58]

1841년에 뮐러는 뒤부아 레몽에게 신경에서 전기의 역할에 관해 자신과 반대되는 결과를 내놓은 마테우치의 연구를 조사해보고 만약 가능하다면 신경 활동의 진정한 본질을 알아내라고 지시했다. 1840년대 말에 이르러 뒤부아 레몽은 신경이 기능하는 방식에 신비롭다고 할 만한 점이 전혀 없다는 사실을 증명했다. 정말로 전기를 바탕으로 이루어졌던 것이다. 그는 자신이 활동전류라고 칭했던 전기의 흐름이 신경을 타고 흐른다는 사실과 더불어 조직들이 분극화되어 음전하를 띤 입자와 양전하를 띤 입자 모두가 각기 다른 비율로 존재한다는 사실을 밝혀냈다. 그의 주장에 따르면 활동전류의 핵심이 되는 특성은 극성의 변화로 인해 전류의 흐름이 발생하는 음성 변동negative variation이었다. 비록 여러 세부 사항에 오류가 있었음이 밝혀지기는 하지만 뒤부아 레몽은 1848년, 《프랑켄슈타인》의 문체를 차용하여 "나는 전기를 이용해 물리학자와 생리학자들이 백 년 동안 꿈꿔왔던 신경 물질의 정체를 생생하게 구현하는 데 성공했다"고 주장했다.[59]

모든 이가 그의 의견에 동조한 건 아니었다. 40여 년이 흐른 뒤에도 일각에서는 여전히 맹렬한 논쟁이 이어졌는데, 1886년에는 미국 하버드 의과대학의 학장이었던 헨리 바우디치Henry Bowditch가 뒤부아 레몽의 주장에 반박하는 논문을 〈사이언스Science〉에 싣기도 했다. 이때 바우디치가 제시한 근거 중의 하나는 매듭이 지어진 신경은 근육을 자극할 수는 없어도 여전히 전기를 전달할 수는 있다는 사실이었는데, 이는 당시 널리 알려져 있었지만 실제로는 오해에서 비롯된 것이었다.◆ 또한 그는 신경에서 전하가 생성된다면 응당 열이 발생할 터인데 정밀한 실험 측정 결과 그러한 현상은 발견되지 않았다고 주장했다. 이에 바우디치는 신경 활동에 전기가 관여하고 있지 않다고 확신했으며, 그 대신 다시 예전 사상으로 되돌아가 "길게 늘어진 줄을 타고 소리가 전달될 때와 마찬가지로 신경성 힘도 일종의 진동 작

◆ 이러한 현상은 신경 외부에 존재하는 전도성 액체로 설명이 가능하다.

용에 의해 분자에서 분자로 전달된다"고 주장했다.[60]

뮐러의 또 다른 제자였던 헤르만 폰 헬름홀츠는 뮐러가 측정 불가능하다고 여겼던 신경충동•의 속도를 연구했다.[61] 1849년에 헬름홀츠는 개구리 다리 한쪽 끝에 회로 차단기를 부착한 기구를 고안해냈다. 근육이 수축하면 회로가 차단되어 검류계에 표시된 측정값의 변화를 통해 자극이 주어지고부터 회로가 차단될 때까지 경과한 시간을 알 수 있게끔 설계된 장치였다. 덕분에 신경의 길이에 기초한 간단한 산수만으로 전달 속도를 계산해내는 일이 가능해졌다. 그렇게 측정된 속도는 놀라울 만큼 느렸다. 무려 소리의 전달 속도보다도 느렸으며, 뮐러나 《창조의 자연사적 흔적》의 저자가 상상했던 빛의 속도에는 터무니없이 못 미치는 수치였다. 신경 내에 존재하는 전기가 어떤 형태였든 간에 전선을 타고 흐르는 전기와는 전혀 다른 방식으로 작용하는 듯했다. 이 놀라운 결과를 분명히 확인하기 위해 헬름홀츠는 피험자들에게 가벼운 전기충격을 느끼면 알려달라고 일렀다. 그러고는 전기충격을 가한 지점으로부터 뇌까지의 거리를 계산해 감각신경의 활동 속도가 초당 약 30미터라는 사실을 알아냈다. 결국 그는 인간의 운동신경도 이와 유사한 속도로 반응한다는 것을 밝혔다. 그에 더해 헬름홀츠는 이렇게 신경을 타고 전달되는 것을 묘사하기 위해 새로운 용어를 만들어냈으니, 바로 우리가 오늘날까지도 쓰고 있는 활동전위••다.

이토록 놀라울 정도로 느린 속도에는 두 가지 문제점이 있었다. 첫째, 헬름홀츠가 깨달았듯 이는 지각에 영향을 미칠 수 있었는데 뇌가 이미 지나간 사건에만 반응할 수 있음을 의미하기 때문이었다. 헬름홀츠는 이에 대해 현실 세계에서는 그렇게 큰 문제가 되지 않는다고 일축했다. "다행스

• 자극에 따른 신경 반응.

•• 세포가 활동할 때 일어나는 전압의 변화.

럽게도 우리의 감각-지각이 뇌에 도달하기까지 가로질러야 하는 거리가 짧은데, 만약 그렇지 않았다면 우리의 의식은 언제나 현재에 한참 뒤처져 있었을 것이다"라고 말이다.[62] 그러나 헬름홀츠의 자신만만함에도 불구하고 우리가 아무리 찰나일지언정 실제로 과거에 살고 있다는 사실에는 변함이 없다. 우리는 결코 세상을 즉각적으로 지각하지 못한다.

두 번째는 보다 근본적인 문제이다. 어째서 신경 내의 전기적 활동 속도가 전선의 전기보다 느린지 설명이 필요했다. 뒤부아 레몽과 헬름홀츠는 신경계가 물리적 원리에 따라 기능한다는 사실을 밝히기는 했으나 신경의 전기적 활동이 어떻게 전파되는지를 보여주지는 못했다. 헬름홀츠는 19세기의 다른 수많은 사상가들처럼 신경계에 비유할 만한 가장 명확한 기술적 대상이 당시 유럽 전역으로 확산되고 있던 전신망이라고 여겼다.◆ 확실히 둘 사이의 관련성은 단순한 비유 차원이 아니었다. 헬름홀츠를 비롯한 초기 신경생리학자들은 신경 활동에 관한 실험에서 실제로 전신기를 활용하기도 했다.[63] 1863년에 헬름홀츠는 그 같은 유사성을 도출하며 신경이 전신줄과 같이 온갖 다양한 기능을 이끌어낼 수 있다고 지적했다.

> 신경은 흔히 전신줄과 비교되곤 한다. (…) 이제 더는 사용하지 않는 여러 도구들에 비유하자면 우리는 전보를 보내고, 벨을 울리고, 지뢰를 폭발시키고, 물을 분해하고, 자석을 움직이고, 철이 자성을 띠게 만들고, 빛을 발생시키는 일 등을 할 수 있다. 신경을 통해서도 마찬가지다.[64]

◆ 이 비유는 양방향 모두 성립했다. 신경계가 전신과 유사하다고 묘사되었을 뿐만 아니라 전신 시스템 또한 국가의 신경계로 묘사되었던 것이다. 당시의 말을 빌리자면 전신망과 신경 모두 거의 즉각적으로 지식을 주고받았으며, 둘 모두 사람들이 행동을 실행에 옮기도록 해주었다.

전신기는 불가능했지만 신경은 할 수 있었던 것은 감각과 지각을 만들어내는 일이었으나, 어떻게 그러한 일이 일어났는지는 알 수 없었다.

## '배터리 이론'으로 탐구한 인간 마음의 원리

이제는 잊히고 말았지만 뇌와 생각 그리고 전기의 관련성을 탐구하려는 19세기 중반의 시도 가운데 가장 영향력이 큰 연구는 뛰어난 박식가이자 발명가였던 알프레드 스미Alfred Smee의 업적이었다. 스미는 22세에 잉글랜드은행 소속의 외과의사(그만을 위해 특별히 신설된 직책이었다)라는 한직에 가까운 직무를 맡았고, 다음 해에는 영국왕립학회 회원으로 선출되었다. 그는 진딧물이 감자에 입히는 병충해부터(이로 인해 드루어리레인 극장의 팬터마임 공연에서 그의 이름이 언급되기도 했다) 새로운 형태의 배터리를 발명하는 일까지 관심사의 폭이 매우 넓었으며, 19세기 중반에는 전기를 활용해 감각부터 기억까지 뇌의 모든 기능을 설명하기도 했다.[65] 1849년에 출간된 《전기생물학의 기초Elements of Electro-Biology》에서 스미는 뇌가 수십만 개의 아주 작은 배터리로 구성되어 있으며 그 각각이 특정 신체 부위와 연결되어 있다고 주장했다. 그의 주장에 따르면 욕구는 단지 뇌 안의 전하가 발현된 결과일 뿐이었고, 욕구가 충족되고 전하가 방출되고 나면 배터리가 재충전되어 다시 욕구를 느낄 수 있게 될 때까지 일정 시간이 소요되었다.[66] 나아가 그는 자신의 이론을 마음의 본질에도 적용하여 관념과 의식이 뇌 안에 존재하는 배터리가 다양한 방식으로 결합된 결과물이라는 개념을 제시했다.[67]

스미는 다작가였으며, 1년 뒤에는 《본능과 이성Instinct and Reason》이라는 책을 통해 자신의 이론을 대중에게 알렸다. 그가 제시한 개념 중 일부는

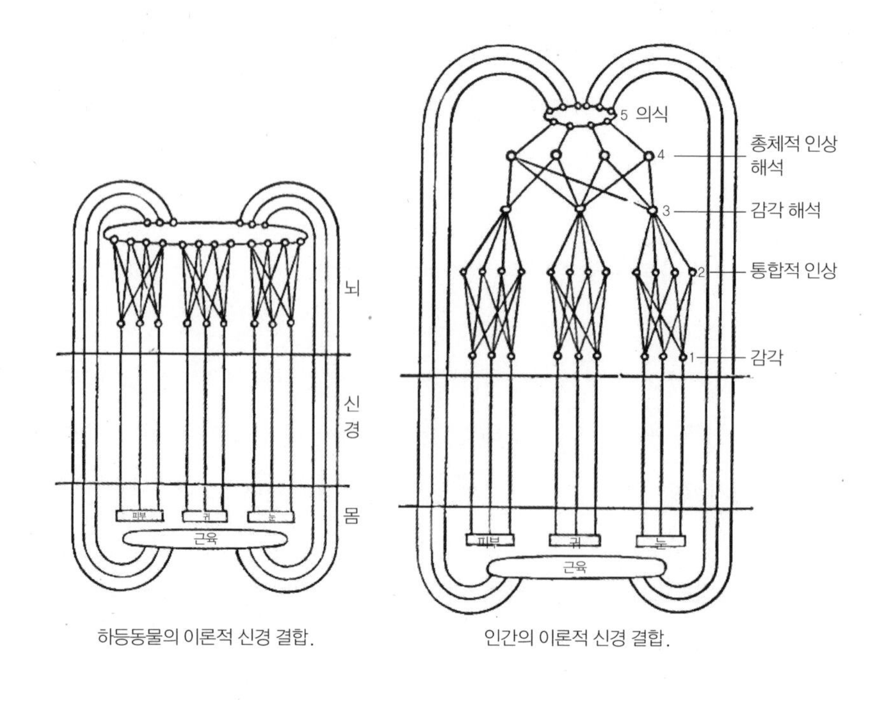


**그림9** 동물과 인간의 뇌를 비교한 스미의 도식.

놀라울 만큼 시대를 앞서갔다. 일례로 스미는 "신경에 쏟아지는 빛이 신경에서 뇌로 향하는 전류를 좌우한다"는 가정에서 시작하여 "광전지 회로와 신호를 주고받는 여러 개의 관"을 한데 모아 인공 눈알을 만드는 일이 가능할지도 모른다고 말했다. 그저 이러한 구조물을 반복하고 또 반복한다면 "뇌로 인상을 전달하는 신경을 모사한 이 관들이 런던에 있는 세인트폴의 경관을 에든버러까지 날라다주지 못할 이유가 없었다."[68] 다른 감각들도 유사한 접근이 가능하다. 만약 감각이 전기적으로 이루어지는 것이라면 그를 모사하는 장치를 만드는 일도 가능할 터였다.

스미는 근육에서 뻗어 나온 신경들과 이리저리 얽혀 상호작용하는 감각기관의 신경들이 뇌의 중앙 배터리에서 각각 어떻게 합쳐지는지 나타내는 복잡한 도식을 만들었다. 그는 이러한 구조가 "어떻게 둥지에 대한 개념이 새의 머릿속에 담겨 있는지, 어떻게 말벌이나 벌이 벌집이라는 개념을, 거미는 거미집이라는 개념을 가지고 있는지를 설명할 수 있으며, 이 같은 추정에 기대어 우리는 본능적인 행동의 원리를 완전하게 이해할 수 있다"고 주장했다. 이렇듯 선천적으로 생겨난 융통성 없는 연결성이 바로 본능적인 행동들이 동물의 뇌에 표상되는 방식이었다. 인간은 이보다 조금 더 복잡해서 추가로 두 개의 신경 결합 층을 필요로 했는데, 이 결합 층에 의해 개개의 단순식•들이 결합된 결과 스미가 일반 법칙이라고 칭하는 과정이 생겨나게 되었다. 이를 그는 "인간은 하나의 전체를 형성하기 위해 체계적으로 배열된 수많은 전기적 요소들로 이루어져 있다"고 설명했다. 뇌와 몸은 모두 당대의 가장 정교한 기계였던 전신망과 유사한 일반 원리에 따라 동일하게 작용한다고 여겨졌다.

> 동물의 몸에는 진정 신경계의 전기-전신적 통신이 존재한다. 우리가 보고, 느끼고, 듣는 것들이 뇌로 전송되고 (…) 회로 안에 내장되어 있던 우리의 기존 개념 전반에 따라 정해진 행동이 순간적으로 일어나게 된다.

일견 현대적으로 보이긴 하지만 배터리 이론을 활용해 인간 마음의 원리를 밝혀내려는 스미의 노력은 이미 지난 세기의 철학자들과 발명가들이 발견한 것들 이상의 통찰을 보여주지는 못했다. 그래서인지 몰라도 어느 평론가는 스미의 관점을 "어리석다"고 묘사했으며, 또 다른 이는 "조잡하고, 철학적이지 않고, 사실에 기반한 근거가 부족하다"고 일축했다.[69] 이러한 비판으로 마음이 상했던 스미는 훗날 자신의 책이 일부 특정 집단으로

• 수학에서 하나의 연산자만을 포함하는 연산식.

부터 '막대한 공격'을 받았다고 불평하기도 했다.[70]

1851년에 스미는 "모든 생각 또는 뇌에서 일어나는 활동은 궁극적으로 신경섬유들의 특정한 결합에 따른 활동으로 해석할 수 있다"는 사실에 기반하여 고안한 장치에 대해 서술했다. 그는 스스로 생각할 줄 아는 기계를 만들고자 했다. 먼저 개념이나 단어를 표상할 수 있는 원시적인 부호 체계에 대해 묘사한 뒤 스미는 이 모든 것들이 비교적 간단한 일이라고 주장했다.

> 이러한 원리를 깨우친 덕분에 나는 이와 유사한 법칙들을 따르는 기계장치를 만들어 누군가는 마음 그 자체의 작용을 통해서만 손에 넣을 수 있으리라 여겼던 성과를 내는 일도 가능하겠다는 생각이 떠올랐다.

스미는 경첩으로 이어 붙인 철판들로 구성된 기계의 일부를 나타내는 도면을 제시하고 그 시제품까지 제작했다고 주장했을 뿐("이 글을 쓰고 있는 지금 내 앞에는 일고여덟 가지 각기 다른 형태의 장치들이 놓여 있다"고 말이다) 그것이 대체 어떻게 작동한다는 것인지는 분명히 밝히지 않았다. 그는 그저 이 기기가 "다른 움직임에 기대어 함께 움직여야" 하고 런던에 있는 다른 어떤 기계에서도 볼 수 없는 몇 가지 새로운 원리를 따른다고만 말할 뿐이었다. 더불어 스미 자신도 인간 뇌에서 일어나는 모든 작용을 자신의 장치에 표상하는 것은 불가능한 일이라고 여겼다.

> 온갖 단어와 그 배열을 모두 포함할 만큼 기계의 규모가 어마어마하게 거대할 경우, 이 기계가 런던 전체를 뒤덮고도 남으리라는 점을 고려한다면 실용적인 목적으로 그러한 기계를 만드는 일이 절대적으로 불가능하다는 사실을 바로 알 수 있으며, 각각의 연동된 부위를 움직이려는 시도만으로

도 전부 무너질 것이 뻔했다.

이에 그는 자신이 제안한 가상의 장치에서 두 가지 구성 요소에만 집중했는데, 첫 번째는 자극이 주어지면 사전에 정해진 반응을 보이도록 설계된 관계형 기계relational machine로 수학적 계산에 활용할 수 있었다. 그는 "이 기계가 제공하는 표상은 생각의 자연적인 과정과 유사하며, 기계 또한 인간만큼 이 과정을 완벽하게 해낼 수 있을 것으로 예상된다"고 말했다. 관계형 기계를 묘사한 도면은 1875년에 공개되었는데, 부채처럼 생긴 복잡한 계층적 구조가 그려져 있기는 했지만 구체적인 작동 방식에 대한 정보는 알 수 없었다. 두 번째 구성 요소는 심지어 이보다 더 불가사의한 것으로, 차분형 기계differential machine라고 불렀다. 이는 각기 다른 크기의 핀들로 구성된 시스템을 통해 '판단의 법칙을 예증'하는 장치였는데, 스미가 여러 가지 사실 또는 원칙들을 입력 값으로 제시하면 그 사이의 연관성 유무에 대해 기계가 네 가지 반응(그렇다/아마도/어쩌면/아니다) 중 하나를 제시하는 방식이었다.

스미는 다음과 같이 확신에 찬 말들로 논의를 마무리 지었는데, 이로 미루어 볼 때 그가 인간의 사고를 모사하는 기계를 개발하려는 현대적인 시도의 선구자 격이었음을 알 수 있다.

> 관계형 및 차분형 기계를 함께 사용함으로써 우리는 어떠한 사실들 간의 관계성을 파악할 수 있게 되었으며, 마음이 찾아낼 수 있었던 모든 결론에 도달할 수 있게 되었다. 사고의 자연적인 과정을 모사하는 절차를 통해 그 어떤 유한한 수의 전제에서도 정확한 답을 구할 수 있다.

놀라운 점은 스미의 글이 해석기관Analytical Engine(1820년대)부터 차분

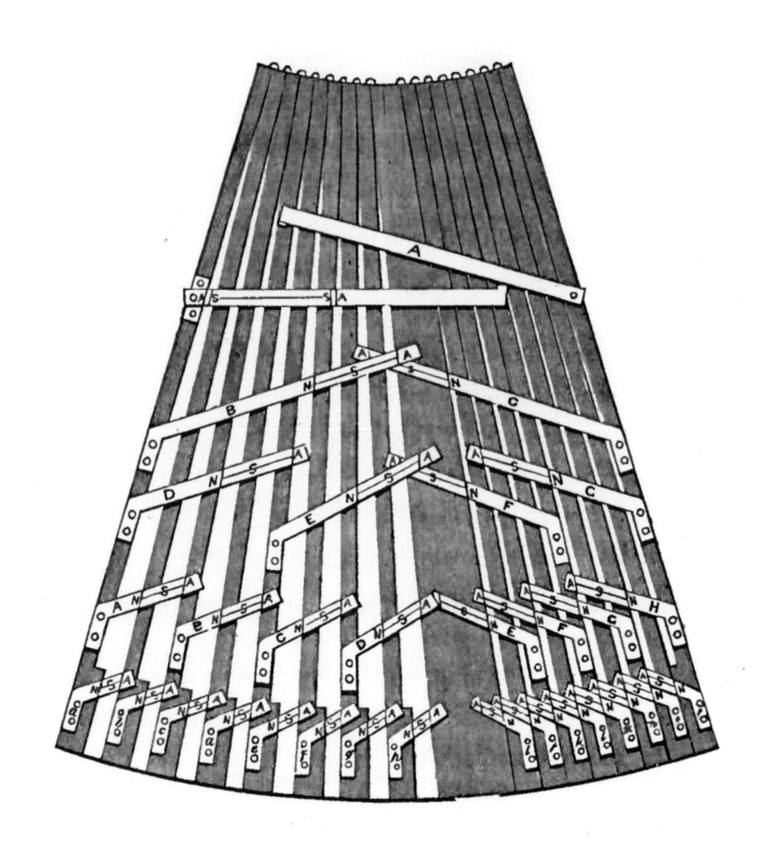

**그림 10** 스미의 불가사의한 관계형 기계.

기관Difference Engine(1830년대 이래로 계속)에 이르기까지 기계식 계산기를 개발하려 했던 찰스 배비지Charles Babbage의 초창기 연구물들을 인용하거나 언급하지 않았다는 사실이다. 이 기계들은 이후 스미가 제안한 기계에 비해 추구하는 목표가 훨씬 제한적이기는 했으나 관련성은 분명히 있었다. 스미가 이 같은 기계를 고안할 때 배비지가 왕성하게 활동하고 있었고 두 사람 다 영국왕립학회의 회원이었다고는 하나 둘이 만났다는 증거는 찾을 수 없다.

스미가 제안한 가설의 중대한 한계점은 그가 뇌 기능에 대한 자신의 초기 개념이 전적으로 전기에 기반한다고 주장했음에도 불구하고 데카르트의 오토마타 같은 수압식 장치로도 가설이 완전히 동일하게 기능할 수 있었다는 사실이다. 그는 전신과 광전지에 빗대어 신경계의 작용을 설명했지만 그러한 비유는 사실상 그가 모형을 개발하는 데 어떠한 영향도 미치지 않았으며 뇌의 기능을 이해하는 데도 아무런 통찰을 주지 못했다. 아울러 정작 그가 머릿속으로 그렸던 기계를 설계할 때는 배터리와 전기라는 용어가 경첩과 금속이라는 단어로 대체되었다. 스미가 뇌와 사고의 표상이라고 주장했던 그의 기계장치는 정말 순수한 기계에 불과했다.

비록 뇌의 기능을 이해하는 데는 물론 컴퓨팅의 역사에도 아무런 영향을 미치지 못했고 극소수의 역사학자를 제외하고는 스미를 기억하는 이가 없지만, 인간의 사고를 기계적 활동으로 표상하려고 했던 그의 야심만은 주목할 만하다.[71] 그는 뇌와 마음, 전기적 활동이 서로 밀접하게 연결되어 있다는 의견을 받아들여 뇌가 사유하는 물질이라면 기계 또한 사유할 수 있거나 적어도 뇌와 같은 방식으로 기능할 수 있다고 자신만만하게 주장했다. 스미의 접근법에는 치명적인 결함이 있는데, 단지 당시의 기술이 형편없이 부족했기 때문이라기보다는 그가 뇌를 구성한다고 주장했던 수십만 개의 배터리 중 일부가 특정한 기능을 지니고 있거나 특정한 구조를 수반할 가능성을 전혀 짐작하지 못했기 때문이다. 스미의 개념에서 뇌 기능의 국재화는 존재하지 않았다. 그러나 19세기 중반에 이르자 뇌의 구조가 기능 그리고 인간의 성격과 관련되어 있을지 모른다는 가설이 대중들의 마음속에 깊이 뿌리내리게 되었다.

4

# 기능

19세기

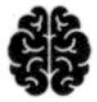

1850년 여름, 런던의 공산당 노동자 교육 모임에서 피크닉을 주최했다. 장소는 햄프턴 코트 아니면 큐 왕립식물원이었는데 이 부분은 기록이 엇갈린다. 초대 손님 중에는 혁명적인 활동으로 인해 스위스에서 추방된 지 얼마 지나지 않은 24세의 독일인 사회주의자 빌헬름 리프크네히트Wilhelm Liebknecht가 있었다. 공산주의 운동의 주요 인물이었던 카를 마르크스Karl Marx 또한 이 자리에 참석했는데, 바로 여기가 두 인물이 최초로 만난 곳이다. 훗날 리프크네히트는 당시 32세였던 마르크스가 "질의를 던지는 것과 동시에 마치 감정가처럼 손가락으로 내 두개골 위를 춤추듯 훑으며 나를 살폈다"고 회상했다.[1] 19세기의 다른 유럽인이나 미국인들과 마찬가지로 마르크스는 머리의 요철을 만져봄으로써 개개인의 성격을 알아내는 일이 가능하다고 믿었던 것이다. 정반대의 정치 성향을 지녔던 빅토리아 여왕 또한 이 실없는 이야기의 신봉자로서 저명한 전문가를 두 차례나 불러들여 자녀들의 두개골상을 봐달라고 청했다.[2]

골상학phrenology(마음에 대한 연구)으로 알려진 이 개념은 샬럿 브론테Charlotte Brontë의 《제인 에어》와 오노레 드 발자크Honoré de Balzac의 《고리오 영감》 뿐 아니라 아서 코난 도일Arthur Conan Doyle의 《셜록 홈즈》 시리즈에도 등장하는데, 바로 홈즈와의 첫 대면에서 모리어티가 그를 골상학적으로 무시하는 발언을 하는 장면이다.[3] 마크 트웨인Mark Twain부터 조지 엘리엇George Eliot에 이르기까지 사실상 19세기 영어권 국가를 대표하는 모든 인물이 어느 시점에서인가 골상학을 받아들였다.◆ 유럽 대륙에서는 프랑스 사회학의 창시자 오귀스트 콩트Auguste Comte와 같은 주요 사상가들이 뇌와 행동을 새로운 시선으로 바라보기 시작했다.[4] 대중적인 골상학 서적들은 영국에서만 수십만 권 판매되었다. 이 모든 것이 완전히 터무니없는 생각이었는데 말이다.

초창기에 '두개 진찰'이라고 불렸던 골상학은 오스트리아 빈의 의사였던 프란츠 갈Franz Gall이 고안한 기법이었다.[5] 1790년대에 갈은 인간의 행동과 성격이 뇌의 각기 다른 특정 기관에서 비롯되는 몇 가지 정신 능력들로 나뉠 수 있으며 두개골의 모양을 만져봄으로써 이 기관들의 상대적인 크기를 감지하는 일이 가능하리라는 발상을 했다. 그리고 1800년에 이르러 갈은 자신의 생각을 받아들여준 열여덟 살 연하의 의사 요한 슈푸르츠하임Johann Spurzheim을 만나게 되었다. 그로부터 10여 년간 그 둘을 유럽을 순회하며 '국왕, 각료, 지식인, 관리 그리고 온갖 유형의 예술가들'에게 자신들의 생각을 알렸다.[6] 보수 집단은 그들의 생각을 회의적인 시선으로 바라보았고, 때로는 대놓고 반대 의사를 표하기도 했는데, 신성로마제국의 황제

◆ 단, 찰스 디킨스Charles Dickens는 골상학에 완전히 빠지지 않았다. 일례로 《위대한 유산》에서 범죄자 매그위치는 자신의 행동을 설명할 수 있는 더 쉬운 방법을 두고 골상학 검사를 받아야 했다고 푸념한다. "그들이 내 머리를 측정했지. (…) 그보단 내 위장을 측정하는 편이 나았을 텐데"라고 말이다.

와 가톨릭교회 모두 그들의 이론을 강하게 비난했다. 나폴레옹이 마지못해 허가해준 덕에 갈은 1807년에 파리에 정착했다. 그는 얼마 지나지 않아 상류층 출신의 추종자들을 거느리게 되었지만 결코 프랑스 학계의 주류에게 인정받지 못했다. 프랑스 과학아카데미에 가입하고자 했으나 번번이 퇴짜를 맞았으며, 그가 그렇게도 갈망하던, 지적으로 인정받는 일은 영원히 일어나지 않았다.[7]

갈의 이론이 완전히 엉터리였음에도 의미가 있는 이유는 뇌와 마음과 행동의 연결고리를 이해하는 데 기본 틀이 되는 세 가지 깨달음에 근거를 두고 있었기 때문이다. 첫째로 갈은 "뇌는 모든 감각 및 수의운동을 관장하는 기관이다"라고 말하며 뇌에 주안점을 두었다.[8] 둘째, 갈은 뇌의 여러 영역이 사고와 행동의 각기 다른 측면을 담당하는 등 기능이 국재화되어 있다고 여겼다. 마지막으로 그는 인간이 가지고 있는 대부분의 심리적인 능력과 그 밑바탕이 되는 기관이 어떻게 동물에게도 존재하는지 설명했다. 총 스물일곱 가지의 능력 중 인간만의 고유한 능력은 지혜나 시적 감각 같은 것을 비롯해 여덟 가지밖에 없었다. 갈은 바로 이 같은 비교법 덕분에 자신이 '유기체의 법칙'을 발견할 수 있었다고 주장했다. 그렇지만 그가 지적한 동물과 인간의 행동 사이의 관련성은 다소 빈약했다. 일례로 그는 자부심을 느끼는 능력은 산양이나 새 등 고산지대에서 생활하는 동물들의 성향과 동일한 것이라고 해석하기도 했다.[9] 다른 종들과의 체계적인 비교를 통해 생물학적 원리를 찾는 기법이 실제 과학 연구에서 매우 효과적이라는 사실이 밝혀지기는 했으나, 갈의 골상학은 진화론적인 관점에 바탕을 둔 것이 아니라 그저 단순히 구조가 유사하면 기능도 유사하리라 추정한 것이었다.

갈의 발상은 완전히 새로운 개념은 아니었다. 그가 규명해낸 심리적인 능력들 중 상당수가 18세기 스코틀랜드의 사상가였던 토머스 리드Thomas

Reid와 듀걸드 스튜어트Dugald Stewart의 업적에서 기원하며, 1770년대에는 얼굴의 생김새를 통해 성격을 알 수 있다는 오랜 신념이 스위스의 목사 요하나 라바터Johana Lavater에 의해 '인상학physiognomy'으로써 성문화되기도 했다.[10] 갈은 자신이 소장한 3백 점 이상의 인간 두개골을 측정해서 얻은 해부학적 지식을 활용하여 이 모든 사상을 하나로 통합했다.

1815년, 슈푸르츠하임은 갈과 결별하고 자신만의 이론을 발표했다. 어떻게 보면 두 이론 간의 차이는 미미했다. 슈푸르츠하임은 기존의 이론에다 여덟 개의 기관 및 그에 따른 능력을 추가하고 몇몇 새로운 심리학 용어도 소개했다.[11] 하지만 두 인물 사이의 논쟁은 점차 골이 깊어졌다. 슈푸르츠하임의 골상학은 오직 인간에게만 초점을 맞추어 이 이론이 사회적으로 시사하는 바를 극단적으로 변질시켰던 것이다. 갈은 머리 모양에 따른 기능이 선천적이고 고정된 것이며 만일 과다하게 발현될 경우 그중 상당수가 음탕함이나 싸움, 속임수와 같이 바람직하지 않은 행동들을 야기할 수 있기에 인간을 억제하기 위한 수단으로써 종교와 처벌이 반드시 필요하다고 주장했다.[12] 반면 슈푸르츠하임은 "기능들 자체는 모두 선하며 바람직한 목적을 위해 주어졌다"고 여겼다. 비도덕적인 행위나 범죄 행위들은 그저 경험에 의한 것이기에 교육을 통해 각 기관들의 크기를 변화시킴으로써 행동까지 달라지게 만들 수 있다고 보았다(단단한 두개골 너머로 어떻게 그 같은 변화를 느낄 수 있는지에 관한 설명은 없었다).[13] 슈푸르츠하임이 뇌와 마음과 행동 간의 연결성에 대해 제안한 훨씬 긍정적이고 심지어 치료적이기까지 한 이 관점은 조금씩 유럽과 미국에서 대중들의 마음을 사로잡았다. 그러다 갈이 점차 손을 떼기 시작하면서(그는 1828년, 70세의 나이로 사망했다) 슈푸르츠하임 버전의 골상학이 우위를 점하게 되었다.

영국에서 슈푸르츠하임이 성공을 거둔 데는 스코틀랜드 출신의 변호사 조지 콤George Combe의 활동 덕도 있다. 콤은 (에든버러에서) 최초로 영국

골상학회를 창립하는 일을 도왔을 뿐만 아니라 **자기 개선**에 초점을 맞춘 자신만의 골상학을 소개하는 다수의 베스트셀러, 논문, 소책자를 쓰기도 했다.[14] 1820년대부터는 영국 전역에서 골상학회들이 우후죽순 생겨났다. 이들은 처음에는 주로 전문직 종사자들과 지식인들로 구성되었으나 차츰 당시 성장 중이던 산업도시에서 노동자 계층의 자기 개선을 목적으로 설립된 기술자 교육기관이나 문학 및 철학학회와도 교류하게 되었다. 콤과 골상학자들은 혁명가는 아니었지만 유물론과 자기 개선 운동이 결합된 그들의 교리는 집권자들의 눈에 거슬릴 정도로 급진적인 영향력을 내포하고 있었다. 그러나 그러한 특성에도 굴하지 않고 일부 종교 지도자들은 골상학을 받아들였는데, 1830년대에는 아일랜드 더블린의 성공회 대주교였던 리처드 와틀리Richard Whately가 "골상학은 옳으며, 이는 하늘에 태양이 떠 있다는 사실만큼이나 자명한 일이다"라고 주장하기도 했다.[15]

해협 반대편에서도 유사한 과정이 펼쳐졌다. 나폴레옹은 결국 갈의 글을 금지했지만 1830년 들어 보다 진보적인 군주제가 생겨나자 주요 의사들 중 일부가 골상학을 옹호했으며, 루이 필리프Louis Philippe 왕도 이 주제에 관심을 보였다.[16] 영국에서와 마찬가지로 자기 개선을 강조한 골상학 계파가 대중적으로 엄청난 호응을 얻었는데, 이렇듯 많은 이들의 대대적인 관심에도 불구하고 지식인과 의사 들은 우려를 감추지 않았다. 초기 비평가로는 독일의 철학자 게오르그 헤겔Georg Hegel이 있는데, 그는 두개골에는 너무나도 다양한 요철이 존재할 뿐만 아니라 살인을 비롯한 인간의 행동이란 매우 복합적인 현상이기 때문에 두개골에 있는 혹과 요철들을 통해 살인마적인 본성을 알아차리는 일 따위가 가능할 리 없다며 새로운 유행을 일축했다. 살인자 한 명 한 명의 동기와 행동은 모두 제각각이라고 말이다.[17] 나폴레옹 또한 의혹을 표했다.

갈의 멍청함을 보라! 자연적으로 존재하지도 않는 성향과 범죄의 원인을 한낱 혹에서 찾고 있다. 실상은 사회와 인간이 만들어낸 관습에서 비롯된 것을. 사유재산이 없다면 도둑질 성향을 가리키는 요철이 대관절 무슨 의미가 있단 말인가? 또 발효주가 없다면 주정뱅이를 낳는 요철이 무슨 소용일 것이며, 사회가 존재하지 않는다면 야심을 야기하는 요철은 무슨 소용인가?[18]

보다 실질적이고 과학적인 비판은 로제가 제기한 것으로, 1820년대에 그는《브리태니커 백과사전》에 싣기 위해 골상학에 대한 몇 편의 논문을 썼고, 그중 일부가 소책자로 출간되었다. 로제는 골상학을 두고 "인간의 영혼을 분석하여 만들어낸 **서른 세 개의 특별한 능력**이라는 형이상학적인 미로"라고 비웃었으며, "이 원리에 직접적으로 반하는 사례를 수도 없이 댈 수 있다"고 주장하며 뇌 손상이 정신 능력의 변화를 야기한다는 골상학자들의 의견을 일축했다.[19] 로제도 뇌가 '마음을 담당하는 기관'이라는 사실은 인정했지만 "뇌의 어느 특정 부위가 마음이 작용하는 데 반드시 필요하다는 직접적인 근거 따위는 없다"고 강조했다. 이는 특히 정신질환을 앓는 환자들의 사례에 해당되는 이야기로, 그는 "지금껏 시행된 가장 정밀한 해부 연구들도 정신착란이 어디에서 비롯되었는지에 대해 아무런 가르침도 주지 않았다"고 주장했다. 또한 로제는 두개골의 두께가 부위에 따라 다르고 심지어 근육과 피부로 뒤덮여 있어 그 형태를 정확하게 측정하기 어렵다는 어찌 보면 당연한 문제를 지적하며 두개골의 모양을 통해 뇌의 형태를 알 수 있다는 근본적인 주장부터가 헛소리라고 혹평했다. 이러한 로제의 관점에 신생 지식인, 즉 과학자들◆은 널리 공감했다. 사적인 자리에서 그들은 훨씬 더 직설적이었는데, 예컨대 케임브리지대학교의 지질학 교수였던 목사 애덤 세지윅Adam Sedgwick이 1845년에 동료였던 찰스 라이엘Charles Lyell

에게 보낸 편지에서는 골상학을 "인간의 어리석음과 멍청하게 입만 산 허식이 이루어낸 환장의 구렁텅이"라고 묘사하기도 했다.[20]

1840년부터는 골상학의 사회적 파급력이 점차 약화되었다. 1846년에는 런던 골상학회가 와해되었고, 조지 콤마저 골상학을 주제로 글 쓰는 일을 그만두었다.[21] 프랑스에서는 1848년 대륙을 휩쓴 혁명의 물결이 덮쳐오면서 많은 골상학자들이 지지하던 개인에게 초점을 맞춘 소심한 변화들이 아무런 쓸모가 없다는 인식이 생겨났다. 더불어 마르크스와 엥겔스Friedrich Engels가 주창한 공포스러운 존재, 공산주의가 삽시간에 유럽에 퍼져 개인과 사회 문제에 대해 자기 개선 운동이나 두개골의 요철을 감지하는 것보다 훨씬 과격한 해결책을 제시해주었다.

## 뇌 기능은 국재화되어 있는가

학계에서 골상학이 받아들여지지 않은 이유는 다름 아닌 과학적 사고의 최종 결정권자, 증거 때문이었다. 제아무리 아름답고, 논리적이고, 매력적인 유행하는 이론이라 해도 실험적 근거가 없다면 결국은 버려질 수밖에 없다. 골상학의 경우에는 프랑스 의사 마리 장 피에르 플루랑스Marie-Jean-Pierre Flourens가 진행한 일련의 연구들에 의해 강력한 실험적 반증이 제시되었다. 1794년에 태어난 플루랑스는 프랑스 학계의 거물들 틈에서 빠르게

◆ 윌리엄 휴얼William Whewell은 1834년 메리 소머빌Mary Somerville의 《물리과학의 관련성에 대하여On the Connexion of the Physical Sciences》의 평론에서 인쇄물로는 최초로 '과학자scientist'라는 용어를 사용했다. 이 단어는 몇 년 전 그가 영국 과학진흥협회의 '신사들'을 묘사하기 위해 만들어낸 말이었다. Whewell, W., The Quarterly Review 51(1834): 54-68, p.59.

성장했는데, 위대한 박물학자 조르주 퀴비에Georges Cuvier를 멘토로 두고 과학아카데미뿐만 아니라 저명한 학술단체 아카데미 프랑세즈의 회원이 되기도 했다. 귀화한 나라에서 인정을 받고자 했으나 끝끝내 실패했던 갈과 대조해볼 때 그 차이는 더없이 극명했다.

플루랑스는 다양한 동물들을 대상으로 뇌의 각기 다른 영역을 제거하는 수술을 한 뒤 그에 따른 동물의 행동 양상을 관찰하는 방식으로 연구를 진행했다. 갈은 다른 영역에 일절 영향을 끼치지 않고 연구자가 원하는 부위에만 손상을 가했다고 확신할 만큼 정밀하게 뇌의 특정 영역을 제거하기란 불가능하다고 주장하며 그의 접근법을 비판했다. 플루랑스도 이러한 위험성을 인지하고는 있었지만 역사학자 로버트 영Robert Young이 묘사했듯이 그의 연구 방법은 기본적으로 "이 부분을 제거했더니 실험동물이 더 이상 저 행동을 하지 않는 것을 보아 이 영역이 저 기능을 담당하는 것이 틀림없군"이라는 식이었다.[22]

20년에 걸쳐 플루랑스는 질릴 만큼 다양한 종류의 새와 파충류, 양서류에 더해 몇몇 포유동물까지 대상으로 삼아 연구를 계속했다. 그가 실험을 통해 밝혀낸 가장 명확한 사실 중 하나는 모든 척추동물의 뇌 바로 아래, 척수의 최상단에 공통적으로 존재하는 연수라는 구조물에 관한 것이었다. 플루랑스는 이 구조물이 손상되면 호흡과 심박이 영향을 받는다는 사실을 발견했는데, 이는 연수가 생명을 유지하는 데 필수적인 작용을 관장하는 핵심 중추라는 것을 의미하는 듯했다. 또한 그 바로 위의 구조물, 뇌 후측의 가장 아랫단에 위치한 소뇌를 손상시키자 실험동물이 신체 기관들 간의 협응이 깨진 행동들을 보인다는 사실이 드러났다. 가령 소뇌가 손상된 비둘기는 마치 만취한 사람처럼 행동했다.[23]

한편 뇌의 가장 바깥층인 대뇌엽은 이와 매우 다른 양상을 보였다. 대뇌엽이 제거된 동물은 자극에 전혀 아무런 반응도 할 수 없게 되었다. 실험 대상이 되었던 개구리는 그러한 상황에서도 4개월을 더 살 수 있었지만 "완전히 멍청한 상태로 (…) 듣지도, 보지도 못하며 더 이상 자유의지나 지능을 갖추고 있다는 어떠한 징후도 비치지 않았다." 이에 플루랑스는 절제술이 인간을 비롯한 "다양한 종의 동물이 저마다 고유의 행동을 할 수 있게 했던 온갖 특수 지능은 물론, 총체적인 지각 능력 및 일반 지능의 상실"을 야기했다고 결론 내렸다.

플루랑스는 다수의 심리적 능력이 존재한다는 개념을 받아들이지 않고 지능 및 의지의 양상을 하나로 묶었으며, 피질이 해부학적으로 세분화될 수 있다고 인정하기를 거부했다. 그는 자신이 발견한 '가장 중요한 연구 결과 중 하나'는 '지능의 근원'인 피질이 단일한 구조물이라는 것이라고 주장했다.

> 모든 지각 능력, 모든 의지, 모든 지적 능력이 전적으로 이 기관에 머물고 있을 뿐만 아니라 이 모든 능력이 한 공간을 차지하고 있다. 실제 뇌의 특정 부위의 병변의 결과로 이들 기능 중 하나가 사라지면 그 즉시 모든 기능이 사라지며, 해당 부위가 회복되어 어느 한 가지 기능이 복구되면 나머지도 전부 되돌아온다.

1842년, 플루랑스는 골상학과 이미 14년 전에 사망한 갈을 겨냥하여 책 한 권 분량에 달하는 반론을 썼다. 이 책에서 플루랑스는 실험 결과로 갈을 공격했을 뿐 아니라, 프랑스인이자 심리철학의 아버지 격인 데카르트에게 이 책을 헌정함으로써 프랑스 주류 학계의 핵심 위치를 차지하던 자신의 입지를 공고히 했다. 플루랑스의 실험연구 결과들은 데카르트가 철학적 전제를 들어 주장했던 바와 마찬가지로 마음이 단일한 완전체임을 시사했다. 그는 동물과 인간의 마음 그리고 지각과 관련된 고등 행동 기능 중 상당수가 갈의 주장처럼 고도로 국재화되어 있는 대신 피질 전체에 넓게 분포되어 있음을 보여주었다. 국재화는 일부 기본적인 생리적 기능이나 운동 협응에만 적용되었다. 이를테면 뇌졸중 사례를 통해 뇌의 우측에 손상을 입은 환자가 좌측의 신체 일부 또는 좌반신 전체에 마비를 겪는다는 사실을 알 수 있었다. 하지만 이 같은 대측성 운동기능 손상은 인간의 마음이라는 존재가 지닌 심오한 수수께끼에 비하면 상대적으로 사소한 문제였다. 그리고 그 중요한 마음은 피질 전반에 고루 분포되어 있는 듯했다.

갈은 뇌의 각 부위가 저마다 고유한 정신활동을 만들어낸다고 주장하며, 이를 **고유 활동**action proper이라고 일컬었다.[24] 반면 플루랑스는 뇌의 활동 대부분이 뇌 전체가 공동으로 작용하여 '각각이 전체에, 전체가 각각에' 영향을 미치는 **공통 활동**action commune이라고 보았다. 그는 특정한 생리적 기능을 담당하는 영역들도 일부 존재하나 뇌 전체로서는 "단일한 시스템에 지나지 않는다"고 단언했다.[25]

이렇게 플루랑스는 얼떨결에 뇌가 하나의 전체로서 기능한다는 의견과 특정한 정신활동을 야기하는 영역들로 국재화되어 있다는 의견 사이의 매우 심오하고도 지난한 논쟁의 장을 열고 말았다. 플루랑스는 가장 단순하고 생리적인 작용이나 운동기능만이 국재화 성질을 띠고 있으며 고도의 정신활동에 특화된 능력들은 단일한 완전체를 형성하여 뇌 전반에 걸쳐 발현된다고 믿었다.

### '브로카 영역'과 '베르니케 영역'의 발견

플루랑스의 이러한 관점에 처음으로 크게 한 방 먹인 것은 언어 기능에 관한 연구 결과였다. 갈의 골상학은 그가 초창기에 제안했던 안구가 돌출된 아이들이 기계적 암기 학습에 가장 강하다는 신념에서 출발하여 언어 능력이 기억과 연합된 다른 능력과 더불어 눈 바로 뒤인 뇌의 전측에 위치한다고 보았다. 그리고 1825년, 프랑스의 젊은 의사 장 밥티스트 부이요Jean-Baptiste Bouillaud가 파리에서 개최된 왕립의학아카데미에서 대뇌의 국재화 따위는 존재하지 않는다던 플루랑스의 주장을 대놓고 공격하는 논문을 발표했다. 부이요는 몇몇 병리적 사례들이 뇌에는 언어 이해 능력 및 언어 기억과는 구별되는, 말하기 능력을 담당하는 기관이 있다는 사실을 증명한다고 역설했다. 노골적으로 골상학을 옹호했던 그는 십여 명의 환자들의 사례에서 알 수 있듯 갈이 실제로 옳았으며 말하기 능력이 뇌의 최전면에 자리하고 있다고 말했다. 부이요의 주장에 따르면 말을 하지 못했으나 단어를 이해하고 기억할 수는 있었던 환자들의 부검 연구에서는 언제나 뇌의 전두엽에서 손상이 발견되었다.[26]

그러나 점차 신빙성을 잃어가던 갈의 골상학과 달리 플루랑스의 실험적 근거는 강력했으므로 갈의 이론과 연관되어 있던 부이요의 관점은 처음에는 큰 지지를 얻지 못했다. 더구나 그의 주장에 명백하게 반하는 사례도 다수 존재했다. 이를테면 1840년, 가브리엘 안드랄Gabriel Andral은 말하는 능력을 잃었으나 검시 결과 전두엽에서 병변이 발견되지 않았던 열네 명의 환자들과 전두엽에 손상을 입었지만 제법 정상적인 말하기 능력을 구사했던 수많은 환자의 사례를 제시했다. 이에 안드랄은 뇌의 특정 부위가 말하기에 관여한다고 주장하기는 '시기상조'라고 결론 내렸다.[27] 그렇지만 이러한 연구 결과들은 부이요에게 별다른 영향을 주지 못했고, 너무나도 자신에 차 있던 그는 누구든 전두엽이 손상되었지만 언어 장애를 보이지 않는 환자를 단 한 명이라도 찾아온다면 5백 프랑을 주겠노라고 선언하기도 했다(결국 그는 1865년에 약속한 돈을 지불하게 된다).[28]

1861년 2월, 파리 인류학 협회가 뇌의 크기와 정신 능력에 관한 토론회를 주최했다. 프랑스의 외과 의사였던 폴 브로카Paul Broca는 남성과 여성 및 인종 간에 존재하리라 추정되는 차이를 지적하며 뇌의 크기와 지능 사이에 분명한 연관성이 있다고 주장했다.[29] 브로카의 이 같은 관점은 1839년에 두개계측법을 활용해 다양한 인종 집단들의 두개 용량을 알아낸 뒤 이를 사람들이 믿고 있던 인종 간 지능의 차이와 관련 지었던 미국인 의사 새뮤얼 모턴Samuel Morton의 발상을 한 단계 발전시킨 것이었다. 아니나 다를까 모턴은 그가 코카시아인종으로 칭했던 집단이 다른 '인종'에 비해 지적으로 우월하며 이러한 차이가 두개골 크기에 반영되어 있음을 발견했다.◆

이때 논쟁에서 브로카에 반대했던 이가 바로 프랑스의 동물학자 루이 피에르 그라티올레Louis-Pierre Gratiolet다. 그는 비교해부학을 이용해 겉을 감싸고 있는 뼈를 따라 뇌를 네 개의 엽으로 나누고 전두엽, 두정엽, 측두엽, 후두엽 등 오늘날까지 쓰이는 명명법을 창안했으며, 같은 종의 개체들 간에는 뇌의 주름들이 모두 동일하다는 사실을 밝혀냈다.[30] 더불어 그라티올레는 마음과 뇌는 기능의 국재화가 이루어질 수 없는 불가분의 존재이고 두개 용량과 지능은 그렇게 단순하게 연관되어 있지 않다고 주장했다.

그라티올레의 이 같은 주장에 대해 부이요의 사위였던 의사 에르네스트 오뷔르탱Ernest Auburtin은 권총으로 자살을 시도했던 파리의 어느 환자의 사례를 들어 충격적인 증거를 제시했다. 이 불쌍한 남자의 전두엽은 총상 탓에 완전히 겉으로 드러나 있었고, 그를 치료하는 과정(결과적으로 실패

◆ 1981년, 스티븐 제이 굴드Stephen Jay Gould는 모턴의 계측법이 인종차별적인 그의 기대에 부응하도록 미묘하게 왜곡되었다고 주장했다. 굴드의 주장은 30년 뒤 일부 체질인류학자들의 비난을 샀는데, 2014년이 되자 그들의 결론이 논쟁에 올랐고 결국 굴드가 옳았음이 입증되었다. 뭐가 되었든 두개골의 크기와 두개 용량의 차이는 집단 간 지능의 차이를 밝히는 데 있어 머리의 요철을 살피는 것보다 하등 나을 바가 없었다. Gould, s., *The Mismeasure of Man* (New York: Norton, 1981); lewis, J., et al., *PLoS Biology* 9(2011):e1001071; Weisberg, M., *Evolution & Development* 16 (2014): 166-78.

하기는 했지만)에서 오뷔르탱은 1700년 전의 갈레노스의 돼지 연구를 연상시키는 소름끼치는 실험을 진행했다.

> 환자가 말을 하는 동안 커다란 스패츌러의 편평한 끝을 전두엽에 대고 부드럽게 누르자 **그 즉시 말이 멈추고** 입 밖으로 막 나오려던 단어가 차단되었다. 말하기 능력은 압박이 사라지자마자 다시 회복되었다. 이 환자에게 세심한 주의를 기울여 가한 압박은 뇌의 일반 기능에는 아무런 영향도 미치지 않았으며, 전두엽에 국한되어 **사라진 유일한 기능**은 언어 능력이었다.[31]

이는 부이요가 옳았으며 뇌의 전측 부위가 실제로 말하기 능력에 필수적이라는 사실을 강력하게 시사했다.

그로부터 2개월이 지나지 않아 우연한 계기로 브로카에게 이러한 발상을 시험해볼 기회가 찾아왔다. 1861년 4월에 열린 파리 인류학 협회의 학술 모임에서 브로카는 참석한 동료들에게 최근 사망할 때까지 21년간 말을 전혀 하지 못했던 51세 남성의 뇌를 공개했다. 그가 유일하게 낼 수 있었던 소리는 반복적으로 되풀이하는 "탄, 탄"뿐이었다. 결국 이 환자는 20년 넘게 입원해 있던 병원에서 '탄'이라는 이름으로 알려져 있었다. 본명이 루이 르보르뉴Louis Leborgne였던 탄은 평생 뇌전증을 앓기는 했지만 서른 살에 갑자기 말하는 능력을 상실할 때까지는 구두장이로서 정상적인 직업 생활을 영위할 수 있었다.[32] 병원에 입원했을 당시만 해도 건강하고 지적 능력을 갖춘 환자로 분류되었으나 점차 우반신이 마비되고 시력을 잃어갔다. 1861년 4월 12일, 르보르뉴는 중증의 괴저 증세로 브로카가 있던 외과 병동에 입원하게 되었고, 이때 브로카가 그를 처음 만났다. 말하거나 글을 쓰지는 못했지만 르보르뉴는 시계를 볼 줄 알았으며, 손가락을 튕겨 수를 나타낼 수도 있었다. 브로카는 그가 언어적으로 반응하지 못하는 모습과는 달리 실제로는 훨씬 지적이라는 인상을 받았다. 그리고 닷새 후 불쌍한 르보르뉴는 죽고 말았다. 부검 결과 그의 뇌에서는 연이은 병변들이 발견되었는데, 주로 좌측 전두엽에 집중되어 있었다. 이에 브로카는 "이 환자의 경우 전두엽의 병변이 말하기 능력의 상실을 야기했다고 보는 것이 합당했다"고 결론 내렸다.[33]

브로카는 곧 르보르뉴의 사례를 말하기 능력이 전두엽에 국재화되어 있다는 부이요의 발상과 연결시켜 자신의 관점을 보다 상세히 설명하는 글을 펴냈다.[34] 또한 르보르뉴에게서 관찰된 점진적인 기능 상실과 병변 확산 사이의 연관성을 도출하며 해부학적으로 그의 뇌에 대한 구체적인 해석을 제시함으로써 일부 기능들이 국재화되어 있다는 주장을 공고히 했다. 브로카가 자신은 굳이 갈의 골상학을 과학적으로 존중할 만한 학문이라고 포장하려는 의도가 없었다고 강조했지만 정작 말하기 기능과 그 바탕이 되는 뇌 기관처럼 그가 탐구의 대상을 가리켜 사용한 용어들은 전적으로 골상학에서 유래한 것이었다.

그로부터 몇 개월 뒤, 브로카는 고관절 골절을 입은 두 번째 환자를 담당하게 되었다. 를롱Lelong이라는 이 환자는 5개월 전 말하기 능력을 잃어버렸으며, 자신의 이름인 '를로'를 비롯한 겨우 몇 가지 단어만을 발음할 수 있었다. 를롱은 병원에 들어간 지 약 2주 후 사망했는데, 그의 시신을 부검해보니 좌측 전두엽, 르보르뉴와 정확히 같은 부위에서 병변이 발견되었다.[35] 브로카는 이를 발견하고는 "너무 깜짝 놀라 정신이 멍해질 정도"였다고 전했다. 그렇지만 그는 자신의 연구가 말하기 기능에 전두엽 전체가 관여한다는 부이요의 이론과 맥을 같이하는 편을 택했다. 이에 브로카는 두 환자가 뇌의 좌반구의 동일한 위치에 고도로 국재화된 병변을 보였던 것은 순전히 우연에 불과하다고 주장했다.[36]

그러다 좌측 전두엽의 완전히 동일한 영역에 손상을 입었으면서 동시에 말하는 법을 잃어버린 사람들, 즉 실어증을 겪은 환자들의 사례가 여덟 건이나 모이자 언어 기능의 국재화에 신중한 태도를 보이던 브로카도 조금씩 확신을 얻었다. 1863년 4월, 브로카는 이러한 결과들을 논문으로 발표했지만 당시 플루랑스의 반국재화적 관념이 워낙 우세했던 탓에 여전히 조심스러운 태도를 유지했다.

> 전두엽 세 번째 주름의 후측 3분의 1 부위에 병변이 위치한 여덟 건의 사례가 보고되었다. 이는 무언가 강력한 추정을 이끌어내기에 충분히 큰 수치이다. 또한 상당히 놀랍게도 이상의 환자들은 모두 좌반구에서 병변이 발견되었다. 다만 이에 대해 성급하게 어떠한 결론을 내리기보다는 더 많은 사례들이 보고되기를 기다려야 할 듯하다.[37]

결과를 발표하자마자 브로카는 곧바로 이 같은 사실을 최초로 발견한 인물이 누구인가를 둘러싸고 혹독한 우선권 분쟁에 휘말리게 되었다. 몽펠리에의 의사 귀스타브 닥스Gustave Dax는 자신의 아버지 마르크 닥스Marc Dax가 19세기 초반에 벌써 좌측 전두엽의 병변과 연관된 언어 기능 상실 사례를 마흔 건 이상 관찰했다고 주장했다. 닥스는 아버지가 1836년 몽펠리에에서 열린 의학학회에서 이를 발표했다고 말했으나 이를 뒷받침할 만한 흔적은 발견되지 않았다. 그러다 1863년 3월, 귀스타브 닥스가 과학아카데미에 두 편의 논문을 투고했는데, 그중 한 편은 그의 아버지가 1836년에 쓴 논문이었으며, 다른 하나는 그 자신이 직접 관찰한 바에 기초하여 작성한 것으로, 둘 다 좌측 전두엽의 병변이 언어 장애와 관련이 있음을 보이는 내용이었다.[38]

브로카가 닥스 부자의 연구에 대해 알지 못했다는 사실은 분명해 보이며, 끝까지 그들의 연구를 보지 않았더라도 그가 결국은 필연적으로 말하기 능력이 현재 브로카 영역Broca's area이라고 불리는 좌측 전두엽의 특정 부위에서 비롯되었다는 결론에 이르렀으리라는 점 또한 명백하다. 1865년 4월에 마침내 세상에 공개된 닥스의 논문은 브로카의 주장에 큰 힘을 실어주었다. 귀스타브 닥스가 제시한 해부학적 근거는 브로카의 연구물만큼 정밀하지 못했지만 말하기 기능이 국재화되어 있다는 가설을 뒷받침하기 위해 집약한 자료의 양 자체는 매우 방대했다. 부이요의 연구를 비롯한 여러 사례 연구를 재분석한 닥스는 총 140건의 환자 사례를 기술했는데, 그중 87명에게서는 좌측 전두엽의 병변과 더불어 말하기 기능 상실이 나타난 반면 우측 전두엽에서 병변이 발견된 나머지 53명은 말하는 능력을 상실하지 않았다고 보고했다. 이에 닥스는 "말하기 기능을 관장하는 대뇌 기관이 발견되었다"고 결론지었다.[39]

닥스의 우선권 주장에 입지가 난처해진 브로카는 자신이 언어 기능의 국재화 개념을 다지는 과정에서 닥스의 연구가 어떠한 영향도 미치지 않았음을 증명하고 자신이 발표한 사례들을 보강할 새로운 증거를 담은 긴 논문을 발표했다. 바로 2년 전에 그 스스로가 필요성을 역설했던 바와 정확히 일치하는 새로운 사실을 발견했던 것이다. 그는 좌반구에 병변이 있음을 암시하는 우반신 마비 환자들이 어떤 연유로 말을 하는 데 어려움을 겪는 경향을 보이는지 서술했다. 이는 입이나 인후의 운동기능 장애의 탓도, 언어를 이해하는 능력이 없었던 탓도 아닌, 명백히 말을 하는 능력과 연관된 문제였다.

아주 특정한 기능을 담당하는 국재화된 영역이 뇌의 어느 한쪽 반구에만 존재한다는 함의는 브로카에게 중대한 문제를 안겨주었다. 해부학적 관점에서 뇌의 두 반구는 완전히 동일해 보이는데, 어떤 기관이 쌍으로 존재하거나 대칭을 이룰 때면 양측이 동일한 기능을 수행한다는 것은 이미 잘 알려진 사실이었다. 이에 브로카는 뇌의 두 반구에 해부학적으로 구별할 만한 차이가 없을지라도 발달사적인 측면에서 본다면 좌우반구가 엄밀히 말해 동일하지는 않다고 지적했다. 배아기 동안 뇌의 왼편이 오른편보다 먼저 발달하는데 아마 이로 인해 기능의 차이가 나타나는지도 모른다는 것이다. 나아가 대다수의 사람들이 오른손잡이인 것도 어쩌면 뇌의 좌반구가 일찍 발달하기 때문일 수도 있었다. 브로카는 뇌의 다른 영역들도 말하기 기능에 관여하고 있을지 모르며, 이론적으로는 훈련을 통해 일부 기능을 회복하는 것도 가능하리라고 여겼다. 그렇지만 브로카는 변함없이 조심스러운 태도로 "이는 뇌의 두 반구 간의 기능적 차이가 존재함을 시사하는 것은 아니다"라고 결론 내렸다.[40]

브로카가 발견한 현상이 내포하고 있던 복잡한 특성은 얼마 지나지 않아 독일의 젊은 의사 카를 베르니케Carl Wernicke에 의해서도 드러났다. 1874년, 베르니케는 다소 분명치않게나마 말을 할 수는 있었지만 언어를 일절 이해하지 못하는 여성 환자의 사례를 보고했다. "이 환자는 자신에게 주어지는 말을 단 한마디도 이해하지 못했다."[41] 이를 바탕으로 베르니케는 브로카가 밝혀낸 전두엽의 특정 영역에 언어 기능 전부가 위치해 있을 가능성은 '현저히 낮다'는 결론을 내렸으며, 말하기 능력이 브로카 영역에서 비롯되는 반면, 브로카 영역보다 뒤편, 현재 베르니케 영역Wernicke's area으로 불리는 곳을 비롯한 뇌의 다른 영역들이 언어의 이해에 관여한다고 주장했다. 이는 단순히 말하기 기능의 다른 하위 요소가 뇌의 다른 영역에서 비롯된다는 지적이 아니었다. 베르니케가 주장했던 것은 언어 이해라는 능력 전체가 고도로 분산되어 있다는 사실이었다.[42]

말하기 능력이 국재화되어 있다는 더욱 명백한 근거를 찾아내는 데 어려움이 있었던 이유는 그보다 한 해 앞서 프랑스 브레스트의 외과 의사였던 앙쥬 뒤발Ange Duval 교수가 밝힌 바 있다. 뒤발은 말하기 능력이 좌반구에 국재화되어 있음을 뒷받침하는 여러 사례들을 나열한 후 다음과 같이 모든 이들이 마주하고 있던 방법론적인 문제를 강조했다.

> 이러한 사실들은 간접적인 증거를 제공하기에 충분히 많은 양의 자료이지만 생리학계에 몸담고 있는 우리들은 마땅히 동물실험을 통해 직접적으로 입증하기를 선호한다. 그러나 동물들이 보유하고 있지 않은 기능을 연구하는 데 동물을 쓸 수는 없는 노릇이다. 따라서 인간을 생체 해부해서 인위적으로 병변을 만들지 않는 한 우리는 그와 유사한 병변이 우연히 발생하기를 기다리는 수밖에 별 도리가 없다.[43]

윤리적으로 불편함을 느꼈던 뒤발의 양심은 칭찬받아 마땅하지만 그로부터 10년도 채 지나지 않아 과학자들은 사고나 질병으로 발생한 손상이 아닌 소름 끼치고 불미스러운 인체 실험을 통해 뇌 기능이 국재화되어 있다는 사실을 확신하게 되었다.

## 19세기의 비윤리적 실험과 위대한 발견들

1874년 1월 26일, 서른 살의 메리 래퍼티Mary Rafferty는 미국 신시내티주의 굿 사마리탄 병원에 입원했다. 메리는 가사도우미로 일하던 가냘픈 여성이었다. 그는 한동안 두피에 생긴 끔찍한 궤양으로 고생을 했는데, 그로 인해 두개골의 일부가 조금씩 침식되어 그 아래 뇌가 겉으로 드러나기에 이르렀다. 자신이 처한 상황에도 불구하고 메리는 명랑하고 유쾌한 사람이었지만 결국 감염이 시작되었고, 항생제가 없던 시절이다 보니 예후가 좋지 않았다. 당시 메리의 담당의였던 42세의 외과의사 로버츠 바살로Roberts

Bartholow 교수는 그에게 시험해보고 싶은 처치가 있다고 설명했다. 표면상으로 메리의 동의를 받은 뒤 바살로는 외부로 노출된 뇌의 좌측 표면 바로 아래에 가느다란 전극 두 개를 삽입하고는 아주 미약한 전류를 발생시키는 발전기에 전원을 넣었다.

결과는 극적이었다. 메리의 오른팔과 다리가 수축하고 앞으로 뻗어졌으며 손가락들은 모두 활짝 펴졌다. 바살로가 전극을 메리의 뇌 뒤편에 삽입하자 이번에는 눈이 씰룩거리고 동공이 확장되었다. 그는 오른다리와 팔에 "아주 강력하고 불쾌하게 따끔거리는 감각"이 느껴졌다고 묘사했다. 바살로의 보고는 계속되었다. "그가 겪었던 너무나도 명백한 고통에도 불구하고 그는 퍽 재미있다는 듯 미소를 지었다"라고 말이다. 바살로는 의연하게 실험을 이어 나갔고, 메리의 뇌의 다른 쪽에도 전극을 꽂았다. 이후에 벌어진 일은 심상치 않았다. "그의 표정에 극심한 고통이 드러났고 울기 시작"했지만 바살로는 이 가여운 여성이 경련을 일으키고 정신을 잃을 때까지 멈추지 않았다. 20분 뒤 정신을 차린 그는 힘이 없고 어지럽다고 불평했다. 그러나 바살로는 단호하게 밀어붙여 전기자극을 반복했다. 이번에도 전과 비슷한 고통을 야기했지만 발작은 없었다.

이틀 후 메리는 다시 바살로의 진료실로 옮겨졌고, 바살로는 또 다시 메리의 뇌에 전극을 삽입한 다음 이번에는 배터리 60개에서 생성된 직류를 흘려보냈다. 이 배터리는 유리병 안에 담겨 웅장한 목재 캐비닛 안에 보관되어 있었다. 하지만 메리의 얼굴이 창백해지고 입술이 시퍼래지면서 실험은 곧 중단되었다. 그는 어지럼증을 호소했고 우반신에는 경련이 일었다. 환자의 안위가 염려되었던 듯 바살로는 조무사에게 그의 고통을 완화시키기 위해 클로로포름을 투여하라고 지시했다. 다음 날 메리는 침대에서 나오지 못했다. 저녁에는 발작이 일어나 우반신 전체가 마비되었다. 그로부터 얼마 뒤 그는 사망했는데, 바살로는 정확히 언제인지 보고하지 않았다.

몇 주 뒤인 1874년 4월, 바살로는 자신의 실험 결과를 간략하게 소개하는 논문을 발표했다. 이는 즉각 엄청난 후폭풍을 일으켰는데, 내용이 극적이라는 점은 차치하고 누가 보더라도 실험 방법이 비윤리적이기 때문이었다. 미국의사협회는 인간을 대상으로 실험했다는 이유로 바살로의 연구를 비난했으며, 〈영국의학저널British Medical Journal〉은 "결과를 얻기 위해 환자에게 손상을 가했던 일"을 후회한다는 바살로의 형식적인 사과문을 실었다. 바살로는 심지어 그러한 실험을 반복하는 행위가 "중대한 범죄"라고 시인하기도 했다.[44] 영국의 뇌생리학자 데이비드 페리어David Ferrier는 바살로의 연구물이 가져다주는 이익이 얼마가 되었든 간에 "실행하는 과정에서 생명의 위험이 따르므로 그 성과를 인정하거나 같은 절차를 반복해서는 안 된다"고 경고했다.[45]

윤리적 문제가 심각하다는 사실만 제외한다면 과학자들은 바살로의 연구가 대단히 매력적이라고 느꼈는데, 그의 실험이 당시 거센 논쟁을 불러일으켰던 뇌 기능에 대한 어떤 연구 결과를 뒷받침할 만한 극적인 증거를 내놓았기 때문이다. 19세기 초 알디니가 두피에 전기자극을 가하면 신체의 움직임을 야기할 수 있음을 보이기는 했으나 당시에는 대뇌반구가 외부 자극에 그 어떠한 반응을 보이지 않는다는 것이 보편적인 의견이었다. 뇌의 아랫부분과 달리 대뇌피질에는 물리적, 화학적, 전기적 자극을 가해도 아무런 반응을 이끌어낼 수 없다고 말이다.

그러나 1870년, 구스타프 프리치Gustav Fritsch와 에두아르트 히치히Eduard Hitzig라는 젊은 독일인 의사 두 명이 개의 피질 겉면에 전기자극을 가하여 매우 구체적인 움직임을 만들어낼 수 있음을 증명했다.[46] 평소 히치히는 환자들을 돌보며 경련이나 경미한 마비와 같이 가벼운 신경 근육성 증상들을 치료하는 데 당시 유행하던 외부 전기요법을 활용하곤 했다. 그는 1869년에 어느 환자에게 귀와 두개골 뒤편에 동시에 전극을 부착하고 약한 전기충격을 가했는데, 뜻밖에 눈 주변의 근육이 수축하는 것을 발견했다. 만약 전극이 눈 옆에 위치해 있었다면 히치히도 단순히 전류가 근육을 자극해서 발생한 전형적인 현상이겠거니 하고 대수롭지 않게 넘겼을 것이다. 하지만 그러는 대신 히치히는 혹시 전기가 뇌 내부로 흘러들어가서 어떤 식으로든 움직임을 관장하는 '중추'를 자극했던 것은 아닐까 하는 의문을 품었다.◆

노련한 전기생리학자였던 히치히는 프리치와 함께 외부로 노출된 개의 피질을 자극하여 특정한 반응을 얻는 일이 가능한지 살펴보았다. 히치히 부인의 화장대 위에서 진행된 이 실험에서는 뒤부아 레몽이 개발한 매우 정밀한 전극이 쓰였다. 이들의 연구는 1846년부터 마취제가 널리 쓰이기 시작한 것과 더불어 조지프 리스터Joseph Lister가 1867년에 간단한 소독 처치만으로도 수술 후 감염 위험을 낮출 수 있다는 사실을 발견하면서 비로소 가능해진 침습적인 생리학 연구 물결의 일환이었다. 프리치와 히치히는 '혀끝에 닿았을 때 간신히 지각할 수 있을 정도'로 아주 미약한 전류를 이용해 마취된 실험동물의 뇌 앞부분의 얇은 외피층을 자극했다.[47] 그러자 전류를 가한 부위와 대측을 이루는 신체의 다양한 근육들이 씰룩거리는 모습이 관찰되었다. 이러한 효과는 고도로 국재화된 양상을 띠었다. 뇌의 어느 한 부분을 자극하자 앞다리가 움직였고, 다른 부분을 건드리자 안면이 씰룩거렸으며, 또 다른 부위에 자극을 가했더니 다리 근육들이 움직였다.[48]

이 같은 발견은 한 세기가 넘도록 쌓아온 과학적 확실성을 전면 부정

◆ 히치히가 30년도 더 지나고 나서 언급했듯, 사실 그가 자극한 것은 '뇌의 깊숙한 중추'가 아니라 표피 가까이 위치해 있던 전정신경이었다. 이에 그는 "이번처럼 틀린 전제로 인해 올바른 사실을 밝혀내는 경우도 한두 번 있는 일이 아닐 것이다"라고 씁쓸하게 말했다. Hagner, M., *Journal of the History of the Neurosciences* 21(2012): 237–49, 243, note 1.

하고, 브로카가 인간의 뇌에서 발견했던 특정 영역이 언어의 산출, 즉 말하기 능력에 관여한다는 사실을 훌쩍 뛰어넘어, 뇌가 행동을 만들어내는 데 있어 기능적 국재화가 매우 세분화되어 있음을 시사했다. 그동안 무릎 반사처럼 전형적인 반사운동들은 뇌의 관여 없이 일어난다고 알려져 있었다. 하지만 뇌에 직접 전기자극을 가해 유발한 움직임은 반사작용이 보이는 사소한 반복 운동보다 훨씬 더 정상적인 행동에 가까웠다. 피질이 생각과 의지의 원천이라는 믿음이 보편적이었던 당시 분위기 속에서 프리치와 히치히는 명시적으로 언급하지 않으려고 신중을 기했으나 연구의 결과는 사실상 그들이 수의운동의 원천이 되는 뇌 영역을 찾아냈음을 시사했다.

이 두 젊은이는 자신들의 발견이 지니는 중요성을 잘 알고 있었으므로 신속하게 연구 결과를 정리하고, 멀리 18세기 할러의 연구를 비롯하여 그간 피질을 자극하고도 아무런 신체 반응을 이끌어내지 못했던 기존의 연구들과 자신들의 연구를 비교하는 데 많은 부분을 할애한 논문을 발표했다. 실험의 세부적인 사항들도 꼼꼼하게 기록했는데, 프리치와 히치히의 주장에 의하면 결국 그들의 결과가 기존의 연구 결과들과 극단적으로 달랐던 이유는 그들이 사용했던 기법 덕분이었다. 프리치와 히치히는 자신들이 '개별 심적 기능들'이 '대뇌피질의 한정된 중추'에서 발생한다는 사실을 증명했다고 확신했다.[49]

당시 겨우 27세에 불과했던 데이비드 페리어는 프리치와 히치히의 충격적인 발견을 접하자마자 곧바로 실험에 착수했다.[50] 대부분의 과학자들과 마찬가지로 페리어 또한 대뇌가 '기억과 지각의 원천'이라고 믿었지만 이 신비한 능력들이 특정한 영역에 국재화되어 있는지 아니면 뇌 표면 전체에 고루 퍼져 있는지는 알지 못했다.[51] 그의 말대로 "대뇌의 각 부분들이 하나의 전체로서 실험연구로는 설명할 수 없는 어떤 불가해한 방식을 통해 그 내부에 온갖 다양한 정신활동 가능성들을 담고 있는지 혹은 뇌의 특정 부위가 결정적인 기능을 담당하고 있는지"는 아직 불분명했던 것이다.

페리어는 40여 년 전 플루랑스가 했던 것처럼 개구리, 물고기, 새, 토끼의 대뇌반구를 적출하는 다소 지루한 실험들을 수차례 시행하여 이러한 수수께끼를 탐구하기에 나섰다. 그 결과 종을 막론하고 한결같이 동일한 현상이 관찰되었는데, 운이 좋아 적출 수술 후에도 목숨을 보전한 실험동물은 꼼짝 않고 앉아서 꼬집기 같은 자극에만 반응했고, "어떠한 형태의 외부 자극도 없이 혼자 방치될 경우 같은 장소에 붙박인 채 움직이지 않았으며, 인위적으로 먹이를 공급받지 않는 한 굶어죽었다."

페리어는 "대뇌반구 절제술이 마음의 어떤 근본적인 능력을 완전히 파괴한다"고 결론지었으며, 여기에는 움직이고자 하는 자유의지도 포함되었다.

그런데 보다 정밀하게 이루어진 손상 연구들은 흥미롭게도 일관되지 않은 결과를 내놓았다. 본능적인 행동에 의존하는 동물들에 비해 학습된 요소가 운동 행동에 큰 영향을 미치는 듯 보이는 포유류의 경우 '피질의 운동중추'를 파괴하는 실험적 처치가 이 같은 마비를 일으킬 확률이 더욱 높았던 것이다. 이는 자유의지가 고등동물에게서 더 중요하다는 사실을 시사했으며, 피질의 특정 위치가 신체의 특정 부위의 수의운동에 관여할지 모른다는 가설에 힘을 실어주었다.

가장 충격적인 발견은 페리어가 프리치와 히치히의 기법을 차용하여 원숭이의 피질을 미약한 전류로 자극한 실험에서 나왔다. 페리어는 스미가 발명한 배터리를 이용하여 앞서 두 독일인 연구자들이 불가능하다고 주장했던 일부 영역에서 반응을 이끌어내는 데 성공했다. 이러한 결과를 요약하고자 페리어는 원숭이의 뇌에서 특정한 움직임을 유발하는 다양한 영역들을 나타낸 구체적인 국재화 도식을 제작했다. 가령 그림 11의 3번 영역(중앙 상단)에 자극을 가하면 꼬리가 움직였고, 그와 인접한 5번 영역을 자

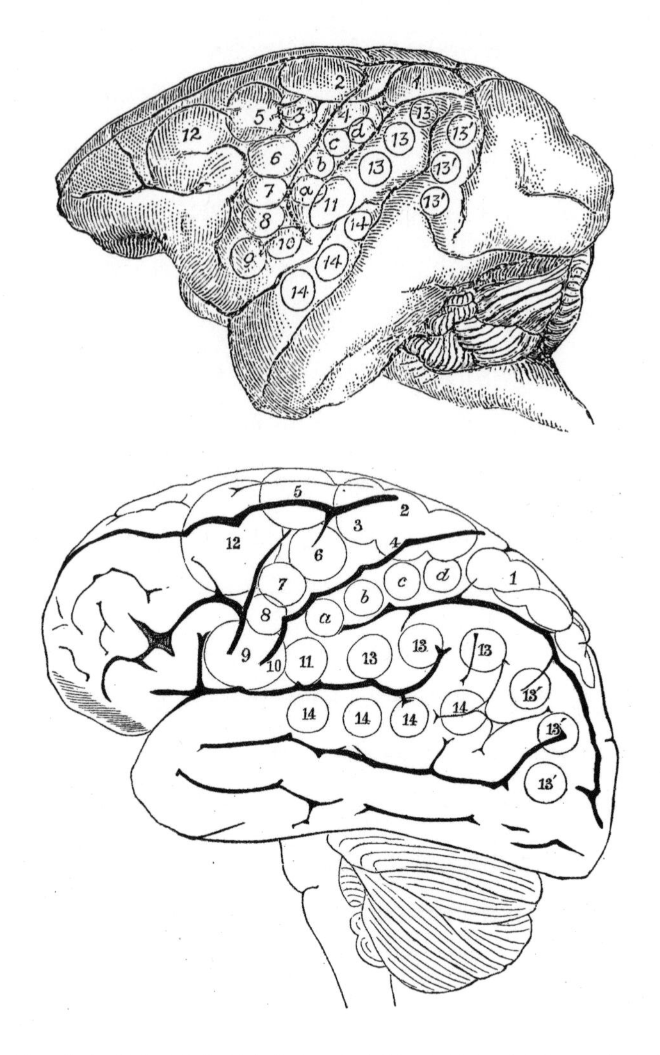


**그림 11** 원숭이의 뇌(위)와 인간의 뇌(아래)에서 각 영역을 나타내는 페리어의 그림. 숫자는 원숭이와 인간의 뇌에서 서로 상응하는 영역의 위치를 나타낸다.

극할 경우 원숭이가 반대편 팔을 뻗고 손가락과 손목을 움직이는 동작을 했으며, 9번부터 14번 영역에 자극을 가하면 안면과 눈에서 정교하고 매번 동일한 형태의 움직임이 발생했다.

페리어는 개와 고양이, 자칼(런던 동물원에서 조달했다), 토끼, 기니피그, 쥐, 비둘기, 개구리, 물고기를 대상으로도 실험을 진행했다. 그리고 매 실험에서 그는 대뇌반구의 특정한 영역을 자극하면 언제나 특정한 움직임을 유발한다는 사실을 발견했다. 이러한 양상을 보이지 않았던 유일한 동물은 개구리였는데, 뇌의 크기가 너무 작았던 탓에 확실한 자료를 얻기가 어려웠기 때문이었다. 페리어는 심지어 원숭이들이 환청을 듣게 만드는 데도 성공한 듯했다. 그가 원숭이 뇌의 14번 영역을 자극하자 원숭이가 마치 무엇인가를 들은 것처럼 '반대편 귀를 쫑긋하고, 머리와 눈을 반대쪽으로 향하고, 동공이 확장되는' 모습을 보였던 것이다.

비교해부학과 더불어 메리 래퍼티에게 가했던 지독한 실험을 비롯한 다양한 대뇌 병변 환자들의 사례에 기반하여 페리어는 인간의 뇌에서 운동기능의 국재화를 나타내는 도식도 제작했다. 그런데 전극의 가벼운 자극에 반응하지 않는 듯한 뇌 부위가 딱 한 군데 있었다. 자신의 연구 결과들을 기술한 1876년 작 《뇌의 기능The Functions of the Brain》에서 페리어는 원숭이도, 고양이나 개의 경우에도, 뇌의 전측 영역에서는 '전기자극'에 대한 그 어떠한 반응도 관찰하지 못했다고 보고했다. 이는 1848년에 폭발 때문에 1미터는 족히 되는 기다란 철제 다짐대가 날아와 두개골 앞쪽을 관통하는 끔찍한 사고를 당했던 미국의 철도노동자 피니어스 게이지Phineas Gage의 사례를 두고 페리어가 처음 해석했던 바와도 딱 맞아떨어졌다.[52] 게이지는 기적적으로 생존하여 그 뒤로도 12년을 더 살았으며, 칠레에서 몇 년간 역마차 기사로 일하기도 했다. 결국 게이지의 사체는 파헤쳐졌고, 심각하게 손상된 두개골은 그를 꿰뚫었던 쇠막대와 함께 하버드대학교 의학박물관에 전시되어 지금까지도 관람이 가능하다. 게이지는 생전이나 사망한 직후나 과학자들의 관심을 한 몸에 받았는데, 그런 큰일을 겪고도 겉으로 보기에는 너무나도 멀쩡하게 살아남았기 때문이다.

페리어는 관찰력이 예리한 연구자였다. 어느 원숭이 한 마리의 뇌의 전측 영역들을 제거했을 때 "감정을 내비치는 어떠한 증상이나 운동 능력들을 관장하는 특정한 감각기관의 장애도 발생하지 않았다"고 주장했지만, 그와 동시에 "이 원숭이의 성격과 행동 양식에 매우 결정적인 변화 (…) 그리고 상당한 심리적 변화"가 감지되었으며 흥미와 호기심을 잃는 특징이 나타났다는 사실도 언급했다. 그의 표현을 빌리자면 그 가여운 실험동물이 "주의를 기울여 지적인 관찰을 하는 능력"을 상실했던 것이다.

흥미를 느낀 페리어는 게이지의 사례를 재검토했다.[53] 그리고 20년 전 게이지를 돌보았던 의사 존 할로John Harlow가 1868년 보고서에 간략하게 기록한 사고 전후 게이지의 행동 양상에 관한 사소한 정보를 읽고 큰 충격을 받았다. 게이지가 "가장 효율적이고 유능한 현장감독"에서 이른바 "변덕스럽고 부적절한 행동을 일삼으며 이따금씩 제멋대로 아주 무례한 욕설을 퍼부어대는" 사람으로 변해버렸고, 지인들이 그를 두고 "더 이상 게이지가 아니다"라고 말했다는 것이다.[54] 이러한 묘사들은 지금은 게이지의 사례를 소개할 때면 으레 따라붙는 이야기가 되었지만 페리어가 알아차리기 전까지는 어느 누구도 주목하지 않았다. 그러나 이야기의 출처와 신빙성에 대해서는 알려진 바가 없다는 점에 주의해야 한다. 사건이 있고 나서 수십 년 뒤에나 세간에 알려진 이 모호하고 지극히 일화적인 설명만이 게이지의 성격이나 행동에 무언가 변화가 있었음을 암시하는 유일한 자료였지만 이는 페리어가 확신을 얻는 충분한 계기가 되었고, 그는 이제 사고 후 "게이지가 더 이상 게이지가 아니었다"는 주장과 더불어 게이지가 다른 사람들하고 좀처럼 잘 어울리지 않으며 충동적인 성향이 강해졌다는 진술이 핵심인양 강조하기에 이르렀다.

페리어는 1878년에 출간한 《피질 기능의 국재화The Localization of Cerebral Function》에서 성격이 변했다고 알려진 게이지의 사례와 자신의 실험에서 관찰했던 전두엽 손상을 입은 원숭이들의 행동 변화 사이에서 뚜렷한 유사성을 도출했다. 게이지가 겪었던 뇌 손상과 그 의의에 대한 현대의 해석들은 많은 부분 페리어의 실험적, 심리적, 생리적 통찰이 융합된 결과에서 비롯되었다고 할 수 있다. 지금은 교재에서도 게이지가 종종 언급되고는 하는데, 사건 이면에 자리한 이 복합적인 이야기까지 제대로 다루는 경우는 드물다.[55]

앞의 모든 증거는 주의와 연관된 다양한 정신활동의 양상들과 행동이 뇌의 전측 부위에 국재화되어 있음을 시사했다. 놀랍게도 페리어는 골상학적인 근거를 제시하기도 했는데, 이는 골상학이라는 개념이 19세기 후반까지도 여전히 일부 과학자들 사이에 존재했다는 사실을 보여준다.

> 내 생각에 골상학자들은 사색하는 능력이 뇌의 전측 영역에 국재화되어 있다고 주장하기에 충분한 근거를 갖추고 있으며, 전뇌의 특별한 부위의 발달이 생각을 집중하는 능력 및 지적 능력의 특정한 방향성을 가리킨다는 관점이 본질적으로 불가능할 것도 없다.[56]

페리어는 신체의 움직임과 더불어 어쩌면 주의와 같은 일부 고등 심리 기능들까지도 뇌의 특정한 부위에 자리하고 있을 가능성이 있다는 증거를 내놓았지만 정작 가장 복잡하고 실체가 없는 뇌 기능, 사유하는 능력에 관해서는 국재화에 반대되는 증거를 발견했다. 인간 뇌의 어느 한쪽 반구의 피질에 손상이 가해지면 반대편 신체에서 감각과 운동기능이 모두 상실되지만 마음은 뇌 전반에 존재하기에 사유하는 능력은 아무런 영향도 받지 않는 듯했던 것이다. 이를 페리어는 다음과 같이 설명했다.

> 운동과 감각(직각적 의식presentative consciousness)을 관장하는 기관으로서

의 뇌는 두 개의 반구로 구성된 단일한 기관이다. 관념 작용(표상적 의식 representative consciousness)을 관장하는 기관으로서의 뇌는 각 반구가 그 자체로 제 기능을 다 하는 분리된 이중 기관이다. 어느 한쪽 반구가 적출되거나 질병에 의해 파괴될 경우, 운동과 감각 능력은 좌반신 혹은 우반신에서 소멸되지만 정신 작용은 여전히 남은 하나의 반구에 의해 완전하게 기능할 수 있다. 뇌의 어느 한쪽(이를테면 오른쪽)에 있는 병으로 인해 반대편 신체의 감각과 운동기능이 마비된 사람도 하나의 반구만으로 여전히 감정을 느끼고, 자유의지를 가지고 있고, 사고할 수 있는 등 정신적으로는 마비되지 않으며, 지적인 이해력을 보일 수 있다.

이처럼 중대한 발견을 했음에도 불구하고 페리어는 뇌가 어떤 방식으로 작용하는지 설명하는 모형을 구축하지는 못했다. 오히려 그 비밀을 깨닫는 날이 오리라는 데 회의적이었으며, "감각을 경험할 때 뇌세포에서 일어나는 분자 변형의 정확한 본질"을 알아낸다 한들 "감각을 구성하는 것의 궁극적인 성질을 설명하기까지 털끝만큼도 가까이 다가가지 못할 것"이라고 주장했다. 여타 많은 과학자들과 마찬가지로 페리어 역시 여전히 라이프니츠가 1712년에 뇌의 작용 원리를 두고 방앗간에 빗대어 지적했던 문제로 인해 자신감을 잃은 상태였다. 뇌의 내부를 들여다보고 그 안에서 일어나는 모든 일을 이해할 수 있다고 해도 그것이 곧 의식이나 생각의 본질을 이해할 수 있게 된다는 사실을 의미하지는 않았다. 당시 뇌를 이해하는 데 과학이 얼마만큼 큰 힘을 발휘할 수 있을지에 대해 반신반의했던 사상가는 페리어뿐만이 아니었다. 위대한 발견들이 속속 이루어지고 있었지만 과학자들은 조금씩 의구심을 품기 시작했다.

5

# 진화

19세기

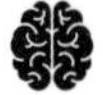

1838년 2월, 당시 29세였던 찰스 다윈은 런던 카나비 스트리트 초입의 건너편에 위치해 있던 자신의 숙소에 앉아 존 애버크롬비John Abercrombie라는 스코틀랜드 의사이자 철학자가 쓴 베스트셀러 《지력에 관한 연구 및 진리 탐구Inquiries Concerning the Intellectual Powers and the Investigation of Truth》 최신판을 펼쳤다. 책의 도입부에서 애버크롬비는 생각과 뇌 사이의 명확한 관련성에 대해 자신이 완전히 무지하다고 직설적으로 표명했다.

> 진실을 말하자면 우리는 아무것도 이해하지 못했다. 물질과 마음은 각각이 지니고 있는 특정한 속성으로 우리에게 알려져 있는데, 이러한 속성은 서로 상당히 구별된다. 하지만 정작 그 둘에 관한 한 우리의 능력으로는 우리 앞에 놓여 있는 사실들에서 단 한 걸음조차 앞으로 나아갈 수 없다. 기층 또는 궁극적인 핵심에서 그 둘이 같은지 다른지 우리는 알지 못하며, 현재 우리의 상태에서는 앞으로도 결코 알 수 없을 것이다.[1]

애버크롬비는 근본적인 문제를 지적하고 있었지만 다윈은 이 같은 사실이 그다지 중요하게 와 닿지 않았던지 본문 왼쪽에 연필로 구불구불한 선 두 개를 그리고 페이지의 아랫부분에 "생각의 유형과 뇌의 구조 사이에 밀접한 관련성을 짚어내는 것만으로 족하다"라고 적어넣었다.[2]

다윈은 필기장에 "뇌가 생각을 만든다"라는 의미심장한 구절을 남겼다시피 뇌와 마음이 서로 밀접하게 연결되어 있다고 믿었지만 그 자체의 명확한 본질보다는 그러한 연결성의 의미에 관심이 있었다.[3] 그는 18개월 전 탐사선 비글호로 긴 항해를 마치고 돌아온 이래 줄곧 종의 기원 및 다양성의 원인을 이해하고자 하는 생각에 사로잡혀 있었다. 시간이 흐름에 따라 다윈은 점차 자연선택이 유기체들의 형성에 핵심적인 역할을 수행한다고 믿게 되었고, 이러한 사실이 뇌와 생각 사이의 연결성과 어떻게 관련되어 있는지 살펴보았다.

1840년에 다윈은 자신이 소장한 뮐러의 《생리학의 기초Elements of Physiology》에 "유전적으로 형성된 뇌의 구조가 본능을 야기하는 것이 틀림없다. 이러한 구조는 적응적으로 형성된 다른 모든 구조물과 마찬가지로 환경에 따라 개량될 여지가 있다"는 글귀를 써넣었다.[4] 다윈은 만약 뇌가 생각을 만들어낸다면 뇌의 구조와 그로부터 비롯된 생각의 유형 사이에 분명 연관성이 존재할 것이라는 사실을 알아차렸는데, 이는 곧 자연선택이 뇌의 구조를 변형시킴으로써 마음과 행동 양상을 변화시킬 수 있음을 의미했다. 본능적인 행동뿐만 아니라 원론적으로 인간의 마음이 어떻게 생겨났는지까지 설명할 수 있는 접근법이었다. 이러한 관점에서 본다면 뇌와 뇌에서 비롯된 행동은 여느 기관들과 다를 바가 없었다. 실제로 다윈은 필기장에 생각이란 "뇌의 분비물"로서 "간의 담즙과 같은 기능"이라고 쓰기도 했다.[5]◆

20년이 넘도록 다윈은 자연선택과 인위선택의 사례들을 모아 초고를 작성하며 스스로 '종의 이론 총람big species book'이라고 불렀던 책의 작업에 몰두했지만 딱히 서두르거나 마무리를 지으려는 모습은 보이지 않았다. 그러던 1858년 6월, 알프레드 러셀 월리스Alfred Russel Wallace라는 젊은 탐험가로부터 충격적인 편지를 받았다. 월리스가 다윈에게 보낸 글에는 다윈이 지난 20년 동안 개인적으로 탐구하던 것과 동일한 자연선택 기제의 개요가 기술되어 있었다. 선수를 빼앗길 수 있다는 생각에 아연해진 다윈은 친구였던 조지프 후커Joseph Hooker와 찰스 라이엘에게 그 편지를 전달했고, 그들은 허둥지둥 다윈의 우선권을 보호하면서도 월리스의 통찰을 인정해줄 수 있는 방법을 찾았다. 얼결에 린네 협회•는 한 회기에 월리스의 편지와 다윈의 쪽지는 물론 다윈이 1844년에 자신의 생각을 정리해두었던 글의 발췌본까지 접하게 되었다. 월리스의 편지가 다윈이 마침내 일을 실행에 옮기게 밀어붙인 격이었고, 1859년 11월에 드디어 다윈은 《종의 기원》을 출간했다.[6]

세상을 뒤흔든 다윈의 책은 의외로 인간의 진화 및 행동, 마음, 뇌 사이의 연결성과 관련된 골치 아픈 문제는 피했다. 초판에는 인간의 진화에 대해 암시적으로 짧게 언급한 한마디만이 담겨 있었고 '뇌'라는 단어는 단 한 번밖에 등장하지 않았다. 다윈은 훗날 자신이 왜 그 같은 선택을 했는지

◆ 이 구절은 프랑스 의사 피에르 장 조르주 카바니스Pierre-Jean-Georges Cabanis가 1790년대에 강연에서 발표했던 내용에서 차용한 것이다. 특히 독일인 동물학자 카를 포크트Karl Vogt가 "정신활동은 한낱 뇌의 기능일 뿐이며, 노골적으로 표현하자면 뇌에게 있어 생각이란 간에서 분비되는 담즙이나 신장에서 만들어지는 소변과 같다"고 선언하면서 19세기 후반 유명세를 떨치게 되었다. Vogt, C., *Köhlerglaube und Wissenschaft: eine Streitschrift gegen Hofrath Rudolph Wagner in Göttingen* (Giessen: Rider, 1855), 32; Cabanis, J., *Rapports du physique et du moral de l'homme*, vol. 1 (Paris: Caille et Ravier, 1815), 127-8.

• 영국의 박물학 협회.

설명했다.

> 수 년 동안 나는 출간하려는 생각은 추호도 없이, 아니 오히려 출간하지 않으려는 결심을 하고 인간의 기원 혹은 계통에 관한 자료들을 모았는데, 책으로 내는 일이 결국 나의 관점에 반하는 편견만을 더해줄 뿐이라고 생각했기 때문이었다. 나는《종의 기원》초판에 이 책이 '인간의 기원과 그 역사에 대한 설명의 단초를 제공할 것'임을 시사하기에 충분한 내용이 담겨 있다고 생각한다. 즉 인간 또한 다른 모든 유기체들과 같은 일반적인 방식으로 지구상에 나타났다는 사실을 시사한다.[7]

많은 독자를 크게 동요하게 만들었던《종의 기원》출간은 서구 지식사회가 불확실성의 시기를 맞는 데 한몫했다. 역사학자 오언 채드윅Owen Chadwick에 의하면 1860년대에 "영국과 프랑스와 독일은 유례없는 의혹의 시대the age of Doubt에 접어들었다."[8] 의혹의 대상이자 그러한 의심을 촉발한 핵심적인 의문 중 하나는 다윈이 그의 저작에서 교묘하게 피해갔던, 어떻게(혹은 과연) 의식이 뇌의 활동으로부터 생겨나는가라는 문제였다. 1861년, 아일랜드의 물리학자이자 과학을 가르쳤던 다윈의 지지자 존 틴들John Tyndall은 런던의 주간지 〈새터데이리뷰Saturday Review〉 기고란에서 이 문제를 탐구했다. 틴들은 직관적인 유물론식 표현으로 운을 떼었다.

> 우리는 모든 생각과 모든 감정이 신경계와 뚜렷한 기계적 상관관계가 있다고, 요컨대 뇌의 원자들이 분리되고 재정립되는 특정한 과정을 수반한다고 믿는다.

하지만 그가 보여주듯 '상관관계'와 '수반한다'는 말이 정확히 무슨 의미인지 탐구하고자 하는 순간 문제가 아주 복잡해지기 시작했다.

> 물리적인 현상들을 생각이라는 현상에 적용하려고 할 때, 우리는 우리가 현재 지니고 있는 온 힘을 총동원해도 범접할 수 없는 능력 밖의 문제를 만나게 된다. 생각에 생각을 거듭해도 이 주제는 우리의 모든 지적 직관을 피해가며, 마침내 우리는 불가사의와 마주하게 된다.[9]

어느 누구도 어떻게 뇌의 활동으로부터 의식이 생겨나는지 설명할 엄두조차 내지 못했다.

그럼에도 몇몇 과학자들은 추론을 멈추지 않았다. 그리고 1860년, 독일의 생리학자 구스타프 페히너Gustav Fechner는 뇌 과학의 역사상 가장 과감하고 놀라운 예측을 하나 해냈다. 마음의 단일성이 뇌의 구조적 완전성에서 나온다고 주장했던 것이다. 이는 곧 뇌의 두 반구를 연결해주는 뇌량이라는 구조물을 절개해 뇌를 두 개로 분리한다면, 하나가 아닌 두 개의 마음을 가지게 되리라는 점을 시사했다. 페히너는 처음에는 그 두 개의 마음이 동일할 터이지만 새로운 경험들이 쌓이면서 점차 제각기 다르게 변해갈 것이라고 말했다.[10] 이렇듯 극적인 가설에 대한 검증이 이루어질 수 있게 된 것은 그 뒤로도 한 세기가 더 지나 미국에서 정신외과를 도입하면서부터였다.

몇 년 뒤 틴들은 영국 과학진흥협회에서 각각 1868년과 1874년에 진행하여 큰 영향을 떨쳤던 두 번의 강연에서 라이프니츠의 방앗간 논증의 현대적 버전을 이용해 자신의 입장을 더욱 상세히 설명했다.

> 우리의 마음과 감각이 매우 확장되고, 단순화되고, 환히 밝혀져 뇌를 구성하는 각각의 분자들을 전부 보고 느낄 수 있었다면, 그 모든 움직임, 집단

화, 모든 전기적 방출 과정을 추적하는 일이 가능했다면 그리고 만약 그에 상응하는 생각과 감각 상태를 소상히 파악했다면, '이러한 물리적 과정들이 의식이라는 현실과 어떻게 연결되어 있는가?'라는 문제에 대한 해답에 조금이나마 가까워졌을까? 아마 그렇지도 않을 것이다.[11]

틴들 또한 라이프니츠와 마찬가지로 물리적인 과정에 기반하여 사유 과정을 설명하는 것이 불가능하다고 여겼는데, 이 두 부류의 현상이 서로 질적으로 달랐기 때문이다. 두 학자가 사용한 용어는 달랐지만 결론은 같았다.

이 문제를 바라보는 방식은 크게 두 가지가 있었다. 아직까지는 해답을 알지 못하나 언젠가는 깨우치게 될 것임을 인정하는 방식과 틴들처럼 이 문제가 태생적으로 해결이 불가능하다고 고집하는 방식이었다. 에밀 뒤부아 레몽도 틴들의 의견에 동의해 1872년에는 유물론이 사유의 본질에 대해 그 어떤 통찰도 주지 못할 것이며 "우리가 상상할 수 있는 그 어떤 물질적인 입자들의 움직임도 결코 우리를 의식의 영역으로 데려갈 수는 없다"고 단언했다.[12] 그는 또한 정신적인 과정은 "인과론의 범위 밖에 있으므로 이해할 수 있는 대상이 아니다"라고도 말했다.[13] 뒤부아 레몽은 지난 수십 년 동안 과학적인 지식의 한계를 논할 때 자주 인용되었던 라틴어구를 제시하며 주장을 끝맺었다. "우리는 알지 못하며 앞으로도 알지 못할 것이다."

## 마음은 자연선택의 결과다

우리가 뇌를 이해할 수 있는 능력을 갖추고 있는가에 대한 이 같은 의구심의 물결은 그 대상이 인간이 되자 다윈의 일부 측근들조차 자연선택을 지지하는 데 있어 미묘한 차이를 드러내면서 진화생물학계를 서서히 물들여갔다. 1866년에는 알프레드 월리스가 인간의 진화, 특히 인간의 마음이 생겨난 배경은 자연선택으로 설명할 수 없으며 어떤 초자연적인 힘이 관여한 결과라고 주장해 다윈을 충격에 빠뜨리기도 했다. 월리스가 이렇듯 갑작스럽게 태세 전환을 한 직접적인 이유는 그해 겨울에 교령회에 참석하고 나서부터 유심론에 집착하게 되었기 때문이다. 의식을 행하는 과정에서 니콜Nichol이라는 영매사가 갑자기 제단 위에 나타나 허공에 둥둥 뜬 채로 아직 이슬이 흠뻑 맺힌 여름 꽃을 피워냈다고 한다.[14] 이에 월리스는 넋을 잃고 말았다.

심령술에 취하고 자신의 두 눈으로 그 근거를 똑똑히 목격하기까지 한 월리스는 새롭게 발견한 영적 세계에 대한 자신의 신념을 인간의 진화에 적용해 인간에게는 다윈의 이론이 해당되지 않는다는 새로운 관점을 뒷받침하기 위해 틴들이 제기한 의문을 차용했다.

> 자연선택도, 보다 일반적인 진화론도, 감각 혹은 의식이 있는 생명체의 기원이 무엇인지에 관해 어떠한 설명도 제공하지 못한다. (…) 인간이 갖추고 있는 정신 및 고등한 지적 특성은 의식이 있는 생명체가 이 세상에 처음 등장한 사건만큼이나 고유한 현상이고, 이 중 어느 것 하나도 그 어떤 진화의 법칙으로부터 비롯되었다고 상상하기 어렵다.[15]

월리스는 인간이 자연 세계의 다른 모든 것과 완전히 다른 원칙을 따르며, 생각의 물리적 기원을 설명하는 일이 명백히 불가능하다는 점도 그 중 하나라고 역설했다.[16]

다윈의 지지자들 사이에서 인간의 진화에 일종의 초자연적인 설명이 필요하다고 제안했던 이는 월리스뿐만이 아니었다. 저명한 지질학자였던 찰스 라이엘은 자신의 1863년 작《인류의 유래에 관한 지질학적 증거Geological Evidences of the Antiquity of Man》에서 고생물학, 지질학, 인류학을 아우르는 다양한 관점의 증거를 들어 인간이 다른 영장류와 같은 조상으로부터 진화했다고 주장했다.[17] 이에 다윈은 힘을 얻었지만 오직 신의 개입만이 인간에게서 언어가 등장한 현상을 설명할 수 있다고 주장한 책의 말미에서는 실망하고 말았다.[18]

월리스와 라이엘 같은 조력자들까지 자연선택으로는 인간 진화의 모든 측면을 설명할 수 없다고 주장하자 다윈은 자신의 관점을 분명히 해야겠다는 압박감을 느꼈다. 그리고 1871년 2월,《종의 기원》에서 큰 효과를 보았던 접근법을 그대로 활용한《인간의 유래》를 출간했다. 다윈은 해부학 및 행동에서의 상동성을 나타내는 예시들을 제시하여 인간이 공통의 조상으로부터 진화했음을 보였으며, 현재 시점에서 명확하게 드러나는 이 같은 해부학적, 행동적 특성의 목적을 논하는 대신 지금과는 다른 기능을 하던 본래의 특성들을 들어 적응의 기원을 설명했다. 다윈의 결론은 뇌와 행동, 도덕성을 비롯하여 인간과 다른 영장류 사이에 넘을 수 없는 장벽은 없다는 것이었다. 그는 "나의 목표는 인간과 고등동물의 정신 능력에는 근본적으로 차이가 없다는 사실을 증명하는 것이다"라고 썼다.[19] 다윈의 주장은 유인원이 인간과 동일하다는 의미가 아니라 다른 신체적인 특징들과 마찬가지로 뇌의 구조에도 이종 간의 연속되는 성질이 존재하므로 정신활동 역시 그러하리라는 사실을 뜻했다.

《인간의 유래》를 발표하고 얼마 지나지 않아 다윈은 진화의 시간을 거치면서 뇌의 구조가 변화했음을 나타내는 보다 상세한 근거가 필요하다고 느꼈다. 그는 친구이자 든든한 조력자였던 토머스 헨리 헉슬리Thomas Henry Huxley(통칭 '다윈의 불독')에게 2판에 수록할 수 있도록 비교해부학적으로 인간과 유인원의 뇌를 서술하는 부록을 써달라고 청했다. 헉슬리는 이를 받아들여 다음과 같은 결론을 내려주었다.

> 침팬지의 뇌에 존재하는 모든 주요 회gyrus와 구sulcus는 인간의 뇌에도 뚜렷하게 나타나 있어 어느 한쪽에 적용되는 용어가 다른 쪽에도 맞아떨어진다. 이에 관해서는 어떠한 이견도 없다. (…) 그렇다면 유인원과 인간의 뇌가 지니는 근본적인 성질이 닮았다는 데도 논쟁의 여지가 없다. 침팬지와 오랑우탄 그리고 인간 사이의 놀랍도록 밀접한 유사성도 마찬가지다.

인간과 유인원의 뇌가 동일하지는 않았지만 다윈이 즐겨 말했듯이 전혀 다른 종류라기보다는 정도의 차이가 있었을 뿐이다. 헉슬리는 근거들을 요약하며 "이는 인간이 다른 영장류들이 생겨난 것과 같은 형태의 점진적인 변이를 거쳤다고 할 때 예상할 수 있는 바로 그 모습이다"라고 했다.◆ 다윈이 설명한 바와 같이 영장류의 여러 종들 사이에 존재하던 행동과 지능의 차이는 어느 한 종에는 존재하고 다른 종에는 완전히 부재하는 어떤 주요 구조물 탓이 아니라 사소한 해부학적 차이에서 비롯된 것이었다.

◆ 헉슬리는 다윈을 비롯한 당시 여러 학자들과 마찬가지로 노예제도에 반대하는 입장과 뇌에 대한 무지와 인종차별적 발상을 넘나드는 관점을 겸비하고 있었다. 1865년에 헉슬리는 백인의 뇌가 흑인보다 크며 이로 인해 지적 능력의 차이가 발생한다고 주장했다. 그리고 그 결과 "이 같은 사실을 인식하고 있는 이성적인 인간이라면 누구나 평균적인 흑인이 평균적인 백인과 같다고 생각하지 않을 것"이라고 설명했다. 이에 그는 진급을 가로막는 장벽을 제거하기 위해 갖은 노력을 기울이더라도 "문명화 계층에서 가장 높은 위치는 언제나 우리 검둥이 사촌들의 손에 닿지 않을 것임에 틀림없다"고 결론지었다. 여성 또한 남성과의 뇌의 크기 차이가 능력의 차이를 가져온 것이라 추측할 수 있다고 주장했다. 그는 온갖 체계적인 차별을 없애는 데는 찬성했지만 그렇다고 그가 남성과 여성, 혹은 백인과 흑인이 모두 동등한 능력을 갖추고 있다고 생각했다는 뜻은 아니다. 그는 그저 "불균등에 불공평을 더하지 않게" 하고자 했을 뿐이다. Huxley, T. H. *Collected Essays, vol 3: Science and Education* (london: Macmillan, 1898), 66-75.

다윈은 수많은 과학자와 철학자 들이 고뇌하던 것처럼 뇌와 생각 사이의 정확한 연결성에 의문을 품느라 정신을 팔지 않았다. 뇌의 구조에 자연선택이 작용하여 행동을 변화시키기 위해서는 그 둘 사이에 단순한 상관관계가 아닌 명확한 인과관계가 성립해야 하므로 틀림없이 그러한 연결고리가 있다고는 확신했지만 그 본질을 파헤치는 데는 큰 관심이 없었다. 30년도 더 전에 밝혔듯이 그가 원하는 바를 이루기 위해서는 그저 그 같은 연결고리가 존재한다는 사실만이 필요했을 뿐이다. 따라서 다윈은《인간의 유래》지면 위에서 곡예하듯 춤추며 당대 학자들을 괴롭히던 인식론적인 문제의 늪에서 유유히 빠져나갔다. "정신 능력이 처음에 어떤 방식으로 발달하게 되었는가라는 문제는 생명 자체가 처음에 어떻게 생겨났는지에 관한 문제만큼이나 알 도리가 없다. 만에 하나 언젠가 인간이 그 비밀을 풀 날이 올지라도 이는 머나먼 미래일 것이다"라면서 말이다.[20]

*

뇌와 마음 사이의 정확한 연결고리는 알지 못하며 어쩌면 영원히 알 수 없는 문제로 여겼을지 몰라도, 동물들의 뇌와 행동 사이의 보다 일반적인 연결성에 관한 문제는 다윈이 몰두했던 주제였다. 이는《인간의 유래》에서 핵심적으로 다루고 있는 사안으로, 다윈은 책에서 인간이 아닌 동물들이 보이는 복잡한 행동적 적응기제나 본능에 대해 상술하고 이를 자연선택의 관점에서 설명했다. 다윈은 특히 개미와 같은 사회성곤충에 강한 인상을 받았는데, 복잡한 소통 체계와 더불어 자신이 속한 무리의 동료들을 알아보는 능력은 그들에게도 기억이 존재한다는 사실을 시사했기 때문이다. 다채로운 행동 방식의 비밀은 다윈이 개미의 몸집에 비해 "놀라울 정도의 규모"라고 칭했던 상대적으로 큰 뇌에서 찾을 수 있었다. 하지만 개미의 뇌가 상대적으로 크다고는 해도 여전히 그토록 조그마한 공간 안에 어떻게 그 모든 행동을 욱여넣을 수 있었는지에 관해 설명할 때는 다윈의 마음도 크게 동요했다.

> 절대적 질량이 극단적으로 작은 신경 물질을 가지고도 비범한 정신활동이 이루어지고 있음이 분명하다. 요컨대 개미는 놀랍도록 다각적인 본능과 정신 능력, 감정들로 유명한 데 비해 대뇌의 신경절은 작은 핀의 머리 부분의 4분의 1 정도 크기밖에 되지 않는다. 이러한 관점에서 보면 개미의 뇌는 세상에서 가장 경이로운 물질이며, 어쩌면 인간의 뇌보다도 훨씬 신묘한 존재이다.[21]

개미의 경우에는 확실히 뇌와 마음 사이의 연결고리를 두고 형이상학적으로 좀스럽게 따지고 들 필요가 없었다. 어느 누구도 개미가 해내는 놀라운 행동들이 단순히 그 작은 뇌에서 비롯되었다는 데 가타부타하지 않았기 때문이다. 다윈의 글은 그저 이 작은 곤충의 뇌와 행동 사이의 연결성이 인간의 뇌와 마음의 관계만큼이나 경이롭고 신비롭다는 사실을 조명했을 뿐이었다.

고심을 거듭하던 다윈은 대부분의 동물들에게 잠재하고 있는 본능적인 행동의 의미와 인간에게서는 이 같은 행동들이 상대적으로 덜 중요한 역할을 하는 이유에 대해 중요한 결론을 도출했다. 그는 만약 특정한 동물 집단의 행동에서 본능이 비교적 작은 역할을 수행한다면 이러한 동물들의 뇌 구조는 상대적으로 훨씬 복잡할 것임이 틀림없다고 주장했다.

> 뇌의 기능에 관해서는 알려진 바가 많지 않지만 지력이 고도로 발달하면서 뇌의 다양한 부분들이 자유로운 소통 체계를 통해 복잡하게 연결된다

는 사실은 알 수 있다. 그리고 그 결과, 분리된 각각의 영역들이 특정한 감각이나 연합에 대해 오로지 유전에 따른 방식으로(본능적으로) 반응하는 경향성이 감소하는 것인지도 모른다.

다시 말해 다윈은 상대적으로 발달된 뇌에서는 '자유로운 소통 체계'가 미지의 방식을 통해 훨씬 복합적인 지력을 가능케 함으로써 기능의 국재화가 덜 나타나는 것이라고 주장했다.

다윈은 각기 다른 종의 동물의 뇌가 어째서 서로 다른 형태를 띠고 있는지 설명해줄 원리를 밝혀냈는데, 바로 다른 행동을 하기 위해 진화했기 때문이다. 공통의 조상으로부터 이어진 행동 패턴과 더불어 자연선택에 의한 진화는, 뇌의 복잡한 구조의 기원은 물론 이론적으로는 그 작용 원리가 불가사의한 인간의 의식에 대해서까지 모두 설명할 수 있었다.

다윈은 의식의 일종이 동물의 머나먼 조상에서부터 온갖 갈래에 걸쳐 깊숙이 뻗어 있으며 인간과 다른 동물들 간에는 오직 의식의 정도 차이만 있을 뿐이라고 여겼다. 이는 곧 우리가 다른 유인원들이 가지지 못한 완전히 새롭고 어떤 특별한 설명을 필요로 하는 특징을 갖춘 것이 아니라 그저 이들보다 상대적으로 조금 더 의식이 있다는 의미이다.

## 인간은 의식을 가진 기계인가

의식의 기원 및 뇌 기능과의 연결고리를 둘러싼 이러한 논쟁들은 학계에만 국한되어 있지 않았다. 중산층과 교육 수준이 높은 노동 계층 사이에서도 이 같은 논법을 따르려는 욕구가 크게 일었고, 이는 특히 1874년에 북아일랜드 벨파스트에서 개최된 영국 협회 모임에서 헉슬리가 대단히 영향력 있는 연설을 하고 난 뒤로 더욱 거세졌다. 이때 헉슬리가 한 강연은 〈네이처Nature〉에 실렸으며, 수정을 거쳐 보다 대중적인 〈포트나이틀리 리뷰Fortnightly Review〉에도 소개되었다. 그가 발표한 내용에 영향을 받은 글들이 몇 년에 걸쳐 〈네이처〉와 신문, 잡지와 소설에 이르기까지 수백 건이나 쏟아졌다.[22]

헉슬리의 강연이 그렇게나 큰 반향을 불러일으킨 이유는 그가 동물과 인간이 '의식을 갖춘 기계' 혹은 '의식이 있는 오토마타'라고 주장했기 때문이었다.

> 우리는 신경계의 작용에 관해 우리가 알고 있는 모든 것에 얽매임으로써 신경계의 중심부에서 특정한 분자가 변화를 일으킬 때 그 변화가 우리는 전혀 알지 못하는 어떤 방식을 통해 우리가 감각이라고 칭하는 의식의 상태를 야기한다고 믿는다.[23]

헉슬리는 '의식이 있는 오토마타'라는 용어를 설명하기 위해 데카르트의 관점을 상세하게 재검토해 개구리가 헤엄치거나 도약하는 동작을 비롯하여 동물에게서 나타나는 상당히 복잡한 행동들이 뇌의 관여 없이도 일어날 수 있는 반사작용임을 증명하는 최신 과학 연구 결과들과 비교했다. 데카르트는 동물들이 그저 무감각한 기계라고 생각한 듯하지만 헉슬리는 이를 가장 뜻밖의 가설이라고 여겼다. 그는 대신 다윈의 접근법을 따라 동물과 인간 사이에 명확한 차이가 존재하지 않는다는 사실을 보이고자 했다.

> 인간에게서 의식을 관장하는 기관으로 볼 근거가 충분한 뇌의 부위를 하등동물들도 미숙하게나마 갖추고 있다. 그리고 다른 사례들에서는 기능의 수준과 체내 기관의 크기가 비례하므로 뇌 또한 그러하다고 결론지어

도 무방할 것이며, 짐승들이 우리 수준의 의식을 갖춘 것은 아닐지라도, 또 언어가 부재한 탓에 생각의 흐름이 아닌 감정의 흐름만이 존재한다고 할지라도, 이들 역시 우리 자신의 의식과 유사한 무엇인가를 가지고 있음이 명백하다.[24]

헉슬리는 마치 "기관차의 작동과 동반하는 기적 소리가 기계장치에 영향을 주지 않는 것"과 같이 동물의 의식이란 동물의 몸이 작용하면서 생겨난 '부산물'에 불과하며 행동에 영향을 줄 가능성은 없다고 주장했다. 동물의 의식은 단순히 신경 활동에 의해 발생했을 뿐, 마치 기계처럼 본래 내재된 규칙만이 지배하는 행동에는 영향을 미칠 수 없다고 말이다.

헉슬리는 이러한 통찰을 인간에게 적용해 "우리의 심적 상태는 단순히 유기체 내에서 자동적으로 발생하는 변화에 대한 의식의 표상이며, 극단적인 예를 들자면 우리가 자유의지라고 칭하는 느낌이 자발적 행동을 낳는 것이 아니라 뇌가 그러한 상태에 있음을 나타내는 표상이 바로 그 같은 행동의 직접적인 원인이다"라고 주장했다. 이는 그때나 지금이나 대부분의 독자들이 일상적으로 경험하는 바와 크게 대치되는 발상이었다. 우리는 모두 자신이 자유의지를 가지고 있다는 느낌을 받는데, 헉슬리의 주장은 자유의지, 즉 인간이 여러 가지 대안들을 고려하고 그중에서 한 가지를 선택하는 능력 자체가 모두 환상에 지나지 않음을 시사했다.

헉슬리는 그 후로도 같은 입장을 고수했다. 1870년, 그는 데카르트에 관한 강연에서 기계가 의식을 갖추고 있을 가능성을 두고 다음과 같이 말했다.

나는 유물론자와 같이 인간의 육체가 다른 모든 살아 있는 생명체의 몸과 마찬가지로 하나의 기계이며 모든 작동 방식이 머지않아 물리적 원리로 설명 가능해지리라 생각한다. 우리가 열의 일당량mechanical equivalent•을 구했듯 결국 언젠가는 의식의 일당량도 깨치게 되리라 믿는다.

20년 전 스미가 제안했던 개념보다 한 걸음 더 나아간 이 같은 견해는 사유의 본질 및 뇌와의 관계가 제아무리 불가해한 듯 보일지라도 결국 이를 설명하기에 적합한 기계가 발명되면 이를 이해할 수 있게 될 것임을 시사했다. 헉슬리의 관점에서 볼 때 적어도 그 당시의 지적 발달 맥락상으로는 물질은 사유할 수 있는 존재였다.

1882년에 다윈이 세상을 떠나고 난 뒤로 진화생물학자들은 뇌와 마음 사이에 유물론적인 관계가 있다는 믿음을 잃은 듯했다. 다윈의 계승자로 널리 주목을 받았던 조지 로마네스George Romanes(이제는 역사학자들 외에는 그를 기억하는 이가 많지 않다)는 곧 만물에 의식이 깃들어 있다는 범심론과 크게 다르지 않은 관점을 내세우며 더 이상 생물학적 적응의 원동력으로 자연선택설을 지지하지 않았다. 로마네스는 "마음과 물질 사이의 연합이 인간이 설명할 수 있는 능력 밖에 있다"고 여겼을 뿐만 아니라 자연선택이 정말로 복잡한 본능을 설명할 수 있는지에 대해서도 의문을 제기했다. 특히 그는 땅굴을 파고 마비시킨 애벌레를 알과 함께 묻는 조롱박벌에 깊은 인상을 받았다. 이로 인해 로마네스는 자연이 "그저 우연적 변이만으로 그 같은 본능을 발달시키는 일이 과연 가능한 것인지" 의혹을 품게 되었다.[25]

반면 1890년대와 20세기 초반에 활발한 집필 활동을 했던 선구적인 영국의 심리학자 콘위 로이드 모건Conwy Lloyd Morgan은 그러한 행동들이 자연선택을 통해 발생할 수 있다고 확신했다. 그는 병아리가 따로 배우지 않고도 날알을 쫀다는 사실을 들며 이 어린 새의 신경계가 "고도로 조직화되

• 동일한 양의 역학적 에너지로 전환 가능한 비율.

어 있기 때문에 난알이라는 외부의 자극에 대해 의식적인 지식이나 경험과는 독립된 기질적 협응이 이루어져 이 같은 결과를 낳은 것"이라고 설명했다.[26] 의식의 본질을 대하는 로이드 모건의 관점은 시간이 흐르면서 조금씩 바뀌었는데, 1901년에는 자칭 의식의 '양면' 이론이라는 견해를 소개했다.

> 가장 안전한 가설은 물리 및 생리적 관점에서 복잡한 분자의 동요라고 칭하는 상태가 심리적 관점에서 말하는 의식 상태라고 보는 것이다. 이 둘은 하나의 자연현상이 지닌 각기 다른 측면이다. 어찌하여 이 같은 현상이 이토록 다른 두 가지 측면을 지니고 있는가에 관해서는 일말의 짐작조차 하지 못한다.

프랑스의 몇몇 철학자들은 이에 납득하지 않고 뇌가 하는 일이 무엇이건 간에 생각을 만들어내는 일을 담당하지는 않는다고 주장했다. 그들은 데카르트의 관점에 따라 생각이 무형의 물질이라고 역설했다. 1883년에는 앙리 베르그송Henry Bergson이 "만약 생각이 머릿속에 존재한다면 필히 그 안의 공간을 차지할 테니 해부를 했을 때 메스의 끝에서 발견할 수 있어야 마땅하나 (…) 생각은 뇌 안에 자리하고 있지 않다"라고 주장하기도 했다.[27]

1872년, 초기 정신의학자 헨리 모즐리Henry Maudsley는 이처럼 일부 과학자들 사이에서 확산되고 있던 불신의 분위기를 목격하고 혼란을 진정시키기 위해 애썼다.

> 상태 혹은 조직 체계가 얼마나 복잡하건 간에 물질이 의식을 생성해내고, 감정을 느끼며, 사유한다는 것을 상상조차 할 수 없는 일이라고 단언하는 행위는 단순히 오늘날 인간의 지성에 대한 자기만족에 불과하며, 이는 논리적으로 보면 우리가 무지한 탓에 현재로써 상상할 수 없는 새로운 개념

을 앞으로도 영영 깨치지 못하도록 가로막는 주장이다.[28]

다시 말해 우리가 현재 어떤 특정 현상을 이해하지 못한다고 해서 미래에도 절대 이해할 수 없는 것은 아니다. 우리가 결코 영원히 이해하지 못하리라는 주장은 설명할 수 없는 현상들을 설명하기 위해 존재하는 과학의 의의 자체를 무너뜨리는 것이다.

하지만 그로부터 10년도 채 지나지 않아 모즐리의 자신감은 증발해 버렸다. 그는 당대의 전반적인 분위기에 사로잡혀 어떤 식으로든 물질과 상호작용하는 물질 이상의 '생각을 전달하는 보편적인 매개체'가 존재할지 모른다는 생각을 하기에 이르렀다. 가령 지각은 이 매개체가 지각된 사물과 뇌에 모두 존재할 때 발생하는데, 해당 사물에서 생성된 파장이 매개체를 통해 뇌로 파급되어 뇌 안에서 의식을 만들어내는 과정을 거치는 식이었다. 1883년에는 마음이 "주름 잡히고 극도로 복잡하고 섬세한 뇌 구조에 의해 좌우되는 생각 전달 파장"에 지나지 않는다고 주장했다.[29] 모즐리는 자신의 이론을 적절하게 다듬기만 한다면 "의심의 여지없이 우주의 만물을 속속들이 설명해줄 것"이라고 조심스럽게 피력했다. 그러나 그렇게 되기 전까지는 사실상 '상상할 수 없을 만큼 빠른 원자의 떨림'이라고 칭한 개념을 들먹이는 것 외에 의식을 설명하는 데 자신의 이론을 활용하지 못했다. 이 부분에 있어서는 그가 옳았을지도 모르지만 모든 물질을 연결하는 가상의 '생각 전달 매체'는 사족일 따름이었다. 새로운 통찰을 더한 것도, 검증 가능한 가설을 제시한 것도 아닌데다가, 오히려 자신의 관점을 추측에 근거한 비유물론적인 방향으로 끌고 갔기 때문이다. 비슷한 시기, 그와 같은 사상을 가지고 있던 신경학자 존 휴링스 잭슨John Hughlings Jackson은 "정신적인 상태는 뇌의 기능이라기보다는 단순히 그러한 상태가 뇌가 기능하는 동안에 발생한다는 사실을 말할 뿐이다"라고 주장했다.[30] 이제 더 이상 그 무엇도 확실치 않아 보였다.

그보다 10여 년 앞서 다윈은 모즐리가 꽂힌 것과 같은 추측은 필요하지 않다는 사실을 알아차렸으며, 휴링스 잭슨이 뇌와 마음의 일체성을 주장하지 않는 계기가 되었던 의심의 유혹에 넘어가지도 않았다. 대신 다윈은 자연선택이 뇌에 작용함에 따라 행동과 심리 활동에도 영향을 미쳤다는 사실을 증명하는 데 집중했다. 뇌 구조와 심적 기능 사이를 이어주는 연결고리가 무엇이건 간에 바로 그것이 직접 유기적 형태를 알맞게 조성하여 유기체의 심리적 또는 행동적 결과를 야기하는 자연선택의 작용 대상이었다. 더불어 뇌의 작용 원리와는 관계없이 인간의 마음이라는 신비로운 현상과 동물들의 내면세계 사이에는 연속성이 존재했다.

그러나 뇌와 마음 사이의 유물론적 관계를 향한 의혹의 물결이 전 유럽을 휩쓸면서 이러한 핵심적인 가르침들도 잊혔으며, 다윈의 사후에는 그의 위대한 통찰이 지닌 중요성도 점차 희미해졌다. 이는 참으로 불행한 일이었는데, 다윈이 다져놓은 단단한 기초가 뇌의 역할에 관한 우리의 지식에 돌파구가 되어주었던 1860년대의 몇몇 발견들을 한층 더 보강할 수 있는 기회를 놓쳤기 때문이다. 기계에 대한 모호한 비유부터 낡은 수압식 개념을 거쳐 뇌 활동이 전기에 기반한다는 깨달음에 이르기까지 새로운 연구 결과들은 이렇듯 한 걸음씩 나아갈 때마다 뇌의 기능을 둘러싼 기존의 설명들과 모든 면에서 큰 충돌을 일으켰다. 이 같은 새로운 개념과 발견에 직면한 과학자들은 사용하는 용어, 비유 그리고 그러한 개념들을 표상하는 방식 등 뇌가 무슨 일을 하는지에 관해 자신들이 기존에 품고 있던 생각을 전부 전면적으로 재검토해야만 했다.

# 6

# 억제

19세기

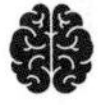

1670년대 이래로 신경에 인위적인 자극을 가하면 근수축을 유발할 수 있다는 사실이 알려졌다. 신경은 곧 어떠한 반응을 이끌어내는 것처럼 보였다. 그러나 19세기 중반에 이르자 일부 신경의 경우에는 핵심이 되는 속성이 바로 반응이 일어나지 않게 막을 수 있는 기능이라는 사실이 분명해졌다.[1] 1845년, 라이프치히에서 일하던 에른스트Ernst Weber와 에두아르트 베버Eduard Weber 형제는 배터리에서 발생한 직류로 미주신경을 자극할 때 일어나는 일을 연구했다. 한 쌍의 미주신경은 뇌의 뒤편에 위치한 소뇌에서부터 시작해 흉부 깊숙한 곳까지 뻗어나가 심장을 비롯한 모든 주요 장기에 분포되어 있다. 베버 형제는 이 미주신경에 지속적으로 전기자극을 가하면 심박수가 떨어진다는 놀라운 사실을 발견했다. 미주신경이 마치 심장의 활동을 억제하는 듯했으며, 충분한 자극을 가한다면 완전히 멈추게 만들 수도 있었던 것이다.

베버 형제는 그 즉시 자신들이 발견한 바를 마음이 때때로 신체의 움직임이나 반응을 막는 경우도 있을 수 있다는 사실과 결부시켰고, "지나치게 격렬하지 않은 경련이라면 의지로 제한이 가능하며, 많은 반사운동의 발단도 억제할 수 있다는 경험 (…) 또한 뇌가 신체의 움직임에 대해 억제작용을 할 수 있음을 보여준다"고 설명했다.[2]

베버 형제의 발견은 당시 대뇌반구의 손상이 제어 불가능한 반사운동을 일으킨다는 사실을 밝혀낸 요하네스 뮐러와 마셜 홀Marshall Hall의 관점과 일치했다. 뮐러와 홀은 그러한 효과를 가져온 원리에 있어서는 서로 동의하지 않았으며, 누가 먼저 발견했는지를 두고 꼴사나운 다툼을 벌였지만, 둘 다 대뇌반구가 파괴되면 반사운동이 제어되지 않는다는 데는 동의했다. 이 같은 결과는 앞서 1838년에 개구리의 머리를 떼어내면 멀쩡한 개구리에게서는 볼 수 없는 반사운동들이 나타난다는 사실을 보였던 알프레드 빌헬름 폴크만Alfred Wilhelm Volkmann의 견해와도 정확하게 맞아떨어졌다. 폴크만은 "이로써 뇌가 신경 원리의 활성화를 저해하는 요인을 담고 있으며 (…) 마음의 영향이 아마도 이러한 활성화를 방해하는 것임이 명확해졌다"라고 설명했다.[3]

이후 다른 말초신경들에 대한 연구 결과에서도 잇달아 기본적인 생리 과정을 억제하는 효과가 발견되었고, 1863년에는 러시아의 생리학자 이반 세체노프Ivan Sechenov가 이러한 통찰을 일반화하여 뇌 기능에 관한 이론을 발표했다. 세체노프는 베버 형제와 폴크만의 견해를 기반으로 이전에 뒤부아 레몽, 헬름홀츠, 클로드 베르나르Claude Bernard와 같은 유럽의 위대한 생리학자들과 함께 일했던 경험을 더해 뇌가 두 개의 상보적 중추를 가지고 있으며 "하나는 움직임을 억누르는 반면 다른 하나는 움직임을 증대시킨다"고 주장했다.[4] 아울러 "인간은 서로 연합된 반사작용을 빈번하게 반복함으로써 자신의 움직임 각각을 유형별로 덩어리 짓는 법을 학습할 뿐만 아니라 동시에 (마찬가지로 반사작용을 통해) 그러한 행동들을 억제하는 능력을 습득한다"는 해석은 대부분의 행동 양상에 대한 설명을 제공하는 듯했다.

이러한 발상에 힘입어 세체노프는 뇌가 어떻게 작용하는지에 관한 이론을 만들어낼 수 있었다. 그는 반사 경로를 출발점으로 삼았다.

자극 → 중추적 억제 또는 증대 → 근육의 반응

그는 이 간단한 연쇄반응만 알면 가장 복잡한 뇌 기능까지도 이해할 수 있다고 주장했다. 그의 말에 따르면 "생각이 정신적인 반사작용의 세 단계 중 처음 두 단계를 차지한다." 다시 말해 생각은 이를 유발한 외부 자극 및 그에 대한 적절한 중추 활동에 해당하며, 그렇게 발생한 생각이 작용하여 반사의 마지막 단계인 근육 반응까지 촉발하는지 여부는 상황에 따라 달라진다. 이 같은 관점을 지녔던 인물은 세체노프만이 아니었다. 영국의 신경학자 휴링스 잭슨의 눈에도 이는 너무나 자명했다. 그는 1870년에 남긴 글에 다음과 같이 썼다.

> '개념', 이를테면 공이라는 사물에 대한 개념에서 외관에 대한 어떤 인상을 표상하는 과정과 그에 따른 특정한 근육의 조정 반응을 제외한다면 무엇이 남겠는가? 기억이 그러한 과정이 과거에 유기체 자신의 일부가 되었다가 되살아난 것이 아니면 무엇이겠는가?[5]

일반 대중들을 대상으로 글을 쓰며 세체노프는 생각이 '반사작용의 첫 두 단계'로 느껴지기보다는 수의적 활동들로 충만하며 일반적으로 외부 요인과는 독립된 내부 과정에 가깝다는 당연한 비판에 관해서도 다루었다. 그의 답변은 명료했지만 다소 냉랭했다.

외부의 영향, 이를테면 감각자극과 같은 것들은 알아차리지 못한 채 그대로 받아들이는 경우가 매우 빈번한데, 그럴 경우 생각은 행동의 일차적인 원인으로 여겨지기까지 한다. 이에 더해 생각이 지닌 매우 뚜렷한 주관적 성질을 고려한다면 자의식의 목소리가 이 같은 이야기를 들려줄 때 인간이 이를 얼마나 확고하게 믿게 되는지 깨달을 것이다. 하지만 사실 이는 세상에서 가장 잘못된 믿음이다. 어떤 행동이든 일차 원인은 외부의 감각자극인데, 외부 자극이 없다면 생각은 결코 일어날 수 없기 때문이다.[6]

세체노프는 생각의 본질을 생리학적으로 설명하고 반사작용의 반복적인 억제와 활성화가 어떻게 복잡한 행동을 만들어낼 수 있는지 보이고자 했다. 헨리 모즐리가 1867년에 "뇌의 가장 필수적인 기능 중 하나는 그 아래 위치한 신경중추를 억제하는 것이다"라고 언급했던 것처럼 말이다.[7]

페리어는 세체노프의 관점에 대해 알고 있었고, 뇌가 작용함에 있어서 억제가 핵심이라는 데 납득했다. 페리어의 주장에 의하면 억제는 "주의의 필수 요소"였는데, 유기체가 어느 특정한 자극 하나에만 집중하기 위해서는 주변의 쓸데없는 사건들에 대한 반응을 억제해야 하기 때문이다. 그는 이로 인해 "뇌의 억제 중추들이 모든 고등 지적 능력들의 기질적 근간을 이루며, 이러한 중추들이 발달할수록 유기체가 더욱 향상된 지력을 갖출 수 있다"고 주장했다.[8] 억제야말로 지능의 핵심 요소인 듯했다. 그로부터 몇 년 뒤에는 초기 심리학자 윌리엄 제임스William James(작가 헨리 제임스의 형)가 "근래 생리학 및 병리학적인 추론의 전체 흐름은 억제를 정연한 활동이 이루어지기 위해 반드시 상존하는 필수 조건으로 옹립하는 방향으로 나아가고 있다"는 글을 쓰기도 했다.[9]

그러나 이 모든 관심에도 불구하고 억제가 실제로 작용하는 원리는 여전히 수수께끼였다. 이를 설명하기 위해 다양한 이론들이 제기되었고, 모두 일종의 물리적인 비유에 기대고 있었다. 이를테면 빅토리아 시대를 풍미했던 박식가 허버트 스펜서Herbert Spencer는 신경성 힘의 양은 제한되어 있기 때문에 그 힘이 고갈되고 난 뒤에는 반사작용이 억제된다고 주장했다.[10] 독일의 생리학자 빌헬름 분트Wilhelm Wundt는 억제와 흥분은 동시에 발생하며 "흥분의 전 과정은 모두 흥분과 억제의 상호작용에 달려 있다"는 의견을 제시했다.[11] 영국의 심리학자 윌리엄 맥두걸William McDougall도 이와 비슷한 생각을 했는데, 그는 신경계에는 자체적으로 균형이 형성되어 있어 어느 한쪽 신경계의 활동이 다른 신경계의 활동을 억제하므로 "억제는 늘 어딘가 다른 부위에서 흥분이 증가함에 따른 반대 작용 혹은 상보적인 결과로써 나타난다"고 여겼다.[12] 맥두걸은 신경에 담겨 있는 힘을 '신경 단백neurin'이라고 묘사하며 일종의 액체의 작용으로 보았고, 억제가 "억제되는 신경계에서 억제를 가하는 신경계로 자유 신경 에너지를 흘려보내는 과정"을 수반한다고 추정했다.[13] 데카르트는 아마 이에 찬성했을 것이다.

다른 사상가들은 훨씬 더 복잡한 수압식 비유를 차용하여 억제가 두 개의 파도가 만나듯 신경계 내의 두 부위의 활동이 서로 간섭을 일으켜 서로의 활동을 상쇄하거나 변형시킬 때 발생하는 것일지 모른다는 의견을 내놓았다.[14] 데이비드 페리어는 보다 직설적으로 "억제 기제의 본질은 지극히 이해하기 어렵다"는 사실을 인정했다.[15] 동물혼에 기반했든 액체나 자극감수성, 진동, 혹은 전기에 기반했든 간에 신경의 기능에 관한 기존의 어떠한 모형으로도 이를 설명할 수 없었다.

## 몸과 마음을 통제하는 뇌

한편 과학자들은 억제의 **부재**를 통해 뇌의 작용 원리에 관해 무언가 알아낼 수 있을지 탐구하기 시작했다. 1865년, 영국의 젊은 의사 프랜시스 앤스티Francis Anstie는 진정제와 마취제가 "뇌에 매우 독특한 유형의 부분 마비"를 초래하며, 대마와 알코올의 경우 "특정한 능력이 고양되는 현상은 해당 기능 자체에 정적 자극positive stimulation이 가해졌기 때문이라기보다는 통제하는 힘이 제거된 탓으로 보는 편이 타당하다"는 의견을 내놓았다.[16] 뇌가 본래 억제 등의 방법을 통해 신체를 제어하던 능력을 향정신성 약물들이 억누르는 것이다. 이러한 상황은 수술실에서 마취제가 쓰일 때마다 항상 볼 수 있는데, 보통 최상위의 고등 정신 기능이 제일 먼저 사라짐에 따라 환자는 무의식에 빠져들기 직전 통제 능력을 잃어버린다.

오늘날에는 통제가 뇌 기능을 이해하는 데 핵심적인 부분을 차지하지만 당시만 해도 뇌가 어떤 일을 하는지 연구할 때 통제라는 개념을 활용하지 않았다.[17] 앤스티의 견해는 뇌의 전반적인 기능 중의 하나가 신체를 통제하는 것이며 억제와 통제의 개념이 서로 단단히 연결되어 있음을 깨달아 가는 과정의 일환이었다. 그리고 이러한 본질적인 통찰 덕분에 건강한 상태 및 질병에 걸린 상태에서 뇌가 어떤 역할을 수행하는지를 이해하기 위한 새로운 접근방식이 가능해졌다. 이를테면 휴링스 잭슨은 뇌전증이란 뇌에서 억제 기능이 사라지면서 통제가 상실된 상태라고 볼 수 있다고 주장했다.[18] 심리학자 콘위 로이드 모건은 억제를 유기체가 자신의 행동을 통제하는 방법을 학습하는 데 있어 필수적인 특성이라고 여겼다.

> 우리가 우리 자신의 활동에 대한 통제라고 일컫는 것은 성공적이었던 반응 양식의 의식적 강화 및 성공적이지 않았던 반응 양식의 억제를 통해 얻어진다. 성공적이었던 반응은 그로부터 받는 만족감 때문에 반복하게 되며, 성공적이지 않았던 반응은 우리에게 만족감을 주지 못했기 때문에 반복하지 않게 된다.[19]

로이드 모건은 이러한 관점을 확장시켜 인간과 같은 고등 유기체의 경우 통제 능력이 행동의 유연성 증진과도 밀접하게 연관되어 있다는 세체노프의 발상과 유사하게 통제와 의식을 연결 지었다. "의식의 일차적인 목표이자 목적 그리고 존재 의의는 통제이다. 일개 오토마타에게 있어 의식이란 쓸모없고 불필요한 부수적인 현상일 뿐이다"라고 말이다.[20]

모건은 인간이 의식을 갖춘 오토마타라고 주장했던 헉슬리의 모순적인 견해를 멀리하고 의식의 역할은 통제라는 한결 세련된 진화론적 관점을 취하며, 의식이 단순 반사작용만으로 이루어지지 않은 유기체에게서만 제 기능을 다할 수 있다고 주장했다.

얼마 지나지 않아 사람들은 다양한 범주의 장애들이 통제의 상실에 의해 나타나는 것으로 여기기 시작했는데, 몽유병, 정신이상, 히스테리적인 성적 충동(당연히 여성에게만 해당되었다)은 물론, 천식까지도 그 대상이었다. 1870년대와 1880년대 뇌가 몸과 마음을 통제하는 방식을 이해하는 데 지대한 영향을 미친 장소 중 하나는 신경학자 장 마르탱 샤르코Jean-Martin Charcot가 근무하던 파리의 살페트리에르 병원이었다. 샤르코와 동료들은 다발성경화증, 파킨슨병, 운동신경 질환, 투렛 증후군(조르주 질 드 라 투렛Georges Gilles de la Tourette도 샤르코의 동료였다)을 포함하여 주요 행동 증상들을 동반한 여러 장애들이 모두 뇌의 억제 및 통제 능력이 손상을 입은 데서 비롯되었다는 사실을 밝혀냈다.

샤르코는 자신의 환자들을 치료하기 위해 히치히가 썼던 전기요법의 일종과 진동 의자(진동 헬멧 형태의 휴대용 장치도 있었다)를 활용하는 등 다양한 치료법들을 사용했다. 하지만 그가 취했던 가장 혁신적인 접근법이라면 단언컨대 최면요법으로, 마치 환자를 의식적 통제를 잃은 듯한 상태로 만들어 몽유병 등의 히스테리 증상들을 재현할 수 있었다. 1880년에 〈사이언티픽 아메리칸Scientific American〉에 실린 보고서에 따르면 샤르코가 그 유명한 마리 '블랑슈' 위트망Marie 'Blanche' Wittmann•의 앞에서 손가락을 들고 그것에 집중하도록 하자 10초 내에 "그의 고개가 한쪽으로 푹 떨구어졌고 (…) 몸은 완전한 의식 소실 상태에 빠져들어 곁에 있던 연구자가 그의 팔을 들어 올리면 다시 무겁게 아래로 떨어졌다."◆[21] 위트망이 이러한 상태에 있는 동안 샤르코는 다른 환자들이 이야기했던 바와 유사한 온갖 종류의 환각 및 증상들을 이끌어낼 수 있었다. 샤르코는 최면을 통해 환자의 증상들을 재현하여 마음의 작용 방식에 대한 통찰을 얻을 수 있다는 데 의의가 있다고 여겼고, 이는 당시 살페트리에르 병원을 찾았던 오스트리아인 방문자 지그문트 프로이트Sigmund Freud에게 깊은 인상을 심어주었다.[22]

샤르코는 최면이 어떠한 원리로 작용하는지는 이해하지 못했지만 그것에 그다지 신경 쓰지 않는다고 인정했다. "사실이 우선이고 이론은 그 다음 문제다"라는 것이 그의 지론이었다. 1881년, 폴란드 생리학자 루돌프 하이덴하인Rudolf Heidenhain은 단순히 '안면의 감각신경이나 청각 또는 시신경에 가벼운 자극이 오랜 시간 동안 지속적으로 주어진 탓'에 대뇌피질의 신경절 세포 활동이 억제된 것이 최면 현상의 원인이라고 주장했다.[23] 이 같은 해석을 뒷받침할 만한 직접적인 근거는 없었으며, 특히 '대뇌피질의 신경절 세포'라는 부분은 지극히 과학적으로 들리지만 사실상 순전히 추측에 불과했다. 그렇지만 러시아의 니콜라이 부브노프Nikolai Bubnov와 함께 한

• 통칭 히스테리의 여왕으로, 발작 증상을 보일 때 '블랑슈'라는 이름을 반복적으로 중얼거렸다고 알려져 있다.

◆ 앙드레 브루예André Brouillet가 1887년에 그린 '살페트리에르 병원에서의 임상 수업Une leçon clinique à la Salpêtrière'이라는 제목의 유명한 대형 유화 작품은 이 사건 밑에 깔린 성 정치학을 잘 포착하고 있다. 그림을 보면 샤르코가 검은 정장을 입은 20여 명의 남성 의대생들 앞에서 흰 블라우스의 어깻죽지가 다 흘러내린 위트망에게 최면을 거는 모습이 묘사되어 있다. 프로이트도 브루예의 작품을 한 장 소장했다고 한다. Morlock, F. *Visual Resources* 23 (2007): 129–46.

공동연구에서 하이덴하인은 최면과 모르핀의 효과 사이에서 '억제 과정'을 유지하는 능력을 저하시킨다는 유사성을 도출해냈다.[24] 아울러 이들은 피질의 운동 영역을 자극하면 해당 부위의 흥분을 억제시킬 수 있음을 보이며 뇌의 신경중추들이 억제와 비슷한 방식으로 상호작용하여 통제 효과를 발휘한다는 의견을 제시했다.

이후 프로이트와 러시아의 심리학자 이반 파블로프Ivan Pavlov도 행동에 대한 논문을 쓰면서 억제 개념을 차용했지만 둘 다 뇌에는 특별한 관심을 두지 않았다. 더욱이 프로이트는 과학적 근거가 불충분함에도 불구하고 매우 큰 영향력을 떨친 정신분석학의 기틀을 마련하는 과정에 착수하고서부터 점차 심리학의 유물론적 근거에 흥미를 잃었다. 1893년에 프로이트는 다음과 같이 명시하며 히스테리를 뇌 해부학과 연관 지으려는 샤르코의 시도와도 거리를 두었다.

> 반면 나는 히스테리성 마비의 병소가 신경계의 해부학과는 완전히 독립되어 있음이 분명하다고 주장하는데, 히스테리가 마비 및 기타 징후를 나타내는 과정에서 마치 해부학적 원리가 존재하지 않거나 그에 대한 지식이 일절 없는 듯한 특성을 보이기 때문이다.[25]

프로이트는 뇌의 기능으로는 심리학을 설명할 수 없다고 믿었다. 1915년에 그는 "정신활동이 다른 어떤 기관들의 기능도 아닌 뇌의 기능과 밀접하게 관련되어 있다는 반박할 수 없는 증거"가 있음을 인식했지만 자신의 심리학 이론은 "정신 기제의 영역들과 관련되어 있는 것이지 신체 내 이들의 해부학적 위치에 대한 것이 아니다"라는 의견을 고집했다.[26] 또한 1916년에는 "불안을 심리학적으로 이해하는 데 신경의 흥분이 전달되는 경로에 대한 지식만큼 흥미를 끌지 않는 것은 존재하지 않는다"고도 명시했다.[27] 1923년에 쓴 《자아와 원초아Das Ich und das Es》에서 프로이트는 자신이 만들어낸 심리적 개념인 자아와 피질 내의 신체적 표상 사이에 '해부학적인 유사성'이 있음을 시사했지만 이러한 사실은 그의 심리학 이론에는 아무런 영향도 미치지 않았으며, 그의 이론은 대뇌의 병변과 특정한 정신장애가 서로 상응 관계에 있을 가능성에 대한 어떠한 예측을 담고 있지도 않았다.

이러한 일반적인 경향에도 잠깐의 예외는 있었다. 1895년, 프로이트는 훗날 '과학적인 심리학을 위한 기획안'으로 알려진 장문의 원고를 정신없이 써내려갔다. 하지만 프로이트는 이 원고를 발표하기는커녕 이 모든 것이 '일종의 광기'였다는 이유를 대며 스스로 부정하기에 이르렀다.[28] 이 별스러운 문서를 보면 프로이트가 뇌에는 세 종류의 신경이 있고 그중 일부는 마치 연결관과 같은 역할을 하며, 세 가지 신경들이 각기 다른 정도의 투과성을 띠고 있어 그가 이 구조물들의 목적이라고 주장한, 즉 안정 상태를 이룰 수 있게 해준다고 믿었음을 알 수 있다. 근본적으로 그의 이 같은 추측성 이론의 기틀이 되었던 비유의 대상은 수압식 기계였다. 실제로 그의 글에는 '흐름'이라는 단어와 더불어 신경 내의 '압력'이라는 말이 반복적으로 등장했다. 이때의 간략한 이론적 추측과 그의 본격적인 정신분석학 이론 사이에 어떠한 지적 연관성이 있었든(추종자들과 반대파들의 의견이 일치하지 않는다) 프로이트는 사실상 뇌가 작용하는 원리에 관해서는 새롭거나 통찰력 있는 견해를 전혀 제시하지 못했다.

파블로프는 본래 소화 생리학에 관심이 있었고, 이러한 관심사를 1890년대에 '조건반사'라고 알려진 현상에 관한 연구(일명 종소리에 침 흘리는 개 연구•로 확장시켰을 때만 해도 억제를 단순히 반사 반응의 강도를 약화시키는 현상 정도로 여겼다. 후에 파블로프는 자신의 조건반사 연구를 뇌 기능에 관한 연구와 더불어 정신의학과도 통합하고자 했으나 실제로 뇌가 어떻게 작용하는지

를 이해하는 데 있어 그 이상 아무런 통찰도 제시하지 못했다.[29]

20세기 초기 심리학계의 이 두 거물은 모두 행동과 마음을 바라보는 관점에는 지대한 영향을 미쳤지만 정작 뇌를 어떻게 이해해야 할지에 관해서는 어떠한 영향도 끼치지 못했다.

*

1860년대에 들어서자 억제와 통제에 이어 예상치 못했던 뇌 기능의 세 번째 측면이 발견되었다. 이는 헤르만 폰 헬름홀츠의 1867년 작《생리광학 편람Handbuch der Physiologischen Optik》에 등장했다. 과거 수 세기 동안 마음에 관한 상당수의 철학적 논의는 우리가 어떤 사물을 지각할 때 어떠한 일이 벌어지는가에 주안점을 두었다. 이에 지각이란 그저 감각기관에 대한 물리적 자극의 결과라는 해설이 일반적이었다. 우리는 마치 창을 통해 밖을 보듯 우리 앞에 놓인 사물을 보는 것이다. 하지만 헬름홀츠는 문제가 그렇게 단순하지 않다는 사실을 깨달았다. 실제로는 상당히 직관적인 대상을 처리할 때조차 신경계, 특히 뇌가 우리의 지각을 구성하는 데 매우 능동적인 역할을 수행한다. 뇌는 외부 세계를 그대로 기록하는 것이 아니라 외부 세계의 여러 양상들 중 일부를 선택하고 표상한다. 가장 단순한 지각 과정에도 주어진 상황을 곧이곧대로 관찰하는 대신 지금 어떤 일이 벌어지고 있는가에 대해 뇌가 추론하는 절차가 관여한다.

헬름홀츠는 우리가 안구를 눌렀을 때 색색깔의 패턴들을 지각한다든

◆ 대니얼 토즈Daniel Todes가 쓴 파블로프 전기의 머리말에는 이 위대한 러시아 과학자가 "개로 하여금 종소리에 침을 흘리도록 훈련시킨 적이 없다"고 명시되어 있다. Todes, D. P., Ivan Pavlov: *A Russian Life in Science* (oxford: oxford University Press, 2014).

지 사지절단술을 받은 환자가 더는 존재하지 않는 팔다리의 감각을 여전히 느끼는 환상지 현상과 같은 착각들이 존재한다는 데서 출발했다. 뮐러는 이러한 효과들 때문에 각각의 신경이 저마다 고유의 에너지를 지니고 있다고 믿었는데, 헬름홀츠는 이를 "감각기관에 제시된 물체를 판단하는 데 착각이 일어나 틀린 표상을 가지게 됨으로써 발생하는 것"이라고 주장했다. 헬름홀츠는 이 같은 경우 신경에 가해진 자극이 마치 평상시의 감각 양상이 관여하고 있는 것으로 지각되거나(안구를 압박한 사례의 경우) 사라진 팔다리가 실제로 존재하는 것으로 지각된다고 여겼다. 그의 설명은 뇌가 단순히 자극을 기록하는 대신 주어진 자극의 본질에 관해 '나름의 결론을 도출'함을 의미했다. 이는 논리적인 삼단논법에서 비롯된 추론과 같다. 이를테면 눈의 기능은 빛을 감지하는 것이고 안구에 자극이 가해졌으므로 해당 자극은 빛으로 이루어졌음이 틀림없다는 식이다. 환상지 현상도 같은 방식으로 설명할 수 있는데, 헬름홀츠는 "피부 신경에 주어지는 모든 자극은 신경중추 또는 신경 줄기에 직접 영향을 가한 경우에조차 그에 상응하는 피부의 주변부 표면에서 일어난 것으로 지각된다"고 추측했다.[30]

헬름홀츠는 이러한 통찰을 정상적인 지각 과정 전반에 적용하여 우리가 무엇인가를 지각할 때, 신경계가 현재 지각하는 대상의 본질에 관한 "무의식적 결론"을 이끌어낸다고 주장했다. 그가 단언한 바에 의하면 지각은 단순히 환경에서 비롯된 인상이 아닌 "무의식적으로 형성된 귀납적 추론의 결과"였다.[31] 헬름홀츠의 설명은 신경계에 마음의 자각 없이도 결론을 도출할 수 있는 어떤 과정이 존재함을 시사했다. 그리고 그는 이 과정이 충분한 반복을 거쳐 완전히 무의식적으로 이루어지게 된다고 주장했다. 즉 우리는 지각하는 법을 학습한다.

헬름홀츠가 묘사한 무의식적 판단의 또 다른 예는 우리가 양 눈을 통해 들어오는 서로 미세하게 차이 나는 상(눈을 한쪽씩 번갈아 떴다 감았다 해

보면 두 개의 상이 얼마나 다른지 알 수 있을 것이다)들로부터 세상에 대한 삼차원의 입체적인 조망을 구성하는 방식이었다. 그의 동료 빌헬름 분트가 밝힌 것처럼 뇌의 시각계 어딘가에서는 우리가 미처 의식하기도 전에 이 두 개의 상이 한데 모여 하나의 일관된 상을 형성함으로써 깊이를 지각할 수 있게 하는 듯했다. 다시 말해 삼차원 세상에 대한 우리의 인상은 우리가 자각하지 못하는 동안 두 개의 이차원 상이 결합하여 구성되는 것이다.

독일의 생리학계에 속해 있던 또 다른 두 명의 학자, 에른스트 베버와 그의 제자 페히너는 두 자극 간 차이를 지각하는 능력이 비교 대상이 되는 자극의 물리적 속성의 크기에 따라 달라질 수 있음을 증명했다. 예컨대 두 물체가 무거울수록 둘 사이의 무게 차이가 커져야 이를 탐지할 수 있다. 이러한 법칙은 다른 감각 양상에도 똑같이 적용되며, 탐지할 수 있는 차이와 두 자극의 물리적 속성 크기는 거의 상수 로그함수에 가까운 관계를 따른다. 달리 말하자면 우리는 물리적 속성 크기가 작은 자극들 간의 미세한 차이를 탐지하는 데 매우 뛰어나다. 우리의 뇌와 감각계는 특수한 법칙을 따르며 우리가 알아차리기도 전에 세상에 대한 무의식적인 판단을 내린다.

우리가 지각한다는 사실을 어떻게 믿을 수 있는가, 하는 문제에 더욱 극적으로 도전하는 과정에서 헬름홀츠는 지각에 일종의 필터가 개입되어 있어 뇌가 주어진 모든 자극에 동등하게 주의를 기울이지 않는다고 주장했다. 우선 우리의 몸은 환경에 반응하며 보통 그에 따라 지각을 변화시킬 수 있는데, 이를테면 어둠 속에서 동공을 확장시키는 등의 반응을 통해 지각에 차이를 가져올 수 있다. 헬름홀츠의 표현에 의하면 "우리는 단순히 우리에게 던져지는 인상에 수동적으로 반응하는 것이 아니라 관찰을 하는데, 그러한 인상들을 훨씬 정확하게 구별할 수 있도록 상황에 맞게 조직들을 조정한다."[32]

더욱 골치 아픈 문제는 우리의 시야에 사실상 아무것도 볼 수 없는

'맹점'이 존재한다는 점이다. 망막에서 시신경이 안구 외부로 뻗어 나가는 지점에는 광수용기•가 없기 때문이다. 이는 오른쪽과 왼쪽 눈의 시야의 중심에서 각각 약간 오른쪽 또는 왼쪽 지점에 해당한다. 그러나 우리는 우리가 바라보는 세상에서 어떠한 간극도 지각하지 못하며, 굳이 여기에 집중하지 않는 한 맹점이 존재한다는 사실조차 전혀 알아차리지 못한다. 이러한 현상이 발생하는 이유 중 하나는 우리의 눈이 조금씩이라도 꾸준히 움직여서 시야의 비어 있는 부분을 끊임없이 메우기 때문이다.

우리가 맹점을 눈치채지 못하는 또 하나의 이유이자 헬름홀츠가 특히 큰 흥미를 느꼈던 현상은 뇌가 자극을 처리하는 방식의 일반적인 원칙을 단적으로 보여주었다. "우리는 외부 사물들을 인식하는 데 있어서 중요하다고 여겨지지 않는 감각의 모든 부분을 무시해버리는 습성이 있다"는 것이다.[33] 뇌는 존재하지 않는 자극은 단순히 무시하고 주변의 형체와 색에 기초하여 지각적으로 흐릿한 공간을 만들어냄으로써 그 사이를 메우며, 우리는 이를 전혀 알아차리지 못한다. 헬름홀츠는 비교적 단순한 자극을 다룰 때조차도 뇌가 신경계를 자극하는 물체의 본질에 대해 계속해서 무의식적인 판단을 내린다고 주장했다. 여기서 시사하는 바는 뇌의 복잡한 구조물들이 의식적인 사고의 관여 없이 그러한 의식적인 사고의 선행 조건으로 명백히 작용하는 논리 연산들을 수행할 수 있다는 사실이었다.[34]

뇌가 능동적인 기관이며 지각이 세상에 대한 시각으로 이어지는 과정이 불완전하고 선택적이라는 헬름홀츠의 견해는 뇌가 어떠한 역할을 수행하는지를 이해하는 데 오늘날까지 여전히 지배적인 위치를 차지할 만큼 획기적인 발상이었다. 그의 통찰은 기계에 대한 비유를 적용하지 않은 순수한 과학적 발견에서 비롯되었다. 하지만 어떻게 보면 철학이 먼저 여기

• 빛 자극을 신경 신호로 전환하는 기관.

에 도달했다고 할 수 있다. 흄David Hume이나 칸트Immanuel Kant와 같이 지각을 연구했던 18세기의 철학자들은 생각이 외부 세계로부터 얻어지는지(흄) 혹은 우리가 선천적으로 가지고 있는 개념들을 이용해 지각하는지(칸트) 여부를 두고 논쟁을 벌였다. 철학자 및 역사학자들은 헬름홀츠가 과연 진정한 칸트주의자인가에 관해 다투었지만 지각과 뇌 기능을 대하는 그의 관점은 현재까지도 큰 반향을 일으키는 칸트의 철학 중 한 부분과 절묘하게 일치했다.[35]

1787년에 출간된 《순수이성비판》에서 칸트는 우리가 어떻게 지각하는지를 결정하는 일부 특성들은 선험적, 즉 경험하지 않고도 갖추고 있는 것이라고 주장했다. 비록 칸트의 주된 관심사는 공간이나 시간, 도덕적 판단과 같은 것들이었지만 그는 우리가 환경과 상호작용할 때 벌어지는 일의 핵심적인 특성을 정확하게 짚어냈다. 우리의 감각은 단순히 모든 자극을 뇌로 들여보내는, 활짝 열린 상태의 밸브가 아니다. 우리는 주변 환경의 특정한 부분만을 지각한다. 소소한 예로 곤충이나 조류 등 다른 동물들은 볼 수 있는 자외선을 우리는 보지 못한다는 점을 들 수 있다. 우리의 뇌에는 이보다 훨씬 복잡한 필터 또한 존재한다.

이후 많은 과학자들이 전문용어로 '칸트의 선험적 종합'이라는 과정에 대해 논했다. 우리의 신경계가 원상태의 감각자극들을 여과하고 처리하여 세상에 대한 그림으로 탈바꿈시키는 선천적인 인지 및 신경생물학적 기틀을 갖고 있다는 것이 주요 논지였다.[36] 헬름홀츠는 뇌가 단순히 주어진 인상을 기록하는 것이 아니라 이를 변화시키고 해석하여 무의식적인 추론을 한다고 여겼다.[37]

## 신경계 구성 요소에 관한 가설들

뇌를 전체적으로 이해하기에는 어려움이 따랐으므로 많은 생리학자가 신경계의 기본 성분들에 집중함으로써 통제와 억제라는 새로운 개념을 탐구하고자 했다. '반사호•'를 이루는 신경과 근육들이 어떻게 서로 상호작용하여 반사 행동을 만들어내는지 알고 싶었던 리버풀대학교의 찰스 스콧 셰링턴Charles Scott Sherrington도 이러한 접근방식을 취했다.[38] 셰링턴은 반사호가 신경계의 기본단위이며 복잡한 행동들은 모두 여러 반사들의 조합으로 구성되어 있다고 생각했다. 예컨대 이러한 반사의 조합으로 개구리가 파리의 움직임을 포착하고 파리에게 달려들어 입으로 낚아챈 뒤 삼키기까지의 행동을 설명할 수 있었다.[39]

셰링턴은 이전에 발생했던 반사 활동의 작용으로 인해 반사 행동을 일으키는 데 필요한 역치가 낮아지기 때문에 하나의 반사에서 또 다른 반사로 빠르게 연쇄적인 전달이 이루어져 단일하게 협응된 복잡한 행동 반응이 가능해지는 것이라고 주장했다. 250년 전 스테노가 그랬듯 셰링턴도 동물을 하나의 복합적인 기계로 바라보며 각각의 구성 요소를 살펴봄으로써 전체를 이해할 수 있다고 여겼다. 그의 생각들을 총정리하여 1906년에 처음 출간된 뒤 지금까지도 절판되지 않은 위대한 저서 《신경계의 통합적 작용The Integrative Action of the Nervous System》에서 언급했듯 셰링턴은 "동물의 생명을 활동 상태의 기계로 분석할 때 다소 인위적일지라도 전체 행동을 단편적인 조각들로 분할하여 각각을 편의에 따라 별개의 대상으로 살펴보는 일이 가능하다"고 보았다.[40]

셰링턴은 개의 반사, 특히 옆구리 피부에 자극이 가해지면 다리로 리

• 반사에 관여하는 신경 경로.

드미컬하게 긁는 운동이 일어나는 소파 반사(순한 개가 있다면 직접 개의 옆구리를 긁어서 시험해보기 바란다. 고양이에게서는 그다지 잘 나타나지 않는다)에 대해 정확한 설명을 제시했다. 요컨대 셰링턴은 각각의 감각신경들이 어떻게 이른바 수용장이라고 불리는 피부의 특정한 부분들과 연결되어 있기에 자극이 주어지면 신경이 반응하도록 만드는지 보여주었다. 이러한 신경들 중의 어느 하나라도 활성화되면 모두 동일한 긁는 행동, 즉 셰링턴이 소파 반사호의 '최종 공통 경로final common path'라고 칭했던 근육의 반응이 일어났다.[41]

여기에서도 억제가 작용했는데, 개가 긁는 행동을 하고 난 뒤에는 뇌의 어떤 처리 과정으로 인해 반사가 일정 시간 동안 억제되었으며, 이 같은 효과는 스트리크닌••과 같은 약물을 사용함으로써 없앨 수 있었다. 셰링턴은 뇌의 최상위 기능들에서야말로 억제의 중요성이 발휘된다고 확신하고 "신경 억제는 마음이 작용하는 데 큰 요인임에 틀림없다"고 여겼다.[42]

동물 비교해부학 연구에서 출발한 셰링턴은 뇌가 그저 또 하나의 신경 다발일 뿐이라고 주장했다. 단지 어려운 점이 있다면 "뇌라는 하나의 제한된 신경 조각이 점하고 있는 나머지 전체에 대한 우위"를 설명하는 일이었다.[43] 그가 내놓은 해답은 뇌가 "무수히 많은 신경 흥분의 집합소에서 질서정연한 활동, 다시 말해 유기체의 필요에 맞춰진 반응들을 만들어내는 협응 기관"으로 진화했다는 것이었다. 진화론적인 관점에서 볼 때 특히 인간 대뇌반구의 기능은 유기체가 다양한 범위의 유연한 반응들을 할 수 있게 하여 신체 및 환경과의 상호작용에 대한 통제를 확보하는 것이다. 그는 그러한 과정이 어떻게 이루어지는지를 이해하는 일이 앞으로 해결해야 할 도전 과제가 되었으며, "그렇다면 생물학의 주요 관심사가 궁극적으로 향해

•• 중추신경 흥분제.

야 할 대상은 대뇌의 생리 및 심리적 속성을 둘러싼 문제이다"라고 말했다.

*

비록 어느 누구도 뇌가 어떻게 그러한 기능들을 수행하는지 제대로 설명할 수 있다고 주장하지 않았지만 이를 주제로 글을 쓴 학자들은 다들 용어나 비유, 도식들을 통해 자신의 견해를 드러냈다. 1880년, 영국의 신경학자 헨리 찰턴 배스천Henry Charlton Bastian이 뇌의 구조와 기능에 관한 당대의 지식들을 정리하여 《마음 기관으로서의 뇌The Brain as an Organ of Mind》를 펴냈다.[44] 그가 사용한 용어들은 오래된 관념과 새로운 사상이 뒤섞여 있었다. 그는 우선 신경이 운반한다는 '인상'에서 출발했는데, 이 오래된 비유는 감각자극이 신경에 일종의 물리적 각인을 남긴다는 것을 시사했다. 페리어의 표현에 따르면 이러한 인상들은 "내향성 섬유의 경로를 따라 전달되어 뇌의 중추에 기록"되었다. 그 뒤에는 "구조적 연결을 통해 자동 기관들로 하여금 움직임을 일으키게 만드는 역할을 하는 외향성 흐름"에 실려 옮겨졌다.

이 중 어느 것 하나도 뇌가 어떻게 작용하는지에 관한 설명 모형이나 가설에 이르지는 못했지만 배스천이 사용한 용어들은 전부 압력이나 물과 관련되었다(그가 전류를 염두에 두었던 기색은 없었다). 19세기 후반 내내 널리 쓰였던 '중추'라는 애매한 용어는 신경들이 특히 집중된 장소를 지칭한다는 점과 더불어 기능의 국재화를 암시하는 것 외에는 실질적으로 함의하는 바가 없었다. 그렇지만 인상이 '기록'된다는 개념은 어딘가에 물리적으로 새겨진다는 것을 시사했다. 배스천이 차용한 페리어의 도식은 순 기계적으로 표현되어 있어서 마치 증기기관차나 기타 기계들이 조작 레버를 풀면 움직이기 시작한다는 개념을 연상케 하기는 했지만 말이다.

25년도 더 지난 뒤에 쓰인 글임에도 셰링턴의 관점은 그다지 더 나아가지 못했다. 다른 이들과 마찬가지로 '전도'라는 개념을 언급하며 전기에서 비롯된 용어들로 신경 기능을 묘사하기는 했지만 셰링턴도 주로 물리적인 비유를 사용하여 원리를 설명했다. 그는 반사호의 전도가 "비유적으로 말하자면 관성과 모멘텀을 보이는 것으로 묘사"될 수 있다며 반사호의 작용이 뻣뻣한 막대보다는 탄성 있는 고무줄을 잡아당기는 것과 유사하다는 의견을 제시했다.[45] 셰링턴은 동물을 각각의 구성 요소들을 탐구함으로써 이해할 수 있는 하나의 기계로 여겼으므로, 당연히 이러한 기계적 비유를 뇌에도 적용했다. 모든 과학적 비유가 그렇듯 셰링턴의 관점 역시 당대의 기술에 얽매여 있었다. 증기 시대에 살았던 그는 철강 대신 근육과 연골로 이루어진 몸을 대할 때도 피스톤과 실린더를 벗어난 사고를 하기는 어려웠다.

많은 연구자가 독자들에게 자신의 관점을 명확히 설명하는 동시에 생각을 분명하게 정리하기 위해 신경계의 해부학적 구조, 특히 척수의 반사호를 도식화했다. 이 같은 도식에 비유는 전혀 덧붙지 않았지만('배선도'와는 전혀 달랐으며 그 비유는 수십 년 뒤에나 발견되었다) 각기 다른 신경중추들이 서로에게 영향을 주는 방향을 표시하기 위한 화살표가 추가되었다.

예컨대 1886년 샤르코는 우리가 종cloche이라는 단어를 듣거나 발음하거나 보거나 쓸 때 관여하는 여러 중추들을 도식으로 표현했다. 그림12 상단의 'IC'라고 적힌 '지성 중추intellectual center'를 나타내는 영역을 포함하여 다양한 '중추'들 간의 연결고리는 상당 부분 상상에서 비롯되었다. 하지만 이러한 유의 그림이 어떤 특정한 결합이 어느 단계에서 존재할지 가능성을 보여준 덕분에 용감하거나 무모한 의사들에게 환자의 뇌 속을 탐험할 때 종양을 찾기 위해서 어디를 보아야 하며 어디를 잘라야(혹은 자르지 말아야) 할지와 같은 정보를 일러주는 지침서가 될 수 있었다. 그보다 10여 년

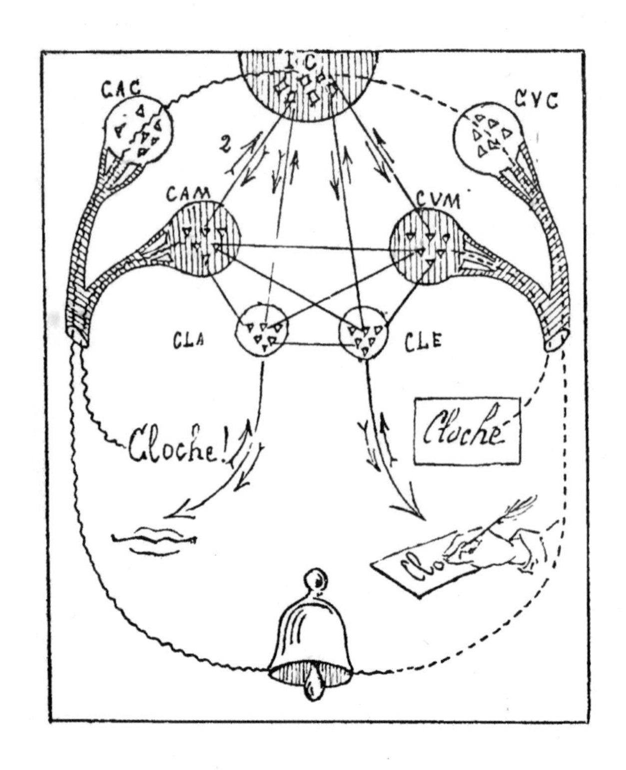


**그림 12** 뇌의 두 부분이 어떻게 연결되어 있는가에 관한 샤르코의 견해를 나타내는 도식. 그림에 표시된 다양한 약자들은 샤르코가 가정했던 여러 '중추'와 각각의 기능(시각, 청각, 청각적 기억 등)을 지칭한다.

앞서 페리어 또한 화살표를 사용해 '구심성 혹은 원심성 방향', 즉 신경섬유가 중추에서 시작되어 나오는지 또는 말초에서부터 중추를 향해 뻗어 있는지를 표시했다.[46] 하지만 이는 결국 극도로 단순화된 해부학 도식보다 겨우 몇 발짝 더 발전했을 뿐이다. 이러한 중추에서 실제로 어떤 일이 벌어지고 있는지, 구심성 및 원심성 신경을 타고 이동하는 것의 정체가 무엇인지에 관한 모형이나 가설을 세우는 데 쓰일 만한 정보는 아무것도 없었다.

페리어의 것보다 30년 이상 뒤에 제작된 셰링턴의 도식은 플러스와 마이너스 부호를 붙이고 반사 기능(이 경우에는 무릎반사)을 거의 대수학적으로 설명하려고 노력함으로써 억제의 역할을 추가적으로 표현했다.

> 흥분을 플러스(+) 부호의 단말 효과end effect로 표기하고 억제를 마이너스(-) 부호의 단말 효과로 표기한다면 소파반사와 같은 반사작용은 흥분성 단말 효과를 전개한 후 흥분성 자극이 여전히 남아 있는 동안에도 억제성 단말 효과를 전개하므로 이중부호 반사라고 칭할 수 있다.[47]

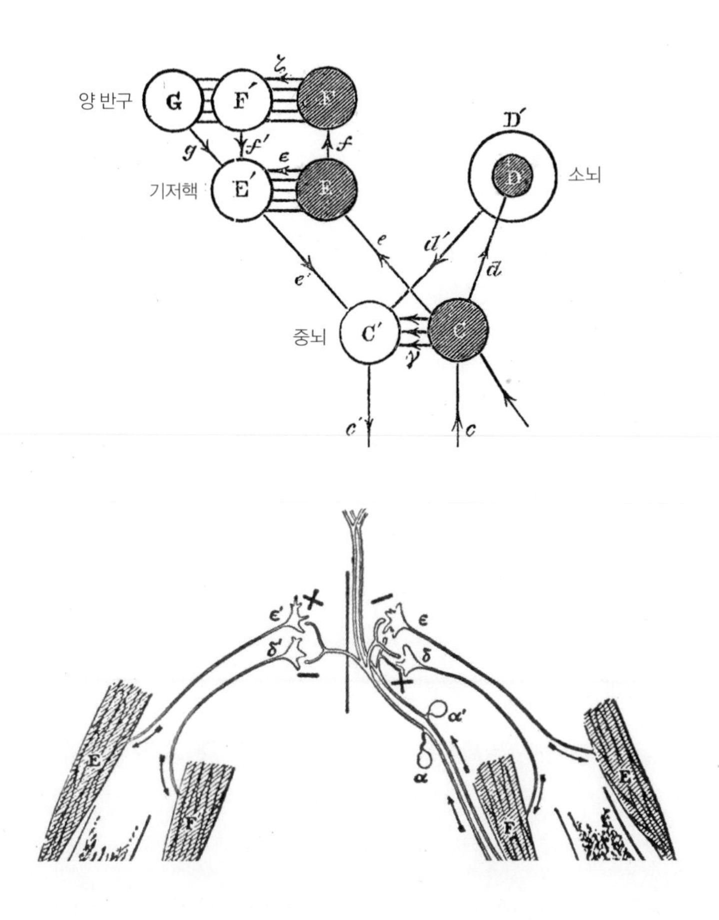


**그림 13** 페리어의 뇌 구조 도식(위)과 셰링턴의 척수 반사 도식(아래). +와 - 부호에 주목하자.

이를 실제 신경 활동으로 옮겨 도식을 현실에 기반한 뇌 기능 모형으로 바꾸는 일은 당시로써는 불가능했다. 19세기의 마지막 몇 십 년 동안 이루어진 수많은 발견의 중심에 전기자극이 있었음에도 불구하고 대부분의 경우 전기는 그저 기능을 드러나게 만드는 조금 더 섬세하고 정밀한 형태의 자극으로만 여겨졌다. 막연하게 추정만 하던 것들이 명확해지고, 신경 활동을 제대로 이해하며, 뇌 활동의 기반을 통해 뇌가 어떻게 작용하는지에 대한 큰 그림을 그리기 위해서는 과학자들이 우선 실제 뇌가 무엇으로 구성되어 있는지 깨달아야 했다.

# 7

# 뉴런

19세기에서 20세기까지

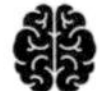

19세기의 가장 위대한 과학적 업적 중 하나는 모든 유기체가 세포로 구성되어 있으며 세포는 오직 다른 세포를 통해서만 생성될 수 있으므로 생명체의 자연발생이 불가능하다는 사실을 밝힌 세포 이론의 수립이다. 생물을 이루는 기본입자를 찾아낸 것이다. 이러한 이론이 빠르게 받아들여진 데는 1830년대에 체코의 해부학자 얀 푸르키녜Jan Purkyně가 최신식 현미경으로 인간 소뇌의 얇은 조각을 관찰하여 찾아낸 근거가 일조했다.[1]

푸르키녜는 자신의 학생이었던 가브리엘 발렌틴Gabriel Valentin과 함께 소뇌가 작은 점투성이의 화병처럼 생긴 소구체들로 이루어져 있다는 사실을 발견했다. 이 소구체들은 한 줄로 길게 늘어선 섬유들 바로 위에 하나의 층을 형성하며 모여 있었다. 1838년에는 요하네스 뮐러의 제자였던 로베르트 레마크Robert Remak가 섬유들 각각이 소구체 중 하나와 연결되어 있음을 밝혀냈다. 뇌에는 세포가 존재했던 것이다.

소구체 및 섬유들이 신경세포의 일부라는 사실과 더불어 뇌도 신체의 다른 모든 부분과 마찬가지로 세포로 구성되어 있다는 깨달음은 그로부터 10년 이상이 더 지난 뒤 레마크의 업적이 아닌 스위스의 해부학자 알베르트 폰 쾰리커Albert von Kölliker의 《인체조직학 편람Handbuch der Gewebelehre des Menschen》을 통해 널리 알려졌다.◆ 신경세포들은 총 세 개의 부분으로 구성되어 있는 듯했다. 바로 원형질돌기(지금의 명칭은 가지돌기)라고 일컬어지는 가지들, 세포체 그리고 마지막으로 긴 튜브 형태의 섬유인 축색원통(축삭돌기)이었다.

이렇듯 진전이 있었음에도 불구하고 신경세포들이 어떻게 조직되어 있는지를 두고서는 큰 논쟁이 일었다. 몸의 다른 모든 부위에서는 세포들 각각이 막으로 둘러싸인 별개의 구성체였다. 반면 폰 쾰리커가 제시한 아름답고 정확한 그림은 푸르키녜가 발견한 소구체와 섬유가 유기적인 관계를 구성하고 있음을 시사했다. 그는 섬유들이 더없이 세세하게 분화하고 또 융합하는 양상을 보이며 단일한 그물형 구조를 형성하는 것으로 묘사했다. 뇌가 없는 해파리를 대상으로 최초로 전 신경계를 살펴본 연구들은 여기서 한 걸음 더 나아가 이 신경들이 전부 일종의 그물 형태를 이루고 있음을 밝혀냈다. 다만 폰 쾰리커 자신은 이 같은 관점에 동의하지 않았다. 그는 각각의 신경세포가 독립된 구조라고 확신했지만 신경그물설이 틀렸다는 직접적인 증거가 없다는 사실을 인정했다. 당시 기술로는 각기 다른 세포들의 가지가 서로 분리되어 있는지 여부를 밝히기가 불가능한 일이었고, 폰 쾰리커는 과연 이 문제를 해결하는 날이 오게 될지에 대해 회의적인 입장이었다.

문제에 대한 답은 1873년에 이탈리아의 해부학자 카밀로 골지Camillo

◆ 유대인인 레마크는 유대인 탄압이 심했던 독일의 대학에서 교수가 되지 못했다. 레마크는 훗날 피르호와 함께 척추동물의 경우 다른 생물들과 달리 수초myelin라는 흰 물질이 일부 신경세포를 감싸고 있다는 사실을 발견했다. 이러한 차이로 뇌는 회백질과 백질로 나뉘는데, 회백질에 신경세포체의 대부분이 포함되며 피질의 전반을 차지한다.

Golgi가 실험실에서 작은 사고를 일으키면서 분명해졌다. 그는 사전에 다이크로뮴산칼륨으로 경화시켜둔 조직편 위에 질산은을 약간 흘리고 말았다. 그러자 곤란하게도 두 화학물질이 반응하면서 조직이 검게 변해 엉망이 되어버렸다. 그런데 현미경으로 표본을 찬찬히 살피던 골지는 신경세포의 극히 일부만이 염색되었으며 오히려 검은 실루엣이 밝은 배경에 대비가 되면서 아주 세밀한 부분들까지 구별할 수 있게 되었다는 사실을 발견했다. 역설적이지만 아주 적은 세포들만이 염색되었다는 사실은 단일한 신경세포의 구조를 정확하게 묘사하는 일이 가능해졌음을 의미했다. 만약 모든 세포의 색이 변했다면 지독하게 해석하기 힘든 난처한 결과물을 낳았을 것이다.[2]

이후 몇 년간 골지는 이 까다로운 기법을 활용하여 척추동물의 소뇌, 후각 신경구, 해마, 척수 등을 탐구했다. 해당 기법은 처음에는 '검은 반응black reaction'이라고 불리다가 얼마 지나지 않아 그냥 '골지법Golgi method' 혹은 '골지 염색법Golgi stain'이라고 불리게 되었다. 골지가 바라본 현미경 아래 세상은 상상할 수 없을 정도로 복잡했으니, 기존의 방법들로 밝혀낸 신경의 분기는 그저 시작에 불과했다. 이제 그는 가지에서 가지가 뻗어나오고 그 가지가 다시 가지를 친 모습까지 볼 수 있었다.

그러나 새로운 기법을 통해 세포를 훨씬 세밀하게 관찰할 수 있게 되었음에도 여전히 이웃한 두 신경세포의 서로 얽힌 가느다란 가지들이 정말 각각 독립된 구조인지까지는 알 수 없었다. 골지는 이 가지들이 실제로 분리되어 있다는 데는 납득했으나 신경세포들이 축색원통 수준에서는 서로 융합되어 있다고 주장하며 신경그물설을 고수했다. 그는 뇌세포들 간의 기능적 차이에 상응하는 화학적 혹은 다른 차이가 존재할 가능성은 인정했지만 일단 신경세포에서 일어나는 활동은 전부 가상의 연결망을 타고 공유된다고 확신했다.[3] 그의 표현을 빌리자면 "개별 세포의 독자적인 활동이 아닌 대규모의 동시다발적인 집단 활동"이 있었다. 이러한 가설을 어찌나 확신했던지 1883년에는 뇌의 전반적인 작용 방식도 이와 같다는 당연한 결론을 내리고 어떠한 기능적 국재화도 부정하기에 이르렀다. 골지도 프리치와 히치히의 '고명한' 연구 결과를 칭송하며 "각기 다른 기능들이 뇌의 다양한 주름에서 비롯된다는 생리학계의 정설"을 부정할 수 없다는 사실을 받아들이기는 했지만 결국 그가 내린 결론은 다음과 같았다.

> 대뇌 기능의 국재화라는 개념은 엄밀히 말해(특정한 결정적 기능들이 정확히 어느 하나의 구역에만 국한된다는 의미에서) 미미한 해부학 연구 결과만으로는 결코 증명되었다고 말할 수 없다.

골지는 누가 뭐라 하든 절대적으로 국재화에 부정적인 입장이었다.

## 신경세포설의 등장

골지 염색법은 자유자재로 다루기가 어렵기로 악명 높았고, 널리 쓰이게 되기까지는 수년이 걸렸다. 그리고 마침내 다른 연구자들이 관찰 결과를 발표했을 때, 그들은 한 가지 결정적인 측면에서 골지와 의견을 달리했다. 1880년대 중반, 독일 라이프치히대학교 소속의 빌헬름 히스Wilhelm His는 신경세포들 간의 융합을 발견할 수 없었다고 보고하며 신경세포도 분명 다른 세포들과 마찬가지로 각각의 독립적인 구조물이라고 결론 내렸다. 또한 히스는 신경세포의 복잡한 나무 같은 부분을 묘사하기 위해 새로운 용어를 만들어냈는데, 바로 그리스어로 나무를 뜻하는 단어 덴드론dendron에서 따온 덴드라이트dendrite(가지돌기)였다. 비슷한 시기, 스위스의 과학자 아우구스트 포렐August Forel은 혀로 이어지는 신경섬유를 자르고는 며칠 뒤에 영양분을 공급하는 세포의 주요 부분과 단절된 결과로 뇌의 어느 부분의 조직이 죽었는지 살폈다. 예상 외로 뇌의 극히 일부 영역만이 손상되었는데, 이는 곧 신경세포들이 서로 연결되어 있는 것이 아니라는 사실을 가리켰다. 포렐이 발견한 아주 특정적이고 제한된 퇴화는 각각의 세포체와 그에 따른 가지돌기들이 하나의 단일체를 형성한다는 것을 시사했다.

신경계 전체가 하나의 네트워크라는 가설에 결정타를 날린 것은 베살리우스만큼이나 과학계에 크게 기여한 스페인의 신경해부학자 산티아고 라몬 이 카할Santiago Ramón y Cajal의 연구였다. 카할은 익히 알려진 바와 같이 실력파 해부학자인 동시에 재능 있는 화가이자 사진작가로, 컬러 사진을 제작하는 자기만의 방식을 발명하기도 했다. 특히 1885년에 실험실에서 자신의 모습을 찍은 사진이 유명한데, 사진에는 얼룩진 작업복을 걸치고 스타일리시한 모자를 쓴 카할이 현미경 세 대가 놓인 작업대 앞에 턱을 괴고 있는 앉아 있는 모습이 담겨 있다. 그 뒤로는 뇌의 숨겨진 구조와 기능을 파헤쳐줄 열쇠인 화학물질들이 들어 있는 크고 작은 유리병이 진열된 선반이 보인다. 훗날 그가 표현했듯 "뇌의 구조에 관한 정확한 지식은 이성적 심리학을 구축하는 데 가장 큰 관심사로 보인다. 뇌를 안다는 것은 생각과 의지의 물질적 전개 과정을 확인하는 것과 같다고 할 수 있다."[4]

카할의 세상은 그가 "내 생애 가장 위대한 해이자 운명의 해"라고 칭했던 1888년을 기점으로 완전히 달라졌다.[5] 마드리드 출신의 어느 동료가 그에게 골지 염색법으로 물들인 신경세포들을 보여주었던 것이다. 그때 본 장면에 대한 카할의 묘사는 그가 이 기법이 지닌 힘에 얼마나 강한 인상을 받았는지 생생하게 전해준다.

> 얼마나 뜻밖의 광경인가! 완벽하게 깨끗한 노란색 배경 위로 성기게 분포되어 있는 가늘고 매끈하거나 굵고 삐죽삐죽한 검은색 가닥들과 함께 삼

각형이며 별 모양, 방추형의 검은 구조물들이 보였다. 마치 투명한 일본화지에 먹으로 그림을 그린 듯했다. 카민이나 로그우드 같은 염료로 염색된 조직에서 보이는, 불가해하고 복잡하게 얽히고설켜 어쩔 수 없이 어림짐작만 할 뿐인 덤불에 익숙한 사람이라면 누구나 이 광경을 보고 깊이 당황할 수밖에 없다. 여기서는 모든 것이 또렷하고 단순했다. 짐작 따윈 필요치 않았으며, 그저 관찰만 하면 되었다. (…) 너무나 놀라워 나는 현미경에서 눈을 뗄 수 없었다.[6]

여기서 그치지 않고 카할은 곧 골지 염색법을 개선할 수 있는 방법도 찾아냈다. 조류와 어류를 비롯한 다양한 동물들의 비교적 단순한 뇌를 살피고 표본의 두께를 늘리거나 이차 염색을 하는 등 기술적으로 여러 변형을 시도한 끝에 카할은 보다 믿을 만하고 더 많은 정보를 얻을 수 있도록 방법을 개량했다. 그가 그린 도식들은 전례 없는 세밀한 묘사로 뇌의 구조를 나타냈는데, 그중 일부는 지금의 기술로도 따라잡을 수 없을 정도로 발군의 세밀함을 자랑했으며, 특유의 명료함과 영향력 그리고 아름다움 덕분에 현대 신경과학자들로부터 많은 사랑을 받았다. 하지만 동시에 이 그림들은 다소 인공적이었다. 카할이 기꺼이 인정했듯 각각의 그림들은 여러 개의 서로 다른 미시적인 뇌 절편들을 관찰한 뒤 그로부터 얻은 자료들을 공들여 조합함으로써 굉장히 많은 정보를 담고 있는 단일한 이미지로 재구성한 것이었다. 그림들은 정확하기는 했으나 있는 그대로의 자연적인 형태를 반영하는 듯한 인상과는 달리 인위적인 가공을 거쳐 제작된 것이었다.

카할의 관찰 연구는 뇌나 망막 등의 말초 감각기관들이 뚜렷하면서도 상당히 불가사의한 구조로 이루어져 있다는 사실을 밝혀냈다. 세포의 가지돌기들은 외부 환경을 향해 있었던 반면 축색원통들은 뇌의 중심부 가까이에 있었다. 카할은 자신이 개량한 골지 염색법을 활용하여 신경세포들이 아주 다양한 형태를 띠고 있으며 유사한 형태의 세포들끼리 층을 이루고 있음을 알아차렸다. 카할은 이러한 구조가 어떤 식으로든 뇌의 작용 원리와 연관되어 있으리라는 결론으로 마음이 기울었지만 사실 그도 과연 그 연결고리가 무엇일지는 상상조차 할 수 없었다. 그래도 카할은 예리하고 정교한 관찰을 통해 마침내 신경세포가 하나의 망으로 연결되어 있느냐 아니냐라는 골치 아픈 문제를 해결했다.

우선 그는 골지가 주장했던 바와 달리 축색원통들이 서로 융합되어 있지 않다는 사실을 보이고는 가지돌기가 융합도 영양 공급도 하지 않는 대신 어떤 필수적 기능을 가지고 있다는 의견을 제시했다. 그는 당대 가장 복잡했던 기술인 전신기에 대한 비유를 활용하여 이를 설명했다. 카할은 소뇌에서 발견된 푸르키녜의 세포들이 "마치 전신주가 전선을 지탱하듯" 과립세포라는 또 다른 유형의 세포와 연결되어 있으며, 세포의 가지돌기들이 주변 세포들과 "전파 전달을 위한 접촉"을 하고 있다고 주장했다.

전신기에 빗댄 카할의 묘사는 프랑스 해부학자 루이앙투안 랑비에 Louis-Antoine Ranvier가 1878년에 척추동물의 운동신경 및 감각신경 외부에서 보이는 수초가 해저 전선들의 구성 방식과 비슷하게 일종의 절연재와 같은 작용을 한다고 제시했던 비유와도 일치했다.[7] 카할은 후각 신경구의 구조를 보면 가지돌기가 어떻게 "신경섬유들로부터 전류"를 취하는지 단적으로 알 수 있다고 밝혔다. 콧속에 자리한 이 감각세포들은 뇌에서 수렴되어 후각 사구체라는 둥근 덩어리들을 형성하는데, 다른 계열 세포의 가지돌기들이 이 덩어리들에 연결되고, 그 축색원통들이 뇌의 심부로 들어감으로써 중심부까지 전류를 전달하는 방식이다. 카할은 망막에서도 이만큼이나 정밀하지만 해부학적으로는 완전히 다른 구조를 찾아볼 수 있음을 증명했다.[8]

1889년 10월, 카할은 베를린에서 열린 독일 해부학회 학술대회에 참석하여 자신의 놀라운 현미경 슬라이드들을 선보였다. 훗날 그는 이렇게 회상했다.

> 나는 호기심을 보이는 사람들에게 어설픈 프랑스어로 나의 표본에 무엇이 담겨 있는지 설명하기 시작했다. 몇몇 조직학자들이 주위에 둘러섰지만 겨우 소수에 불과했다. (…) 틀림없이 그들은 쓰레기 같은 연구물을 보게 되리라 예상했을 것이다. 그러나 그들 눈앞에 흠잡을 데 없이 최고로 명료한 그림들이 줄줄이 이어지자 (…) 거만하게 인상을 쓰던 표정들이 싹 사라졌다. 결국 이 변변치 않은 스페인 해부학자에 대한 편견은 사그라들고 따뜻하고 진심이 담긴 축하가 터져 나왔다.[9]

이때 현미경 아래 노란색 배경 위로 도드라져 보이는 짙은 붉은색 또는 검은색으로 염색된 세포의 모습에 깊은 인상을 받았던 인물 중에는 신경해부학의 원로였던 폰 쾰리커도 있었다. 폰 쾰리커는 곧 카할의 관찰 연구 결과를 반복 검증했고, 그로 인해 카할의 연구에 전 세계 과학계의 이목이 집중되었다. 카할은 훗날 "나의 생각들이 빠르게 전파되고 과학계로부터 인정을 받게 된 것은 쾰리커의 위대한 권위 덕분이었다"고 회상했다.[10]

카할과 폰 쾰리커 그리고 다른 학자들의 연구는 결국 1891년에 독일인 해부학자 빌헬름 폰 발다이어Wilhelm von Waldeyer가 나중에 북극 탐험가로 유명해진 프리드쇼프 난센Fridtjof Nansen이라는 어느 노르웨이 학생의 연구를 통해 신경세포들 간의 융합은 존재하지 않음이 증명되었다고 보고하면서 개괄되었다.[11] 이 모든 근거를 바탕으로 폰 발다이어는 신경세포들이 서로 분리된 개별적인 독립체라고 주장하며 뉴런neuron(그리스어로 섬유를 의미한다)이라는 이름을 붙였다.[12] 신경세포의 현대적인 해부학 용어를 정립하는 데 있어 또 하나의 중요한 발전은 1896년, 이제 여든 살이 된 폰 쾰리커가 축색원통을 지칭하는 용어로 축삭axon을 사용하면서 이루어졌다.[13]◆ 이제야 모든 것들이 제자리를 찾았고, 이러한 견해는 곧 신경세포설로 알려지며 빠르게 수용되어 향후 신경계에 관한 모든 연구의 근간이 되었다.[14]

그런데도 골지는 여전히 뉴런이 독립적인 세포라는 사실을 받아들이지 않았다. 논쟁은 골지와 카할이 공동으로 노벨상을 수상한 1906년까지 이어졌다(두 사람은 스톡홀름에서 열린 시상식에서 비로소 처음 대면했다). 골지의 수상 소감은 전적으로 신경세포설에 대한 반대 의사와 신경계, 특히 뇌가 '일원화된 활동'을 한다는 자신의 견해를 강조하는 데 초점을 맞추는 바람에 다소 억지스럽고 기이했다. 그는 각기 다른 영역들의 구조가 기능에 관해 아무런 정보도 주지 못한다고 믿었다. "특정한 기능은 중추들의 구조적 특성이 아니라 신경충동을 받아들이고 전달하기 위해 존재하는 말초기관들의 특수성과 연관되어 있다"는 것이 그의 생각이었다.[15]

골지는 뮐러가 반세기 전에 '특수 신경 에너지의 법칙'을 들어 주장했던 바와 같이 각각의 감각기관들이 서로 다른 종류의 감각활동을 만들어낸다고 여겼다. 골지가 과학계에 어마어마한 기여를 한 것은 맞지만 그럼에도 그의 견해는 참으로 시대에 뒤떨어져 있었다.

## 뇌 기능 이해를 위한 구조적 틀

1894년 2월, 카할은 런던왕립학회에서 최고의 권위를 자랑하는 강연

◆ 폰 발다이어는 신조어를 만들어내는 데 소질이 있었다. 그보다 3년 앞서서는 세포를 염색하면 색이 입혀지는 세포 안의 수수께끼 같은 실 모양의 구조물을 지칭하기 위해 염색체chromosome(chromo some = colored body, 즉 색깔이 입혀진 물체)라는 용어를 만들기도 했다.

을 했다. 그는 지난 반세기가 넘는 기간 동안 발표되었던 뇌 구조에 관한 현미경 연구들을 개괄하며 그 자신이 특별히 기여한 부분들을 짚어가며 뇌의 작용 방식에 대해 생각할 수 있는 다양한 관점들을 탐구했다.[16] 우선은 포유류의 뇌가 '자연계에서 찾아볼 수 있는 가장 미묘하고 복잡한 기계'라는 일반적인 견해에서 출발했다.[17] 그러나 이전의 사상가들과는 달리 카할은 이 구조물의 기본단위들을 묘사하는 것이 가능했으며, 이들이 유럽과 북아메리카 대부분을 뒤덮고 있는 전신망의 구성 요소들과 유사하게 기능한다는 의견을 내놓았다.

> 신경세포는 가지돌기와 세포체에서 보이는 바와 같이 전류의 **수용**reception 기관과 길게 늘어진 축색원통(축삭돌기)으로 대표되는 **전달**transmission 기관 그리고 신경종말가지terminal arborization로 대표되는 **분배**division or distribution 기관을 갖추고 있다.[18]

뉴런의 각기 다른 부분에서 수행하는 세 가지 기능, 다시 말해 수용, 전달, 분배는 강연에서 제공한 도식에도 강조되어 있었는데, 여기에는 카할이 1891년부터 효율적인 설명을 위해 쓰기 시작했던 핵심적인 요소가 담겨 있었다. 바로 '신경 전류와 세포 사이의 역학 관계의 예상 방향'을 나타내는 화살표였다.[19] 카할은 이를 두고 뉴런의 동적 분극화dynamic polarization라는 다소 투박한 표현을 사용했다.

> 흥분을 일으키는 시작점이 잘 정립된 기관에서는 신경 전류가 언제나 원형질돌기나 세포체를 통해 들어오며 이를 다시 새로운 세포의 원형질돌기에 전달해주는 역할을 하는 축색원통을 거쳐 빠져나가는 식으로 세포들이 분극화되어 있다.[20]

이러한 발상을 떠올린 인물은 카할뿐만이 아니었다. 비슷한 시기, 벨기에의 신경해부학자 아르투르 반 게후흐텐Arthur van Gehuchten도 유사한 주장을 펼쳤다.[21] 신경 전류가 한 방향으로만 진입할 수 있다는 이 원칙은 망막과 같은 감각계의 미시적인 구조를 보면 명백하게 알 수 있었다. 감각 인상들이 말초에서 중추로 이동했기 때문이다. 이러한 사실은 거시적인 신경섬유 차원에서는 수십 년 전부터 익히 알려져왔는데, 1830년대부터 영국의 해부학자 찰스 벨Charles Bell 경과 프랑스의 생리학자 프랑수아 마장디Françis Magendie의 연구에 따라 척수의 반사호가 한쪽 방향으로만 작용한다는 것이 정설로 받아들여졌던 것이다. 이를테면 무릎 아래 힘줄을 툭 치면 허벅지 근육이 수축하지만 반대로 허벅지를 자극함으로써 무릎 아래 힘줄이 반응하게 만들 수는 없었다.

카할과 반 게후흐텐이 미시적인 차원에서의 단방향적 기능에 관한 생각을 발전시키고 있던 무렵, 초기 심리학자 윌리엄 제임스는 신경은 물론 반사호를 형성하기 위해 신경이 지나가는 근육과 경로들의 총체적인 해부학 및 기능적 연구들로부터 도출된 결론들을 일반화하는 작업을 했다. 1890년 작《심리학의 원리》에서 그는 다음과 같이 표현했다.

> 모든 경로들은 단방향, 즉 '감각'세포에서 '운동' 세포로, 운동 세포에서 근육으로 향하며, 결코 역방향으로 작용하는 법이 없다. 예컨대 운동 세포는 직접 감각세포를 깨우지 못하며, 운동 세포가 일으킨 신체의 움직임에 의해 유입되는 전류를 통해서만 발화한다. 또한 감각세포는 언제나 운동 영역을 향해 발화하거나 일반적으로 그러한 경향성을 보인다. 이러한 방향을 '순방향'이라고 하자. 나는 이 같은 법칙을 가설이라고 칭하지만 사실 의심의 여지가 없는 명백한 진실이다.[22]

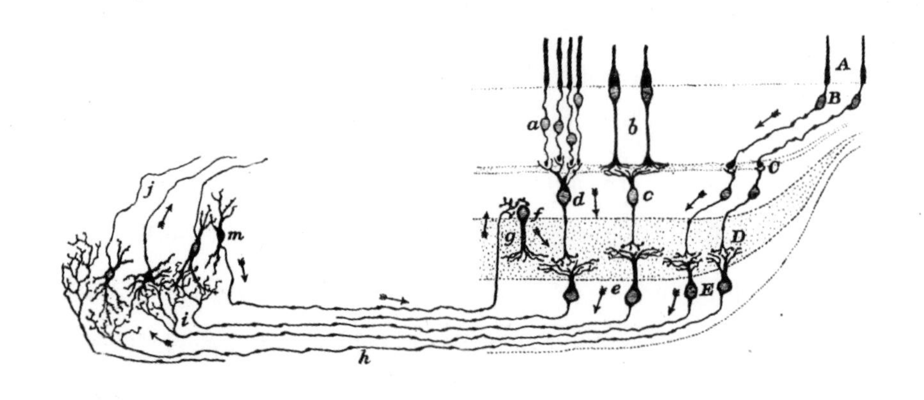


**그림 14** 망막을 묘사한 카할의 그림. A로 표기된 망막세포에서 빛이 탐지된다.

제임스는 자신의 의견을 강조하기 위해 다양한 유형의 세포 구조를 나타내는 그림 여러 장을 함께 제시했다. 그림에 표현된 세포들은 전부 서로 연결되어 마치 하나의 네트워크에 속해 있는 듯했으며, 카할이 1년 전 그랬던 것과 마찬가지로 가상의 신경 전류 방향을 표시하기 위해 화살표가 쓰였다.

신경계의 구조가 고도로 조직화되어 있다는 사실에도 불구하고 카할의 관점에서 전체 시스템의 작용 방식은 기계적으로 이루어지는 것과는 거리가 멀었다. 가지돌기가 복잡하게 가지를 뻗은 패턴은 감각 인상의 강도에 따라 얼마든지 대안적인 경로를 취할 수도 있음을 시사했다. 카할은 약한 자극성 흥분은 바로 신경망을 타고 전달되는 반면 조금 더 강한 흥분은 인접한 세포들의 가지를 통해 전파되어 결과적으로 "가까운 대측 가지들의 전 시스템이 영향을 받게 된다"고 주장했다.[23]

카할은 뉴런의 각기 다른 부위들이 하는 기능과 전신 시스템의 작용 방식 사이에 한눈에 보이는 유사성(수용 → 전달 → 분배)을 조명하기는 했지만 사실 뇌가 어떻게 작용하는지 설명하는 데 전신기는 적합한 모형이 아니라고 느꼈다.[24] 배아의 발달 연구를 통해 그는 신경계의 복잡성이 이를 구성하는 기본단위의 수뿐만 아니라 경험에 따라 지속적으로 변화하는 구성원들 사이의 연결성에서 비롯된다는 사실을 알게 되었다. 이에 카할은 경험이 "가지돌기와 부수적인 신경가지들의 시스템을 더욱 발달"시키는 결과를 낳는다고 주장했다. 이 같은 효과는 기존의 연결을 강화시키는 것뿐만 아니라 "세포 간의 완전히 새로운 연결을 만들어내는 데"도 적용되었다.[25] 카할의 주장에 따르면 학습은 세포 간의 연결성을 증가시킨다. 그는 벨기에의 과학자 장 드무어Jean Demoor가 대뇌 뉴런의 가소성이라고 칭했던 현상을 보여주기도 했다.[26] 카할은 바로 이 가소성으로 인해 뇌를 일종의 전신 시스템에 비유하여 바라볼 경우 이해의 폭이 매우 제한적일 수밖에 없다는 사실을 깨달았다.

> 사전에 설정된 연속적인 네트워크, 즉 전선들로 구성되어 그 어떤 점이나 선도 새롭게 생겨날 수 없는 형태의 연결망은 융통성 없고 결코 변하지 않는 불역의 존재로, 사고를 담당하는 기관이 무엇보다도 발달 과정에서 적절한 정신적 훈련을 거친다면 일정한 한도 내에서 얼마든지 가변적이며 개량될 수 있는 잠재력을 품고 있다는 일반적인 상식과 충돌을 일으킨다.

하지만 그 이상의 정교한 기술적 비유를 제시하지 못한 카할은 한발 물러나 뇌를 묘사하는 데 다른 생명체를 활용했다.

> 얼토당토않은 비교일지 모른다는 위험을 무릅쓰고 나는 대뇌피질이 마치 추체세포pyramidal cell라는 무수히 많은 나무들이 빽빽이 들어선 정원과 같으며, 이 나무들은 정성스럽게 가꾸는 과정을 통해 더욱 많은 가지를 뻗고

깊이 뿌리내리고 그 어느 때보다도 다양하고 아름다운 꽃과 열매를 맺게 할 수 있다는 말로써 이 같은 생각을 지지하고자 한다.[27]

다른 사상가들은 뇌가 어떤 일을 하는지 설명하기 위해 보다 현대적인 기술에 빗대어 표현하는 일도 서슴지 않았다. 프랑스의 해부학자 마티아스 뒤발Matthias Duval은 카할의 1894년 작 《신경계 구조에 관한 새로운 관념Les Nouvelles idées sur la structure du système nerveux》에 헌사한 서문에서 신경세포의 독립성은 신경계와 그 안에 담긴 기능들이 고정적인 것이 아닌 가변적인 것임을 시사한다고 설명했다.

> 신경 전류가 전달되는 과정에서 전도 및 연합을 위한 신경 경로들은 어쩌면 무한 개의 스위치를 가지고 있어서 우리가 훈련을 함에 따라 학습한 기술에 걸맞게 일부 특정한 경로들을 통한 전달이 점차 두드러지게 되는 양상을 보이는 듯하다.[28]

뒤발이 제안한 개념은 조직 구조가 일종의 스위치처럼 기능함으로써 해부학적으로 뻣뻣한 구조마저도 경험하는 바에 따라 신경충동별로 다른 경로를 선택하고 그 외의 불필요한 경로들은 스위치를 내려버리는 등 기능적으로 유연하게 반응하게 만들 수 있다는 것이었다. 스위치라는 단어가 30년 이상 줄곧 전기와 관련된 의미로 쓰이기는 했지만 어쨌든 이것이 내가 알기로 신경계 조직이 스위치를 수반한다고 주장한 최초의 기록이다.

그로부터 2년 뒤, 프랑스의 철학자 앙리 베르그송은 자신의 저서 《물질과 기억》에서 뇌의 역할을 설명하는 데 이와 유사한 현대적 비유법을 활용했다. 얄궂은 점은 이러한 비유를 쓴 주목적이 뇌의 중요성을 깎아내리기 위함이었다는 사실이다. 베르그송은 마음의 본질에 대해 이상주의적인 입장이었으며, 생각과 뇌 활동이 동일한 것이라는 발상을 받아들이지 않았다. 하지만 뇌의 기능과 당대 가장 발전된 형태의 기술 사이의 잠재적 유사성에 관한 그의 통찰은 의외로 많은 것을 암시했다. 베르그송의 말을 빌리자면 다음과 같다.

> 뇌는 일종의 중앙 전화교환 시설에 불과하다. 뇌가 맡은 임무란 그저 소통을 허용하거나 지연시키는 것으로써 (…) 말초로부터 들어온 자극이 더는 사전에 규정된 바가 아닌 선택에 따라 이쪽 또는 저쪽의 운동 기제와 접촉할 수 있는 중심 시설을 마련해준다.[29]

베르그송이 이 같은 비유를 사용했던 때는 전화교환 시설이 이미 20여 년간 운용되고 있던 무렵이었다. 운용 방식은 이랬다. 먼저 발신자가 수화기를 들면 교환국에 발신자의 번호를 나타내는 구멍에 불이 들어온다. 그러면 교환수가 수동으로 그 구멍에 케이블을 연결하고 발신자에게 통화하고자 하는 번호를 물은 다음, 케이블의 반대편을 원하는 수신자에 해당하는 구멍에 꽂는다. 이때 교환 영역 내에 속하는 지역일 경우에는 정확한 장소에 연결했으며, 타지일 경우에는 원격 교환국에 해당하는 구멍에 꽂아 앞의 전 과정을 다시 반복했다.

전화교환과 뇌의 유사성은 대중을 대상으로 한 과학 포럼으로 영국에서 가장 명성이 높았던 왕립연구소의 크리스마스 강연을 통해 널리 알려졌다. 제1차 세계대전이 한창이던 1916년부터 1917년 사이, 생리학자이자 외과의였던 아서 키스Arthur Keith 교수는 '인체의 엔진'이라는 주제로 잇달아 강연을 했다. 당시 청중의 대다수는 어린이들이었으므로 키스의 설명은 꽤나 단순했다. 신경계에 대한 강의에서 그는 뇌를 구성하는 세포들과 전화교환국의 인간 교환수들이 모두 '릴레이 유닛relay unit'• 으로서 유사성을 지닌다고 지적했다.[30] 키스는 간지럼을 타는 것부터 눈에 들어간 먼지를 제거하기 위해 눈물을 흘리는 일련의 반응에 이르기까지 의식적인 통제를 받지 않는 반사작용이나 반응에 초점을 맞추어 둘 사이의 비교를 확장해나갔다. 그러나 수의적 행동에 얽힌 수수께끼에 관해서는 신발 안에 날카로운 돌멩이가 들어가 통증을 느끼는 상황을 예로 들어 어떻게든 풀어보고자 했음에도 사실상 아무것도 제대로 설명하지 못했다. 통증 신호가 어떻게 뇌에 도달하게 되는지 묘사한 그는 다음과 같이 주장을 이어갔다.

> 고통을 완화하기 위해서는 피질의 '구동 세포driver cell'가 작동해야 한다. (…) 이 세포는 국지적인 교환을 담당하는 구동 유닛들을 통제하고 그 활동들을 취합하여 근육 엔진들이 피질의 교환 시스템 내의 작용에 의해 정해진 움직임을 수행하게 해준다.[31]

그렇지만 여기에는 구동 세포들이 어떻게 통증이라는 감각을 감소시킬 방법을 아는지, 어떻게 여러 가지 다른 대안적 활동 패턴 중에서 하필 해당 결과를 택한 것인지, 또 세포들이 어떻게 그러한 통증 감소 활동을 멈추어야 할 때를 아는지 등에 대해서는 아무런 설명도 없다. 나아가 뇌가 적절한 목적지로 메시지를 보낸다는 발상 자체는 설득력이 있었으나 이를 곧이곧대로 해석하면 세포들이 각각 단 한 개의 세포하고만 연결되어 있으며 신경전달이 선형적으로 이루어진다는 것을 의미했다. 그리고 신경해부학은 이러한 생각이 얼마나 순진해빠진 발상인지 보여주었다.

키스가 확장시킨 비유법은 기계 장비와의 비교를 통해 수송기, 들어오고 나가는 메시지, 릴레이 유닛 혹은 스위치 등 신경계의 각 구성 요소들

• 전류의 변화를 다음 회로로 중계하는 역할을 하는 개별적인 스위치.

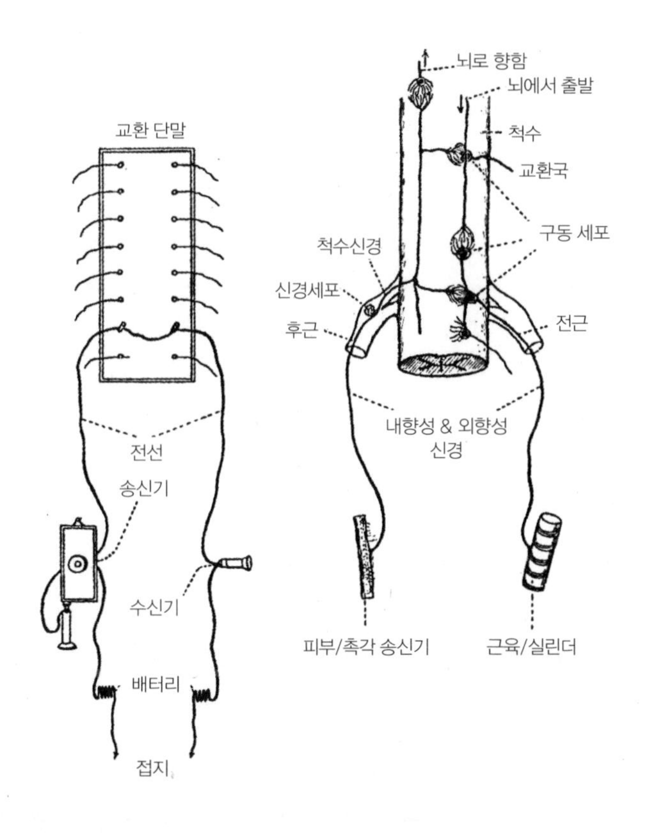


**그림 15** 전화교환(왼쪽)과 척수(오른쪽)를 비교한 키스의 그림.

의 기능을 규명했다는 것만으로도 의의가 있다. 이 같은 과학의 대중적인 소통 방식은 해부학적 지식이 쌓이고 당대의 기계 기술이 복잡해짐에 따라 뇌 기능에 대한 관점이 어떻게 변화했는지를 잘 보여주는 사례다.

기계에 의존한 비유법을 전혀 사용하지 않았음에도 1899년에 카할은 과감하게 인간의 뇌 세포들이 이루는 형언할 수 없을 만큼 복잡한 네트워크가 어떻게 자각이라는 능력을 만들어내는지 설명을 시도했다.

신경충동은 신경가지들 내의 화학적 변화를 일으키는데, 이는 곧 다른 뉴런의 가지돌기에 물리화학적 자극으로 작용함으로써 이후 이어지는 뉴런에 새로운 전류의 흐름을 만들어낸다. 의식 상태란 바로 신경 말단에서 비롯된 뉴런 내의 이러한 화학적 변화와 밀접하게 연관되어 있을 것이다.[32]

이러한 주장은 오늘날 대체로 옳은 것으로 받아들여지기는 하지만 사실 카할에게는 과학적인 설명이라기보다 일종의 신앙에 가까웠다. 정확한 기제도, 화학적 변화가 어떻게 의식을 만들어내는지 설명을 보조할 비유도 제안하지 못했던 것이다. 터놓고 말해 한 세기 이상이 흐른 뒤에도 우리는 여기서 그다지 진전을 이루지 못했다.

### 뇌 속의 특별한 연결, 시냅스

20세기 초반, 신경계가 어떻게 작용하는지 연구하던 과학자들은 중대한 문제에 봉착했다. 카할을 비롯한 연구자들이 뉴런이 독립적인 구조물임을 밝혔고, 마치 전화 메시지가 전선을 타고 전달되듯 어떤 종류의 전하가 뉴런을 타고 가지돌기부터 축삭까지 전달된다는 사실도 알려졌다. 하지만 그 다음에 어떤 일이 벌어지는지는 비교적 불명확했다. 만약 골지 및 다른 연구자들이 제안했던 바와 같이 뉴런이 모두 어떤 거대한 신경망의 일부라면 앞서 말한 전하도 단순히 이 망 내에서 흐른다고 볼 수 있었을 것이다. 하지만 대부분 동물들의 신경은 이런 식으로 조직되어 있지 않았다. 방법은 알 수 없으나 신경충동은 세포들이 각각 분리되어 있는데도 하나의 세포에서 또 다른 세포로 전달되었다. 카할은 이를 설명하기 위한 최고의 비유를 기계에서 찾을 수 있다고 생각했고, "전류는 전선 두 줄을 이을 때와 마찬가지로 **접근**contiguity 또는 **접촉**contact하는 방식을 통해 세포에서 세포로 전달되는 것"이라는 견해를 피력했다.[33] 그러나 그의 이러한 주장은 가설에 불과했으며, 실질적으로는 단순 추측에 지나지 않았다. 뛰어난 기술을 갖추었음에도 불구하고 카할은 두 개의 뉴런이 만났을 때 어떤 일이 벌어지는지, 전류는 또 어떻게 전달되는지에 관해 아무것도 증명하지 못했다.

때로는 문제를 완전히 이해하기 위해서는 먼저 문제에 이름을 붙여야 한다. 이 경우에는 두 뉴런이 만나는 장소에 이름을 붙이면서 신경충동의 전달 방법을 이해하는 문제를 해결할 수 있는 돌파구가 마련되었다. 1897년, 셰링턴은 케임브리지대학교의 생리학 교수였던 마이클 포스터Michael Foster가 기획한 《생리학 편람Handbook of Physiology》 개정판의 한 부분을 맡아서 써달라는 청을 받았다. 여기에서 셰링턴은 두 세포가 상호작용하는 방식을 묘사하기 위한 새로운 용어를 소개했다.

> 지금까지 밝혀진 바에 따라 우리는 세포의 잔가지 끝이 다른 세포와 연속적으로 이어져 있는 것이 아니라 이로부터 영향을 받는 세포의 가지돌기나 세포체의 어떤 물질과 단순히 접촉하고 있을 뿐이라고 생각하게 되었다. 이렇듯 신경세포 간의 특별한 연결을 시냅시스라고 부를 수 있다.[34]

'시냅시스'라는 단어는 그리스어로 '움켜쥐다clasp'라는 뜻인데, 전류를 보내는 세포의 축삭 가지가 뒤에 이어지는 세포의 가지돌기를 꽉 움켜쥐고 있는 것처럼 보였기 때문이다. 그로부터 2년이 지나자 당시 세포생물학에서 이미 쓰이고 있던 시냅시스는 오늘날 우리가 사용하는 용어인 시냅스가 되었다.

셰링턴은 그저 이 신경해부학적 공간에 이름을 붙이는 데서 멈추지 않았다. 단순히 두 세포 사이에 존재하는 수동적인 틈이 아니라 이를 통해 세포에서 세포로 전달되는 신경충동의 성질에 실제로 변형을 가할 수도 있다는 가설을 세웠던 것이다.

> 각 시냅시스가 신경충동의 성질을 변화시키는 기회를 제공하며, 축삭의 말단 가지에서 다른 세포의 가지돌기로 전달되는 과정을 거치면서 다음 세포의 가지돌기에서는 기존과 다른 성질을 띤 신경충동이 시작된다고 추측할 만한 것으로 사료된다.[35]

1906년에 셰링턴은 《신경계의 통합적 작용The Integrative Action of the Nervous System》에서 새로운 신경해부학적 지식을 신경의 기능에 관해 기존에 알려져 있던 사실들과 연결 지으려고 시도하며 시냅스에 대한 자신의 생각들을 전개해나갔다. 셰링턴은 신경세포들이 "자체에서 생성된 흥분 상태(신경충동)를 공간적으로 전달(전도)하는 특별한 힘"을 지니고 있으며 신경계가 이 신경충동들을 통합함으로써 적절한 행동을 낳게 된다고 보았다.[36] 이러한 통합은 "물리화학적인 동요의 물결이 전해지는 경로를 따라 줄지어 있는 정적인 세포들을 통해 이루어짐과 동시에 멀리 떨어진 기관들에 해제력releasing force으로 작용했다." 여기서 말하는 동요가 지닌 정확한 성질은 지금까지도 명확히 알려지지 않았지만 물리화학적인 지식과 전신기 비유를 섞어 신경계가 어떤 일을 하는지 묘사한 셰링턴의 설명은 19세기 관점에서 얼마나 많은 변화가 있었는지 잘 보여주었다. 나아가 셰링턴은 시냅스를 "분리가 이루어지는 표면"으로 묘사하며 이러한 표면들에서 취하는 움직임이 신경충동이 이들을 가로질러 이동할 때 어떤 일이 벌어지는가에 관한 비밀을 품고 있을지 모른다는 가정 하에 축삭과 가지돌기의 표면이라는, 그때까지 존재조차 알지 못했던 미세한 공간에 초점을 맞추었다.

그는 우선 "다수의 가지(가지돌기)들이 수렴되고 하나의 지점에서 만나 외부로 향하는 단일한 줄기(축삭)로 합쳐지는 형태의 전도성 구성 단위"

로 묘사한 뉴런의 물리적인 구조에서부터 출발했는데, "이러한 나무 형태의 구조를 통해 신경충동은 물이 나무 내부에서 흐르듯 뿌리에서 줄기로 흐른다"고 주장했다.[37] 비유가 다소 구닥다리처럼 보일지 몰라도 신경 작용을 물의 흐름으로써 본다는 발상은 과거는 물론 지금까지도 여전히 전기의 움직임을 전류, 즉 하나의 흐름으로 묘사하는 것과 완전히 동일한 방식이다. 하지만 시냅스에 있어서만큼은 물에 빗댄 비유가 성립하지 않았는데, 무엇인가가 그 틈을 넘어야만 말이 되었기 때문이다. 셰링턴은 시냅스 양 끝에서 신경충동에 어떤 일이 발생하는지 보여주는 연구 데이터들을 살펴본 결과, 깔때기처럼 한 곳으로 모이는 현상이 있다는 사실을 알아차렸고, 이는 시냅스가 마치 도미노처럼 연쇄적으로 작용할 가능성을 시사했다.

> 각각의 시냅스에서는 전달 과정에서 자유로워진 소량의 에너지가 새로운 에너지의 축적을 일으키는 해제력으로 작용하는데, 이는 신경섬유에서처럼 순수하고 단순하게 일련의 균등한 전도성 물질을 따라서가 아니라 높거나 낮거나 항상 어느 정도 수준으로 존재하는 장벽을 뛰어넘음으로써 이루어진다.

바로 이 장벽이 시냅스로서, 셰링턴의 표현에 따르면 '일련의 전도체'로 이루어진 뉴런에 '저항'을 만들어주는 존재였다. 그에 따른 결과가 바로 셰링턴이 '반사회로에 밸브가 있는 상태'라고 칭한 현상이었다. 반사가 반드시 한쪽 방향으로만 작용하는 것 말이다.

카할이 말한 뉴런의 동적 분극화는 뉴런에서의 이러한 단방향성 활동을 가리키는 용어였다. 이를 시냅스 표면에서의 활동과 결합시키면 마치 반사회로에 밸브가 달린 것처럼 움직이게 되는 것이다(밸브와 회로에 빗대어 생각하는 것 또한 수도 공급 설비에서 착안했다). 셰링턴은 뉴런 간의 분리가 이루어지는 표면에서 이렇듯 밸브처럼 작동하는 현상을 설명해줄 근거는 "어쩌면 시냅스의 막이 어느 한쪽으로 특히 높은 투과성을 보이는 데 있을 수 있다"는 의견을 내놓았는데, 당시 염분이 내장기관의 벽을 넘어 이동하는 것과 관련하여 이와 유사한 사실이 막 발견되었다.[38] 시냅스 기능의 비밀을 풀 열쇠는 신호를 주고받는 두 세포의 세포막 구조에 있는 듯했다. 그러나 상충된 관점을 내세우던 연구자들이 끈질기게 맞붙으면서 시냅스에서 정확히 어떤 일이 벌어지는지 이해하기까지는 치열한 연구가 수십 년 더 지속되어야 했으며, 이때의 다툼은 20세기 과학계에서 가장 길게 이어졌던 논쟁 중 하나로서 일명 '수프 파와 스파크 파의 전쟁'•으로 불리게 되었다.[39]

*

1877년, 뒤부아 레몽은 신경 흥분이 어떻게 근수축을 유발하는지 이해하고자 했다. 그는 두 가지 대안적인 설명을 내놓았는데, 이는 이후 70년이 넘는 시간 동안 이와 관련된 생각을 전개하는 데 지배적인 개념으로 자리 잡았다.

> 나의 사견으로는 흥분을 전달하는 것으로 알려진 모든 자연적 과정 중에서 오직 두 가지만이 진지하게 논할 가치가 있다. 하나는 수축성 물질의 가장자리에 얇은 암모니아층이나 젖산, 혹은 다른 어떤 강력한 자극성 물질이 존재할 가능성이며, 다른 하나는 그 자체가 본질적으로 전기적인 현상

• 신경전달이 화학물질에 의해 이루어진다고 주장했던 학파와 전기적 스파크에 의해 이루어진다고 주장했던 학파 간의 싸움.

일 가능성이다.[40]

다시 말해 신경세포가 화학적 작용을 통해 근육에 영향을 주었거나 전기가 신경에서 근육으로 이동함으로써 직접적으로 수축을 유발했다는 것이다.

19세기 말까지는 많은 연구자의 관심을 받았던 척수의 반사호를 비롯하여 신경의 역할에 관한 대부분의 연구는 운동 통제 작용에 바탕을 두고 있었다. 그런데 신경계에는 심박을 통제하며 신경계에 억제 기능이 존재함을 증명해냈던 미주신경처럼 신체의 움직임에 관여하지 않는 신경들도 있다. 이들을 일컬어 자율신경계라고 하는데, 이 용어는 셰링턴과 마찬가지로 포스터의 제자였던 케임브리지의 생리학자 존 랭리John Langley가 처음으로 사용했다.[41]

20세기에 접어들 무렵, 랭리는 내장(침샘, 위, 췌장, 간, 방광, 소장과 대장, 음경 등)의 자율적인 통제를 연구하기 시작했다. 쿠라레•• 따위의 약물이 자율신경 기능에 변화를 가하거나 완전히 멎게 할 수도 있다는 사실은 오래전부터 알려져 있었는데, 19세기 말에 이르러서는 자율신경이 근육과 접촉하는 지점인 신경근 접합부에 작용한다는 것이 밝혀졌다. 랭리는 특히 신장 바로 상단의 생명 유지에 필수적이라고 알려진 작은 분비선에서 추출한 아드레날린(신장 부근, 즉 부신이라는 의미의 아드레날adrenal에서 유래)이라는 물질의 효과를 연구했다. 그리고 아드레날린이 소장과 대장 및 방광의 활동을 억제하고 동공을 확장시키며 혈압을 상승시키는 등 기본적으로 자율신경계가 활성화되었을 때와 동일한 효과를 낸다는 사실을 발견했다. 그

•• 주로 남아메리카에서 화살에 묻혀 사용하던 식물성 독으로 독성이 강하며 외과수술 시 근육 이완제로 쓴다.

로부터 몇 년 뒤 랭리의 동료였던 토머스 엘리엇Thomas Elliott은 "아드레날린이란 신경충동이 말초에 도달할 때마다 작용하는 화학적 자극제일 가능성이 있다"고 결론지었다.[42] 하지만 엘리엇은 아드레날린이 신경 자체에서 만들어지는 것이 아니라 신경충동에 의해 내장기관에서 분비되는 것이라고 여겼다. 사실관계에 엄격하고 추측성 주장에는 적대적인 성향이었던 랭리는 1921년에 아드레날린이 시냅스에 작용한다는 개념을 두고 "그러려면 신경 말단에서 해당 물질이 분비되어야 한다"며 이는 불가능한 일이라고 일축했다.[43]

신경에서 실제로 이 같은 물질들이 분비된다는 것을 깨달은 핵심 인물 중 한 명은 또 다른 영국인 과학자 헨리 데일Henry Dale이었다. 데일은 제1차 세계대전이 일어나기 이전까지 맥각균에서 아드레날린 및 자율신경계 자극제와 같은 효과를 낼 수 있는 물질들을 비롯하여 여러 가지 물질을 추출해 이들이 생리적으로 미치는 영향을 연구했다. 초기 연구 결과 중에는 니코틴 같은 물질이 자율신경계의 신경 기능을 변화시킬 수 있다는 사실도 있었다. 데일은 맥각균의 추출물 중 하나인 아세틸콜린이 사실상 심장을 멈추게 한다는 것을 발견했다(처음 고양이에게 투여했을 때 심박이 느껴지지 않자 이 물질로 인해 고양이가 죽어버렸다고 생각했다).[44] 처음에 그는 아세틸콜린이 그저 강력한 약물일 뿐이라고 여겼고, 아세틸콜린은 물론 어떤 유사한 물질도 체내에 존재한다는 증거를 찾을 수 없었다.[45] 다양한 합성 물질들이 자율신경계의 활동을 모사하거나 저지할 수 있음을 가리키는 증거들이 서서히 쌓여갔지만 데일은 변함없이 증거가 부족하다는 이유로 이러한 물질들이 일반적으로 체내에 존재한다고 말하기를 피했다.

그러다 1920년, 독일의 생리학자 오토 뢰비Otto Loewi가 신경이 근육을 자극하는 과정에서 화학물질이 방출될 가능성을 두고 오래전 엘리엇과 논의했던 발상을 중심으로 한 꿈을 꾸면서 문제 해결의 돌파구가 마련되었다. 40년이 지난 뒤 뢰비가 들려준 그날 밤의 이야기는 이러했다.

> 그해 부활절 전날 밤 나는 깨어나 불을 켜고 얇은 종이 조각에 몇 가지 내용들을 휘갈겨 썼다. 그리고 다시 잠이 들었다. 아침 6시가 되었을 때 간밤에 뭔가 굉장히 중요한 것을 적어두었다는 사실이 떠올랐지만 너무 괴발개발 쓴 나머지 도저히 해독할 수가 없었다. 다음 날 밤, 새벽 3시가 되자 그때의 아이디어가 다시 생각났다. 내가 17년 전 언급했던 화학적 전달 가설이 옳은지 그른지 밝혀낼 실험 설계에 관한 생각이었다. 나는 즉시 일어나 실험실로 가서 한밤중에 생각해낸 설계를 따라 개구리 심장을 가지고 간단한 실험을 진행했다.[46]

이야기를 할 때마다 세부적인 내용들이 조금씩 바뀌기는 했지만 이 이야기의 정확한 사실이 무엇이건 간에 그날 밤에 행했던 실험은 성공이었다.[47] 적어도 그는 그렇게 주장했다. 그는 개구리 두 마리의 심장을 가지고 실험했는데, 먼저 그중 한 마리의 미주신경을 자극함으로써 활동을 억제한 뒤 앞서 주입했던 식염수 일부를 그러모아 또 다른 개구리의 심장에 주입하자 두 번째 개구리의 심장 활동이 점차 느려졌다. 이를 두고 뢰비는 미주신경에서 분비된 물질이 심장의 움직임을 억제한다는 사실을 밝혔다고 자신만만하게 결론지었지만 대다수의 과학자들은 그의 결과를 받아들이지 않았다. 그의 연구 결과를 반복 검증하는 데 실패했거나 혹은 단순히 그의 논문에 함께 실린 다소 모호한 그림이 납득이 가지 않는다는 이유 때문이었다.[48] 뢰비는 고작 몇 년 사이에 해당 주제로 무려 17편의 논문을 펴내며 증거들을 쌓았지만 여전히 많은 연구자가 반복 검증 문제로 미심쩍은 시선을 거두지 않았다. 지금은 이러한 어려움이 발생했던 데는 뢰비가 이례적으로 운이 좋았던 탓도 있음을 알 수 있는데, 사실 그가 연구했던 아세틸콜린이라는 물질은 매우 쉽게 손상될 수 있지만 뢰비의 첫 번째 실험에서 사용했던 개구리처럼 양서류가 아직 겨울잠을 자는 상태에서는 잘 변질되지 않기 때문이다.[49] 따라서 여름에 그의 연구를 반복 검증하려고 했던 연구자들은 대체로 실패했다.

1930년대 초에는 실험 도구들이 개선되고 아세틸콜린이 자연적으로 발생하는 효소에 의해 분해될 수 있다는 사실을 이해하게 되면서 뢰비가 발견한 효과가 진짜라는 믿음이 커졌다. 놀라운 점은 뢰비조차 아세틸콜린이 보다 일반적인 현상을 대표하는 사례라고는 생각지 않았다는 것이다. 대부분의 과학자들과 마찬가지로 그 또한 운동에 관여하는 시냅스들이 화학적 전달에 의해 작용할 수 있다는 생각을 하지 않았다.

그 무렵 헨리 데일은 시냅스에서 정확이 무슨 일이 벌어지는가에 대한 문제로 주의를 돌렸다. 나치가 권력을 쥐고 얼마 지나지 않아 독일을 떠난 유대인 과학자 윌리엄 펠드버그William Feldberg가 실험실을 방문하면서 그의 연구도 곧 탄력을 받았다. 펠드버그는 일부 특수한 종의 거머리를 대상으로 신경에서 추출한 물질들이 특정한 근육을 거치지 않도록 절개하여 제거하는 방식을 사용함으로써 극미량의 아세틸콜린도 감지할 수 있는 복잡한 기술을 전수했다. 이때 근육에 부착된 계측기를 통해 얼마만큼의 수축이 일어났는지를 수치로 알 수 있었다. 실험이 상당히 복잡했음에도 불구하고 데일의 연구실에 도착한지 3년 안에 펠드버그는 미주신경의 모든 가지들을 비롯하여 매우 다양한 자율신경들이 아세틸콜린을 분비한다는 사실을 증명하는 논문을 25편이나 발표했다. 그가 활용한 기법은 충분히 정교해서 해당 물질이 자율신경계의 시냅스로 분비된다는 사실과 더불어, 펠드버그와 데일도 정확한 기능을 입증할 수는 없었지만 수의적 움직임에 관여하는 신경의 시냅스에도 같은 물질이 존재한다는 것을 보여주었다. 노벨상 위원회가 평소와 다르게 활발하게 움직인 결과, 1936년도 노벨상은 신경호르몬성 전달이라는 현상을 실질적으로 입증한 뢰비와 데일에게 주어졌다. 뢰비는 증명을 위한 실험을 꿈에서 생각해냈으며, 데일은 비록 상은 받지 못했지만 핵심적인 도움을 주었던 펠드버그 덕분에 가설이 사실임을 증명했다.

시냅스 전달이 전기적으로 이루어진다고 주장했던 이들(스파크 파)과 화학적 효과를 지지했던 이들(수프 파) 사이의 의견 충돌은 60년 전 뒤부아 레몽이 처음으로 두 가지 가능성을 조명한 이래 계속해서 시끄럽게 이어지고 있었다. 이제 논쟁은 더욱 뜨겁게 달아올랐다. 시냅스 활동에 있어서 스파크 가설을 가장 열정적으로 밀어붙였던 연구자는 아마도 셰링턴의 제자였던 다소 독선적인 오스트레일리아의 생리학자 존 에클스John 'Jack' Eccles일 것이다. 에클스는 중추신경계에 속한 모든 시냅스가 전기적으로 작용한다고 믿었지만 데일을 비롯한 다른 연구자들이 제시하는 반대 증거들이 늘어나면서 점차 시냅스의 화학작용이 신경전달에서 작은 역할을 수행할 수도 있겠다고 받아들였다.

스파크 파의 관점에 이러한 굴절이 발생했음에도 상황은 전혀 나아지지 않았고 해당 문제를 둘러싼 논쟁은 이따금씩 통제가 불가능할 정도로 심화되었는데, 1935년에는 훗날 노벨상을 수상한 버나드 카츠Bernard Katz가 처음으로 케임브리지의 생리학회에 참석했다가 에클스와 데일이 거의 치고받고 싸우는 듯한 모습을 보고 충격을 받기도 했다(에클스도 이를 두고 "매우 긴장감이 감도는 만남"이었다고 묘사했다).[50] 그렇지만 이 같은 다툼에서 비롯된 악감정은 오래가지 않았으며, 에클스와 데일의 논쟁이 외부인들의 눈에 아무리 과격하게 보였을지라도 둘은 사적으로 좋은 관계를 유지했다.

에클스는 1950년대 초, 그가 틀렸음을 증명하는 실험 결과가 마침내 그의 연구실에서도 나오게 될 때까지 수프 가설에 대한 격한 반대를 이어갔다. 1947년에는 현재 렌쇼 세포Renshaw cell라고 이름 붙여진 시냅스 주변의 작은 세포가 시냅스 후 뉴런의 극성을 바꾸어 전기신호 전달에 효과적으로 대응하게 해준다며 전기적 관점에서 억제를 설명하는 이론을 내놓았다. (뢰비와 마찬가지로 에클스도 꿈에서 이러한 발상을 떠올렸다고 한다.)[51] 하지만 4년도 채 지나지 않아 어떤 잔인한 사실에 의해 에클스의 꿈은 증발하고 산산이 부서지고 말았다. 렌쇼 세포가 실제로 시냅스 후 뉴런에 영향을 주기는 하지만 에클스의 예측과는 정반대의 방향으로 작용했으며, 따라서 억제를 설명할 수도 없다는 사실이 밝혀진 것이다. 이때의 실험 결과를 보고하면서 1952년에 에클스와 동료들은 "따라서 억제성 시냅스 활동은 억제성 시냅스 마디에서 방출된 특수한 전달 물질이 중개하여 이루어지는 것이라고 결론지을 수 있다"고 썼으며, 한 걸음 더 나아가 "흥분성 시냅스 활동 또한 화학 전달 물질에 의해 중개"될 가능성이 있음을 수용했다.[52]

이렇듯 수프 파의 승리가 확실시되었고, 결과적으로 신경전달물질이라는 이름으로 알려진 물질이 신경이 기능하도록 하는 데 중요한 역할을 한다는 사실이 차츰 정설로 받아들여졌다. 하지만 이처럼 명쾌하게 학계의 판도를 뒤바꾼 연구들이 뇌가 어떻게 작용하는지를 이해하는 문제에 즉각적으로 미친 영향력은 미미했는데, 연구자 대부분이 자율신경계 및 내장근육들의 상대적으로 느린 움직임에 치중했다는 단순한 이유 탓이었다. 많은 연구자가 중추신경계의 중심이 되는 조금 더 빠른 움직임은 시냅스에서 어떠한 화학적인 자극도 일어날 수 없게 만들 것이라고 여겼고, 겨우 소수만이 뇌에서도 신경전달물질이 기능할지 모른다는 점을 염두에 두었다. 1920년대 중반에는 셰링턴 및 여러 연구자들이 뇌에서의 억제가 자율신경계와 유사한 화학적 기반에서 비롯되었을 가능성을 받아들였지만 이 같은 가설을 검증하기란 기술적으로 매우 어려웠다. 뇌에서 신경을 따로 떼어내어 다른 요인들이 활동에 영향을 미치지 못하게 만들어야 했기 때문이다. 수십 년 동안 이러한 어려움은 넘을 수 없는 문제로 남아 있었다.

시냅스 전달의 발견은 신경들이 어떻게 기능하는지에 대한 이해도를 높였을 뿐 아니라 뇌의 작용 방식을 이해하기 위해 당시 지배적으로 사용되던 비유법의 중대한 문제를 조명했다. 19세기에는 신경의 전기적 활동이 발견되고 전보 시스템과 이어서 전화의 발명에 빗대어지면서 뇌의 기능을 개념화하기 위한 구조적 틀이 마련되었다. 그러나 1930년대에 이르러서는 이 같은 비유법이 제아무리 매력적으로 느껴질지라도 일단 가장 기본적인 수준에서부터 정확하지가 않다는 사실이 명백해졌다. 신경계가 무수히 많은 스위치들로 구성되어 있을지는 모르나 이러한 스위치는 일반적인 전기 설비에서 쓰이는 것들과는 다른 방식으로 작동했다. 생물학적 발견이 기존의 지배적인 기계에 대한 비유를 앞지르기 시작했으며, 이로써 키스 교수가 왕립연구소에서 어린 청중들에게 얼마나 설득력 있게 이야기했건 간에 뇌는 전화교환국이 아니라는 사실이 밝혀졌다. 뇌가 무엇을 어떻게 하는지 이해하기 위해서는 다른 비유법이 필요했다.

# 8

# 기계

1900년대에서 1930년대까지

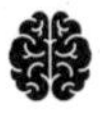

1922년 10월, 단 한 단어로 세상을 뒤바꿀 연극이 뉴욕에서 막을 올렸다. 체코의 극작가 카렐 차페크Karel Čapek가 쓴 〈R.U.R〉이라는 제목의 작품은 18개월 앞서 체코슬로바키아에서 첫 공연을 마쳤고, 1923년에 런던에서 개막할 무렵에는 30개국의 언어로 번역되었다. 이 연극이 전 지구적인 영향력을 떨친 이유는 제목에서 쓰인 '로섬의 유니버설 로봇'이라는 표현 때문이었는데, 이것이 바로 현재 전 세계적으로 통용되는 '로봇'의 어원으로서, 고대 체코어로 예속servitude을 뜻하는 단어에서 차용된 것이었다. 연극에서는 사회가 로섬이라는 과학자가 개발한 유순한 로봇들의 노동에 의존한다. 그러다 로봇에게 인간성이라는 요소가 주어지자 로봇은 자신의 주인들을 죽여버린다. 하지만 다소 기괴하게 기계화된 육체로 이루어져 있던 (그러니까 엄밀히 말하면 사이보그다) 로봇들은 생식이 불가능했다. 대망의 마지막 장에서 두 대의 로봇은 결국 불임을 극복해낸다. 그들이 바로 새로운 아담과 이브다.

《프랑켄슈타인》을 약간 손보고 자동화에 대한 공포감을 섞고 20세기 자본주의를 향한 풍자를 가미함으로써 〈R.U.R〉은 언젠가는 기계가 인간의 능력을 흉내 내게 될지 모른다는, 당시 세계적으로 커져가던 흥미와 불안을 잘 표현했다. 차페크가 만들어낸 새로운 단어가 모든 주요 언어들로 매우 빠르게 퍼졌다는 사실은 세계적으로 해당 개념을 묘사할 어휘가 부재했음을 여실히 보여준다. 다들 로봇이라는 존재에 대해서는 알고 있었지만 단지 그것을 표현할 단어가 없었던 것이다. 로봇이라는 단어와 개념은 마치 들불처럼 번졌다. 1927년에는 역사상 가장 위대한 영화 중 하나인 프리츠 랑Fritz Lang 감독의 〈메트로폴리스〉에서 노동자들의 반란을 이끌던 여성 지도자의 신임을 떨어뜨리기 위해 제작되었다며 로봇을 출연시키기도 했다. 미래의 가정을 특집으로 다룬 잡지에는 가사도우미 로봇에 대한 환상이 등장했다.[1] SF 작가들은 천국과 지옥 모두를 내다보며 이 새로운 개념을 다양하게 사용하기 시작했다. 18세기, 인간이 기계라던 라 메트리의 충격적인 주장은 이제 완전히 뒤집혀 20세기에는 마치 기계가 인간이 될 것처럼 여기게 되었다.

독립적인 오토마타를 만든다는 발상은 적어도 고대 그리스 시대부터 문화 속 깊숙이 자리하고 있었지만 인간과 기계의 연결고리에 대한 관심이 커진 것은 20세기 초부터였다.[2] 포드사의 생산 라인이 발달하고 이를 사용하는 업체들이 반복 행동 묶음 몇 가지만으로 공장을 돌릴 수 있게 됨에 따라 제조업에서 자동화되는 부분이 늘어나면서 공장 노동자들은 그들이 관리하는 기계의 일부가 되어가는 듯했다. 1914년, 전쟁이 발발하고 사람을 죽이는 기술도 덩달아 발달하자 흥미는 곧 공포로 변해버렸다. 이러한 변화를 한눈에 볼 수 있는 작품이 하나 있다. 영국의 조각가 제이컵 엡스타인Jacob Epstein이 1913년에 제작한 위풍당당한 작품으로, 선이 날카롭고 얼굴이 부리처럼 생긴 인간의 형상을 띤 존재가 공업용 착암기로 만든 삼각대 위에 두 다리를 벌리고 서 있는 모습이었다. 현대적인 물결과 기계 장치의 발전을 기념하기 위해 제작된 〈착암기The Rock Drill〉가 이러한 형태로 전시되었던 것은 제작 직후 단 한 번뿐이었다. 1916년에 다시 전시되었을 때는 급격하게 변형되어 위협적인 동시에 애처로운 모습이 되어 있었다. 몸통과 머리 그리고 한쪽 팔만이 그대로 남아 있었으며, 전체가 포금•으로 주조되었다. 대량 생산 라인에서 생산되어 오로지 인간의 신체를 효율적으로 파괴하기 위한 목적으로 쓰였던 무시무시한 기계식 무기로 인해 갈가리 찢겨 죽은 수백만 명의 인간처럼 엡스타인은 인간형 기계의 핵심 부위들을 절단하여 움직일 수 없는 무력한 상태로 만들었다.

이렇듯 인간과 기계 사이의 관계를 둘러싼 광범위한 문화적 다의성에도 불구하고 대부분의 과학자들은 인간의 신체를 설명하기 위해 기계를 사용한 비유법을 열렬히 받아들였는데, 이를테면 아치볼드 힐Archibald V. Hill은 1926년에 왕립연구소 크리스마스 강연에서 '살아 있는 기계Living Machinery'라는 제목으로 강연했으며, 1929년에는 생리학자 찰스 저드슨 헤릭Charles Judson Herrick이 《생각하는 기계The Thinking Machine》라는 제목의 두꺼운 책을 쓰기도 했다.[3] 이처럼 과학자들이 기계에 비유한 설명 방식을 애용했던 데는 일부 철학자들이 행동, 유전, 발달과 관련된 새로운 과학적 발견들이 시사하는 유물론적 관점에 반박하려는 시도를 보인 것에 대응하려는 측면도 있었다. 이러한 철학적 입장은 유물론적 기제 대신 살아 있는 생물이라면 모두 공통적으로 가지고 있다는 어떤 특별한 영적인 힘으로 생물학을 설명하고자 했던 생기론의 부흥을 수반했다.

생기론 부흥론자들이 주요 과제로 삼았던 일 중 하나는 동물과 인간의 행동을 이해하기 위한 새로운 기틀을 마련하는 일이었다. 20세기 초

• 청동의 하나.

반, 생리학자 자크 러브Jacques Loeb와 그의 뒤를 이은 제자, 심리학자 존 왓슨James Watson은 과학자들이 내부의 정신적인 세계를 설명할 방법을 찾기보다는 그저 인간이나 동물의 행동을 관찰하는 데 주력해야 한다고 주장했다.[4] 러브는 대부분의 움직임을 주성•과 굴성••이라는 단순한 기저 과정으로 설명했다. 예컨대 러브의 말에 따르면 동물이 빛으로부터 멀어지는 성질은 음의 주광성을 띠기 때문이었다. 이 같은 방식은 행동을 깔끔하게 분류하기는 했으나 이를테면 빛을 피하려는 모든 움직임 뒤에는 공통적으로 작용하는 어떤 힘이 존재한다고 가정했다. 결과적으로 보면 그러한 힘은 없었다. 신경계와 뇌의 역할을 살펴봄으로써 검증 가능한 설명론적 기틀을 마련하는 것과는 거리가 멀었던 러브의 주성과 굴성 이론은 결국 아무것도 설명할 수 없는 순환 정의에 불과했다. 왓슨은 행동주의 심리학의 필요성을 공표하고 세체노프 및 행동을 조건반사로 설명했던 파블로프의 연구에서 자신의 생각을 확장해나갔다. 얼마 안 가 과학을 버리고 광고업계로 뛰어들기는 했지만 그가 창시한 행동주의는 이후에도 어마어마한 영향력을 드러냈으며, 특히 미국에서 위세를 떨쳤다. 하지만 순수하게 행동에만 치중하고 뇌에서 해당 행동의 근원을 찾는 일과는 점차 멀어지면서 행동주의는 뇌가 어떻게 작용하는가에 관해 어떠한 실질적인 통찰도 이루어내지 못했다. 실제로 수십 년 동안 미국 심리학계를 지배했던 스키너B. F. Skinner와 같은 왓슨의 추종자들은 그 같은 문제에 전혀 관심이 없었다.

이러한 새로운 국면에 반대했던 생기론자들은 일차적으로 두 가지 생각에 따라 움직였다.[5] 생명체와 마음에 관한 유물론적 관점을 향한 뿌리

• 자유 운동능력을 갖춘 생물이 외부에서 주어지는 자극에 가까이 가거나 멀어지는 등의 방향성을 보이는 운동.

•• 고등식물에게서 나타나는 주성과 유사한 작용으로, 식물체의 일부가 외부의 자극에 대해 멀어지거나 가까워지는 방향으로 굽는 성질.

깊은 반대와 생명체는 발달 과정, 생리학적 구조 그리고 행동을 통해 발현되는 어떤 내적인 목적성을 지니고 있다는 목적론적 관념에 기반한 비판이 새롭게 생겨났다. 이들의 주장에 의하면 유물론적 관점은 살아 있는 생명체 고유의 목표지향적인 행동을 설명하지 못했다. 이러한 현상을 설명하려면 모든 생명체에게 공통적으로 일종의 영적인 내적 욕구가 존재한다고 보는 방법 외에는 없었다. 이 같은 생기론적 관점에 맞서는 과학자들에게는 문제가 있었다. 생리학 및 행동주의적 이론으로는 목표 지향성으로 비치는 현상을 설명할 마땅한 방도가 없었던 것이다. 그렇지만 그 해답은 얼마 지나지 않아 찾게 되었다.

### 신경계를 모방한 기계들

제1차 세계대전이 발발하기 전에는 일부 과학자 및 기술자들이 실물이든 상상에 의존하든 어쨌든 기계를 이용해 신경계 모형을 구축하기 시작했다. 그들의 연구가 목표한 바는 오토마타처럼 단순히 어떤 행동을 흉내내는 물체를 만드는 것이 아니라 실제 생명체의 행동에 관여하고 있는 과정과 구조에 관한 통찰을 얻는 것이었다.

1911년, 미국 미주리대학교에 재직하던 막스 마이어Max Meyer는 기계가 어떻게 신경계의 일부 기본적인 기능들을 수행할 수 있는지 설명을 제시했다. 마이어는 새로운 전기 배선도 표기법에 맞추어 자신이 개발한 모형을 선보였는데, 신경계가 어떻게 기능하는가를 둘러싼 그의 견해는 모두 개념적으로는 유압식에 바탕을 둔 것이었다.[6] 이러한 압력 기반 모형은 2년 뒤 세인트루이스 출신 기술자 사일러스 벤트 러셀Silas Bent Russell이 "오직 기계적인 수단만으로 신경의 활동을 모사"하는 장치에 관한 계획을 발표하면서 그 한계가 명확히 드러났다. 러셀은 자신이 제시한 밸브와 실린더, 연결봉으로 구성된, 일종의 스팀펑크•적 요소가 가미된 형태의 도구가 마이어의 생각과 "전적으로 다르지 않은" 논리에 따라 기능한다고 주장했다.[7] 비록 실제로 자신이 고안한 장치의 시제품을 생산한 경험까지는 없는 듯했지만 그의 묘사에서는 확신이 넘쳤다. "우리는 신경계와 같이 신호에 반응하고 움직임을 통제하며, 마치 경험을 통해 학습하듯 연합 기억을 보유하는 기계식 송신기와 수신기의 실제적인 배열을 밝혀냈다"면서 말이다.[8]

마이어는 러셀이 신경계를 도식화하려는 자신의 방식을 모조리 무시하고 수십 개의 구성 요소들이 각각 해부학적 구조물에 어떻게 상응하는지 이해하기 위해 반드시 필요한 기획 전반에 경멸을 퍼부은 데 대해 짜증이 났다. 만에 하나 그러한 장치가 제대로 작동한다고 하더라도 해부학적인 연관성이 없다면 과학적 가치는 높지 않을 터였다. 그렇지만 이 같은 비판은 마이어 자신에게도 똑같이 적용되었는데, 그가 제안한 모형 역시 시스템적으로 과제를 완수했음을 알아차리거나 부적절하게 마쳤을 경우 수행 방식을 개량할 수 있는 수단을 갖추고 있지 않았기 때문이다. 즉 학습이라는 기본적인 기능을 설명할 수 있는 해부학적 근거가 부재했다.

행동에 대한 기술적 접근의 시행착오가 모두 그렇게 무해했던 것은 아니다. 1910년대에는 존 헤이스 해먼드John Hays Hammond라는 미국의 라디오 기술자가 스스로 움직이는 어뢰를 제작하는 작업에 임했는데, 특히 러브가 동물이 어떻게 자극에 다가가거나 멀어지는지 설명하기 위해 제안했던 주성 개념에 관심을 가졌다. 그리고 1912년, 벤자민 마이스너Benjamin Miessner가 해먼드와 협력하여 마침내 전기 개electric dog라는 것을 개발해냈다

• 내연기관이나 전기동력 등을 바탕으로 발전한 현실과 달리 증기기관의 발달에 기대어 발전을 이룬 가상 세계를 다룬 공상 과학.

(실제로는 세 개의 바퀴 위에 상자 하나가 놓여 있는 형태였다). 몇 년 뒤 '셀레노Seleno'라는 이름으로 전시된 이 개는 전면부에 셀레늄으로 만든 두 개의 빛 탐지기(그래서 셀레노라는 이름이 붙었다)가 달려 있어 이곳을 통해 수신한 신호를 활용하여 초속 약 1미터로 빛을 향해 나아갈 수 있었다.[9]

러브는 해먼드와 마이스너가 제작한 개를 가리켜 '우리의 관점이 옳았다는 증거'라고 언급하며 기계가 동물의 행동을 재현할 수 있으므로 이는 동물도 한낱 기계일 뿐임을 의미한다는 허무맹랑한 결론을 도출했다.

> 하등동물들이 보이는 주광성 반응을 빛, 색깔, 쾌락, 호기심 등 모든 형태의 감각 탓으로 여기면서 해먼드 씨의 기계가 보이는 주광성 반응은 그러한 감각의 영향으로 보지 않을 이유는 전혀 없다.[10]

해먼드와 마이스너가 발명한 장치의 주된 목적은 과학적인 것이 아니었으며, 단연코 동물 혹은 기계가 무엇을 느끼는가에 대한 문제와는 관련이 없었다. 1916년, 미국이 전쟁에 개입할 준비를 하던 바로 그 무렵 마이스너는 셀레노의 작동 원리와 동일한 원리로 해먼드의 어뢰가 배의 엔진 소리를 향해 곧장 나아가 배를 격추시킬 수 있었다고 설명했다. 그러나 자부심에 차 있던 와중에도 마이스너는 해당 기술의 잠재적인 함의성을 생각하며 일찌감치 과학기술 공포증을 내비쳤다.

> 지금은 기괴하고 신기한 과학 발명품일 뿐인 이 전기 개는 어쩌면 아주 가까운 미래에 공포도, 심장도, 속임수에 쉽게 빠지는 인간적 요소도 없이 오로지 주인의 명령에 따라 사정권 안으로 들어오는 대상이라면 무엇이든 덮치고 도륙하는 '전투견'이 될 지도 모른다.[11]

하지만 이처럼 기계식 모방품을 만들어 신경계가 어떻게 기능하는지 설명하려던 시도는 무엇 하나 과학에 즉각적인 영향을 주지는 못했다. 그러다 전쟁이 끝난 뒤 과학자들은 인간을 비롯한 동물이 세상과 상호작용하는 방식을 두고 조금 더 관념적으로 사고하기 시작했다. 이를테면 에스토니아의 생물학자 야코브 폰 윅스퀼Jacob von Uexküll은 두 가지 핵심적인 통찰을 떠올렸다.[12] 20세기 초반, 그는 독일어로 움벨트Umwelt•라고 칭했던 내적 감각세계가 모든 종에게 존재하며 생태학적 근거를 두고 있다는 개념을 조명했다. 윅스퀼은 칸트가 주장한 감각의 선험성 가설에 의거해 이 개념을 탐구했는데, 이는 "우리가 겪는 감각 인상의 본질은 선험적, 다시 말해 경험이 있기에 앞서 감각과 감각신경 그리고 감각중추라는 생리적 기관들에 의해 결정되는 것이다"라는 글을 남긴 네덜란드의 약리학자 뤼돌프 마그뉘스Rudolf Magnus가 취한 방식과도 유사했다.[13] 이러한 접근법은 자연선택이 어떻게 뇌와 신경계를 지금과 같은 형태로 만들었는지 이해하고 다른 동물을 대함에 있어, 이를테면 박쥐로서 살아간다는 것이 어떠한 모습일지와 같은 개념을 상상하기 위한 하나의 방식으로 자리 잡았다. 윅스퀼이 이루어낸 두 번째 혁신은 '기능환function circle'이라는 흥미로운 도식의 형태로 모습을 드러냈다. 이 그림은 신경계나 뇌가 어떻게 세상을 느끼고 상호작용하여 특정한 목적을 이루어내는지 보여주었다. 윅스퀼은 이 같은 도식을 가지고 실제로 장치를 만들기보다는 이로부터 어떻게 행동이 생겨나는지 본질적으로 이해하는 데 관심을 보였다. 핵심 특징은 마이어의 그림에는 빠져 있었던 요소, 즉 자신의 행동이 세상에 미친 결과를 알아차리고 그에 따라 기능을 변형시키는 시스템이 포함되어 있었다는 점이다.[14]

• 물리적으로 동일한 주변 환경일지라도 속해 있는 개별 주체들은 종에 따라 저마다 고유한 세계를 경험한다는 개념.

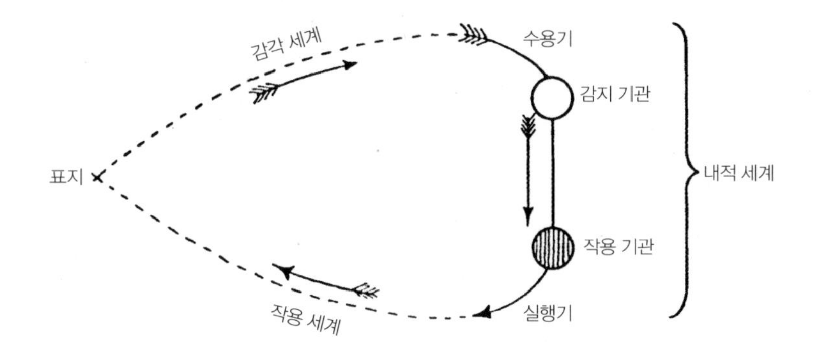


**그림 16** 신경계가 어떻게 세상을 느끼고 작용하는지 보여주는 윅스퀼의 '기능환'.

이 같은 통찰은 미국의 수학자이자 개체군 생태학 이론의 창시자인 알프레드 로트카Alfred Lotka의 연구에서도 찾아볼 수 있다. 로트카는 1925년에 발표한《물리생물학의 기초Elements of Physical Biology》에서 탁자에서 떨어질 것 같으면 이를 감지하고 회피하는 등 목적에 따라 움직이는 듯한 행동을 보이는 태엽 장치 딱정벌레 장난감에 대해 묘사했다. 작동 원리는 단순했다. 딱정벌레는 한 쌍의 바퀴에 의해 구동되었으며, 구동 바퀴 바로 앞에는 이와 직각으로 유동 바퀴가 하나 달려 있었다. 딱정벌레의 머리에는 지면과 맞닿은 철제 안테나 두 개가 붙어 있어 유동바퀴를 살짝 들어올림으로써 장치가 제약 없이 앞으로 나아갈 수 있었다. 그러다 탁자 표면의 모서리에 다다르면 안테나 끝이 밑으로 떨어져 몸체의 앞부분이 아래로 기울고 유동 바퀴가 바닥에 닿게 된다. 이에 따라 구동 바퀴의 전진운동은 유동 바퀴에 의해 원운동으로 바뀌어 딱정벌레가 방향을 바꾸게 만든다. 딱정벌레 장난감은 계속해서 회전하다 안테나가 도로 지표면에 닿으면 유동 바퀴가 들어올려져 다시 앞으로 나아가게 된다.

로트카는 이 단순한 장난감의 작동 원리를 실행기(구동 바퀴), 조정

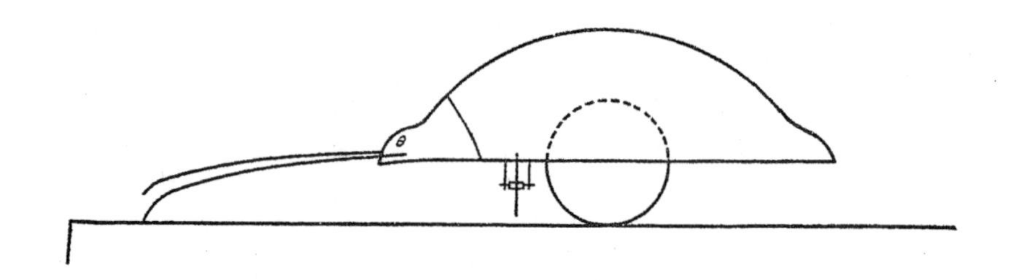

**그림 17** 외관상 목적성 행동을 나타내는 로트카의 장난감 딱정벌레 그림.

기(횡방향 바퀴), 수용기(안테나) 등 세 가지 유형의 기관으로 해석했다. 그의 표현을 빌리자면 조정기가 "수용기 안테나로부터 제공된 정보를 '해석'하고 이에 맞추어 몸체가 아래로 떨어지는 것을 막을 수 있도록 자체적으로 가지고 있던 운동 법칙을 수정했다."[15] 로트카는 단순한 반사호에 기초하여 마치 목적성을 갖춘 듯 목표지향적 행동을 보일 수 있는 시스템의 사례를 똑똑히 증명한 것이다. 로트카는 행동에 관여하는 기관들에 대해 윅스퀼이 앞서 기능환 그림에서 규명한 요소들과 동일하게 수용기, 조정기, 실행기라는 세 개의 유형에 기반한 관념적인 사고를 함으로써, 이러한 개념들이 어떻게 동물들이 적응적이고 나름의 목적이 있는 듯한 방식으로 반응하는 다양한 상황에도 적용될 수 있는지 보여주었다.

전후 기술의 발달은 신경계와 뇌를 바라보는 과학자들의 관점을 구체화시켰다. 1929년에는 미국 예일대학교의 심리학자 클라크 헐Clark Hull이 전기적인 요소를 활용한 조건반사 모형을 소개했고, 이어 곧 두 가지 개량 버전이 등장했다.[16] 다수의 저항기와 기억소자•가 병렬로 길게 연결되어 있으며 버튼과 조명까지 완전히 갖춘 이 장치는 사용을 거듭할 때마다 행동

• 데이터 저장 기능이 있는 기억 장치의 최소 단위.

양상이 변화했다. 헐의 목표는 "포유류의 복잡한 적응행동의 과학을 오래도록 따라다녔던 신비주의로부터 벗어날 수 있도록 돕는 것"이었다.[17] 헐도 자신이 제시한 모형과 실제 해부학 및 생리학의 연관성에 대해서는 명확히 알 수 없었지만 생기론적 관념에 기대지 않은 채 단순한 구조와 기능으로부터 어떻게 복합적인 형태의 적응행동이 생겨날 수 있는지 밝히고자 했다. 그는 "이러한 기제가 이에 상응하는 유기적 과정을 그대로 모방한 것이라는 주장은 하지 않았다"고 명시했지만 자신의 접근법이 그 밖에 달리 설명할 길이 없는 학습 과정의 수수께끼에 대한 통찰을 제시해줄 수 있으리라 여겼다.[18]

1933년에는 미국 워싱턴대학교에 재학 중이던 토머스 로스Thomas Ross라는 학생이 이를 더욱 발전시켜 '생각하는 기계'라는 도발적인 제목의 논문을 〈사이언티픽 아메리칸〉에 발표했다.[19] 그의 논문에는 짧은 미로를 빠져나가는 길을 학습할 수 있는 전기장치에 대한 설계가 담겨 있었다. 로스는 자신의 연구가 "생각의 본질에 관한 다양한 심리학 가설들을 검증하기 위해 이러한 가설들이 수반하는 원리에 부합하는 기계를 구축하고 그 행동을 지적 생명체의 행동과 비교함으로써 가설의 타당성을 논하는 것을 목표로 한다"고 서술했다.[20] 그로부터 3년 뒤에는 조금 더 간결하게 "어떤 기계의 작동 원리를 비교적 확실히 이해하기 위한 한 가지 방법은 직접 그 기계를 만들어보는 것이다"라고 표현했다.[21]

심리학 교수였던 스티븐슨 스미스Stevenson Smith의 도움으로 마침내 로스가 고안한 장치는 기동성을 얻게 되었고, 마치 스케이트보드 위에 자명종이 놓인 것과 같은 모습을 한, 세 개의 바퀴가 달린 '로봇 쥐'가 되었다. 이 장치는 12개의 Y자 모양 가지들로 구성된 단순한 미로를 빠져나갈 수 있었으며, 조잡한 기계식 아날로그 기억장치를 이용해 지나간 길을 학습했다. 각각의 Y자 갈림길에서 한쪽 가지는 막다른 길로 이어졌는데, 막다른 벽에 맞닥뜨릴 때면 장치 전면부에 달린 레버가 내려가 직전의 갈림길까지 되돌아갔으며, 그곳에서 다시 반대편 길을 택했다. 이러한 방식으로 전진하다 보면 로봇은 결국 미로의 끝에 다다르게 된다. 기계에는 물리적인 '메모리디스크'도 장착되어 있어 막다른 길을 만나 후진 레버가 눌리게 되면 디스크의 표시기가 올라가서 기록됨으로써 미로를 한 번 성공적으로 통과하고 나면 이후 다시 시작점에 갖다두어도 실수 없이 미로를 빠져나갈 수 있었다. 명백하게 정확한 경로를 학습한 것처럼 보였다.

〈타임스〉와의 인터뷰에서 스미스는 이렇게 말했다. "이 기계는 그 어떤 인간이나 동물보다도 자기가 학습한 것을 잘 기억합니다. 단 한 번의 시도만으로 이처럼 일절 실수하지 않으리라 기대할 수 있는 생명체는 존재하지 않습니다."[22] 분명 그렇다. 그렇지만 이 장치는 대중에게 강렬한 인상을 주었음에도 불구하고 학습의 과정을 이해하는 데는 아무런 실마리도 제공하지 못했다. 학습한 것을 다른 미로에 적용하지 못했을 뿐 아니라 훈련을 진행한 미로에 아주 작은 변화만 생겨도 제대로 대처하지 못했기 때문이다. 결국 정반응에 대한 즉각적이고 고정적인 암기 방식과 시행착오 학습의 조합은 자연 세계에서 관찰되는 그 어떤 형태의 학습과도 일치하지 않았다.

마이어의 도식부터 로스의 로봇 쥐에 이르기까지, 설명 모형을 구축하기 위한 이 모든 시도들은 실제 신경계가 기능하는 방식에 기초하지 않았다는 점에서 한계가 있었다. 단순한 기계나 전기적 모형에서 출발했기에 과학자들이 모형화할 수 있는 행동 유형 및 신경계 활동은 제한적일 수밖에 없었다. 동시에 이 같은 모형들이 회로와 금속으로 제작되었으므로 신경생리학자들은 실제 신경계가 이와 매우 다른 방식으로 작용할 수 있다는 사실을 깨닫고 있었다.

## 생리학계의 가장 위대한 업적, 뉴런의 반응 측정

신경충동의 전기적 성질은 19세기 중반이 되면서 명확해졌는데, 1868년에는 헬름홀츠의 제자 율리우스 베른슈타인Julius Bernstein이 음의 방향으로 분극화되는 물결이 신경을 타고 이동하는 양상이 신경충동과 정확히 동일한 역학으로 이루어진다는 사실을 발견했다.[23] 즉각 이 전기적 변화가 신경충동과 같은 것이라는 결론을 내릴 수 있다면 좋았겠지만 그를 뒷받침할 만한 어떠한 근거도, 설명도 없었다. 그러다 1902년, 근 40년 동안의 연구 끝에 베른슈타인은 마침내 둘 사이를 이어줄 연결고리가 무엇일지 설명하는 이론을 제시했다.[24] 그의 이론은 뉴런 안팎의 용액에 포함된 이온, 즉 전하를 띤 입자들의 움직임을 중심으로 세워졌다. 양극성의 칼륨 이온이 세포 내부에서 외부로 이동한다는 것은 곧 세포 내부가 외부에 비해 약간 음극화된다는 것을 뜻했다. 베른슈타인의 모형에 따르면 뉴런의 세포막은 반투과성이어서 뉴런이 안정 상태에 있을 때는 세포 내외부의 이온 농도가 변하지 않지만 신경충동이 세포를 통과할 때는 일시적으로 세포막 해당 부분의 성질이 변화하여 소수의 이온이 막을 넘나들며 탈분극depolarization의 물결을 만들어냈다.[25] 오랜 기간 추측했던 바와 같이 신경충동이 전기화학적으로 전달되는 방식은 전기가 전선이나 전화선을 타고 이동하는 것과 매우 달랐다. 생물이 인간이 만들어낸 기술보다 훨씬 더 복잡하다는 사실이 증명되고 있었다.

신경충동의 물리적인 형태도 예기치 못한 모습이었지만 신경이 활동하는 방식 자체도 놀라웠다. 옥스퍼드대학교의 생리학 교수였던 프랜시스 고치Francis Gotch는 1898년, 수많은 뉴런 다발들로 이루어진 신경섬유가 짧은 간격을 두고 연달아 두 번의 자극을 받을 경우 자극 간의 간격이 0.008초보다 짧으면 두 번째 자극에 대한 반응이 일어나지 않는다는 사실을 밝혀냈다.[26] 불응기라고 일컬어지는 이 휴지기는 모든 뉴런이 갖고 있는 기본적인 속성이다. 고치는 신경섬유에 주어지는 자극이 강할수록 예상대로 그에 따른 반응도 강해지는 것을 발견했지만, 동시에 반응이 시간 경과에 따라 변화하는 양상은 자극의 강도와는 별개로 항상 일정하게 나타난다는 사실도 알게 되었다. 고치는 운동신경을 관찰하여 얻어낸 이 같은 결과를 심장의 근육이 자극의 강도와 관계없이 오직 반응하거나 하지 않거나 둘 중의 한 가지 형태의 결과만을 내놓는다는, 이른바 '실무율'이라는 기존의 잘 알려진 현상과 연결 지어 유사성을 도출했다.[27]

감각과 운동신경 등 모든 신경섬유에서 이처럼 실무율 법칙을 따르는 반응을 보이는지 알아보기 위해 케임브리지대학교의 키스 루카스Keith Lucas는 고감도의 도구를 새롭게 고안했고, 운동근섬유에 이를 활용한 실험을 진행함으로써 고치의 직감이 옳았음을 검증할 수 있었다. 여기에서도 자극의 강도가 역치를 넘어서면 근육이 반응을 보였지만 너무 약하면 아무런 반응도 보이지 않았다.[28] 이에 단일한 신경섬유 차원에서 어떤 일이 일어나는가에 대한 직접적인 증거를 얻기 위해 루카스는 당시 박사과정에 재학 중이던 젊은 학생 에드거 에이드리언Edgar Adrian에게 이 문제를 연구해보게 했다. 그리고 에이드리언에게 이 일은 결과적으로 매우 위대한 업적으로 향하는 문을 열어준 일생일대의 전환점이 되었다. 에이드리언은 퇴임할 때까지 케임브리지에 머무르다 트리니티칼리지의 학장이 되었으며 결국 케임브리지대학교의 부총장 자리에까지 올랐다. 또한 영국왕립학회의 회장으로 선출되고, 세습 귀족 작위를 얻고, 42세의 나이로 노벨상을 수상한 데다가, 아들 역시 왕립학회 회원이 되는 것을 지켜보았으며, 그가 지도했던 인물 중 앨런 호지킨Alan Hodgkin과 앤드루 헉슬리Andrew Huxley가 1963년에 노벨상을 수상하기도 했다. 이처럼 눈부신 업적과 더불어 에이드리언은 평생 정신분석학에도 깊은 관심을 가졌으며(그는 두 차례나 프로이트를 노벨상

후보에 올렸다.)[29] 다양한 종의 동물을 대상으로(장어, 개구리, 금붕어, 물방개, 심지어 그 자신까지 연구의 대상이었다) 신경계의 기능을 연구했다. 이러한 명성과 영향력에도 불구하고 지금은 특별히 관심을 가지고 따로 찾아본 몇몇 신경과학자들을 제외하면 그의 이름을 들어본 이가 많지 않다.[30] 그러나 에이드리언은 뉴런의 역할에 대한 우리의 사고방식을 바꾸었을 뿐만 아니라 뇌가 어떻게 작용하는지에 관한 시각을 형성하는 데 도움을 준 새로운 용어까지 소개한 인물이다.

기계화된 전쟁의 공포가 세상을 억지로 미래를 향해 떠밀기 전인 에드워드 왕조 후기, 평온했던 시기의 영국에서 루카스와 함께 연구하던 에이드리언은 곧 근육 신경섬유가 실무율 법칙에 따라 작용한다는 증거를 찾아낼 수 있었다. 하지만 그러한 발견이 감각신경에도 적용되는지는 명확하지 않았으며, 섬유를 이루는 각각의 뉴런들이 어떻게 반응하는지 또한 불분명했다.[31] 그러다 1914년 8월에 전쟁이 터졌고, 루카스는 왕립 항공기 공장에서 일하고 에이드리언은 의학 공부를 마무리하며 두 사람은 각자 다른 곳으로 주의를 돌리게 되었다. 1916년, 루카스는 윌트셔 상공에서 발생한 끔찍한 항공기 공중 충돌 사고로 사망했다.[32] 이로 인해 에이드리언은 멘토이자 동료를 잃었는데, 그가 남긴 모든 주요 문헌에 뚜렷한 상실감이 느껴지는 어조로 루카스와 자신의 연구를 언급하는 등, 이는 이후 수십 년 동안 그에게 지워지지 않는 상처로 남았다.

전쟁이 끝나고 난 뒤 에이드리언은 케임브리지로 돌아가 이전까지 하던 연구에 이어 실무율 법칙이 감각신경섬유에도 적용되는지 탐구하기 시작했다. 전쟁으로 새로운 전파 송수신 기술이 발달했는데, 특히 미약한 전파 신호를 증폭시켜주는 밸브의 성능이 개선되었다. 이러한 기기들은 이론적으로 신경섬유의 약한 전기 활동을 증폭시키는 데도 활용될 수 있었다. 전쟁이 한창이던 시기, 결국 마지막이 되어버린 회의에서 루카스는 에이드리언과 이 같은 가능성을 논의했다. 하버드대학교에 소속되어 있던 연구자 알렉산더 포브스Alexander Forbes를 비롯한 다수의 과학자들 역시 같은 생각을 떠올렸다. 전쟁이 끝난 뒤 포브스는 자신의 제자였던 캐서린 새처Catharine Thacher와 함께 이 밸브들을 사용하여 개구리의 신경섬유에서 흘러나오는 신호를 50배 넘게 증폭시키는 데 성공했다.[33] 포브스는 에이드리언의 친구였는데, 1912년 봄에는 케임브리지를 방문하여 루카스의 실험실에서 3주를 보내며 "루카스의 성격이 지닌 매력"에 푹 빠졌다고 한다.[34] 그래서인지 체류 기간이 당초 예정보다 길어졌고, 그 결과 포브스와 그의 아내는 미국으로 돌아가는 일정을 미뤄야 했다. 본래 그들은 타이타닉호의 첫 항해에 오를 예정이었다.

1921년에 포브스는 에이드리언의 연구실에서 쓸 수 있도록 실험에 성공했던 귀중한 밸브 몇 가지를 들고 케임브리지를 다시 찾았다.[35] 에이드리언이 이 신기술을 자유자재로 활용하게 되기까지는 시간이 조금 걸렸다. 1920년대 초에는 결혼식을 올리고, 영국왕립학회의 회원이 되고, 케임브리지대학교의 학부생들을 가르치는 데 많은 시간을 할애하느라 매우 바빴기 때문이다. 그러던 1925년, 스웨덴 학자 윙베 소테르만Yngve Zotterman이 함께 일하고자 에이드리언의 연구실을 방문하면서 큰 변화가 찾아왔다. 처음에는 순조롭지 않았다. 에이드리언이 "산더미 같은 강의" 탓에 완전히 진이 빠져 신경질적으로 변해서인지 소테르만의 눈에는 "성질이 굉장히 변덕스러운" 인물로 비쳤던 것이다. 1925년 12월에는 친구에게 보내는 편지에 "지난주는 누군가 그저 수도꼭지를 꽉 잠그지 않아 물이 똑똑 새기만 해도 폭발해서 이성을 잃을 정도여서 같이 일하기가 조금 힘들었다네"라고 쓰기도 했다.[36]

이 같은 마찰에도 결국은 소테르만의 방문 덕분에 중대한 발견이 이루어졌다.[37] 소테르만과 에이드리언은 새로운 증폭기를 활용하여 개구리

다리의 신장수용기•에 붙어 있는 감각신경섬유의 활동을 기록하는 데 성공했다. 이들의 기술로 하나의 뉴런만이 남을 때까지 섬유를 벗겨내어 뉴런 하나의 반응을 기록하는 일이 가능했던 듯하다. 마침내 신경계를 구성하는 가장 기본단위의 활동을 연구할 수 있게 된 것이다. 에이드리언과 소테르만은 이 연구를 통해 신경계가 어떻게 작용하는지에 대해 지금과 같은 관점을 형성하는 데 일조한 세 가지 중요한 발견을 해냈다.

첫째, 그들은 감각뉴런의 반응 양상이 실무율의 법칙을 따른다는 사실을 밝혔다. 즉 자극이 역치 이상이면 뉴런이 발화하되 그 외에는 반응하지 않았다. 둘째, 지속적으로 주어지는 자극에 의해 뉴런이 반복적으로 자극될 경우 세포의 반응이 곧 멈춘다는 것을 밝혔다. 이는 그동안 기계를 활용해 만들어낸 그 어떤 모형과도 완전히 달랐다. 끝으로 뉴런이 발화할 때 그 반응(어둡게 칠해진 원통형 기구나 용지, 또는 이후 CRT 모니터 화면상에 시각화되면서 드러난 특유의 뾰족한 모양 덕분에 곧 스파이크spike라는 이름으로 알려지게 되었다)의 진폭과 형태는 일정했으며, 발화 빈도만이 자극 강도에 따라 달라졌다. 다시 말해 뉴런들은 발화 빈도를 변화시킴으로써 자극이 얼마나 강렬한지 신경계에 알리지만 정작 해당 세포의 반응 각각은 모두 동일했다. 이러한 효과는 그들의 논문에 실린 그림 18에서 확인할 수 있는데, 섬유를 잡아당기는 무게가 증가함에 따라 동일한 형태를 한 스파이크의 발화 빈도가 증가하는 것을 볼 수 있다.

이와 같은 발견의 결과로 에이드리언은 셰링턴과 함께 1932년에 노벨상을 수상했다. 두 사람 모두 아치볼드 힐의 추천을 받았는데 그는 에이드리언의 연구를 "단순함과 난해함이 어우러진 훌륭한 사례 (…) 최근 25년 내 생리학계에서 가장 위대한 업적 중의 하나"라고 평했다.[38]

• 근육의 길이 변화를 탐지하는 수용기.

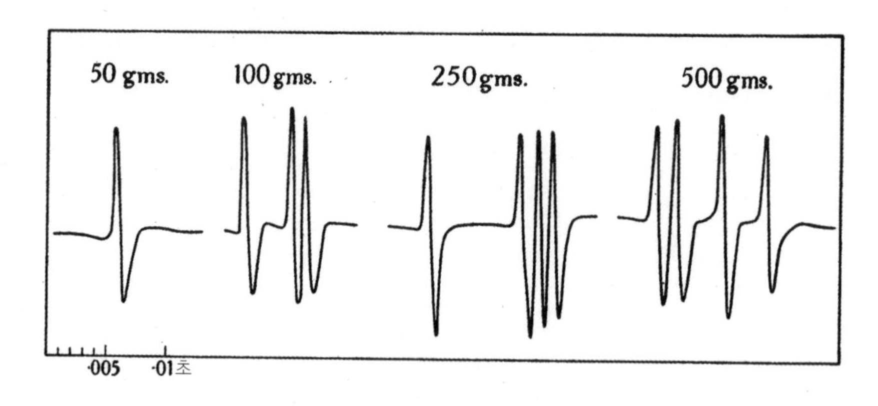


**그림 18** 무게 증가에 따른 신장 탐지 뉴런의 반응. 각 반응의 스파이크 형태는 일정하며, 오직 빈도만이 변화한다.

노벨상을 수상하고 얼마 지나지 않아 에이드리언은 한스 베르거Hans Berger가 얼마 전 외부 전극과 강력한 증폭기를 이용함으로써 단단한 두개골을 통과해서도 인간 뇌의 전기적 활동을 기록할 수 있다는 놀라운 발견을 한 사실을 살펴보면서 신경계의 가장 단순한 구성 요소에서 가장 복잡한 형태로 관심을 돌렸다(에이드리언은 베르거의 연구를 두고 "비범하다"고 표현했다).[39] 더욱 놀라운 것은 피험자가 눈을 감으면 마치 뇌가 잘 협응된 조직적인 행동을 보이는 듯 전기신호에 뚜렷한 리듬이 관찰된다는 베르거의 보고였다. 이에 에이드리언과 브라이언 매튜스Bryan Matthews는 1934년, 베르거 리듬(현재는 알파파로 알려져 있다)의 본질을 탐구하기에 나섰다. 베르거는 피험자가 눈을 감고 차분하게 앉아 있으면 리듬 형태의 신호를 볼 수 있지만 눈을 뜨고 있거나 이를테면 어려운 암산처럼 무엇인가에 매우 집중해야 하는 상황에서는 그러한 리듬이 사라진다고 보고했다. 알고 보니 에이드리언은 언제든 필요에 따라 자신의 뇌에서 이 리듬을 만들어내는 데 달인이었는데, 심지어 생리학회 학술 모임에서 직접 시연을 펼치기도 했다. 베르거는 뇌 전체가 이 같은 동기화된 활동에 관여하고 있다고 주장했지만 에이드리언과 매튜스는 뇌의 뒷부분에 위치하며 시각에 관여하는 것으로 추정되는 후두부로 리듬의 발생 위치를 특정할 수 있었다. 대단히 놀랍게도 물방개의 뇌 또한 어둠 속에 있을 때 이와 매우 유사한 리듬을 발생시켰으며, 에이드리언이 자신의 리듬을 기록했을 때와 마찬가지로 불이 켜지면 사라졌다.

에이드리언과 매튜스는 인간의 경우 패턴을 지각하거나 어둠 속에서 패턴을 보려고 시도하는 것만으로도 리듬에 결정적으로 지장을 줄 수 있다는 사실을 보여주었다. 이에 베르거가 그랬듯 그들은 리듬이 어떠한 방식으로든 시각적 주의 기제와 연관되어 있으며 피험자가 적극적으로 시감각을 활용하지 않을 때는 뉴런들이 "(중추신경계의 다른 부위들처럼) 일정한 속도로 자발적으로 발화하며 일제히 조화롭게 고동치는 경향이 있다"는 결론을 내렸다.[40]

다만 에이드리언은 이 모든 뉴런들의 활동이 어떻게 의식과 관련되어 있는가에 있어서는 신중한 입장을 취했다.

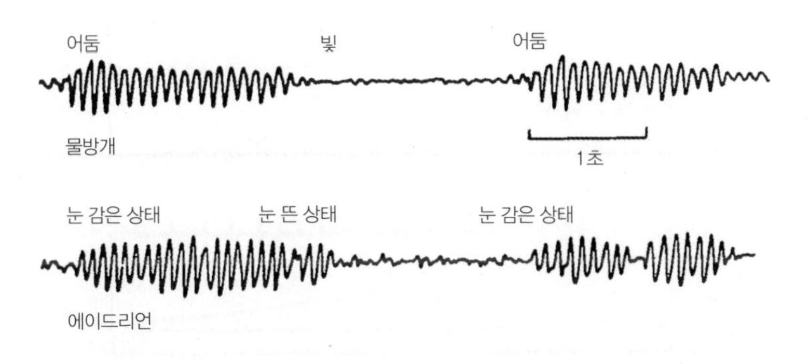


**그림 19** 물방개(위)와 인간(에이드리언 – 아래)의 뇌 활동을 보여주는 에이드리언과 매튜스의 그림.

뇌와 마음 사이의 연결성과 관련된 총체적인 문제는 철학자에게만큼이나 생리학자에게도 이해하기 어려운 수수께끼다. 어쩌면 우리의 지식체계를 다소 과감하게 수정해야 신경충동 패턴이 어떻게 생각을 만들어내는지 설명하거나 이 두 가지 사건이 다른 관점에서 보면 진정으로 같은 것임을 증명할 수 있을지도 모른다. 만약 그 같은 수정이 이루어진다면 내가 이를 이해할 수 있게 되기를 바랄 뿐이다.[41]

이러한 어려움에도 불구하고 신경 기능에 관한 에이드리언의 연구는 뉴런의 활동과 지각 사이의 뚜렷한 상관관계를 뒷받침하는 증거를 제공했다. 그는 지속적인 압력이 감각신경의 활동에 미치는 영향에 대한 자료들을 한데 요약한 그림을 통해 일반 독자들에게 이를 설명했다.

수용기의 흥분성 과정은 점차 감소하고 그에 따라 감각신경섬유 내의 신경충동 간 간격이 계속해서 증가하게 된다. 신경충동들은 중추에서의 어

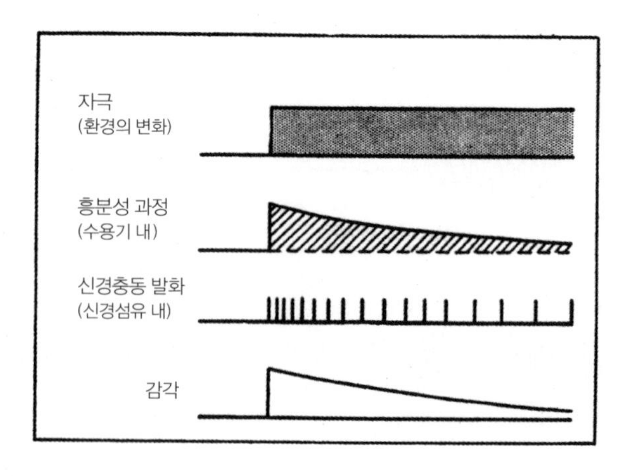


**그림 20** 자극, 신경 활동, 감각 간의 연결고리를 요약한 에이드리언의 도식.

떤 과정을 거쳐 하나로 통합되며, 감각의 증가 및 감소는 수용기의 흥분성 과정의 증가 및 감소와 상당히 가깝게 닮아 있다.

신경의 활동과 의식적인 지각이 같은 것임을 증명하는 어려움에 신중한 태도를 유지하던 에이드리언은 자신의 도식이 "자극과 감각의 간극을 메워주지는 못하나 적어도 그 간극이 이전보다는 조금 더 좁혀졌음을 보여준다"고 결론지었다.

에이드리언은 "감각신경섬유를 타고 이동하는 메시지가 하는 역할 중 두말할 나위 없이 가장 흥미로운 것은 (…) 우리의 마음속 내용에 변화를 만들어내는 일"이라고 여겼으나 결국 신경충동의 빈도와 감각이 정말 같은 것이라는 사실까지는 증명하지 못했다.

## 신경 부호의 존재, 뇌에 수학적 사고를 도입하다

대부분의 과학적 발견이 그렇겠지만 만약 에이드리언이 이러한 업적을 이루어내지 못했다면 비슷한 시기에 다른 누군가가 이를 대신했을 것이다. 그것이 본래 과학의 특성이다. 극히 일부 사례를 제외하고는 연구자 X가 갑작스레 연구를 수행할 수 없게 된다면 연구자 Y를 통해 거의 흡사한 방식을 거쳐 일이 진행되었을 터이다. 하지만 뇌의 작용 방식을 이해하는 데 대한 에이드리언의 기여는 한 가지 핵심적인 면에서 그의 실험연구 자체보다는 그만의 독특한 특질에서 비롯되었다고 할 수 있다. 연구 초기 활동 기간 내내 에이드리언은 자신의 연구를 대중적인 방식으로 풀어내곤 했는데, 그로 인해 학술 논문에서 표현하던 방식과는 상당히 다른 관점에서 신경의 역할을 고민해볼 수 있었다. 이처럼 대중에게 자신이 발견한 바를 명확하게 설명하려는 과정에서 에이드리언은 기존의 용어들을 새롭게 조합함으로써 길이 지속되는 영향력을 떨쳤다. 그 덕에 메시지, 부호, 정보 등의 개념은 이제 뇌가 어떻게 작용하는가를 설명하는 데 핵심이 되는 과학적 관념의 근간을 이루게 되었다.

이전에는 신경충동이 일종의 전달의 대상이 되는 메시지로 묘사되곤 했다. 이는 19세기 흥했던 전신기 비유법에서 핵심이 되는 부분이었는데도 사실상 누구 하나 그 메시지가 무엇으로 구성되어 있는지에 대해서까지는 생각하지 못했다. 그런데 에이드리언은 획기적인 실험으로 신경충동을 해체하는 데 성공하여 신경충동이 매우 간단한 파형들로 이루어져 있다는 사실을 밝혀냈다. 각각의 파형들은 모두 같은 형태를 띠고 있었고, 이토록 다양성이 부족함에도 신경 활동은 메시지를 전달할 수가 있었다. 이를 설명하기 위해 에이드리언은 지금에야 당연해 보이지만 당시로써는 완전히 새로운 비유를 제시했다.

> 메시지는 그저 일련의 단순한 신경충동 또는 다소 가까운 간격을 두고 잇따라 발생하는 파형들로 구성되어 있다. 어떤 신경섬유에서든 파형은 모두 동일한 형태로 나타나며, 메시지는 발화의 빈도 및 지속시간의 변화에 의해서만 달라질 수 있다. 사실 감각 메시지란 모스부호를 구성하는 연속적인 점들에 비해 크게 복잡할 것도 없다.[42]

오늘날에는 유전자나 뉴런의 조직구조에 일종의 부호가 담겨 있다는 개념이 비교적 뻔하게 여겨진다. 학령기 아동들은 유전부호를 배우고 신경과학을 전공하는 학생들은 다양한 형태의 신경 부호들을 탐구한다. 하지만 에이드리언이 글을 썼던 1930년대 초만 해도 이러한 발상은 뉴런이 어떤 일을 하고 뇌가 어떻게 기능하는지에 있어 완전히 새로운 접근방식이었다.

이는 전에 없던 새로운 연구 영역으로 향하는 길을 제시해주었다. 즉 메시지에 부호가 담겨 있다면 그 부호를 해석함으로써 뉴런이 뇌에 어떤 이야기를 전달하는지 밝히는 일도 가능할 터였다. 부호 안에 무엇이 담겨 있는지에 대한 완전한 해답을 찾을 수 있는 정밀한 연구가 전무했던 에이드리언은 비록 독창적인 생각은 아니지만 이와는 다른 형태의 관념으로 부호와 메시지에 접근을 시도했다. 그가 내놓은 답은 바로 신경의 메시지에 정보가 담겨 있다는 것이었다.

이러한 용어를 사용했던 이들은 이전에도 있었다. 이를테면 19세기 중반, 스펜서 톰슨Spencer Thomson 박사는 의학사전 독자들에게 "뇌는 일종의 거대한 중앙 전보국과 같아서 전선, 그러니까 신경이 신체 곳곳에서부터 보급품이 필요하다는 정보를 실어다 뇌로 나른다고 볼 수 있다"고 언급했다.[43] 또한 1925년에 로트카는 태엽 장치 딱정벌레의 작동 원리를 설명하면서 이 장치가 정보를 해석한다는 표현을 쓰기도 했다. 하지만 에이드리언이 말한 정보는 신경계의 기능과 직접적으로 연결되어 있었다. 예컨대 에이드리언은 "중추신경계가 각 수용기로부터 발송된 메시지에 담긴 정보를 단 한 조각도 남김없이 전부 취할 수 있다"고 주장했는데, 실제로 그는 이와 관련하여 수용기의 기능이 유기체로 하여금 "외부 세계에 대한 정보를 추출"할 수 있게 해주는 역할을 하며, 과학자들이 해결해야 할 중대한 도전 과제는 "어떤 종류의 정보가 중추신경계에 도달하는지 가늠하는 일"이라고 부연했다.[44] 에이드리언은 결국 신경계가 존재하는 이유는 뉴런을 통해 세상에 대한 부호화된 정보를 전달하기 위해서라고 보았다.

1920년대 중반에는 위대한 통계학자이자 유전학자인 로널드 피셔R. A. Fisher와 같은 수학자들 또한 미처 단일한 정의를 정립하지 못했음에도 통계적인 개념을 설명하는 데 '정보'라는 용어를 사용하기 시작했다. 이렇듯 정보를 수학화하려는 시도가 있었다는 점을 에이드리언이 알고 있었는지는 명확하지 않지만, 그도 신경 메시지의 본질을 파헤치기 위한 연구가 필연적으로 이러한 방향으로 흘러가리라는 사실은 분명히 인식하고 있었다. 1929년 4월, 그는 친구였던 포브스에게 다음과 같이 썼다.

> 차라리 처음부터 신경말단 같은 것에 이렇게까지 빠져들지 않았으면 좋았을 것을, 신경의 전기적 반응이 품고 있는 비밀이 이제서야 조금씩 보이기 시작하는데, 앞으로는 곧 물리학과 화학과 수학의 왕국이 도래할 것이고, 여기에 있어 나도 내 부족함을 알고 있다네. 적어도 몇 가지는 말이지![45]

바로 이것이 이후 수십 년 동안 벌어진 일이다. 신경 부호의 존재를 알아차리고 메시지에 일종의 정보가 담겨 있음을 직감한 에이드리언의 업적은 신경계와 뇌의 작용 기제에 대한 우리의 지식에 변화를 불러온 통찰 중 하나라는 데 의의가 있다. 이 같은 변화는 전극과 핀에 꽂힌 채 고정된 개구리들로 가득한 실험실도, 전선과 로봇의 세계도 아닌, 먼지투성이 칠판 앞에서 이루어졌으며, 수학적인 사고방식을 갖춘 과학자들이 가장 관념적인 접근법을 취하여 뇌의 기능을 모델링함으로써 가능했다.

9

# 제어

1930년대에서 1950년대까지

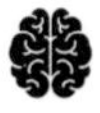

옛날 옛적, 미국 디트로이트에는 월터라는 이름의 매우 총명하지만 다소 특이한 소년이 살고 있었다. 노동자 계층이었던 월터의 가족은 다른 아이들과 마찬가지로 그를 괴상한 녀석으로 여겼다. 그러던 1935년, 열두 살이었던 월터는 따돌림을 피하기 위해 공공도서관 안으로 도망쳤다. 안전해진 그는 눈앞에 버트런드 러셀Bertrand Russell과 알프레드 화이트헤드Alfred North Whitehead의 무시무시한 수학적 논리가 펼쳐진 《수학 원리Principia Mathematica》라는 제목의 세 권짜리 책을 발견했다. 이에 강한 흥미를 느끼고 푹 빠진 월터는 책을 열심히 읽으며 수식들을 탐독하고 그 안에 담긴 논거들을 완전히 이해하기 위해 그 뒤로도 몇 주 동안 계속해서 도서관으로 향했다.

앞의 이야기는 어쩌면 사실이 아닐지도 모르지만 다음에 이어지는 이야기는 분명 실화다. 그로부터 3년이 지난 1938년, 열다섯 살이 된 월터는 집에서 도망쳐 나와 시카고에 정착하게 되었다. 어쩌다 보니 그는 얼마 전 《언어의 논리적 통사론The Logical Syntax of Language》을 발표한 시카고대학교의 루돌프 카르나프Rudolf Carnap 교수의 연구실에 들어가게 되었다. 카르나프는 월터가 "나의 책을 읽었으며 어느 쪽의 어떤 문단이 잘 이해되지 않는다고 말했다. (…) 그래서 우리는 내가 가지고 있던 판본을 꺼내 해당 쪽을 펼치고는 그가 말한 문단을 주의 깊게 읽어 내려갔는데 (…) 나조차도 무슨 소리인지 알 수가 없었다!"고 그와의 일화를 전했다.[1]

소년의 이름은 월터 피츠Walter Pitts로, 그에 관한 이야기는 무수히 많지만 대부분 검증이 불가능하다. 그의 삶을 다룬 이야기 중 하나는 "월터 피츠의 전기 따위는 존재하지 않으며 그에 관한 어떠한 진실한 논의도 평범한 전기의 형태로 기술되기를 거부한다"라는 문장으로 시작한다.[2] 피츠가 얼마나 비범하고 기묘했던지 그의 친구 노먼 게시윈드Norman Geshwind는 그를 만나본 적 없는 사람이라면 그가 집단 망상이 빚어낸 가공의 인물이라고 생각할지도 모르겠다고 말하기도 했다.[◆3] 하지만 피츠는 분명 실재했으며, 신경계 기능의 논리에 관한 신경학자 워런 맥컬록Warren McCulloch과의 공동연구는 뇌를 대하는 우리의 생각을 완전히 바꾸었다.

겨우 열다섯 살에 불과한 데다 학문적으로 아무런 자격증도 없었지만(그는 전적으로 독학했으며 어떠한 학위도 받지 않았다) 피츠는 수학과 논리학에 대한 이해도가 깊었기에 시카고대학교의 니콜라스 라셰프스키Nicolas Rashevsky가 조직한 수리생물물리학 주간 세미나에 참석할 수 있었다.[4] 라셰프스키가 수학과 생물학을 결합하는 데 관심을 보인 것은 1920년대 및 1930년대부터 수학적인 사고방식을 갖춘 과학자들이 집단유전학부터 생태학에 이르기까지 다양한 생물학적 현상들을 탐구하기 시작하며 생긴 유

◆ 2018년에 나는 DNA의 이중나선을 발견한 인물 중 한 명인 짐 왓슨Jim Watson(당시 90세)에게 피츠를 만난 적이 있냐고 물었다. 그러자 눈곱이 덕지덕지 낀 그의 눈이 번쩍였다. 그가 말했다. "아, 그럼요! 그 사람 정말 미쳤더구만!"

행에 따른 것이었다.[5] 이러한 학자들은 대체로 관찰에 의해 검증 가능한 예측 값을 계산하는 데 수학적 모형을 활용했다. 반면 라세프스키의 접근법은 아주 달랐다. 그는 자신이 만든 수학적 모형과 현실 사이의 모든 연결고리가 순전히 부수적인 것이라고 여겼으며, 자신의 생각을 구체적으로 명확하게 표현하는 식을 찾는 일이란 "핵심에서 벗어난 것"이라고 말하기도 했다.[6]

라세프스키의 세미나에서 오갔던 논의는 '피드백', '회로', '입력', '출력' 등 지금 우리에게는 아주 친숙하지만 당시로써는 완전히 새롭게 느껴졌던 용어들을 사용하며 생물학적 체계에 대한 새로운 사고방식을 갖추어갔다. '피드백'은 1920년대 초 전기회로에서 특히 전파 신호와 관련해 처음 쓰였는데, 근원적인 현상 자체는 수십 세기 동안 이미 잘 알려져 있었다. 이를테면 고대부터 물탱크가 일정한 수위에 도달하면 물의 흐름을 멈추기 위해 부적 피드백negative feedback을 활용했으며, 19세기 생리학자 클로드 베르나르는 신체가 어떻게 내적 상태를 일정하게 유지하는지(1926년에 월터 캐넌Walter Cannon은 이러한 과정을 묘사하기 위해 '항상성'이라는 용어를 만들어냈다) 설명하면서 암묵적으로 그 존재를 인정했다. 한편 '회로'는 18세기 중반부터 전류의 움직임과 관련해 사용되었고, 20세기에 접어들면서 '입력'과 '출력'이라는 용어가 생리적 활동 및 전기적 신호를 묘사하는 데 쓰였다. 제1차 세계대전이 끝난 뒤에는 과학자들이 이러한 용어들을 특히 신경계와 관련된 생물학적 현상에도 사용하기 시작했다. 1930년에는 뉴욕의 정신의학자 로런스 쿠비Lawrence Kubie가 〈폐쇄회로의 형태로 진행되는 흥분성 파형의 속성을 지닌 일부 신경학적 문제에 대한 이론적 적용A Theoretical Application to Some Neurological Problems of the Properties of Excitation Waves Which Move in Closed Circuits〉이라는 제목의 논문을 발표하여 파킨슨병 환자들에게서 나타나는 떨림이나 뇌전증 발작과 같은 일부 신경학적 문제들이 신경 회로의 활동이 원형으로 진행되며 스스로 증폭되는 데서 비롯되었을 수 있다는 의견을

내놓았다.[7]

1940년, 열일곱 살이 된 피츠는 가상의 신경 회로 내 흥분 및 억제 패턴을 분석했으며, 그로부터 2년도 채 지나지 않아 이를 주제로 두 편의 논문을 발표했다.[8] 그리고 같은 해, 친한 친구였던 제롬 레트빈Jerome Lettvin을 통해 워런 맥컬록을 소개받았다. 아니, 어쩌면 둘이 만난 것은 맥컬록이 라셰프스키의 세미나 집단에 논문을 전해주었다던 1941년이었는지도 모르겠다.[9] 피츠에 관해서는 언제나 그랬듯 사실관계를 분명히 알기가 어렵다. 어느 쪽이었든 간에 피츠와 맥컬록은 죽이 잘 맞았고, 둘의 공동연구는 곧바로 뇌의 작용 방식을 설명하기 위해 현재 가장 널리 쓰이고 있는 비유법을 낳게 되었다. 바로 컴퓨터다.

단, 선후 관계는 조금 달랐다. 사실 신경계와 전자 기계 사이의 연결고리는 처음에는 그 반대였다. 즉 컴퓨터가 뇌라는 주장이 시초였다.

## 신경 구조에 알고리즘을 도입하다

맥컬록과 피츠는 굉장히 여러 가지 측면에서 서로 달랐다. 맥컬록은 제대로 된 교육과정을 거쳐 자신의 분야에서 이미 자리를 잡은 사십 대 교수로 가정을 이루고 큰 집을 소유한 상태였던 반면, 피츠는 대하기 까다로운 십 대 가출 소년이었다. 하지만 둘은 공통적으로 논리를 통해 생물학적 현상을 이해한다는, 당시 과학계에서 가장 흥미진진하다고 꼽히던 주제에 관심을 품고 있었다. 철학으로 학사 학위를 취득한 뒤 심리학을 거쳐 마지막으로 의학 학위까지 받은 맥컬록은 1934년 예일대학교의 신경생리학자 듀세르 드 바렌Dusser de Barenne과 함께 일하기 시작했는데, 드 바렌은 앞서 뤼돌프 마그뉘스와 일하며 현대 감각생리학이 칸트가 주장한 선험적 지식을 이해하는 데 유물론적 근거를 제공한다는 그의 발상에 흥미를 가지게 된 터였다.[10] 이 모든 생각은 맥컬록에게도 전해졌고, 결국 그는 1959년에 개구리가 어떻게 세상을 보는가에 관한 논문에서 이를 명시적으로 다루었다.[11]

이 시기 맥컬록은 생물학에 수학적으로 접근하는 데 치중한 예일대학교의 세미나에 참석했는데, 이 세미나의 진행자가 바로 1929년에 조건반사의 전기적 모형을 제시했던 심리학자 클라크 헐이었다. 1936년에 헐은 '마음, 기제 그리고 적응적 행동Mind, Mechanism and Adaptive Behavior'이라는 제목의 강연에서 열세 개의 논리적 가정 및 그와 연관된 정리들을 선보이며 이를 이용해 단순한 원리에서 적응적 행동이 발생하는 현상을 설명할 수 있다고 주장했다.[12] 헐의 목표는 자신의 전기적 모형으로 복잡한 행동을 전자 단위까지 연결되는 설명의 고리 안에 끼워넣어 최대한 단순화시켜 이해하는 것이었다. 헐의 가정은 그 자체로는 별다른 영향력을 떨치지 못했지만, 이로 인해 맥컬록은 논리를 생물학에 적용하는 방법을 더욱 고심하게 되었다.

1941년에 맥컬록은 일리노이대학교 시카고 캠퍼스로 옮겼다. 라세프스키와는 서로 다른 학교에 있었지만 그의 연구팀에 합류했고, 어느 시점에서인가 피츠와 만났다. 맥컬록이 어느덧 42세에 접어든 반면 피츠는 아직 미성년이었는데도 둘은 곧바로 가까운 친구가 되었다. 얼마 뒤 오갈 데 없던 피츠와 그의 친구 레트빈은 맥컬록의 집으로 들어갔다. 1960년대에 맥컬록과 일했던 수학자이자 신경과학자 마이클 아비브Michael Arbib의 증언에 따르면 맥컬록과 피츠는 "뇌의 작용 원리를 밝혀내려 맥컬록네 식탁에 둘러앉아 끝없는 저녁 시간"을 보냈으며, 그러는 내내 맥컬록은 마치 엘 그레코El Greco가 그린 구약성서의 예언자 같은 모습으로 위스키를 마시며 담배 연기를 끝없이 내뿜었다고 한다.[13] 이러한 협력관계에서 피츠가 기여한 바를 과소평가해서는 안 된다. 명석한 수학자 노버트 위너Norbert Wiener는 그를 두고 "피츠는 두말할 것 없이 내가 만나본 사람 중에서 최고로 뛰어난 젊은 과학자였다. (…) 그가 미국뿐 아니라 전 세계를 통틀어 자신의 세대에서 가장 중요한 과학자로 두세 손가락 안에 꼽히는 인물이 되지 못한다면 나는 아마 엄청나게 충격을 받을 것이다"라고 말했다.[14] 여기서 '최고로 뛰어난strongest'은 어쩌면 '최고로 이상한strangest'의 오타였을 가능성도 농후하다.

1943년 12월, 맥컬록과 피츠는 〈신경 활동에 내재된 개념들에 관한 논리연산A Logical Calculus of the Ideas Immanent in Nervous Activity〉이라는 제목의 논문을 발표했다.[15] 제목이 말해주듯 맥컬록과 피츠는 뉴런이 발화하거나 서로 연결되어 있는 방식이 시사하는 바를 탐구하고 이를 논리적 표현으로 설명하고자 했다. 다만 불행히도 피츠는 식을 표현하는 데 있어 카르나프가 제안했던 난해하다 못해 괴상한 표기법을 따르고 말았다. 마이클 아비브는 그렇지 않아도 이미 대부분의 사람들로서는 굉장히 이해하기 어려웠던 논문이 이제는 "아주 범접할 수 없는 불가사의"가 되어버렸다고 말했으며, 과학사학자 릴리 E. 케이Lily E. Kay는 "해석이 거의 불가능한 추상적 관념"이라고 평했다.[16] 그래도 빽빽하게 펼쳐진 논리학 기호들 옆에는 맥컬록과 피츠가 의도했던 바를 잘 나타내는 명쾌한 설명이 조각조각 덧붙여져 있었다.

맥컬록은 이 같은 접근법을 생물학에 적용하기 위해 15년 넘게 고심했다.[17] 그가 핵심적인 통찰을 얻은 것은 활동전위의 실무율 법칙이 언제나 참 또는 거짓으로 나뉘는 논리학의 명제와 동일하다는 사실을 깨달으면서였다. 뉴런 또한 발화하거나 발화하지 않거나 둘 중 하나였다. 이것이 바로 맥컬록이 '사이콘psychon'라고 칭했던 정신적 '미립자'를 나타내는 한 가지 예로써 다른 것들과 결합하여 보다 복잡한 현상을 이루는 기본단위다. 이제 그는 '신경망'으로 지칭한 뉴런의 활동을 명제로 표현하는 일이 가능하다는 사실을 깨달았다. 그렇지만 맥컬록은 이를 엄격한 논리어로 나타내는 것이 자신의 능력 밖의 일이라고 생각했다. 피츠를 만나기 전까지는 말이다. 맥컬록은 훗날 "이후의 모든 성공은 대부분 피츠에게 신세를 진 셈이다"라고 기술했다.[18]

맥컬록과 피츠가 논문에서 묘사한 열 개의 정리(맥컬록의 딸 태피Taffy가 뉴런들을 서로 연결된 형태의 그림으로 각각 표현해주었다)는 거의 한 세기 앞서 조지 불George Boole이 개발한 논리 대수logical algebra로써 명쾌하게 제시되었다.[19] 불리언 로직Boolean logic•은 기초 연산자인 'AND', 'OR', 'NOT'과 결합되어 연산을 가능케 하는 참 또는 거짓 진술을 바탕으로 이루어진다. 맥컬록과 피츠는 이러한 연산이 신경계의 기본적인 구조에 체화되어 있을 수 있음을 보여주었다. 예를 들어 그림 21에서 c의 뉴런들은 불리언 'AND' 함수를 나타내는데, 이때 뉴런 3은 뉴런 1과 뉴런 2가 모두 발화할 경우에만 발화하게 된다. 마찬가지로 b는 'OR' 함수를 나타내며, 뉴런 3은 뉴런 1 또는 뉴런 2 중의 하나만 활성화되어도 발화한다. 한편 d는 'NOT' 함수를 나타내는데, 여기서는 뉴런 1이 발화하고 뉴런 2는 발화하지 않을 경우에만 뉴런 3이 활성화된다.

이러한 기초함수들을 결합함으로써 맥컬록과 피츠는 그 유명한 '열 착각heat illusion'처럼 제법 복잡한 현상들도 설명할 수 있었다. 열 착각이란 '차가운 물체를 아주 잠깐 동안 피부에 대고 있다가 떼면 오히려 따뜻한 감각이 느껴지는 반면 이를 조금 더 긴 시간 지속하면 오직 차가운 감각만이 느껴질 뿐 순간적인 열감조차도 느껴지지 않는 현상'을 말한다.[20]

e는 이러한 착각 현상을 설명할 수 있는 신경망을 표현하고 있는데, 열기를 탐지하는 뉴런(1), 냉기를 탐지하는 뉴런(2), 그리고 각각 따뜻한

• 불 연산, 불 논리라고도 한다.

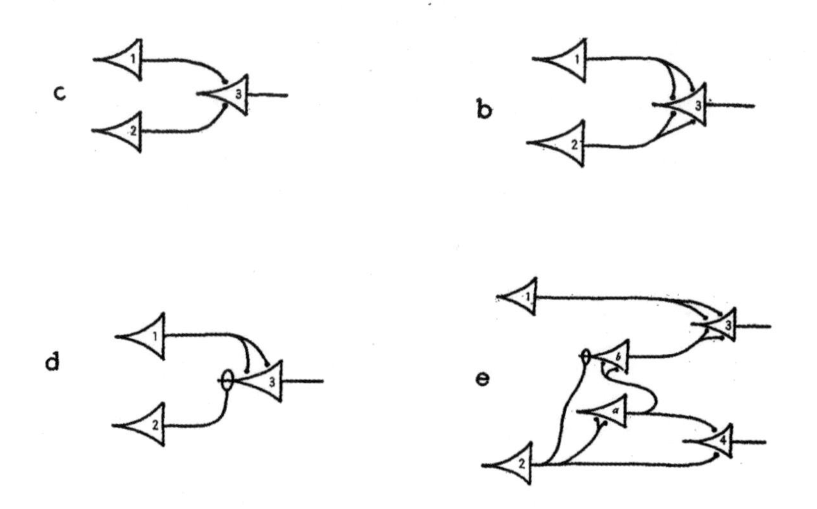


**그림 21** 신경 구조가 어떻게 불리언 로직의 성질들을 체화하고 있는지 보여주는 맥컬록과 피츠의 그림. ◁는 뉴런을 나타낸다.

감각(3)과 차가운 감각(4)을 나타내는 뉴런 두 개가 또 다른 두 개의 뉴런(a와 b)을 통해 망에 연결되어 있는 단순한 구조다. 맥컬록과 피츠가 말한 것처럼 이 착각 현상은 "지각과 '외부 세계'의 교신이 이들을 중재하는 신경망의 특정한 구조적 속성에 기대고 있음을 아주 명확하게 보여준다." 기초적인 심리 현상이 논리회로로 모델링될 수 있는 것이다.

맥컬록과 피츠의 야망은 감각 착각을 설명하는 데서 그치지 않았다. 그들은 정신활동의 모든 핵심 측면들이 "철저하게 현재의 신경생리학에서 추론 가능하다"며, 심지어 정신적인 문제들도 결국 어떤 '구조 이상'으로 이해할 수 있게 되리라고 주장했다. 그들의 논문은 신경계를 고도로 관념적인 방식으로 생각해보는 일도 가능함을 보여주었는데, 이는 과거 수십 년 동안 제시되었던 그 어떤 물리적인 모형보다도 훨씬 더 영향력 있는 통찰이었다. 또한 뇌가 어떻게 작용하는지 이해하는 데 있어 피질에서 각 기능을 담당하는 영역을 특정 짓는 국재화 개념에 기반을 두었으나 기껏해야 다양한 운동기능에 관여하는 애매모호한 '중추'를 규명하는 데 그친, 반세기 넘도록 지배적이었던 접근법에서 마침내 크게 벗어났음을 의미했다. 이러한 기능들이 실제로 어떻게 수행되었는지는 여전히 불분명했다. 하지만 맥컬록과 피츠의 연구가 정말 참신했던 점은 해부학적 영역들이 아니라 기능이 실행되기까지의 과정에 주의를 기울였다는 사실이다. 이제 뇌에 대한 설명을 하려면 뉴런들의 연결망 또는 조직들 간의 상호작용 내에 체화되어 있을 것으로 예상되는 알고리즘을 묘사해야 마땅하다고 여겨졌다. 앞으로 해결해야 할 주요 문제는 맥컬록과 피츠가 신경 구조의 내재적 논리라고 칭했던 구성 요소들 간의 관계 및 이들 구조로부터 기능이 발생하는 원리에 관한 사안이었다.

이 같은 접근법이 뇌를 바라보는 우리의 관점을 바꾸었다는 사실은 두말할 나위가 없지만 실제로 신경계의 기능에 관한 연구에 얼마나 영향을 미쳤는지는 비교적 분명하지 않다. 당시에 신경 회로에 대한 정밀한 지식이 너무나도 부족했던 탓도 있지만, 맥컬록과 피츠도 인식하고 있었던 것처럼 그들이 제시한 관념적이고 극단적으로 단순화된 도식에 들어맞는 실제 신경망의 수가 별로 많지 않다는 이유도 컸다. 다수의 신경생리학자들은 세부적인 사항들이 실제 신경계의 특성에 부합하지 않는다는 사실을 도저히 그냥 넘어가지 못했다. 생물학적인 현실과 동떨어진 모형은 무의미하다고 생각했던 것이다. 그 이후로 'AND' 게이트처럼 기능하는 단일 뉴런들의 사례가 규명되기는 했지만 맥컬록과 피츠가 제시한 모형과는 달리 단순히 덧셈의 원리를 따르는 것이 아니었다. 생물학적 체계에서 일반적으로 받아들여지는 바와 같이 비선형적이며 곱셈의 원리를 따랐다. 생명이란 논리학보다 복잡한 존재였던 것이다.[21]

총 4,500여 건의 인용 중 상당 부분을 차지하며 결과적으로 둘의 논문이 가장 큰 영향력을 미쳤던 분야는 당시 갓 생겨난 컴퓨팅 영역이었다. 미국에서는 수학자인 존 폰 노이만이 컴퓨터에 대한 생각을 전개하는 데 이미 불리언 로직을 활용하고 있었는데, 노버트 위너 덕분에 폰 노이만은 맥컬록과 피츠의 논문에 관심을 가지게 되었고, 특히 맥컬록과 피츠가 세포들이 신경계의 구조 내에서 이루어지는 'AND/OR/NOT' 연산을 체화하고 있다는 데 초점을 맞추기는 했지만 이들의 이론 자체는 생물학적, 기계적, 전기적 할 것 없이 모든 물질에 적용될 수 있다는 사실에 주의를 기울이게 되었다.

폰 노이만은 무섭도록 뛰어난 인물이었다. 원자폭탄을 만드는 맨해튼 프로젝트에서 선두적인 역할을 수행했을 뿐 아니라(나가사키를 흔적도 없이 날려 버린 폭탄에 이용된 내파 기반의 폭파 장치를 고안하고 표적을 선정하는 작업을 도왔다) 현재 경제학 및 생태학에서 쓰이는 게임이론의 기본 토대가 되는 요소들을 개발했으며, 가장 결정적으로 미래의 컴퓨터 개발을 계획했다.[22] 1945년 6월, 폰 노이만은 프로그램이 내장된 범용 컴퓨터에 관한 연구 계획서를 작성했는데, 여기에는 초고속 자동 디지털 컴퓨팅 시스템의 구조와 더불어 논리적 제어방식이 담겨 있었다.[23] 내가 지금 이 글을 쓰고 있는 컴퓨터도 여러분의 주머니 안에 들어 있는 휴대전화와 마찬가지로 폰 노이만의 발상에서 비롯되어 작동하는 것이다.

이진 논리binary logic적 언어의 틀에 갇혀 전선과 반짝반짝 광이 나는 밸브들의 조합으로써 생각을 펼쳐나가기는 했지만 폰 노이만이 구축한 컴퓨팅 시스템의 구조와 논리적 제어방식에 대한 개념의 중심에는 기본적으로 맥컬록과 피츠가 제시한 가상의 신경망이 자리하고 있었다. 글의 첫머리부터 폰 노이만은 컴퓨터가 어떠한 형태일 것인지에 대한 자신의 생각을 뒷받침하기 위해 생물학적인 비유를 사용했다.

고등동물의 뉴런은 (···) 실무율의 성질을 가지고 있어 잠잠하거나 흥분하는 두 가지 상태를 띠게 된다. (···) W. S. 맥컬록과 W. 피츠를 따라 역치, 시간적 가중temporal summation, 상대적 억제relative inhibition, 시냅스 지연을 뛰어넘는 자극의 잔상 효과에 의한 역치의 변화 등 뉴런의 기능에 있어 보다 복합적인 양상들은 무시하기로 한다. (···) 이 같은 단순화된 뉴런의 기능들을 전신 계전기나 진공관으로 모사하는 것을 쉽게 볼 수 있다.

폰 노이만은 이어서 설명했다.

이러한 진공관의 배열은 진공관의 숫자digits를 통해 수numbers를 처리하도록 되어 있었으므로 연산체계 또한 두 개의 값을 가지는 숫자를 사용하는 편이 자연스럽다. 이는 곧 이진 시스템의 사용을 의미한다. 인간의 뉴런과 유사한 이 구성 성분들은 전자와 동일하게 실무율의 법칙을 따른다. 이 같은 관점은 진공관 시스템을 고려하는 모든 예비 조정 단계에도 제법 유용하게 쓰일 것이다.

폰 노이만은 생물학적 모형을 언급함으로써 컴퓨터의 구조 및 기능 개발 방식에 있어 자신의 선택이 타당함을 보이고 있었다. 막 발명되었던 당시, 폰 노이만의 컴퓨터는 뇌와 같다고 받아들여졌다. 기계와 뇌 사이의 비유의 방향이 정반대였던 것이다. 둘 사이의 비유가 반대로 뇌를 컴퓨터로 바라보는 지금과 같은 형태로 자리를 잡기까지는 뇌와 컴퓨터에 대한 연구가 사실상 가장 격동적으로 상호작용했던 몇 년간의 시간이 있었다.

## 뇌의 연산 작용과 튜링 기계

맥컬록과 피츠는 뇌의 역할을 둘러싼 우리의 지식에 유일무이한 기여를 했으며, 얼떨결에 컴퓨터의 개발에도 큰 영향을 미쳤지만, 사실 그러한 접근법을 시도한 인물은 그들뿐만이 아니었다. 1942년 상반기, 맥컬록은 대뇌 억제라는 주제로 뉴욕 파크 애비뉴 호텔에서 소수의 고명한 학자들만을 대상으로 열린 학회에 초대받았다. 발표자들 중 하나였던 하버드대학교의 멕시코인 생리학자 아르투로 로젠블루스Arturo Rosenblueth는 위너와 엔지니어 줄리언 비글로우Julian Bigelow와 함께 진행하던 일부 연구 결과를 발표했다. 당시 위너와 비글로우는 전쟁 무기 개발 업무에 관여하며 자동 대공포를 개발하기 위해 고심하고 있었다. 그러다 문득 자신들이 연구하고 있던 격추 시스템이 피드백을 수반한다는 사실을 깨달았다. 포수들이 적기의 궤적에 맞추어 포의 각도를 조정하고 발사하고 다시 각도를 수정하는 행동을 반복함으로써 대응 사격을 했던 것이다.[24]

기계와 더불어 심지어 신경계까지도 정적 및 부적 피드백을 전달하는 순환 루프로 바라봄으로써 로젠블루스, 비글로우, 위너는 단순한 시스템의 활동에서 어떻게 목적성 있는 듯한 행동이 발생하는지 설명할 수 있게 되었다. 이는 특히 부적 피드백, 다시 말해 장치가 사전에 설정된 목표에 이르면 특정한 기능의 수행을 멈추는 것과 관련되어 있었다. 맥컬록은 로젠블루스의 발표를 듣고 자극을 받아 어떻게 하면 피드백루프를 가지고 신경증과 같은 정신질환들을 비롯하여 다양한 현상들을 설명할 수 있을지 고민하기 시작했다.[25]

맥컬록과 피츠가 신경계에 내재된 논리에 관한 논문을 출판한 것과 같은 해인 1943년, 로젠블루스와 비글로우, 위너는 자신들의 생각을 정리하여 〈행동, 목적 그리고 목적론Behavior, Purpose and Teleology〉이라는 제목의 논문을 발표했다. 그들은 목적론, 즉 비인간 체계에서 관찰되는, 목적성을 띤 목표주도적 행동을 정적 및 부적 피드백으로 묘사했다. "일부 기계의 행동과 생물의 몇몇 반응에는 목표에 의해 행동을 취하는 주체에 수정을 가하고 방향을 인도하는 역할을 하는 연속적인 피드백이 수반된다"고 말이다.[26]

기계와 동물을 예로 드는 한편 수식은 배제하고 설명함으로써 로젠블루스, 비글로우, 위너는 피드백을 핵심 기제로 삼아 모든 행동을 이해하는 공통의 기틀을 마련했다. 그들은 정적 피드백이 파킨슨병 환자에게서 나타나는 떨림 등 특정한 병리적 증상을 설명할 수 있다고도 주장했다(맥컬록과 피츠도 같은 이론을 세웠는데, 이는 그들이 제안한 정리 중 가장 복잡한 형태로, '원이 더해진 망'이라는 제목에 정적 피드백루프를 표현하는 원이 그려져 있었다). 로젠블루스와 비글로우, 위너가 제시한 통찰이 위대한 것은 부적 피드백이 어떻게 기계나 동물로 하여금 목적이 있는 듯한 행동을 하게 만드는지 밝혀냈기 때문이다. 즉 특정한 활동으로 인해 어떤 주어진 상태에 이르게 되면 부적 피드백이 해당 활동을 멈추게 함으로써 마치 목적성 행동을 한 것만 같은 착각을 불러일으킨다는 것이다. 이러한 개념은 맥컬록과 피츠의 발상에는 담겨 있지 않았다. 암묵적으로는 로봇 개 셀레노와 윅스쿨의 기능환이나 로트카의 태엽 장치 딱정벌레에도 투영되어 있기는 하지만, 이를 행동의 근거에 대한 일반적인 시각으로 탈바꿈시킨 것은 로젠블루스, 비글로우, 위너였다.

같은 시기 대서양 반대편에서는 케임브리지대학교의 심리학자 케네스 크레이크Kenneth Craik가 《설명의 본질The Nature of Explanation》이라는 얇은 책을 출간했다. 책의 대부분은 철학적인 내용이었지만 후반부에서는 뇌의 역할이 무엇인가에 관한 가설에 주안점을 두었다. 크레이크는 조건화에 대한 헐의 모형을 언급하며 자신이 특정한 시냅스의 기제를 탐구하기보다는 "신경 기제의 본질적인 특성, 즉 외부 사건들을 흡사하게 본뜨는 능력"을 살펴봄으로써 더 관념적인 접근을 택하기를 선호한다고 설명했는데, 그는 이러한 능력이 계산 기계에도 존재한다고 주장했다.[27]

크레이크의 접근법은 단순히 뇌와 전화교환국 사이의 애매모호한 유사성을 도출하기보다는 훨씬 더 심오한 방식을 취했다. 바로 어떤 기계가 "생각의 일부로 녹아들기" 위해서는 어떠한 계산을 수행해야 하는가를 밝히는 데 관심이 있었던 것이다.[28] 크레이크는 여기에 관여하는 핵심적인 유형의 계산은 외부 현실의 양상을 나타낼 수 있는 기호 계산symbolic calculation이라고 주장했다. 또 인간의 감각기관과 신체가 미치는 범위를 효과적으로 확장시킨 계산용 기계나 망원경과 같이 당대 가장 위대한 기술 발달의 산물들을 조명하고, "우리의 뇌 역시 이와 동일한 목적을 달성하기 위해 동등한 기제를 활용하며, 계산 기계가 다리에 가해지는 압력의 점진적인 증가를 그대로 재현할 수 있듯 이러한 기제는 외부 세계에서 일어나는 현상들을 똑같이 재현할 수 있다"는 주장을 펼쳤다.[29] 아울러 그는 신경계의 이 같은 상징적 표상이 행하는 핵심 기능은 여러 대안을 살피고 그 결과를 예측하는 것이라고 말했다. 다시 말해 뉴런들의 활동으로 구성된 심적 모형은 유기체가 미래의 사건에 대비할 수 있게 해준다.

이러한 기제들이 어떻게 뇌에 체화되어 있는지 추측하는 데는 크레이크도 확신이 없었는지 미세해부학적인 다양성은 "전화교환을 본뜬 뇌의 모형이 그 어떤 특정한 연결성도 상정하지 않을 때 더욱 설득력을 띠게 되리라"는 사실을 의미한다고 주장했다. 신경계에 내재된 논리의 체화에 대한 크레이크의 설명은 맥컬록과 피츠가 제시했던 것보다도 훨씬 더 추상적이었다.[30] 그는 가령 두 명의 뇌에 동일한 과정이 표상된다면 그 둘의 신경학적 구조가 다를지라도 똑같은 행동을 보이게 될 것이라고 주장했다. 크레이크는 충분한 가소성만 주어진다면 무작위로 연결된 체계조차도 "경험에 의해 필요한 수준의 질서는 띠게 될 것"이라고 여겼다.[31] 시간과 경험만 충분하다면 궁극적으로 '올바른' 연결이 생겨날 것이라고 말이다. 하지만 비극적이게도 크레이크는 "외부 사건을 본뜨거나 재현하는 능력을 갖춘 계산 기계"로써 신경계를 대한다는 자신의 관점을 끝내 밀어붙이지 못했다. 1945년, 그는 케임브리지에서 자전거 낙상 사고로 사망하고 말았다.

크레이크의 책은 처음 출간되었을 당시에는 큰 반향을 불러일으키지 못했지만 1946년에는 에이드리언이 몇 차례의 강의를 진행하면서 그의 책에 관심을 기울였고, 그때의 강의는 이듬해 책으로 엮어 출판되기도 했다. 에이드리언은 크레이크가 제안한 개념이 "뇌는 계산 기계가 물리적인 구조나 과정을 표상하기 위해 활용하는 기호나 상징 같은 것들을 통해 어떻게든 외부사건들을 모사하거나 재현할 방법을 찾는다"는 의미라고 요약했다. 이는 "유기체가 외부사건에 대한 지도를 머릿속에 담고 있을 뿐 아니라 작게 축소한 외부 현실 모형과 그 속에서 스스로 취할 수 있는 행동에 관한 정보도 지니고 있다"는 것을 시사했다. 의식적이든 아니든 에이드리언은 뇌의 가장 중심부의 작용을 볼 수 있다고 할지라도 결국 이해할 수 있는 것은 아무것도 없다는 라이프니츠의 방앗간 논증의 핵심에 반하는 주장을 편 셈이었다. 에이드리언은 이를 통해 생각이 어떻게 생겨나는지까지는 알 수 없더라도 어쨌든 통찰은 얻을 수 있다고 보았다.

> 따라서 심상과 생각은 정교한 기계가 빚어낸 최종 완성품으로 이해해야 할 것이다. (…) 어떤 이의 뇌가 작용하고 있는 모습을 볼 수만 있다면 그곳에서 잇달아 발생하는 각각의 패턴이 어떻게 그가 필요로 하는 지적 능력과 의미를 지니게 되었는지 파악할 수 있으므로 그가 무슨 생각을 하고 있는지도 알 수 있을 것이다.[32]

*

이 모든 접근법 뒤에서 아른거리다 마침내 1943년에 열매를 맺은 발상이 있었으니, 바로 앨런 튜링Alan Turing이 고안한 개념이었다. 1936년, 당시 24세였던 튜링은 연산 가능한 것이라면 무엇이든 연산할 수 있는 인공 장치에 대한 논리가 담긴 논문을 썼다.[33] 그 무렵 막 프린스턴대학교에서 튜링과 함께 일하며 그와 유사한 생각을 전개하던 알론조 처치Alonzo Church는 이 가상의 장치에 친절하게도 '튜링 기계Turing machine'라는 별명을 붙여주었다. 상상 속의 튜링 기계는 기호가 적힌 네모 칸으로 나뉘어진 긴 테이프, 한 번에 한 개의 네모 칸을 처리할 수 있는 스캔헤드, 그리고 각각의 기호에 대해 어떻게 반응해야 할지 알려주는 규칙으로 구성되어 있었다. 이론적으로 이 기계는 계산이 가능한 것이라면 뭐든 계산할 수 있었으며, 이론적으로 여기에는 다른 기계를 흉내 내는 일도 포함되었다.

튜링 기계의 기본적인 구성 요소와 불리언 신경 회로 사이의 유사성은 맥컬록과 피츠가 자신들이 제안한 신경망 모형도 테이프와 스캐너처럼 적절한 입출력 및 저장 장치와 연결되기만 한다면 신경 역시 튜링 기계와 동일한 계산을 할 수 있을 것이라고 지적함으로써 분명하게 드러났다. 두 접근법은 상호보완적이었으며, 맥컬록과 피츠의 신경망은 "연산 능력 및 그에 상응하는 것들에 대한 튜링의 정의를 심리학적으로 입증"했다.[34] 이와 관련하여 맥컬록은 그로부터 5년 뒤, "우리가 하고 있다고 생각했던 일(내 생각으로는 제법 훌륭하게 성공한 듯하다)은 결국 뇌를 하나의 튜링 기계로 대하는 것이었다"고 부연하기도 했다.[35]

처음에는 튜링도 자신이 개발한 가상의 장치를 인공지능이라거나 유기체 사이의 연결고리라는 관점에서 생각하지 않았지만 곧 그러한 방식으로 생각을 전개하기 시작했다. 많은 일이 일어났던 1943년 상반기, 튜링은 뉴욕의 지상 열차 노선이 내부를 가로지르는 맨해튼 로어이스트사이드에 위치한 미래형 건물 내에 자리한 벨 연구소에 있었다. 전쟁 막바지에 런던과 워싱턴 사이를 안전하게 연결하는 해저 핫라인을 가능케 했던 암호화 프로토콜 작업차 방문한 터였다. 암호화 이론을 연구하며 정보의 수학적 개념을 발전시키고 있던 당시 26세의 수학자 클로드 섀넌Claude Shannon도 그가 벨 연구소에서 만난 사람 중 한 명이었다. 둘은 종종 점심 식사를 하거나 커피를 마시며 공통의 관심사에 대해 수다를 떨었다. 바로 전자두뇌를 구축하는 일이었다.

1937년, MIT에서 석사논문을 쓰고 있던 섀넌은 불리언 로직이 자신이 하계 인턴 기간 동안 연구했던 벨 회사의 전화 회로 및 MIT의 버니바 부시Vannevar Bush가 개발한 기계식 아날로그 계산장치와 관련이 있다는 사실을 깨달았다. 섀넌의 통찰은 본질적으로 몇 년 뒤 맥컬록과 피츠가 깨달았던 기호를 활용해 논리학을 회로로 묘사하는 일이 가능하다는 깨달음과 동일했다. 특히 세 개의 기본 연산자, 'AND', 'OR', 'NOT'은 이진 논리에 기반하여 작동하는 전기회로로 나타낼 수가 있었다. 이러한 사실은 폰 노이만의 관심을 끌었고, 훗날 그가 디지털컴퓨터에 관한 생각을 분명히 정리하는 데 도움이 되었다. 또한 이후에도 튜링과 섀넌 사이의 확실한 공통 관심거리로써 두 사람이 대화를 이어가며 서로 상대방보다 정확하게 미래를 예측하기 위해 노력하는 계기가 되기도 했다. 섀넌은 이렇게 회상했다.

> 우리에게는 꿈이 있었고, 튜링과 나는 인간의 뇌 전체를 모방할 가능성에 관해 이야기하곤 했다. 우리가 정말 인간의 뇌와 동등하거나 심지어 더욱 뛰어난 컴퓨터를 만들 수 있을까? 그리고 이는 어쩌면 지금보다 그때가 더 쉽게 느껴졌던 것 같다. 우리 둘 다 가까운 미래, 아마도 10년이나 15년이면 이러한 일이 가능해지리라 생각했다. 우리는 틀렸고, 30년이 지난 지금

도 여전히 이루어지지 않았다.[36]

결국 튜링은 전자두뇌로 무엇을 할 수 있을지에 관한 섀넌의 몇몇 발상들에 놀라고 말았다. 일례로 튜링은 벨 연구소의 연구원 알렉스 파울러Alex Fowler에게 "섀넌이 그 뇌에 데이터뿐만 아니라 문화적인 것들까지 집어넣으려고 하고 있어! 거기다 음악까지 틀어주려고 하더라니까!"라고 말하기도 했다.[37]

## 인간의 뇌를 흉내 낸 기계들

전쟁이 끝나고 몇 년 뒤인 1946년 3월, 메이시 재단에서 '생물학 및 사회과학에서 피드백 기제와 순환성 인과 체계 학술대회The Feedback Mechanisms and Circular Causal Systems in Biology and the Social Sciences Meeting'라는 다소 거추장스러운 명칭 하에 이어진 학술 모임의 첫 회를 개최했다. 이후 이 명칭은 1948년에 위너의 베스트셀러 《사이버네틱스: 또는 동물과 기계의 제어와 소통Cybernetics: Or Control and Communication in the Animal and the Machine》이 출간되면서 훨씬 단순하게 '사이버네틱스 학술대회Cybernetics Meeting(인공두뇌학 학술대회)'라는 축약형으로 대중에게 널리 알려졌다.

이 소규모 학회가 품고 있던 야망은 그 이름에 이미 명시되어 있었는데 공통의 기제, 특히 피드백을 연구함으로써 생물학과 사회과학(아울러 신생 분야였던 컴퓨팅까지)을 하나로 통합하려는 것이었다. 겨우 열두어 명 조금 넘게 참가했던 첫 번째 모임에서 폰 노이만과 스페인의 신경생리학자 라파엘 로렌테 데 노Rafael Lorente de Nó는 전자 및 신경 디지털시스템의 중요성을 다루었다. 1930년대에 카할과 함께 일한 적이 있는 로렌테 데 노는 뉴런

을 육체 내의 오토마타를 구성하는 핵심 요소로 묘사했다.[38]

그러나 해당 분야들이 하나로 결합되면서 뇌의 기능에 관한 새로운 통찰이 일어날 조짐이 보이던 바로 그 시기, 폰 노이만은 의구심을 품기 시작했다. 1946년 11월, 그는 위너에게 컴퓨터와 뇌 사이의 유사성에 치중하는 것은 아마도 잘못된 판단인 것 같다는 내용의 편지를 썼다. 그는 "튜링 및 피츠와 맥컬록의 위대하고 긍정적인 업적에 동화되고 나서 상황이 전보다 좋아지기보다는 오히려 나빠졌다"고 주장했다. 폰 노이만이 깨달았듯 문제는 실제 신경계가 맥컬록이나 피츠가 묘사한 것보다 훨씬 복잡하며, 단일한 활동전위에서 나타나는 기본적인 실무율적 양상 외에는 사실상 디지털 방식으로 기능하지 않는다는 점이었다. 특히 에이드리언이 밝혔던 것처럼 신경 부호에는 핵심적인 아날로그 요소가 포함되어 있었다. 발화 빈도가 자극의 강도에 따라 증가한다는 사실 말이다. 다시 말해 외부 세계를 표상하는 과정에서 뉴런은 디지털적으로 작용하지 않는다.

이제 폰 노이만은 "태양 아래 가장 복잡한 물체", 즉 인간의 뇌를 연구하기로 한 결정이 위너와 자신의 실수는 아닐까 고민하기 시작했다. 그렇다고 그 대안으로 인간보다 단순한 개미 등의 신경계를 택하는 것도 별 도움은 되지 않았는데, 폰 노이만은 "얻는 것만큼 잃는 것도 많다. 디지털 부분(신경)이 단순화되면서 아날로그 부분(체액)도 이해하기 어려워지고 (…) 실험 대상이 생각한 바를 제대로 표현하지 못하므로 의사소통이 가능한 내용도 점점 빈약해질 수밖에 없다"고 주장했다.[39] 결국 폰 노이만이 내놓은 해결책은 신경계에 대한 연구를 모두 포기해야 한다는 것이었다. 그는 논리학을 통해 성공적으로 생물학을 이해할 수 있는 가장 좋은 방법은 바이러스 연구라고 여겼다.*

이러한 비관적인 생각에도 불구하고 폰 노이만은 계속해서 사이버네틱스 및 뇌에 관한 논의에 참여했으며, 1948년 9월에는 미국 패서디나에서 행동을 발생시키는 다양한 뇌의 기제를 주제로 한 학회에 참석해 아날로그와 디지털 컴퓨터의 구조를 비교하고 그 둘을 다시 신경계와 비교하는 내용을 발표하기도 했다.[40] 폰 노이만은 뉴런이 진정한 디지털이 아니며, 이는 뉴런의 반응 방식 때문만이 아니라 혈압을 통제하는 등 뉴런이 관여하고 있는 피드백루프가 신경적인 요소와 생리적인 요소를 모두 포함하고 있기 때문임을 알아차렸다. 그의 표현을 빌리자면 "살아 있는 유기체는 부분적으로는 디지털 기제를 취하고 부분적으로는 아날로그 기제를 택하는 등 매우 복합적이다."[41] 아울러 폰 노이만은 뇌가 그 어떤 컴퓨터보다도 훨씬 작은 동시에 훨씬 많은 요소들을 담고 있다고 설명했다(이는 그보다 1년 앞서 컴퓨터를 더욱 발전시키기 위해 실질적으로 해결해야 할 과제로 대두되면서 결국 소형화로 나아가는 첫 단계로 개발된 트랜지스터가 아직 상용화되기 전의 일이지만 그의 말의 요지는 지금도 여전히 유효하다). 무엇보다 그는 지금이야 흔히 쓰이는 단어이지만 당시로써는 새롭게 느껴졌던 동사를 사용해 신경과학에서 가장 주요한 의문 중 하나로 남아 있던 문제를 지적했다. 바로 "〔뉴런은〕 어떻게 연속된 수를 디지털 표기 방식으로 부호화할까?"하는 점이었다.

맥컬록과 피츠의 접근법이 "속속들이 분명하게 설명할 수 있는 것이라면 무엇이든 (…) 그러한 성질로 인해 한정된 수의 적합한 뉴럴네트워크로 모델링이 가능하다"◆◆는 사실을 입증했음을 인정한 폰 노이만은 뒤이어 이를 실현시키는 데 걸림돌이 되는 실질적인 문제를 지적했다. 이를테면

◆ 이에 관한 자세한 이야기는 현재 다루는 내용에서 벗어나므로 관심 있는 독자들은 내가 이전에 출간한 《생명에 관한 가장 위대한 비밀Life's Greatest Secret》을 읽어보기 바란다.

◆◆ 여기서 쓰인 '뉴럴네트워크'라는 용어는 라세프스키 연구팀에 대한 책의 논평에서 처음 등장했다(책 자체에서는 해당 용어가 쓰이지 않았다). Reiner, J., *Quarterly Review of Biology* 22 (1947): 85-6.

'어떤 물체가 세모꼴이다'와 같은 시각적 유추처럼 단순한 과정조차도 '전적으로 비현실적인 수'의 구성 요소들을 수반할 것으로 여겨졌다. 이에 그는 다음과 같은 비관적인 결론을 내렸다.

> 따라서 '시각적 유추'를 설명할 정확한 논리적 개념, 다시 말해 정확한 언어적 표현을 찾고자 애쓰는 일이 무의미한 짓일 가능성이 전혀 없지는 않다. 시각적 뇌의 연결 패턴 자체야말로 그 원리를 표현하는 가장 단순한 형태의 논리식 혹은 정의일 수도 있다.

폰 노이만은 상대적으로 단순한 일부 심리 작용일지라도 해당 연산에 관여하는 실제 신경계를 그저 부분별로 흉내만 내는 모형조차 만들기가 불가능하다는 주장을 펼친 것이었다. 그는 맥컬록과 피츠의 접근방식에 근거한 인간의 뇌에 대한 그 어떤 물질적인 표상도 "물리적 우주에는 적합하지 않은" 것으로 밝혀질까 우려를 표했다.

한편 같은 학회에서 맥컬록은 '어째서 마음은 머릿속에 있는가Why the Mind is in the Head'라는 도발적인 제목으로 강연을 진행했다. (마지막 구절에서 맥 빠지게 단순한 답이 제시되었는데, 결국 머릿속이 바로 모든 뉴런이 자리한 곳이기 때문이라는 결론이었다.) 이제 그 역시도 뇌를 본뜬 모델을 개발할 가능성에 비관적인 입장이 되었는데, 맥컬록은 피츠가 단순한 반사호에서 입력과 출력의 관계를 매핑하는 데 열중했지만 "아직까지 아주 간단한 답조차 내놓지 못하고 있다"고 털어놓았다. 이어 "이 같은 작업조차도 뇌 전체에 대해 진행하기란 절대로 불가능하다"고 덧붙였다.[42] 그때나 지금이나 대부분의 신경생리학자들에게는 그의 발언이 그다지 놀랍게 느껴지지 않을 것이다.

학술대회가 끝나고 몇 주 뒤 위너는 《사이버네틱스: 또는 동물과 기계의 제어와 소통》을 출간했고, 그를 기점으로 모든 상황이 바뀌었다. 위너의 책은 전 분야를 아우를 수 있는 사이버네틱스라는 용어를 최초로 사용(그리스어로 키잡이를 뜻하는 단어에서 차용했다)했을 뿐만 아니라 대다수의 독자들이 이해하지 못하는 수식을 어마어마하게 많이 담고 있었음에도 (여기에는 오류도 가득했다) 세계적인 베스트셀러에 등극함으로써 과학자와 대중 모두에게 아주 중요한 연구물로 자리매김했다. 위너 자신도 전설적인 인물이 되어 언론의 주목을 받았다. 퉁퉁한 풍채에 두꺼운 안경을 쓰고 반다이크 수염을 한 위너는 십 대 시절부터 버트런드 러셀과 함께 연구했다. 이에 그의 첫 번째 자서전에는 일견 뻔뻔해 보일지 몰라도 그를 정확하게 묘사한 셈인 《과거의 신동Ex-Prodigy》이라는 제목이 붙었다. 그의 가정사도 다소 복잡한데, 그의 아버지는 유대계 러시아인이었지만 그의 아내는 반유대주의자이자 히틀러의 추종자였다. 태피 맥컬록Taffy MaCulloch은 위너가 시골에 있는 아내의 부모님 별장을 방문할 때면 근처 호수에서 알몸으로 수영하기를 즐겼다고 회상했다. "그분은 정말 괴짜였어요. 눈이 툭 튀어나온 개구리 같았죠. 아저씨가 호수에서 배를 물 밖으로 내놓고 둥둥 떠다니며 이런저런 수다를 떨고 공중에 시가를 흔들다가 천천히 물속으로 가라앉던 모습이 기억나네요." 위너의 딸도 당시의 알몸 수영 나들이와 그로 인해 벌어질 뻔했던 가정불화에 대해 기억하고 있었다. "으, 어머니가 그 이야기를 들었다면 펄펄 뛰셨을 모습이 안 봐도 훤해요"라면서 말이다.[43]

《사이버네틱스》에서 위너는 그가 클로드 섀넌과 함께 전쟁 기간 중에 발전시켰던 정보에 대한 새로운 수학적 개념을 설명하고, 동물이나 기계가 목적성을 띤 것처럼 보이는 행동을 하는 데 부적 피드백이 얼마나 중요한 역할을 하는지 역설했다. 또한 뇌와 컴퓨터 사이의 유사성에 대해서도 논했다. 그도 폰 노이만과 마찬가지로 맥컬록과 피츠가 활동전위를 디지털 신호로 규명한 데서 출발했으며, 그 과정에서 튜링이 본질적으로 매우 중요한 영향을 미쳤음을 인정했다. 위너는 이러한 기틀을 바탕으로 기억에 관한 다수의 모형을 논했다. 그중에는 "뉴런의 역치 변화, 다른 방식으로 표현하자면 메시지를 대하는 각 시냅스에서의 투과성의 변화에 따라 정보가 오랜 시간 동안 저장될 가능성도 제법 그럴듯하게 여겨진다"는 주장과 같이 본질을 꿰뚫는 정확한 직관처럼 보이는 발상도 포함되어 있었다.[44]

위너는 특히 생명체의 체내에서는 호르몬이 일종의 메시지로써 어떤 역할을 수행하며 뇌와 행동에 영향을 미칠 수 있다는 아주 중요한 차이점에 초점을 맞추어 뇌와 컴퓨터를 비교하기도 했다. 그의 표현에 의하면 이러한 생리적 신호들은 영구적으로 정해진 연결 대상이 있는 것이 아니기 때문에 체내에서 자유롭게 순환하면서도 특정한 집단의 뉴런에만 영향을 주는데, 그러려면 어떠한 방식으로든 '신호를 받는 이'가 누구인지 표시되어 있어야만 했다. 이는 컴퓨터의 작동 방식과 매우 달랐다.

한편 1950년에 개최되었던 사이버네틱스 학회에서는 시카고의 생리학자 랠프 제러드Ralph Gerard가 장기적인 시각으로 자리에 참석했던 동료 연구자들을 향해 신경계가 정확히 어떻게 기능하는지에 관한 지식이 부재한 상황에서는 이 같은 관점을 통해 뇌를 이해하는 데 실속 없이 거창하기만 한 주장들을 내세우고 '지나친 낙관성'을 품는 일은 위험하다고 경고했다. 그는 단일한 활동전위의 디지털적인 특성과는 별개로 뉴런들이 서로 정보를 주고받는 방식은 본질적으로 아날로그 형식을 따르며, 신경망 또한 전자 기계처럼 기능하지는 않는다고 강조했다.[45] 반면 이 문제를 해결하기 위해 그동안 투자했던 것을 생각하면 아마도 가장 잃을 것이 많았을 맥컬록은 신호 전달에 관한 한 "단 한 번의 클릭만으로 충분하다"고 주장하며 끝내 자신의 입장을 굽히지 않았다. 토론은 차츰 지나치다 싶을 정도로 옹졸하게 변질되었고, 결국 용어 정의에 대한 아무짝에도 쓸모없는 기나긴 논쟁으로 번지고 말았다. 그렇게 이론가들과 실용성을 중시하던 생물학자들 사이의 골은 깊어져만 갔다.

폰 노이만은 1958년에 출간된 유작 《컴퓨터와 뇌The Computer and the Brain》를 통해 남긴 이 주제에 관한 최후의 글에서 자신이 10여 년 전 전개했던 주장 중 상당수를 다시금 나열하더니 결국 마지못해 단순히 뇌가 기계보다 훨씬 복잡하다는 차원의 문제가 아니라 뇌가 자신이 처음에 생각했던 것과는 매우 다른 양상으로 기능한다는 점이 문제라는 사실을 인정하고, "여기에는 논리학 및 수학에서 우리가 일반적으로 익숙한 것과는 다른 논리적 구조가 존재한다"라고 언급했다.[46] 그가 내린 결론은 "**우리**의 수학은 표면상 중추신경계가 **진정으로** 사용하는 수학 및 논리적 언어가 무엇인지를 평가하기 위한 관점과 절대적인 관련성이 없다"는 것이었다. 이론은 강력했지만 복잡한 생물학적 현실은 그보다 한 수 위였다.

*

사이버네틱스 학술 모임은 1946년부터 1953년까지 이어졌지만 뇌 피드백 역할 뒤에 뇌가 있다는 사실과 더불어 기계와 유기체의 행동에는 일부 공통적인 과정이 관여하고 있을지 모른다는 주장 외에는 실질적으로 뇌에 대한 이해도를 넓히지 못했다. 일생 동안 돌려 말하는 법이라고는 모르고 살았던 물리학 및 분자유전학자 막스 델브뤼크Max Delbrück는 학회에 참석한 뒤 당시의 토론이 "극단적인 헛소리만 나불대는 완전히 정신 나간 논쟁"이었다며 경멸 섞인 어조로 회상하기도 했다.[47] 문제는 문어의 학습 기제부터 기억의 양자 이론까지 학회 발표에서 온갖 내용을 다루었지만 학회 참가 회원들 대부분이 해당 분야의 전문가가 아니었던 탓에 같은 이야기를 계속해서 반복하거나, 끝없이 설명을 요구하거나, 중간에 끼어드는 등 논의가 샛길로 빠지기 일쑤였다는 점이다. 1949년에 참석했던 랠프 제러드도 "나는 그저 우리가 지금 논의하려고 했던 주제가 무엇인지 물었을 뿐이오" 라며 비통하게 한마디 했다.[48] 그리 대단한 결론에 이르지 못했던 학회는 결국 점차 흐지부지되었다. 막바지에 이르러서는 위너의 아내가 명백히 악의적인 목적으로 꾸며낸 이해할 수 없는 심각한 불화로 인해 위너가 맥컬록과 피츠로부터 완전히 멀어지면서 오명으로 얼룩지고 말았다.[49]

한편 영국에서는 1949년, 신입 연구원들이 훨씬 비격식적인 모임 라티오 클럽Ratio Club을 결성해 런던에서 교류를 시작했다.◆ 입회 조건이 까다로웠던 이 모임에 가입하기 위해서는 꼭 21세기 힙스터처럼 위너가 《사이버네틱스》를 출간하기 전부터 사이버네틱스에 관심을 가지고 있었어야 한다는 핵심 조건을 만족해야 했다(정확히는 '위너의 책이 나오기 전부터 위너의 생각을 가지고 있었던 자'로 회원을 한정한다는 표현을 사용했으며, 교수들도 가입이 금지되었다).[50] 맥컬록이 몇 차례 방문하여 강연을 진행하기는 했지만 라티오 클럽에는 결정적으로 사이버네틱스 학회가 가지고 있던 마력(과 자금)이 부족했고, 결국 이 클럽 또한 서른여덟 번의 모임을 끝으로 1958년 해산되었다.[51]

결과적으로 미국과 영국의 사례 모두 문제는 그들이 다루었던 사이버네틱스라는 것이 보기보다 별 볼 일 없었다는 점이었다. 라티오 클럽의 회원이었던 튜링은 특히 일부 사이버네틱스 학자들이 내세운 지나치게 거창한 주장들에 회의적이었는데, 심지어 맥컬록을 '돌팔이'라고 일축하기도 했다.[52] 결국 튜링은 자신의 우수한 지성을 유기체가 어떻게 발달하고 자라

◆ 클럽 이름을 어떻게 발음했는지를 두고는 회원들 간의 기억이 엇갈렸는데, 두 수 사이의 비율을 나타내는 단어ratio를 말할 때처럼 '레이쇼'라고 발음했다는 주장이 있는가 하면 계산한다는 뜻의 라틴 단어를 말할 때처럼 '라티오'라고 발음했다는 설도 있다.

는지에 집중하기 시작하면서 뇌에 대한 관심을 차차 거두었다.

전후 시대 과학의 중심이 되었던 시기가 이렇듯 암울하게만 마무리되었던 것은 아니다. 사이버네틱스 학회와 라티오 클럽 그리고 당시 전 세계의 대중들은 모두 반자율 로봇이라는 새로운 과학적 통찰을 물리적인 실체로 구현하기 위한 도전에 열광하고 있었다. 일례로 1951년 사이버네틱스 학술 모임에서 클로드 섀넌은 스스로 미로를 학습할 수 있는 로봇을 선보였는데, 이 장치는 시행착오를 거쳐 단순하게 설계된 미로를 통과한 뒤 올바른 경로를 기억할 수 있었으며, 심지어 '항신경증 회로anti-neurotic circuit'가 내장되어 있어 지나치게 오랜 시간 동안 목표 지점에 도달하는 데 실패할 경우 계속해서 강박적으로 같은 방식만을 밀어붙이는 대신 그때까지와는 다른 임의의 움직임을 취함으로써 올바른 해답을 찾기 시작했다.[53] 처음 공개되었을 당시 이 로봇은 75개의 투박한 전자기 전화 계전기들로 제작되어 마치 손가락 감지 센서가 달린 커다란 격자판이 미로의 표면 위를 이동하는 형상이었지만 이후 조금 더 대중친화적인 '생쥐'의 모습으로 업그레이드되면서 자석으로 움직이도록 바뀌었다. '테세우스'라는 이름의 이 생쥐를 대상으로 짧은 영상도 만들어졌는데, 해당 영상에서 섀넌은 그의 로봇이 취한 미로 풀이 방식에는 "어쩌면 뇌와 유사하다고 할 수 있는 어떤 일정 수준의 정신활동이 관여"하고 있다고 주장했다.[54] 그의 로봇은 사이버네틱스 학회에 참석했던 이들(개중에는 아무런 비판 없이 "이거 완전 인간 같은데"라고 말하는 사람도 있었다)부터 〈타임〉, 〈라이프〉, 〈파퓰러 사이언스〉의 독자들은 물론 섀넌의 고용주들에 이르기까지 모든 사람에게 깊은 감명을 주었고,[55] 그가 소속되어 있던 연구소에서는 그의 업적을 기려 그를 이사회의 일원으로 임명하는 계획을 논의하기도 했다.[56] 하지만 이렇듯 들뜬 분위기에도 불구하고 테세우스는 그저 로스와 스미스가 1930년대에 제작했던 기계식 미로 찾기 로봇을 조금 더 정교하게 만든 정도에 불과했으며, 그 로봇과

마찬가지로 결국 학습 기제에 대해서는 그 어떤 통찰도 주지 못했다.[57]

노버트 위너 또한 로봇을 제작했는데, 바퀴가 세 개 달린 '나방'의 형태로, 빛에 이끌리는 성질을 띠었다. 그러다 중성자 흐름의 극성이 뒤바뀌면 이 장치는 빛으로부터 멀어졌으며, 빛을 싫어하는 빈대로 변모했다.[58] 그중 나방 형태는 1950년, 하버드대학교에서 제작했던 차페크의 연극 〈R.U.R〉 서막에서 대중에게 공개되었다. 임시로 '팔로미야'라고 불리며 파피에 마세•를 이용해 실제 생물의 것과는 다른 형태로 만들어진 껍질에 둘러싸인 이 나방 로봇은 위너가 무대 위에서 흔드는 횃불에 이끌려 움직였다. 교내 신문인 〈하버드 크림슨Harvard Crimson〉은 "팔로미야도 실수를 했다. 한 번은 도로 커튼 쪽으로 달려가기도 했으며, 중간에 동작이 멈추는 일도 잦았다. 하지만 적어도 지렁이 정도의 결정 능력과 그보다 훨씬 빠른 속도를 자랑했다"라고 당시 상황을 보도했다.[59]

그 무렵 라티오 클럽 회원이었던 그레이 월터Grey Walter도 유사한 장치를 개발했는데, 바퀴가 달린 한 쌍의 거북이 모양 로봇으로, 그 이름은 각각 '엘머Elmer'와 '엘시Elsie'였다(얼추 광민감성 전자기계식 로봇ELectro-Mechanical Robots, Light Sensitive의 머리글자를 땄다).[60] 거북이 로봇은 결과적으로 영국제••에서 전시되었고, 현재는 런던 과학박물관에 진열되어 있는데, 위너의 나방 로봇과 마찬가지로 빛을 따라 움직였다. 1951년에 뉴스 영화 〈파테Pathé Newsreel〉의 아나운서는 월터의 거북이(거북이를 뜻하는 단어 토터스tortoise와 두운을 살려 '토비Toby'라는 이름으로 개명되었다)가 "인간의 마음처럼 기능하는 전자두뇌"를 가지고 있다며 영국의 관람객들에게 숨 가쁘게 알렸다.[61] 사실 토비가 한 일이라고는 빛을 향해 나아가다가 장애물에 부딪히면

• 종이 펄프에 아교 등을 섞은 만들기 재료.

•• 1951년 영국에서 열린 박람회.

임의로 방향을 전환하는 것뿐이었지만 말이다. 그러다 배터리가 다 닳으면 우리처럼 생긴 충전소로 되돌아갔다. 실제로는 나방/빈대 로봇이나 거북이 로봇은 과거 전기 개 '셀레노'로부터 개념적으로 크게 발전한 것은 아니었다. 이 장치들 모두 피드백시스템을 사용했기 때문이다.

라티오 클럽의 또 다른 회원 W. 로스 애쉬비W. Ross Ashby가 당시 남아돌던 영국 공군의 전자기 폭격기들을 활용해 만든 '호메오스타트Homeostat'라는 기계에 관해서는 이보다 더 진지한 주장이 제기되었다. 이 장치는 아날로그와 디지털이 합쳐진 하이브리드 형태로, 임의의 선택들을 통해 안정 상태를 찾음으로써 주변 환경의 변화에 대응하도록 고안되었다. 작동 원리가 복잡하고 이해하기 어려웠던 탓에 1952년 마지막 메이시 학회에서 선보였을 당시 특히 피츠가 이를 이해하는 데 애를 먹기도 했다. 어쨌든 호메오스타트는 적응적 행동이 일어나게 하는 데 임의의 변화가 어떻게 점진적인 기여를 할 수 있는지를 보여주었다.[62] 다만 이는 자연선택에 의한 진화가 어떻게 우리의 감각들을 지금과 같은 형태로 만들었는지에 대한 흥미로운 비유가 될 수는 있었으나 뇌의 기능에 관한 한 여전히 어떠한 통찰을 제공할 수 있는지는 불분명했다.[63] 사실상 이러한 기계들이 로봇공학 혹은 행동이 일련의 명령 및 무기적인 구성 요소로부터 촉발될 가능성을 향한 대중의 관심에 얼마나 큰 영향을 미쳤든 간에 테세우스나 팔로미아, 토비/엘머 그리고 불가사의한 호메오스타트마저도 뇌가 어떻게 작용하는지에 대한 과학적 접근방식에는 아무런 영향도 주지 못했다.[64]

## 마음의 본질을 찾아서

그렇지만 한편으로는 전후 세계에 이르러 마침내 뇌 기능에 관한 중

대한 합의가 이루어졌다. 인간 뇌의 활동과 마음의 존재가 어떤 면에서는 같은 것이라는 가정이 받아들여진 것이다. 이러한 새로운 확신은 크게 두 가지 핵심 요소가 거의 동시에 서로 다른 방식으로 기여한 덕분에 가능했다. 바로 철학자 길버트 라일Gilbert Ryle이 1949년에 이 주제에 관해 알기 쉽게 풀어 쓴 책 《마음의 개념》과 앨런 튜링이 1950년에 쓴 〈연산 기계와 지능Computing Machinery and Intelligence〉이라는 제목의 난해한 학술 논문이었다.[65]

튜링의 논문은 '기계도 사고할 수 있는가?'라는 물음에 답하기 위한 방안으로써 일명 '튜링 테스트Turing Test'라는 것을 처음 제안하여 어마어마한 영향력을 떨쳤다. 그가 제안한 '이미테이션 게임imitation game(그의 일생을 다룬 영화와 동명의 기법)'이란 만약 질문에 답할 수 있는 어떤 기계가 주어졌고 사람이 이 장치와 대화를 나누면서 상대가 기계임을 탐지할 수 없다면 사실상 이 기계가 스스로 생각할 수 있음을 의미한다는 논리였다. 튜링의 논문은 수식들로 채워져 있지 않았으며, 본질적으로 로크나 라이프니츠와 같은 인물들이 즉시 이해할 법한 철학 연구였다. 튜링은 기술이 발달함에 따라 기계도 튜링 테스트를 통과할 수 있게 되리라 확신했다.

> 향후 50년 내에 약 109 비트 크기의 저장 용량을 갖춘 컴퓨터를 프로그램하여 보통 수준의 질문자라면 5분 동안의 질의응답만으로는 올바르게 정체를 가려낼 확률이 70퍼센트를 채 넘지 않을 만큼 이미테이션 게임을 잘하는 기계로 만드는 일이 가능해지리라 믿는다.[66]

어떻게 이를 이룰 것인지에 대해 그는 "문제는 프로그램이다"라고 생각했다.[67] 올바른 접근법을 취하기만 한다면 물질로 구성된 튜링 기계도 분명 사고하는 것이 가능할 터였다. 이듬해 라티오 클럽의 도널드 맥케이Donald MacKay도 "인간의 뇌에서 관찰할 수 있는 행동과 알맞게 고안된 인공물에게서 볼 수 있는 행동 사이에서 원칙적으로 아무런 차이점도 찾을 수 없었다"라는 비슷한 결론에 도달했다.[68] 튜링이 적절한 프로그래밍 방법을 찾는 것을 중요하게 여겼다면 맥케이는 적절한 디자인이 핵심이라고 보았다. 두 사람 모두 논리적으로 볼 때 기계가 뇌에서 비롯된 결과물과 구별이 불가능한 결과물을 만들어낼 수 있다고 믿었다.

라일의《마음의 개념》덕분에 마음이 물질적으로 이루어져 있다는 독자들의 확신은 더욱 공고해졌다. 술술 읽히는 그의 글은 굳이 뇌가 어떻게 작용하는지에 대한 설명도, 뇌 활동이 어떻게 마음이라는 존재를 낳는지에 대한 설명도 하지 않았으며, '뇌'라는 단어 자체도 거의 언급하지 않았다. 라일의 주목적은 그가 '기계 속의 유령'이라는 표현을 사용해 못마땅하게 묘사했던 데카르트의 이원론을 체계적으로 무너뜨리는 일이었다. 그러나 그의 주장은 정신활동이 뇌의 물리적 활동과 동일하다는 가설을 뒷받침하는 논리정연한 철학적 근거를 마련하기는 했지만 이를 증명하지는 못했다.

영국에서는 이러한 관념이 대중 틈으로 빠르게 스며들었는데, 여기에는 라디오가 중요한 역할을 했다. 1950년, BBC 3 프로그램에서는 〈마음의 물리적 근거The Physical Basis of Mind〉라는 포괄적인 제목을 달고 셰링턴, 에이드리언, 라일과 같은 연사의 강연을 방송했으며, 같은 해 리스 강연에서는 존 재커리 영John Zachary Young이 '뇌에 대한 어느 생물학자의 숙고A Biologist's Reflection on the Brain'라는 부제 하에 강연을 진행했다.[69] 그리고 이 모든 강연 자료들은 BBC에서 발간하는 〈더 리스너The Listener〉에 실렸고, 이어 책으로도 출간되었다. 동물학자 솔리 주커먼Solly Zuckerman은 '생각의 기제: 마음과 계산 기계The Mechanism of Thought: The Mind and the Calculating Machine'라는 제목의 강연에서, 그리고 영은 총 일곱 번의 리스 강연을 통해 부적 피드백을 둘러싼 개념들을 설명하고 뇌에서 정보가 지니는 중요성을 조명하며 위너가 발

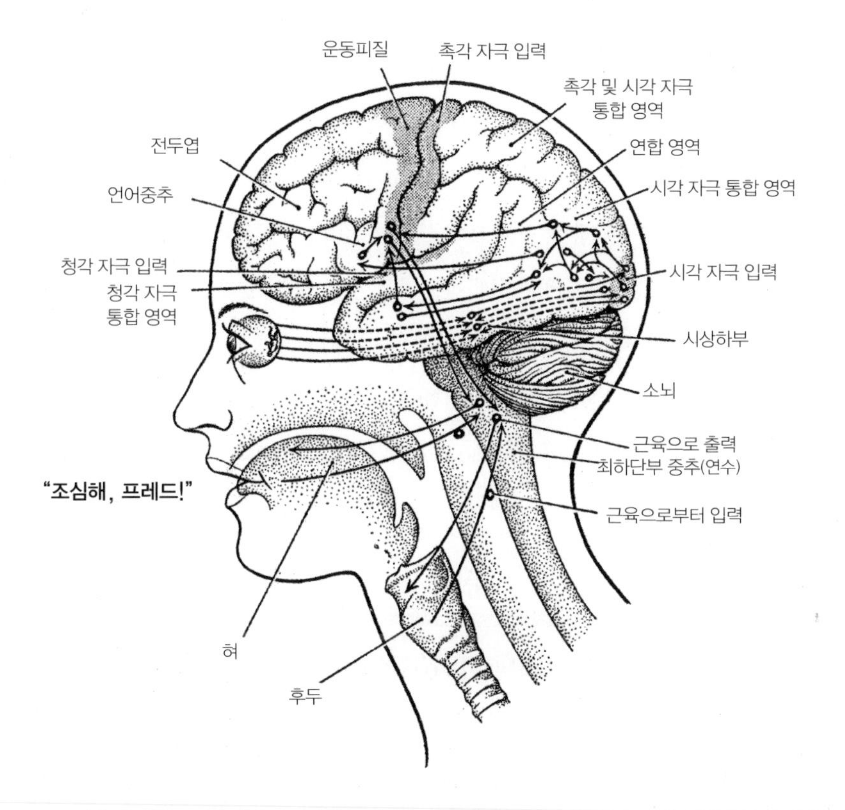


**그림 22** 길을 건너려는 아이에게 경고의 말을 외치는 데 관여하는 일부 경로들을 보여주기 위해 1950년 리스 강연에서 존 재커리 영이 자료로 제시한 도식. 샤르코의 도식에 비해 해부학적으로 훨씬 구체적이며, 무엇보다도 화살표로 정보의 경로들을 나타내주고 있다.

전시킨 뇌와 행동에 관한 새로운 관점을 대중화시켰다. 영이 청취자들에게 말했다.

> 정보는 신경섬유를 타고 흐르는 신경충동들이 만들어낸 일종의 부호로서 뇌에 도달하게 됩니다. 기존에 받아들였던 정보는 폐쇄회로 내에서 신경충동들을 이리저리 순환시키거나 어떤 흔적에 해당하는 형태로 저장되고

요. 계산 기계는 바로 이런 일들을 합니다. 지난 정보를 저장하고, 다시 새로운 정보와 질문을 부호화된 형태로 받아들이는 것이죠. 과거에 받아들였던 정보는 이제 이 기계의 행동 규칙을 형성하며, 이후 필요할 때 참고하기 위해 부호화되어 따로 저장됩니다. (…) 뇌에는 계산 기계에 달린 밸브보다 훨씬 더 많은 수의 세포가 존재하는데, 그렇기 때문에 어떤 점에서는 뇌가 덧셈 기계랑 비슷하게 작용하는 것도 완전히 불가능한 일은 아닙니다. (…) 하지만 뇌가 정확히 어떻게 이 같은 규칙들을 저장하는지, 또 어떻게 새로 입력된 정보와 기존 규칙들을 비교하는지는 아직 알지 못합니다. 어쩌면 이런 기계들과는 다른 원리를 따르는지도 모르겠습니다.[70]

라일, 튜링, 영 같은 인물들이 마음의 물리적 근거에 관해 보였던 확신은 전쟁 이전의 개념들과는 극명하게 대조되었다. 기존의 시각이 지니고 있던 중요한 요소는 셰링턴이 80세가 되던 1937년에 에든버러에서 진행했던 몇 차례의 강연에서 잘 나타났다. 이때의 강연 내용은 1940년 《인간 본성의 성찰Man on His Nature》이라는 제목의 책으로도 출판되었는데, 여기에는 마음과 뇌 사이의 연결고리에 대한 다소 두서없는 그의 관점들이 담겨 있다. 그중 한 강연에서 그는 뇌의 기능을 묘사하기 위해 '요술 베틀the enchanted loom'이라는 색다른 비유를 사용했고, 이는 곧 신경과학자들 사이에서 신기할 정도로 유명해졌다. 이 표현은 우리가 잠에서 깨어날 때 어떤 일이 벌어지는지 설명하는 구절에 등장한다.

뇌가 깨어나면 그와 함께 마음이 되살아난다. 마치 은하수가 무슨 군무라도 추는 듯하다. 머리 안의 덩어리는 재빨리 요술 베틀이 되어 수백만 개의 반짝이는 북이 언제나 의미를 담고 있지만 결코 지속되지는 않는, 쉽게 흩어져 버리는 패턴들을 자아낸다. 서브 패턴들이 만들어내는 변화의 조화다.[71]

여기서 '요술'이라는 용어는 단순한 시적 표현이 아니다. 때로는 서정적인 형이상학으로 표현되기도 했던 셰링턴의 주장이 결국 말하고자 했던 바는 비록 마음과 뇌 사이에 상관관계가 있다고 하더라도 그것이 곧 마음이 뇌 안에 있음을 의미하지는 않으며, 데카르트가 주장했듯 뇌는 그저 둘의 상호작용이 일어나는 장소일 뿐이라는 것이었다. 마음의 진정한 본질은 알 수 없었고, 셰링턴은 단연코 마음의 물리적 근거 따위는 없다고 여겼다. 그는 신체의 다른 부위를 구성하는 세포와 소위 생각의 근원이라는 뇌 영역에 관여하는 뉴런들의 형태나 기능에서 어떠한 차이도 발견할 수 없다는 사실을 지적하며 마음이 일종의 에너지라는 당시 유행하던 유물론적 가설을 반복적으로 비판했다.[72] 셰링턴이 주장하기를, 마음은 절대로 물질적인 현상에서 비롯된 것이 아니었다. 그렇기에 글에 명시되어 있지는 않았지만 그가 은유적으로 지칭한 베틀은 그가 생각하기에 정말 마법으로 작동한 것이었으므로 글자 그대로 요술에 걸린 상태였음을 의미했다. 그는 예의 전형적인 시적 언어로 이 같이 표현했다. "지각이 이루어질 수 있는 모든 것에게 마음이란 우리의 공간 세계에서 유령보다도 더 유령 같은 성질을 지닌다. 볼 수 없고, 만질 수 없으며, 이것은 심지어 형체도 없으니, '이것'이라고 지칭할 만한 존재도 아니다. 감각으로 확인하지 않고도 여전히 존재하며, 그와 같이 영원히 존재한다."[73]

맥컬록과 피츠는 자신들이 1943년에 발표한 논문에서 서술한 접근방식과 셰링턴의 주장 사이의 상반된 관점에 대해 잘 알고 있었다. 이에 논문의 말미에 이러한 주장을 덧붙였다.

> 우리가 흔히 정신이라고 부르는 활동의 예나 지금의 양상들은 모두 철저하게 현대 신경생리학으로부터 추론이 가능하다. (…) 이러한 시스템 하에서는 '마음'이 더 이상 "유령보다도 더 유령 같은" 존재가 아니다.[74]

맥컬록과 피츠가 개발한 정교한 접근법은 결국 틀린 것으로 밝혀지는데, 신경계가 그들이 상정했던 방식대로 기능하지 않았기 때문이다. 하지만 그들이 연산 과정으로서 이해할 수 있는 정보처리 과정 및 신경계의 기본적인 구조가 지니는 중요성에 집중했던 것은 분명 큰 의의가 있다. 이제 대중들에게 아주 쉽게 개념을 설명하기 위해 한 번씩 언급하는 경우를 제외하면 '뇌도 하나의 컴퓨터다'라는 주장을 펼치는 과학자는 별로 없지만, 크레이크가 주장했던 것처럼 뇌가 외부 세계에 대한 기호적 표상을 처리함으로써 대안적 결과나 해법들을 분석할 수 있는 연산 기관이라는 사실은 다들 인정할 것이다. 그러나 이 시기 뇌가 어떤 일을 하는지에 대해서는 합의가 이루어졌다고 해도 대체 어떻게 그러한 기능을 수행하는지에 관해서는 여전히 의견이 분분했다. 그러다 뇌를 바라보는 새로운 관점이 뇌의 모든 기능에 대해서도 적용되고 이를 설명하기 위한 이론들이 20세기 후반 들어 발달하기 시작하면서 오늘날 우리가 알고 있는 과학적 세계가 도래했고 우리를 현재로 이끌었다.

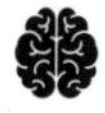

# 현재

*PRESENT*

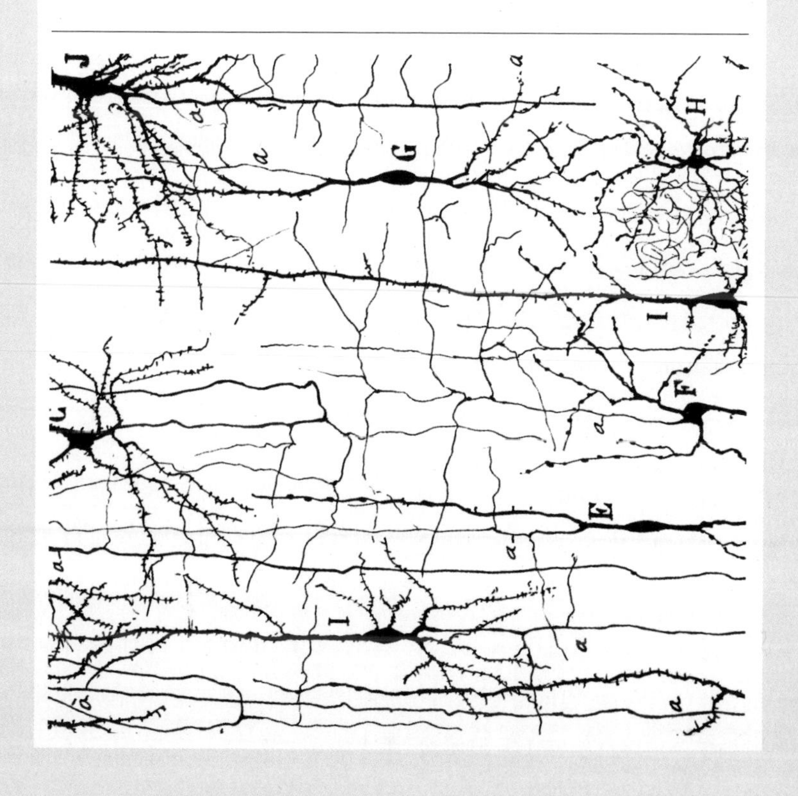

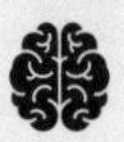

2018년 5월, 나는 미국 워싱턴 D. C. 외곽의 자넬리아 연구 캠퍼스에서 열린 신경 회로 관련 학회에 참석했다. 하루는 점심시간에 버지니아의 태양 아래 앉아 그곳의 연구원 중 한 명인 애덤 핸트먼Adam Hantman 박사를 포함한 여럿이서 대화를 나누었다. 나는 그 전날 저녁 이 책에 담긴 몇몇 생각들을 바탕으로 발표를 했는데, 그로 인해 우리의 대화 주제는 '지금 우리는 어디로 가고 있는가?'와 같은 논의로 이어졌다. 애덤의 견해는 직설적이었다. "지난 30년간 우리는 어떤 개념적인 혁신을 이루었을까요?" 그가 자답했다. "아무것도 없죠."

애덤의 말은 틀렸는데, 사실 최근 30년만이 아니다. 뇌가 어떻게 작용하는지에 관한 전반적인 지식에 그 어떤 주요한 개념적 혁신도 없었던 기간은 반세기가 넘는다. 이 기간 동안 노벨상을 수상한 엄청난 발견들이 쏟아졌다. 깜짝 놀랄 만한 신기술 덕분에 연구자들이 굉장히 정밀하게 뇌 활동을 통제할 수 있게 되었고, 대규모의 컴퓨터 시뮬레이션이 뉴런 수백만 개의 활동을 포착했으며, 신경망의 활동을 통제하는 데 화학물질의 역할이 차지하는 중요성도 깨치게 되었다. 이 모든 연구 성과들이 과거 세대에 비해 뇌 안에서 어떠한 일들이 벌어지는가에 관한 지식을 한층 풍부하게 해주긴 했지만, 그럼에도 우리는 여전히 과학계의 조상들이 뇌를 대하던 방식에서 벗어나지 못하고 있다.

크레이크와 맥컬록을 비롯한 여러 연구자들이 확립한 관점에 의하면 뇌는 외부 세계에 대한 상징적 표상을 담고 있어 이를 처리함으로써 앞으로 어떤 일이 발생할지 예측하고 적절한 행동을 취할 수 있게 한다. 이러한 과정은 일종의 계산적인 접근법을 통해 이루어지지만 지금껏 인간이 만들었던 기계들과는 전혀 다르다. 화학적 방식으로 소통하는 복잡한 체계로 둘러싸여 있는데다가 그 활동이 부분적으로는 자체의 내적 상태에 따라 결정되기 때문이다. 뇌가 어떤 일을 하는가를 이해하는 데 있어 그간 거두었던 어마어마한 성공은 1940년대부터 1950년대 초기까지의 기간 동안 확립된 이러한 보편적인 접근방식을 기반으로 이루어졌다.

이 시기에는 뇌를 이해하기 위한 효과적인 기틀을 마련했을 뿐만 아니라 과학에 대한 흥미가 폭발하면서 새로운 학문 분야 및 용어가 탄생했다. 바로 신경과학이다. 신경과학이라는 말은 1960년대에 처음 등장해 1970년대 무렵에 이르러서는 고유한 연구 분야를 구축하는 것과 더불어 한때 심리학, 생리학, 신경학에 속하던 주제들마저도 야금야금 빼앗았다. 학계에서 통상적으로 쓰였던 학술지, 학회, 교육 제도, 상, 학과, 연구 프로그램, 학위 등의 요소들도 곧 새로운 학문을 중심으로 뭉치게 되었다. 무엇보다 점점 더 많은 과학자들이 뇌를 연구하는 데 이 같은 접근법을 취하기 시작했다.

이제 전 세계를 통틀어 뇌 연구자의 수가 수만 명에 달하며 각자 인지신경과학, 신경생물학, 이론신경과학, 계산신경과학, 임상신경과학 등 저마다의 연구 문제, 방법론, 접근방식을 갖춘 혼란스러울 정도로 다양해진 세부 분과 내에서 부지런히 연구하고 있다.[1] 뇌 기능에 관한 논문은 매년 수천 건씩 발표된다. 어마어마한 규모의 정부 및 민간 주도 사업들이 뇌를 이해하고 뇌와 정신건강 문제 사이의 연결고리를 이해하는 데 힘을 쏟고 있는 한편, 신경과학은 컴퓨터 기술의 발달에 중요한 역할을 함과 동시에 얼마간은 인문학에도 유행을 일으키기도 했다.

앞으로 이어지는 장들은 모두 같은 시기를 다루고 있다. 대략 1950년부터 지금까지의 기간이다. 장마다 뇌의 각기 다른 측면들을 살피는데(꼭 인간이나 포유류의 뇌에만 국한되지는 않는다), 기억, 신경 회로, 뇌에 대한 컴퓨터 모델, 뇌의 화학작용, 뇌 영상 기법 그리고 마지막으로 다시금 새롭게 시작된 의식의 본질을 향한 관심이 주요 대상이다. 이 같은 주제들은 어디까지나 인위적으로 나눈 것이며 결코 완전히 만족스러운 분류 방식도 아니다. 여러 장들을 꿰뚫는 공통된 사상과 방법론이 존재하고 학자들이 연구 분야를 옮겨다닌 탓에 이따금씩 같은 이름이 반복적으로 등장하기도 한다. 특히 특정 기능이 뇌에서 국재화되어 있는지, 만약 그렇다면 어느 정도 수준으로 세밀하게 나뉘어 있는지를 두고 오락가락했던 논쟁처럼 계속해서 되풀이되는 주제도 있다. 그렇기에 뒤에 이어지는 장들은 전적으로 역사적 기록이기를 추구하기보다는 뇌가 어떻게 작용하는가에 관한 현재 우리의 지식을 다양한 관점에서 서술하며 지식이 지난 70년 동안 어떻게 발전해왔는지를 고찰하고 있다.

이후 장에서는 과학을 연구하는 주체의 변화 또한 눈에 띈다. 지난 장까지는 여성의 이름이 등장하는 경우가 매우 드물었지만 지금 시점부터 달라지기 시작하는데, 특히 지난 30년 동안을 다룬 부분에서 두드러진다. 그 외, 특히 사회경제적 계층이나 인종 집단과 같은 측면의 다양성은 지난 세기들과 거의 다를 바 없이 유지되었다. 이러한 구조적 편향이 뇌가 무슨 일을 어떻게 수행하는지에 관한 우리의 지식에 영향을 주었는지 여부는 분명하지 않지만, 이 문제에 대해 잘 알지 못하는 주된 이유는 바로 아무도 해당 문제를 연구하지 않았기 때문이다.

이처럼 가까운 과거를 다루는 과정에서 현재의 추세와 관심사에 지난 역사가 섞여들기도 하다 보니 일부 독자들이 짜증을 느낄 법한 관점들도 수록되어 있다. 이제는 고인이 된 나의 동료 제프 휴즈Jeff Hughes도 맨체스터 대학교 내 과학·기술·의학사 센터에 있을 당시 동시대 과학의 역사에 대해 쓰는 것이 특히나 어렵다고 지적한 바 있는데, 과학자와 역사학자들이 추구하는 목적이 서로 상반되는 일이 종종 있기 때문이다.[2] 이 책의 경우에는 내가 뒤에 나올 이야기들의 관찰자 입장인 동시에 아주 조금이나마 직접적으로 관여하고 있는 관계자 입장이기도 하므로 이 같은 문제들이 크게 다가올 수 있다. 전문가들이라면 분명 어떤 분야나 실험, 혹은 연구자에 대한 언급이 전혀 없거나 너무 간략하게 다루어지는 데 불만을 느낄 것이다. 예컨대 이 책에서는 수면 연구, 비시지각, 호르몬, 정서, 뇌 발달 및 유전자가 뇌에 영향을 미치는 방식 등에 대한 내용을 깊게 다루지 않는다. 해당 분야 연구자들에게는 미안한 일이지만 뇌에 대한 전 영역의 연구들을 모두 공평하게 다루기란 사실상 불가능한데다 우리가 나아가는 방향을 두고 여러 세부 분과들 간의 합의가 이루어지지 않은 경우도 많기에 어쩔 도리가 없다.

역설적인 것은 지금껏 그토록 어마어마한 발전을 이루었음에도 불구하고 21세기에 뇌를 연구하면서 닥쳐올 도전을 마주하는 데 필요한 이론적 도구를 우리가 제대로 갖추고 있는지도 분명하지 않다는 점이다. 그럼에도 우리가 어디를 향해 나아가는지, 앞으로 다가올 미래의 모습은 어떠할지 알기 위해서는 우선 지금 우리가 어디에 서 있는지 그리고 어떻게 여기까지 오게 되었는지를 알아야만 한다.

10

# 기억

## 1950년대부터 오늘날

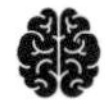

캐나다 몬트리올의 신경외과의 와일더 펜필드Wilder Penfield는 환자들의 건강을 위협하는 만성 측두엽 뇌전증 증세를 완화시키려고 1930년대부터 수백 건의 뇌 수술을 실시했다.[1] 적출해야 하는 뇌 부위를 규명하기 위해 펜필드는 정밀한 전극을 사용하여 의식이 있는 상태의 환자를 전류로 조심스레 자극했다. 뇌의 특정 부위를 자극했을 때 금방이라도 뇌전증 발작이 일어날 것 같은 기미가 보일 경우 그곳은 적출 후보 대상으로 분류되었다. 그런데 이러한 과정에서 뭔가 기묘한 점을 발견했다. 뇌에 자극을 가하면 이따금씩 환자들이 아주 구체적인 사건을 다시 경험하게 되었던 것이다. 그들의 경험은 마치 백일몽을 꾸듯 생생하고 세세했다. 대체로 환자들은 피아노 연주 소리, 누군가 익숙한 노래를 부르는 소리, 식구들이 수화기 너머로 대화를 주고받는 소리 등을 들었다. 한 번은 전극이 꽂혀 있는 상태로 전류가 계속 흐르자 머릿속에서 음악이 계속 이어져서 환자가 따라 불렀던 일도 있었다. 또 다른 환자는 특정 영역이 자극될 때마다 오케스트라가 당대 유행하던 '마칭 얼롱 투게더Marching Along Together'라는 곡을 연주하는 소리를 들었다. 어떤 남자가 집 근처 도로에서 개를 산책시키는 모습을 목격하거나, 빛과 색이 마구 뒤섞인 상을 보거나, 얼마 전 어머니가 남동생에게 코트를 뒤집어 입었다고 말하는 장면을 다시 경험하는 환자도 있었다.

이 같은 기이한 감각은 해당 영역이 자극되는 동안에만 일어났으며, 전극을 제거하거나 실제로는 자극을 가하지 않으면서 가하고 있다고 거짓으로 알렸을 때는 아무런 일도 일어나지 않았다. 이에 펜필드는 "명백히 환자의 과거 기억에서 비롯된 회상을 때로 전극의 자극을 이용해 억지로 불러일으킬 수 있다"고 말했다.[2] 환자들이 겪은 몽환적인 경험은 각 개인에게서 놀라울 정도로 일관되게 나타났는데, 같은 부위를 반복적으로 자극할 경우 매번 정확하게 똑같은 감각이 되살아났다. 그는 이러한 결과들이 기억이 어쩌면 뇌에서 아주 구체적인 장소에 저장되어 있을지 모른다는 사실을 시사한다고 보았다. 환자들은 대체로 다소 불편한 기분을 느꼈지만 말이다.

## 돌아온 국재화 논쟁

펜필드의 극적인 발견은 오랜 역사를 자랑하며 지금까지도 계속되고 있는 뇌 기능의 국재화를 둘러싼 기나긴 논쟁이 다시 시작되었음을 알렸다. 19세기 중반 기억의 신경 기제에 관한 연구에서 지배적이었던 견해 중 하나는 칼 래슐리Karl Lashley가 동물실험에서 수술적 처치에 의해 발생한 학습 장애가 피질의 손상 정도와 비례하여 나타난다는 사실을 통해 밝힌 의견이었다. 그는 이러한 결과를 두 가지 측면에서 설명했다. 첫째 세포들은 모두 동등한 능력을 가지고 있으며, 둘째 뇌 전체가 기억의 형성과 회상에 기여하는 '양작용설'을 따른다는 것이었다. 래슐리는 19세기의 플루랑스와 마찬가지로 뇌의 활동은 전체적으로 바라보아야만 제대로 이해할 수 있다고 여겼다.

1950년에 래슐리는 자신이 기억에 관해 평생 연구한 내용들을 정리하여 '엔그램을 찾아서In Search of the Engram'라는 제목으로 케임브리지에서 강연을 진행했다.◆[3] 자신의 영향력이 가장 왕성했던 시기(그는 1954년에 병으로 쓰러져 4년 뒤 68세에 사망했다)에 그는 기억이 뇌 전역에 고루 퍼져 있다고 주장했다. 일생토록 엔그램을 찾아 헤맨 성과를 검토한 그는 그 모든 노력이 허사였다며 다음과 같이 씁쓸한 결론을 내렸다.

> 일련의 실험 결과, 어떤 성질이 기억에 적용되지 않으며 어떤 영역이 기억을 관장하지 않는지에 관한 정보만을 잔뜩 얻었다. 실험은 엔그램의 실질적인 본질에 대해 그 무엇도 직접적으로 밝혀내지 못했다. 기억 흔적의 국재화를 뒷받침할 근거들을 검토하다 보면 이따금씩 학습이란 그저 불가능한 일이라는 결론을 내려야 하는 것이 아닌가 하는 생각이 들곤 한다. (…) 그렇지만 이처럼 반대되는 근거에도 불구하고 때때로 학습은 실제로 일어난다.[4]

기억이 뇌 전역에 분포되어 있다는 래슐리의 견해는 펜필드가 1951년 학회에서 처음 보고한 기묘한 발견으로 인해 얼마 지나지 않아 명백하게 부정되었다. 당시 래슐리는 청중들 사이에 있었다. 펜필드는 우리는 살아가면서 발생하는 사건들에 의식적인 주의를 주며 "동시에 이를 측두피질에

◆ 기억의 물리적 흔적이라는 의미의 '엔그램engram'은 1904년 독일의 동물학자 리하르트 제몬Richard Semon이 만든 용어이며 영어로는 1921년 그의 저서 《므네메The Mneme》의 번역판에서 처음 등장했다.

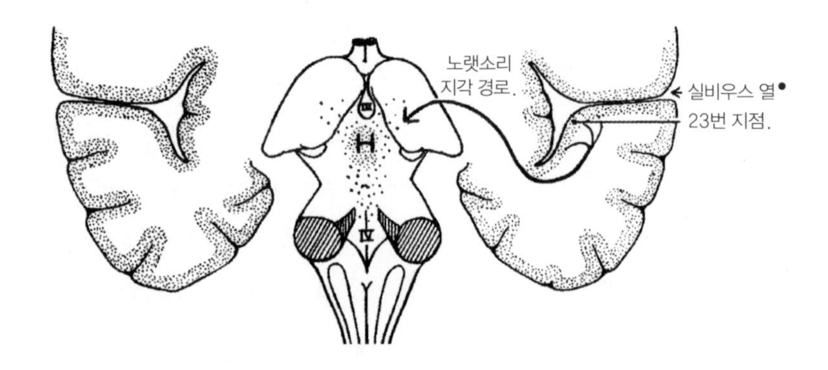


**그림 23** 자극에 의해 노랫소리의 지각이 발생하는 영역을 나타낸 펜필드의 뇌 수직 단면도. (펜필드의 실험에서 23번 지점을 지속적으로 자극하자 피험자가 노랫소리를 들었다.)

기록한다"라는 표현을 사용하여 자신의 환자들이 겪었던 기이한 경험을 설명했다.[5] 그가 여기서 말한 기록은 시각적인 것과 청각적인 것을 모두 포함하며 뇌의 중간 부분의 피질 어딘가에 저장되어 복잡한 신경섬유 다발을 통해 피질과 연결되어 있었다. 그러다 자극이 주어지면 이러한 감각들로 표상되는 신경충동이 "그 같은 패턴을 생성했던 측과 정반대의 방향으로 나아가게 된다." 다시 말해 경험이 처음 기록되었던 신경망과 동일한 망을 타고 거꾸로 재생된다는 것이다. 마치 펜필드가 엔그램을 활성화시킨 듯했다.

펜필드 논의 부분을 발표할 무렵 래슐리는 자신이 무척 당황했음을 인정해야 했다. 그는 "펜필드 박사의 자료를 설명할 마땅한 대안이 없소"라고 말했다. 그럼에도 불구하고 그는 기억의 복잡한 성질을 강조함으로써 펜필드의 관찰 결과를 깎아내리기 위해 최선을 다했고, 이어 "대뇌중심계를 구성하는 적은 수의 세포들이 어떻게 그러한 복잡성을 이루고 나아가 그를 전달하는 일이 가능할 수가 있다는 것인지 모르겠다"는 다소 자신 없는

• 전두엽과 두정엽을 측두엽과 나누는 피질의 고랑.

결론을 내놓았다.[6]

래슐리가 마음에 들어 했든 아니든, 펜필드가 자극을 가했던 영역의 세포 수와 관계없이(사실은 적어도 수백만 개의 세포가 포함되어 있다) 결과는 결과였다. 뇌 깊숙한 곳에 측두엽의 아주 특정적인 부위와 연결된 기억은 바로 그 영역을 전기적으로 자극함으로써 불러일으킬 수가 있었다.◆

펜필드도 알아차렸듯 그가 '불러일으킨 기억'이라고 칭했던 경험은 평범한 기억과는 매우 달라서 훨씬 더 세세하고 구체적이었다. 우리의 일상적인 기억은 어떤 사건을 초 단위로 그대로 재생하는 것이 아니다. 일반적으로 상당히 모호하며, 뇌가 만들어낸 것이다 보니 가짜 기억이나 맥락상 추측하여 채워넣은 요소들도 포함되어 있다. 펜필드가 불러일으킨 경험은 단순히 엔그램의 활성화에 따른 것이 아니라 뇌 기능의 다른 양상들과 관련된 또 다른 요소들을 끼워넣음으로써 환자들이 보고한 괴상하고 몽환적인 특성을 만들어냈을 가능성이 있어 보였다. 한 가지는 분명했는데, 전극이 상기시켰던 그 기억들이 전혀 특별할 것이 없었다는 사실이었다. 이에 펜필드는 "회상되었던 사건들은 대부분 중요하거나 흥미롭지 않은 것들이었다"고 설명했다.[7]

그의 연구 결과는 곧 다른 데서도 반복 검증되었고 최신 연구들도 펜필드의 실험연구가 정확했음을 확인해주었다.[8] 펜필드가 발견한 기능의 국재화 정도는 분명 평범한 수준이 아니었지만 그 기능의 정확한 본질은 그다지 명확하지 않았다. 1951년에 펜필드는 자신이 자극을 가했던 영역을 '기억 피질memory cortex'이라고 묘사하며 이곳이 바로 기억을 담당하는 영역이

◆ 이러한 연구 결과는 대중문화에도 진출했는데, 필립 K. 딕의 소설《안드로이드는 전기 양의 꿈을 꾸는가》(영화 〈블레이드 러너〉의 원작)에서는 사람들이 펜필드의 기분 조절 오르간을 이용해 자신과 타인이 감정을 경험하게 만든다.

라고 제안했지만 1958년에는 기억이 사실 그가 자극을 가했던 곳에 저장되어 있는 것은 아니었음을 인정했다. 대신 그가 찾아낸 영역은 멀리 실제로 기억이 위치한 뇌 부위의 활동을 촉발할 수 있는 듯 보였다.[9] 국재화는 점차 덜 국재적으로 여겨지기 시작했다.

뇌의 기능이 국재화되어 있다는 측과 널리 분포되어 있다는 측 사이의 논쟁은 기억에만 그치지 않았다. 1937년, 펜필드는 조금 더 단순하게 뇌 수술을 받고 있는 환자들에게 자극을 가했던 결과를 발표했는데, 본질적으로는 프리치와 히치히, 페리어의 연구와 흡사했으나 이번에는 의식이 있는 상태의 인간을 대상으로 했다는 점이 달랐다.[10] 이따금씩 환자들은 뇌의 특정 부위가 자극되자 손가락이 저릿하거나, 혀에서 이상한 맛이 느껴지거나, 몸 한쪽이 따뜻해지는 듯한 느낌을 받는 등 매우 구체적인 감각을 느낀다고 말했다. 또 어떤 경우에는 눈꺼풀이 깜박이거나 다리가 홱 움직였으며, 일부 환자들은 끙끙거리는 소리를 내기도 했다. 이러한 결과들을 종합하기 위해 펜필드는 의학 전문 삽화가 호텐스 캔틀리Hortense Cantlie에게 그림을 의뢰했다.[11] 그 결과 완성된 작품은 신체의 각 부위를 뇌의 표상과 비례하는 크기로 나타낸 괴기스러운 형상이었다. 펜필드가 '호문쿨루스homunculus'라고 불렀던 이 그림은 뇌가 어떤 시각으로 신체를 바라보는지를 시사했다. 일상 속 경험을 통해 예상했던 바와 같이 혀, 손, 얼굴은 특히 잘 표상되어 있다. 그 밖에 생식기나 직장 등 매우 민감한 다른 신체 부위들은 그려지지 않았다.

1950년에 펜필드는 뇌의 감각영역(왼쪽)과 운동 영역(오른쪽)을 나누어 횡단면으로 나타낸 훨씬 정교한 그림을 선보였다.[12] 이는 감각피질과 운동피질이 신체에 대해 서로 다른 표상을 가지고 있다는 사실을 보여주었다. 사소한 예를 들자면, 치아와 잇몸은 감각피질에서는 잘 표상되어 있지만 운동피질에서는 거의 나타나 있지 않다. 더욱 흥미로운 점은 운동피질

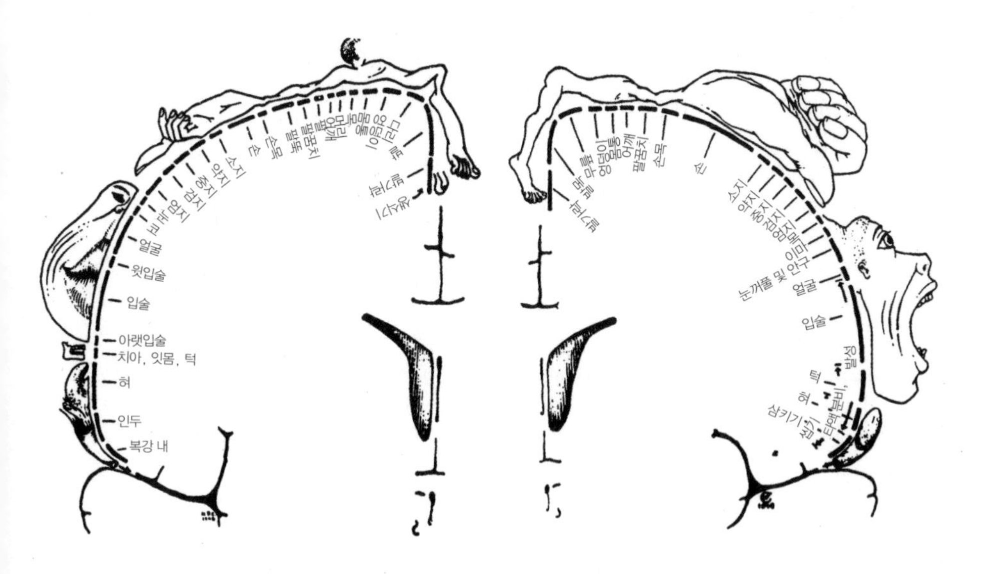


**그림 24** 운동피질(오른쪽)과 감각피질(왼쪽)에서의 인간의 신체에 대한 표상을 나타내는 펜필드의 '호문쿨루스'.

에서는 손이 지배적인 반면, 감각피질에서는 얼굴 하단부가 가장 영향력이 크다는 것이다. 궁극적으로 뇌 전역에서 신체 부위에 대한 표상이 이렇듯 불균등하게 나타난 것은 진화 및 생태학적으로 생겨난 결과로서, 다른 영장류에게서는 다른 형태의 패턴이 관찰된다.

펜필드의 그림들이 오래도록 영향력을 떨치긴 했지만 다소 기만적인 측면이 있는데, 자칫 모든 사람에게서 일관적으로 뇌의 특정한 영역이 신체의 특정 부위와 딱 떨어지게 일대일로 대응된다는 인상을 심어줄 수 있기 때문이다.[13] 사실 펜필드의 호문쿨루스는 환자들의 반응을 평균 낸 정보를 나타낸 것이기 때문에 개인별로는 뇌 영역과 신체 부위 사이의 연관성이 그림에 묘사된 것과 다른 양상을 보일 수 있다. 그럼에도 불구하고 펜필드의 그림은 뇌가 신체에 대한 정밀한 지도와 더불어 매우 특정적인 사건을 저장하고 다시 불러오기 위해 극히 세부적인 시스템을 갖추고 있음을 보이는 증거로 받아들여졌다. 당시 대부분 과학자들의 눈에는 뇌 기능이 고도로 국재화되어 있는 듯 비쳤다.

*

래슐리의 반국재화적 견해가 힘을 잃게 만든 이 모든 발견은 래슐리의 제자 중 한 명이었던 캐나다의 심리학자 도널드 헵Donald Hebb의 생각과 정확하게 일치했다. 1949년, 헵은 뇌가 어떻게 기능하는가를 이해하기 위한 현대의 생물학적 기틀을 닦아준 핵심 요소들이 담긴 《행동의 조직The Organization of Behaviour》을 발표했다.[14] 그는 마음은 그저 뇌 활동의 산물이라는 철저하게 유물론적인 관점에서 출발했다. 그는 이 같은 관점이 어디까지나 '잠정적인 가정'일 뿐임을 인정했지만, 이원론을 받아들여 마음과 뇌가 구별되어 있으며 각기 다른 것으로 구성되어 있다고 여겼던 과학자들이나 마음의 본질은 결코 알 수 없으리라 주장했던 이들과는 분명하게 거리를 두었다. 그러한 비관론에 대한 헵의 반응은 확고했다. "우리가 어떤 문제를 푸는 데 실패했다고 해서 그 문제 자체가 해결 불가능한 것은 아니다. 물리학과 화학과 생물학에서는 결정론을 따르면서 유독 심리학에서만 신비주의를 표방한다는 것은 논리적으로 말이 되지 않는다."[15]

헵의 책은 학습, 지각, 정신질환을 비롯하여 인간의 뇌에 관한 모든 연구 분야를 탐구함으로써 출간된 이래 지금까지도 지배적인 영향력을 행사하고 있다. 그가 제공한 통찰 중 하나가 바로 세포 수준에서 학습이 어떻게 발생하는지에 대한 개념이었다. 헵은 한때 스승이었던 래슐리에 맞서 "기억은 구조적으로 이루어져 있어야 마땅하다"고 주장했다.[16] 헵의 주장에 의하면 기억의 구조는 복잡한 '삼차원의 격자 형태로 뭉친 세포군'(조금 덜 시적으로 표현하자면 망 혹은 네트워크를 가리킨다)과 그 세포들이 연결된 방식의 두 단계로 구성되어 있었다. 헵이 기억에 대한 신경생리학적 가설이라며 설명한 바는 다음과 같다. "세포 A의 축삭이 세포 B를 흥분시킬 수 있을 정도로 가까이 있으면서 반복적으로 또는 지속적으로 세포 B를 발화시키는 데 가담할 경우, B를 발화시키는 세포 중의 하나로서 A의 효율성이 증가하는 방향으로 세포 A나 B, 아니면 두 세포 모두에게서 일종의 성장과정 또는 대사의 변화가 발생하게 된다."

헵의 주장은 곧 뉴런들이 함께 활성화될 때 그 사이의 시냅스가 발달하고 점차 강력해질 수 있음을 의미했다(쉽게 말해, '같이 발화fire하는 세포들은 서로 연결wire된다'). 헵에 의하면 신경계의 미세한 구조, 즉 세포 간의 연결망은 경험을 통해 형성되었다. 헵도 시인했다시피 이러한 개념은 사실 오래전부터 존재했던 것으로, 기본 발상 자체는 적어도 데이비드 하틀리와 같은 18세기 연합주의 사상가들도 제안했던 바 있지만, 헵의 가설은 현대 신경해부학과 신경생리학을 고려, 이를 재구성하여 전보다 훨씬 더 정밀한 형태로 정리했다는 데 의의가 있다.

헵은 수많은 세포군의 복잡한 성질이 "각 시냅스 단위에서 신경충동이 도착하는 시간의 편차가 상당하고 개별적인 신경섬유에서는 반응성에 지속적인 변형이 발생한다"는 사실을 뜻한다고 주장했다. 다시 말해 같은 세포군일지라도 다른 상황에서는 다른 방식으로 기능할 수 있다는 의미이며, 따라서 공간뿐 아니라 시간적으로도 서로 다른 자극이나 기억에 대해 각기 다른 활동 패턴이 발생한다는 사실을 가리켰다. 즉 헵이 생각한 엔그램을 구성하는 격자 형태의 세포군은 사차원이었다.

또한 헵은 실제 신경세포군의 경우 어떠한 자극이 없는 상태에서도 자발적인 활동을 보인다는 사실도 강조했는데, 이는 뇌가 지속적으로 배경 소음으로부터 신호를 구별해야 한다는 것을 뜻했다. 그는 그러기 위해 세포군이 신경계가 필요한 계산을 수행할 수 있게끔 복잡하고 비선형적인 조건부 연결들로 조직되어 있다고 말했다. 이 같은 설명은 맥컬록과 피츠가 제안했던 뉴런의 기능에 비해 훨씬 덜 추상적이었으며 논리학보다는 공학에 가까웠다.

결국 헵은 그전까지 학습에 주안점을 두었던 것과 달리 '궁극적으로 우리의 목표는 어떻게 모든 행동이 똑같은 기본 신경 원리에 의해 결정되는지 밝히는 것'이라고 주장하며 학습된 행동과 본능적인 행동이 근본적으로 다르다는 통념을 일축했다. 어떤 연구자들은 여전히 이를 목표로 삼고 있는 반면 또 다른 연구자들은 그러한 원리 따위는 존재하지 않으므로 헵의 주장이 한낱 몽상에 불과하다고 여겼다.

## 뇌 과학 역사상 가장 유명한 환자

헵의 책이 출간되고 10년 사이, 기억과 관련된 뇌의 기본적인 처리 과정이 특정한 구조물과 연합되어 있을 가능성을 가리키는 극적인 증거가 나타났다. 이는 어떤 남자에게 전적으로 우연히 발생한 어느 비극적인 사건에서 비롯되었는데, 과학계에서는 그를 단순히 그의 이니셜인 H. M.으로 칭했다. 그러다 2008년에 H. M.이 사망하자 그의 정체가 알려졌고 그의 모든 이야기가 세상에 전해졌다.[17] 그의 이름은 헨리 몰레이슨Henry Molaison 이며, 그는 뇌 과학 역사상 가장 유명한 환자로 기록되었다.

1935년 아홉 살이었던 헨리는 자전거에 치이고 말았다. 그로부터 얼마 후, 아마도 그때의 사고 여파로 그는 뇌전증 발작에 시달리기 시작했다. 청년으로 성장할 무렵에는 증세가 너무나도 심각해져서 헨리는 다니던 기계 공장도 그만둘 수밖에 없었는데, 약물치료도 전혀 효과가 없어 수술만이 유일한 선택지였다. 펜필드만큼이나 수술에 공을 들인 어느 의사 덕분에 그가 받은 정신외과술은 제한된 영역만을 아주 정교하게 적출하여 뇌전증 증세를 완화시키는 데는 어느 정도 성공을 거두었다. 하지만 그 밖의 많은 의사들은 훨씬 더 조악한 기법을 사용했으며 조현병과 같은 중증 정신질환을 치료하는 과정에서 뇌의 엽lobe 전체를 통으로 들어내는 일도 허다했다(이를 '뇌엽절리술lobotomy'이라고 불렀다).

미국의 외과의였던 윌리엄 스코빌William Scoville은 정신외과술의 열렬한 신봉자로, 1950년대 초까지 무려 3백여 명의 중증 조현병 환자들에게 뇌엽절리술을 시행했다. 뇌전증에 대한 치료 경험이 부족했음에도 스코빌은 1953년 9월 1일, 당시 27세였던 헨리 몰레이슨의 수술을 집도했다. 뇌전증에 그토록 과격한 중재법을 실시했던 선례가 없었지만 그는 기존의 조현병 환자들에게 하던 수술법을 그대로 적용했다. 그가 훗날 시인한 바에 의하면 그로서도 "솔직히 실험적인 수술"이었다고 한다.[18] 스코빌은 헨리의 양 측두엽을 절제했는데, 눈 위로 두개골에 약 2.5센티미터 넓이의 구멍을 뚫고 각 반구에서 8센티미터가량의 깊이로 뇌를 파냈으며, 적출된 부위에는 양측의 해마 대부분과 편도체 그리고 내후각 피질이 포함되어 있었다. 수술은 성공적으로 마무리되었고 H. M.은 회복하기 시작했다.

다만 헨리는 영원히 제대로 회복하지 못했다. 사실 그로서는 1953년 그날 이후로 단 한 발자국도 나아가지 못했다. 다른 정신 능력들은 비교적 온전하게 남아 있었다지만 가엾은 헨리에게는 극심한 기억 장애가 생기고 말았다. 그는 어린 시절과 수술을 받기 전 시점까지의 여러 사건들은 기억할 수 있었지만 남은 일생 동안 새로운 기억을 만들지 못했다. 2008년 사망할 때까지 헨리는 고작 한 시간 전에 일어난 일도 기억하지 못하며 영원히 현재만을 살았다. 심지어 수술로 인한 끔찍한 결과도 매번 다시 설명해야만 했다. 그는 매순간이 "마치 꿈에서 깨어나는" 듯했고 "내가 어떤 즐거운 일을 겪었든, 어떤 슬픈 일을 겪었든" 매일매일이 "그저 그때뿐이었다"고 말했다.[19]

헨리에게 일어난 비극이 내포한 중요성이 밝혀진 것은 1951년 와일더 펜필드가 학회에서 스코빌을 만나 그가 시행한 측두엽 수술에 대해 듣게 되면서였다. 펜필드와 그의 동료였던 젊은 심리학자 브렌다 밀너Brenda Milner는 진작부터 해마의 손상과 기억 형성 간의 연결고리에 주목하고 있었으므로 스코빌의 환자들을 연구하기로 했다.[20]

밀너는 열두어 명의 환자들에게 검사를 실시한 결과, 가장 극심한 손상을 입은 환자 세 명이 헨리와 유사하게 벌어진 사건들에 대한 기억을 형성하는 능력, 이른바 일화기억 형성episodic memory formation 능력을 완전히 상실했음을 알게 되었다. 헨리 몰레이슨 뿐만 아니라 환자 D. C.와 M. B. 또한 심각한 정신과적 문제를 완화시키려고 수술을 받았고, 둘 다 수술 이후 일어난 어떠한 일들도 기억하지 못하며 기억 형성과 관련된 모든 검사에서 낙제점을 받았다.[21]

그래서 당초 이 모든 수술과 대뇌 파괴가 이루어질 수밖에 없었던 문제는 얼마나 해결되었는지 살펴보자면, 헨리의 경우 발작은 이전보다 조금 나아졌고 복용하는 약물도 줄일 수 있게 되었다. D. C.와 M. B.는 덜 폭력적으로 변하기는 했으나 근본적인 문제는 그대로 남아 있었다. 훗날 신경과학자 고든 셰퍼드Gordon Shepherd가 냉담하게 비평했듯, "극적인 성과라고는 보기 힘들었다."[22]

잔인한 말이지만 헨리 몰레이슨 개인에게는 커다란 불행이었던 사건이 과학계에 있어서는 하늘이 내려준 선물이었다. 그로부터 반세기 동안 헨리는 쾌활한 모습으로 뇌 기능에 관한 유일무이한 장기 연구에 참가했다. 물론 그는 이 같은 사실을 기억하지 못했기에 검사를 실시할 때마다 매번 모든 것을 새롭게 설명해주어야 했다. 그렇게 헨리와 연구팀 사이에는 일방적인 관계가 형성되었는데, 헨리가 사망하자 밀너가 마치 친구를 잃은 듯한 상실감을 느낀다고 말했을 정도로 연구팀은 그에 대해 잘 알게 되었던

반면 그는 그들을 만났다는 사실조차 알지 못했기 때문이다.[23]

영원히 모든 것이 새로웠던 헨리 덕분에 늘 즐겁게 진행되었던 무수히 많은 검사와 논의 끝에 밝혀진 바로는 헨리의 기억 형성 불능 증세는 절대적인 것이 아니었는데, 이따금씩 1953년에 수술을 받은 이후 유명해진 인물(우주비행사, 비틀즈, 케네디 대통령 등)이나 사건들을 언급하기도 했던 것이다. 하지만 이러한 기억들은 순식간에 사라졌고 신뢰할 수 있을 만큼 일관되게 떠올리지는 못했다.[24] 마찬가지로 일부 검사의 경우 비록 헨리 자신은 그러한 검사를 받은 적이 있다는 사실을 전혀 기억하지 못하더라도 며칠 동안 반복적으로 검사를 실시하자 성적이 향상되는 양상이 나타났다. 하지만 이는 그저 예외에 불과했다. 기본적으로 헨리는 현재에 갇혀 있었다.

H. M.의 행동에 관해 브렌다 밀너가 스코빌과 함께 발표한 첫 번째 보고서는 뇌 과학의 고전이 되었다.[25] 이후 수십 년간 H. M.을 대상으로 한 심리학적인 연구(대부분이 연구 인생 내내 헨리를 연구했던 밀너의 제자 수잰 코킨Suzanne Corkin에 의해 이루어졌다)부터 뇌의 사후 분석 및 삼차원 구조 복원에 이르기까지 수많은 연구가 쏟아졌다.[26] 그리고 한결같이 헨리가 더 이상 새로운 기억을 형성하지 못하게 된 원인으로 해마 손상을 꼽았다. 이는 기억이 해마에 저장되어 있다는 뜻이라기보다 뇌가 기억을 형성하는 데 해마라는 구조물이 반드시 필요함을 의미했다. H. M.의 비극은 엔그램의 위치를 밝혀주지는 못했으나 기억 형성의 결정적인 측면에서 기능의 국재화가 이루어져 있음을 보여주었다.

밀너의 말에 따르면, 스코빌은 헨리에게 있었던 일에 대해 일말의 죄책감도 느끼지 않았을뿐더러 밀너 자신도 굳이 그가 죄책감을 느껴야 한다고 생각하지 않았다. 수술은 최후의 수단이었고 "H. M.은 절박한 상황이었다. 그는 극도로 비참한 삶을 살고 있었다"는 것이 그의 말이었다. 하지만 공장 노동자였던 헨리와 달리 같은 의사였던 환자 D. C.에게 가한 유사한

손상에 대해서는 스코빌이 깊은 연민을 느꼈다고 회상했다.◆27

## 실수로 발견한 머릿속 지도

1947년 3월, 심리학자 에드워드 톨먼Edward Tolman은 미국 캘리포니아 대학교에서 가볍고 우스꽝스러운 분위기 속에 광범위한 주제들로 강의를 진행하며 동물의 학습에 대한 자신의 연구들을 소개했다. 쥐의 미로 학습 경험을 집중적으로 연구하던 톨먼은 쥐의 뇌에서 어떤 일이 일어나는지 이해하기 위해 다음과 같은 비유를 생각해냈다.

> 우리는 중앙 본부가 구닥다리 전화교환국보다는 지도 관제실에 훨씬 가깝다고 단언한다. 내부로 들어온 자극들은 단순히 외부로 내보내는 반응 스위치들과 일대일로 연결되어 있는 것이 아니다. 그보다는 신경충동들이 들어오면 일반적으로 중앙관제실에서 이를 검토하고 갈고 닦아 환경에 대한 잠정적인 인지지도를 만들어낸다고 보는 편이 옳다. 노선과 경로와 환경 속 여러 관계들을 나타내는 이 잠정적인 지도는 최종적으로 해당 실험 동물이 어떤 반응을 표출할지 결정하게 된다.[28]

◆ 2016년, 기자 루크 디트리히Luke Dittrich(스코빌의 손자)는 수잰 코킨의 역할을 집중조명하며 과학자들이 H. M.을 다루었던 방식에 대해 윤리적인 문제들을 제기했다. 주로 이해관계의 상충이나 연구 대상자의 동의 문제, 그리고 코킨이 H. M.에 관한 자료를 파괴했다는 의혹을 비롯해 자료의 소유권에 대한 문제들이 얽혀 있었다. 이에 심리학자들은 코킨의 행동을 강하게 두둔하는 것으로 대응했다. Dittrich, L., *Patient H. M.-A Story of Memory, Madness, and Family Secrets* (London : Chatto & Windus, 2016)

예컨대 실험 쥐가 빈 미로를 여러 차례 탐색하도록 놓아둔 다음 미로의 끝에 보상을 제시할 경우, 이 쥐는 해당 미로를 돌아다녀본 경험이 적은 쥐에 비해 훨씬 더 빨리 길을 찾을 수 있다. 보상이 주어지지 않은 동안에도 주변 환경에 주의를 기울이고 미로를 기억했던 것이다. 이와 마찬가지로 쥐가 우리 안의 어느 특정 장소에서 전기충격을 당했다면 이후부터는 그곳을 피하게 될 것이다. 톨먼의 설명은 곧 쥐가 뇌 안에 지도를 가지고 있다는 사실을 의미했다. 어떻든 쥐는 뉴런 속에 외부 세계를 표상하고 있었다.

톨먼의 주장이 옳을 가능성을 뒷받침하는 첫 번째 증거는 1960년대 후반 영국 유니버시티 칼리지 런던에서 일하던 존 오키프John O'Keefe가 쥐가 움직이는 동안 일어나는 시상 내 세포 활동을 연구하면서 발견했다. 시상 내에는 쥐가 머리를 움직일 때 매우 강한 반응을 보이는 세포가 있었는데, 이 같은 반응은 오키프도 처음 보는 것이어서 흥미를 가지게 되었다. 실험이 끝난 뒤 오키프는 실험 쥐를 죽이고 뇌를 얇게 저며 앞서 반응을 기록했던 세포가 정확히 어디에 위치하는지 살펴보았다. 그러자 놀랍게도 자신이 실수로 쥐의 해마에 전극을 삽입했다는 사실을 알게 되었다. 바로 이 의도치 않은 실수가 오키프의 인생과 뇌 과학의 흐름을 완전히 바꾸었다.[29]

1971년에 오키프와 그의 학생 조너선 도스트로프스키Jonathan Dostrovsky는 쥐가 우리 안의 어느 특정한 장소에 있을 때 각각 활성화되었던 해마 내의 여덟 개의 세포로부터 취합한 자료를 발표했다. 그런데 세포의 활동에는 장소라는 자극만이 중요하게 작용한 것이 아니었다. 불이 켜져 있고, 특정한 장소에 위치하며, 연구자 손에 들려 있을 때 발화했던 세포에서 무엇보다 가장 큰 반응이 기록되었던 것이다. 이 중 어느 한 가지 요소라도 충족되지 않을 경우 해당 세포는 발화를 멈추었으며, 이는 곧 이 세포가 활동하기 위해서는 매우 특정적인 일련의 자극을 필요로 한다는 사실을 가리켰다. 이에 오키프와 도스트로프스키는 다음과 같이 서술했다.

이 같은 결과는 해마가 뇌의 나머지 영역들에 공간 참조 지도를 제공하는 역할을 함을 시사한다. 지도를 구성하는 세포들의 활동은 쥐에게 환경적인 지형지물 대비 자신이 향하는 방향을 구체적으로 알리고 해당 방향으로 향하는 과정에서 마주한 특정한 촉각, 시각 등의 자극을 열거해준다.

오키프와 도스트로프스키는 여기서 한 걸음 더 나아가 자신들이 제시한 가설과 같은 방식을 통해 쥐가 스스로 움직임에 따른 결과를 예측할 수 있다는 의견을 제시했다.

> 우리가 제시하는 모형에 따르면 해마 내부는 방향성을 특정 짓는 세포들의 활동이 공간상 움직임이나 움직이려는 의도를 나타내는 신호와 결합하여 (…) 이후에 도래할 인접한 공간적 방향성을 특정 짓는 세포들을 활성화시키려는 방식으로 조직화되어 있을 것이다. 이렇게 함으로써 해당 지도는 어떤 움직임을 취했을 때 그 결과로 발생할 감각자극을 '예상'할 수 있게 된다.[30]

만약 해마를 적출당해 이 같은 지도를 잃어버리게 되면 "쥐는 주어진 환경 속 임의의 장소에서 어느 특정한 장소로 향하는 어떠한 경로도 학습할 수 없었다."

오키프의 연구는 해마가 일화기억을 부호화하는 능력뿐만 아니라 주변 환경을 곧이곧대로 묘사한 지도를 갖추고 있다는 사실을 보여주었다. 이러한 표상 방식을 전문 용어로 동형isomorphic 구조라고 한다. 장소 세포place cell•라고 불리는 세포들로 구성된 이 지도에는 한 장소에서 또 다른 장소로 가는 방법에 관한 정보도 담겨 있어 쥐가 가고자 하는 곳으로 향하는 길을 찾고, 각기 다른 장소에서 무엇을 맞닥뜨릴지 예상할 수 있게 해준다.

다만 이 지도는 톨먼이 영리하게 직감했듯 외부 세계를 단순히 일대일로 옮겨놓은 것이 아닌, 어디까지나 다중 감각 양상을 수반하며 연합과 예측에 기반한 인지지도cognitive map다. 서로 다른 생태에 속하는 종은 이 해마 내부의 지도 또한 다른 형태를 띤다. 이를테면 쥐의 경우에 지도가 이차원이라면 박쥐의 경우에는 삼차원으로 형성되어 전후좌우뿐만 아니라 상하에 대한 위치 정보도 표현할 수 있는 등 세부적인 차이가 있을 수 있다. 하지만 모든 종에게서 공통적으로 보이는 특성은 이 지도가 단순히 공간만을 표상한 것이 아닌, 인지지도라는 점이다.[31]

공간 정보가 어떻게 해마의 장소 세포에 저장되는지에 관해서는 마이브리트 모세르May-Britt Moser와 에드바르드 모세르Edvard Moser 부부가 해마와 인접한 내후각 피질에서 실험동물이 몇몇 장소에 있을 때에만 발화하는 세포들을 발견하면서 명확해지기 시작했다. 이 세포들의 활동은 격자 형태의 네트워크를 생성했는데, 이것이 바로 해마의 장소 세포들이 활용하는 원자료raw data가 되었으며, 이러한 격자 세포grid cell••의 활동을 통해 주어진 장소 세포의 활동도 예측이 가능했다.[32] 내후각 피질에서 쥐의 머리가 향하는 방향과 속도 그리고 환경 내에 경계가 존재하는지 여부를 기록하는 다른 세포들 또한 해마 내 인지지도를 형성하는 데 기여했다.

이후 전 세계에 걸쳐 수백 명의 연구자들이 이에 관심을 가지고 연구하게 되었고, 오키프와 모세르 부부는 이 같은 발견을 한 공로를 인정받아 2014년에 노벨상을 수상했다.[33] 이 모든 연구가 작은 포유류만을 대상으로 이루어지기는 했지만 인간의 행동과도 실질적인 연결고리가 존재한다. 우

• 동물이 공간 내에서 이동을 하며 탐색할 때 특정 위치를 암호화하여 장소를 기억할 수 있게 해주는 세포.

•• 장소 세포의 정보처리를 돕는 세포.

리도 길을 찾고 원하는 곳으로 나아가는 데 해마를 사용하는 것처럼 보이기 때문이다. 이를 뒷받침하기 위해 흔히 시가지로 향하는 골목골목을 능숙하게 파악해야만 하는 런던의 택시운전사들의 경우 일반인보다 해마의 크기가 훨씬 크며 운전 일에 종사한 기간이 길수록 그 차이가 더욱 뚜렷하게 나타났다는 주장이 쓰이곤 한다.[34] 해마의 크기를 측정하는 기술이 너무 부정확했기에 이러한 효과가 나타난 원리가 뉴런의 수가 늘어나서인지 아니면 단순히 부피가 커진 탓인지는 분명하지 않았다. 같은 연구팀에서 런던 택시운전사들을 대상으로 다수의 연구가 진행되었지만 아직까지 반복 검증은 이루어지지 않았다.

모든 연구 결과가 해마에 주변 환경에 대한 지도가 담겨 있음을 가리킨다고는 하나 오키프와 도스트로프스키의 첫 번째 보고서가 암시했듯 뇌는 그저 단순한 공간적 지도 이상의, 뭔가 훨씬 많은 정보가 담긴 지도를 만들고 있으며 장소 세포와 격자 세포의 역할은 단순히 생물학적 GPS 따위에 국한되는 것이 아니었다. 보상, 냄새, 촉감, 시야, 시간 등에 관한 인지적 정보가 모두 통합되어 활동에 녹아들어 있었던 것이다.[35] 아울러 쥐와 박쥐의 장소 세포는 특히 동료들의 위치와 같은 사회적 정보를 처리하는 데도 관여한다.[36]

쥐가 새로운 장소를 탐색하고 나면 자는 동안 뇌가 기억을 응고화하는 과정에서 쥐의 머릿속 지도상 해당 장소에 상응하는 해마 세포들이 재활성화된다(어쩌면 그 장소와 상황에 대한 꿈을 꾸는지도 모른다).[37] 만약 미로에서 막다른 갈래처럼 미처 탐색하지 못했던 장소가 보상과 연합된다면 마치 쥐가 그곳에 가는 것을 예상하기라도 하듯 쥐의 뇌에서 그 장소에 상응하는 장소 세포가 활성화되는데, 현재 일부 연구자들은 이렇듯 특정 상황을 예측하는 기능이야말로 장소 세포의 진정한 역할이라고 주장하기도 한다.[38] 인간의 뇌도 마찬가지로 휴식 상황에 놓이면 해마를 중심으로 비공간적 학습과 관련된 사건들을 되풀이하는 활동을 하는데, 이 덕분에 이전에 쌓아 온 경험에서 새로운 지식을 이끌어낼 수 있게 되는 듯하다.[39] 이처럼 흥미로운 결과들은 모두 해마가 의사결정을 하거나 하나의 과제에서 다른 과제로 일반화를 하는 등 여러 가지 목적을 가지고 다양한 유형의 정보들을 통합한다는 사실을 보여주었다. 이와 동시에 뇌의 다른 영역들도 특정한 기억을 생성하고 회상하는 데 관여한다는 것은 곧 기능의 국재화와 분포가 뒤섞여 있음을 시사했다.

2016년, 이렇듯 복합적인 상황에서 이제는 고인이 된 해마 연구의 대가 하워드 아이헨바움Howard Eichenbaum은 래슐리의 생각이 옳았음이 검증되었다고 주장하기에 이르렀다.[40] 그처럼 확신에 차서 강하게 표현할 연구자는 많지 않겠지만 어쨌든 아이헨바움의 주장은 해마가 처리하는 기억에는 멀리 떨어진 뇌 영역들도 관여한다는 사실을 조명했다. 해마는 엔그램이 자리한 장소가 아니라 기억을 부호화하는 장치이자 기억이 입장하는 관문이었다. 기억이 국재화되어 있다는 것은 분명했지만 기억이 정확히 어디에 있는지는 앞으로 밝혀내야 할 문제이다. 광역적으로 분포되어 있는 정보 또한 기억에 관여하고 있는데, 해마 및 그와 연합된 영역에서 기억의 부호화와 회상이 어떻게 일어나는지 역시 우리는 완전히 이해하지 못했다.[41]

한편 최근 독일에서 학습이 이루어지는 동안 조직들의 미세 구조 단위에서 발생하는 변화를 밝히는 새로운 뇌 영상 기법을 활용해 인간의 공간 과제 학습을 연구한 결과는 해마가 공간 학습 과정에서 예상했던 것만큼 필수적인 역할을 하지는 않음을 시사했다.[42] 공간 학습과 관련된 핵심 변화는 해마가 아닌 후두정엽에서 일어났다. 이러한 변화들은 빠르게 나타나 열두 시간 동안 그 효과가 지속되었으며, 뇌에서 기억과 관련된 기능적 활동과 연결되어 있는 듯했다. 이 모든 결과는 해마가 엔그램 '그 자체'를 담고 있지 않으며 우리의 기억을 형성하는 데는 뇌의 여러 영역들이 관여한다는 견해에 힘을 실어주었다.

과학자들이 학습과 관련된 변화가 국재화되어 있다는 증거와 여러 영역들에서 관찰된다는 증거를 모두 발견하면서, 기억의 형성에 뇌의 여러 영역이 관여한다는 생각들이 반복적으로 수면 위로 떠올랐다. 그런데 양측의 입장이 꼭 그렇게 상반되는 것만은 아니었다. 1986년, 티모시 테일러Timothy Teyler와 파스칼 디세나Pascal DiScenna는 해마와 뇌의 다른 여러 영역 사이의 해부학적 연관성이 곧 해마가 어떤 일화와 관련된 다양한 특성들을 일종의 색인처럼 표시해둠으로써 일화기억을 생성한다는 점을 시사한다고 주장했다.[43] 이 색인들 중 하나 이상을 탐색하면 엔그램이 활성화되는 것이다. 이러한 가설은 장소만이 기억을 활성화시키는 열쇠를 제공한다고 주장했던 좁은 의미의 인지지도 이론과 대비되었다. 그렇지만 장소 세포의 발견에도 불구하고 두 이론을 명확하게 구별할 만한 실험적 증거는 부족했는데, 아마도 많은 사람의 눈에 둘의 개념이 서로 엄격하게 배치되는 것이 아니었기 때문일 것이다. 이제 우리는 해마의 세포들이 엔그램 기능을 유지하지만 경험에 따라 다른 장소 세포와도 새롭게 연결을 맺을 수 있다는 사실을 알게 되었다. 공간적 부호화는 엔그램과 분리될 수 있는데, 이는 해마의 엔그램이 색인처럼 기능한다고 주장한 상대적으로 포괄적인 이론이 옳을 가능성을 시사한다.[44]

해마의 복잡성은 해마가 지니고 있는 인지지도와 일화기억을 생성하는 과정에서 해마가 차지하는 역할 사이의 흥미로운 연관성에서도 찾아볼 수 있다. 고대 그리스식 기억법에서는 많은 양의 정보를 외울 때 일명 '기억의 궁전memory palace' 내의 특정한 방 안에 기억해야 할 것들을 집어넣는 상상을 하는 방법을 취한다. 어쩌면 이것이 바로 우리가 학습을 하거나 어떤 것들을 기억하고자 할 때 해마를 통해 늘 하고 있는 일일지 모른다. 후각 정보 또한 내후각 피질을 통해 해마를 거쳐 부호화될 수 있는데, 아마도 이러

1　16세기에 출간된 책에 수록된 의사이자 철학자이며 시인이기도 한 갈레노스의 상상 초상. 그의 실제 모습이 어떠했을지는 알 수 없으나 분명 이렇게 생기지는 않았을 것이다.

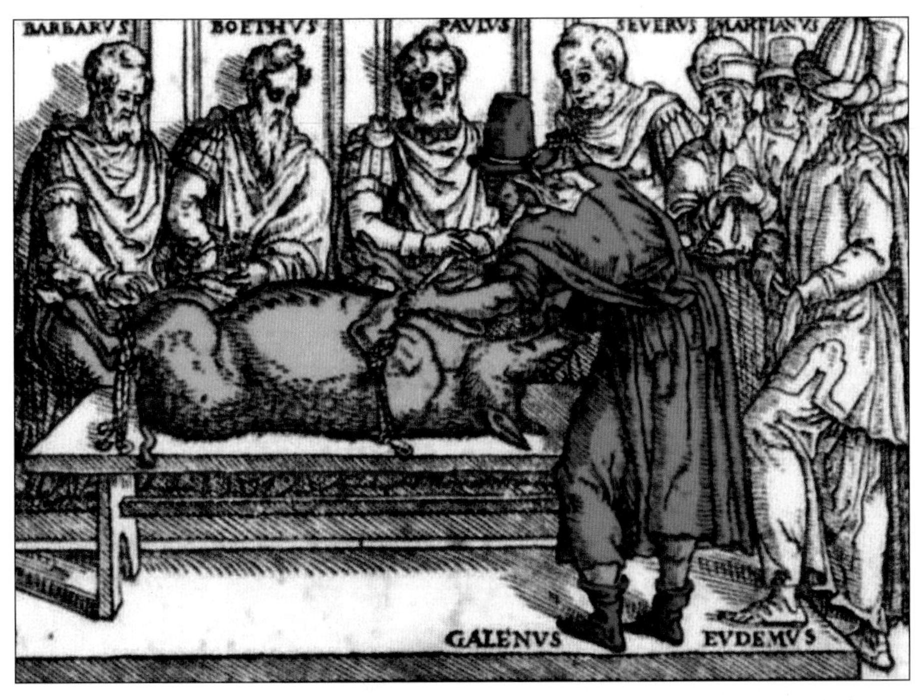


2　심장이 아닌 뇌가 움직임을 통제한다는 사실을 밝힌 갈레노스의 섬뜩한 돼지 실험. 16세기에 출간된 갈레노스의 연구 모음집 표지에서 발췌.

3 뇌 기능 연구의 현대식 접근법 대부분을 정립한 덴마크 의사 니콜라우스 스테노(1938~1986). 아울러 그는 지질학의 토대를 세우고, 근육이 어떻게 기능하는지 밝혔으며, 여성에게 난자가 있음을 알아차린 최초의 인물이기도 하다. 그에 관해서는 나의 첫 번째 책《난자와 정자의 경주The Egg and Sperm Race》에서 보다 상세히 다룬다.

4 쥘리앵 오프루아 드 라 메트리(1709~1751)의 저서 내 삽화에서 발췌한 그의 초상화. 펍에서 만나면 꽤나 유쾌했을 것 같은 인상이다.

5　스페인의 선구적인 신경해부학자 산티아고 라몬 이 카할(1852~1934)이 실험실에서 촬영한 자신의 모습. 카할은 1906년에 노벨상을 수상했다.

6 체코의 극작가 카렐 차페크가 전 세계에 '로봇'이라는 단어를 알린 〈R.U.R〉의 1923년 런던 공연 장면.

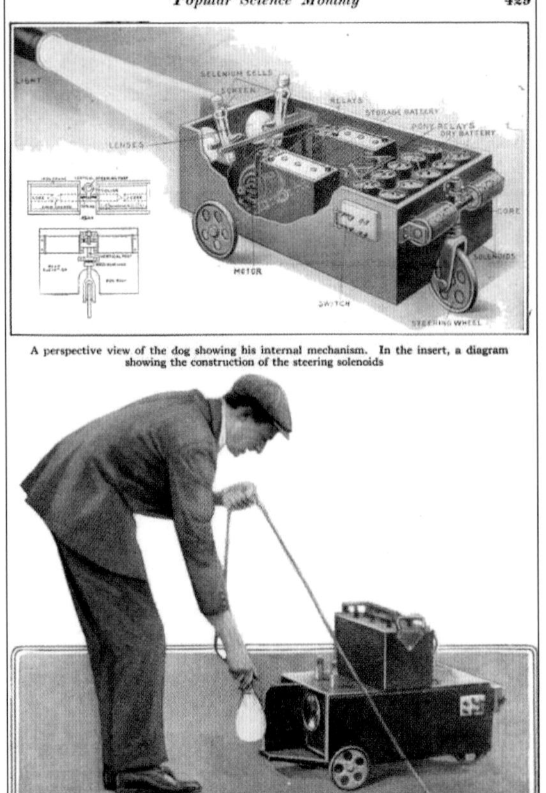

*Popular Science Monthly* **429**



A perspective view of the dog showing his internal mechanism. In the insert, a diagram showing the construction of the steering solenoids

7 목표물을 향해 곧장 나아가는 전기 개 셀레노에 관해 설명하는 1918년 그림. 셀레노의 공동개발자 벤자민 마이스너는 "지금은 기괴하고 신기한 과학 발명품일 뿐인 이 전기 개는 어쩌면 아주 가까운 미래에 공포도, 심장도, 속임수에 쉽게 빠지는 인간적 요소도 없이 오로지 주인의 명령에 따라 사정권 안으로 들어오는 대상이라면 무엇이든 덮치고 도륙하는 충실한 '전투견'이 될지도 모른다"며 기계화된 전쟁의 미래를 내다보았다.

8 신경계가 계산을 수행한다는 개념을 도입한 젊은 천재 수학자 월터 피츠(1923~1969). 피츠가 어찌나 괴짜였던지 한 친구는 그를 만나본 적 없는 사람이라면 그가 집단 망상이 빚어낸 가공의 인물이라고 생각할지도 모르겠다고 말하기도 했다.

9 뇌가 시각 자극을 어떻게 처리하는지 밝히는 데 핵심적인 돌파구를 제시한 데이비드 허블(왼쪽)과 토르스튼 위즐(오른쪽). 사진은 1981년 이들이 노벨상 수상자로 선정되었다는 발표가 난 후에 촬영되었다.

10 브랜다이스대학교의 이브 매더. 그는 바닷가재의 위장 속에 있는 수십 개의 뉴런이 작용하는 기제를 밝히는 데 연구 인생을 바쳤다. 이처럼 단순해 보이는 시스템조차도 현재로서는 난해하기만 하다.

11 트위터 프로필에 자신을 '피질 기하학자'라고 소개한 캘리포니아공과대학교의 도리스 차오. 차오는 시각피질 내의 단일뉴런이 어떻게 이미지를 처리하며 이들 각각이 어떻게 결합하여 얼굴을 지각하게 되는지 연구했다. 현재는 그 유명한 '화병/얼굴 착시'가 일어나는 기제를 설명하기 위해 노력하고 있다.

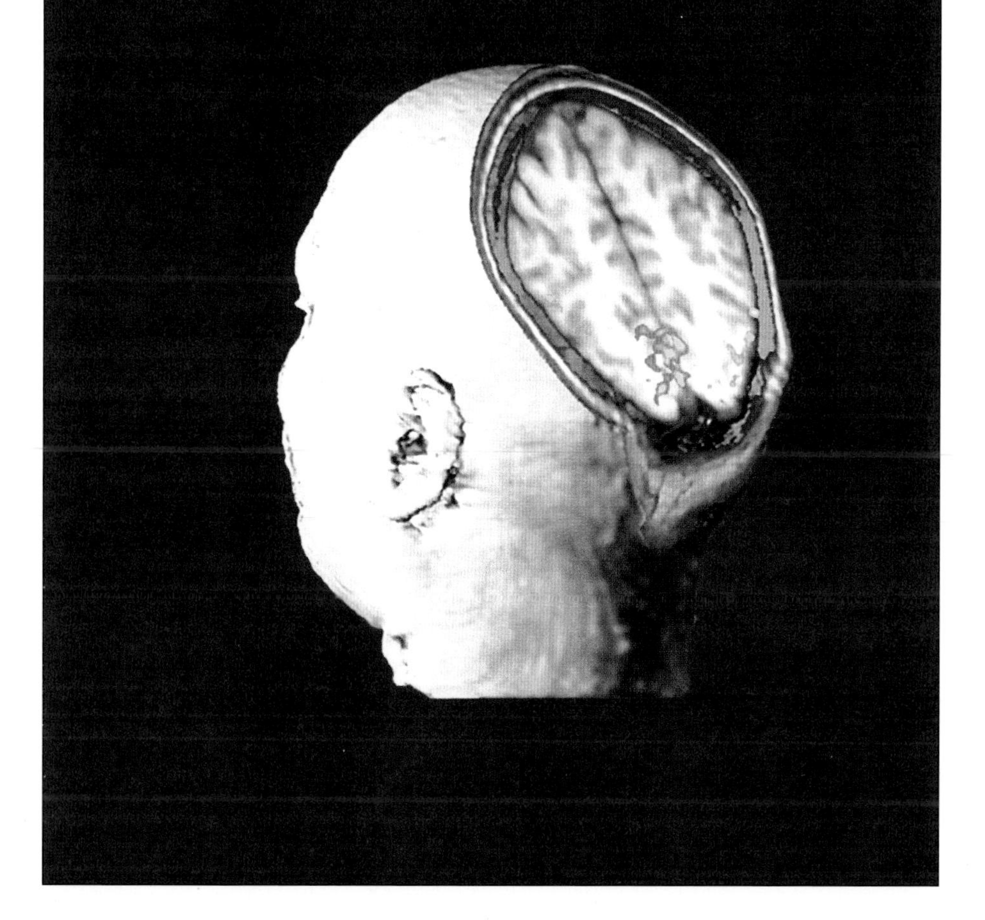


12 뇌 활동을 밝히는 데 최초로 fMRI가 활용되었음을 표현한 〈사이언스〉의 1991년도 표지. 이 혁명적인 기법과 놀라운 영상은 이후 뇌 연구에 커다란 변화를 가져왔다.

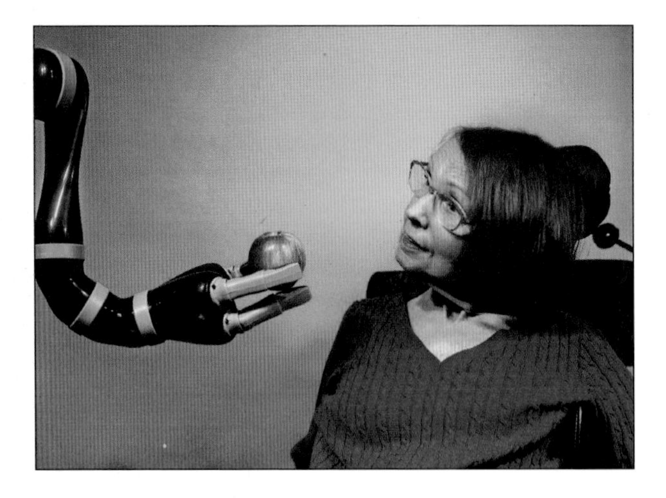

13 뇌졸중을 앓은 뒤 사지가 마비된 S3번 환자(캐시 허친슨)가 미국 브라운대학교 내 도너휴 연구실에서 뇌에 이식된 전극을 통해 로봇 팔을 제어하여 사과를 먹는 장면. 수십 년 만에 처음으로 그가 자기 힘으로 음식을 먹는 역사적인 순간이다. 훗날 그는 "로봇 팔을 조종하는 것이 자연스럽게 느껴졌어요"라고 말했다.

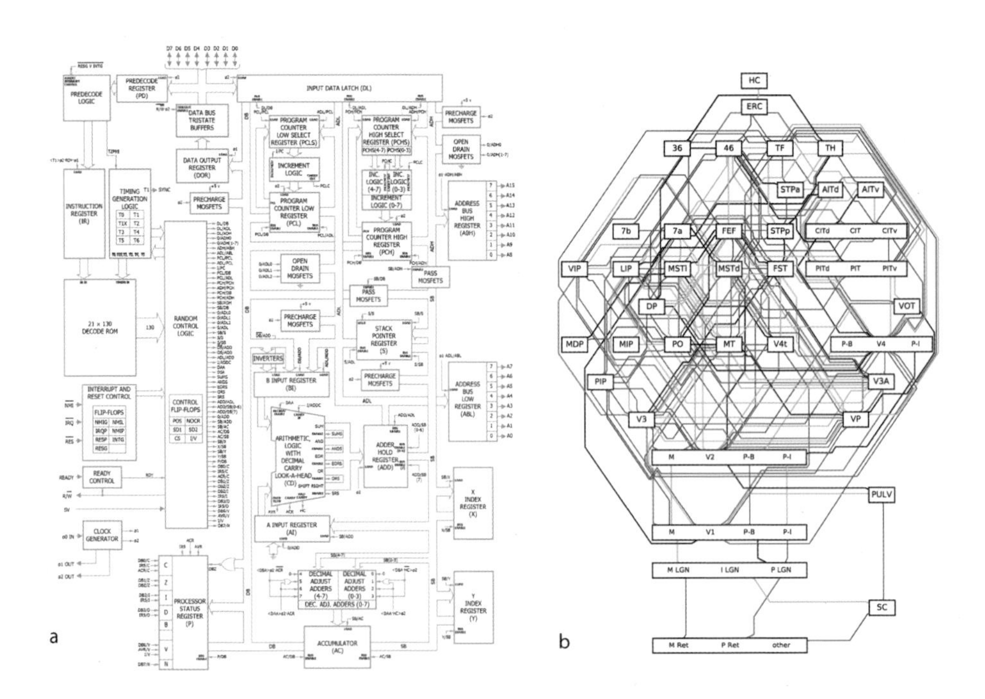


14 프로세서의 뚜렷한 계층적 구조(a)와 마카크원숭이 시각계의 복잡성을 나타낸 1991년도 그림(b). 에릭 조나스와 콘라트 파울 코딩이 2017년에 발표한 논문에서 컴퓨터 프로세서를 '역설계'하려는 시도가 반영되었다. 이 연구는 프랜시스 크릭이 인간 뇌의 해부학적 구조를 심도 있게 연구해야 한다고 주장하는 계기가 되었다.

한 기제가 냄새가 어떻게 특정 사건에 대한 기억을 불러일으킬 뿐만 아니라, 펜필드의 환자들이 전기자극이 가해지자 경험했던 것처럼 마치 그 사건이 일어난 장소에 있는 듯한 강한 느낌마저 줄 수 있는지를 설명할 수 있을 것이다.[45] 헨리 몰레이슨은 해마에 손상을 입은 탓에 두 가지 냄새를 정확하게 비교하지도, 냄새만으로 익숙한 음식의 이름을 대지도 못했다. 그것은 그에게 지도를 읽는 것만큼 어려운 일이었다.[46] 인간의 후지각과 공간 기억은 기본적으로 해마와 전두엽에 기반하여 서로 얽혀 있다.[47]

위의 연구에서 뇌 기능의 국재화가 어느 정도 존재한다는 사실을 밝히기는 했으나 뇌가 세포 혹은 회로 수준에서 어떻게 기능하는지 그리고 세포망에서 어떤 종류의 계산이 이루어지는지에 관해서는 그다지 많은 것을 알아내지 못했다. 과학자들은 개별 세포들의 기능이나 세포 집단들의 활동을 규명하여 이를 바탕으로 기능의 흐름을 나타낸 정밀한 도식을 작성하기보다는 주로 세부적인 영역별 해부도에 의존하여 구성 요소들의 특성을 표현한 도식을 만듦으로써 수백만 개의 세포들로 구성된 여러 영역들을 일반적인 기능들과 짝짓는 정도에 만족해야 했다.[48] 그러나 이러한 연구 방법으로는 기억이 정확히 어떤 방식으로 기능하는지 밝힐 도리가 없었다.

*

1957년, 워싱턴 D. C. 외곽 베데스다 소재의 미국 국립정신보건원에서 근무하던 젊은 연구자가 H. M.을 비롯한 여러 불행한 환자들에게 수술을 집도하고 그 결과를 서술한 밀너와 스코빌의 논문을 접하게 되었다. 그들의 논문을 접한 순간 그는 너무나 깊은 감명을 받은 나머지 훗날 "기억이 뇌에서 어떻게 저장되는가에 관한 문제는 나에게 두 번째로 의미 있는 연구 문제가 되었다"고 회상했다.[49] 그의 이름은 에릭 캔들Eric Kandel로, 당시

28세도 채 되지 않은 때였다. 하버드에서 역사학과 문학으로 학사 학위를 받은 뒤 의학으로 전공을 바꾸고 평생 정신분석학에도 흥미를 잃지 않았던 캔들은 학계 전반에 널리 영향력을 떨친 지식인으로서 학습 과정에서 뉴런의 활동이 어떻게 변화하는지에 관한 현대적인 이해의 틀을 마련하는 데 도움을 주었으며, 이를 인정받아 2000년 노벨상을 수상했다.

고양이의 해마에서 뉴런의 전기생리적 활동을 연구하던 캔들은 곧 자신이 관심을 두고 있던 세포에서 변화의 핵심에 다다르기 위해서는 척추동물의 뇌보다 훨씬 더 단순한 체계를 살펴볼 필요가 있다는 사실을 깨달았다. 그리고 어떤 현상을 연구해야 자신이 원하는 답을 찾을 수 있을지에 대한 해결책과 단서를 케임브리지대학교 내 에이드리언의 연구팀 소속이었던 두 명의 연구자, 앨런 호지킨과 앤드루 헉슬리의 논문에서 발견했다. 1952년, 이들은 20세기 초 번스타인이 처음 제안한 이래 줄곧 확장 및 발달시킨 이론에 마침내 결정적인 증거를 제시함으로써 뉴런이 어떻게 메시지를 보내는지, 즉 활동전위의 생리를 밝혀냈다. 호지킨과 헉슬리는 전쟁이 발발하면서 연구를 잠시 중단했지만 전쟁이 끝난 뒤 다시 연구에 몰두했고, 결국 뉴런의 세포막 투과성이 변화하여 나트륨과 칼륨 이온의 농도가 달라짐에 따라 탈분극의 물결이 세포를 타고 빠르게 전해지는 과정에서 활동전위가 세포에서 세포로 전달된다는 사실을 밝힐 수 있었다.[50] 또한 세포막에 존재하는 이온통로ion channel라는 작은 구멍들로 인해 뉴런의 세포막이 투과성을 변화시킬 수 있다는 올바른 가설을 세웠다. 이에 호지킨과 헉슬리는 1963년 에클스와 공동으로 노벨상을 수상했다.

캔들은 호지킨과 헉슬리가 발견에 이르기까지 시도한 방법이 그들이 발견한 사실 그 자체만큼이나 중요하다고 생각했다. 그들의 연구는 에이드리언의 케임브리지대학교 지하 실험실이 아닌 머나먼 플리머스 소재의 해양생물 연구시설에서 오징어와 한치의 거대한 축삭이 보이는 반응들을 탐구함으로써 이루어졌다. 오징어과의 신경계는 존 재커리 영이 1930년대에 처음 연구를 시작한 대상으로, 신뢰도 높은 연구가 가능하게끔 식별하기 쉬운 큼직한 뉴런들로 구성되어 있었다. 여기서 얻을 수 있는 교훈은 생리학자들이 오래전부터 알고 있었다시피 기본적인 과정을 알기 위해서는 명확한 답을 줄 수 있는 단순한 체계를 연구 대상으로 삼아야 한다는 점이었다.

이러한 원리를 가슴에 새기고 6개월간 골똘히 궁리한 끝에 캔들은 1959년, 캘리포니아 해변에 서식하는 군소류인 거대한 바다 민달팽이를 통해 세포 수준에서의 학습과 기억의 근거를 탐구하기로 마음먹었다. 30센티미터가 넘게 자라는 이 생물의 뉴런은 현미경으로 관찰이 가능할 만큼 컸고 뇌는 겨우 아홉 덩어리에 2만 개의 뉴런들로 이루어진 매우 단순한 형태인데다가 행동 반사의 종류도 단순했다. 당시 군소를 연구하는 학자들의 수는 전 세계에서도 아주 소수에 불과했는데, 캔들이 이를 연구하기로 결정했을 때 그 역시 달팽이를 해부해본 경험도, 달팽이의 뉴런 활동을 기록해본 적도 없는 상태였으며, 심지어 이 녀석이 학습을 할 수 있는지조차도 확신이 없었다.[51] 그가 첫 번째 연구비 지원서를 작성할 때부터 기획을 시작해서 이후 수십 년 동안 절절히 이루고자 했던 야망은 '세포 수준에서 전기생리적인 조건화 기제 및 단순한 신경망 내의 시냅스 활용 기제를 연구하는 것'이었다. 이는 곧 그가 군소의 신경계 활동, 특히 시냅스가 학습에 따라 어떻게 변화하는지 탐구할 계획을 세웠음을 의미했다.

캔들은 쉽게 측정할 수 있는 행동에 초점을 맞추었는데, 몸을 가볍게 건드리면 기본적인 보호 반사의 일환으로 아가미가 수축하는, 이른바 아가미 도피 반사가 그 대상이었다. 캔들의 연구팀은 이러한 반사가 습관화(자극이 반복됨에 따라 반응이 감소하는 현상)와 민감화(가볍게 건드리는 자극이 짧은 전기충격과 연합될 경우 오히려 반응이 증가하는 현상)라는 매우 단순한 형태의 학습과 단기기억을 보여줄 수 있음을 입증했으며, 궁극적으로 군소가 마치 파블로프의 개처럼 고전적 조건화 체제에서 학습이 가능함을 밝혔다.

캔들과 그의 동료들은 다년간의 연구를 통해 이 같은 행동들에 관여하는 신경 회로를 규명하고, 학습이 뉴런들이 이루고 있는 작은 회로의 시냅스 강도를 변화시킨다고 주장했던 헵의 신경생리학 가설이 옳았음을 증명했다. 단기기억에서는 이와 같은 변화로 신경전달물질의 분비가 증가하며, 자극들 사이의 반복적인 연합에 따라 형성되는 장기기억의 경우에는 신경전달물질의 분비가 증가함과 더불어 두 세포 사이의 새로운 시냅스 연결까지 자라나게 된다. 헵이 예상했던 대로 엔그램이란 결국 시냅스 활동에서의 변화, 그 이상도 이하도 아니었던 것이다.

1980년대 초, 캔들의 연구팀은 세포 내 분자들의 복잡한 연쇄반응들을 묘사하고 해당 체계의 구성 요소들을 만들어낸 유전자를 규명할 수 있게 해줌으로써 생물학의 대변혁을 초래했던 분자 혁명에 합류하게 되었다. 그리고 마침내 이들은 다른 연구자들과 함께 뉴런 내에서 기억을 생성하는 데 관여하는 분자들을 규명하는 데 성공했다. 바로 고리형 AMP와 다양한 효소 그리고 고리형 AMP 유전자의 발현 유무를 효과적으로 조절함으로써 유기체가 학습한 내용을 기억할 것인지 결정하게 해주는 CREB 단백질이었다. 이러한 분자들을 일반적으로 이차 전령이라고 부르는데, 신경전달물질이나 호르몬이 전해준 메시지를 중계하며 학습이 일어나면 세포 내에서 빠르게 발생하는 극미한 움직임과 상호작용함으로써 뉴런이 새롭게 성장하여 새로운 시냅스를 형성하게 해주기 때문이다. 무엇보다도 이 학습 모형은 곧 모든 동물에게 적용된다는 사실이 명백해졌다. 이를테면 내가 1976년 처음 접한 뒤 결국 연구자의 길을 걷는 계기를 마련해주었던 초파리의 던스dunce 유전자 변이는 고리형 AMP를 분해하는 효소의 유전부호를 지정하는 것으로 밝혀졌다. 지금 여러분의 머릿속에서도 이와 동일한 생화학 체계가 사용되고 있다. 하지만 기억의 생화학 기제에 대한 비밀이 전부 풀린 것은 아니다. 신경전달물질 외의 분자들도 시냅스 활동 및 응고화에 관여하지만(인간의 시냅스에서는 5,500가지 이상의 단백질이 발견된다) 우리는 현재 기억이 어떻게 형성되는지 개략적으로밖에 이해하고 있지 못하다.[52]

## 기억의 매커니즘

이처럼 기억 연구에서 무궁한 진전이 이루어지는 과정에서 주류에서는 벗어났지만 잠시 동안이나마 매우 중요한 영향력을 끼친 연구들이 있었다. 1960년대 및 1970년대, 뇌의 추출물이나 RNA 혹은 단백질을 주입함으로써 학습된 행동이 이 동물에서 저 동물로 전이될 수 있다고 주장하는 연구들이 등장했다. 가령 스웨덴의 생화학자 홀게르 하이덴Holger Hydén은 학습 과정에서 생성되는 특정한 형태의 RNA가 전이 가능하다는 의견을 제시했고, 이후 다수의 연구가 단백질 합성을 차단하거나 RNA 분자에 영향을 주는 분자들에 의해 학습이 억제될 수 있음을 밝히면서 그의 주장에 힘이 실렸다. 이는 쥐에서부터 금붕어에 이르기까지 다양한 동물에서 검증되었으며, 심지어 머리가 잘려도 다시 자라나는 플라나리아 편형충을 대상으로 한 연구도 있었다. 1959년에 미국 미시간대학교의 제임스 맥코넬James McConnell은 플라나리아가 빛이 주어지는 동안 전기충격을 받았다면 이후 머리가 잘리고 기초적인 형태의 뇌가 새로 자라난 뒤에도 빛에 대한 학습된 회피 반응을 보인다고 보고했는데, 이후 이어진 연구에서는 학습한 적이 없는 편형충일지라도 훈련을 받은 플라나리아의 몸 일부를 먹음으로써 이 같은 행동을 습득할 수 있음을 밝혔다.[53] 쥐를 대상으로 한 실험은 이보다는 덜 엽기적이기는 해도 어쨌든 일관된 결과가 나타났다. 빛을 회피하도록 훈련받은 쥐의 뇌에서 추출한 물질을 다른 쥐에게 주입하자 학습의 전이가 이루어졌고, 이는 곧 어떤 생화학 물질이 이러한 학습에 관여하고 있음을 시사했다.[54]

언론 매체에서도 엔그램이 어쩌면 단일한 분자로 구성되어 하나의 개체에서 다른 개체로 옮겨질 수 있으며 그에 따라 인간도 간편하게 알약 하나를 삼킴으로써 학습이 가능하게 될지 모른다는 발상에 많은 관심을 보였다. 하지만 얼마 지나지 않아 학습의 전이에 있어 행동과 생화학이 관여하는 바가 당초 제기되었던 것보다 훨씬 불분명하다는 사실이 드러났다. 행동 연구의 상당수가 매우 적은 표본 수를 대상으로 진행되었거나 다소 주관적인 방법으로 학습 여부를 판단했던 것이다. 그러던 1966년, 각기 다른 연구실 여덟 곳 소속의 연구자 스물세 명이 RNA에 의한 학습 전이를 끝내 반복 검증하지 못했다고 명시한 짧은 논문이 〈사이언스〉에 등장했다.[55] 엔그램을 핵산•으로서 설명하려는 시도는 그렇게 생명이 끊기고 말았다.

미국 휴스턴에 위치한 베일러의과대학 소속의 프랑스인 약리학자 조르주 웅가Georges Ungar는 학습의 전이가 가능하다는 주장과 RNA가 이에 관여하지 않는다는 비판이 서로 조화를 이룰 수 있는 해석을 내놓았다. 그는 RNA 추출물에는 실제로 그러한 효과를 일으키는 펩티드라는 작은 단백질이 포함되어 있을 가능성이 있다고 주장했다. 1960년대 후반부터 1970년대 초까지 웅가는 학습의 전이에 관여하는 물질을 추적하여 마침내 4천 마리 이상의 훈련된 쥐의 뇌에서 추출한 물질에서 이를 규명해내는 데 성공했다. 그는 여기에 스코토포빈scotophobin(스코토스skotos는 그리스어로 어둠을 의

• 염기, 당, 인산으로 이루어진 뉴클레오타이드가 긴 사슬 모양으로 중합된 고분자 물질. 유전이나 단백질 합성을 지배하는 중요한 물질로, 생물의 증식을 비롯한 생명 활동 유지에 중요한 작용을 한다.

미한다)이라는 이름을 붙였고, 일리노이대학교와 미시간대학교의 연구자들이 스코토포빈 합성물이 아무런 학습을 하지 않은 쥐들에게 어둠 회피 반응을 일으킨다고 주장함에 따라 신빙성이 더해졌다.[56] 1968년에서 1971년 사이에만 〈타임〉, 〈뉴욕타임스〉, 〈워싱턴 포스트〉를 비롯하여 적어도 열다섯 개의 주요 언론에 웅가의 연구에 대한 기사가 실렸다.

하지만 스코토포빈의 실체는 얼마 안 가 증발했다. 1972년 7월, 웅가는 〈네이처〉에 스코토포빈이 어둠 회피를 유발한다고 주장하며 신경계에는 이처럼 특정 행동을 유도하는 분자들이 많이 있으리라 추측하는 내용의 논문을 발표했다.[57] 논문이 학술지에 투고되었던 때는 그보다 17개월이나 전이었는데, 투고부터 게재까지 이토록 오래 지체되었던 이유는 심사위원 중 한 명인 월터 스튜어트Walter Stewart가 웅가의 연구 자체가 전혀 말이 되지 않는다고 굳게 믿었기 때문이었다. 이에 〈네이처〉에서는 결국 웅가의 논문을 발표는 하되 매우 이례적으로 스코토포빈의 합성물에 관한 내용을 비롯하여 웅가가 주장한 생화학 가설에 대한 상세한 비판이 담긴 스튜어트의 긴 소견서를 별첨하는 조치를 취했다. 스튜어트는 해당 주제로 벌써 총 백 쪽이 넘는 열일곱 편의 논문이 발표되었는데도 실험을 반복 검증하고 주장의 진위 여부를 확인하는 데 반드시 필요한 실험적 세부 사항들이 전혀 제공되지 않았다고 주장했다. 결국 그의 결론은 "저자들의 결론은 참이라기보다 거짓에 가깝다"는 것이었다.[58]

〈네이처〉의 같은 호에 웅가의 짤막한 반론 글이 실렸지만 스튜어트의 비판이 불러온 충격은 어마어마했다. 행동을 측정하는 방식을 개선하고 보다 정밀한 생화학 기법을 도입하자 곧 학습의 전이 따위는 존재하지 않는다는 것이 밝혀졌고, 만약 스코토포빈이라는 것이 정말 실재했다면 그것은 아마도 쥐가 전기충격을 받을 때의 스트레스 결과로 생성된 폴리펩티드일 것이며 학습과는 아무런 관련도 없다는 사실이 드러났다.[59] 다년간 과학계와 대중을 열광하게 했던 대상이 알고 보니 그저 착각에 불과했음이 알려지면서 학습 전이 실험에 대한 연구비 지원은 사실상 그 즉시 씨가 말라버렸다.[60] 스코토포빈은 20세기 초 잠시 물리학자들을 사로잡았으나 결국 존재하지 않는 것으로 판명된 방사선 형태인 N-레이의 신경과학판으로 전락했다.[61] 앞서 보고되었던 광범위한 행동에서의 효과가 정확히 무엇에서 비롯되었는지는 알 수 없지만 엔그램도 빛에 대한 공포 반응도 주사기를 통해 한 개체에서 다른 개체로 전이될 수는 없었다. 그렇지만 최근 연구에서는 또 플라나리아의 새로 자란 머리에서 앞서 형성된 기억이 정말로 다시 나타난다는 사실을 확인했는데, 이는 이 시기 있었던 모든 연구가 완전히 엉터리는 아님을 시사했다.[62]

*

군소나 초파리와 같은 무척추동물에 대한 연구가 학습의 생화학 기제를 밝히는 데 기여하는 동안 척추동물들을 연구했던 이들은 기억 형성 과정에서 시냅스가 발달하는 양상을 간접적으로 살필 수 있는 방법을 개발했다. 1973년, 노르웨이 오슬로의 연구자 팀 블리스Tim Bliss와 테리에 뢰모Terje Lømo는 매우 빠른 일련의 전기자극을 이용해 토끼의 해마로 향하는 신경 경로를 자극하여 해당 경로의 구조를 바꾸는 것이 가능하다고 보고했다.[63] 해당 경로에 자극을 가하여 실생활에서 경험하는 강한 자극을 효과적으로 모방함에 따라 발생한 이 증강 효과potentiation effect는 자극이 주어진 경로의 시냅스에 수 시간 동안 유지되는 변화를 만들어냈다.

뢰모는 1966년에 이러한 효과를 처음 관찰했으며 이후 1968년과 1969년에는 블리스와 함께 이를 연구했지만 반복 검증에 대한 문제 탓에 자신들의 발견에 확신을 얻기까지 계속해서 이리저리 수정을 거듭해야 했다.[64] 결국 문제를 해결하지는 못했지만 그들은 어쨌든 연구를 발표하기로 결정했다. 그 뒤 블리스와 뢰모 둘 다 한동안 이 분야에서 손을 뗐지만(블리스는 10여 년간, 뢰모는 30년 가까이 떠나 있었다) 다른 연구자들이 그들을 이어 훗날 장기 증강long-term potentiation 혹은 줄여서 LTP라고 알려지게 된 이 효과를 연구하기 시작했고 얼마 지나지 않아 해당 분야에 대한 논문의 수는 기하급수적으로 증가했다. 뇌를 매우 정밀하게 자극하고 생화학 및 구조적인 변화를 관찰하자, 동물 전체를 대상으로 하는 대신 인간을 비롯한 동물들의 뇌 조직의 절편만을 이용해서도 다양한 유형의 시냅스 변화가 띠는 복잡성을 밝혀낼 수가 있었다.[65] 첫 번째 LTP 논문의 20주년을 기념하기 위해 〈네이처〉에 실린 장대한 개관 논문에서 팀 블리스와 그레이엄 콜린그릿지Graham Collingridge는 이 분야에서 가장 먼저 풀어야 할 미제는 LTP의 진정한 생리학적 의의이며, 특히 LTP가 "과연 기억의 시냅스 기제에서 핵심적인 요소인가?" 하는 문제라고 강조했다.[66] 연구자들은 실험실에서 관찰한 LTP 효과와 실제 기억 사이의 연결고리를 확신할 수 없었다. 이러한 문제는 지금까지도 여전히 명쾌하게 풀리지 않고 있는데, 2006년에도 블리스는 "이 과정에 대한 설득력 있는 생리학적 모형"이라고만 표현했을 뿐, 단정적으로 결론을 내리지는 못했다.[67] LTP와 그에 '부적'으로 상응하는 장기 억압long-term depression이 쥐의 기억을 비활성화 및 재활성화시킬 수 있다는 최근 연구 결과들은 기억과의 인과관계가 분명히 존재한다는 사실을 뒷받침해주지만, 그렇다고 해서 LTP 그 자체가 기억이라는 뜻은 아니다. LTP의 정확한 생화학 기제가 계속 명확하게 밝혀지지 않는 것과 더불어 LTP는 반복적인 자극을 필요로 하는 데 반해 실제 생활에서는 단 한 번의 사건만으로도 학습이 일어날 수 있다는 문제는 일부 과학자들에게 LTP만으로 정말 뇌가 기억을 부호화하는 방식을 완전히 표상할 수 있는가에 대한 의문을 지속적으로 불러일으켰다.[68]

펜필드는 환자들의 뇌를 자극하자 발생했던 괴이한 기억들에 대한 설명을 시도하면서, 학습이 이루어지는 과정과 기억을 회상하는 과정에서 동일한 경로가 활성화될 가능성을 제시했다. 이 문제도 이제 최신 신경과학 장비를 활용해 입증되었다. 바로 광유전학기술이다. 이 기법은 게로 미센뵈크Gero Miesenböck, 칼 다이서로스Karl Deisseroth, 에드 보이든Ed Boyden을 비롯한 여러 연구자들이 20세기 초반 개발한 것으로 현재 동물의 뇌와 뉴런에 관한 다양한 분야의 연구에서 지배적인 역할을 차지하고 있다. 먼저 빛 탐지 분자를 부호화하는 유전자를 원하는 세포에 삽입한 뒤, 빛을 이용해 해당 분자를 활성화해 유전자를 삽입한 세포를 반응하게 만드는 방식이다. 광유전학 기법으로 뉴런을 정확하게 식별하고 자극할 수 있게 되었으며, 학습에 관여하는 세포들이 LTP에서 전형적으로 나타나는 일부 변화 양상들을 보이는데다가 기억 회상 시에도 동일한 세포들이 활성화된다는 사실을 밝힐 수 있게 되었다.[69] 비록 이 세포들만이 엔그램을 구성하는 유일한 요소가 아니며 수많은 뉴런들이 이에 관여하고 있기는 하지만 지금은 그냥 일반적으로 엔그램 세포라고 알려져 있다.[70]

1982년에는 DNA 이중나선의 공동 발견자 프랜시스 크릭Francis Crick이 뉴런에서 신호를 받는 부위인 가지돌기에서 작게 뻗어 나온 가지돌기 가시dendritic spine라는 구조물이 학습 과정에서 자신의 형태를 바꿈으로써 시냅스 활동에서 핵심적인 역할을 할 가능성을 제기했다.[71] 가지돌기 가시가 중요하다는 점에서는 크릭의 주장이 옳았지만 사실 정확한 작용 기제는 그가 상상했던 것보다 훨씬 단순한 것으로 밝혀졌는데, 장기 기억이 형성될 때면 기존의 가시가 형태를 바꾸는 대신 새로운 가시가 자라나 새로운 시냅스 연결이 이루어지는 방식이었다. 학습 이후 가시가 새롭게 자라나는 모습은 다양한 동물에서 관찰되었으며, 2015년에 발표된 어떤 연구에서는 광유전학을 활용하여 학습에 의해 생겨난 가시의 크기를 줄이자 특정 과제에 대해 학습되었던 기억이 저해되었고, 이는 곧 가지돌기 가시가 엔그램 형성의 핵심 요소임을 시사했다.[72] 그러나 상황이 그렇게 단순하지만은 않았으니, 뉴런 스스로는 새로운 시냅스를 형성하지 못한다는 사실이 명백해졌던 것이다. 그 외 신경전달물질에 반응하는 별세포•라는 다른 세포들이 시냅스의 가소성을 촉진하여 기억을 증진시키는 듯했다. 해마 내의 별세포의 활성화가 차단될 경우 기억이 손상되었다.[73]

아직도 더 많은 발견과 설명이 있어야 하겠지만 종합적으로 볼 때 연구 결과들은 헵의 학습 가설을 지지하고 있다.[74] 국재화 대 분포화의 논쟁은 뇌 과학사 내내 치열했지만, 개별 세포들이 기억 형성 및 회상에 핵심적인 역할을 수행할 수 있는지 여부를 떠나 현재 기억이라는 것은 단일한 장소에 존재하지는 않는 것으로 보인다. 기억은 대체로 장소, 시간, 냄새, 빛 등을 수반하는 다중 양상을 띠고 있으며 복잡한 신경망을 통해 피질 전역에 고루 분포한다.

일각에서는 기억의 물리적인 본질에 대한 연구가 사람들이 다소 불편하게 느낄 만한 방향으로 진행되기도 했다. 2009년, MIT의 시나 조슬린 Sheena Josselyn 연구팀은 생쥐의 편도체에서 학습 과제를 수행하는 중 높은 수준의 CREB 단백질을 발현시켰던 세포들만을 선택적으로 제거했다.[75] 그 결과 생쥐는 자신이 학습한 것을 잊어버렸다. 엔그램이 삭제된 것이다. 광유전학이 발달함에 따라 연구자들은 생쥐의 기억을 더욱 깊이 조작할 수 있게 되었다. 노벨상을 수상한 MIT의 도네가와 스스무Tonegawa Susumu 연구팀에서는 쥐의 해마에 거짓 기억을 심어 쥐가 우리의 특정 장소에 가면 실제로 경험한 적이 없음에도 마치 그곳에서 전기충격이라도 당한 양 얼어붙게 만들었다.[76] 또 반대로 혐오스러운 기억을 긍정적인 기억으로 바꾸어 이

• 많은 돌기가 여러 방향으로 뻗어 별처럼 보이는 세포를 통틀어 이르는 말.

전에 전기충격을 입었던 장소에 이끌리게 만들기도 했다. 엔그램의 의미를 바꾼 것이다.[77] 심지어 쥐의 긍정적인 엔그램을 활성화시켜 인간의 우울증처럼 보이는 행동들을 감소시키는 일까지 가능했다.[78] 또 다른 연구자들은 광유전학 기법으로 후각 신경구와 보상 및 회피에 관여하는 중추를 동시에 활성화시킴으로써 완전히 백지에서부터 새로운 기억을 만들어내기도 했는데, 그 결과 쥐는 생전 처음 접해보는 냄새에 관한 것들을 기억하는 모습을 보였다.[79] 이 모든 정밀한 작업들은 자칫 각각의 실험에서 조작을 가했던 특정 요소들만이 기억 형성에 관여한다는 결론으로 이어질 수도 있지만, 실제 이 세포 하나하나의 기저에는 신경망의 활동에 기여해 행동을 만들어내는 수많은 세포들이 존재한다.

학습에 대한 이야기를 원점부터 다시 검토하기 위해 연구자들은 평소라면 실험동물에게 별다른 반응을 일으키지 않았을 빛이 우리 안을 비추는 동안 광유전학 기법을 활용하여 오래전부터 척추동물들의 보상 체계와 연관되어 있으며 중독에도 관여하는 것으로 알려진 신경전달물질인 도파민을 사용하는 뉴런들을 활성화시켰다.[80]

각각 1초씩 8초 간격으로 도파민성 뉴런들을 활성화시키는 과정이 네 번 반복되자 파블로프식 반응이 형성되었고 실험동물은 불이 켜지자마자 빛을 향해 움직이려는 행동을 보였다. 파블로프의 개에게서 관찰되었던 반사 반응도 아마 이와 동일한 방식으로 작용했을 것이다.

기억이 정밀하게 형성되고, 변형되고, 삭제될 수 있음을 보여준 이 모든 연구 결과들은 유전적 조작을 가한 생쥐들을 대상으로 이루어졌다. 기억 형성 과정에 대한 통찰이 임상 환경에서 어떻게 쓰일 수 있을지에 심리학자들이 관심을 가지고 있다고 한들 이러한 기법들은 인간의 기억을 바꾸는 데는 쓸 수가 없다.[81] 그렇지만 넓은 의미에서 이 같은 연구들이 초래할 수 있는 윤리적 문제에 대한 우려는 사라지지 않았다. 2014년에는 관객들조차 무엇이 진실인지 끝까지 확신할 수 없게 만드는 크리스토퍼 놀란 감독의 공상과학 영화 〈인셉션〉에서 영감을 받아 〈거짓 기억의 시작Inception of False Memory〉이라는 제목의 논문이 출판되기도 했다.[82] 아니면 〈토탈 리콜〉이라는 제목으로 영화화된(그리고 이후 리메이크까지 된) 필립 K. 딕의 1966년작 단편 소설 《도매가로 기억을 팝니다》를 참조하는 편이 더 적절할지도 모르겠다. 딕의 전형적인 편집증 성향이 드러나는 이 이야기에는 '그리 멀지 않은 미래'에 지루한 삶을 살고 있는 점원 더글라스 퀘일(영화에서는 '퀘이드'로 바뀌었다)이 등장한다. 그에게는 자신이 화성에 다녀온 비밀 요원이라는 거짓 기억이 심어져 있다. 그런데 이 모든 기억을 비롯하여 외계인이 지구를 침략하려는 계획과 관련된 그의 머릿속 이야기는 모두 사실이었던 것으로 밝혀진다. 아니, 정말 진실이 맞을까?

세포 수준에서 기억의 근거를 밝히는 연구 결과들은 앞서 수많은 심리학 연구들이 입증했던 바를 재조명한다. 바로 기억은 변하기 쉬운 성질을 지녔다는 사실이다. 기억이란 단순히 진행 중인 사건을 기록한 것이 아니라 머릿속에서 구성된 결과이며, 따라서 거짓일 수도 있다. 하지만 무엇보다도 기억은 물질적인 근거에 기반한다.[83] 엔그램을 이루는 요소들도 발견되었고, 이는 컴퓨터 하드디스크에 기록된 메모리와도 다르다. 생물학적인 기억은 풍부하되 신뢰할 수 없으며 서로 간의 연결성이 매우 높아 하나가 아닌 다양한 경로로 접근이 일어난다.

우리가 일반적으로 어떤 것을 기억한다고 느끼는 감각과 펜필드가 불러일으켰던 복합적이고 정교한 기억 사이에 어떤 연결고리가 있는지는 분명하지 않다. 우리는 살아가는 내내 끊임없이 모든 것을 기록하는 것처럼 보이지는 않지만, 펜필드의 실험들은 외부 사건에 의해서든 전극의 전기적 자극에 의해서든 매우 특정하고 하찮아 보이는 순간들을 회상하게 되는 일이 가능하다는 사실을 보여주었다. 엔그램의 몇 가지 아주 기본적인 비밀들은 밝혀졌으나 기억을 하는 과정에서 무슨 일이 벌어지는지 이해하기에는 여전히 갈 길이 멀다. 우리의 뇌는 이따금씩 정보를 처리하는 데 있어서는 컴퓨터와 유사하다고 볼 수도 있겠지만 기억을 저장하고 회상하는 방식은 완전히 다르다. 우리는 기계가 아니다. 아니, 그보다는 우리가 기존에 개발했거나 현재 예상할 수 있는 형태의 기계 중에는 그 어떤 것과도 같지 않다고 하는 편이 더 옳은 표현일 것이다.

기억의 물질적인 근거를 규명하는 데서 이러한 발전을 이루다 보니 기억을 채워 넣는 감각 정보는 애초에 어떻게 처리되는가에 관한 문제를 떠올리게 된다. 기억은 특정한 뉴런들에 의해 저장되어 있다고 하지만 이것만으로는 뇌가 어떻게 외부 세계를 파악할 수 있는지, 그리고 정확히 무엇을 기억하는지를 설명하지 못한다. 지각의 비밀을 밝히고 지각 기능이 얼마만큼 국재화되어 있거나 광역적으로 분포되어 있는지 이해하게 되는 결정적인 순간은 이 장에서 서술한 수없이 많은 사건과 마찬가지로 우연히 찾아왔다.

# 11

# 회로

1950년대부터 오늘날

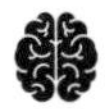

1958년 초, 미국 브라운대학교 소속이었던 30대 초반 스웨덴 연구자와 캐나다 연구자 두 명이 고양이의 피질에 있는 세포들이 시각 자극에 어떻게 반응하는지를 살피고 있었다. 이들은 마취된 고양이가 수술대 위에 누워 있는 동안 전극을 통해 단일한 뇌세포의 활동을 기록했다. 그리고 철제 디스크를 부착한 현미경 슬라이드 글라스를 이용해 밝은 배경 위로 어두운 무늬를 만들어가면서 고양이의 망막에 다양한 형태의 빛을 비추었다. 하지만 별다른 특이점은 발견하지 못했다. 전극이 삽입된 세포의 전기적 반응은 너무 약했고 미약하게나마 지직거리는 소리로 변환되어 실험실의 스피커를 울렸다. 그러더니 어느 순간 흥미로운 일이 일어났다.

> 슬라이드 글라스 중 하나를 검안경 위에 끼워 넣자 갑자기 세포가 살아나기라도 한 듯 따발총처럼 신경충동을 발화하기 시작했다. 이 같은 발화 반응이 우리가 비추고 있던 작고 불투명한 점과는 아무런 관계가 없다는 사

실을 알아내기까지는 조금 시간이 걸렸다. 해당 세포는 우리가 슬라이드 글라스를 슬롯에 삽입하면서 그 가장자리가 가느다랗게 움직이는 그림자를 드리운 데 대해 반응한 것이었다. 이 흐릿한 선이 특정한 범위의 방향 및 각도로 훑고 지나갈 때에만 세포가 반응을 한다는 사실을 발견하게 되는 데까지 또 얼마간 시행착오를 거쳐야 했다. 자극의 각도를 몇 도만 바꾸어도 반응의 강도는 훨씬 약해졌으며, 최적의 각도에서 직각으로 틀자 아예 반응이 사라졌다. 해당 세포는 우리가 제시한 검고 하얀 점들을 완전히 무시하고 있었다.[1]

이 세포는 움직이는 수직선이라는 매우 특정한 자극에만 활성화되었고, 정적인 선이나 수평선에는 아무런 관심도 보이지 않았다. 그렇게 데이비드 허블David Hubel과 토르스튼 위즐Torsten Wiesel은 완전히 우연한 계기로 단일세포가 때로는 주변 환경을 놀라울 정도로 복잡하게 표상한다는 사실을 밝힘으로써 감각자극이 뇌에서 어떻게 처리되는가에 대한 우리의 관점을 바꾸는 데 이바지했다.

그 후로 몇 년간 허블과 위즐은 일부 뇌세포들이 시각 자극의 정향orientation에 반응을 하는 한편 또 다른 세포들이 반응하는 데는 특정한 유형의 움직임이 필요하다는 것을 보여주었다. 아울러 고양이의 뇌에서 전극을 아래로 이동시키면서 관찰한 결과, 시각피질이 기둥과 층 형태로 조직되어 있어 각 기둥은 특정한 사물(선, 점 등)에, 각 층은 해당 사물의 정향에 대응한다는 사실을 알게 되었다. 이러한 기본적인 요소들이 다음 단계의 뇌세포로 정보를 보내고, 그곳에서 시각 세계에 대한 보다 복합적인 표상이 형성되는 듯했다.

허블과 위즐의 발견은 과거에 이루어졌던 다수의 연구 결과와도 맞아떨어졌다. 가령 라티오 클럽의 회원이자 찰스 다윈의 증손자였던 케임브

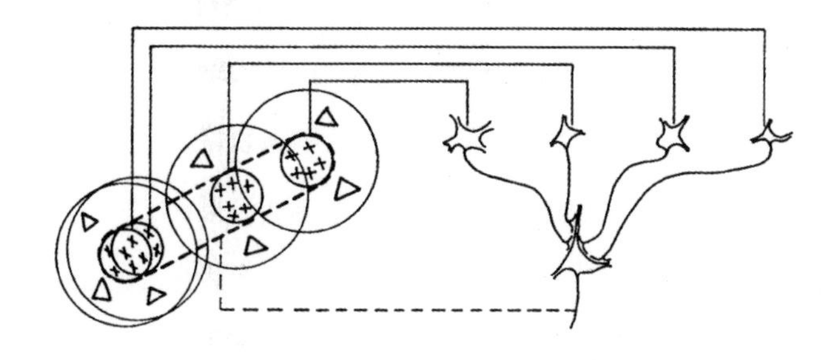

**그림 25** 단순한 뉴런의 연결만으로 어떻게 선 탐지기가 생겨나는지에 대한 허블과 위즐의 예상도. 다수의 외측슬상세포(그림의 우측 상단에 네 개의 세포로 표현)의 중심 '자극성' 수용장이 망막에서 일직선으로 배열되어 있다. 이들은 모두 단일한 피질 세포로 신호를 보내며, 그에 따라 해당 세포의 수용장은 그림의 좌측에 단절된 선으로 표현되어 있듯 길쭉한 중심 '자극성' 형태를 띠게 된다.

리지대학교의 생리학자 호레이스 발로Horace Barlow는 1953년 개구리의 망막을 구성하는 세포들이 집단으로 조직되어 있으며 각각이 시야의 작은 부분들을 담당한다는 사실을 밝혔다.[2] 바로 이 각각의 회로들 덕분에 개구리가 파리 크기의 작은 점까지 식별할 수 있었다. 이론적으로 개구리 망막의 이 같은 회로들을 서로 연결하면 신경계가 움직이는 곤충을 탐지하는 일이 가능했다. 어느 세포 집단이 담당하고 있는 시야의 영역에 파리의 상이 지나가면 해당 세포들이 발화하며, 그 영역에서 상이 사라지고 나면 세포들이 발화를 멈추는 방식이다. 일면 발로의 발견이 허블과 위즐 연구의 원조격으로 보일 수 있으나 둘 사이에는 본질적인 차이가 존재한다. 바로 발로의 연구는 뇌가 아닌 말초신경계를 대상으로 이루어졌다는 점이었다.

이보다 직접적으로 선행하는 연구도 물론 있다. 로렌테 데 노는 1938년에 시각피질의 신경해부학적 구조가 기둥 형태로 조직되어 있으며 뇌의 피질에서부터 서로 연결된 세포 집단들이 길게 이어진 듯 보인다고 했다. 당시로서는 기둥형 구조가 뇌의 기능에 대해 시사하는 바가 무엇인지 그 누구도 상상할 수 없었지만 말이다.◆[3] 그리고 허블과 위즐이 실험을 진행하기 1년 전에 버넌 마운트캐슬Vernon Mountcastle이 고양이의 피질에서 신체 여러 부위를 통해 주어진 동일한 유형의 자극(이를테면 촉각)에 반응하는 세포들은 수직으로 조직되어 있는 반면 피질의 같은 층에 위치한 세포들은 같은 신체 영역으로부터 받아들이는 각기 다른 감각자극들에 반응을 보인다는 사실을 발견했다.[4] 곧이어 맥컬록과 피츠도 피츠의 친구였던 제롬 레트빈과 칠레 출신 사이버네틱스 학자 겸 신경생리학자 움베르토 마투라나Humberto Maturana와 함께 개구리의 뇌에 존재하는 이와 유사한 세포들을 보고했다.[5] 그 외에도 여러 척추동물에서 비슷한 결과가 보고되었고, 이러한 특성이 척추동물의 신경계 구조의 일반적인 원리임이 분명해졌다.

이처럼 세포의 반응이 고도로 국재화되어 있다는 사실은 뇌가 선이나 움직이는 물체와 같은 환경적 요소들을 정밀하게 식별하고 난 뒤에 어떠한 방식으로 이들을 조합함으로써 우리가 알아볼 수 있는 전체적인 그림을 완성한다는 것을 시사했다. 각각의 감각 양상(후각, 청각 등)들을 처리하기 위한 뇌 영역들이 이미 명확하게 정해져 있지만 그 밖에도 상당 수준의 통합 과정이 존재한다는 것이 드러났다. 예컨대 고양이의 뇌에서는 청각신호들이 시각영역에서 통합되기도 했으며, 쥐의 경우 시각신호들도 마찬가지로 청각피질에서 처리되는 과정을 거쳤다.[6] 이러한 감각 양상들 간의 상호작용은 추정컨대 바스락거리는 소리를 포식자나 먹잇감의 움직임과 연합시키는 것처럼 중요한 자극들을 정확하게 식별하는 능력과 관련되어 있는 듯했다.

◆ 이것이 월터 피츠가 과학계에 기여한 마지막 업적이었다. 이보다 몇 년 전 위너와 사이가 틀어진 일로 심하게 방황하던 피츠는 술을 많이 마시게 되었고, 결국 1969년 겨우 46세의 나이로 생을 마감했다.

1960년대 후반에서 1970년대 사이에 고양이의 뇌를 대상으로 한 연구들이 이 같은 구조 중 상당수가 실제 경험을 필요로 한다는 사실을 밝혀냈다. 일례로 케임브리지의 생리학자 콜린 블레이크모어Colin Blakemore를 비롯한 연구자들이 진행한 실험 결과, 세로 줄무늬로만 구성된 환경에서 길러진 고양이는 가로 줄무늬를 탐지할 수 없게 된다는 것이 드러났다. 일반적으로 가로 줄무늬에 반응하는 뇌세포들이 발화하지 않았기 때문이다.[7] 이러한 효과는 행동에도 실질적으로 영향을 끼쳤는데, 블레이크모어는 가로 줄무늬만으로 이루어진 환경에서 길러진 새끼고양이가 상하로 흔들거리는 막대기를 무시하는 모습을 보였다고 보고했다. 이 고양이는 말 그대로 세상 속에서 수직이라는 존재를 볼 수 없었던 것이다. "아무리 적극적으로 주변을 살피고 시간이 지나면서 점차 격렬하게 시각적으로 방 안을 탐색하게 된다고 하더라도 서두르다 보면 책상 다리에 부딪히기 일쑤였다."

더욱이 새끼고양이들이 그 뒤로도 계속해서 가로 줄무늬만 가득한 환경에서 생활할 경우 성체가 되고 나서도 세로 줄무늬에는 영영 제대로 반응할 수가 없었다. 이른바 '결정적 시기'에 뇌가 필요한 자극을 받지 못했기 때문이다. 인간도 이와 유사하다. 선천적으로 앞을 보지 못하다가 성인이 되어 치료를 받은 이들을 연구한 결과 이들이 얼굴을 보는 방법을 별도로 익혀야 했으며 심지어 삼각형과 같이 단순한 도형들을 알아보는 방법도 배워야 했다는 사실은 오래전부터 알려져 있었다.[8] 이 경우 적절한 시기를 놓친 탓에 인식능력이 영영 정상적인 수준에 미치지 못하는 사례가 많다.

뇌의 시각 처리 체계 구조가 발견되면서 뇌가 계산을 수행한다는 견해는 더욱 공고해졌지만 발달 과정에서 몇몇 효과가 관찰됨에 따라 뇌가 처음부터 설계된 대로만 작동하지 않는다는 사실 또한 밝혀졌다. 즉 어느 정도 제한된 범위 내에서는 경험과 환경을 탐색하면서 구조가 형성되는 것이다. 뇌는 컴퓨터이긴 하지만 우리가 알고 있는 형태의 컴퓨터는 아니다.

## '할머니 세포'를 둘러싼 논란들'

허블과 위즐의 연구는 뇌의 시각 처리가 계층적 구조에 따라 조직되어 있으며 높은 계층으로 올라갈수록 더욱 국재화된 구조에 의해 더 정밀하게 사물을 식별할 수 있도록 구성되어 있다는 것을 시사했다. 이에 상위 단일세포에 부호화되어 있는 정보는 어디까지 상세할 수 있는가를 둘러싼 논쟁이 이어지면서 다시금 기능이 국재화되어 있다는 주장과 뇌 전역에 분포되어 있다는 주장을 비교하는 데 초점이 맞추어졌다. 1969년, 제롬 레트빈은 러시아 신경외과의 아카키 아카키비치라는 실제로 있지도 않은 자신의 둘째 사촌 이야기를 들어 초국재화적 관점이 지니고 있는 문제를 풍자적으로 조명했다. 아카키비치가 고압적인 어머니로 인해 심리적인 고통을 겪고 있던 환자에게서 어머니를 인식하는 기능을 담당하는 세포들(그의 주장에 따르면 뇌에는 어머니의 각기 다른 측면에서의 모습들을 처리하기 위해 1만 8천 개의 '어머니 세포mother cell'가 존재했다)을 적출했다는 이야기로, 그렇게 환자를 치료하는 데 성공한 아카키비치는 이제 다음 과제에 도전하기로 했다. 이번에는 할머니 세포였다.[9]

이 이야기는 내가 학생이던 시절에도 우스갯소리로 전해졌는데, 단순히 농담에 그치지 않고 우리가 알아보는 모든 사물이 정향이나 맥락이 어찌 되었든 간에 특정 세포 혹은 세포 집단의 활동에 의해 표상된다는 주장이 본질적으로 얼마나 어리석은지 한마디로 강조하고자 '할머니 세포grandmother cell'라는 용어와 함께 자주 언급되곤 한다. 이야기의 터무니없는 결말을 따른다면 우리의 머릿속에는 앉아 있는 할머니, 물구나무 서 있는 할머니, 우쿨렐레를 연주하는 할머니 그리고 그 밖의 할머니를 알아보는 데 필요한 무한한 경우의 수를 온갖 방식으로 조합한 세포들이 전부 존재해야만 한다. 거기에 할머니 외에도 우리가 살아가면서 볼 수 있는 모든 것을 추가한다고 한다면 우리의 지각 능력을 설명하기 위해서는 뇌에 무한한 수의 세포가 있어야만 할 것이다. 이는 명백히 틀렸다.

하지만 흔히 진실이 허구보다 기이한 경우가 많다. 레트빈이 풍자하기 2년 전, 폴란드의 신경심리학자 예르지 코노르스키Jerzy Konorski는 허블과 위즐이 발견한 뇌의 정밀한 세부 특징 탐지기가 논리적으로 타당하다고 보았다. 이에 코노르스키는 1967년 《뇌의 통합적 활동Integrative Activity of the Brain》이라는 책을 펴내며 뇌에는 고양이나 염소 그리고 각기 다른 서체로 적힌 동일한 단어와 같이 매우 정밀한 자극들을 식별할 수 있는 일명 '영지 뉴런gnostic neuron'들이 존재한다고 주장했다.[10] 그가 제시한 항목들 중에 할머니 세포는 없었지만 이는 그저 코노르스키가 명시적으로 목록에 포함시키지 않았기 때문이었다.

그로부터 얼마 뒤 프린스턴대학교의 찰스 그로스Charles Gross와 그의 동료들은 할머니 세포와 아주 유사한 세포를 소개했다. 원숭이 뇌에서 할머니는 아니지만 원숭이의 손 모양에만 선택적으로 반응하는 뉴런을 발견한 것이다. 허블과 위즐의 경우와 마찬가지로 그로스의 연구팀 또한 우연한 계기로 이를 발견하게 되었다. 활동을 기록하던 세포가 자신이 제시한 어떠한 시각 자극에도 반응하지 않아 낙심한 연구원 한 명이 어느 날 자극 화면에 대고 손을 흔들었다. 그러자 해당 세포가 강하게 발화했다.[11] 이 같은 내용은 1969년 〈사이언스〉에 실린 논문 말미에 "어두운 사각형에 반응하던 세포 하나가 원숭이 손 모양으로 오려낸 그림에 훨씬 더 강하게 반응했으며, 자극이 손의 형태에 가까울수록 강한 반응이 나타났다"라는 다소 겸연쩍은 어조의 글로써 처음 보고되었다.[12] '할머니 세포' 비판에 동조했던 수많은 과학자들은 이 같은 결과를 받아들이기 힘들어했지만 결과는 너무나도 명확했다.

1970년대 후반에 이르러 옥스퍼드대학교의 연구자들이 원숭이의 뇌에서 온갖 각도의 얼굴에만 반응하는 세포를 발견하면서 상황은 더욱 희한하게 흘러가기 시작했다. 케임브리지의 과학자들은 곧 이 결과를 양으로까지 확장시켜 같은 종의 양들을 찍은 사진에만 반응하는 세포, 뿔의 크기에만 반응하는 세포, 인간이나 개처럼 위협적으로 느껴질 수 있는 자극의 사진에만 반응하는 세포들을 발견했다.[13] 케임브리지 연구팀은 "양은 상하 반전된 얼굴에는 반응하지 않았는데, 원숭이와 달리 일반적으로 다른 양들이 위아래가 뒤집어진 채로 있는 모습을 볼 일이 없다는 점을 생각하면 합당한 결과로 보인다"며 건조한 주석 한마디를 달았다.[14]

그로부터 수십 년간 일부 세포들이 점차 터무니없을 정도로 구체적인 시각 자극에 반응하는 것으로 드러나자 젊은 시절의 나처럼 할머니 세포 논증이 시지각의 국재화론이 지니고 있던 허점을 명쾌하게 찔렀다고 생각했던 이들은 참을 수 없이 불편할 지경이 되었다. 2005년에는 UCLA 의과대학의 이차크 프리드Itzhak Fried 연구팀과 캘리포니아공과대학의 크리스토프 코흐Christof Koch가 난치성 뇌전증 수술을 위한 초기 조치로써 뇌에 전극을 삽입한 여덟 명의 환자들을 대상으로 한 연구 결과를 발표했다. 연구는 환자들 눈앞에 시각 자극을 제시한 뒤 해마에 있는 개별적인 세포들의 반응을 기록하는 방식이었다. 이렇게 활동이 기록된 세포들은 이따금씩 기이할 정도로 정밀한 수준의 반응을 보였다.

> 어느 사례에서는 세포 하나가 빌 클린턴 전 대통령이 묘사된 서로 완전히 다른 그림 세 장에만 반응을 보였다. 어떤 세포(다른 환자의 뇌에서 기록되었다)는 비틀즈의 그림에만 반응했고, 어떤 세포는 심슨 가족 캐릭터에만 반응했으며, 또 어떤 세포는 농구선수 마이클 조던의 그림 중 하나에만 반응을 나타냈다.[15]

이어진 연구에서는 환자 한 명이 '오로지 배우 제니퍼 애니스턴을 여러 각도에서 찍은 사진에만 활성화되는 좌측 후위 해마 내 단일세포'를 가지고 있다는 사실이 밝혀지기도 했다. 이 세포는 애니스턴이 당시 배우자였던 브래트 피트와 함께 있는 사진에는 반응하지 않았다. 또 다른 환자의 경우에는 배우 할리 베리의 사진에만 지속적으로 반응하며 심지어 그가 캣우먼(최근 영화에서 맡았던 역할) 복장을 하고 있을 때에도 마찬가지 활동을 보였고, 어떤 세포는 흥미롭게도 시드니 오페라 하우스 사진과 '시드니 오페라'라는 글귀에만 선택적으로 반응하기도 했다. 우리 뇌에 잡동사니들만 가득한 것은 아님을 보여주기 위해서였는지 어느 환자의 세포는 피타고라스 정리 $a^2+b^2=c^2$에 반응했다. 이 환자는 수학에 관심이 많은 공학자였다.[16]

이렇게만 보면 마치 우리 뇌에는 정밀하게 특정한 자극에만 집중된 할머니 세포들이 존재하고 있어 우리가 알고 있는 사람이나 사물을 볼 때면 이 세포들이 반응하는 것만 같다. 하지만 연구진은 보다 신중을 기했는데, 환자들에게 제시한 사진의 범위가 극히 제한적이었으므로 혹 어떤 세포들이 애니스턴이나 베리나 클린턴에 지속적으로 반응한다고 하더라도 이 인물들의 사진만이 세상에서 유일무이하게 해당 세포들을 흥분시킬 수 있는 자극이라는 뜻은 아니었기 때문이다. 후속 연구에서 연구팀은 자신들이 발견한 세포들이 개념을 표상하기 때문에 시드니 오페라 하우스 사진과 문구에 동시에 활성화되었던 것이며 기억에서 핵심적인 역할을 수행할 것이라고 주장했다.[17]

가장 중요한 것은 연구자들이 인정했듯 단일세포가 어떤 시각 자극에 반응한다고 해서 그것이 꼭 이 세포가 해당 시각 자극을 인식하는 데 관여하는 유일한 세포라는 의미는 아니며, 그저 관련 신경망에 포함되어 있는 세포들 중 연구자가 활동을 기록한 세포였을 뿐임을 가리켰다. 이에 연구자들은 각 자극마다 수백만 개의 뉴런들이 활성화될 것으로 추산했는데,

이들 중 상당수는 시각적인 이미지나 개념의 특정 측면에 반응하고, 전체적인 연결망에는 조금씩 차이가 있겠지만 전혀 다른 자극을 통해서도 같은 측면에 의해 활성화될 수 있었다.[18] 그렇다면 어떻게 연구자들에게 제니퍼 애니스턴에 반응하는 세포 딱 하나를 발견하는 천운이 따를 수 있었는지가 설명이 된다. 그러한 세포가 하나가 아니라 수백만 개 존재했던 것이다. 하지만 사실 우리가 과학자들이 우연히 기록한 개별 세포들의 정밀한 선택적 반응에 놀라고 있는 사이 라파엘 유스테Rafael Yuste는 진정 초점을 맞추어야 할 대상은 그 기저에 있는 회로의 복잡한 성질 및 우리가 기존에 알고 있던 시각 자극을 볼 때 발생하는 다세포성 활동의 패턴 변화라고 지적했다.[19]

시각을 처리하기 위해 할당된 상위 수준의 회로가 존재한다는 사실은 1992년에 데이비드 밀너David Milner와 멜빈 구데일Melvyn Goodale이 포유류의 뇌에는 각기 다른 기능을 산출하는 두 개의 서로 분리된 시각 처리 경로가 있다는 의견을 제시하면서 집중조명되었다.[20] 뇌의 뒤편에 위치한 시각 피질에서 초기 처리가 끝난 시각 정보는 두 개의 경로로 나뉘어 이동하는데, 그중 하나는 뇌의 상측부로 향하는 '어디' 경로'where' pathway 또는 배측 경로dorsal stream로 탐지된 사물의 공간적 위치 정보를 부호화하여 이를 운동 통제에 관여하는 영역으로 보내주는 것으로 여겨진다. 또 다른 하나는 피질의 보다 깊은 하단부로 향하는 복측 경로ventral stream로 '무엇' 경로'what' pathway라고 불리기도 한다. 복측 경로는 지금 보고 있는 사물이 무엇인지 식별하는 데 관여하며 기억과 사회적 행동에 연관된 뇌 영역으로 향하게 된다. 이 두 개의 경로에도 접점은 존재한다. 가령 고양이를 바라보며 쓰다듬고자 한다면 어느 시점에서인가 이 두 가지를 결합해야만 한다.

'어디'와 '무엇', 배측과 복측, 눈에 비치는 사물을 식별하는 역할과 움직임을 탐지하는 역할 등 두 경로 사이에 존재하는 차이점은 뇌의 기능적 국재화의 복잡한 성질을 분명하게 보여준다.[21] 비단 자극의 물리적인 측면

뿐만 아니라 대상을 향해 손을 뻗거나 방금 본 것이 무엇인지 기억하는 것처럼 유기체가 특정한 방식으로 반응해야 하는 일부 양상들까지도 기능의 국재화가 이루어져 있는 것이다.[22] 이는 우리 할머니의 모든 양상들이 뇌의 같은 영역에 저장되어 있다고 상상하는 데 비해서는 훨씬 덜 경직된 사고방식이었다.[23] 하지만 상호연결의 수가 증가하고 각기 다른 감각 양상들이 서로 유사한 신경 회로에 관여하고 있다는 사실이 발견되면서 기능이 완전히 국재화되어 있다는 견해는 조금씩 힘을 잃었다. 또한 정확히 무엇이 국재화되어 있는가에 관한 문제도 점차 혼란에 휩싸였다. 아니, 더욱 풍부해졌다고 표현해도 좋을 듯하다.

*

궁극의 국재화는 허블과 위즐의 발견과 더불어 제니퍼 애니스턴 세포의 존재가 일정 부분 시사하듯 단일세포의 활동으로 설명할 수 있다. 케임브리지의 생리학자 호레이스 발로는 1972년 단일세포의 활동과 감각 사이의 관계에 대해 '다섯 가지 법칙'이라고 명명한 정리를 소개했다.[24] 이 '법칙'이라는 것들도 사실은 신경계가 어떻게 작용하는지에 관해 사유하고 이로부터 후속 실험으로 이어질 수 있는 명제 또는 가설이었다. 발로의 접근법과 '법칙'이라는 용어는 명시적으로 프랜시스 크릭이 1957년 강연에서 소개했으며, 이후 분자생물학의 기틀을 마련하는 데 엄청난 성공을 거둘 수 있도록 도운 단백질 합성의 유전적 근거에 대한 가설에서 차용한 것이었다.[25] 발로의 논문은 엄청난 영향력을 끼쳤으며, 인지과학자 마거릿 보든Margaret Boden도 이를 혁명적이라고 일컬었다.[26]

발로는 우선 신경계의 작용을 충분히 설명하기 위해서는 세포 각각의 활동뿐만 아니라 그 세포가 신경망에서 하나의 마디로서 수행하는 역할에 대한 설명도 필요하다는 데서 출발하여 이를 첫 번째 법칙으로 들었다. 그리고 그러한 망이 기능할 수 있게 하는 원리로 "감각 경로의 상위로 향할수록 물리적자극에 대한 정보를 운반하는 활동 뉴런의 수는 점차 줄어들게 된다"는 주장을 펼쳤다. 발로는 이를 자세히 설명하기 위해 윌리엄 제임스가 1890년에 내놓았던, 뇌에는 마치 교황처럼 다른 모든 뇌세포들을 통솔하는 이른바 '교황 세포'가 존재한다는 견해를 인용했다.[27] 물론 해부학적으로 이러한 구조물이 실존하는 것은 아니었지만 '교황 세포'라는 용어는 뇌의 조직이 고도로 계층화되어 있다는 이론을 묘사하기 위한 수단으로 받아들여졌다. 발로는 '교황' 세포가 없다고 하더라도 '추기경 세포'는 있을지도 모른다며 재치 있게 주장을 이어갔다. 그는 가톨릭교회와 마찬가지로 이 같은 세포들은 하위 계층에 많이 존재할 것이며 그중 극히 일부가 어느 특정한 순간에 활동하는 식으로 기능한다고 주장했다.[28]

발로는 뉴런들이 주변 환경의 세부 특징에 대해 보이는 반응이 진화를 거치면서 선택된 방식이기는 하지만 여기에는 유전과 환경적 요인이 모두 관여하고 있다고 강조했으며, 뉴런이 발화하는 빈도는 '주관적 확실성'에 대한 척도로 볼 수 있다고 역설했다. 뉴런의 발화 빈도가 높을수록 해당 뉴런의 활동을 야기한 원인도 실제로 존재할 가능성이 높다는 것이었다. 또 발로는 이러한 과정이 이루어지는 동안 신경 활동 내에서 상징적 관념으로서 사물이 표상된다고 주장했다. 30여 년 전 크레이크의 연구에서 차용한 이 견해는 자극의 특정 요소들이 신경 활동으로 부호화됨으로써 뇌가 이 핵심 관념들만 처리하는 일이 가능해진다는 것을 시사했다.

의식이 있다는 것이 어떤 느낌인지 설명하는 문제에 있어 발로는 "이러한 활동을 '지켜보거나' 제어하는 다른 무언가가 존재하지 않는다"고 주장했다. 신경계가 어떻게 행동을 통제하는지 이해하기 위해 우리 머릿속에 신경 회로에서 산출된 정보를 관찰하는 호문쿨루스 따위가 앉아 있다는 개념을 받아들일 필요는 없다. 이를 두고 발로의 네 번째 법칙은 "상위의 뉴런이 활동하면서 단순하게 직접적으로 지각의 구성 성분들을 발생시킨다"고 표현했다.[29] 망 내 뉴런의 활동이 인간을 비롯한 유기체의 행동과 지각을 결정하는 것이다. 파리가 되었든 인간이 되었든 머릿속에 존재하는 것은 그것이 전부다. 그러던 2009년, 발로는 문득 자신의 주장이 너무 강했던 것은 아닌가 하는 의문이 들었는데, 주장이 틀렸다기보다 그동안 온갖 연구를 진행했는데도 여전히 명확한 근거를 발견하지 못했기 때문이었다. 이에 그는 "지극히 개인적이고 주관적인 지각의 양상을 설명할 과학적인 방법이 있기는 한 것인지 상상조차 하기 힘들다"라고 언급하기도 했다.[30] 하지만 그 작용 기제가 아무리 떠올리기 어렵다고 한들 사실에는 변함이 없다. 우리의 머릿속은 물론 다른 어떠한 동물의 머릿속에도 무형의 어떤 존재가 있다는 증거는 없다.

발로의 다섯 가지 법칙은 전반적으로 제 역할을 잘 해왔다. 특히 추기경 세포에 대한 발상은 표상의 상위 단계에서는 관여하는 세포의 수 및 활동의 빈도가 감소하지만 시스템의 전반적인 활동이나 자극의 표상이 측면에서 중요도는 더욱 높아지는 양상을 지칭하는 '스파스 코딩sparse coding'• 이라는 용어로 재탄생했다.

발로가 제안한 법칙에는 보다 복합적인 형태를 이해할 실마리를 얻고자 단순해 보이는 신경계를 먼저 이해하려는, 뇌에 대한 새로운 환원주의적 접근법이 반영되어 있었다. 이 같은 접근법의 타당성을 뒷받침한 초창기 연구 중에는 발로 자신이 1953년 개구리의 망막을 구성하는 회로에 파리 탐지기가 있어 해당 세포가 활성화될 경우 개구리로 하여금 낚아채는 행동을 표출하게 만든다는 사실을 발견했던 연구도 포함되어 있었다. 복잡

• 'sparse'는 드물다는 의미.

하고 진화론적으로 중요한 행동들은 사실상 뇌가 별로 관여조차 하지 않는 매우 단순한 신경망에서부터 발생할 수 있다. 이를 탐구하기 위해 연구자들은 각기 다른 몇 가지 접근법을 취했는데, 이들 모두 동일한 환원주의 논리를 이용했다. 같은 시기 에릭 캔들은 군소를 통해 엔그램을 찾는 연구를 진행하고 있었고, 1960년대 초엽에는 분자생물학의 황금기를 이끌었던 거인들 일부가 신경계의 구조 및 기능에 관한 연구로 전환했다.

이렇듯 연구 방향에서 일어난 변화 중에서 가장 중요한 사건은 현재 신경과학의 주요 영역으로 자리 잡은 학문 분야의 창시자이며 서로 사이좋은 친구였던 시드니 브레너Sydney Brenner와 시모어 벤저Seymour Benzer로부터 발생했다. 브레너는 예쁜꼬마선충이라는 작은 선형동물을 집중적으로 연구하며 302개의 뉴런을 비롯하여 이를 구성하는 9백 개 남짓 되는 세포들의 구조와 발달을 전부 완벽하게 이해하겠다는 야심 찬 계획을 세웠다.[31] 이 선충은 뇌를 닮은 것이라고는 거의 갖고 있지 않았지만 화학적 기울기를 따라 길을 찾고, 페로몬을 탐지하고, 학습할 수도 있었다. 전자현미경과 초기의 컴퓨터를 이용한 브레너 연구팀의 연구를 필두로 전 세계의 선형동물학계 연구자들이 발표한 연구 결과들은 마침내 동물들이 어떻게 발달하는지에 대한 통찰을 이끌어냈고, 해당 분야와 브레너는 2000년에 노벨상을 수상하는 것으로 보상을 받았다.[32]

시모어 벤저는 행동의 유전적 요인을 연구하는 데 몰두하여 과일 주변에서 볼 수 있는 초파리의 일종인 황색 초파리에게서 행동상의 돌연변이를 만들어냈다. 초파리는 20세기 초부터 유전학의 기본 토대를 닦는 데 이용되었지만 전후세대에는 박테리아와 바이러스에 초점을 맞춘 분자유전학이 떠오르면서 이 작은 곤충에 대한 관심이 다소 시들해졌다. 벤저의 접근법은 이렇게 사그라들던 초파리 연구를 부흥시키는 데 핵심적인 역할을 했고, 벤저와 그가 이끌던 젊은 연구자들은 연구에 착수한지 10년도 지나지 않아 일주기• 리듬에 관여하는 유전자(결국 그는 이 발견으로 2017년 노벨상을 수상했다) 및 학습에 관여하는 유전자들을 규명했다.

1980년대 이후로는 초파리 종을 비롯한 유기체의 유전자를 효율적으로 연구하고 조작할 수 있는 분자 기법이 발달함에 따라 뇌 연구에 임하는 우리의 능력에도 변화가 생겼다. 새로운 도구들 덕택에 과거에는 꿈도 꿀 수 없었던 방식으로 뉴런과 그 조직 체계를 시각화할 수 있게 되었다. 뇌와 신경계에 대한 새로운 지도가 그려졌고, 가장 최근에는 뉴런의 형태가 아니라 발현되는 유전자에 근거하여 기존에는 전혀 예상치 못했던 뉴런의 유형을 밝힐 수도 있게 되었다. 척추동물의 발달 표본으로서 제브라피시처럼 완전히 새로운 유기체가 집중적인 연구의 대상으로 자리 잡았다. 특정 유전자를 삭제한 이른바 '녹아웃knock-out' 생쥐부터 초파리의 체내 시스템에 이르기까지 사실상 어떠한 유기체의 어느 조직에서든 연구자가 원하는 특정 유전자를 발현시킬 수 있도록 뉴런을 조작할 수 있는 새로운 방법들이 생겨났다. 최근에는 광유전학을 이용해 뉴런을 말 그대로 켰다 껐다 하며 CRISPR(일명 유전자 가위)이라는 유전자 조작 기법을 통해 이론적으로는 어떠한 동물이든 지금껏 알려진 모든 유전자를 조작하는 것이 가능한 수준까지 발전했다. 하지만 근본적인 문제는 여전히 남아 있다. 우리는 아직까지도 가장 단순한 형태의 예쁜꼬마선충 같은 유기체를 제외하고는 뇌가 어떻게 하나로 결합되어 있는지 속속들이 이해하지 못하고 있다.

• 하루를 주기로 하여 나타나는 생물 활동이나 이동의 변화 현상.

## 커넥톰의 탄생과 뇌 회로도 완성을 위한 분투

예쁜꼬마선충의 전체 회로도가 발표되고 7년이 지난 1993년, 프랜시스 크릭과 에드워드 존스Edward Jones는 제목부터 줄곧 〈인간 신경해부학의 후진성Backwardness of Human Neuroanatomy〉을 한탄하는 논문 한 편을 〈네이처〉에 발표했다.[33] 이들은 2년 앞서 대니얼 펠먼Daniel Felleman과 데이비드 반 에센David Van Essen이 마카크원숭이의 피질 내 주요 경로들을 연구한 결과를 접하고 깊은 감명을 받았다.[34] 이 논문에는 32개의 확인된 시각 영역들 간의 187개 상위 연결을 나타내는 극적으로 복잡하며 훗날 많은 인용을 낳은 도식이 실려 있었다. 크릭과 존스는 마카크원숭이의 뇌에 관해서는 이토록 상세한 이해가 이루어진 데 반해 인간의 뇌에 관한 당대의 모자란 지식 수준은 가히 '수치스러울' 지경이라고 말했다.

> 인간의 뇌피질에서 시각영역의 연결성 지도가 마카크원숭이의 지도와 흡사할 것이라고 잠정적으로 추정할 수는 있으나 이러한 가정은 검증이 필요하다. 언어 영역 등 다른 피질 영역에 있어서는 아마도 인간의 뇌와 비교할 만한 영역이 없을 것이므로 마카크원숭이의 뇌 지도는 아주 대략적인 참고조차 되지 못한다.
> 인간의 뇌에 대해서는 이 같은 정보가 없다는 사실이 참기 힘들다. 이처럼 상세한 정보 없이는 뇌가 어떻게 작용하는지에 관해 아주 두루뭉술한 정도로 이해하는 것 외에 희망을 가지기 어렵다.

그 무렵에는 크릭과 존스가 제기한 문제에 아무도 반응을 보이지 않았지만 2005년에 접어들자 연구자 두 명이 각각 '인간의 뇌를 구성하는 신경망의 기본 요소 및 연결성 구조를 종합적으로 묘사'하는 용어를 만들어냈다.[35] 바로 커넥톰이라는 용어로, 게놈genome과 게노믹스genomics(유전체학)가 생겨남에 따라 과학자들이 유행처럼 단어 끝에 '-옴-ome'과 '-오믹스-omics'를 붙여 파생어를 만들고는 일상 용어로서 사용하던 와중에 생겨난 단어들 중 하나였다.[36] 쉽게 말해 '-옴'은 특정한 생물학적 현상의 모든 사례들을 한데 엮은 집단이고, '-오믹스'는 그 특정한 '-옴'을 연구하는 학문이다.

어느 정도 크릭이 물꼬를 터준 덕분에 파리부터 거머리, 쥐, 인간에 이르기까지 다양한 유기체의 뇌 신경해부학을 묘사하는 기틀을 마련하기 위한 연구들이 동시다발적으로 일어났다. 인간을 비롯한 큰 동물들을 대상으로 할 때는 커넥톰이라는 용어가 개별적인 세포와 그 사이의 시냅스에 기반한, 진정한 의미에서의 커넥톰을 가리키기보다는, 크릭과 존스가 자극을 받았던 마카크원숭이 연구에서처럼 뇌 영역 간의 대규모 연결성을 나타낸 지도를 가리키는 다소 포괄적인 의미로 사용되곤 한다. 이 같은 지도에는 뇌 영역 간의 거시적 연결macroconnection, 여러 유형의 뉴런들 사이를 잇는 중시적 연결mesoconnection, 각 뉴런들 사이의 미시적 연결microconnection 그리고 시냅스에 존재하는 나노 연결nanoconnection 등 총 네 단계의 연결이 존재한다.[37] 이들은 뇌에서 어떤 일이 벌어지고 있는지에 대해 각기 다른 정보를 주지만, 과학자들이 논문에서 커넥톰이라는 말을 사용할 경우 이 중 어떤 것을 가리키는지 항상 명확하지는 않다.

이를테면 2009년 미국 국립정신보건원의 원장이었던 토머스 인셀Thomas Insel은 미국의 휴먼 커넥톰 프로젝트가 "살아 있는 인간 뇌의 모든 회로도"를 그리게 될 것이라고 주장했다.[38] 하지만 사실 이 프로젝트는 신경해부학에 대한 연구가 아니라 뇌의 각 영역들을 연결하는 신경(다수의 뉴런들이 모인 덩어리)을 살펴보기 위해 뇌 영상(정밀도가 매우 떨어지는 기법)을 사용한 연구였다. 다시 말해 이 커넥톰은 거시적 연결로 구성된 것이었다.

프로젝트의 초기 연구 결과, 교육, 인내력, 높은 기억력 등 연구자들이 '긍정적인' 변인이라고 칭한 요인들을 갖춘 사람들의 뇌는 공격성이나 흡연 및 음주 문제와 같이 상대적으로 '부정적인' 변인들을 가지고 있는 사람들의 경우보다 훨씬 '강한 연결성'을 보인다는 사실이 밝혀졌다.[39] 그렇지만 이러한 차이가 정말 존재한다고 하더라도 이 연구 자료만 가지고는 그것이 행동상으로 드러나는 차이의 원인인지 결과인지 판단하기란 불가능하다. 아울러 이 연구가 남성과 여성의 뇌의 차이점을 밝혔다는 주장은 열띤 논쟁거리로 자리매김했다.[40]

뇌가 어떻게 작용하는지 설명하는 데 있어 이처럼 개괄적인 측정법을 사용하는 것은 그다지 도움이 될 만한 통찰을 제공하지 못한다. 휴먼 커넥톰 프로젝트에서 쓰였던 영상 기법의 해상도는 뉴런 수백만 개를 뭉친 덩어리 이상으로 세밀한 관찰이 불가능하다. 이에 어느 커넥토믹스 학자 두 명은 "이 프로젝트에서 추구했던 수많은 목표 중에서 뇌의 시냅스 연결성을 설명하는 것과 관련된 연구는 단 하나도 없다"며 다소 신랄한 평을 남겼다.[41]

포유류의 뇌에서 미시 및 나노 연결에 기반한 커넥톰을 완성하기까지는 아직도 너무나 갈 길이 멀다. 쥐의 망막에서의 커넥톰과 더불어 쥐의 뇌에서 아주 작은 영역에서 세포 수준의 커넥톰이 밝혀지기는 했지만 이는 우리의 뇌가 해부학적으로 뚜렷하게 구별되는 분자들로 이루어져 있다는 오해를 더욱 강화할 따름이었다. 사실 뇌에는 전 영역, 때로는 뇌 전체를 하나로 연결하는 뉴런들이 존재한다. 최근 쥐의 뇌에서 뉴런 다섯 개를 집중적으로 살펴본 어느 뇌 영상 연구에서는 이 뉴런들이 뇌의 구석구석을 관통하며 매우 복잡하게 이어진 나머지 총 길이가 30센티미터도 넘는다는 사실을 보이기도 했다.[42] 이처럼 제아무리 적은 수일지라도 단순한 중계 역할에 그치지 않고 뇌의 여러 영역들과 상호작용하는 뉴런들의 기능을 분석하는 일은 기술적으로나 지적으로나 상당히 어려운 도전 과제다. 가령 연구자들은 어떻게 투사 뉴런projection neuron이라는 뉴런에 의해 쥐의 뇌에서 천 개의 뉴런을 아우르는 커넥톰의 형태로 72미터가 넘는 길이의 연결망이 형성되어 장거리 연결을 이루게 되는지 보여주었다(여러분의 뇌에도 이러한 세포가 수백만 개 존재한다).[43]

어느 포유류를 대상으로 하건 시냅스 수준에서 완전한 커넥톰을 만들겠다는 계획은 진행되고 있지 않다. 기술적으로 넘어야 할 산이 너무나도 크기 때문이다. 지금껏 집중적으로 연구한 생쥐의 뇌만 해도 총 737여 개로 추산되는 뇌 영역들 중에서 고작 4퍼센트에 해당하는 영역에서만 세포(상호연결은 제외하고)의 수가 파악되고 있으며, 그마저도 연구마다 측정값이 천차만별이어서 많게는 13배까지도 차이를 보인다. 최근 알고리즘을 활용하여 쥐의 뇌 전체에서 각각의 영역들을 구성하는 세포의 수를 추산하려는 노력이 어느 정도 통찰을 제공해주기는 하지만 그 무엇도 쥐 한 마리의 뇌가 어떻게 조직되어 있는지에 대한 세포 수준의 지식을 대체할 수는 없다.[44] 그리고 지금으로서는 이 같은 정보가 우리 손에 들어올 낌새조차 보이지 않는다. 그러니 9백억 개의 뉴런과 1백조 개에 달하는 시냅스 및 그에 딸린 수십억 개의 교세포를 지닌(이는 모두 추측에 근거한 수치이다) 인간 뇌의 경우 더욱이 시냅스 수준에서 뇌 지도를 만든다는 발상이 현실화되기란 요원해 보인다.

그렇다고는 해도 형태야 어떻게 되었든 어떤 종의 커넥톰을 완성시킨다는 가능성은 상상만 해도 흥미진진한 일이다. 2013년에는 예쁜꼬마선충을 주로 연구하던 미국의 중진 신경과학자 코리 배그먼Cori Bargmann이 다음과 같은 결론이 담긴 짧은 논문을 썼다.

> 커넥톰을 밝히는 일이란 게놈을 서열화하는 작업과 유사하다. 일단 게놈을 자유자재로 활용할 수 있게 되자 이제 게놈 없는 삶은 상상할 수 없게

되었다. 그런데 게놈이나 커넥톰의 경우 모두 구조가 기능의 전부는 아니었다. 구조는 그저 전체적인 그림을 그릴 수 있게 해주고, 문제의 규모를 이해하는 데 도움이 되며, 이를 설명할 수 있는 그럴듯한 가설을 세우고 이를 매우 정밀하고 정교하게 검증할 수 있는 틀을 제공한다.[45]

*

배그먼의 설명처럼 커넥톰 연구를 지탱해주는 사람들의 보편적인 가정은 특정 유기체나 그 유기체 뇌 일부 영역의 회로도를 밝히면 신경 회로의 활동으로부터 어떻게 행동 및 감각이 발생할 수 있는지에 대한 새로운 통찰이 가능해지리라는 굳은 믿음 혹은 단순한 희망이었다. 이러한 암묵적인 가설은 시작부터 존재했다. 브레너의 실험실에서는 선충의 뉴런 각각을 재구성한 302개의 복원 정보를 "선충의 마음"이라고 장난스레 이름 붙인 공책들에 채워넣기도 했다.[46] 그로서는 장난이 아니었지만 말이다.

어떤 연구자들은 커넥톰이 그동안 뇌 연구에서 결핍되었던 장대한 설명 이론을 제공하리라 믿어 의심치 않는다. 래리 스완슨Larry Swanson과 제프 릭트먼Jeff Lichtman은 2016년에 "신경계에 대한 생물학 기반의 역학적 혹은 기능적 회로도 모형"을 만드는 일이 그 자체로 자연스레 "화학에서 원소들에 대한 주기율표, 분자생물학에서 DNA의 이중나선 모형, 혹은 생리학에서 하비의 순환계 모형에 버금가는 강력한 개념적 기틀"을 나타내게 될 것이라고 주장했다.[47] 이것이 굉장히 중요한 단계이리라는 점은 분명하지만 단순 신경계를 살피는 데 매진했던 연구자들의 연구 결과들은 커넥토믹스가 실험적 접근법 및 모델링적 접근법과 병행되지 않는 한 뇌를 이해하는 데 필수적인 해부학적 배경 지식을 제공해줄지는 몰라도, 뇌에서 무슨 일이 벌어지는가를 설명하는 데는 결국 실패하고 말 것임을 시사한다.[48]

단순한 회로에서조차 각각의 뉴런은 화학적 시냅스와 더불어 두 개의 세포를 직접 연결함으로써 전기적 신호가 지날 수 있게 해주는(이로 인해 전기적 시냅스라고 불리기도 하는데, 1950년대에 처음 해부학적으로 규명된 데 이어 1960년대에 그 기능이 밝혀졌다) 간극 연접gap junction을 통해 다른 여러 뉴런과 연결되어 있다.[49] 아울러 뉴런은 여러 종류의 신경전달물질을 시냅스로 분비할 수 있다. 단순히 두 뉴런 사이의 공간을 표면적으로 관찰하는 것만으로는 그 시냅스가 흥분성인지 억제성인지, 여기에 관여하는 신경전달물질은 몇 가지나 있는지 등 해당 시냅스에서 무슨 일이 일어나는지에 대해 아무런 정보도 얻을 수 없다.

이러한 요인들 탓에 굉장히 단순한 시스템조차 놀라울 정도의 복잡성을 띨 수 있다. 예컨대 구더기의 체벽에는 구더기가 움직이면서 몸을 늘릴 때 이에 반응하여 운동을 통제하는 회로의 일부를 형성하는 세포들이 있다. 이 세포에는 각각 신호가 들어오는 시냅스가 18개, 신호를 내보내는 시냅스가 53개 있으며, 이들 시냅스에는 거의 대부분 한 가지 이상의 신경전달물질이 관여할 수 있다.[50] 이 모든 것이 뇌도 아닌, 고작 근육 운동 회로에 표피가 늘어났음을 알리기 위해 존재한다. 최근 연구자들이 쥐의 시각시상visual thalamus이라는 영역에서 어느 억제성 뉴런 하나의 세부적인 정보를 밝혀냈는데, 여기에는 신호가 들어오는 시냅스가 862개, 신호를 내보내는 시냅스가 626개나 있었다.[51] 그렇지만 이 세포가 여러 가지 기능에 관여한다는 사실 외에 정확히 어떤 일을 하는지는 명확하지 않았다. 어느 신경계가 되었든 신경계의 복잡성이란 그저 놀라울 따름이다.

우리 뇌에서 가장 단순한 영역에서도 이와 동일한 문제를 발견할 수 있다. 2018년, 소리가 뇌에서 어떻게 처리되는지, 그중에서 특히 비슷한 주파수의 소리가 어떻게 인접한 구조물에서 표상될 수 있는지(이러한 양상을 일컬어 토노토피tonotopy라고 한다)에 관심을 가졌던 유니버시티 칼리지 런던

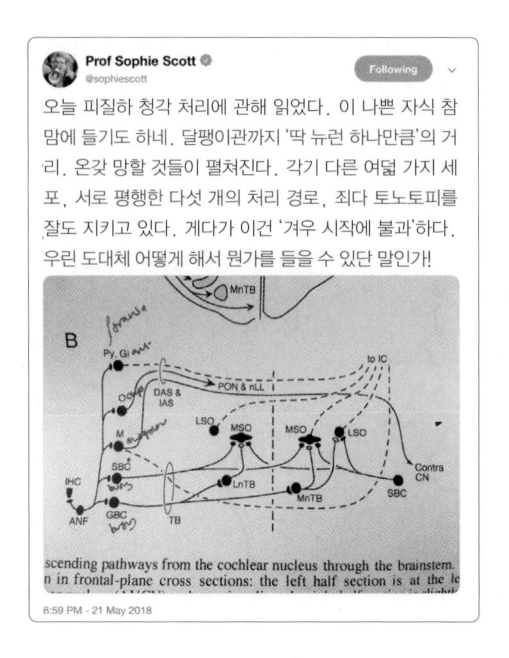


**그림 26** 유니버시티 칼리지 런던의 소피 스캇 교수가 쓴 트윗.

의 신경과학자 소피 스캇Sophie Scott은 자포자기한 듯한 모습으로 인간 청각계의 첫 단계를 나타낸 상위 회로도 사진 하나를 트위터에 올렸다.

커넥톰 연구는 뉴런이 단방향성 전달 양상을 보이는 개별적인 단위라고 주장한 카할의 신경세포설의 최신판으로 시작되었지만 과학자들은 이 문제가 사실 그보다 훨씬 더 복잡하다는 사실을 차츰 깨닫고 있다. 신경계에는 별세포 혹은 별아교세포라는 교세포가 시냅스 주변을 감싸고 있다. 이 세포들이 뉴런이 살아 있을 수 있도록 보조하는 역할을 하는데, 지난 20년 동안의 연구 결과 쥐의 뇌에서 별세포들이 칼슘이나 신경전달물질을 방출하고 뇌 활동에 변화를 주어 결국 뉴런의 활동까지 변화시킬 수 있다는 것이 명백해졌다.[52] 자연적인 상황에서 별세포의 활동이 얼마나 큰 영향력을 발휘하는지는 여전히 치열한 논쟁의 대상이지만, 최근 발표된 연구 결과는 적어도 제브라피시에 한해서만큼은 별세포가 어떤 행동이 효과적이지 않음을 알리는 감각 입력을 한데 모아 신경 활동에 변화를 줌으로써 미래에는 이 같은 행동을 덜 하게끔 뉴런의 활동을 조절하는 등의 계산적인 역할을 수행한다는 것을 시사했다.[53] 신경계의 기능은 의심의 여지없이 카할이 상상했던 것보다 훨씬 더 복잡하다.[54]

더욱이 우리는 20년 이상 전부터 뉴런의 활동이 때로는 순방향과 더불어 역방향으로도 영향을 미칠 수 있다는 사실을 알고 있다. 1997년에는 캘리포니아의 연구자들이 따로 분리한 해마 세포의 단순한 신경망을 연구하다가 세포에서 신호를 내보내는 시냅스에서의 활동 억제가 다시 뉴런 쪽으로 전파되어 먼저 신호가 들어온 시냅스에 영향을 준 뒤 종국에는 네트워크 전체에 영향을 끼치는 모습을 발견한 바 있다.[55] 활동전위가 일반적으로 축삭을 따라 한쪽 방향으로만 전달되는 성질을 가지고 있기는 하지만 늘 그런 것은 아니다. 세포는 컴퓨터의 전자부품이 아니기 때문에 회로도만으로는 전체 신경망에서 세포들이 제각기 어떻게 기능하는지 밝힐 수 없다.

이 같은 발견에 따라 일부 연구자들은 신경세포설이 뇌의 복잡성을 이해하기에 적합하지 않으며, 뉴런 집단의 활동에서 발생하는 우리가 알지 못하는 어떤 집단적 특성, 전문용어로 통합적 창발성integrative emergent이 상당히 중요한 역할을 할지도 모른다는 주장을 했다. 2005년에 주요 신경과학자들은 이렇게 이야기했다.

> 인간 뇌와 신경계의 다른 영역들이 지니고 있는 복잡한 성질은 수십 개의 통합적 변인들과 수천, 아니 수백만 가지 연결성 변인들의 순열 그리고 어쩌면 아직 우리가 발견하지 못한 통합적 창발성으로 인해 생겨난 어떤 조직적인 특성에서 비롯된다. 이는 뉴런이 단일한 기능적 단위로서 활동한다는 설명만으로는 해결이 불가능했던 많은 문제들에 답할 수 있다.[56]

그로부터 10년 뒤, 미국 컬럼비아대학교의 라파엘 유스테도 신경세포설을 능가하는 이론은 아직 없을지 모르나 적어도 현재 이를 보완하고자 하는 노력은 이루어지고 있다며 유사한 주장을 제기했다. 가령 한 무리의 억제성 뉴런들이 "마치 처음부터 하나의 단위로 기능하도록 만들어진 것처럼 간극 연접을 통해 서로 연결되어 있다"는 유스테의 표현처럼, 뇌의 많은 부분이 망으로 조직되어 있는 듯하며, 일부 억제성 뉴런에서 나타나는, 단순히 시냅스로 신경전달물질을 방출하기보다 조직들에 직접 신경전달물질을 퍼뜨리는 능력은 "꼭 흥분성 세포 위로 '억제의 장막'을 넓게 드리우기 위해 만들어진 것처럼" 보였다.[57] 유스테는 나아가 하나의 세포 수준에서는 볼 수 없지만 뉴런이 망으로 활동하면서 출현한 기능들의 구체적인 사례들을 언급했는데, 그중 하나가 쥐가 가상의 미로를 빠져나가는 과정에서 발생한 뇌세포 활동을 보고한 2012년 연구 사례였다.[58] 이때 신경망의 활동 패턴은 쥐의 행동을 설명할 수 있었지만 개별적인 세포들의 활동은 그렇지 못했다.

유스테는 신경 회로의 작용 양상에 대한 이론이 개발될 필요가 있다고 주장했지만 그 역시 이전 세대 연구자들과 마찬가지로 단순히 수많은 신경망의 활동을 기록하면서 이를 설명할 수 있는 이론이 툭 튀어나오기를 기대하는 것만으로는 부족하다고 목소리를 높이는 것 말고는 다음에 해야 할 일이 무엇인지 명확히 알지 못했다. 어쩌면 뇌의 작용 기제를 완전히 이해하기 위해서는 이렇듯 단순히 개별적인 활동에 얽매이기보다는 분자 수준에서부터 단일세포의 활동을 거쳐 신경망의 활동과 그에 따른 행동적 변화에 이르기까지 신경계의 모든 수준을 염두에 두어야 할지도 모른다.[59] 하지만 설령 이러한 접근방식이 옳다 치더라도 세부적으로 어떻게 실행해야 할지에 대한 정보가 부족하다. 이는 유스테의 잘못이 아니다. 일반 원리를 뛰어넘으려는 데서 불거지는 무능력은 뇌의 작용 기제에 관한 지금의 사고방식에서 전형적으로 나타나는 특징이다. 우리에게는 적합한 이론적 틀도, 답을 암시하는 실험적 증거도 없기 때문이다. 아직 우리는 다음 단계를 어떻게 밟아야 할지 알지 못한다.

여기에 예외가 하나 있다면 죄르지 부자키György Buzsáki의 연구였는데, 그는 특히 뇌가 활동할 때 세포 망 사이에서 관찰되는 변동성 높은 상호작용이라는 측면에서 세포군에 대한 헵의 견해를 현대의 연구 자료들에 적용하려고 했다.[60] 이에 그는 신경계를 그저 정보를 받아 처리하는 수동적인 존재가 아닌 직접 활동을 취하는 주체로서 바라보며 뇌를 내부에서부터 속속들이 파헤치는, 이른바 '인사이드 아웃inside-out' 관점을 주창하기에 이르렀다. 다시 말해 세포군의 활동을 바라볼 때는 단순히 외부 세계에 대한 표상으로서만 볼 것이 아니라, 세포군이 무엇을 산출하며 그 결과 유기체에는 어떤 영향을 미치게 되는가라는 관점에서 볼 필요가 있다는 것이다. 하지만 이 같은 견해가 뇌가 수동적인 구조물이 아니라는 환영할 만한 인식을 형성하는 데 일조했다고는 해도 아직까지 널리 받아들여지지는 못했다.

부쩍 유명세를 타기 시작한 연구 체제에서는 복잡한 수학적 탐구를 통해 수많은 뇌 연구에서 생산된 풍부한 자료 속에 제각기 존재하는 차원의 수를 축소하는 방식을 취한다. 연구자들은 이렇게 저차원 끌개형 다양체low-dimensional attractor-like manifold라는 측면에서 자료를 분석하면 주어진 신경망에서 일어나는 활동의 여러 가지 상태들을 식별하고 유기체가 자극을 받음에 따라 신경계의 상태가 어떻게 변화하는지 살펴볼 수 있다고 주장했다.[61] 신경망의 활동을 이처럼 집단 수준에서 분석하는 접근법은 매우 야심 찬 방식인 동시에 환영할 만한 것이기도 하다. 대다수의 동물 뇌는 상상조차 불가능할 정도로 많은 수의 뉴런으로 이루어져 있는데, 이러한 접근방식은 이 같은 연결망들의 활동을 묘사할 수 있는 수단을 제공하기 때문이다.[62] 하지만 이 분석 방법은 전체를 구성하는 개별 요소들의 신경 활동을 탐구하는 것에서 크게 벗어나 있으며, 일반적으로 원인을 설명하기보다는 현상을 서술하는 데 치중하는 경향이 있다. 최근에는 이러한 기법이 더 큰 기능적 통찰을 제공할 수 있다는 점을 의미하는 연구 결과도 다수 보고되었다. 가령 학습은 개별적인 시냅스들의 가소성에 기반하는데, 복잡한 뇌 주도적 행동의 수준에서 이를 고려할 경우 가소성이라는 것은 결국 뉴런의 연결망에서 새로운 활동 패턴이 생성될 수 있게 해주는 기능을 한다고 볼 수 있다. 개별적인 뉴런의 활동은 시간이 경과함에 따라 다양할지 모르지만 동기화되어 움직이는 네트워크의 활동은 매우 안정적일 수 있다. 나아가 이러한 분석과 실제 뇌가 움직임을 만들어내고 통제하는 양상 사이에는 분명하게 유사한 부분들이 있는 것으로 나타났다.[63]

## 뇌 지도에 담길 미래

뇌가 어떻게 작용하는지를 분석하는 데 걸림돌이 되는 문제 중 하나는 가장 단순한 신경 회로의 활동조차 상당히 복잡한 성질을 띤다는 점이다. 이것이 바로 과학자로서의 화려한 경력을 모두 갑각류의 위장 연구에 쏟아 부은 미국 브랜다이스대학교 소속의 이브 매더Eve Marder의 연구에서 얻을 수 있는 교훈이다.[64] 위장이라는 구조물은 세 개의 회로로 조직된 약 서른 개(정확한 수는 종마다 차이가 있다)의 뉴런들이 만들어내는 두 가지 리듬을 이용해 음식물을 분쇄한다. 각각의 회로에는 감각 정보가 입력되지 않더라도 자발적으로 외부에서나 그 어떤 개별 뉴런에서도 구체적으로 지정하지 않은 리듬으로 반복적인 움직임을 만들어내는, 중앙 패턴 발생기central pattern generator의 전형이라고 할 만한 구성 요소들의 집합이 존재한다.[65] 즉 리듬은 연결망의 활동에 의해 생겨난다.

하지만 매더의 연구팀은 갑각류의 구위 신경절stomatogastric ganglion이라고 불리는 신경다발에 관여하는 서른여 개 뉴런들의 커넥톰을 명확히 규명했음에도 이 시스템의 아주 작은 부분조차 어떻게 기능하는지 완벽하게 설명할 수가 없었다. 연구자들은 이처럼 단순해 보이는 중앙 패턴 발생기를 이해하는 것과 관련된 문제를 오래전부터 인식하고 있었다. 이를테면 신경과학자 앨런 셀버스턴Allen Selverston은 1980년, 〈중앙 패턴 발생기를 이해하는 것이 가능한가?〉라는 제목으로 이러한 회로를 구성하는 요소들의 본질과 기능을 규명하는 것이 핵심 문제라고 주장하는 칼럼을 발표했으며, 이를 둘러싼 숱한 논의가 이루어졌다.[66] 모델링을 위한 연산 능력이 향상되고 뉴런의 활동을 식별하고 기록하는 능력 또한 매우 정밀해졌지만 지난 40년 동안 상황은 더욱 복잡해졌을 따름이다.

매더의 연구는 신경 활동이 신경전달물질과 함께 분비되며 상대적으로 느리게 작용하는 미니 호르몬으로 인접한 뉴런들의 활동을 변화시키는 기능을 하는 신경펩티드neuropeptide 및 여러 가지 합성 물질인 신경조절물질neuromodulator에 의해 변할 수 있음을 밝혔다.[67] 이에 더해 각 뉴런의 활동은 자신의 정체성(위치와 기능을 결정해주는 유전자에 따른 특성)뿐만 아니라 과거에 행했던 활동에도 영향을 받는다.[68] 예쁜꼬마선충의 경우 신경조절물질은 동일한 회로도를 가지고 있는 동물들 사이에서 장기적으로 드러나는 행동 상에서의 개인차인 성격에 대해서도 설명해줄 수 있다.[69] 같은 뉴런이 서로 다른 개체 내에서 보이는 활동의 패턴도 매우 다를 수 있는데, 세포는 시간이 지남에 따라 구성과 기능이 변화하므로 각 뉴런의 가소성이 매우 높아질 수 있기 때문이다. 매더의 표현에 따르면 뉴런은 마치 높은 고도로 날면서 동시에 기존에 제작된 모든 부품들을 기내에서 새로 생산한 성분들로 교체하는 비행기와 같다.[70] 이러한 작업을 수행할 수 있는 컴퓨터는 많지 않다.

오래전부터 이 분야의 수많은 연구자들이 상정했던 것과 달리, 회로의 구조와 특정한 결과값 사이의 강력한 연관성은 존재하지 않는 것으로 판명 났다. 매더의 연구팀은 실제 전기생리학적 데이터를 활용해 컴퓨터 시뮬레이션을 돌림으로써 하나로 연결될 때 전반적으로 동일한 패턴을 만들어내는 개별 뉴런들의 활동이 다양하게 존재한다는 사실을 밝혔다.[71] 동일한 행동에는 동일한 구조나 신경 활동 패턴이 관여한다고 단순하게 생각해서는 안 된다. 더욱이 똑같은 뉴런 쌍이라고 하더라도 그 사이를 이어주는 복수의 연결이 회로 내 세포들의 활동에 의해 변화하면서, 이 기능에서 저 기능으로 회로의 역할이 바뀔 수 있다. 요컨대 똑같은 회로라고 하더라도 극단적으로 다른 행동을 만들어낼 수 있으며, 반대로 동일한 행동도 매우 다른 회로에 의해 만들어질 수 있는 것이다.[72] 전기생리학, 세포생물학 그리고 대규모의 컴퓨터 모델링 기법을 활용하여 바닷가재의 구위 신경계 내 중앙 패턴 발생기를 구성하는 뉴런 고작 몇 십 개의 커넥톰을 수십 년 동안 연구했지만 여전히 이 신경계의 제한적인 기능조차 어떻게 발생하는지 완전히 밝혀지지 않았다.[73] 바로 이 잔혹하고 절망적인 사실이 뇌에 관한 모든 주장을 판단하는 기준이 되었다.

발로가 발견한 개구리의 곤충 탐지 망막 세포처럼 단순하고 충분한 연구가 이루어진 직관적인 기능의 뉴런들이 구성하는 회로의 기능조차도 연산 수준에서는 아직 완전히 파악하지 못하고 있다. 이러한 세포들이 무슨 일을 하며 어떻게 서로 연결되어 있는지 설명하는 데는 현재 두 개의 모형이 서로 대립하고 있는데(하나는 바구미, 다른 하나는 토끼에 기반하여 만들어졌다), 각 모형을 지지하는 학자들이 지금껏 반세기 넘는 시간 동안 철저한 논의를 거쳤음에도 여전히 해결이 나지 않고 있다.[74] 2017년에는 초파리의 운동 탐지를 담당하는 신경학적 기질의 커넥톰이 보고되었으며 그중 어떤 시냅스가 흥분성이고 어떤 시냅스가 억제성인지까지 세세하게 밝혀졌다.[75] 그렇지만 이러한 발견으로도 두 모형 중 어느 것이 옳은가 하는 문제를 해결하지는 못했다.

커넥톰만으로는 신경계가 어떻게 작용하는지 설명하기에 충분치 못하다. 예쁜꼬마선충의 신경계 내 302개의 뉴런들에 대한 상세한 묘사는 먹이를 찾고 섭취하며 알을 낳는 등의 다양한 행동에 관여하는 뉴런을 규명할 수 있게 해주었다. 하지만 이 선충의 회로도가 단순히 해부학적 묘사에 그친 탓에 이로부터 곧바로 그 세포들이 어떻게 상호작용하는지를 서술하기는 불가능했다. 신경 회로의 여러 대안적인 기능 발현을 예측하는 가설을 세우고 이를 검증하기 위해서는 세포 사이의 화학적, 전기적 연결을 이해해야만 한다.

미래에는 이 같은 연구를 통해 어쩌면 포유류 뇌의 일부 영역에 대한 기능 지도를 만들 수 있을지도 모른다. 독일 막스 플랑크 연구소의 연구진이 최근 쥐 뇌의 작은 부분들을 재구성했던 연구도 인공지능과 더불어 데이터 주석화annotation•를 도와줄 학생 보조를 백 명이나 동원하여 커넥톰 자료에서 억제성 및 흥분성 뉴런 하위 유형을 규명했다. 연구진이 발견한 것은 상상을 초월할 정도로 복잡했다. 이들이 연구한 뇌 영역은 고작 한 면이 10분의 1밀리미터도 채 되지 않는 작은 부분이었다. 이 공간 안에 세포체가 포함되어 있는 뉴런의 수는 겨우 89개로, 연구팀이 관찰했던 전체 '전선망(약 70밀리미터 길이)'의 3퍼센트에도 미치지 못했다. 그런데 이 세포들과 더불어 대상 영역 밖에 세포체가 포함된 다른 세포들로부터 뻗어 나온 2.7미터 길이의 신경 '전선'이 공간을 꽉꽉 메우고 있었고, 이에 따라 이 작은 부분에는 6979개의 시냅스 전presynaptic 영역과 3719개의 시냅스 후postsynaptic 영역이 있었으며, 각각에 적어도 10개의 시냅스가 연결되면서 총

• 인공지능이 데이터를 학습하고 훈련할 수 있도록 원자료를 분류하고 레이블링하는 작업.

15만 3171개의 시냅스가 존재했다. 여기서 잊지 말아야할 점은 쥐의 뇌 전체에는 약 7천만 개의 뉴런이 있다는 사실이다.[76]

단순한 신경계조차도 어떻게 기능하는지를 이해하기란 엄청나게 어려운 도전 과제이다. 매더의 연구팀은 정확히 동일한 회로도를 갖춘 같은 종의 게일지라도 패턴 발생기가 산성 변화에 대해 제각기 다른 반응을 보이며, 똑같은 커넥톰을 가지고 똑같은 발달 상태에 있는 예쁜꼬마선충도 굶주림에 대한 반응으로 나타내는 전기적 시냅스의 활동이 개체마다 다르게 변화함으로써 행동상의 가소성과 제각기 다른 반응을 낳게 된다는 사실을 보여주었다.[77] 선충은 로봇처럼 생긴 동일한 구조를 가지고 있지만 똑같은 회로도로 이루어진 기계와는 달리 정확히 같은 방식으로 행동하지 않는다.

2015년에는 빈의 마누엘 짐머Manuel Zimmer가 이끄는 다국적 연구팀이 선충의 머리 부위에 있는 130여 개의 감각 및 운동 세포들의 활동을 직접적으로 측정하는 연구를 진행했다.[78] 연구진은 선충의 마음은 밝혀내지 못했지만 신경 활동의 물결이 신경계를 한바탕 휩쓸어 다른 뉴런 집단들까지 활성화시킨다는 사실을 보여주었다. 일례로 선충이 움직이지 않고 있을 때에도 운동 속도를 결정하는 데 관여하는 회로까지 이 물결의 영향을 받았다. 이를 두고 논문에서는 "어떤 행동의 내적 표상은 실제 그 행동의 실행과 분리되더라도 사라지지 않고 계속된다"라고 표현했다. 다시 말해 선충이 움직이는 것에 대해 생각하고 있었다는 것이다. 흥미로운 점은 더 복잡한 동물들을 대상으로 한 연구에서도 바로 감각 입력을 받는 수용기 세포를 제외하면 감각자극(촉각, 후각 등)을 표상하는 단일세포를 전혀 발견할 수 없었다는 사실이다. 지금 상황으로서는 선충에게는 할머니 세포가 존재하지 않는 듯했다.

## 구더기의 뇌를 구성하는 1만 개의 뉴런

이 글을 쓰고 있는 지금 시점에서 유일하게 시냅스 수준에서 완전히 뇌 커넥톰이 밝혀진 동물(예쁜꼬마선충은 예외이다)은 멍게의 유충인데, 이 동물은 척삭동물에 속하므로 보기와는 달리 무척추동물보다는 여러분이나 나와 같은 인간과 더욱 가깝다.[79] 멍게 유충의 작은 뇌에는 겨우 177개의 뉴런과 6618개의 시냅스밖에 없지만 이렇게 작은 구조물에서도 양쪽 뇌의 세포 수는 동일하나 기능적인 측면에서 좌우 비대칭적인 양상이 나타난다. 커넥톰 문제에서 해결해야 할 다음 단계는 내가 학자로서의 인생 중 상당 부분을 할애했던 동물, 초파리 유충의 뇌에 대한 세포 수준의 연구를 완성시키는 일일 것이다. 이를 위해 자넬리아 연구캠퍼스 및 케임브리지대학교 소속의 알베르트 카르도나Albert Cardona가 이끄는 전 세계의 스물아홉 개 연구실 소속 연구자들이 수 년 동안 시냅스 수준에서 구더기 한 마리의 뇌 회로도를 천천히 완성시키고 있다.

앞의 문장 말미에 '한 마리'라는 말을 쓴 데는 이유가 있다. 조직편의 전자 현미경상을 분석하는 작업은 현대식 컴퓨터의 도움을 받는다고 하더라도 공이 많이 들어가는 과정이다 보니 지금 시점에서 연구진이 손에 넣은 정보는 구더기 단 한 마리로부터 확인한 정보인 것이다. 심지어 구더기에게서마저 개인차가 나타난다는 사실은 연구진도 이미 알고 있으므로 게놈이 그렇듯 이 커넥톰 역시 진정으로 같은 종 내의 모든 개체들을 대표한다고 볼 수는 없다. 또한 게놈처럼 개체 간의 다양성은 골칫거리가 아니라 다양한 행동의 흥미로운 원천이자 이에 대한 설명을 제공해줄 수 있는 수단이며, 해당 종의 진화 역사까지 밝혀줄 수 있을지 모른다. 우리는 각각의 개체별로 어떻게 그리고 왜 서로 다른 커넥톰이 발달했고 이러한 차이가 뇌의 기능이라는 측면에서 어떤 결과를 가져오는지를 이해해야 한다.

이 같은 문제에 통찰을 제공해줄 가능성이 있는 기법 중 하나가 바로 단일세포 전사체학transcriptomics(또 하나의 '-옴' 단어로 세포 내 유전자의 활동을 지칭한다)이다. 연구자들은 최근 쥐의 뇌에서 유전자 1천 개의 활동에 기초하여 해당 세포의 일부 전사체transcriptome를 규명함으로써 3만 개에 달하는 세포의 정보를 밝혀냈다.[80] 그렇지만 이 절묘한 기술도 그저 원리만을 증명했을 뿐이다. 쥐의 게놈에는 2만 개 이상의 단백질 부호화 유전자가 있는데다(인간보다도 조금 더 많다.) 뇌 전체를 통틀어 약 7천만 개의 뉴런이 있으므로 연구에서 살펴본 쥐의 게놈은 고작 4퍼센트, 뉴런은 아마도 0.04퍼센트 정도 밖에 되지 않았던 것이다. 그렇다고는 해도 이 연구는 단순히 해부학적 구조 및 위치에만 기대는 것이 아니라 발현되는 유전자에 기초함으로써 뇌에 있는 모든 뉴런들을 분류할 수 있는 새로운 방식이 언젠가는 가능해지리라는 것을 보여주었다.

이미 한 연구팀에서는 쥐의 뇌에서 시상하부의 시각 전 영역preoptic hypothalamus으로 알려진 곳의 개별 세포들의 유전자 활동 프로파일을 규명하고 이를 여러 행동들과 연관 짓는 데 성공했다. 또 다른 측에서는 형태학보다는 세포 내의 활동 유전자를 규명함으로써 쥐의 피질 내 두 영역에 133가지 유형의 세포들이 있다는 사실을 밝혔다.[81] 어떤 측면에서 보면 이 133가지 유형은 각기 다른 기능을 반영하고 있는데, 특정한 유형의 세포들끼리는 유전자를 활성화 및 비활성화함으로써 서로 유사한 방식으로 주변 환경에 반응했기 때문이다. 이는 예컨대 글루타메이트 신경전달물질을 사용하는 일부 뉴런들이 뇌에서의 장기 연결과 관련된 특정한 유전자 활동 프로파일을 지니고 있다는 사실을 나타냈으며, 이에 더해 전사체 프로파일링을 통하여 운동 통제에 관여하는 새로운 뉴런 유형 두 가지도 새롭게 규명되었다.[82]

이처럼 엄청나게 세세한 접근방식이 우리에게 통찰을 줄 수 있을지 아니면 그저 많은 양의 정보만을 생성할 따름인지는 분명하지 않다. 뇌의 구조에 관한 데이터의 파도 속에서 익사할 지경이지만, 사실 정말 필요한 것은 지금보다 명료한 이론과 이 모든 것이 서로 어떻게 맞아떨어지는지 이해할 수 있는 개념뿐이라고 느끼는 연구자들도 많다. 이에 선구적인 신경과학자 버넌 마운트캐슬은 1998년에 다음과 같이 언급했다. "구조에 대한 지식은 그 자체만으로는 역학 기능을 이해하는 데 직접적인 도움이 되지 않는다. **'어디'라는 것은 '어떻게'가 될 수 없다.**"[83]

이 말이 사실이기는 하지만 현대적 기술에서 때때로 우리가 지도라고 지칭하는 것은 단순한 그림을 의미하지 않는다. 기능을 탐구하는 도구가 될 수도 있는 것이다. 말하자면 초파리 유충의 뇌에서 '어디'와 '어떻게'를 동시에 살펴볼 수도 있다. 이 글을 쓰는 시점에서 구더기의 뇌를 구성하는 1만 개 뉴런의 커넥톰이 70퍼센트 완성되었다. 현재까지 믿기 어렵게도 무려 2미터에 달하는 뉴런들과 136만 개의 시냅스에 대한 정보를 밝혀냈으며, 프로젝트가 완성된다면 아마도 2백만 개가량의 시냅스에 대한 정보를 획득하게 될 것이다. 이 모든 뉴런과 시냅스들은 겨우 이 i자 위에 찍힌 점 크기의 구조물 안에 빽빽이 채워져 있다. 세포들이 유전적으로 규명된 방식 덕분에 자넬리아 연구 캠퍼스의 마르타 즐라티치Marta Zlatic 연구팀은 '어디'를 나타내는 이 임시 지도를 활용하여 '어떻게', 즉 구더기의 뇌가 핵심 행동들을 통제하는 신경적 근거를 연구하여 해당 신경계 내 각 구성 요소들의 기능을 명쾌하게 서술하고 있다.[84] 각 세포의 활동이 정확히 어떻게 구더기의 활동에 변화를 주는지에 대한 연구를 통해서도 통찰을 얻을 수 있는데, 이에 구더기에게 여러 방식으로 자극이 주어짐에 따라 구더기 뇌의 연결망들이 어떻게 변화하는지 보이기 위해 단일세포 전사체 데이터의 수집도 이루어지고 있다.

하지만 이처럼 놀라운 진전과 더불어 희망적인 미래 전망에도 불구하고, 나의 사견으로는 작용 기제를 완벽하게 모델링하고 다양한 조건 속에서 한 뉴런의 활동에 일어난 변화가 전체 체계에 어떤 영향을 미칠지 정확하게 예측할 수 있을 정도로 구더기의 뇌를 이해하기까지는 앞으로 50년은 족히 더 걸릴 것으로 보인다. 이를 통해 우리가 인간의 뇌를 이해하게 되기까지는 또 얼마나 멀리 있는지도 짐작해볼 수 있다. 모든 사람이 이렇게 비관적인 것만은 아니다. 2008년에는 현재 초파리 커넥톰 연구의 상당수가 이루어지고 있는 자넬리아 연구 캠퍼스의 설립자 제리 루빈Jerry Rubin이 구더기보다 훨씬 크고 복잡한 성체의 뇌를 이해하는 데도 앞으로 20년 정도면 될 것이라고 언급했다. 그리고 그 다음은? 그는 "이 비밀을 풀고 나면 이로서 인간의 마음을 이해하는 여정에서 5분의 1은 지나왔다고 말할 것이다"라고 말했다.[85]

연구자들로 하여금 척추동물의 뇌세포를 식별하고 조작하는 일을 가능케 해줄 지도 세트를 만들어내기 위한 첫 단계가 현재 쥐와 제브라피시를 대상으로 진행되고 있다.[86] 이러한 기법들은 아직까지는 완전한 뇌 커넥톰을 만들어내지는 못했지만, 세포들 간의 연결을 추적하고 각각의 세포를 조작할 수 있는 수단이 뇌 지도 안에 담길 미래로 향하는 길은 확실하게 가리키고 있다.

그렇지만 단일한 커넥톰으로부터 얻을 수 있는 통찰이 제한적이라고 생각할 만한 이유도 제법 있는데, 요컨대 이 같은 연구의 이점을 충분히 살리기 위해서는 둘 이상의 커넥톰이 필요하다. 초파리 연구 결과, 발달상에서 나타난 임의의 효과들이 각 초파리의 시각계 회로에 작은 차이를 만들어냈다는 사실이 드러났다. 그리고 이러한 차이는 각 개체들이 사물에 어떻게 반응할지를 예측해주었다. 개체 간의 차이만이 중요한 것은 아닐 것이다. 이에 어떤 지도 내에서 무엇이 일반적이고 무엇이 특별한 것인지 구별하기 위해서는 진화론 및 비교생물학적 접근법이 반드시 필요하다. 프랑스의 신경과학자 질 로랑Gilles Laurent도 2016년, 다양한 동물들에게서 공통적인 기제와 알고리즘을 밝히기 위해 커넥토믹스에 종간 비교법을 도입해야 한다고 주장했다.[87] 그전까지만 해도 곤충에 집중했던 로랑 연구팀은 그의 말을 충실히 이행하고자 거북이, 도마뱀, 쥐 그리고 인간의 피질을 대상으로 세포 수준에서 비교전사체학 연구를 진행했다.[88] 그 사이 다른 연구자들은 크릭과 존스가 25년여 전에 추천했던 바와 유사하게 상위 수준의 커넥톰을 이용하여 인간과 마카크원숭이를 비교하는 데 열중했다.[89]

뇌를 이해하는 데 보다 광범위한 접근법을 취해야 한다는 자신의 주장을 정당화하기 위해 로랑은 20세기 러시아의 응집물질물리학자 야코프 프렌켈Yakov Frenkel의 견해를 인용했다.

> 복잡계complex system에 대한 좋은 이론적 모형은 마치 잘 그린 캐리커처와 같다. 가장 중요한 특징들을 강조하고 별로 필요하지 않은 세부 사항들은 적당히 무시해야만 한다. 그런데 이 조언의 유일한 문제는 연구의 대상이 되는 현상을 제대로 이해하기 전까지는 무엇이 별로 중요하지 않은 세부 특징인지 사실 알 수가 없다는 것이다. 그렇기에 우리는 다양한 범위의 모형들을 탐구해야 하며 자신의 인생(또는 이론적 견식)을 어느 특정한 모형 하나에만 전부 걸어서는 안 된다.[90]

뇌는 인간이나 쥐, 초파리, 선충에게만 있는 것이 아니다.

*

다양한 커넥톰 프로젝트를 진행하던 연구자들은 이러한 문제들을 잘 인식하고 있었다. 2013년, 조슈아 모건Joshua Morgan과 제프 릭트먼은 '커넥토믹스에 반대하는 10대 논거'를 살펴보았는데 그중 상당수가 앞서 소개된 것들이었다.[91] 각각의 논거에 대한 답변은 대부분 본질적으로 같았으며 제법 타당했다. 뇌 기능을 설명할 이론이 회로도로부터 간단하게 '뿅' 생겨나지는 않는다고 하더라도 세밀한 신경해부학이 정교한 전기생리적 측정법과 함께 이를 위한 체제를 마련해줌으로써 분명 뇌 기능에 관한 우리의 이해도를 한층 발전시켜줄 것이라는 주장이었다. 이에 이들은 20여 년 전 크릭과 존스의 주장을 되풀이하며 "신경망 수준에서 뇌의 조직도가 지도에 표시되지 않는 한 신경과학자들은 뇌를 이해한다고 주장할 수 없다"고 선을 그었다.

모건과 릭트먼의 논문에서 가장 놀라운 부분은 커넥톰에 반대하는 논거로 1순위에 자리매김한 주장이었다. 이들은 미국 국립보건원의 원장이었던 프랜시스 콜린스Francis Collins가 라디오 인터뷰에서 했던 말을 집중적으로 강조했다. 인터뷰에서 콜린스는 "내가 이를테면 당신의 노트북을 가져다가 상판을 들어 올리고 내부 부품들을 뚫어져라 응시한다면 네, 뭐, 이게 여기 연결되어 있고 이런 이야기를 할 수야 있겠지만, 그게 어떤 원리로 작용하는지는 알 수가 없잖아요"라며 커넥톰 표상의 정적인 성질에 대해 불만을 토로했다.[92]

콜린스도, 모건이나 릭트먼도 깨닫지 못했지만 이는 라이프니츠의 방앗간 논증이 컴퓨터 시대에 맞게 현대화된 것으로 볼 수 있다. 라이프니츠의 논증과 마찬가지로 이러한 비판의 문제점은 물론 단순히 구성 성분과 그 사이의 관계를 관찰한다고 해서 전체 시스템이 어떻게 작용하는지 설명할 수 있게 되는 것은 아니지만, 구성 성분들 간의 관계의 본질과 이들이 서로에게 어떻게 영향을 주는지를 밝힘으로써 실제로 그 시스템이 어떻게 기능하는지 설명하기 위한 기본 토대를 마련할 수는 있다는 것이다. 그것이 라이프니츠 논증의 본래 표적이었던 의식에 대해 설명해줄 것인가는 또 다른 문제다.

이는 곧 지도가 아무리 기능적인 측면을 잘 묘사한다고 할지라도 뇌가 어떻게 작용하는지 설명하기 위해서는 그 이상의 무엇인가가 필요하다는 사실을 조명한다. 각 구성 성분들이 상호작용하는 방식을 해석하려면 시스템의 일부만이라도 그 작용 기제에 대한 이론적 설명이 필요하다. 이것이 바로 1970년대 영국의 수학자이자 이론신경과학자 데이비드 마David Marr가 선호했던 접근법이었다. 발로가 1972년에 발표한 다섯 가지 법칙 논문의 "열의와 흥분"에 "완전히 사로잡혔던" 마는 뒤늦게 "기저의 어딘가에서 뭔가가 잘못되어가고 있다"는 것을 깨달았다. 마가 느끼기에 발로의 접근법이 놓치고 있는 부분은 회로 수준에서 세포들이 하고 있는 일의 전체적인 의의를 이해하는 일이었다. 그의 글은 이러했다.

> 가령 그 미심쩍은 할머니 세포를 누군가가 실제로 찾아냈다고 가정해보자. 그렇다고 해서 정말 대단한 무엇인가를 알 수 있게 될까? 물론 그로스의 손 모양 탐지기가 깨우쳐준 것과 같이 그러한 세포가 실존한다는 것은 알게 되겠지만 기존에 발견된 세포들의 결과값으로부터 **왜**, 아니면 심지어 **어떻게** 그 같은 세포가 만들어졌는지는 도저히 알 수가 없다. (…) 그간 관찰한 바, 핵심 문제는 신경생리학과 정신물리학에서 세포나 기타 연구대상의 행동을 묘사하는 일은 자신들의 소관으로 여기되 그 행동의 원인과 기제를 설명하지는 않는다는 것이다.[93]

할머니 세포의 잠재적 발견이 마주한 '그래서 그것이 시사하는 바가 무엇인가?'라는 문제를 그저 라이프니츠 방앗간 논증의 또 다른 형태로 보아서는 안 된다. 그보다는 더 정교한 문제다. 마는 단순히 뇌 활동을 구성하는 요소들을 묘사하는 데서부터 전체적인 모형에 이를 짜맞추기 위해 노력하는 것으로 연구 문제의 초점을 옮겼다. 아울러 그는 이를 해결하기 위해 뇌의 핵심 능력들을 따라 해볼 필요가 있다고 주장했다. "어떤 일의 어려움을 알기에 가장 좋은 방법은 직접 그 일을 해보는 것이다"라는 것이 그의 생각이었다. 그리고 그는 보는 능력을 갖춘 기계를 만드는 데 무엇이 필요한지 탐구함으로써 이를 실행에 옮겼다. 그 과정에서 마는 1930년대에 물리적으로 뇌를 모델링하려고 시도했던 연구자들뿐만 아니라 1950년대에 뇌에 관심을 가지게 되었던 초기 컴퓨터 분야의 선구자들의 방식도 따랐다. 바로 이 연구자들이 뇌에 대한 우리의 접근법을 바꾸고 이제는 전 사회를 바꾸고 있는 전혀 새로운 분야의 창시자들이었다.

12

# 컴퓨터

1950년대부터 오늘날

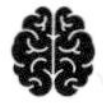

컴퓨터 시대 초창기, 과학자들은 이 새로운 기계와 뇌 사이의 유사성에 깊은 감명을 받았고, 이에 영감을 얻어 이 기계를 여러 가지 다양한 방식으로 활용하기 시작했다. 그중 일부는 생물학적인 요소는 무시한 채 그저 컴퓨터를 가능한 한 똑똑하게 만드는 데만 집중했고, 이것이 우리가 현재 인공지능artificial intelligence(AI라는 용어는 존 맥카시John McCarthy가 1956년에 처음 만들었다)이라는 이름으로 알고 있는 분야로 성장했다. 하지만 뇌가 어떻게 작용하는지를 이해하는 측면에서 가장 큰 수확을 거두었던 접근법은 엄청나게 지능적인 기계를 만들려고 시도하는 대신 상호연결성을 지배하는 규칙을 탐구함으로써 뇌의 기능을 모델링하기 위해 노력하는 것이었다. 이른바 신경대수학neural algebra이다.[1]

신경계를 시뮬레이션하려는 초기 시도는 1956년 IBM의 연구원들이 신경세포군이 뇌의 기본적인 기능의 단위라는 헵의 가설을 검증하려는 과정에서 이루어졌다. 이들은 IBM의 첫 상업용 컴퓨터인 701을 이용했는데,

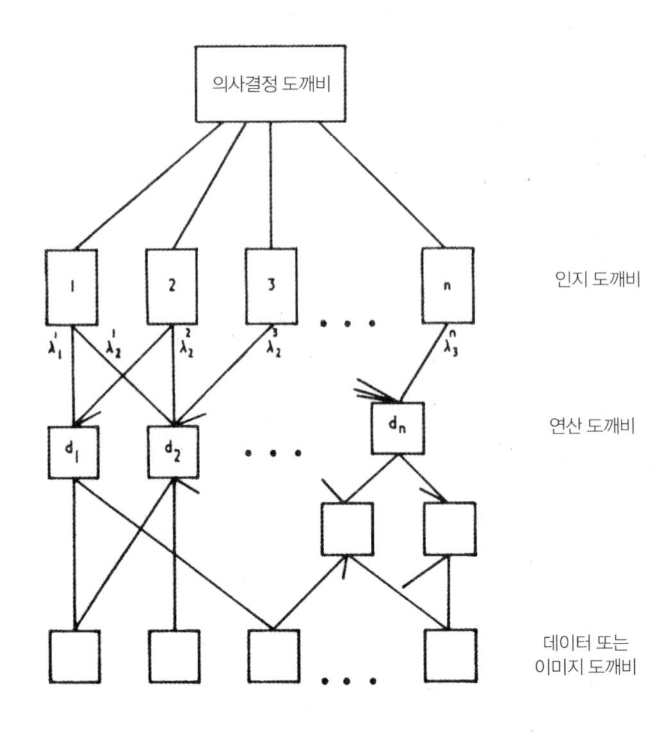


**그림 27** 팬더모니엄 모형을 설명해주는 도식.

이 컴퓨터는 거대한 유닛 11개로 구성된 밸브 기반 기계로서 말 그대로 방 하나를 가득 메울 정도로 컸다(겨우 19대만이 판매되었다). 연구진은 뉴런 512개로 구성된 연결망을 시뮬레이션했는데, 처음에는 각각 따로 분리되어 있던 구성 성분들이 얼마 지나지 않아 헵이 주장한 대로 자발적으로 하나의 물결처럼 동기화된 활동을 보이는 집단을 형성했다.[2] 상당히 조악한 모델이라는 한계에도 불구하고 이 같은 결과는 신경계 회로의 일부 양상들이 단순히 매우 기초적인 규칙으로부터 발생한다는 것을 시사했다.

처음으로 컴퓨터 모델링을 이용하여 뇌 기능의 작용 기제를 밝힐 실마리를 얻고자 했던 이들 중 한 명은 위너의 제자이자 피츠, 맥컬록, 레트빈과도 가까운 사이였던 수학자 올리버 셀프리지Oliver Selfridge였다. 1958년, 셀프리지는 기계 기반의 패턴 인식을 연구하면서 개발한 팬더모니엄Pandemonium 이라는 계층 처리 체계를 발표했다. 이 모형은 선 등의 세부 특징들을 기존에 정해져 있던 내적 형판과 비교함으로써 환경 속에 존재하는 요소들을 인식하는 단순 유닛(데이터 도깨비)을 만드는 데서 출발했다. 이후 이러한 데이터 도깨비들은 한 층 위의 '연산 도깨비들'에게 자신이 탐지한 것을 알린다. 셀프리지는 이어지는 과정에 대해 다음과 같이 설명했다.

> 다음 단계에서는 연산 도깨비 혹은 하위 도깨비들이 데이터를 가지고 다소 복잡한 연산을 거친 뒤 그 결과를 다음 단계인 인지 도깨비에게 넘겨 증거들의 경중을 따지게 한다. 각각의 인지 도깨비는 비명소리를 연산 처리하며, 가장 상위의 도깨비인 의사결정 도깨비는 모든 비명소리 중에서 단순히 가장 시끄러운 것을 선택한다.[3]

그로부터 도출된 마지막 결과로 의사결정 도깨비가 예컨대 글자 같은 복잡한 세부 특징을 인식하게 된다.

언뜻 보면 이는 기존에 스미 등의 연구자들이 감각 처리를 계층적 관점에서 바라보았던 것을 그저 전기적 요소로 대체한 것에 불과한 듯하다. 하지만 팬더모니엄은 달랐다. 진행을 거듭하면서 학습이 가능했던 것이다. 이 프로그램은 자신이 사물을 얼마나 정확하게 분류했는지 지속적으로 알아차렸으며(초기 단계에서는 이 정보를 인간 관찰자가 제공했다), 분류가 정확한 도깨비만이 자리를 유지하는, 이른바 도깨비의 '자연선택' 방식과 더불어 프로그램의 반복적인 시행을 통해 시간이 흐름에 따라 시스템이 점차 정확해질 수 있었다. 심지어 본래 인식할 수 있도록 만들어진 사물이 아닌 것들까지 인식이 가능했다.[4] 인지과학자 마거릿 보든의 말에 의하면 팬더모니엄의 영향력은 감히 헤아릴 수 없을 만큼 지대했다. 컴퓨터 프로그램이 상당히 정교한 감각 처리 과정을 모델링할 수 있다는 사실에 더해, 성공에 대한 적절한 피드백이 제공되기만 한다면 시간이 흐르면서 프로그램의 기능이 변화할 수도 있다는 것을 보여주었기 때문이다.[5]

같은 시기 또 다른 미국의 과학자 프랭크 로젠블랫Frank Rosenblatt은 이와 유사하지만 살짝 다른 모형인 퍼셉트론Perceptron을 발표했다. 이 또한 패턴 인식에 초점을 맞추고 있었으며, 유연한 계층적 연결이라는 동일한 발상을 따랐다. 이 같은 접근법은 이후 연결주의connectionism•라는 이름으로 알려졌다.[6] 로젠블랫은 뇌와 컴퓨터는 공통적으로 의사결정과 통제라는 두 가지 기능을 가지고 있으며 두 기능 모두 기계와 뇌 안에 존재하는 논리 규칙을 바탕으로 한다고 주장했다. 하지만 뇌는 여기에 더해 서로 밀접하게 연관된 두 가지 기능을 더 수행한다. 바로 환경에 대한 해석과 예측이다. 퍼셉트론에서는 이 모든 기능들이 모델링되었는데, 이를 가리켜 로젠블랫은 "자신만의 생각이 가능한 첫 번째 기계"라고 주장했다.[7]

사실 퍼셉트론도 팬더모니엄과 마찬가지로 단순히 글자들을 인식하는 법을 학습한 것뿐이었다. 퍼셉트론의 경우에는 이 인식 가능한 글자의 크기가 0.5미터이긴 했지만 말이다.[8] 둘 사이의 결정적인 차이는 퍼셉트론이 뇌처럼 다양한 계산들을 동시에 해내는 병렬처리 방식을 따름으로써 사전에 판형이 제공되지 않더라도 패턴 인식이 가능했다는 점이었다. 이는 우연이 아니었다. 로젠블랫은 입이 떡 벌어질 정도의 기술을 개발하는 것만큼이나 뇌 기능의 이론적 설명을 찾아내는 데 관심이 있었다.

언론은 환호했다. 로젠블랫의 연구비를 지원하던 미국 해군이 1958년 그의 연구를 발표하자 〈뉴욕타임스〉는 "해군이 오늘 마침내 걷고, 말하고, 보고, 쓰고, 스스로 복제하고, 자신의 존재를 의식할 수 있으리라 기대되는

• 인공신경망을 사용하여 인지적 능력을 설명하려고 하는 심리철학의 이론.

전자 컴퓨터가 개발 초기 단계에 있음을 알렸다"며 환성을 올렸다.[9] 이 주장은 지나치게 흥분한 어느 기자의 글이 아니라 로젠블랫이 직접 언급한 내용을 인용한 것이었다. 한 과학자는 로젠블랫에 대해 다음과 같이 회상했다. "그는 언론인들의 꿈이자 진정한 요술사였다. 그의 말을 듣고 있노라면 퍼셉트론이 환상적인 일들을 해낼 수 있을 것만 같았다. 어쩌면 정말 그런 일이 가능했을지도 모른다. 하지만 프랭크의 연구만으로는 이를 증명할 수가 없었다."[10]

언론을 향한 계획적인 선전에도 불구하고 로젠블랫은 퍼셉트론의 진정한 의의에 대해서는 상대적으로 냉철하게 판단하고 있었다. 그는 1961년 논문 〈신경역동학의 원리Principles of Neurodynamics〉에서 이렇게 서술했다.

> 퍼셉트론은 실제 신경계의 정교한 복제품 역할을 하기 위해 고안된 것이 아니다. 단순화된 네트워크로서 신경망의 구조, 주변 환경이 조직된 방식 그리고 해당 신경망이 수행할 수 있는 '심리적' 기능 간의 합법적인 연구를 가능케 하기 위해 만들어진 것이다. 퍼셉트론은 어쩌면 생물학적 체계 내의 보다 확장된 연결망 일부와 일치할 수도 있다. (…) 그렇지만 그보다는 일부 특성들은 과장되게 표현한 반면 그 외의 특성들은 억제시키는 식으로 중추신경계를 극단적으로 단순화한 형태를 나타낸 것에 가깝다.[11]

1960년대 중반에 이르자 전문가들은 퍼셉트론도 처음에 알려진 것처럼 그렇게 대단치만은 않다는 사실을 받아들이게 되었다.[12] 인공지능의 선구자 마빈 민스키Marvin Minsky는 1969년에 동료 시모어 패퍼트Seymour Papert와 함께 퍼셉트론 모형에 대해 매우 부정적으로 쓴 책을 출간했다. 이들은 퍼셉트론의 인식 능력을 수학적으로 분석한 결과를 발표하며 퍼셉트론이 인공지능으로서도 뇌를 이해하는 데 도움을 주는 측면에서도 그 이상의 발

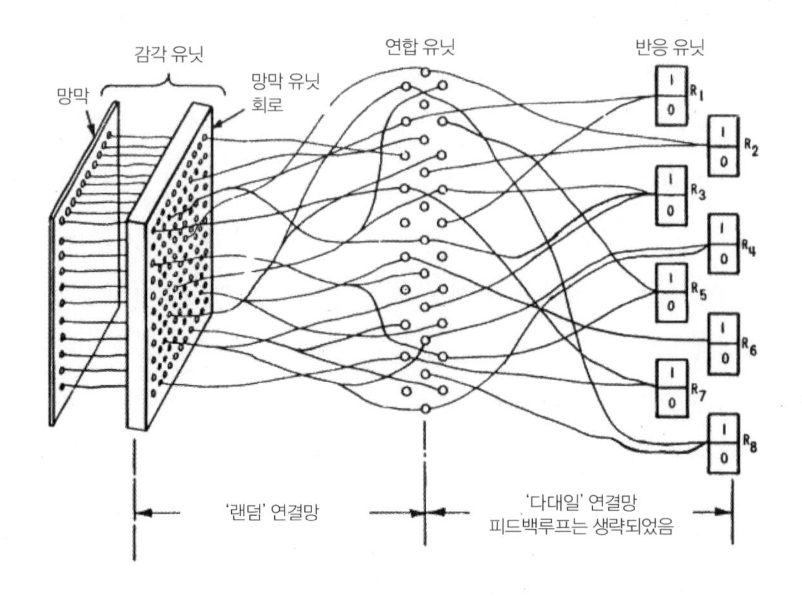


**그림 28** 퍼셉트론의 구조를 묘사한 도식.

전 가능성이 없다고 주장했는데, 퍼셉트론은 구조상 자신이 학습한 것에 대한 내적 표상을 할 수 없었기 때문이었다.[13] 이들의 비판과 더불어 이러한 모형의 발전이 더뎌지자 미국에서 연결주의적 접근법에 대한 연구비 지원이 끊어졌고 이 분야는 쇠락의 길을 걷게 되었다.[14] 그 후 학습의 전이 현상(이 역시 앞서 소개했듯 스코토포빈의 몰락으로 막을 내렸다)을 연구하기 시작한 로젠블랫은 1971년, 자신의 마흔세 번째 생일에 보트 사고로 생을 마감했다.

팬더모니엄과 퍼셉트론 모두 생물학적 패턴 인식 시스템에 적용될 수 있는 통찰을 제공하는 데는 실패했지만 두 프로그램 다 뇌에 대한 연구자들의 생각을 바꾸었다. 인간이나 기계의 지각을 효과적으로 묘사하기 위해서는 무조건 상당량의 가소성 요소를 포함해야 한다는 사실을 보여준 것이다. 따라서 이 둘은 기계나 유압식 체계에 빗대어 생각을 전개했던 기존의 모형들과는 완전히 달랐다. 더욱이 이 같은 연결주의적 프로그램들의 구조와 발로가 1972년 '추기경 세포'라는 개념을 생각해내는 데 영향을 주었던 허블과 위즐의 단순 세부 특징 탐지기의 계층적 구조 사이에는 혹할 만한 유사성이 존재했다. 일각에서는 이러한 유사성이 곧 이 새로운 모형들이 단순히 비유만을 사용하여 뇌의 작용 기제를 설명한 것이 아님을 시사한다고 여겼다. 실제 뇌의 기제를 밝혀준 것이라고 말이다.

## 뇌 안의 얼굴 인식 네트워크

팬더모니엄과 퍼셉트론을 둘러싼 흥분이 잦아들자 뇌 기능을 컴퓨터의 연산으로 모델링하려는 또 다른 접근법이 데이비드 마에 의해 개발되었다. 마는 뇌가 어떻게 작용하는지 발견했다고 주장하는 일련의 논문들을 발표하여 케임브리지에서는 이미 유명세를 떨치고 있었다. 하지만 얼마 안 가 기존과는 완전히 다른 접근법의 필요성을 절감하면서 이 같은 수학적 모형에서 손을 떼고 이를 "조합론이 만들어낸 단순한 속임수"라고 일축했다.[15] 1973년에 마는 민스키와 같이 일하기 위해 보스턴에 있는 MIT로 이동했다. 그의 목표는 보는 능력을 갖춘 기계를 제작하여 인간의 시각계가 어떻게 작용하는지 이해하는 것이었다. 그로부터 4년 후 그는 백혈병에 걸렸고, 서둘러 자신의 통찰을 개괄한 《시각Vision》이라는 제목의 책을 집필하기 시작했다. 이에 관해 그는 서문에 "계획했던 시기보다 몇 년 일찍 이 책을 쓸 수밖에 없는 일이 생겼다"라고 기록했다.[16] 마는 1980년 겨우 35세의 나이로 사망했으며, 《시각》은 1982년에 출간되었다.[17]

자신이 죽음을 앞두고 있다는 인식 덕분이었는지, 건강했더라면 틀림없이 시각에 관한 모형의 세부적인 특징들에 집중했을 그의 글은 그보다 넓은 관점을 취하게 되었다. 그는 우리가 어떻게 진화해왔으며 우리의 인식 속에 가장 깊이 자리한 자연선택의 효과에 대한 견해들은 어디에서 비롯된 것인지를 다루며, 뇌가 어떻게 작용하는지에 관한 자신의 견해를 훨씬 광범위하고 윤리적인 맥락에서 논했다.

> 뇌가 컴퓨터라고 말하는 것이 옳기는 하나 오해의 소지가 있다. 뇌는 사실 고도로 전문화된 정보처리장치, 아니 그러한 장치들의 집합체다. 뇌를 정보처리장치로 바라본다고 해서 결코 비하한다거나 인간의 가치를 부인하는 것은 아니다. 어떤 의도가 담겨 있다면 그보다는 오히려 인간의 존엄성을 드높이려는 편에 가까우며, 궁극적으로 이는 정보처리라는 관점에서 실제 인간의 가치란 무엇이고, 어째서 그것이 선택적인 가치를 지니며, 또 어떻게 우리의 유전자가 우리에게 선사한 사회적 관행과 조직 능력이라는 결과물로 융합되는지 이해할 수 있게 도와줄 것이다.[18]

마의 논문에는 수학적 요소가 가득해서 흔히들 그의 연구를 이해하기보다는 그저 인용하는 경우가 더 많다는 말을 하곤 한다. 이 같은 농담은 마의 연구가 지니는 실질적인 중요성이 시각에 대한 그의 계산모형의 정확한 세부 사항이 아니라(그를 가장 열렬히 지지했던 이들조차 이제는 그의 책이 상당 부분 역사적 관심의 대상이라는 것을 인정한다) 그의 전체적인 접근방식에 있다는 사실을 보여주었다.[19]

발로와 달리 마는 단일한 뉴런의 활동이 회로의 기능 및 지각의 작용기제를 설명해줄 수 있다고 생각하지 않았다. 마는 다소 가시 돋친 문체로 자신의 새로운 방법론이 왜 타당한지 그 근거를 설명했다.

뉴런만을 연구함으로써 지각을 이해하려 하는 것은 깃털만을 연구함으로써 새의 비행을 이해하려 하는 것과 같다. 그냥 불가능한 일이다. 새의 비행을 연구하기 위해서는 항공역학을 이해해야 한다. 그래야 비로소 깃털의 구조 및 저마다 다른 날개 형태가 지니는 의미를 알 수 있게 되는 것이다.◆[20]

특정한 기능이 뇌(혹은 컴퓨터)에서 어떻게 실행되는지 이해하기 위한 마의 접근법에서는 먼저 문제를 세 부분으로 나눈다. 첫째, 해결해야 할 문제를 논리적으로 명시해야 한다. 이 같은 이론적 접근방식은 해당 문제를 어떻게 실험 및 모델링을 통해 탐구할 것인지 기본 틀을 잡아주는 역할을 한다. 둘째, 시스템이 하나의 상태에서 다음 상태로 넘어갈 수 있도록 알고리즘을 서술하는 것과 더불어 시스템의 입력과 출력이 표상되는 방식을 결정해야 한다. 마지막으로 두 번째 단계가 물리적으로 어떻게 구현될 수 있는지 설명해야 하는데, 뇌 활동의 경우에는 신경계 내에서 이러한 알고리즘이 어떻게 구현되는지를 해석해야 한다. 마는 기계든 뇌든 세상을 볼 수 있는 네트워크를 만드는 데 존재하는 제약은 기본적으로 유사할 것이며, 따라서 생물의 육신이냐 실리콘이냐에 따라 알고리즘을 구현하는 방식에는 큰 차이가 있다고 하더라도 이들이 사용하는 알고리즘 자체는 모두 유사하리라고 가정했다. 또한 그는 기계의 시각에 관한 문제를 해결함으로써

◆ 새의 날개에 관한 마의 주장은 신경과학자들 사이에서 유명해지긴 했지만 사실 발로의 이론을 공격하기에는 다소 논지에서 벗어난 이야기다. 1961년에 발로는 새의 근조직과 날개의 튼튼하고 가벼운 정도를 완전히 이해하지 않고서는 이 새가 날 수 있는지 여부를 알 수 없다는 점을 지적하며 기능에 있어 보다 뉴런 중심적인 관점을 주장했다. Barlow, H., in W. Rosenblith (ed.), *Sensory Communication* (Cambridge, MA: MIT Press, 1961), 217-34.

우리 머릿속에 있는 시각계도 더 잘 파악할 수 있게 될 것이라고 주장했다.

마는 허블과 위즐의 연구 결과를 토대로 모서리처럼 단순한 것들이 어떻게 식별될 수 있는지에 대한 생각을 전개했지만, 그의 접근법에는 팬더모니엄이나 퍼셉트론 같이 그저 선 조각들을 한데 이어 붙여 형판에 맞추어보는 계층적 모형보다 훨씬 더 풍부한 연산체계가 관여되어 있었다. 1976년 콜드스프링하버에서 개최된 학회에서 마는 "이 윤곽은 탐지되는 것이 아니라 구축되는 것이다"라는 표현을 사용했다.[21] 멀리는 헬름홀츠 시대부터 이어져온 이러한 견해는 뇌가 단순히 수동적인 관찰자로서 감각정보를 받아들이는 것이 아님을 강조했다. 지각에는 이 같은 자극들을 조합하고 해석하는 과정이 수반된다. 이는 어떤 시각 모형에서든 필수적인데, 기계(혹은 망막)가 그저 주어진 그림의 각 지점별 명암도를 식별하기만 해서는 아무런 일도 일어나지 않기 때문이다. 카메라가 하는 일이 바로 이런 것이고, 카메라는 세상을 보지 못한다.

이러한 통찰에도 불구하고 기계를 이용하는 마의 접근법은 기계 시각machine vision에 대한 이해에 있어서도, 뇌가 어떻게 세상을 보는지에 대한 이해에 있어서도, 큰 변화를 일으키지 못했다. 시각피질에서 일어나는 과정에 있어 우리가 지금까지 알고 있는 한 뇌와 컴퓨터에서 동일한 알고리즘은 발견되지 않았다.[22] 이와 마찬가지로 문제가 되는 것이 또 있었으니, 마가 시각을 이해하기 위해 사용했던 특정한 접근법은 뇌 기능의 다른 양상들로 일반화할 수 없다는 점이었다.

그간 컴퓨터의 얼굴 인식과 그 밖의 장면 분석scene analysis 접근법에서 어마어마한 발전이 있었다고는 하나 기계 시각은 여전히 지금 우리 머릿속에서 벌어지는 일들에 비하면 한참이나 뒤쳐져 있다. 우리가 무엇인가를 볼 때 어떤 일이 일어나는지에 대한 이해 역시 여전히 빈약하기 그지없다. 우리가 보는 장면에 대한 일종의 상징적인 표상이 뇌에 존재할 것이라는 점에는 다들 동의하지만 그러한 일이 어떻게 발생하는지는 어느 누구도 확신하지 못한다. 《시각》이 출간된 지 30주년 되던 해, 마의 제자였던 켄트 스티븐스Kent Stevens는 자신의 지도교수가 기여한 바를 조사하고는 시각의 상징적 표상의 의의는 의심할 바 없으나 "생물의 시각에서 상징체계가 이루어지는 장소는 완전히 파악하지 못하고 있다"고 결론지었다.[23]

이 문제를 타개할 방법은 어쩌면 원숭이 뇌의 얼굴 탐지 세포를 연구한 결과에서 찾을 수 있을지도 모른다. 2017년, 캘리포니아공과대학의 두 연구자 러 창Le Chang과 도리스 차오Doris Tsao는 마카크원숭이에게 다양한 얼굴을 보여주고 뇌 안의 개별 세포들의 반응을 살펴보았다.[24] 세포들은 얼굴성faceness을 구성하는 50가지의 차원(각 차원은 다시 여러 개의 물리적 세부 특징으로 이루어져 있었다)을 탐지했으며, 각각의 얼굴 세포는 이 중 하나의 차원에만 반응을 보였다. 이러한 정보들이 어떻게 하나로 결합하여 정확한 전체 표상을 만들어내는지 밝히기 위해 창과 차오는 세포 2백 개가 일련의 사진들에 보인 반응을 기록한 뒤 컴퓨터를 이용해 이 뉴런들의 전기적 활동을 토대로 원래의 이미지를 재구성했다. 흥미롭게도 이들은 원숭이의 뇌에 일명 제니퍼 애니스턴 세포가 존재한다는 증거를 찾을 수 없었는데, 연구자들의 표현을 빌리자면 "특정한 인물을 식별하기 위한 탐지기는 없었다." 그 대신 다른 연구팀에서 발표한 연구 결과를 보면 측두엽에는 친숙한 원숭이의 얼굴을 인식하는 데 관여하는 영역이 있는 듯했다.[25]

트위터 프로필에 자신을 피질 기하학자cortical geometer라고 간략하게 소개한 차오는 얼굴 탐지와 관련하여 자신이 그동안 발견했던 세부 특징 추출feature-extraction 유형이 어쩌면 시각피질 전반에서 일어나는 일반적인 과정이었을지 모른다는 의구심을 가지게 되었다. "우리는 하측두 피질inferior temporal cortex 전체가 똑같은 구조를 따라 패치들의 연결망을 조직하며 모든 사물 인식 유형에서 동일한 부호를 사용할 가능성을 염두에 두고 있다"고 말이다.[26] 그는 현재 유명한 '화병/얼굴 착시'와 같은 시각적 착각의 신경 기제를 이해하는 일에 도전하고 있다. 그가 지적했듯이 10년 전만 해도 어느 누구도 어디에서 출발해야 할지 알지 못했다. 이제 우리는 그 출발 지점을 찾았다.

인간이 할머니를 비롯하여 타인의 얼굴을 인식하는 방식에는 마카크 원숭이와 마찬가지로 뇌 안에 일종의 얼굴 인식 네트워크가 분포되어 있을 가능성이 있는 듯하다.[27] 이는 스마트폰이 소유자의 얼굴을 인식하거나 보안기관에서 용의자들의 사진을 추리는 등 전적으로 고정된 얼굴 모습에서 눈 사이의 거리나 얼굴형과 같이 다양한 생체 인식 랜드마크를 비교분석하는 데만 특화된 얼굴 인식 알고리즘과는 매우 큰 차이가 있다. 생물학적 시각계에서의 얼굴 인식은 이보다 훨씬 더 복잡하고 추상적이며, 궁극적으로 얼굴 부분 부분의 해부학적 특징 및 관계성이 아닌 허블과 위즐이 규명했던 선, 방울 모양 등의 구성 성분들에 기초하여 이루어진다. 이 각각의 요소들은 일반적으로 마가 상상했던 바와 같이 복잡한 계층적 체계로 조직되는데, 얼굴뿐 아니라 환경 속에 존재하는 다른 세부 특징에도 이 같은 방식이 똑같이 적용된다.

이러한 계층적 구조의 세포들이 정확히 어떤 것에 관심을 가지고 있는지에 관한 보다 자세한 실마리는 최근 하버드의 매거릿 리빙스턴Margaret Livingstone 연구팀이 화면에 사진을 띄우고 깨어 있는 원숭이의 하측두 피질 내 단일세포의 활동을 기록하는 절차로 진행했던 다소 괴이하지만 대단히 영리한 컴퓨팅 및 전기생리학 연구 결과로부터 제공되었다.[28] 여기까지 절차만 보면 지극히 평범하다. 그런데 여기서 중요한 점은 제시된 화면이 정적인 이미지가 아니었다는 사실이다. 이 이미지들은 합성을 통해 제작된 것으로 변화무쌍한 유동성을 띠며, 'XDREAM'이라는 알고리즘에 의해 '진화'하여 원숭이에게 제시하는 화면을 지속적으로 변화시켜 각 세포로부터 최대치의 반응을 이끌어냈다. 그보다 10년 앞서 찰스 코너Charles Connor와 동료들이 개척한 이 방식을 도입하여 얻어낸 결과물은 상당히 괴이했다. 백 회 이상 반복을 거쳐 진화한 이미지는 회색빛의 빈 화면에서 어느덧 꿈처럼 초현실적으로 짓이겨진 원숭이 얼굴 형태로 변했고, 눈처럼 알아볼 수 있는 부위는 이쪽에, 형태 없이 뭉개진 신체 부위는 저쪽에 위치하며 각 구성 요소들의 정향도 뒤죽박죽이었다.

곧이곧대로 묘사한 초상화가 아니라 이 같은 기이한 이미지야말로 세포들이 실제 관심을 가지고 있는 얼굴상의 모습이다. 만약 제니퍼 애니스턴 세포를 가지고 있는 이들의 뇌에서도 이와 유사한 일이 벌어지고 있는 것이라면 이는 곧 세포들이 사진 같은 표상에 특화되어 있는 것이 아님을 의미했다. 해당 사진들은 그저 이러한 반응을 이끌어내기 위한 요건을 충분히 갖추고 있었을 뿐이다. 그 무렵 같은 절차를 통해 원숭이의 시각피질 내에서 얼굴을 탐지하는 데 관여하지 않는 부위의 세포들을 살펴보았던 MIT의 연구자들 역시 이보다는 덜 불쾌하지만 어쨌든 유사한 결과를 보고했다.[29] 이 세포들은 특히 심한 편두통에 걸려 바라본 세상과 닮은 기이하고 반유기적인 기하학 이미지들에 흥분하는 듯했다.

자칫 이처럼 이상한 복합체가 실제 원숭이들이 다른 개체를 바라볼 때 보는 모습이라고 여길 수도 있겠으나, 얼굴의 지각에 관여하는 세포의 수는 수백만 개에 이르는데다 무엇보다 발로가 언급한 것처럼 원숭이의 머릿속에는 이 개별적인 세포들로부터 산출되는 결과를 지켜보는 미니 원숭이 따위가 존재하지 않는다는 점을 명심해야 한다. 개별적인 어느 세포 하나 또는 이 세포들의 작은 집단이 아니라 전체 시스템이 어떠한 방식을 거쳐 지각을 만들어내는 것이다.

최근 쥐를 대상으로 한 연구에서도 시지각의 신경 기제를 이해하는 데 큰 도움을 줄 강력한 결과를 발견했다. 2019년 여름, 몇 주 간격으로 컬

**그림 29** XDREAM 알고리즘에 의해 제작된 합성 이미지로 각각 원숭이의 시각피질에서 다른 세포를 자극하는 데 최적화되어 있다. 이것이 제대로 만들어진 이미지의 모습이다.

럼비아대학교의 라파엘 유스테 연구팀과 스탠퍼드대학교의 칼 다이서로스 연구팀이 복잡한 광유전학 기법을 이용해 쥐의 뇌에서 시지각이 일어날 때의 활동 패턴을 재현하는 일이 가능하다는 사실을 밝힌 것이다.[30] 이 같은 패턴이 활성화되면 쥐는 실제 시각적 자극이 주어지지 않았음에도 마치 눈으로 보는 듯 그에 들어맞는 행동을 보였다. 두 사례 모두 쥐에게 줄무늬를 볼 때마다 핥는 행동을 취하도록 훈련시켰다. 두 연구팀은 서로 약간 다른 기법을 사용했는데, 다이서로스 연구팀은 십 수 개의 뉴런 내에서 정밀하게 활동을 재현했던 반면 유스테 연구팀은 서로 잘 연결되어 있어 뇌의 시각계 내 뉴런들을 동시에 총체적으로 활성화시킬 수 있는 뉴런 두 개에 집중했다. 그러나 이들의 인상적인 연구는 다른 뉴런들의 활동을 통해서는 이러한 활동 패턴이 실제로 쥐의 시지각에 의한 것인지 아니면 그 같은 지각이 일어나기에 앞서 필수적인 선제 조건의 일종을 나타낸 것인지 명쾌한 답을 내리지 못한다. 계산과학자 및 신경생물학자들의 수십 년간의 노력에도 불구하고 우리는 여전히 우리가 사물을 볼 때 어떤 일이 벌어지는지에 대해 어슴푸레 이해하고 있을 뿐이다.

## 딥러닝 네트워크와 인간의 능력 차이

1980년대 중반에 접어들자 신경과학자와 심리학자들은 팬더모니엄과 퍼셉트론의 한계를 뛰어넘을 수 있게 해준 새로운 계산과학적 접근법에 관심을 가지게 되었다. 병렬 분산 처리parallel distributed processing, PDP라고 불렸던 이 방법은 행동에 대한 혁신적인 컴퓨터 모델과 더불어 이러한 모델들이 심리학적, 신경생물학적으로 무엇에 해당하는지에 관해 서술한 두 권 분량의 책에서 처음 소개되었다.[31] 이 책은 학술 도서로서는 놀랍게도 5만 부가 넘게 팔렸고, 이후 매우 큰 영향력을 떨쳤다.[32] 이 같은 접근법이 발달하게 된 것은 데이비드 러멜하트David Rumelhart, 제임스 맥클러랜드James McClelland 그리고 현재 구글의 책임연구원인 제프리 힌튼Geoffrey Hinton을 비롯한 수많은 연구자들의 연구 덕분이며, 물론 프랜시스 크릭의 공도 컸다. 이는 곧 **뉴럴네트워크**와 딥러닝deep learning으로 이어져 계산신경생물학과 인공지능의 판도를 뒤바꾸었고 정기적으로 헤드라인을 장식할 만한 결과들을 내놓고 있다.

PDP 네트워크들은 모두 퍼셉트론으로부터 물려받은 기본적인 3층 구조로 구성되며, 이 중 두 개의 층은 어떤 세부 특징이 주어진 유닛의 활동을 촉발시킬시 반응하는 입력 층input layer과 앞의 층이 일을 마치고 나면 외부 세계에 알리는 역할을 하는 출력 층output layer이다. 이 네트워크의 마법은 중간층(일반적으로 은닉 층hidden layer라고 불린다)에서 일어나는데, 다양한 상호연결 시스템과 동시에 활성화되는 연결은 점차 연결성이 강화된다는 헵의 법칙을 따르는 알고리즘에 기반한다.

행동의 양상을 흉내 내는 데 이 같은 프로그램이 보여준 능력으로 인해 프랜시스 크릭이 격렬한 희열감이라고 묘사한 분위기가 과학계에 흘러넘쳤다.[33] 학계에 크나큰 발전을 가져온 책을 집필했던 PDP 연구팀에 크럭도 관여하고 있기는 했지만 훗날 그는 자신을 겨우 "보조 내지는 잔소리꾼" 정도의 역할로 묘사했다.[34] 그러나 연구를 근거리에서 지켜보았다고 해서 처음 그 능력을 보았을 때 희열감을 느끼지 않을 수는 없었다. 그는 특히 영어로 쓰인 문장을 정확히 발음하는 법을 학습하는 테리 세즈노스키Terry Sejnowski와 찰리 로젠버그Charlie Rosenberg의 프로그램 'NETtalk'에 깊은 감명을 받았는데, 크릭의 눈에는 그 결과가 '비범한' 것으로 비쳤다. 하지만 충격적이게도 이 프로그램은 새로운 글이 제시되자 이를 읽어내는 데 실패했다. 영어의 발음 규칙(정말 그러한 규칙이 존재했다고 할 경우)을 분명하게 학습한 것이 아니었던 것이다.[35]

주어진 과제들을 매우 효과적으로 수행하는 PDP 네트워크의 능력은 상당 부분 피드백루프의 형태로 정보가 층 사이를 양방향으로 오가는 백프로퍼게이션back propagation•에 기초한 것이었다. 이 덕분에 프로그램은 스스로 행동을 개선하여 빠르게 정확한 출력값을 내놓을 수 있었다. 군사 기구 및 학술 연구 재단에서는 곧 PDP 네트워크가 보여준 가능성에 들떴고, 연산력의 가파른 증가세에 힘입어 그로부터 몇 십 년 동안 진행된 연구들로 인해 결국 구글과 같은 민간기업까지 해당 분야에 현재와 같은 엄청난 관심을 가지게 되었다.

이러한 프로그램들은 도입되면서부터 그 자체가 생명을 지닌 듯 누구도 예상할 수 없던 결과들을 만들어냈다. 은닉 층 내의 알고리즘이 설정된 방식에서 비롯된 이 같은 특징은 만약 소프트웨어가 갑자기 멈추고 작동하지 않게 된다거나 단순히 제대로 된 결과값을 내놓지 못할 경우 큰 실망감을 안겨줄 수 있다(틀림없이 매우 많을 테지만 이 같은 사례에 대해서는 별로 듣지 못한다). 그렇지만 뜻밖의 기쁨을 선사할 수도 있다. 초기 PDP 프로그

• 오차역전파, 오류역전파라고도 한다.

램 중 하나는 러멜하트와 맥클러랜드가 영어 동사의 과거형을 학습하는 모델을 만들고자 제작했던 것이다. 이 프로그램은 주어진 과제를 성공적으로 해냈을 뿐만 아니라 일반 동사를 처리하기 위해 자체적으로 개발한 규칙들을 실수로 불규칙 동사들에까지 일반화시킴으로써 아이들이 학습 과정에서 틀리는 것과 정확히 똑같은 지점에서 오류를 범했다. 예컨대 '가다go'라는 불규칙 동사의 올바른 과거형이 'went'라는 사실을 학습했음에도 불구하고 결국 일반적인 과거형 '-ed'를 붙여 'goed'라고 말하는 식이었다.[36]

2012년에는 이보다 더 예사롭지 않은 결과가 보고되었는데, 구글이 10억 개의 연결들로 구성된 프로그램을 제작하여 1천 대의 기계에서 3일 동안 가동시키며 각기 다른 유튜브 비디오에서 추출한 1천만 개의 이미지를 샅샅이 살피도록 한 연구였다. 사전에 지정한 템플릿이 있는 것도 아니었으며, 어떤 특별한 결과를 기대하지도 않은 탐색적 시도였다.[37] 그런데 프로세서가 세차게 가동한지 몇 시간이 지나자 이 프로그램은 고양이의 얼굴에 반응하는 유닛을 만들어냈다. 그야말로 가상의 고양이를 위한 가상의 할머니 세포였다. 이는 프로젝트가 의도한 결과가 아니었다. 고양이를 찾으라는 지시를 받아서 고양이를 보고 이에 반응하기 시작한 것이 아니라는 뜻이다. 이미지들은 일차원 데이터스트림으로 제시되었고, 프로그램은 단순히 유튜브 훈련용 데이터세트에서 주기적으로 등장하는 일련의 데이터를 인식하도록 학습 중이었다. 즉 고양이였다. 이 일련의 데이터에는 눈이나 세모 모양 귀처럼 고양이 얼굴의 구성 성분에 상응하는 요소들이 있었으며, 이는 모든 비디오에서 되풀이하여 제시되었다. 다만 이 주목할 만한 결과에도 다양한 관점의 논의가 필요하다. 나처럼 해당 분야를 잘 모르는 사람의 눈에는 프로그램이 탐지한 고양이성catness의 핵심이라는 것이 다소 실망스러운데(원 논문의 그림 6 참조), 새로운 이미지 세트를 가지고 학습한 성능을 평가하자 고양이를 정확히 식별해낸 비율도 겨우 16퍼센트 밖에 되지 않았다(과거에 비해서는 크게 개선되었다고 하지만 여전히 별로 높아 보이지 않는다).

이 프로그램에는 해당 분야의 최신 기술이 적용되었다. 바로 딥러닝 네트워크다. 딥러닝은 컴퓨터 기술의 약진을 이루어낸 수많은 비범한 연구 결과의 배후에 있던 시스템으로, 내가 학생이던 때만 해도 기계가 해내기란 불가능하다고 일축했던 얼굴 인식, 장면분석, 무인 자동차, 자연언어 인식, 번역, 체스나 바둑과 같은 게임 등등의 과제를 가능케 한 핵심이다. 딥러닝 시스템은 어마어마한 분량의 데이터세트에 담긴 대상들을 식별하는 데 뛰어나며, 그중에서도 특히 고양이 따위의 자연물 식별에 매우 능하다. 최근 들어 실제 뇌가 조직되어 있는 방식을 그대로 따르게 되면서 이러한 네트워크는 더욱 강화되었다. 사물을 기억할 수 있는 모듈이 도입된 것이다. 1997년에 처음 제기된 이 발상은 장단기 메모리long short-term memory, LSTM로 불리며 딥러닝의 속도와 효율성을 크게 증가시켰고, 이로써 기계는 진정 놀라운 방식으로 정보를 추출할 수 있게 되었다.[38]

2018년, 유니버시티 칼리지 런던과 구글의 연구자들은 딥러닝과 LSTM을 이용하여 가상공간 내에서 가상 쥐의 위치를 추적하는 연구를 진행했다. 놀랍게도 이들은 프로그램이 작동하면서 포유류의 해마 내 장소 세포 활동의 기초가 되는 격자 세포에서나 볼 법한 육각형의 활동 패턴이 자발적으로 발생하는 것을 발견했다. 더욱 인상적인 것은 이렇듯 시뮬레이션으로 만들어낸 세포들의 출력값이 시뮬레이션으로 제작된 쥐가 가상 미로 내에서 길을 찾는 데 쓰였다는 점이며, 특히 지름길을 택하는 모습을 보고 연구진은 "포유류의 수행 능력을 연상시킨다"고 서술했다.[39]

이처럼 예상치 못한 결과가 놀랍기는 하지만 단지 프로그램이 뇌에서 생성된 행동과 유사한 양상을 만들어냈다는 것만으로는 뇌와 해당 프로그램 사이에 공통된 구조나 기능이 존재한다고 볼 수 없다. 이브 매더의 연구에서 확인했듯, 똑같은 결과도 매우 다양한 구조에서 생성될 수 있다. 또한 인공지능과 생물학적 연산 과정에 동일한 알고리즘이 관여할 것이라는 마의 가정은 동사의 과거형을 학습하는 프로그램의 경우 전혀 사실이 아닌 것으로 판명되었으며, 이 프로그램에서 아이들이 어떻게 언어를 학습하는지에 대한 실마리는 전혀 얻지 못했다.

최근 동물과 딥러닝 네트워크가 각각 시각적으로 제시된 사물을 어떻게 식별하는지 비교한 결과, 많은 생물학자들의 가정이 사실임이 확인되었다. 기계, 원숭이, 인간이 모두 개나 곰과 같은 자연물 그림을 식별해낼 수 있었지만 컴퓨터 프로그램은 동물과는 상당히 다른 형태의 오류를 범했는데, 이는 곧 프로그램이 이미지를 처리하는 방식이 동물과 다름을 의미했다. 나아가 프로그램을 수정하는 것으로 문제가 개선되지 않았다는 사실은 기계와 동물의 이미지 처리 기제 사이에 뭔가 근본적인 차이가 있다는 것을 시사했다.[40]

2015년에는 이러한 주제를 연구하는 데 자신의 연구 인생을 전부 바친 게리 마커스Gary Marcus가 "마음과 뇌를 모델링하는 도구로써 뉴럴네트워크가 내포하고 있는 유용성은 극히 미미하며, 어쩌면 하위 수준의 지각 양상에는 도움이 될지도 모르지만 보다 복잡한 상위 수준의 인지를 설명하는 데는 그 효용이 제한적이다"라는 다소 미묘한 견해를 밝혔다.[41] 인공지능 분야의 연구자 대부분이 생물학에서 영감을 받았다(혹은 도전 과제를 이끌어냈다)고 할지라도 이러한 유형의 모델들이 실제 생물학적 처리 과정에 대한 실마리를 제공한 사례는 드물다.[42] 그중 하나가 학습이다. 가장 큰 효과를 보였던 프로그램 상당수가 연속적 추정치successive predictions의 정확도 차이를 구하는 시간차 학습temporal difference learning을 이용해 뛰어난 성과를 이루어냈다(바로 이 알고리즘이 최근 바둑에서 인간을 이겼던 프로그램의 바탕이다).[43] 2003년 연구에서는 인간이 학습하는 동안 도파민을 생성하는 뉴런의 활동이 정확히 시간차 모형의 예측을 반영한다는 사실을 발견함으로써 자연 학습에 이러한 유형의 과정이 관여하고 있다는 강력한 근거를 제공했다.[44] 애당초 시간차 모형이 동물의 학습에서 생겨났다는 것을 생각하면 그리 놀라운 일은 아닐지 모른다.

아직 유용성이 채 밝혀지지는 않았지만 이를 보다 잘 보여줄 수 있는 사례는 2013년에 발표되었는데, 이 연구에서 컬럼비아대학교의 리처드 액설Richard Axel 연구실 소속이었던 소피 카론Sophie Caron과 바네사 루타Vanessa Ruta는 초파리의 후각 처리 네트워크 구조가 근본적으로 뉴럴네트워크의 3층 구조를 따르며 곤충들이 냄새를 학습하는 데 사용하는 뇌 구조물인 버섯체가 '은닉 층'에 해당한다는 것을 보여주었다.[45] 버섯체 조직은 개체마다 차이가 있어 임의의 구조로 이루어져 있는 듯 보였다. 이론신경과학자 래리 애벗Larry Abbott과 상의한 액설 연구팀은 이 임의의 구조가 초파리의 학습 능력의 근거를 제공해줄 수 있다는 의견을 제시했으며, 애벗과 액설은 이후 자넬리아 연구 캠퍼스의 연구자들과 공동연구를 진행하며 이를 더욱 깊이 탐구했다.[46] 각 초파리 개체의 버섯체는 서로 다른 형태의 회로를 형성하고 있었고, 이 구조의 임의적인 조직과 더불어 피드백 회로(근본적으로 백프로퍼게이션과 동일하나 세포가 관여되어 있다는 점이 다르다)가 냄새의 중요성을 학습하고 그에 맞추어 행동의 결과값을 적절히 조정할 수 있게 해주는 듯했다. 아마도 동물 중에서 가장 깊은 이해가 이루어진 종의 뇌에서 이 같은 통찰을 얻는 일은 뉴럴네트워크를 이용한 이론가들의 업적이 아니었다면 불가능했을 것이다. 다만 이것이 정말 초파리의 뇌가 작용하는 방식인지 여부는 아직 더 살펴보아야 한다.[47]

프로그램이 일반적으로 오랜 학습 시간과 다량의 훈련용 데이터세트를 필요로 하는 데 반해 동물들은 놀라울 정도로 빠르게 학습할 수 있으며 때로는 단 하나의 예시를 바탕으로도 학습이 일어날 수 있다. 이 같은 관찰 결과에서 우리는 인공지능을 개선할 방법에 대한 잠재적인 통찰을 얻을 수 있다.[48] 동물들은 신경계가 특정한 자극에 반응하도록 진화했으므로 이런 능력을 가지고 있는데, 이러한 칸트식의 선험적 감각은 곧 뇌가 어떤 특정한 대상 간의 연결고리들을 형성할 수 있도록 사전에 준비되어 있음을 의미했다. 예컨대 새로운 음식을 먹고 탈이 나게 되어 있었던 쥐는 단 한 번의 경험만으로도 그 음식을 피하도록 학습할 것이다. 하지만 쥐에게 전기충격을 가하거나 새로운 소리와 메스꺼움을 연합시키려고 할 경우 이와 동일한 현상이 발생하지 않는다. 이 같은 선험성은 꽤나 명백한 진화론적 이유로 인해 미각과 메스꺼움 사이의 연결에만 관여한다. 이처럼 사전에 존재하는 구조를 인공지능 네트워크모델에 구축한다면 수행 능력을 한층 더 개선할 여지가 있을지 모른다.

이러한 사례들이 있다고는 하나 일반적으로 이 놀라운 컴퓨터 프로그램들은 뚜렷한 생물학적 가설을 세우지 않으며, 그 결과 뇌가 어떻게 작용하는지에 큰 실마리를 제공해주지 못했다. 생물학적인 연구를 하면서 뉴럴네트워크 프로그램을 참고로 삼으려고 할 경우 발생하는 문제는 이 프로그램들이 정확히 어떻게 해당 결과들을 만들어내는지 명확하지 않다는 점이다. 나 같은 사람들에게만 수수께끼로 여겨지는 것이 아니라 관련 분야 연구자들조차 혼란스러움을 느낀다. 늘 그래왔다. 1987년에는 'NETtalk'를 개발한 연구진이 "일부 숨겨진 유닛들의 기능은 이해할 수 있었지만 동일한 기능을 수행하는 다른 네트워크의 유닛들을 밝히기란 불가능했다"고 시인했는데, 오늘날 프로그램들은 이보다 훨씬 더 복잡하고 더욱 더 분석하기 어렵다.[49]

2017년 12월, 구글의 인공지능 연구자 알리 라히미Ali Rahimi는 알고리즘이 실제로 무슨 일을 하는지 명확하지 않다는 이유로 "머신러닝machine learning이 연금술이 되었다"고 주장했다.[50] 또 다른 연구자는 이 분야는 "적하숭배cargo cult 관행이 들끓고" 있으며 "민간전승과 마법 주문"에 의존하고 있다고 주장하기까지 했다. 2019년에는 〈와이어드Wired〉와 뉴럴네트워크에 관한 인터뷰를 한 제프리 힌튼은 "그게 어떻게 작용하는지는 정말 하나도 모릅니다"라며 유쾌하게 인정하기도 했다.[51] 뇌의 작용 기제에 대한 이론적 설명을 찾고자 뉴럴네트워크에 기대를 걸고 있는 신경과학자가 있다면 주의해야 할 것이다. 많은 컴퓨터 과학자들 역시 자신들이 개발한 복잡한 시스템을 설명할 이론이 부족하다는 사실을 깨닫고 있다.

### 휴먼 브레인 프로젝트

PDP 접근법이 보여주었던 크나큰 발전에도 불구하고 일부 비평가들은 얼마 지나지 않아 이러한 방식이 생물학적 문제들을 이해하는 데 과연 얼마나 유용할 것인지 의문을 품었다. 1989년에 크릭은 〈네이처〉에 언제나처럼 귀족적인 문체로 〈뉴럴네트워크에 대한 최근의 열기The Recent Excitement about Neural Networks〉라고 제목을 붙인 네 장짜리 소논문을 발표했다.[52] 크릭은 신경과학을 연구하기 위해 1977년 캘리포니아의 솔크 연구소로 자리를 옮겼고, 그곳에서 PDP 연구팀의 일원으로 활동했다. 하지만 곧 이 프로그램이 지니고 있는 생물학적 관점에서 근본적으로 적합하지 않은 부분들, 그중에서도 특히 해부학 및 생리학적 정확성이 부족하다는 사실에 짜증이 났다. 그의 신경을 가장 긁었던 부분은 이 프로그램들이 백프로퍼게이션에 전적으로 의존하고 있다는 점이었는데, 그는 이를 두고 "이러한 과정이 실제 뇌에서 일어날 가능성은 극히 낮다"고 썼다.*[53]

크릭의 비판은 단지 생물학적인 부정확성에만 해당되는 것이 아니었다. 일부 연구자들의 동기에 대해 다소 논지에서 벗어난 공격을 하고 난 뒤

(그는 "대부분의 모델링 학자들 내에서 욕구불만의 수학자 하나가 자신의 날개를 펼치려 하고 있다"며 "본래 저속한 사업에 그쳤을 법한 분야에 지적인 품위의 분위기"를 심어주는 것이 그들의 목표가 아닌가 하는 의구심을 표했다) 크릭은 컴퓨터과학과 생물학 사이의 간극을 다시금 강조했다.

> 잘 작동하는 기계(이를테면 고성능 병렬식 컴퓨터)를 제작하는 것은 공학 기술적인 문제다. 공학은 보통 과학을 바탕으로 하지만 그 목표는 다르다. 성공적인 공학 연구의 결과란 뭔가 쓸모 있는 일을 할 수 있는 기계를 만들어내는 것이다. 반면 뇌를 이해한다는 것은 과학적인 문제다. 뇌는 기나긴 진화의 산물로 우리에게 주어졌다. 우리는 뇌가 어떻게 작용할 수 있을까가 아니라 실제로 어떤 기제로 작용하는지를 알고 싶은 것이다.[54]

크릭은 뇌가 밟아온 진화의 역사가 비록 완벽하지는 않지만 그때그때 그럭저럭 적합한 일련의 단계를 거쳐 만들어졌다는 점을 시사한다고 여겼다. 그의 표현을 빌리자면 "잘 굴러가기만 한다면 아무래도 상관없었다." 뇌는 사전에 철저한 계획에 의해 만들어진 것이 아니며, 그 결과 우리는 뇌가 "심오한 일반 원리"를 담고 있는지 확실히 알 길이 없다. "어쩌면 목적 달성을 위해 겉만 번지르르한 요령만 선호할지도 모른다"는 것이 그의 생각이었다. 우리에게 필요한 것은 존재하지 않을지도 모르는 논리 원칙을 찾는 일이 아니라 "그 장치를 세밀하게 탐구"하는 일이었다. 그는 과

◆ 일부 상황에서는 신경조절물질이 생물학적 체계 내에서 백프로퍼게이션 효과를 낼 수 있을지 모르나 압도적 다수의 경우 신경 활동은 가지돌기에서 축삭으로 흐르는 고전적인 활동전위에 의해 형성된다. 이는 일반적으로 순방향과 역방향의 효과가 대칭적으로 쓰이는 PDP 모형과 다른 점이다. Jansen, R., et al., *Journal of Neurophysiology* 76 (1996): 4206-9.

학자들이 "새로운 아이디어를 얻고 기존의 생각들을 검증하기 위해 뇌 안을 들여다보아야 한다"고 설명했다. 이로 인해 4년 뒤 크릭은 뇌의 연결 지도를 발달시켜야 한다고 주장하기에 이르렀다.

말할 것도 없이 행동에 대한 계산적 접근법에 관심을 두고 있던 대다수의 연구자들은 크릭의 조언을 무시했다. 일각에서는 산화질소와 같은 신호 전달 분자signalling molecule의 확산효과를 시스템에 적용하거나(이러한 프로그램을 'GasNets'라고 한다)[55] 프로그램을 효과적으로 수행하기 위해 피드포워드feedforward•와 피드백 효과가 정확히 대칭일 필요는 없다는 사실을 보여줌으로써 실제로 조금 더 현실적인 모델을 만들었다.[56] 대부분의 경우 자신의 방식을 고수하며 점점 더 인상적인 소프트웨어를 개발했지만, 자신의 연구를 뇌의 해부학이나 생리학에 연결시키는 데는 당연히 전혀 관심을 보이지 않았다.[57]

크릭이 불만을 토로한 후 몇 년이 지나자 일부 연구자들은 조금 다른 계산과학적 접근방식을 취했다. 소수의 일부 뉴런만을 모델링하거나, 구조와 관계없이 그저 뇌로부터 생성된 행동을 재현하려고 할 것이 아니라, 신경계 자체를 컴퓨터 내에서 시뮬레이션하기 시작했다. 이는 IBM 연구자들이 1956년에 취했던 방식과 유사했지만 이번에는 높은 수준의 해부학적 정확도를 바탕으로 이루어졌다.

1994년, 짐 바우어Jim Bower와 데이비드 비먼David Beeman은 일종의 성명서 겸 'GENESIS GEneral NEural SImulation System'••라는 깜찍한 이름의 뉴럴네트워크 시뮬레이터를 프로그램하기 위한 지침서를 펴냈다.[58] 당연히 《창세

• 결과값에 따라 시스템을 수정하는 피드백과 반대로 실행 전에 미리 예측값에 의거한 정보를 이용하는 제어방식.

•• 일반 신경 시뮬레이션 시스템의 약자인 동시에 창세기를 의미하기도 한다.

기서The Book of GENESIS》라는 제목과 함께 각 장의 표제를 고딕체로 표기한 이 책에는 가정용컴퓨터에서 해당 시스템을 실행시킬 수 있는 플로피 디스크도 첨부되어 있었다. 이 프로그램 덕분에 연구자들은 구획화compartmentalized된 뉴런 및 각 구획의 시냅스들을 시뮬레이션할 수 있었으며, 현실적인 시냅스 전위와 더불어 호지킨과 헉슬리(이때의 발견에도 모델링 기법이 관여되어 있었다)의 연구 결과와 일관된 방식으로 기능하는 이온통로들의 저마다 다른 밀집도를 시뮬레이션하는 것도 가능했다. 이후 이러한 가상 뉴런들은 연구자들이 관심을 두고 있는 신경해부학에 따라 실제 신경망과 연관 지어 살펴볼 수도 있었다.[59]

이 같은 비교적 현대식의 시뮬레이션 환경은 과학 연구에서 가장 많은 비용이 투입되었던 사업계획 중 하나인 휴먼 브레인 프로젝트의 밑거름이 되었다. 10년 계획의 이 장대한 프로젝트는 유럽연합집행위원회에서 10억 유로가 넘는 거금을 지원받아 2013년에 시작되었다. 총 22개국 80개 기관의 150개 연구팀을 지원하며 5천 명의 박사과정 학생을 훈련시킬 계획이다. 프로젝트 초기에는 해당 프로그램 가동에 적합한 고성능 컴퓨터가 주어질 경우 2020년이면 "완전한 인간 뇌를 세포 수준에서 시뮬레이션"할 수 있게 될 것이라는 터무니없는 주장을 펼치며 연구 성과를 제한하는 유일한 요인이 기술임을 암시했다.[60] 아마도 이러한 이유로 이 프로젝트의 주요 영역에서는 새로운 컴퓨팅 기법과 데이터베이스 관리시스템을 개발하는 데 전념하고 있다.[61] 이처럼 지나친 야망에 더해 계획에 따른 결과값 상당수가 생물학적으로 어떠한 연관성을 지니는지가 불확실한 탓에 유럽의 신경과학자들 다수가 전례 없는 막대한 지원금에도 불구하고 프로젝트에 관여하기를 거부했다. 또 다른 연구자들은 철학적인 관점에서 제기한 문제에 반대하며 진정한 통찰은 대규모 시뮬레이션(이는 '인식론적 불투명성epistemic opacity'이라는 용어로 사람들 입에 오르내렸다)에서 얻을 수 있다고 반박

했다.[62]

더 큰 문제는 프로젝트가 출범하고 얼마 지나지 않아 계산과학적 측면을 편애하고 막상 뇌를 설명하기 위한 필수 요소로 여겨지는 인지 및 신경생물학적 과제들의 중요성을 깎아내리면서 발생했다.[63] 이에 750명이 넘는 연구자들이 집행위원회를 향해 공개적으로 항의서를 썼고, '휴먼 브레인 프로젝트에서 뇌는 어디에 있는가?'라는 제목으로 〈네이처〉에 칼럼을 싣기도 했다.[64] 그 사건 이후 프로젝트의 창시자였던 헨리 마크람Henry Markram을 비롯하여 연구를 이끌던 세 명의 연구자들이 뿔뿔이 흩어졌다. 이후 운영상의 다양한 문제들은 해결이 되었지만 다수의 신경과학자들은 여전히 컴퓨터과학적인 측면에서 내놓는 결과가 무엇이 되었든 간에 이 프로젝트에 쓴 어마어마한 금액은 결국 뇌가 어떻게 작용하는지에 관해 그 어떤 대단한 통찰도 주지 못할 것이라며 불신을 거두지 않았다.

2015년에는 마크람이 이끌던 또 하나의 시뮬레이션 프로젝트인 블루 브레인 프로젝트의 첫 번째 주요 결과가 긴 논문 세 편으로 세상에 공개되었다.[65] 쥐의 뒷다리 움직임을 통제하는 운동피질 일부에서 떼어낸 길이 2밀리미터, 지름 0.5밀리미터의 작은 원통 모양의 뇌 조직에서 얻은 자료를 바탕으로 쓰인 논문이었다. 즉 표본은 쥐의 뇌에서 지극히 일부분에 불과했다. 이로부터 뉴런 약 1천 개의 삼차원 구조가 확인되었으며, 연구진은 다시 그 결과를 이용해 3,700만 개의 가상 시냅스에 연결된 207개 유형의 가상 뉴런 3만 1천여 개(이는 실제 이 정도 크기의 쥐의 뇌에 존재하는 뉴런 및 시냅스 수에 비하면 턱없이 적은 수이다)를 해당 뇌 영역을 나타내는 모델에 채워 넣었다. 모델에 포함된 가상 뉴런의 활동은 3천 개가 조금 넘는 세포로부터 얻은 실제 자료를 바탕으로 했다. 논문의 저자들도 인정했듯 이 모델에는 "간극 연접, 수용기, 교세포, 혈관 구조, 신경조절물질, 가소성, 항상성과 같은 미소 회로 구조 및 기능에 대한 중요한 세부 사항들이 상당수"

빠져 있었다.[66] 이렇듯 모델에서 누락된 요소들의 수와 더불어 모델링의 대상이 된 쥐의 뇌 영역 크기를 보면 신경과학자들이 왜들 그토록 이러한 접근법을 돈 낭비라고 여기며 해당 프로젝트들에 대한 언론의 과장된 기사들에 화를 내는지도 이해가 된다.

하지만 수많은 핵심 특징들을 의도적으로 빠뜨렸음에도 불구하고 이 시스템은 동기화된 활동을 보이거나 여러 상태를 오가는 등 얼추 실제 뉴런들의 행동을 흉내 냈다. 연구진이 앞서 빠뜨린 세포나 기능들은 물론 이 작은 영역에 존재하는 모든 뉴런과 모든 시냅스를 시뮬레이션한 것은 아니지만 이들이 제작한 모델은 얼토당토않은 오류를 뱉어내는 대신 기본적으로 실제 뇌 조직에서 관찰된 바와 유사한 방식으로 행동했다. 이 같은 연구들이 세상을 뒤흔들 만한 결과를 내놓지는 못했지만 그러한 연구가 존재했다는 사실 자체와 함께 이제 해당 모델과 데이터를 쉽게 구할 수 있게 되었다는 점에서 결국 앞으로 나아가기 위한 한걸음을 이룬다고 할 수 있다.

마크람은 이 같은 프로젝트가 타당할 뿐만 아니라 자칭 시뮬레이션 신경과학simulation neuroscience이라는 분야가 뇌를 이해하기 위한 우리의 기나긴 역사 속에서 결정적인 위치를 차지한다고 강경하게 주장했다.[67] 그러나 과학기자 에드 용Ed Yong은 2019년, 마크람에게 영감을 얻어 진행된 10년 치의 연구를 조사하고는 "내가 접촉한 인물들이 과거 10년간 휴먼 브레인 프로젝트가 이룬 주요 업적을 대는 데 어려움을 겪었다는 사실이 어쩌면 그 실상을 말해주는 것일지도 모른다"는 다소 시들한 결론을 내렸다.[68]

휴먼 브레인 프로젝트는 철저하게 상향식 접근법을 따른다. 뇌의 작용 기제에 대한 전체적인 이론 따위는 없다. 뇌의 일부에 대한 시뮬레이션을 통해 시뮬레이션 내의 구성 요소들을 제거하고 행동에 변화를 가하는 등의 조작이 전체 시스템에 어떠한 영향을 미치는지 살펴봄으로써 기능을 탐구할 수 있다는 것이 휴먼 브레인 프로젝트의 핵심 개념이었다. 뇌의 작용 기제를 설명하는 이론이 만약 존재할 수 있다면 차후에 저절로 발생할 것이라고 여겼다. 캐나다 워털루대학교의 크리스 엘리아스미스Chris Eliasmith 연구팀은 이와 반대로 하향식 접근법을 취했다. 이들은 2012년에 250만 개의 뉴런들이 담긴 모델로 로봇 팔에 부착된 형태를 띤 'SpaunSemantic Pointer Architecture Unified Network(의미 포인터 구조 통합 네트워크)'을 발표했다. 'Spaun'은 일반적인 시뮬레이션이 아니라 여러 문자들이 제시되면 그중의 하나를 따라 그린다는 아주 특정한 과제를 수행하도록 고안되었다. 따라서 이 도전에는 문자 인식, 기억 그리고 원하는 문자를 따라 그릴 수 있도록 팔을 제어하는 까다로운 문제가 결합되어 있었다. 결과는 놀라웠는데, 'Spaun'은 손 글씨를 포함하여 문자를 매우 정확하게 인식했으며 어린 아이 수준의 그림 실력으로 이를 정확하게 따라 그렸다.[69]

모든 이가 이에 감명받았던 것은 아니다. 마크람은 손을 휘휘 내저으며 'Spaun'은 "뇌의 모델이라고 할 수 없다"라고 일축했다.[70] 물론 그럴 수도 있지만, 어쩌면 뇌에서 어떤 일이 일어나는지 이해하기 위해 반드시 모든 뉴런을 모델링해야 하는 것은 아닐지도 모른다. 그것이 바로 신경생리학자 알렉산더 보스트Alexander Borst를 비롯하여 주요 모델링 프로젝트에 관여하지 않던 대다수 연구자들의 생각이었다. 그의 주장은 이러했다. "나는 여전히 뇌가 무엇을 하는지 이해하기 위해 수백만 개의 뉴런들을 동시에 시뮬레이션해야 할 필요성을 느끼지 못한다. 틀림없이 그 수를 소규모로 줄이고도 뭔가 얻을 수 있는 것이 있을 것이다."

*

지난 20년 동안 수많은 신경과학자들, 그중에서도 특히 인지 및 이론신경과학을 연구하던 이들은 점차 뇌가 베이지안 논리Bayesian logic를 따라 작용한다는 확신을 가지기 시작했다.[71] 토머스 베이즈는 18세기 영국 성직자이자 통계학자로 사전 지식이나 가설에 근거한 기댓값이라는 측면에서 확률을 연구한 인물이다. 1980년, 영국의 심리학자 리처드 그레고리Richard Gregory가 처음으로 이 같은 접근법을 지지하며 착시로 예를 들어 자신의 주장을 뒷받침했다.[72] 뇌가 스스로 환경에 대한 가설을 세운다는 헬름홀츠의 관점과도 연결되는 이 견해는 심리적 과정과 직관적인 관련이 있다. 예컨대 여러 개의 대안을 놓고 따져볼 때 우리는 강력한 근거에 초점을 맞추고 약한 근거는 경시하는 경향이 있는데, 이것이 바로 베이지안 과정의 핵심이다.[73]

21세기 초, 영국의 신경과학자 칼 프리스턴Karl Friston은 베이지안 접근법을 활용해 헬름홀츠의 생각을 발전시키기 위해 복잡한 수학적 모형을 사용하여 자유 에너지 원리free-energy principle라는 이론을 만들어냈다. 섀넌의 정보이론에서 신호의 예측 오차와 관련된 측면을 바탕으로 이론을 전개한 프리스턴은 이 원리가 뇌의 작용 기제에 대한 우리의 이해를 바꿀 것이라며, "뇌가 이 같은 체제를 구현하는 것으로 본다면 (…) 뇌의 해부학 및 생리학의 거의 모든 양상이 이해되기 시작한다"고 분명하게 주장했다.[74] 그는 특히 피드포워드와 피드백 그리고 측면 연결들에 대한 상대적 가중치와 더불어 뇌의 계층적 구조가 베이지안 확률과 연관된 반복적인 계산의 수행을 가능케 한다고 강조했다.[75] 모든 뇌는 오차를 최소화할 방법을 찾으며, "생물학적 행위 주체자들은 세상과 교류할 때 예기치 못한 상황을 회피하기 위해 어떠한 형태로든 베이지안 지각을 갖추고 있어야만 한다"는 것이 프리스턴의 주장이었다.[76]

프리스턴의 견해는 통제에 관여하는 피드백루프에 내포되어 있는 지각과 예측의 근간을 이루는 연산 과정이 모든 생물체에게 존재하는 단순한 물리적 원리에서 나온다는 것을 시사했다.[77] 이러한 발상의 시작은 1943년, 뇌를 "외부 사건을 본뜨거나 재현하는 능력을 갖춘 계산 기계"라고 보았던 크레이크의 대단히 영향력 있고 효과적이었던 제안으로까지 거슬러 올라간다.[78] 이후 에든버러대학교의 철학자 앤디 클라크Andy Clark는 뇌를 '예측 기계'로 묘사하며 프리스턴을 비롯한 연구자들의 통찰을 이용하여 뇌와 인공지능을 이해할 수 있는 이론을 발전시켰고, 또 다른 한편에서는 서식스의 심리학자 아닐 세스Anil Seth가 데카르트를 따라 인간을 '동물 기계'라고 칭하며 이 기계 내부의 베이지안 기능에서 비롯된 과정으로 인간의 자기성selfhood을 이해하고자 했다.[79]

우리의 지각이 프리스턴의 모형 및 일반적인 베이지안 접근법에서 반드시 필요로 하는 주변 처리peripheral processing를 수행할 때 발생하는 일종의 하향식 영향을 받아 변할 수 있다는 사실을 보여주는 실험적 증거가 있다. 우리의 뇌에는 상위 뇌 영역으로부터 다시 초기 V1 영역primary visual cortex(일차 시각피질)으로 향하는 신경절이 존재하는데, 이 신경들이 경두개 자기자극법transcranial magnetic stimulation의 자극에 의해 불활성화 및 무반응 상태가 되자 인간 피험자들은 시각피질의 또 다른 영역인 V5 영역medial temporal area(중측두 영역)에 자기자극이 주어질 경우 일반적으로 볼 수 있는 착시적 불빛phosphene(안내섬광)을 지각하지 못했다.[80] V1 뉴런의 활동을 바꿈으로써 뇌의 다른 영역에서 비롯된 지각에 변화를 줄 수 있는 것이다(그 지각 대상이 착시인지 여부와는 그다지 관계가 없다). 뇌는 '상향식'이 아닌 '하향식'으로 기능할 수 있다. 외부 세상에서 받아들인 단순한 정보(선, 모서리 등)들을 그저 수동적으로 취합하여 지각을 발생시키는 것이 아니다.

하지만 수학적 사고방식을 갖춘 이들에게 프리스턴의 접근법이 매력적이라고는 해도(나는 기꺼이 내가 소화할 수 있는 수준을 벗어나 있다고 인정한다) 여전히 근본적인 문제는 남아 있다. 2004년, 데이비드 닐David Knill과 알렉상드르 푸제Alexandre Pouget는 '베이지안 뇌Bayesian Brain'의 활동을 두고 "뇌는 감각 정보를 확률분포의 형태로 확률적으로 표상한다"고 묘사했다.

그리고 이 가설을 뒷받침할 만한 신경생리학적인 연구 자료는 "전무하다시피하다"고 진지하게 언급했다. 사전 지식이 단일한 뉴런의 활동을 바꿀 수 있을지는 몰라도(이 과정이 사실상 학습이다) 우리는 뉴런 집단이 베이지안 통합을 수행하는 방식 아래 깔려 있는 계산과학적 논리를 아직 완전히 이해하지 못하고 있다.[81]

최근 과학자들은 원숭이 실험을 통해 전두엽 내 뉴런 활동이 사전 지식(이 실험의 경우 자극 간의 시간 간격에 대한 기댓값)에 의해 변화한다는 것을 보여주었다.[82] 하지만 이 연구는 정확히 어떤 세포 집단이 이를 처리하고 있으며 어떻게 이 같은 추론을 할 수 있었는지를 밝히는 대신 사전 지식으로 인해 최적의 반응에 대한 암묵적인 표상을 지니고 있는 뉴런 집단의 특정한 통계적 특성(저차원 만곡 다양체[low-dimensional curved manifolds])이 변화했다는 사실만을 보였다. 연구자들은 이러한 시스템 모델을 활용하여 이 같은 특성이 다양한 조건하에서 어떻게 변화할지를 예측할 수는 있었지만 실제 동물을 통해 검증하는 단계가 남아 있다.

단일세포의 정밀한 활동에 대한 이론과 신경생물학적 증거 사이의 간극은 일부 곤충에게서 볼 수 있는 비행 중 짝이나 먹이를 낚아채는 능력과 같이 베이지안 계산을 필요로 하지 않는 단순한 뇌의 예측 시스템 연구에서 찾아볼 수 있다. 낚아채는 움직임이 효과를 발휘하기 위해서는 지각자와 목표물의 위치 및 움직임을 탐지하는 과정과 더불어 처음 두 개체 간의 상대적 위치에 대한 측정과 미래의 상대적 위치에 대한 예측 등 적어도 두 가지 유형의 계산이 수반되어야 한다.

생활 속에서도 이러한 행동을 직접 목격할 수 있는데, 여름이면 꽃등에들이 햇살이 비치는 공터에서 짝을 찾기 위해 한데 뭉쳐 날아다니곤 한다. 이때 오렌지 씨를 손가락 사이에 놓고 꽉 눌러 무리 중 한 마리 옆으로 쌩하고 날리면 꽃등에는 곧바로 잽싸게 날아와 오렌지 씨를 보고 그 크기와 움직임에 속아 잠재적인 짝으로 여기거나 경쟁 상대로 착각한다. 1978년에는 영국 서식스대학교의 톰 콜렛Tom Collett과 마이크 랜드Mike Land가 장난감 총으로 꽃등에들에게 콩알을 발사하고 그에 따른 꽃등에들의 움직임을 촬영한 실험 결과를 보고했다(장난감 총을 이용하면 손가락으로 오렌지 씨를 튕기는 것보다 훨씬 더 정확하게 쏠 수 있다).[83] 꽃등에들의 행동을 수학적으로 분석한 콜렛과 랜드는 이 곤충들의 작은 뇌에서 연산에 활용하는 핵심적인 매개변수를 밝힐 수 있었으며, 낚아채는 행동의 예측 모형이 어떤 추적 기능을 통해 지속적으로 갱신되는 것은 아니나 비행 도중에 갑자기 멈출 수 있게 해주는 피드백 요소는 포함되어 있다는 사실을 밝혔다.

나도 이 논문이 처음 등장했을 때 완전히 푹 빠졌던 기억이 난다. 하지만 그로부터 40년 이상이 흐른 지금 곤충의 비행 행동에 관한 연구가 어마어마하게 진전되고 이들의 뇌에서 단일세포의 활동을 정밀하게 측정할 수 있는 놀라운 능력을 갖추게 되었음에도 이토록 단순한 예측 과정의 생물학적 기질은 여전히 수수께끼로 남아 있다. 연구자들은 현재 파리 세계의 무법자인 파리매나 잠자리를 통해 볼 수 있는 포식자-피식자 상호작용(피식자의 경우 회피 행동을 취할 수 있다)에 수반되는 훨씬 더 복잡한 계산에 대해 연구하고 있다.[84] 이로부터 발견된 결과들은 모두 이 작은 곤충들의 뇌가 포식자와 피식자의 상대적인 움직임(그리고 풍속 등 두 개체의 반응 양상에 영향을 줄 수 있는 외부 요인들)을 표상하는 예측 모델을 갖추고 있음을 강력하게 가리키지만 지금 시점에서 우리는 그러한 모델이 실제로 어떻게 신경계의 활동에 체화되어 있는지 알지 못한다.

곤충의 뇌에서 정확히 어떠한 유형의 단순 예측이 이루어지는지 규명할 능력이 부족하다는 사실은 곧 인간 뇌의 복잡한 기능을 설명하는 데 베이지안 이론을 적용하는 접근방식의 문제점을 드러낸다(엄격한 신경 논리 모형을 실제 신경계의 기능에 적용하려던 맥컬록과 피츠의 실패도 경고 신호로 보아야 한다). 지각을 설명할 베이지안 예측과 같은 무엇인가가 신경계 내에 실재한다는 것은 분명해 보인다. 다만 지금으로서는 이러한 가정을 뇌 전체에 대한 이론적 설명으로 일반화할 수 있다는 발상은 아직까지 근거 없는 추측에 불과하다. 얼마나 멋들어지고 매력적인 이론이건 간에 그 이론의 타당성을 좌우하는 핵심 요인은 언제나 실험적 증거의 유무이다.

### 뇌-컴퓨터 인터페이스의 진보

'뇌는 컴퓨터다'라는 보편적인 견해는 지난 1세기 동안 여느 전자 기계와 마찬가지로 전기를 이용해 뇌의 활동을 통제할 수 있다는 사실로 인해 더욱 강화되었다. 1920년대에는 연구자들이 뇌에 전기자극을 가하여 정서의 해부학적, 생리학적 기제를 탐구하기도 했다. 미국의 생리학자 월터 캐넌은 정서가 내장이나 자율신경계의 반응이 아닌 뇌의 활동에서 비롯된 것임을 밝혔다. 인간에게 아드레날린을 주입할 경우, 심박의 증가와 같이 정서와 연관된 일반적인 생리학적 내장 반응들은 이끌어낼 수 있었지만 정작 정서 경험으로 이어지지는 않았다.[85] 캐넌은 정서 반응의 조율은 시상하부에서 이루어지지만 그에 대한 통제는 피질의 활동에 의해 이루어진다고 보았다. 고양이 실험에서도 피질을 적출하자 그럴 만한 원인이 없음에도 침을 뱉고 공격 행동을 취하는 등 계속해서 성난 반응을 보였다(캐넌은 이를 '외관 분노sham rage'라고 칭했다).[86]

스위스 연구자 발터 헤스Walter Hess는 이러한 접근법을 한 단계 더 발전시켜 고양이의 시상하부에 전기자극을 가하면 고양이가 침을 뱉고 털을 곤두세우고 동공이 확장되는 반응을 보이기도 하며 아무런 위협이 없음에도 이따금씩 앞발로 공격 행동을 한다는 것을 보여주었다. 이는 정서가 뇌의 특정 영역에 대한 전기적 자극에 의해 방출될 수 있으며 그에 따라 기초적인 생리 반응들에 관여하는 자율신경 중추들이 운동피질을 활성화시킬 수 있다는 것을 시사했다.[87] 신경계의 다양한 영역들이 어떻게 상호작용하는가에 대한 통찰을 제공해준 헤스의 연구는 1949년 노벨상을 수상했다.

1965년에 있었던 어느 악명 높은 실험에서는 예일대학교의 호세 델가도José Delgado 교수가 스페인 안달루시아 소재의 투우장에 입장해 루세로라는 이름의 어린 검은 소를 향해 투우사 망토를 흔들었다. 그러자 소는 그를 향해 돌격하다가 갑자기 멈추어서는 혼란스러움에 고개를 돌렸다. 델가도는 사전에 루세로의 머릿속의 운동과 연관된 미상핵caudate nucleus 영역에 전극을 심어두었고 손에 쥔 전파수신기의 버튼을 누르면 전극을 활성화시킬 수 있도록 조치를 취해두었다(델가도는 훗날 "한 번은 전송회로에 문제가 생겨 소가 거의 나를 들이받을 뻔 했지만 다행히도 잔뜩 겁을 집어먹은 것 말고는 큰 피해는 입지 않았다"고 털어놓았다).[88] 영상으로 기록된 이 극적인 실험은 "뇌에 대한 외부 제어기를 통해 동물의 행동에 의도적인 변형을 가한 역사상 가장 화려한 실험"이라는 묘사와 함께 〈뉴욕타임스〉 1면을 장식하기도 했다. 그렇지만 끝내 학술적인 논문의 형태로는 발표되지 않았다.[89] 사실 그의 실험은 운동피질에 대한 과거 수많은 연구들에 비해 그다지 많은 것을 밝혀주지는 못했다. 기껏해야 뇌에 전기자극을 가하면 해당 개체를 움직이게 하거나 멈추게 할 수 있다는 정도에 불과했다. 세간의 이목을 피해 델가도는 '스티모시버stimoceiver(전파자극수신기)'라고 이름 붙인 장치를 활용한 자신의 뇌 자극 방법이 "다소 조악한 절차"였음을 시인했다.[90]

또 다른 연구자들은 이보다 더 강력한 주장을 펼치며 당시로서도 윤리적인 기준의 경계를 훌쩍 벗어나는 연구를 진행했다. 미국 뉴올리언스의 툴레인대학교 소속 정신과의사 로버트 히스Robert Heath는 정신과적 문제를 앓고 있는 환자들을 치료하는 데 뇌에 대한 전기자극 방법을 활용했다.[91]

그중에는 'B-19'로 알려진 남성 동성애자도 포함되어 있었는데, 히스는 그가 여성의 성적인 이미지를 볼 때 뇌를 자극하는 과정을 통해 '치료'에 성공했다고 주장했고, 이후 여성 매춘부에게 돈을 지불하고 그와 성관계를 가지도록 함으로써 치료의 효과를 증명했다(해당 과정에서 그의 뇌 활동은 전부 기록되었다).[92] 또한 히스는 긴장형 조현병 환자들의 뇌에 영구적으로 전극을 이식하고 환자들이 스스로 뇌를 자극하여 쾌락의 물결을 경험하고 증상 완화효과를 얻을 수 있게끔 휴대용 배터리를 제공했다.[93] 그는 심지어 이 전극들을 이용해 혐오적인 자극을 가함으로써 환자들이 고통에 몸부림치고 연구자를 죽이겠다고 위협하는 참혹한 결과를 낳기도 했다. 이 실험들도 모두 영상으로 기록되었다.

히스의 연구는 제임스 올즈James Olds 그리고 캐나다 맥길대학교에서 헵과 연구했던 피터 밀너Peter Milner가 1954년에 어떤 연구 결과를 보고한 이후 뇌 자극 활용에 대한 관심이 급증하면서 이에 편승한 수많은 연구 중 하나였을 뿐이다. 앞서 올즈와 밀너는 쥐 뇌의 중격 영역septal area에 전극을 삽입했는데 쥐가 이 영역에 자극을 가하기 위해서는 어떤 짓도 서슴지 않는다는 사실을 발견했다.[94] 그로부터 몇 년 후 올즈는 쥐가 자극을 얻기 위해 완전히 지쳐서 나가떨어질 때까지 계속해서 막대를 눌러댔으며 어떤 경우에는 그런 행동을 26시간 동안이나 정신없이 하기도 했다고 보고했다.[95] 이후 알려진 것처럼 이들의 뇌 자극 보상 연구는 동물의 뇌에는 긍정적이고 보상으로 느껴지는 감각과 연관된 영역이 있으며 전기적 활동에 의해 자극될 수 있다는 사실을 밝혀주었다. 오늘날에는 이러한 기법이 치료 현장에서 쓰이는 경우가 드문데, 부정확하고 지나치게 침습적이기 때문만이 아니라 히스의 연구에서 보았듯 환자가 자가 치료 수단을 가지게 되면 뇌 자극을 가능한 한 오랜 시간 탐닉하게 되면서 명백한 윤리적 문제가 발생하기 때문이다.

그러나 뇌 자극 기법이 과거 대부분의 시간 동안 처박혀 허우적댔던 윤리적인 문제라는 늪에도 불구하고 그 치료적 효과가 검증된 영역이 딱 하나 존재한다. 통제가 불가능한 떨림을 야기하고 우울증, 치매, 심지어 죽음에까지 이를 수 있는 중추신경계 퇴행성 질환인 파킨슨병의 증상은 약물을 통해 신경전달물질 도파민의 수치를 높임으로써 완전히 치료되지는 않더라도 어느 정도 완화될 수 있다. 하지만 이러한 치료법은 때때로 효과가 없는 경우도 있어 1990년대 초 이후로는 환자들의 뇌에 이식한 전극을 통해 뇌 심부 자극술deep brain stimulation을 시행하여 증상을 경감시키고 있다. 효과는 극적이며, 환자의 삶의 질은 놀라울 정도로 개선되곤 한다.

뇌 자극술의 잠재적으로 덜 무해한 사용법은 미국 국방부고등연구계획국DARPA이 최근 관심을 보이고 있는 연구를 통해 짐작해볼 수 있다. DARPA는 2017년 비침습적 방법을 사용하여 궁극적으로 군인들의 학습능력을 향상시킨다는 목표 하에 '표적 신경 가소성 훈련targeted neuroplasticity training'에 관한 대규모 연구 프로그램을 발표했다.[96] 더욱 우려스러운 부분은 DARPA의 지원을 받아 외상 후 스트레스를 집중적으로 연구하던 캘리포니아 대학교의 또 다른 프로젝트에서 피험자 뇌의 현재 상태를 목표 상태와 비교한 뒤 관련 영역을 자극함으로써 자동적으로 피험자의 기분을 바꾸는 컴퓨터 알고리즘을 개발했다는 점이다.[97] 나노입자의 광유전자 구성체들이 어쩌면 단순히 주사를 통해 이러한 효과를 비침습적으로 만들어낼 수 있을지 모른다는 가능성을 고려한다면 우리가 필립 K. 딕이 아니더라도 이 모든 것이 얼마나 무시무시하게 잘못될 수 있을지 상상하기란 어렵지 않을 것이다.[98]

연구자들은 또한 뇌가 어떻게 기계를 제어할 수 있을지 보여주는 놀랍고 매우 긍정적인 연구도 진행하고 있다.[99] 일례로 2012년 미국 브라운 대학교의 존 도너휴John Donoghue 연구팀은 운동피질에 이식된 전극을 활용하여 수년 전 뇌졸중을 앓았던 58세 여성과 66세 남성 사지마비 환자가 생각만으로 로봇 팔을 움직일 수 있도록 해주었다.[100] 여성 환자 캐시 허친슨

Cathy Hutchinson은 로봇 팔로 병을 잡아 천천히 입으로 가져가 빨대를 통해 커피를 마시고는 다시 병을 탁자 위로 가져다 놓을 수도 있었다. 14년 만에 처음으로 마침내 자신의 자유의지만으로 무엇인가를 마실 수 있게 되었다는 대단한 성과에 허친슨이 느꼈던 기쁨은 논문에 별첨된 영상과 사진에 뚜렷이 나타나 있다.[101]

그 이후로 도너휴와 동료들은 척추 손상으로 사지가 마비된 환자들의 뇌와 팔에 전극을 이식하고 있다. 환자는 자신의 뇌에서 흘러나온 신호가 근육의 전기자극으로 변환됨에 따라 로봇 팔의 도움을 받아 스스로 식사를 할 수 있게 되었다.[102] 이처럼 놀라운 발전은 우리의 삶을 실질적으로 바꿀 잠재력을 품고 있다.

이상의 과정에는 로봇이나 인간의 팔에서 피드백이 제공되지 않는다. 이러한 피드백 현상을 가리켜 고유 수용성 감각proprioception이라고 하는데, 예컨대 우리가 무엇인가를 얼마나 꽉 쥐고 있는가에 관한 정보를 알려줌으로써 우리가 자신의 신체 움직임을 통제할 수 있게 해주는 핵심적인 요소다. 하지만 이 기능도 머지않아 도입될 예정이다. 최근 연구자들은 손이 절단된 환자를 위해 팔에 이식된 전극으로 제어 가능한 생체공학적인 손을 개발했으며, 이 장치가 피부의 신경을 자극함으로써 이 환자는 진동, 고통, 움직임 등 몇 가지 유형으로 나뉘는 각기 다른 미묘한 감각들을 최대 119가지나 느낄 수 있게 되었다. 이 인위적인 고유 수용성 감각을 이용해 환자는 부인의 손을 만지는 등 보다 개인적으로 중요한 동작들은 물론 계란을 옮기거나 포도알을 집는 등 제법 세밀한 과제도 수행할 수 있다.[103] 하반신 마비 환자들은 장치가 제공하는 고유 수용성 감각의 형태로 감각을 유지하게 된 신체 부위에 자극이 가해질 시 이를 해석하는 법을 따로 익혀야 하지만, 이러한 학습은 상당히 빠르게 일어난다. 이 놀라운 기술 덕분에 삶은 완전히 바뀔 것이다.

궁극적으로는 침습적인 절차가 필요하지 않을 수도 있다. 일본 교토의 크리스티안 페냘로사Christian Peñaloza와 니시오 슈이치Shuichi Nishio는 2018년, 건강한 사람들의 경우 뇌파 측정용 캡을 쓰고 자신의 두피 근육에서 나오는 신호를 이용해 다른 일을 하면서도 제3의 로봇 팔을 제어하는 법을 학습했다는 연구 결과를 보고했다.[104] 그러니까 가령 피험자가 두 손으로 판자를 기울여 판자 위에 놓여 있던 공이 다른 위치로 굴러가게 하는 것과 동시에 로봇 팔에게는 입 가까이로 음료수를 가져오라고 지시할 수가 있었다. 작업 능률을 향상시켜주는 수단으로 쓰이든 몸이 불편한 이들의 삶을 바꿀 도구로써의 역할을 하든, 이 기술은 놀라운 잠재력을 지니고 있다.

의안을 뇌와 연결하는 데 성공한 첫 번째 사례는 2000년에 보고되었다.[105] 비디오카메라에 연결된 전극이 시각장애 환자들의 시각피질에 삽입되었는데, 그렇다고 해서 환자들이 직접 상을 볼 수 있었다는 의미는 아니다. 대신 전극들은 환자들에게서 빛을 느끼는 감각을 활성화시켰고(안구를 꾹 눌렀을 때 보이는 것과 비슷하다), 한참 동안의 훈련을 거친 환자들은 이 전기 활동을 해석하여 사물을 탐지하거나 큰 글자들을 식별할 수도 있게 되었다. 하지만 그 뒤로 20여년이 흐른 현재까지도 망막이나 뇌 이식이 실제 시각과 같은 감각을 제공하지는 못한다.

청각의 경우 상당한 진전이 있었다. 1961년에 첫 번째 와우 이식술이 이루어진 이후 이러한 접근법은 이제 일상적인 것이 되어 전 세계 수십만 명의 환자들이 이 기술의 혜택을 보았으며, 청각장애인들이 태어나서 처음으로 들을 수 있게 되면서 보인 정서적 반응들이 담긴 가슴 따뜻한 영상들도 많다. 하지만 이 같은 결과들이 인공 시각보다 훨씬 더 효과적으로 실제 사람들의 삶을 바꿨다고 해도, 이식술이 아직은 모든 범위의 소리를 들을 수 있게 해주지는 못한다.

최근 각기 다른 여러 연구팀 산하 연구자들이 아주 까다로운 분야에 매진하기 시작했다. 바로 뇌의 활동으로부터 직접 합성 음성을 만들어내는 작업이다.[106] 그렇지만 언론의 들뜬 반응과 달리 이러한 기술은 "마음을 읽는" 과정을 수반하지 않는데, 실제로는 우리가 말을 할 때의 근육 통제와 관련된 신경 활동 패턴을 그로부터 생성된 소리와 연합하는 법을 컴퓨터가 학습하는 것뿐이다. 머릿속으로 상상한 말에 관련된 신경 활동을 인공 목소리로 변환해준다는 목표는 지금으로서는 요원해 보인다.

이 모든 발전만큼이나 중요한 것은 이 결과들이 뇌가 실제 컴퓨터임을 시사한다거나 우리가 뇌의 작용 원리를 전부 깨쳤음을 뜻하는 것은 아니라는 점이다. 이 연구들은 우리 뇌가 지니고 있는 가소성을 조명해준다. 도너휴 연구팀도 아직 자유의지와 계획 세우기 과정에 관여하는 뇌의 신경 부호를 풀어내지는 못했다. 그 대신 컴퓨터 프로그램은 뇌의 신경 발화 패턴을 로봇 팔의 움직임으로 변환해주며, 환자들은 이 인공 팔을 자신이 원하는 방식으로 움직일 수 있도록 재빠르게 뇌의 활동을 조정했다.

이 같은 뇌-컴퓨터 인터페이스brain-computer interface와 함께 살아가는 이들에게는 전혀 예상치 못한 변화가 발생하기도 한다. 태즈메이니아대학교의 생명윤리학자 프레더릭 길버트Frederic Gilbert는 오스트레일리아에서 뇌전증 발작이 임박했을 때 미리 알고 그에 맞추어 약물을 복용할 수 있도록 뇌에 전극을 심은 여섯 명의 환자들의 사례를 소개했다. 이들에게 취해진 조치가 무해한 의학적 중재법이라고는 하지만 그중 6번 환자는 처음 장치를 접하고는 "외계인 같다"고 말하는 등 특히 극단적으로 불편한 반응을 보였다. 그런데 환자의 태도가 조금씩 바뀌었다. "이걸 사용하는 데 차츰 자신감이 붙고 익숙해지면서 어느샌가 일상의 일부가 되어 매일 낮 매일 밤 곁에 있고 (…) 어디에든 따라다니고 나의 일부가 되더니 (…) 그게 내가 되어서 (…) 이 장치를 통해 나는 나를 발견하게 되었어요"라는 것이 그가 이 장치를 사용하면서 느낀 경험담이었다. 나아가 그는 "이 장치가 있으면 무엇이든 할 수 있다는 느낌이 들었어요. (…) 아무것도 나를 막을 순 없었어요"라며 이 장치로 인해 자신의 성격도 훨씬 자신감 있게 바뀌었다고 말했다.[107]

이 이야기가 어쩐지 찜찜하게 느껴진다면 다음에 일어난 일을 한번 살펴보자. 이후 6번 환자의 뇌에 장치를 이식해준 업체가 갑작스레 파산하며 환자에게서 장치를 떼어내야만 하는 일이 발생했다. 그러자 이 불쌍한 여성은 깊은 상실감을 겪게 되었고, "나를 잃어버리고 말았어"라고 말했다. 경제체제 탓에 그는 자신에게 주어졌던 무언가를 다시 빼앗겼다. 길버트는 6번 환자가 이식된 장치와 상호작용하면서 어떤 일이 있었고 그가 짧은 시간 동안 언뜻 마주했던 새로운 세계는 어떠했으며 변화를 주도했던 이에게 닥친 잔혹한 현실의 결과가 무엇이었는지에 관해 암울하게 요약했다. "그 장치에는 단순한 보조 도구 이상의 의미가 있었다. 업체에서는 이 새로운 사람의 존재를 소유했던 것이다"라고 말이다.[108] 사설업체에서 우리 뇌에 장착할 인터페이스의 자금을 대는 미래 사회에서는 우리가 어쩌면 우리의 정체성에 대한 통제권을 상실하게 될지도 모른다.

여기에서 얻을 수 있는 교훈은 과학 연구가 철저하게 외부와 단절된 상태에서 이루어지지는 않으며 흥미로운 발견과 치료적 가능성이 예상치 못한 심오한 결과를 낳을 수도 있다는 사실이다. 이는 과거부터 현재까지 뇌 과학의 역사를 보면 명백하게 알 수 있다. 과학과 문화는 서로 깊이 얽혀 있는데, 특히 과학적 발견이 우리의 지각과 정서에 영향을 줄 경우 그러한 경향성이 더욱 두드러지며 그중 일부가 지금껏 문화적으로 가장 놀라운 영향력을 발휘했다.

13

# 화학

1950년대부터 오늘날

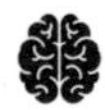

1943년 4월 19일, 바젤에 위치한 제약회사 산도스에서 일하던 스위스의 화학자 알베르트 호프만Albert Hofmann은 자전거를 타고 출근하던 길이었다. 뭔가 단단히 잘못되어 있었다. 그가 훗날 회상한 바에 따르면 "시야에 들어오는 모든 것이 미묘하게 흔들리고 마치 굴곡진 거울에 비추듯 뒤틀려 보였다"고 한다. 집으로 되돌아간 그는 극심한 불안감을 경험했고 이는 끝내 아주 기이한 감각으로 바뀌어, "만화경처럼 기상천외한 상이 마구 밀려들어 번갈아 나타나더니 온갖 색상으로 얼룩지고 원과 나선형으로 나타났다 사라졌다를 반복하며 오색 빛깔의 분수로 폭발하고는 재정렬되어 다시 끊임없는 유동성의 물결로 뒤섞였다."[1] 자전거에 오르기 전 호프만은 자신이 5년 전 제작했고 무해하다고 생각한 분자 합성물을 다량 섭취했다. 바로 LSD였다.

매우 중대하지만 우연한 계기로 이루어진 호프만의 이 발견(LSD 중독자들은 매년 이 날을 자전거의 날Bicycle Day로 기념한다)은 이후 20년간 뇌 화학에 관한 우리의 상식을 바꾼 가장 대표적인 사례이다. 호프만은 처음

LSD를 합성할 때만 해도 강력한 향정신성 약물을 만들겠다는 의도는 없었다. 그는 그저 호흡을 돕는 합성 물질을 발견하려고 했을 뿐이다. 이와 유사한 발견들은 곧 뇌를 바라보는 우리의 시선과 정신건강 문제를 이해하고 치료하기 위한 접근방식에도 변화를 가져왔다.[2]

1940년대 후반, 프랑스의 제약회사 론플랑은 군의관이었던 앙리 라보리Henri Laborit와 함께 항히스타민제•를 개발 중이었다. 그중 클로르프로마진이라는 합성 물질은 항히스타민제로는 매우 약한 효과를 보였으나 강력한 진정 효과를 유발했다. 1952년에는 파리의 생트안느 병원에서 근무하던 정신과의사들이 조증이나 정신증 환자들 다수에게 클로르프로마진을 투여했다. 결과는 놀라웠다. 이를테면 수년 동안 무기력하게 정신증 상태로 지내왔던 필리프 부르그Philippe Burg라는 환자도 치료에 빠르게 반응했다. 부르그가 회복되었음을 알 수 있었던 가장 프랑스스러운 징후 중 하나는 몇 주가 지난 뒤 그가 병원을 떠나 주변 식당에서 자신의 주치의와 함께 식사를 했다는 점이었다. 이와 유사한 극적인 사례들이 이어지자 즉시 세계적으로 이 약물을 향한 관심이 집중되었고, 곧 유럽에서는 라각틸Largactil, 미국에서는 토라진Thorazine이라는 이름으로 판매되어 수천 명의 인생이 바뀌었다. 그 무렵 비슷한 향정신성 효과를 내는 레저핀reserpine이라는 약물이 또 다른 우연한 계기로 발견되었다. 레저핀은 본래 혈압을 낮추기 위한 목적으로 전통 의학에서 쓰이던 제품을 활용하여 개발되었지만 신경 이완neuroleptic(그리스어원을 살펴보면 '뉴런을 장악하다seize the neuron'라는 의미이다)이라는 심리적 효과가 있는 것으로 나타났다. 1953년에는 제약회사 시바CIBA의 직원이 레저핀의 효과를 지칭하는 훨씬 단순한 용어를 만들어냈는데, 그것이 바로 신경안정제다.[3]

• 알레르기 반응을 줄여주는 성분.

정신과가 정신분석학적 개념들에 의해 지배당하던 시절, 특정 정신질환의 일부 증상들을 비슷하게 재현해내는 LSD의 발견과 더불어 새로운 신경안정제의 등장은 어마어마한 변혁의 시기가 도래했음을 의미했다. 기분에 영향을 주는 약물의 존재는 천 년 전부터 알려져 있었지만 이 새로운 물질들은 달랐다. 효과가 극적이고 아주 구체적이라는 속성을 지녔던 것이다. 이들의 발견으로 정신질환에 대한 접근방식이 기존의 정신분석학적 접근법에서 오늘날의 의학 및 화학적 관점으로 완전히 바뀌기 시작했다. 수십 년 동안 계속된 신약 개발의 물결 속에서 새로운 약의 출시는 어김없이 기대와 열광을 동반했지만 그때마다 치명적인 부작용이 발견되면서 이내 다시 실망으로 바뀌었다.[4] 그럼에도 불구하고 이 같은 약물들은 건강한 뇌와 병든 뇌에서 여러 기능들의 화학적 기제를 이해할 수 있는 새로운 방안을 제시해주었다.

이 새로운 경로의 첫 단계에는 일부 눈이 튀어나올 정도로 놀라운 실험들이 연루되어 있다. 1952년, 런던에 있는 국립병원에서 일하던 험프리 오즈먼드Humphry Osmond와 존 스미시스John Smythies는 페요테••의 유효성분인 메스칼린이 조현병의 일부 증상들을 비슷하게 재현한다고 보고하며 이 물질이 부신에서 분비되는 노르아드레날린과 구조적으로 유사하다고 지적했다.◆[5]

그로부터 2년 뒤, 이들은 아드레날린이 자연적으로 산화된 형태의 하나인 아드레노크로뮴이 조현병 증상을 일으키는 원인일 수 있다고 주장했다. 이 단계에서 오스몬드와 스미시스는 캐나다 서스캐처원으로 옮겼고, 그곳에서 정신질환을 치료하는 데 환각성 약물을 사용하는 방식을 개척했

•• 작고 가시가 없는 선인장의 일종.

◆ 오즈먼드와 스미시스는 이를 지칭하는 '환각제'라는 용어를 만들어냈다.

다.[6] 의학적 전통에 따라 오스몬드는 아드레노크로뮴을 자신에게 투여하고는 어떤 일이 벌어지는지 관찰했다. 그는 결과를 보고한 논문을 〈정신과학저널Journal of Mental Science〉에 발표했다.

> 눈을 감자 밝게 채색된 점 문양들이 나타났다. 메스칼린을 투여했을 때 보았던 것보다는 색이 선명하지 않았지만 종류는 비슷했다. 점 문양들은 점차 분해되어 물고기 같은 형태가 되었다. 마치 해저나 수족관 속에 들어와 형형색색의 화려한 물고기 떼에 둘러싸인 듯했다. 한 순간 나는 내가 이 물 속의 말미잘이라는 결론에 도달했다.[7]

그렇지만 전혀 즐겁지는 않았다. 또 다른 경험에서 오즈먼드는 아주 불쾌한 환각을 겪었고, 이에 연구자들은 고도로 통제된 상황 외에는 아드레노크로뮴을 사용하지 말라고 경고했다. (어쩌면 이때문인지 20년 뒤 약에 미쳐 왜곡된 기사를 써대던 헌터 S. 톰슨Hunter S. Thompson이라는 기자는 자신이《라스베이거스의 공포와 혐오》에서 묘사한 것처럼 살아 있는 사람들의 부신에서 아드레노크로뮴을 얻으려는 시도에 광적으로 집착하게 되었다.) 이러한 경험이 메스칼린이나 LSD를 투약했던 사람들의 경험과 유사하다는 사실에 주목한 연구자들은 아드레노크로뮴과 그 대사 작용을 연구하면 조현병의 생화학적 근원에 대한 통찰을 얻을 수 있을지도 모른다는 의견을 제시했다.

또 다른 연구자들은 신경계에서 새롭게 규명된 화학 성분에 집중했다. 1955년에는 버나드 '스티브' 브로디Bernard 'Steve' Brodie와 동료들이 레저핀과 LSD가 모두 세로토닌 수치에 영향을 준다는 사실을 보여주었는데, 세로토닌이란 소화기관이나 자궁과 같은 민무늬근에서 찾아볼 수 있는 기능 미상의 물질로 그보다 2년 앞서 베티 트와로그Betty Twarog가 뇌에서 처음 발견했다.[8] 브로디의 연구는 레저핀이 세로토닌 수치를 증가시키는 반면 LSD

는 그 수치를 감소시킨다는 결과를 보여주었다. 아울러 브로디 연구팀은 곧 세로토닌이 뇌 기능에서 중요한 역할을 한다고 주장했으며, 레저핀이 노르아드레날린과 도파민 등 신경 활동에 영향을 줄 것으로 여겨지는 뇌 내 두 가지 물질의 수치에도 변화를 준다는 것을 발견했다.[9] 새로운 약물들의 심리적 효과와 이들이 뇌의 생화학에 미치는 영향 사이의 연관성은 뇌가 어떻게 작용하는지에 대한 단서를 제공하고 정신건강 장애에 대한 새로운 치료법의 개발 가능성을 내비치는 것으로 여겨졌다.

스위스의 연구자들은 클로르프로마진의 구조를 출발점으로 삼아 조현병 환자들을 도울 수 있는 새로운 치료법을 찾고자 했다. 하지만 얼핏 합리적으로 보이던 이 접근법은 예상했던 대로 전개되지 않았다. 이미프라민이라는 약물의 경우 실제로 향정신성 효과가 매우 크게 나타났지만 환자들을 진정시키는 것과는 거리가 먼, 강력한 흥분제 역할을 했다. 이는 조증 환자들에게는 쓸모가 없었지만 우울증을 앓고 있는 이들에게는 도움을 줄 수 있었다. 이윽고 이미프라민과 같이 세 개의 고리형 분자 구조로 인해 삼환계tricyclic로 분류된 약물들이 우후죽순 등장했고 이후 수십 년 동안 우울증에 대한 가장 효과적인 약물치료제로 활약했다. 한편 이프로니아지드iproniazid라는 또 다른 약물이 결핵을 치료하기 위해 개발되었으나 이 또한 항우울제의 특성을 가지고 있는 것으로 드러났다. 이처럼 예상치 못한 효과를 찾아낸 연구자들은 이프로니아지드를 가리켜 '정신 활력제psychic energizer'라고 불렀다.[10] 이프로니아지드는 이 같은 효과로 인해 우울증 치료제로 널리 쓰이다가 간 손상 부작용이 발견되면서 사용이 중단되었다.

1960년대 초가 되자 마침내 불안을 감소시켜주는 벤조디아제핀benzodiazepine계 약물(리브륨Librium, 발륨Valium 등)들이 쓰이기 시작했다. 이 중 첫 번째인 리브륨의 향정신성 효과 역시 우연히 발견되었다. 호프만 라로슈 제약회사의 연구자들은 화학첨가제를 이용해 마땅히 쓸데가 없어 보이는 어떤 합성 물질을 안정화 처리한 뒤 따로 보관했다.[11] 그로부터 2년이 지난 어느 날 선반에서 이 약물을 꺼내 보니 지금과 같은 형태로 향정신성 효과를 발휘한다는 사실이 밝혀졌다. 벤조디아제핀계 약물들은 대중성이 매우 뛰어났으며, 지금도 단기적인 불안 감소를 위해 널리 처방되고 있다.

이처럼 철저히 우연에 기댔던 제약회사들의 신약 개발과 유일하게 달랐던 사례는 조증 상태를 치료하는 데 리튬염이 도움을 줄 수 있다는 사실을 발견한 일이었다. 브로민화 리튬lithium bromide은 19세기 및 20세기 초부터 뇌전증 치료제로 쓰이곤 했지만 유효량을 사용할 시 동시에 독성도 나타나는 바람에 쓰임새가 한정되어 있었다. 그러던 1948년, 존 케이드John Cade라는 오스트레일리아 의사가 기니피그에게 리튬을 투여하자 이 실험동물이 무기력한 모습을 보이는 것을 발견하고는 중증 조증을 앓고 있던 열 명의 환자들에게 이 합성 물질을 시험해보았다. 결과는 놀라웠다.

> 5년간 만성 조증 흥분 상태에 있던 51세 남성 W. B.는 잠시도 가만히 있지 못하는 성미에 지저분하고 파괴적인 데다 여기저기 말썽을 일으키고 다니며 참견하기 좋아했던 탓에 오래전부터 병동에서 가장 골치 아픈 환자였다. 그가 보인 반응은 매우 만족스러웠고 (…) 그는 곧 기쁜 모습으로 전에 다니던 직장으로 돌아갔다.[12]

리튬이 투약 환자들의 외현적인 증상들만을 억누른 것은 아니므로 이를 진정제라고 볼 수는 없었지만 그렇다고 해서 완벽한 치료제도 아니었다.[13] 환자가 약을 중단하면(W. B.가 그러했다) 증상이 다시 나타났다. 그런데 리튬은 특허로 등록되지도 못했고 제약산업의 관심도 뜨뜻미지근했다. 그러다 1970년대에 이르러 허가 여부에 관계없이 리튬을 처방하는 혁명적인 정신과의사들로 구성된 일명 '리튬 지하 운동lithium underground'이 등장했고 그제야 미국에서 기분에 영향을 주는 약물로 허가를 받을 수 있었다.[14] 하지만 놀랍게도 리튬이 어떻게 그토록 실질적인 효과를 발휘할 수 있는지는 지금까지도 밝혀지지 않았다.

이러한 신약물들은 전부 두 가지 측면을 가지고 있었는데, 극심한 고통을 줄이는 데 도움을 주는 등의 임상적 의의와 뇌 그리고 나아가 마음이 어떠한 원리로 작용하는지에 관한 근본적으로 새로운 통찰을 얻을 가능성이었다. 이에 역사학자 장 클로드 뒤퐁Jean-Claude Dupont은 이 같은 결과들이 뇌가 "전기적인 기계일 뿐 아니라 분비샘이기도 하다"는 사실을 강화해주었다고 말했다.[15]

그러나 초창기 기대와는 달리 이 약물들이 마음에 미치는 효과와 생리적인 작용 기제 사이의 연결고리를 확립하기란 매우 어려웠다. 이를테면 연구자들은 처음에는 LSD의 환각성 효과와 일부 조현병 환자들에게서 나타나는 환각 증상들이 모두 세로토닌 때문에 발생한다고 여겼다. 하지만 이러한 가설은 클로르프로마진이 레저핀과 마찬가지로 환각 증상을 완화하는 데는 도움을 주지만 세로토닌에는 아무런 영향을 주지 않으며 불쾌한 정신증적 효과를 만들어내는 다른 약물들도 세로토닌 수치를 변화시키지 않는다는 사실이 발견되면서 곧 기각되었다.

한편 조현병의 화학적 기제를 발견했다고 세상을 떠들썩하게 했던 또 다른 가설 하나는 정말 어이없는 이유로 그냥 증발해버렸다. 남성 동성애자를 '치료'하기 위해 뇌 심부 자극술을 사용했던 정신과의사 로버트 히스는 1950년대에 조현병 환자들의 혈액에서 타락신taraxein이라는 물질이 검출된다며 이를 건강한 참가자들에게 주입할 경우 조현병 증상을 만들어낼 수도 있다고 주장했다. 이 약물의 효과를 뒷받침하는 극적인 영상이 학회에서 상영되자 과학자들은 깊은 감명을 받았다. 하지만 히스의 결과는 끝내 반복 검증에 실패했고 결국 그가 내세운 가설은 버려졌다.[16] 작가 론 프랭크Lone Frank의 증언에 따르면 반복 검증이 불가능했던 이유는 히스의 동료 중 한 명(자칭 생화학자라던 맷 코헨Matt Cohen)이 연구 결과를 발표할 때 일부러 관련 절차 중 핵심이 되는 부분들을 밝히지 않았기 때문이라고 한다. 실제로 코헨은 과학적인 훈련을 전혀 받지 않은 사기꾼이었는데, 도주 중이었던 이 폭력배는 자신의 정체가 발각될 때를 대비해 일종의 보험으로 타락신 기술의 일부를 비밀로 감추고 있었다. 그러다 1959년 돌연 히스의 연구실을 떠났고, 몇 년 뒤 플로리다에서 벌어진 폭력단 간의 총격전에서 살해당했다고 전해진다.[17]

또한 1959년 미국 국립정신보건원의 시모어 케티Seymour Kety는 조현병에 관한 생화학 이론들을 정리한 중요한 논문 2부작을 〈사이언스〉에 발표했다.[18] 케티는 조현병이라는 이름으로 뭉뚱그려 환자를 대하면 자칫 그 뒤에 자리한 다양한 범위의 문제들이 가려질 위험이 있다(이는 지금까지도 주요한 문제로 남아 있다)고 조언한 뒤, 타락신을 비롯한 여러 가지 잠재적 원인들에 대한 증거들을 골고루 따져보았고, 그중에서도 특히 세로토닌의 잠재적 역할에 초점을 맞추었다. 그는 가장 걸리적거리는 문제는 바로 "세로토닌이 중추신경 기능에서 수행하는 역할이 모호하다"는 점이라고 지적했다.[19] 일단 뇌 내 화학작용이 어떤 일을 수행하는지 이해하지 못한다면 여기에 이상이 발생했을 경우 어떤 일이 벌어지는지를 설명할 수 없다. 조금씩 비밀이 풀리기 시작한 뇌 화학의 복잡성을 설명하기 위해서는 뭔가 새로운 개념이 필요했다.

## 신경전달물질, 뇌의 풍부한 화학적 세상

이처럼 놀라운 약학적 우연과 창의성의 시대는 호지킨과 헉슬리가 활동전위가 뉴런 내에서 어떻게 전파되는지 밝혀낸 해인 1952년, 수프 파와 스파크 파의 전쟁이 마침내 끝난 시기와 정확하게 일치한다. 과학자들은 신경계의 기능을 두고 공통된 화학적 견해를 가지기 시작했지만 여전히 넘어야 할 큰 문제가 두 가지 남아 있었다. 이 신경전달물질이 정확히 어떻게 자신이 맡은 바 역할을 수행하는지 그리고 뇌에서는 대체 무슨 일이 일어나고 있는지였다. 그간 수프 파와 스파크 파가 주고받았던 맹렬한 논쟁들은 대부분 자율신경계의 말초신경 수준에서 벌어졌다. 이와 똑같은 원리가 중추신경계에도 적용되는지 확신할 수 있는 이는 아무도 없었다. 뇌가 신경전달물질을 통해 말초신경계와 동일선상에서 작용한다는, 지금 우리에게는 너무나도 분명한 것들이 1950년대나 1960년대만 해도 전혀 확실하게 밝혀지지 않은 것들이었다. 심지어 다양한 합성 물질들을 공통 기능별로 묶어 분류하는 방식의 일환으로 사용하게 된 신경전달물질이라는 용어 자체도 1961년 이전에는 존재하지 않았다.[20]

도파민에 대한 연구로 2000년 노벨상을 수상한 아비드 칼슨Arvid Carlsson의 말에 의하면 1960년대 초에는 뇌 안에 신경전달물질이라는 것이 있을지 모른다는 견해에 상당히 회의적인 반응이 따랐다.[21] 그로부터 몇 년이 지나자 이 가설도 조금은 말이 되는 것처럼 느껴지기 시작했지만 여전히 결정적인 증거는 없었다. 이와 관련해 케임브리지대학교의 약리학 교수였던 아널드 버겐Arnold Burgen은 1964년, 시냅스에서 이루어지는 일에 대한 지식이 턱없이 부족한 현실에 한탄하는 글을 〈네이처〉에 발표했다.

> 시냅스의 생리학에 관심 있는 모든 이에게 더 큰 실망을 안겨주는 것은 포유류의 신경계 내에서 아세틸콜린을 제외하면 그 어떠한 화학적 전달물질의 본질도 설명하지 못했다는 점이다. (…) 그간 상당한 노력을 기울여왔음에도 다른 영역들은 말할 것도 없이 일차 감각계의 구심성 섬유와 척수

억제 체계의 시냅스 전과 후 연결에서 관찰되는 화학적 전달물질조차 모른 채 우리는 완전한 어둠 속에 갇혀 있다.[22]

그렇지만 이후 10년간 신경전달물질이 기능하는 정확한 방식이 밝혀지면서 버젠의 실망감도 곧 누그러졌다. 혼란스러울 정도로 많은 물질들이 발견되었으며, 이들은 최초로 규명된 신경전달물질인 아세틸콜린에 더해 아미노산 계열(GABA 등)과 펩티드 계열(옥시토신, 바소프레신 등)과 모노아민 계열(노르아드레날린, 도파민, 세로토닌)이라는 세 개의 주요 유형으로 묶였다. 그중에서 가장 놀라운 발견은 일부 뉴런들에 의해 생성된 산화질소라는 가스가 조직들 사이로 확산됨에 따라 신경 활동에 변화를 줄 수 있다는 사실이었다.[23] 하지만 아직 끝이 아니다. 베테랑 신경전달물질 전문가 솔로몬 스나이더Solomon Snyder에 따르면 뇌 안에는 최대 2백 가지 펩티드들이 신경전달물질로서 작용하고 있을 수 있다고 한다.[24]

과학자들이 이 같은 새로운 신경전달물질의 존재를 확신하게 된 핵심 요인 중 하나는 형광이나 방사능물질을 사용하여 이들의 모습을 시각화할 수 있게 해주는 기술의 등장이었는데, 이에 장 클로드 뒤퐁은 "뇌에서 아민에 의한 신경전달이 이루어진다는 사실을 마침내 받아들이게 된 것은 약리학도 전기생리학도 아닌 조직화학 덕분이었다"고 말하기도 했다.[25] 1950년대에 최초로 전자현미경을 이용해 시냅스의 상을 손에 넣게 된 버나드 카츠는 활동전위의 바탕이 되는 칼슘 유입 과정에 이어 시냅스 전 뉴런에 달린 소낭들이 신경전달물질을 시냅스로 방출한다는 사실을 보여주었다. 아울러 GABA와 같은 일부 신경전달물질들이 억제성 기능을 하는 것으로 밝혀지면서 한 세기 동안 과학자들을 괴롭혔던 억제의 본질에 관한 문제가 해결되었다. 또한 일부 뉴런들은 신경전달물질을 전혀 사용하지 않는 대신 전기적 시냅스, 즉 간극연접에 의해 기능한다는 점 또한 분명하게 드러났다. 이처럼 뇌의 화학적 기제에 대한 지식의 혁명에 가장 크게 기여했던 울프 폰 오일러Ulf von Euler, 줄리어스 액설로드Julius Axelrod, 버나드 카츠 등 세 명의 연구자는 그 공로를 인정받아 1970년 노벨상을 수상했다.

신경전달물질에 대한 시냅스 후 반응에 관여하는 수용기 상당수의 정체도 곧 밝혀졌다. 이 수용기들은 두 가지 유형으로 나뉘었는데, 일부는 즉각적인 활동전위의 전달을 야기했으며, 그 외 나머지는 시냅스 후 뉴런의 이차 전령 분자들로 하여금 연쇄적인 활동을 일으키게 함으로써 조금 더 느리게 반응했다. 이 느린 시냅스 반응에 대한 폴 그린가드Paul Greengard의 연구는 얼 서덜랜드Earl Sutherland와 에드 크렙스Ed Krebs가 1960년대에 수행했던 연구를 바탕으로 한 것으로 2000년 칼슨 및 캔들과 더불어 그에게 노벨상을 안겨주었다. 그리고 이 연구는 아직 끝나지 않았다. 발륨의 표적이 되는 $GABA_A$의 수용기는 이제 막 밝혀지기 시작했을 따름이다.[26]

*

뇌의 풍부한 화학적 세상은 우리가 인식하고 있는 것보다 훨씬 더 복잡한데, 뇌의 활동에는 신경전달물질의 고동치는 활동뿐만 아니라 이보다 더 느리게 작용하는 신경호르몬의 효과도 관여하고 있기 때문이다. 흔히 아미노산의 짧은 사슬 형태인 펩티드로 구성된 이 물질들은 혈류나 세포 내 공간들로 방출되어 신체, 특히 뇌 안에서 신호전달 분자로 활동한다. 이에 관한 상당수의 연구들은 에든버러대학교의 신경생리학자 개러스 렝Gareth Leng이 '뇌의 심장'이라고 지칭했던 시상하부의 역할에 초점이 맞추어져 있다.[27] 1960년대와 1970년대에는 시상하부와 여기에서 생성된 호르몬이 스트레스 반응과 생식을 비롯한 복잡한 생리학적 행동 반응들을 협응시키는 과정에 관여한다는 사실이 드러났다. 1977년에는 로제 기유맹Roger Guillemin

과 앤드류 섈리Andrew Schally가 뇌의 펩티드 생성과 관련된 발견으로 노벨상을 공동 수상했다(이들과 더불어 방사면역측정법을 개발해 펩티드 호르몬을 추적한 로잘린 얄로우Rosalyn Yalow에게도 상이 돌아갔다). 1990년대에는 렙틴leptin과 그렐린ghrelin이라는 신경펩티드가 발견되었는데, 이들은 섭식행동 및 포만감을 느끼는 것과 관련이 있다. 즉 신경호르몬은 대부분 행동적인 요소를 담고 있는 필수 생리 과정들에 대한 장기적인 통제에 관여한다.

이러한 물질들은 행동에 관여하는 뇌의 회로에 영향을 준다. 새끼들을 데리고 와서 보금자리를 만들도록 암컷 쥐의 반응을 바꾸는 것처럼 일시적인 결과를 낳을 수도 있고, 수컷 쥐가 보다 수컷다운 행동들을 하도록 뇌를 변화시키는 것처럼 영구적일 수도 있다. 신경펩티드들이 분비되는 방식은 신경전달물질의 활동과는 크게 차이가 있다. 신경호르몬을 담고 있는 소낭들은 시냅스뿐만 아니라 뉴런 전체에 존재할 수 있다. 특히 가지돌기에 다수 분포하는데, 이들은 반복적인 자극이 주어지는 동안 신경계 일부의 기능을 재편성하는 데 기여할 수 있다.

뇌 기능의 이 같은 양상은 매우 복잡한데, 뇌 전체 부피의 약 20퍼센트에 달하는 세포 내 공간을 통해 무려 백 가지 이상의 신경펩티드가 확산될 것으로 여겨진다.[28] 이러한 분자들은 한 번에 방출되는 수의 규모가 신경전달물질 분자들의 수보다 훨씬 크며, 그 파동은 수일 동안 지속될 수 있다. 각각의 펩티드 체계는 동물의 몸에 가해지는 내외부의 조건에 영향을 받기도 하지만, 뇌의 활동을 어떻게 변화시킬 것인지 제어하는 자체적인 피드백 루프도 갖추고 있다. 비교연구 결과, 이 같은 연결망이 진화의 시간을 아주 오래전까지 거슬러 대략 5억 3천만 년 전 일어났던 캄브리아기 대폭발 이후 얼마 지나지 않아서부터 나타났다는 사실이 드러났다.

다만 이러한 유의 신경호르몬 활동이 집중되는 보편적인 표적 영역들을 규명할 수 있을지는 몰라도 이 물질들이 정확히 어떻게 뇌의 작용을 바꾸어 행동 상으로 눈에 띄는 변화를 만들어내는지는 여전히 불명확하다. 이를테면 쥐의 뇌에서 옥시토신에 민감한 뉴런들은 섭식행동, 다양한 생식 활동 양상들, 사회적행동 그리고 체내 나트륨의 균형을 맞추는 데 관여한다. 어떤 방식인지는 알 수 없으나 동일한 신경호르몬이 이처럼 복잡하고 매우 다양한 행동들을 모두 조정한다. 폰 노이만이 뇌와 컴퓨터 사이의 유사성을 진지하게 고심하기 시작하면서 알아차린 이러한 복잡한 성질은 곧 뇌가 복잡한 병렬식 처리 기관임을 나타낸다. 뇌는 디지털에 가까운 신경전달과 완전 아날로그식 신경전달 방식을 모두 활용하면서 신경호르몬을 통한 지속적인 아날로그 전달 방식에 기대어 한 번에 한 가지 이상의 일을 해낼 수 있다.

신경펩티드에 관한 가장 흥미로운 발견 중 하나는 1973년 스나이더 연구팀의 박사 후 과정 연구자였던 캔더스 퍼트Candace Pert가 아편 수용기에 대해 밝힌 내용이었다.[29] 본래 이 연구는 도심지역 및 베트남에서 전투 중이던 군 징집병들의 헤로인 사용 증가세에 대처하기 위해 기획된 미국의 어느 프로그램에서 자금을 지원했는데, 이 같은 수용기의 존재는 어째서 포유류가 그토록 아편계 약물에 관심을 가지는지 설명하는 데 큰 도움을 주었다. 또한 애초에 뇌에는 어째서 그러한 수용기가 존재하는 것인지에 대한 근본적인 의문을 불러일으켰다. 그렇다면 분명 뇌에서 자연발생하는 물질 중에 해당 수용기와 결합할 수 있는 일종의 아편과 같은 물질이 있을 터였다. 그리고 마침내 1975년, 애버딘대학교의 존 휴스John Hughes와 한스 코스터리츠Hans Kosterlitz는 돼지의 뇌에서 잠재적으로 아편계 활동을 일으킬 수 있는 엔도르핀이라는 두 가지 펩티드의 존재를 발견했다.[30] 그로부터 몇 달 뒤, 스나이더 연구팀도 쥐에게서 동일한 두 종류의 엔도르핀을 밝혀냈으며, 나아가 이 물질들이 작용하는 위치를 정서적 반응에 관여하는 뇌 영역으로 특정함으로써 아편계 약물의 향정신성 효과를 설명해주었다.[31] 이 엔도르핀은 현재 부상을 당하거나 격렬한 운동 끝에 생성되어 일명 '러너스 하이runner's high'에 기여한다고 알려져 있다.

1978년에 스나이더, 휴스, 코스터리츠는 엔도르핀 연구로 저명한 래스커상을 수상했다. 퍼트는 해당 발견을 하는 데 스나이더만큼이나 자신의 공이 컸기에 당연히 홀대받았다는 느낌을 받았고 이에 공개적으로 항의했다. 그는 전년도에도 또 다른 주요 상의 수상자 명단에서 빠진 바 있는데, 수상자 선정에 관여했던 자문위원단장이 이후 이를 가리켜 '중대한 누락'이라고 인정했지만 아무런 조치도 취해지지 않았다.[32] 퍼트의 역할은 끝내 공식적으로 인정받지 못했다.

## 정신질환을 대하는 새로운 접근법의 등장

1990년대에 발효된 미국 대통령 조지 W. 부시George W. Bush의 몇 안 되는 장기적 결과물인 뇌 연구 10개년 계획 덕에 알츠하이머나 파킨슨병과 같은 질환에 대한 대중의 인식이 높아진 것과 더불어, 뇌 화학에 관한 이 모든 발견들이 정신질환을 대하는 새로운 접근법이 자리 잡을 수 있는 토대를 마련해주었다.[33] 이때의 발견들이 영향력을 발휘했던 양상 중 하나가 바로 특정한 약물의 중독성이 해당 약물이 뉴런에서 도파민을 방출시키는 능력에 기반할 수 있다는 개념이었다. 1990년대에 케임브리지대학교의 볼프람 슐츠Wolfram Schultz가 진행했던 일련의 연구들은 도파민에 의해 활성화되는 뉴런들의 연결망이 동물 체내의 보상 체계와 관련이 있다는 사실을 보여주었다. 현재는 이러한 뉴런들이 예상 조건과 실제 조건 사이의 차이를 측정하는 데 도움을 주며 작용 기제가 이보다 훨씬 더 복잡하다는 사실이 알려져 있다. 이 뉴런들은 혐오성 자극의 부호화를 조절하는 역할을 담당하기도 한다.[34] 만약 혐오성 자극을 비롯하여 예상했던 자극이 주어지지 않는다면 도파민 뉴런은 이를 신호화하여 알리는 데 관여한다.[35] 또한 사건의 순서를 인식하고 이에 맞추어 시냅스에서의 활동을 증강시키거나 억제시킴으로써 학습의 밑거름이 되는 자극과 보상 혹은 처벌 사이의 시간적 관계도 탐지한다.[36]

1997년에는 미국 국립보건원의 앨런 레시너Alan Leshner가 도파민 체계를 가리켜 "사실상 모든 중독성 약물들이 뇌 안 깊숙한 곳에 존재하는 어떤 단일한 경로에 대해 직간접적으로 공통된 효과를 낸다"고 주장하며 〈중독은 뇌 질환이다Addiction is a Brain Disease〉라고 대담한 이름을 붙인 논문을 〈사이언스〉에 발표했다.[37] 중독을 이와 같은 방식으로 재구성함으로써 레시너는 정신건강을 이해하는 데 신경과학이 차지하는 중요성을 강조하고자 했으며 기존에 비해 훨씬 효과적인 정책을 만드는 데 도움을 주고자 했다. 만약 중독이 정말 뇌 질환에 의한 것이라면 자신에게 중독성 약물을 투여하는 행위와 관련된 범죄를 저지른 사람들을 치료해주지 않고 가두기어 놓기만 해서는 아무런 의미가 없다는 것이 그의 주장이었다. 치료는 근본적인 문제를 파고들어야 했으며, 레시너는 생화학적 문제가 바로 그 대상이어야 한다고 주장했다.

그렇지만 알코올중독에서 도파민 수치가 높게 나타나기는 해도 모든 중독에서 이 같은 양상이 관찰되는 것은 아니라는 사실이 밝혀지면서 상황이 점차 복잡해졌다.[38] 니코틴, 코카인, 암페타민과 같은 많은 오락성 약물들이 동일한 뇌 영역의 도파민 농도에 변화를 주기는 하지만 각기 다른 방식으로 다른 경로를 통해 다른 뉴런에 의해 이러한 기능을 수행한다. 예컨대 아편계 약물은 도파민의 활동을 억제하는 반면 벤조디아제핀계 약물은 도파민성 뉴런들의 발화를 증가시키는 식이다.[39] 그럼에도 불구하고 미국의 영향력 있는 의사들은 계속해서 생화학적인 '뇌 질환' 모형이 약물중독을 설명해줄 수 있을 뿐만 아니라 인터넷, 음식, 성 등의 다른 유형의 중독으로까지 확장될 수 있다고 주장한다.[40] 혼란스럽게도 해당 모형은 중독의 공통적인 생화학 기저에 대처할 약물의 필요성이 아닌 행동적 치료와 정책의 변화라는 측면에 주로 영향을 미쳤다.

이 같은 과학적 접근법은 서서히 대중문화에 영향을 주기 시작했고, 이제는 포르노그래피부터 소셜미디어에 이르기까지 중독성을 띠는 것들이라면 전부 도파민 체계의 활성화가 작용한 탓이라는 주장이 흔하게 제기되고 있다. 2017년에는 페이스북의 창립자 중 한 명이었던 숀 파커Sean Parker(그는 2005년에 사임했다)가 자신들이 고의로 해당 웹사이트를 중독성 있게 제작했다고 주장하며 "우리는 여러분에게 약간의 도파민을 놓아드리고 있습니다"라고 뻐겼다.[41] 사실 말도 안 되는 이야기다. 실험 참가자들(총 여덟 명)이 비디오게임을 하는 동안 이들의 뇌에서 도파민이 방출되었다고 보고한 연구가 있기는 하지만 이 연구는 중독과는 아무런 관련도 없을뿐더러 실험에서 관찰된 효과가 참가자들이 컴퓨터와 상호작용함에 따라 야기된 것이라는 그 어떤 증거도 없다(통제 조건은 책을 읽는다든지 하는 활동이 아닌 빈 화면을 응시하는 것이었다).[42] 다시 말해 트위터가 우리의 도파민 체계를 해킹했다는 증거는 어디에도 없다. 볼프람 슐츠의 말에 의하면 도파민성 뉴런의 활성화가 쾌감을 생성한다는 사실조차도 분명하지 않다. 모든 중독 행동이 도파민 탓이라는 주장은 흔히들 말하는 유사 신경과학neurobollocks을 단적으로 보여주는 예이다. 중독에 대한 도파민 뇌 질환 모형에 많은 이가 열광하기는 했지만 저마다 다른 중독 행동들이 혹여 서로 유사한 것처럼 보이고 느껴질지라도 그 기저에 있는 작용 기제는 서로 다를 것이라는 점은 확실해보였다.

정신질환과 생리학 사이의 연결고리를 찾는 데 걸림돌이 되는 문제 중 하나는 정신과적 진단이 아주 정확하지는 않다는 점이다. 미국에서는 미국 정신의학회에서 무엇을 정신건강 장애라고 규정할 것인지에 대해 효과적으로 정의한 《정신장애 진단 및 통계 편람Diagnostic and Statistical Manual of Mental Disorders》이라는 합작품(흔히 DSM이라고 알려져 있다)에 기반하여 진단이 이루어지고 있다.[43] 특히 이러한 관점들은 정신건강의 경계가 일부 사회적으로 결정된다는 점 때문에 시간이 지나면서 계속해서 변화한다. 가령 동성애는 큰 다툼을 겪고 난 뒤 1980년대에 이르러 DSM 초안에서 삭제되었다. 대부분의 경우 정신건강 문제의 원인을 뇌 기능이나 화학적인 측면에서 설명하기란 쉽지 않다. 한 가지 특별한 예외가 있다면 알츠하이머병인데, 이 병은 뇌의 구조를 파괴하는 이상 형태의 단백질이 생겨나는 현상과 관련 있다고 여겨진다. 하지만 이 경우에도 원인과 결과 그리고 이 현상에 영향을 미치는 요인들을 딱 떨어지게 이해하기가 어려우며, 효과적인 치료법을 찾아내기란 더더욱 어렵다. 정신건강 문제의 기원과 그에 대한 치료 방안에 대한 우리의 이해도는 여전히 대단히 만족스럽지 못하다.

*

약리학적 접근법과 정신건강 장애의 생리학적 근거를 융합하려는 시도로 가장 잘 알려진 사례는 세로토닌이 우울증에 미치는 영향에 관한 연구였다. 신경전달물질들은 시냅스로 방출되고 나면 시냅스 후 세포의 수용기와 결합하는데, 신경 신호의 전달 과정은 이 신경전달물질이 시냅스 전 세포로 다시 흡수되면서 끝나게 된다. 바로 이 '재흡수reuptake' 과정의 발견으로 인해 뇌 안의 세로토닌 수치를 증가시킬 수 있는 '선택적 세로토닌 재흡수 억제제selective serotonin reuptake inhibitor, SSRI'라는 약물이 개발될 수 있었다. 이 같은 약물들은 뇌 내 세로토닌 수치를 증가시킴으로써 우울증의 증상을 완화시킨다. 그중 가장 큰 성공을 거둔 약의 미국판 이름인 프로작Prozac으로 더 잘 알려져 있는 SSRI는 전 세계적으로 매우 광범위하게 처방되고 있으며, 많은 환자들이 이 약 덕분에 자신의 삶이 크게 달라졌다고 여긴다.

그렇지만 SSRI를 투약했을 때 어떠한 일이 벌어지는지에 대한 이해는 사실상 아직까지 전무하다. 실제로 우울감을 겪고 있는 사람의 세로토닌의 수치가 낮은 것인지, SSRI는 여기에 어떻게 영향을 미치는지에 관해서는 알려진 바가 없다. 세포 수준에서는 세로토닌의 재흡수가 SSRI에 의해 매우 빠르게 영향을 받지만 이러한 변화가 기분에 영향을 줄 수 있다고 해도 환자가 이를 느낄 수 있게 될 때까지는 수 주일의 시간이 걸린다.[44] 우울증(또는 여타 정신건강 장애)의 생리학적 지표는 딱히 알려진 바 없으며, 최근 80만 명 이상을 대상으로 이들의 전 게놈에서 우울증과 연관된 유전적 요인에 대한 분석을 진행한 결과, "연구에서 식별된 우울증 관련 유전자에는 흥미롭게도 세로토닌성 체계와 연결된 유전자가 누락되어 있다"는 점이 지적되었다(이후 피험자의 수를 120만 명으로 늘려 반복 검증을 시도했고, 마찬가지로 우울증과 세로토닌의 연결고리는 찾지 못했다).[45] 우울증과 세로토닌 대사에 관여하는 유전적 요인 사이의 어떤 관련성을 찾으려다 실패한 사례는 이 연구가 최초도 아니었다. 솔직히 말해, 가라앉은 기분이 낮은 세로토닌 수치 때문이라는 결정적인 증거도, SSRI가 실제로 환자들의 뇌에서 세로토닌 수치에 미치는 영향을 뒷받침할 만한 확실한 증거도 존재하지 않는다.

SSRI를 복용하는 동안 아무런 차도도 느끼지 못한 환자도 많으며, 연구 결과를 둘러싼 과학자들의 갑론을박, 제약회사의 동기에 대한 의혹 그리고 심각한 부작용에 고통받는 일부 환자들의 절박감이 전부 한데 뒤섞여 SSRI의 실질적인 효과 여부를 둘러싼 성마른 논쟁으로 이어졌다.[46] 어쩌면 이렇게 표현하는 편이 나을지도 모르겠다. 요는 어느 정도 비율의 환자들이 도움을 받았는가, 각기 얼마만큼의 효과를 보았는가 그리고 만약 정말 효과가 나타나는 환자들이 있다면 약을 처방하기 전에 미리 어떤 환자들이 그처럼 효과를 볼 수 있을지 가려낼 수 있는가가 핵심 문제라는 사실이었다.[47]◆

SSRI가 우리의 문화 속으로 들어오는 과정에서 가장 흥미로운 점은 여전히 아무런 증명이 이루어지지 않았음에도 불구하고 과학자들이 제시한 우울증에 대한 설명을 대중이 받아들였다는 부분이다. 낮은 세로토닌 농도가 우울증을 유발한다는 가설을 만들어내는 데 기여한 인물로는 주로 두 명의 연구자가 언급되곤 하지만 실상은 둘 다 이와 비슷한 말조차 꺼낸 적이 없다. 1965년에는 조지프 쉴드크로트Joseph Schildkraut가 낮은 세로토닌 수치를 탓하는 대신 모노아민 계열로 분류되는 화학물질들이 우울증과 다른 장애들의 원인을 설명하는 다양한 방식을 요약하여 발표했다. 모노아민 계열이 우울증에 미치는 영향은 2년 뒤 영국의 의학연구협회 소속이었던 정신과의사 알렉 코펜Alec Coppen에 의해 검토되었지만 그는 이에 대해 다양한 범위의 장애에 세 가지 물질들이 모두 관여할 수는 있음을 시사하는 것 이상으로 강한 주장을 내비치지는 않았다. "모노아민 결핍이 장애의 유일한 원인은 아니다"라는 것이 그의 결론이었다.[48]

그럼에도 불구하고 이와 같은 관념은 정신의학계를 장악하고 있었는데, 이에 1974년에는 필라델피아의 연구자 두 명이 "임상 우울증이 생원성 아민biogenic amine의 활동저하와 연관되어 있다는 가설을 검토하기 위해" 다수의 연구들을 개관했다. 이들은 특히 건강한 피험자들을 대상으로 뇌의 세로토닌 수치를 격감시키는 'PCPA'라는 약물의 효과를 살펴본 연구들에 주의를 집중했다. 그리고 피험자들 사이에서 동요와 혼란이 증가했다는 보

◆ 만약 여러분이 SSRI나 그 밖의 다른 정신건강 문제에 대한 치료제를 처방받았다면 제발 주치의와의 상의 없이 복용을 중단하지 말기를 바란다.

고가 있기는 하지만 피험자들이 우울해지는 경향성은 나타나지 않았다는 점에 주목했다. 이보다 훨씬 대규모의 동물 연구에서는 불면증과 지나치게 공격적인 행동들을 비롯하여 "차라리 조증을 연상"시키는 행동 변화가 관찰되었다. 그에 따라 10여 년 전 코펜이 그러했듯 이 연구자들도 모노아민의 고갈이 "그 자체만으로는 우울증의 임상 증상들이 발달하는 데 충분한 원인을 제공하지 못한다"고 결론 내렸다.[49]

그로부터 5년이 흐른 뒤, 일부 연구자들은 지속적으로 세로토닌 장애를 겪는 우울증 환자들의 경우 그렇지 않은 환자들에 비해 우울 삽화를 더욱 빈번하게 경험한다고 보고하며 이것이 곧 세로토닌 문제가 우울증의 선행 요인임을 가리키고 있다고 결론지었다.[50] 이처럼 미묘한 견해는 순식간에 더욱 단정적으로 변했으며, 1980년대에 이르자 낮은 세로토닌 수치가 직접적으로 우울증을 유발할 수 있다는 관념이 단단히 뿌리내려 일명 '우울증의 화학적 불균형 이론chemical imbalance theory'으로 발전했다.[51] 이러한 개념은 곧 양극성장애, ADHD, 불안 등 다른 정신건강 문제를 설명하는 데까지 확장되었고, 이제 와 몇몇 정신과의사들이 자신들은 결코 이 이론을 진심으로 받아들인 적이 없다고 아무리 주장해도 현재는 대중들의 통념, 약품 광고 그리고 언론인들의 마음속에까지도 깊이 자리하게 되었다.[52] 한편으로 '화학적 불균형'이라는 개념이란 그저 뇌의 화학작용에 변화를 가하는 약물이 고통스러운 증상들을 완화시켜줄 수도 있다는 실증적인 진실을 나타내는 것일지 모른다. 하지만 환자와 의사들이 질병의 원인을 설명하는 이 엉터리 뇌 기능을 대하는 방식은 본질적으로 천 년도 훨씬 넘는 시간 동안 유럽 문화를 지배하고 그 자체로서 의학으로 통했던 갈레노스의 4체액설과 크게 다르지 않다는 점을 유념할 필요가 있다.◆

화학적 불균형 이론이 이토록 널리 받아들여지게 된 이유 중 하나로 추정해볼 수 있는 것은 아마도 이것이 사람들이 실생활에서 느끼는 바와 일치하기 때문일 것이다. 우울증을 앓고 있는 사람들은 자신의 증상에 압도되는 느낌이라고 보고하며 절망적인 느낌과 즐거움을 느낄 수 있는 능력이 결여되어 있다는 감각이 마치 일종의 거대한 회색 담요처럼 마음을 온통 뒤덮고 있는 듯하다고 이야기한다. 마찬가지로 중독에 고통받는 이들은 자신의 통제력을 벗어난 어떤 힘에 휘둘리는 듯한 느낌을 받곤 한다. 이른바 '등 뒤에 원숭이 한 마리가 매달려 있는 느낌monkey on my back'이다. 어떤 설명이 옳은 느낌이 든다고 해서 그 이론이 사실이 되는 것은 아니지만 이를 통해 우리가 대체 왜 부적절하고 엉터리일 가능성이 있는 설명을 받아들이게 되는지는 짐작해볼 수 있다.

우울증에 대한 단일한 설명과 단일한 치료제가 있을 리는 만무하며, 이는 다른 정신건강 문제의 경우에도 마찬가지다. 어쩌면 현재 주요 제약회사에서 정신건강을 치료하기 위한 신약을 개발하는 데 별로 관심을 보이지 않는 이유도 이 때문일 것이다. 대형 제약회사들은 1950년대에 놀라운 행운의 물결을 탔지만 이미 오래전 일일 뿐이다. 2012년에는 세계적인 제약 산업의 주역이었던 정신과의사 H. 크리스천 피비거H. Christian Fibiger가 "정신 약리학은 위기에 직면해 있다. 결과가 말해주듯 대규모의 실험들은 모두 실패했음이 명백하다. 수십 년간의 연구와 수십억 달러의 투자에

◆ 리처드 버턴Richard Burton은 1621년에 발표한 《우울증의 해부》에서 네 가지 체액이 어떻게 마음과 상호작용하여 우울감을 만들어내는지에 관해 이렇게 묘사했다. "육체가 마음에 작용할 때 나쁜 체액은 혼을 어지럽히고 역한 연기를 뇌로 보내 그 결과로 정신과 그로부터 비롯된 모든 기능들을 공포, 슬픔 등으로 교란시키는데, 이것이 바로 이 질병의 일반적인 증상들이다. 반대로 마음은 격정과 동요를 통해 육신에 가장 효과적으로 작용하여 이를 기적적으로 우울, 절망, 잔혹한 질병 그리고 때로는 자신의 죽음으로 바꾸어 낸다." 여기서 '나쁜 체액'을 '세로토닌'으로 바꾸고 문체와 문법을 현대식으로 수정하면 오늘날 우리가 읽는 내용과도 크게 다르지 않아 보인다. Burton, R., *The Anatomy of Melancholy, What it Is. With All the Kindes, Causes, Symptomes, Prognostickes, and Severall Causes of It* (Oxford: Cripps, 1621), 119.

도 불구하고 30년 넘는 시간 동안 정신의학 시장에 도달한 전혀 새로운 기제의 약물은 단 하나도 없다"라고 암울하게 말했다.[53] 그리고 이러한 사실은 금세 바뀔 기미가 보이지 않는다. 2010년, 세계 2대 제약회사 글락소스미스클라인과 아스트라제네카에서 정신질환 치료 목적의 신약 개발을 중단한다고 발표한 것이다. 이유는 단순했다. 돈이 되지 않기 때문이다. 양사 모두 주주들에게 신약 개발 시도의 위험성을 정당화하기에는 실패 확률이 지나치게 높다고 느꼈다. 이로써 우리는 가까운 시일 내에는 새로운 치료법을 기대할 수 없게 되었다. 영국의 사회학자 니콜라스 로즈Nikolas Rose의 말처럼 "파이프라인이 텅 비어버렸다!"[54]

## 정신건강을 설명하는 유전자가 있을까

정신건강 문제의 기원을 이해하는 데 있어 대중들의 마음을 울렸던 또 다른 설명 체제는 우리의 행동을 결정하는 데 유전자가 행하는 역할에 초점을 맞추어 전개된 것이었다. 유전자가 실험동물의 뇌 기능을 살펴볼 때 중요한 도구로 자리매김했다고는 하지만 인간의 뇌 기능과 이상 기능을 충분히 설명하지는 못했다. 그럼에도 불구하고 사람들은 우리의 유전자가 정신건강 문제의 바탕에 자리하고 있다는 주장을 아무 의심 없이 받아들였다. 이번에도 이 같은 설명이 지닌 힘은 우리의 주관적인 경험에서 비롯된 듯하다. 환자들은 많은 경우 자신의 정신건강 문제가 체질적으로 타고난 것이라고 느낀다. 그냥 원래 그렇게 생겨 먹은 것이라고 말이다. 하지만 우리가 현재와 같은 모습을 하고 있다고 해서 우리의 특질을 이루는 중요한 양상들 대부분 혹은 전부에 어떤 강력하고 분명한 유전적인 요인이 존재한다는 의미는 아니다. 가령 오른손잡이 혹은 왼손잡이는 타고나는 측면이 강하고 분명 '나다운 것'이라는 느낌이 들지만 유전적 요인이 기여하는지 여부는 모호하며, 관여하는 성분이 있다고 해도 틀림없이 매우 복잡할 것이다.[55]

실제로는 정신건강 문제를 설명할 수 있는 정확하고 식별 가능한 주요 유전 성분의 예 같은 것은 없다. 조현병과 자폐증은 둘 다 유전적 소인이 강하지만 우울증이 그런 것처럼 딱히 이를 유발하는 대표 유전자가 뚜렷하게 존재하는 것은 아니다. 대신 각기 아주 미미한 영향을 미칠 수 있는 수십 혹은 수백 개의 유전자들이 이 같은 장애의 소인에 기여하고 있을 가능성은 있다. 하지만 정신건강 장애의 유전적 근거를 좇는 시도는 적어도 한 사례에 있어서만큼은 막다른 길에 부딪히는 것으로 끝이 났다. 1990년대 후반부터 연구자들은 세로토닌 수송체serotonin transporter의 활동을 지정해주는 'SLC6A4'라는 이름의 유전자에 관심을 가지게 되었다. 이 유전자의 변형체들은 우울증과 연관이 있는 것처럼 보였고, 이는 SSRI 모형과도 맞아떨어졌다. 이에 수백 편의 논문들이 발표되었고 하나같이 'SLC6A4'가 다른 다수의 유전자들과 함께 우울증을 이해할 열쇠를 쥐고 있으며 특히 불안과의 연결고리를 풀어줄 수 있다는 과학적인 합의가 이루어지는 데 일조했다. 그러던 2019년, 연구자들은 어마어마한 규모의 자료(최대 44만 3264명의 정보)와 더불어, 뭔가 하나라도 통계적으로 유의미한 결과가 걸리길 바라는 심정으로 끝도 없이 파고드는 대신 연구를 진행하기 전에 예상되는 결과를 미리 보고하는 등 철저한 통계 기법을 활용해 이 모든 유전자의 역할을 살펴보았다. 그리고 이들이 내린 결론은 그 많은 시간과 노력이 전부 허사였다는 것이었다. 'SLC6A4'를 비롯해 우울증에 중요한 역할을 하리라 여겨졌던 유전자 18개가 실제 그 같은 기능을 한다는 증거는 어디서도 발견되지 않았다.[56]

아일랜드 더블린 트리니티대학의 유전학자 케빈 미첼Kevin Mitchell의 주장에 따르면 우리가 가지고 있는 진단 도구들이 빈약해서 정신건강 문제에서 이 같은 장애 유형에 진정으로 관여하는 유전자들을 규명하기란 불가능했다.[57] 만약 특정한 장애로 진단받은 일부 환자들에게서 지속적으로 나타나는 유전자들을 규명하는 작업에서부터 시작한다면 진단 기준과 해당 장애의 원인에 대한 이해도를 모두 개선함으로써 보다 효과적인 치료법을 만들어낼 수 있을지도 모른다.

하지만 어떤 경우이든 유전자는 우리 뇌에 영향을 미치는 마법의 힘이 아니다. 유전자는 어찌 되었든 단순히 우리 몸이 만들어내는 단백질을 결정하는 역할을 할 따름이다. 어떤 특정한 현상이 뼛속 깊이 박혀 있어 태생적으로 어쩔 수 없는 것처럼 느껴진다고 해도 이러한 사실에는 변함이 없으며, 만약 정말 강력한 유전 성분이 존재한다치더라도 이 유전자 역시 궁극적으로 특정한 때에 우리의 뇌 안 특정한 영역에서 단백질 유형의 형태로서 발현되고 난 뒤에는 다시 무수히 많은 환경적 요인들의 영향 하에 놓이게 될 것이다. 아주 단순한 신경계조차도 제대로 이해하지 못하는 우리의 지식으로 인간 뇌의 유전적 구조와 이들 각각이 환경과 상호작용하는 방식에 관한 비밀을 푼다는 것은 앞으로 수 세기는 더 전념해야 할 과제일 것이다.

미국 국립보건원에서 착수한 'psychENCODE'•라는 이름의 대형 프로젝트는 15개 연구기관들이 관여하며 인간의 뇌에 관여하는 모든 유전 요인들을 규명하고 이들 각각이 진화와 발달 그리고 무엇보다도 신경정신과적 장애에서 어떤 역할을 하는지 밝히겠다는 야심 찬 목표하에 진행되었다.[58] 2018년 말에는 이 프로젝트의 첫 번째 결과를 보고하는 논문들이 대거 발표되었지만 그다지 대단한 사실들이 밝혀지지는 않았는데, 이는 해당

• 정신을 의미하는 psych와 DNA 요소 백과사전Encyclopedia of DNA Elements의 약자가 결합된 용어.

프로젝트에서 기본적으로 정신건강의 유형들이 언제나 믿을 만하고 타당하며(가령 '조현병'이라고 하면 다른 어떤 장애 유형과도 헷갈리지 않고 자신 있게 식별해낼 수 있는 단일한 장애라고 여긴다) 궁극적인 원인은 분자에 있다고 가정하는 접근법을 취한 탓도 있었다. 이 두 가지 가정 모두 사실이라고 밝혀진 바 없다. 프로젝트를 통해 생산된 엄청난 규모의 데이터베이스는 유용한 출발점이 되어줄 수는 있겠지만 정신건강 문제에 유전적 변형체들과 밀접하게 연관된 신뢰도 높은 생물학적 지표가 있다는 가정은 거의 엉터리에 가깝다.

*

정신건강 문제에 대한 그 어떤 확실한 해결책도 없는 상황이다 보니 전기경련요법electroconvulsive therapy, ECT처럼 한때 유행했던 치료법이 재유행하는 일도 생겼다. 환자에게 경련을 일으키는 ECT는 1930년대에 처음 쓰이기 시작해서 1940년대에 이르러서는 미국에서 우울증 치료법으로 널리 활용되었다.[59] 그렇지만 약리학적인 접근법이 더 좋은 대안으로 대두되면서 그 인기도 사그라들고 말았다. 이에 더해 기억상실에 대한 주장도 지속적으로 제기되었으며, 대중도 밀로스 포먼Miloš Forman 감독의 1975년 영화 〈뻐꾸기 둥지 위로 날아간 새〉나 그보다 앞서 실비아 플라스Sylvia Plath가 1963년에 발표한 《벨 자》를 통해 이 요법에 대한 묘사를 접하면서 치료 과정에서 환자들에게 무슨 일이 일어나는지를 보고는 이에 공포심을 느끼기 시작했다.

> 뭔가가 아래로 구부러지더니 나를 움켜잡고는 마치 세상이 끝나기라도 한 듯 흔들어댔다. 장치는 푸른빛이 빠직거리는 허공에 대고 위이이이이이

날카로운 소리를 내질렀고, 불빛이 한 번씩 비칠 때마다 뼈가 으스러지고 쪼개진 식물에서처럼 진이 쏙 빠져나가는 느낌이 날 때까지 엄청난 충격이 나를 후려쳤다.[60]

근육 이완제 덕분에 ECT는 플라스의 묘사보다는 훨씬 덜 공포스러운 요법이 되었지만 여전히 미심쩍은 부분은 남아 있다. 그 이유 중 하나는 우리가 이 요법이 정말로 효과가 있는지, 있다면 어떠한 원리로 효과가 있는 것인지 알지 못하기 때문이다. 일부 환자들은 이 요법을 가리켜 신이 주신 선물이라고 칭하는 반면, 또 다른 이들은 완강하게 적대감을 표한다. 매년 전 세계적으로 약 백만 명 정도의 환자들이 ECT 치료를 받는다.[61]

1950년대에 유행했던 요법들이 재조명되는 현상의 일환으로 LSD에 대한 과학계 및 의학계의 관심도 점차 높아지고 있다.[62] 뇌 화학의 창을 열어주는 동시에 일부 사용자들의 보고에 따르면 새로운 현실로 향하는 문을 열어주는 듯 여겨졌던 이 약물은 어쩌면 단순한 오락거리 이상의 쓰임새가 있을지도 모른다. 연구자들은 뇌 전체에 대한 신경조절물질 활동 모형을 구축하겠다는 목표 하에 LSD가 특히 어떻게 뇌의 연결성에 변화를 주어 그 같은 효과를 만들어내는지 이해하고자 노력하고 있다.[63] 이들은 이러한 접근법이 "인간의 뇌가 건강한 상태와 질병에 걸린 상태에서 각각 어떻게 기능하는지에 관한 기본적인 통찰로 이어질 수 있으며, 신경정신과적 장애들을 위한 약을 발견하고 고안해내는 데 쓰일 수 있다"고 주장한다.[64] 어쩌면 비현실적인 희망에 불과한 것으로 밝혀질지도 모르지만, 일단 언론에서 이들과 관련하여 날조한 공포심만 떨쳐내고 나면 오락성 약물들도 새로운 치료법으로 이어질 가능성이 있다. 1990년대 클럽 문화에서 오락성 약물로 이름을 날려 경악한 언론의 우려 섞인 헤드라인을 연일 뽑아냈던 강력한 마취제 케타민도 이제는 미국에서 항우울제로 채택되어 사용이 허가되었다.

이러한 치료적 효과는 2000년 의사들에 의해 처음 주목을 받았다.[65] 미국 국립정신보건원의 원장 조슈아 고든Joshua Gordon은 이와 관련하여 "놀라운 소식이다. (…) 수십 년 만에 처음으로 등장한 완전히 새로운 항우울제이자 기존의 치료제에 반응을 보이지 않던 환자들을 겨냥한 첫 번째 약이 마침내 사용 허가를 받았다"고 평했다.[66] 하지만 정신건강 문제에 대한 약리학적 치료법의 경우 한 번씩 새로운 요법이 등장해 대유행했다가 다시 사그라지는 과정이 반복된다는 지금까지의 특성을 고려한다면 앞으로 몇 년 내의 미래에 대해서도 낙관적일 수만은 없다.

그러나 놀랍게도 정신건강을 대하는 대중의 인식이 엄청나게 변화하고, 해당 분야의 연구에 막대한 지원금이 투입되었으며, 점차 많은 수의 과학자와 의사들이 정신건강 문제의 원인을 이해하고 잠재적 해결 방안을 찾는 데 집중하고 있음에도 불구하고 이들이 전반적으로 환자들이 받는 고통에 미치는 영향은 극히 적다. 2002년부터 2015년까지 미국 국립정신보건원을 이끌었던 토머스 인셀도 최근 이 부분을 지적했다.

> 국립정신보건원에서 13년 동안 일하며 정신장애에 대한 신경과학 및 유전학 연구들을 정말 열심히 밀어붙였는데, 이제와 되돌아보면 제법 많은 돈을 들여(2백억 달러 정도 되었던 듯하다) 훌륭한 과학자들이 정말 훌륭한 논문들을 발표할 수 있게 하는 데는 성공한 것 같지만 막상 정신질환을 앓고 있는 수천만 인구의 자살을 줄이고, 입원 횟수를 감소시키고, 회복을 앞당기는 데는 코딱지만큼의 변화도 이루어내지 못했다는 사실을 깨닫는다.[67]

여기에 대해 무슨 말을 할 수 있을까. 건강한 뇌와 마음이 어떻게 작용하는지 이해하지 못하므로 문제가 발생하더라도 이를 어떻게 고칠 수 있을지 알지 못한다는 사실은 그리 놀랍지 않다. 나처럼 정신건강 문제와 동떨어진 체계를 연구하는 연구자들은 뇌의 작용 기제에 관한 기본적인 지식과 어떤 효과적인 치료법을 향한 막연한 가능성 사이에 존재하는 이 거대한 간극을 알아볼 수 있지만 겨우 그뿐, 다시 일상으로 되돌아가곤 한다(내 경우에는 구더기의 후각 연구이다). 현장에서 절박하게 치료제를 필요로 하는 의사 그리고 누구보다 환자와 그 가족들(나도 그러한 가족의 구성원이다)의 상황은 그렇게 만만하지가 있다. 효과적이면서도 안전한 치료법이 하루빨리 나오길 바랄 뿐이다. 궁극적으로 치료제가 효과를 발휘하기만 한다면야 치료법의 작용 원리에 대한 깊은 이해가 부재하다는 사실 따위는 결국 아무런 의미가 없게 될 것이다.

14

# 국재화

1950년대부터 오늘날

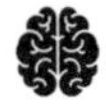

뇌를 이해하기 위한 기나긴 여정에서 반복적으로 등장하는 주제가 있으니, 바로 특정 기능들이 우리 신경계의 어느 특정한 부분에 국재화되어 있다는 주장이다. 처음에는 모든 것이 그저 추측에 불과했는데, 이 같은 견해의 흔적이 문헌상에서 처음으로 발견된 것은 16세기 혹은 17세기 전까지 유럽에서 천여 년간 흥했던 뇌실 기능의 국재화론에서 비롯된 다양한 파생 이론들이었다. 19세기 초에는 골상학자들이 두개골의 혹에서 십수 개의 모호한 심리적, 행동적 구조물들과 그 이면의 기상천외한 조직들의 위치를 짚어내기도 했다. 19세기 중반부터는 언어나 운동 통제와 같은 일부 기능들에 대해 국재화가 이루어져 있다는 구체적인 증거들이 발견되었지만 보다 상위의 정신활동들이 국재화되어 있음을 가리키는 증거는 별로 없었다. 이 무렵의 과학자들은 심리 및 행동 과제를 수행할 때의 뇌 활동을 측정할 수 있는 수단이 부족했기 때문이었다.

뇌 전체에서, 나아가 일부 영역들과 궁극적으로는 세포들로부터 전기생리적 활동을 기록할 수 있는 기술(뇌전도electroencephalogram, EEG, 1920년대 베르거가 처음 발명했다)이 발달했음에도 문제는 해결되지 않았다. 이 같은 기법들을 통해서는 EEG처럼 엄청나게 일반적인 정보만을 취할 수 있거나 극단적으로 구체적이어서 겨우 특정한 일부 영역들의 반응만을 알 수 있었다. 어떤 주어진 과제에서 특정 영역이 담당하는 고유한 역할을 보다 확실하게 파악하기 위해서는 전반적인 활동을 측정하는 동시에 국재화된 변화를 탐지할 수 있는 방법이 필요했다. 이러한 연구가 바로 1990년대 초부터 이루어지기 시작했는데, 새로운 뇌 영상 기술로 인해 이때를 기점으로 뇌를 대하는 우리의 시각을 완전히 바꾼 연구들이 폭발적으로 쏟아져 나왔다.[1]

뇌 영상 기법의 발달 초기에는 해부학에 초점이 맞춰져 있었다. 가령 컴퓨터의 도움으로 얻어진 X-레이 컴퓨터단층촬영computed tomography, CT 기술은 1970년대에 널리 보급되어 환자의 머리를 둘러싼 다수의 X-레이 영상을 촬영하는 데 활용되었다. CT 스캐너는 영국의 전기공학자 고드프리 하운스필드Godfrey Hounsfield가 1960년대에 발명했다(그는 알지 못했지만 남아프리카의 앨런 코맥Allan Cormack도 이와 흡사한 이론적 연구를 진행하고 있었다). 스캐너가 처음 사용된 것은 1971년, 전두엽 종양이 의심되는 환자의 뇌를 촬영하기 위해서였는데, 마침내 수술을 집도하고 난 뒤 의사는 환자의 뇌에서 발견한 종양이 "영상에서 보았던 것과 정확히 일치했다"고 이야기했다.[2] 영상을 만들어내기 위해 필요한 계산들을 수행하는 데 점차 컴퓨터의 활용성이 높아지면서 이 새로운 접근법은 신체적인 뇌 질환의 진단을 빠르게 바꾸었고, 하운스필드와 코맥은 이처럼 중요한 발견을 한 공을 인정받아 1979년에 공동으로 노벨상을 수상했다.

CT 스캔은 단순한 X-레이 촬영과 마찬가지로 개략적인 수준에서 구조를 파악할 수 있게 해주며, 기능에 대한 정보는 직접적으로 제공해주지 않는다. 이러한 한계는 1970년대 중반 마커스 레이클Marcus Raichle, 마이클

펠프스Michael Phelps 그리고 미셸 터포고시안Michel Ter-Pogossian의 연구로 양전자 방출 단층촬영positron emission tomography, PET 기술이 등장하면서 극복되었다. 이 기법은 방사성 산소 동위원소로 만들어진 물 등의 약한 방사성 추적자를 주입하여 뇌의 특정 영역의 대사 활동을 측정한다. PET에서 쓰이는 동위원소들은 빠르게 붕괴하여 감마선을 방출하는데, 바로 이 전자기파가 탐지되는 것이다.[3] 이 같은 방사성 동위원소들이 뇌의 정상적인 대사 활동으로 빠르게 통합되는 성질을 띠는 덕분에 1988년 레이클과 동료들은 PET을 활용하여 피험자들이 단어를 들을 때 국재화된 뇌 활동에서 어떠한 변화가 일어나는지도 보여줄 수 있었다.[4] 이들이 1988년도에 발표한 논문 중에는 이 같은 새로운 접근법의 도래를 알리는 〈인간 뇌에서의 인지 작용의 국재화Localization of Cognitive Operations in the Human Brain〉라는 제목의 논문도 있었다.

그렇지만 PET 스캔도 여전히 뇌 구조와 미묘한 심리 기능들 사이의 명확한 연결고리를 확립하기에는 너무 느렸으며, 무엇보다도 방사성 동위원소를 주입하는 과정을 거쳐야 하는 관계로 그 매력이 제한적일 수밖에 없었다. 그러던 중 현존하는 가장 영향력 있는 뇌 영상 기법, 기능적 자기공명 영상functional Magnetic Resonance Imaging, fMRI이 등장하면서 돌파구가 마련되었는데, 이는 강력한 자기장 내에서 원자들의 활동을 측정하는 기술로서 현재 뇌 영상 분야에서 지배적인 위치를 차지하고 있다. 1991년 잭 벨리보Jack Belliveau와 동료들은 시각 자극이 주어지는 동안 시각피질에서 일어나는 혈류 변화를 보여주는 논문을 〈사이언스〉에 발표했다. 이 논문은 당시 컴퓨터그래픽을 활용하여 인간의 뒤통수를 들여다본 장면을 흑백으로 묘사한 극적인 그림으로 〈사이언스〉의 전면 표지를 장식했다(과학자에게 이는 엄청난 일이다). 그림에서 머리의 뒷부분은 겉이 잘려나가 뇌 표면의 모습을 드러내고 있었고, 뇌의 작은 영역들이 빨간색과 노란색으로 채색되어 혈류의 변화가 관찰된 곳을 강조했다. 이는 연구자들이 바랐던 것만큼 짜릿한 발견이었는데, 지금은 손꼽히는 fMRI 과학자가 된 낸시 캔위셔Nancy Kanwisher는 아직 젊은 연구자였던 당시 자신의 흥분에 관해 이렇게 회상했다. "이 영상들은 모든 것을 바꾸어 놓았다. (…) 이제 과학자들은 실제로 인간이 보고, 생각하고, 기억하는 동안 정상적인 뇌의 활동이 시시각각 변화하는 모습을 지켜볼 수 있다."[5]

벨리보가 사용했던 기법도 여전히 조영제를 주입하는 것에 의존하고 있었다. 여기서 한 발자국 더 나아간 것이 그로부터 1년 뒤, 세 군데의 연구팀에서 거의 동시에 피험자가 MRI 스캐너 안에서 단순한 심리 과제들을 수행하는 동안 산소헤모글로빈과 탈산소헤모글로빈 내 철 원자들의 활동을 관찰함으로써 뇌의 특정 영역에서의 혈중 산소화 농도를 측정(이 측정치를 일컬어 혈류 산소 수준Blood Oxygen Level Dependent, BOLD라고 한다)한 기법이었다.

fMRI는 서로 다른 영역들 간 혈중 산소헤모글로빈과 탈산소헤모글로빈이 보이는 자기반응magnetic response의 차이를 탐지하여 이를 뇌 그림에 밝은 색으로 표시해준다. 이러한 영상들을 가리켜 피험자가 특정한 심적 활동에 몰두할 때 뇌가 '빛을 발하는 모습lighting up'을 보여준다는 표현이 쓰이곤 한다. 따라서 fMRI는 뇌가 기본적인 생리, 즉 신체 기관의 일부로서 수행하는 기능에 대한 단순한 측정치를 보고하는 것으로, fMRI에서 얻어진 영상 결과들은 결코 뉴런들의 실제 활동을 직접적으로 나타내는 것이 아니다. fMRI 스캔으로 바라본 뇌는 컴퓨터도, 신경망도 아닌, 일종의 분비샘이다.

캔위셔는 1995년 fMRI 스캔 기록을 처음 보았을 때 느꼈던 흥분을 이렇게 회상했다(그 자신의 뇌를 촬영한 영상이었다).

> 가장 설레는 부분은 내가 얼굴을 보고 있는 동안에는 사물을 보고 있을 때보다 신호가 높아지는 등 개별적인 복셀(영상의 최소 단위)들의 fMRI 반응을 실시간으로 볼 수 있다는 점이었다.

어쩌면 정말 레이클이 몇 년 앞서 선언한 대로 인지과정들이 뇌의 아주 특정한 영역들에 국재화되어 있을 가능성도 있는 듯했다. fMRI 혁명은 그렇게 시작되었다.

마지막 단계는 fMRI가 뇌의 신경 활동을 직접적으로 반영하지 않는다는 이유로 미심쩍은 시선을 거두지 않고 있던 과학자들을 설득하기 위해 단일 뉴런 기록과 fMRI 반응 측정을 동시에 진행하는 일이었다. 이는 기술적으로 엄청나게 어려운 도전이었는데, 특히 스캐너의 자기장 안에 전극을 집어넣으면 전기 활동을 일으켜 이 전극들이 기록하는 뉴런의 반응을 식별하는 일이 매우 어려워졌기 때문이었다. 그러다 마침내 2001년, BOLD 대발견이 일어난 지 10년 되는 해에 니코스 로고세티스Nikos Logothetis와 동료들은 fMRI가 실제로 신경 활동과 매우 밀접하게 연결되어 있음을 보여주는 논문을 출간했다.[6]

fMRI가 미친 영향력은 대단했다. 30년도 채 되지 않아 관련 주제로 10만 건이 넘는 논문이 출간되었고, 현재는 매년 8천 건의 논문이 쏟아지고 있다. 이러한 연구는 언론의 사랑을 독차지하곤 하는데, 결과에 수반되는 영상이 이목을 끌기에 좋으며 뇌의 작용 기제에 대한 설명이 상대적으로 단순해 보이기 때문이다. 가령 언론에서는 fMRI가 개인차를 설명해줄 수 있으며("도박 중독자의 뇌는 구조적으로 다르다"), 심지어 마음을 읽어줄 수도 있다("fMRI는 당신의 비밀을 알고 있다")고 이야기한다. 때로는 이것이 이상하게 변질되어 마치 여러 색깔의 방울 그림이 우리의 기분을 조금 더 현실적으로 만들기라도 하듯 주관적 경험을 확인하는 데 fMRI 영상을 가져다 쓰기도 한다("뇌 영상은 침술요법이 고통을 완화시켜준다는 시각적 증거를 제공한다"라거나 "지방은 정말 즐거움을 가져온다").[7] 법원에서는 아직 공식 증거로 채택하지 않지만 뇌 스캔을 통해 어떤 사람이 거짓말을 하는지 여부를 밝혀줄 수 있다는 미심쩍은 주장이 제기되는 한편, 살인자의 뇌는 뚜렷하게 구별되는 구조를 띤다고 주장하는 연구진도 있었다.[8] 이 새로운 기술이 지닌 디스토피아적인 잠재성은 명확하며, 이는 점차 사회학자와 윤리학자들의 관심 대상으로 떠오르고 있다.[9]

## 더 선명한 뇌 촬영은 가능한가

fMRI가 연구자와 대중에게 이처럼 강력하게 다가갈 수 있었던 힘은 특정한 정신활동을 수행하는 동안 활성화되는 뇌 영역을 정확히 규명할 수 있는 능력에서 비롯되었다. 하지만 이처럼 직관적인 영상들은 사실 보기보다 훨씬 덜 단순하다. 뇌는 온갖 종류의 활동을 수행하는 살아 있는 기관이기에 연구자들이 관심을 두고 있던 변화를 가려내기에는 지나치게 활동 수준이 높다. 영역들 간 BOLD 수치에서 흔히 아주 작은 차이(이 차이는 밝은 색상으로 표현되다보니 데이터만으로 검증되지 않은 높은 정확도와 강도를 암시할 수 있다)를 계산해내기 위해서는 복잡한 소프트웨어 패키지를 사용해야 하는데, 이 과정에서 심각한 오류가 발생할 수 있다. 2016년에는 어느 fMRI 연구자들이 기존의 여러 논문에서 제시한 3백만 건 이상의 기록들을 검토한 결과, "fMRI 분석에서 가장 흔히 쓰이는 소프트웨어 패키지가 (…) 최대 70퍼센트까지 거짓양성false-positive 확률을 높일 수 있다. 이로 인해 약 4만 건의 fMRI 연구 타당도에 의문을 가질 수밖에 없으며, 이는 뇌 영상 결과를 해석하는 데도 지대한 영향을 미칠 수 있다"는 사실을 발견했다.[10] 일각에서는 이처럼 우려스러운 결론에 이의를 제기했지만(이에 4만 건이라는 수치는 결국 몇 천 건 정도로 낮아졌다) 상당수의 연구자들은 지난 30년간 대유행한 방법론의 과학적 기반을 명확히 할 기회라며 오히려 환영했다.[11]

fMRI 데이터 해석에 의혹이 제기되었던 것이 이때가 처음은 아니다.

니코스 로고세티스도 2008년에 여러 fMRI 연구들에서 쓰이는 방법에 주요한 문제가 있다고 경고했다. 특히 실제 세포의 활동과 넓은 영역에서의 혈류 사이의 연결고리가 아무리 명확하다고 한들 fMRI에서 제공하는 수치는 어디까지나 뇌 활동의 대리 측정치라는 사실에 집중했다. 그는 연구자들이 이를 반드시 명심해야 한다며 이렇게 주장했다.

> fMRI의 한계는 물리학이나 빈약한 공학과 연관된 것이 아니며, 따라서 스캐너를 아무리 정교하게 개선하고 성능을 향상시킨다고 해도 이 같은 문제를 해결할 수 있을 것으로 보이지 않는다. 그보다는 뇌의 회로와 기능적 구조는 물론 이러한 구조를 무시한 채 진행된 부적절한 실험 절차에서 비롯된 문제라고 보아야 한다.[12]

이러한 유의 비판은 이를테면 어떤 정서를 느낄 때 뇌의 특정 부위가 '빛난다'고 주장하는 fMRI 연구에 주로 해당되는 이야기다. fMRI 연구자 러셀 폴드랙Russell Poldrack이 지적했듯 "이처럼 일대일 대응이 이루어지는 경우는 매우 드물다. 대부분의 뇌 영역들은 여러 가지 다양한 맥락에서 활성화된다."[13] 혹시라도 정말 그 같은 단단한 연결고리가 있다고 하더라도 그저 상관관계일 뿐이다. 어떤 영역이 어느 특정한 생각이나 경험을 담당하는 유일한 장소라는 것을 증명하기 위해서는 해당 영역에 병변이 있는 환자들을 연구하거나 어떤 식으로든 그 영역에 자극을 가해 변화를 관찰해야만 한다. 이를 살펴본 연구들은 거의 없는데다 실제로 진행된 연구에서도 이따금씩 예상했던 인과적 연결성을 증명하는 데 실패했다.[14]

그러던 중 2009년, 〈사회신경과학에서의 부두적인 상관관계Voodoo Correlations in Social Neuroscience〉라는 도발적인 제목의 논문이 무명의 심리학 학술지에 등장하면서 fMRI 데이터를 해석하는 것과 관련된 문제가 돌연 전 세계적인 관심을 받게 되었다. 논문에서는 기존의 많은 연구가 정밀하게 밝혀낸 뇌 영역들의 활동과 특정한 행동과 감정 사이에서 "당황스러울 정도로 높은" 상관관계를 관찰한 것에 대해 집중조명했다. 저자들은 나아가 일부 연구 결과들은 "불가능할 정도로 높은" 상관관계를 보고했다고 언급하며 데이터의 재분석을 요구했다.[15]

놀랍게도 다소 불가사의한 통계적 트집에 기초한 이 주장은 삽시간에 유명세를 타게 되었다.[16] (슬프지만 이 무렵에는 해당 논문이 투고된 학술지의 편집위원들도 기가 잔뜩 죽어 사람들의 이목을 덜 집중시키도록 논문 제목을 수정해야 한다고 고집했다.) 한바탕의 소동이 있고 난 뒤, 그 결과로 연구의 검증 방법을 개선하고 보다 엄격한 기준을 적용해야 한다는 일반적인 합의가 이루어지게 되었다. 5년 뒤에도 뇌 영상 처리 소프트웨어의 결함이 발견되어 이와 동일한 상황이 벌어진 것을 보면 이 같은 교훈은 학습이 이루어지고 난 다음에도 금세 다시 잊히는 듯하다.

일부 fMRI 연구자들은 이 같은 문제들을 인식하고 있음을 해맑게 보여주었다. 부두 사건이 터지고 몇 달 후, 국제뇌기능매핑학회의 회장이 연례 학술대회에서 기조연설을 하며 해당 연도 학회에서 발표된 것 중에서 특히 흥미롭다고 여겨지는 연구에 대해 언급했다. 이 연구가 바로 크레이그 베넷Craig Bennett과 동료들이 죽은 연어를 대상으로 진행했던 실험이었다. 실험 절차에 대한 베넷의 묘사는 읽어볼 만한 가치가 있다.

> 성숙한 대서양 연어(학명 살모 살라) 한 마리가 fMRI 실험에 참가했다. 연어는 길이 약 45센티미터, 무게 약 1.7킬로그램이었으며, 스캔 중에는 살아 있지 않은 상태였다. 연어에게 주어진 과제는 정답이 정해지지 않은 정신적 과제를 완료하는 것이었다. 구체적인 정서가emotional valance를 띤 사회적 상황에 놓인 인물들의 모습을 나타낸 여러 사진들이 제시되었다. 이

에 대해 연어로 하여금 각 사진 속 인물들이 어떤 정서를 경험하고 있는지 판단하도록 하였다.[17]

물고기였던 피험체가 여러 사진에 대한 질문을 받는 동안 fMRI 스캔을 시행한 결과, 이 죽은 연어의 27세제곱밀리미터 크기의 뇌 영역에서 몇 군데 유의한 반응(전문용어로 $p < .001$)이 관찰되었다. fMRI의 전통적인 해석 방식을 따르자면, 죽은 물고기는 뇌의 매우 특정한 영역에서 주어진 사진들을 처리하고 있었다. 이 풍자적인 연구에서 잘 짚어낸 핵심은 결국 지금보다 훨씬 엄밀하고 복잡한 통계적 방법이 필요하다는 사실이었다. 하물며 죽은 물고기의 뇌에서도 BOLD 측정치의 무선적인 변화가 나타나 자칫 유의미하다고 해석할 여지가 있었던 것이다. 본문에는 명시되어 있지 않았지만 살아 있는 피험자에게서도 충분히 이와 동일한 일이 일어날 수 있음을 짐작할 수 있다. 이 연구의 완전판은 곧 〈뜻밖의 예상치 못했던 결과 저널 Journal of Serendipitous and Unexpected Results〉에 실렸고 2012년에는 이그노벨상을 수상했다.

같은 문제를 두고 조금 더 진지하게 접근한 연구는 2017년, 자신의 연구도 부두 상관관계 논문에서 날카로운 비판의 대상이 되었던 바 있는 러셀 폴드랙 연구팀이 어떻게 하면 fMRI 연구의 타당도를 개선할 수 있을지 조언하는 내용을 담아 발표한 연구였다.[18] 특히 연구자들이 피험자의 수를 늘려야 하며 뇌의 어떤 영역들이 관여할 것으로 예상되는지 실험을 시작하기 전에 미리 분명하게 명시해야 한다고 제안했다(너무나도 많은 연구가 행여 어떤 효과라도 발견할까 싶어 데이터를 샅샅이 뒤지곤 하는데 이로 인해 실수할 확률이 증가하게 된다). 이는 fMRI 비판론자들이 강력하게 주장하는 실험 설계에 대한 방법론적인 의혹을 일부 제거하는 데 큰 도움이 될 것이다.

*

하지만 아무리 실험이 엄격하게 설계된다고 한들 fMRI가 정확히 무엇에 대한 정보를 주고 있는가를 둘러싼 보다 근본적인 문제는 사라지지 않는다. 연구에서 발견한 바를 가지고 뇌가 어떻게 기능하는지에 대한 통찰(여기에는 각기 다른 영역에서 어떠한 유형의 표상적, 계산적 과정이 수행되는지에 대한 묘사가 수반되어야 한다)을 제공하는 뇌 영상 연구는 별로 없는데, 연구에서 얻은 데이터가 이에 관한 정보를 별로 제공하지 않기 때문이다. 이러한 측면에서 볼 때 이 같은 연구들의 의의를 향한 대중들의 인식과 실제 연구에 관여한 과학자들이 데이터를 해석하는 방식 사이에는 큰 격차가 존재한다. 많은 연구자들이 자신이 발견한 바를 뇌 기능에 대한 종합적인 틀 안으로 통합시킬 필요가 있다는 사실을 알지만 지금으로서는 그렇게 할 수가 없다. 이에 적합한 데이터도, 적절한 이론적 틀도 존재하지 않기 때문이다.

하지만 이 같은 실존적인 문제에도 불구하고 fMRI 연구자들은 당연히 자신의 실험을 자랑스러워하며, 일부는 자신의 연구 결과가 시사하는 국재화를 방어하는 데 확고한 모습을 보인다. 일례로 낸시 캔위셔는 1997년에 fMRI를 이용하여 얼굴의 처리에 관여하는 것으로 보이는 뇌 영역, 방추 얼굴 영역fusiform face area을 규명했다. 그는 애당초 해당 영역을 밝히는 데 사용한 방법론을 향한 비판에 대응하는 것은 물론, 얼굴 처리가 훨씬 더 다양하게 분포된 영역에서 이루어진다는 견해를 가진 짐 핵스비Jim Haxby[19] 등의 연구자들과 기나긴 논쟁을 벌였음에도 불구하고 끝내 자신의 결과가 고도로 국재화된 기능을 명확하게 보여주는 증거를 제시했다고 주장했다. 그리고 실제로 도리스 차오가 진행한 전기생리학적 연구 결과, 마카크원숭이에게서도 똑같은 뇌 영역이 얼굴 처리를 담당한다는 사실이 드러났다.

캔위셔는 자신을 일종의 현대판 골상학자라며 비판하는 시선으로부터 스스로를 방어하고("복잡한 인지적 처리 과정이 단일한 뇌 영역에서 이루어지는 경우는 없으며, 이러한 영역의 특별함을 논하는 것은 절대로 다른 뇌 영역이 아무런 역할을 하지 않음을 시사하는 것이 아니다"라고 설명했다.)[20] 구체적인 처리 영역이 존재하지 않는 자극들이 있음을 지적하기도 했지만(예컨대 꽃, 거미, 뱀 등) 결국 뇌에는 분명하게 해부학적 기반을 갖춘 기능적 단위들, 즉 모듈이 있다는 주장을 꺾지는 않았다. 심지어 "뇌의 기능적 영상이 아주 구체적인 방식으로 인간 마음의 기능적인 구조를 밝히기 시작했다"고 주장하기까지 했다. 그리고 그 기능적인 구조는 모듈식으로 조직되어 있어 뇌의 각기 다른 부분들은 서로 다른 기능을 수행한다고 말했다. 2017년, 캔위셔가 방추 얼굴 영역을 발견한 이후 20년간 발표된 연구들을 개괄하는 논문에서 밝혔듯, 그는 "인간의 마음을 이해하는 데 기능적으로 특별한 뇌 영역들은 실제로 구획화되어 고유의 역할을 하도록 만들어져 있으며 그러한 정보가 인지 및 신경 데이터의 내재적인 구조에 포착되어 있다고 주장"했다.[21] 하지만 다수의 신경과학자들은 그의 주장에 동의하지 않았다.

이따금씩 드러나는 안이한 fMRI 데이터 해석 방식에 대한 짜증과 더불어 방법론적인 문제에 대한 인식으로 인해 이 기법을 사용하는 측과 그렇지 않은 신경과학자들 사이에는 깊은 골이 생겼다. 이를테면 초파리 유충 뇌의 커넥톰을 확립하려는 시도에서 선두적 위치에 있는 알베르트 카르도나는 fMRI 관련 문제를 언급한 트위터 글에 대해 "fMRI를 다룬 신경과학 발표는 딱 한 번 들어봤는데 딱히 약을 판다는 느낌은 없었다"라는 글을 남겼다. 또 몇 달 뒤 인간유전학계의 주요 학자인 대니얼 맥아더Daniel MacArhur는 "뭐든 'fMRI'라는 단어만 들어가면 불신하도록 조건화가 일어나버렸다"는 트위터 글을 올렸으며, 2019년에는 더블린 출신의 케빈 미첼이 뇌 구조에 관한 fMRI 연구의 해상도가 본질적으로 낮다는 점을 강조하며 "뇌 영상에서 일반적으로 나타나는 문제로, 그냥 다 쓰레기일 뿐이다"라고 이

야기하기도 했다.[22]

이런 비평가들은 보통 개별 세포나 특정 유전자에 가해지는 매우 정밀한 효과를 탐구하는 데 익숙해져 있었던데다, fMRI는 실제 뉴런의 신호처럼 뇌에서 정말 중요한 활동들을 측정하지 못했으므로 fMRI를 그리 대단치 않게 여겼던 것이다.[23] 뇌는 너무나도 밀집되어 있어 2008년 니코스 로고세티스는 뇌 영상의 각 픽셀(fMRI 용어로는 '복셀') 안에 무려 550만 개의 뉴런과 $2.2 \times 10^{10}$에서 $5.5 \times 10^{10}$개의 시냅스 그리고 22킬로미터 길이의 가지돌기와 220킬로미터 길이의 축삭이 담겨 있을 것으로 추산했다.[24] fMRI가 포착하는 뇌 활동의 단위가 지나치게 성긴 탓에 실제 활동이 발생하는 규모, 그러니까 신경망 내의 개별 세포 및 시냅스의 활동은 뇌 영상에서 절망적일 정도로 뭉개져 표현되고 만다. 더구나 fMRI는 초 단위의 활동 변화를 측정하는 데 비해 뉴런이 정보를 전송하는 속도는 밀리초 단위다. 더욱 충격적인 사실은 fMRI가 뇌의 작용 기제에서 가장 핵심적인 양상 중 하나를 보여주지 못한다는 점이다. 바로 활동과 억제 간의 차이 말이다. fMRI는 단일세포들 혹은 세포들의 연결망이 무슨 역할을 하는지 밝혀줄 수가 없다. 신경절 수준에서조차 무슨 일이 일어나고 있는지에 관한 의미 있는 정보를 주지 못하며, 그저 아주 대략적인 수준에서 어디가 다른 곳에 비해 상대적으로 많거나 적은 활동이 일어나는 장소인지만을 알려줄 뿐이다. 그것도 아마도.

2015년에 도리스 차오와 동료들은 fMRI의 해상도가 낮다는 특성은 연구의 부정적인 결과마저도 신뢰할 수 없게 만든다는 사실을 보여주었다. fMRI 연구에서 어떤 영역이 "빛나지 않았다"고 보고해도 그로부터 어떠한 믿을 만한 결론을 도출할 수 없다는 것이다. 일례로 마카크원숭이 시각피질의 얼굴 처리 영역에 대한 fMRI와 단일세포 기록 결과를 비교한 차오 연구팀은 fMRI 결과상으로는 해당 영역이 인간 얼굴의 정체성을 처리하는 데 관여하지 않는 것처럼 보인다는 사실을 발견했다. 하지만 그보다 정밀한 단일세포 기록에서는 실제로 해당 영역의 세포 활동에서 이 같은 정보가 표상된다는 것을 보여주었다. fMRI는 그저 정밀도가 부족하여 이를 탐지하지 못했을 뿐이다. 얼굴을 인식하는 데 관여하는 세포들은 뇌 영상 기법으로 밝혀내기에는 그 수가 너무 적고 지나치게 산발적으로 퍼져 있었다.[25]

일부 fMRI 연구자들은 이러한 유의 비판에 개의치 않았다. 런던 유니버시티 칼리지의 앨런 튜링 연구소 소속이었던 올리비아 게스트Olivia Guest와 브래들리 러브Bradley Love는 2017년, 뉴럴네트워크를 활용하여 시각적 사물의 유사점과 차이점들이 fMRI 데이터에 어떻게 나타나는지 살펴보았다.[26] 그들이 사용한 딥러닝 네트워크는 시각 처리 경로의 초기 단계에서 기록한 fMRI 데이터에서는 신호를 잘 식별해냈지만 뇌의 상위 단계 영역에서는 정확한 사물에 대한 반응을 분명하게 포착하는 데 다소 어려움을 겪는 것으로 드러났다. 이에 게스트와 러브는 상위 단계에서는 표상이 훨씬 더 확산적이고 상징적인 경향이 나타났다고 주장했다. 놀랍게도 게스트와 러브는 세포 수준에서의 활동 같은 것에는 일절 관심을 거두고 지각의 유물론에 기반한 설명을 제시했다.

> fMRI의 성공은 어쩌면 뇌에서 수행하는 연산의 본질에 관심을 둘 때는 fMRI가 적용되는 분석 수준이 선호된다는 것을 의미할 수도 있다. 비유를 하자면, 양자물리학에 바탕을 둔 거시경제학 이론을 만들 수는 있지만 지독하게 번거로운 데 비해 돈이나 공급과 같이 추상적인 개념을 담고 있는 이 이론보다 그다지 더 나은 예측이나 설명을 제시해주지 못할 것이라는 점이다. 분명 매력이야 있지만 환원주의가 언제나 가장 좋은 길인 것은 아니다.

물론 게스트와 러브가 옳을 가능성도 있지만, 그들이 틀렸다고 여길 만한 아주 명확한 이유가 하나 있다. 발로가 주장한 것처럼 뇌의 기능적 단위는 뉴런이며, 뉴런 각각은 하나의 마디로서 조직되고 전체 연결망을 구성한다. 그러므로 뇌의 작용 기제가 아무리 수수께끼 같다고 한들 결국 뉴런들의 발화로 환원될 수 있다. 이 뉴런들은 이후 한데 결합하여 협응적인 기능 활동들을 보임으로써 심리적 현상들을 만들어내는데, 이것이 여러 개별 뉴런들로 구성된 집단 수준에서의 활동이나 각 뉴런들의 조화가 이루어 내는 연산이 궁극적으로 세포들의 활동에서 비롯되었다는 사실을 싹 무시해도 좋다는 의미는 아니다. 뇌가 어떻게 작용하는가를 설명하는 데 환원주의가 성공을 거두었다고 함은 8백억 개 뉴런들 각각의 개별 활동을 바탕으로 이론을 만들었다기보다는 감각 현상이 어떻게 처리되는지 그리고 인간과 동물의 정신세계가 어떻게 집단적인 뉴런들의 활동 패턴으로 설명될 수 있는지를 보여주었다는 것을 뜻한다. 그리고 여기에는 우선 각 세포들이 무엇을 하는지를 이해하는 과정이 필요하다. 이 정보를 가지고 집단 수준에서 분석하는 것은 그 다음 문제인 것이다.

바로 여기서 fMRI의 근본적인 약점이 두드러진다. 실제 뇌의 연산 활동에 대한 이해를 가능케 하기에는 fMRI로부터 얻어지는 데이터의 해상도가 지나치게 낮다. 따라서 시간적, 공간적, 기능적으로 이보다 훨씬 더 정밀한 뇌 영상 기법이 개발될 필요가 있으며, 더욱 상세한 커넥톰으로 설명되어야 한다.[27] 어쩌면 밀리미터 단위보다 더 세밀한 영상을 얻을 수 있게 해주는 초고강도 MRI가 쓰이게 되면 이 같은 발전이 이루어질 수 있을지도 모른다. 하지만 이러한 기법은 아직 초기 단계에 있으며, 이를 통해 겨우 세포 수십만 개의 활동을 구별할 수 있게 되는 일도 아직은 요원해 보이기만 한다.[28]

fMRI와 같은 영상 기법들과 관련하여 반복적으로 제기되는 주장이 하나 있는데, 기법들이 남성과 여성의 뇌의 해부학적, 기능적 차이를 밝혀 주며 이를 통해 행동상의 차이를 설명할 수도 있다는 것이다. 어떤 측면에서 보면 뇌 사이에 차이가 존재한다는 말은 진실이다. 여러분과 나의 뇌도 해부학적, 기능적 차이가 있는데, 이는 단순히 우리가 같은 사람이 아니기 때문이다. 전반적으로 남성과 여성의 뇌가 독립된 두 개의 집단으로 서로 다른 특성을 보인다는 가정을 할 만한 근거는 매우 많다. 남성과 여성은 일반적으로 현대사회에서 상당히 다른 역할을 수행하며 서로 다른 방식으로 행동하는 경향이 있다(예컨대 전반적으로 남성이 여성에 비해 더 공격적이다). 진화론적으로 볼 때 동성 내에서와 이성 사이에 작용하는 성선택 기제에 의해 과거(그리고 어쩌면 현재) 우리의 주요 특징들이 형성되었다면, 번식 과정에서의 서로 다른 역할, 특히 모성적인 행동은 인간 사회를 형성하는 데 결정적인 역할을 했다고 할 수 있다. 이 모든 요인들이 남성과 여성 사이의 해부학적, 기능적, 행동적 차이를 만드는 데 기여했을 것이다. 여기서 핵심적인 문제는 과연 그 해부학적 차이가 무엇인지, 우리가 탐지할 수는 있는 것인지 그리고 무엇보다 우리의 행동에 있어 그 차이가 얼마나 결정적인 역할을 하는지다.[29]

남성과 여성의 뇌 사이에는 한 가지 뚜렷한 차이가 있다. 남성의 뇌가 평균적으로 더 크다는 것이다. 이러한 차이가 발생한 이유 중의 하나는 평균적으로 남성의 덩치가 여성보다 크기 때문이다. 하지만 이는 전체 인구 수준에서의 차이일 뿐이며, 어떤 뇌가 주어졌을 때 그것이 남성의 뇌인지 여성의 뇌인지 판별하는 기준으로 쓰일 수는 없다. 뇌 영상 스캔이나 해부를 통해 식별할 수 있는 전형적인 '남성 뇌' 혹은 '여성 뇌'라는 것은 존재하지 않는다.[30] 전체 인구에서 볼 때 성별 간에는 뇌량의 상대적인 크기에서도 차이가 나며, 다양한 검사 절차를 수행하는 동안 연결성에서도 차이를 보이는데, 이처럼 밝혀진 전 인구 수준에서의 차이는 해석하기가 쉽지 않다.[31] 신생아의 뇌 구조에서도 성별 간 차이가 존재한다는 사실은 태생적으로 생물학적인 차이가 있다는 주장에 힘을 실어주지만, 이러한 차이 중 일부는 성장하면서 사라지기도 하고, 또 전혀 새로운 차이가 생겨나기도 한다.[32] 무엇보다 그러한 차이가 존재한다는 것만으로는 그것이 어떤 의의를 가지는지, 그로부터 어떠한 결과가 발생하는지에 대해 아무것도 알 수 없다.

우리가 연구에 사용하는 측정치들이 너무나도 조악한 탓에 남성과 여성의 행동적인 차이를 설명해줄 수 있는 뇌 구조적 차이를 밝힌 뇌 영상 연구는 아직까지 하나도 없다. 이에 지금으로서는 성별 간 차이의 바탕이 되는 뇌 기능 차이의 본질에 대해 명확하게 알려진 바가 없다. 그렇지만 뭔가 그 같은 차이가 존재한다는 사실만은 확실하다. 진화를 거치면서 지속적으로 유지된 행동 중 한 가지는 짝짓기와 양육에 관련된 행동 유형이기 때문이다. 과거의 성 활동이 얼마나 많은 변화를 거쳤는지와 관계없이 이러한 행동들에 대한 선택적인 압박이 틀림없이 우리의 유전자와 뇌에 어떤 흔적을 남겼을 터이다. 하지만 이 차이가 얼마나 우리의 행동에 제약을 주는지는 분명치 않은데, 역사적으로든 최근 사회에서 일어난 변화든 설사 어떤 기능적 제약이 존재한다고 하더라도 그 영향력은 극히 미미하며 인간의 행동 대부분은 고도의 가소성을 띤다는 것을 알 수 있다.

## 혼란 속의 국재화 이론

일부 fMRI 연구들이 제기한 극적인 주장들에 대한 반응 중 하나로 페르난도 비달Fernando Vidal과 프란시스코 오르테가Francisco Ortega가 《뇌로서 살아간다는 것은Being Brains》이라는 생생한 비평서를 통해 말하고자 한 것은 결국 할머니 세포의 발견을 두고 데이비드 마가 제안했던 바와 마찬가지로 신경과학과 관련된 모든 것들을 향한 "그래서 그것이 시사하는 바가 무엇인가?"라는 단순한 물음이었다.[33] 비달과 오르테가는 fMRI 결과를 곧이곧대로 받아들이고 단순히 이것이 진정 특정 행동이나 생각, 혹은 정서가 특정한 뇌 영역에 자리한다는 가설에 대해 시사하는 바가 무엇인지, 그 같은 발견이 생각과 행동의 구조 및 진화에서 어떤 실마리를 제공해줄 수 있는지, 그래서 뇌의 기능에 관해서 어떠한 정보를 제공해주는지 질문을 던지기를 제안했다. 그렇게 한다면 대부분의 경우 존재할지 아닐지도 모르는 일부 국재화를 지지하는 증거 외에는 놀라울 정도로 빈약한 답을 얻을 수 있을 것이다.

때로는 국재화에 대한 증거조차도 많지가 않다. 2016년, 미국 버클리의 몇몇 연구자들은 피험자 일곱 명을 대상으로 이들이 스캐너 안에 누워 〈더 모스 라디오 아워The Moth Radio Hour〉라는 라디오 프로그램에서 들려주는 총 1만 470단어짜리 이야기를 두 시간 동안 듣는 실험 하나를 소개했다.[34] 실험의 목표는 서로 다른 단어의 의미들이 피질의 각기 다른 영역들의 활동과 어떻게 상응하는지 살펴보는 것이었다. 이에 연구자들이 단어들을 열두 개의 유형(촉각, 시각, 정서적, 사회적 등등)으로 분류하고 반응을 분석한 결과, 이러한 유형에 반응하는 영역이 피질 전반에 걸쳐 있어 사실상 국재화라고 할 것도 없다는 사실을 발견했다. 일부 유형의 경우 모든 피험자에게서 지속적으로 같은 영역을 활성화시키는 모습이 나타나기도 했지만, 과거 베르니케가 뇌에 병변이 있는 환자들을 살펴본 연구에서 좌반구가 언어 처리 영역임을 가리키는 결과가 발견된 것과는 달리 양 반구의 반응에서 상대적으로 거의 차이가 관찰되지 않았다.[35] 이는 곧 특정 단어나 개념을 표상하는 뇌의 영역이 고도로 국재화되어 있다는 가정이 틀렸음을 시사했다. fMRI가 진정으로 이 같은 유의 문제에 답을 제공해줄 수 있다고 보는 한,

이러한 기능들은 뇌 전역의 다양한 영역들에 분포되어 있는 듯 보였다.

일각에서는 fMRI 해석을 두고 '신골상학' 혹은 '내적 골상학'이라며 일축했다. 하지만 가끔 몇몇 fMRI 연구에서 지나치게 부풀려진 주장을 하는 경우를 제외한다면 이 같은 비판은 틀렸으며 부당하기까지 하다. fMRI는 영역별 활동 변화를 규명하고 이 변화들을 행동이나 심리적 변화와 관련지어 분석하는 강력한 비침습적 기법의 대명사다. 뇌 영상 연구는 뇌의 역동적인 역할을 강조하며 정신적인 처리 과정이 이루어지는 동안 각 영역들 간의 연결성이 중요함을 조명했다고 할 수 있다.[36] 나아가 얼굴 인식 영역에 관한 낸시 캔위셔의 fMRI 연구는 도리스 차오가 해당 영역의 단일세포 활동에 대한 연구를 하는 데 든든한 밑바탕이 되어주었다. 인간의 뇌에는 실제로 얼굴 인식 영역이 존재하며, fMRI는 이를 규명하는 데 큰 도움을 주었다.

이 모든 엄청난 독창성과 놀라울 정도의 기술력에도 불구하고 전체 뇌 활동의 모형을 구축한다는 측면에서는 fMRI 연구가 뇌의 작용 기제를 이해하는 데 크게 기여한 바가 없다. 다만 여기에도 한 가지 잠재적인 예외가 있다. 2001년, 마커스 레이클 연구팀은 PET 스캔을 활용하여 피험자가 가만히 앉아 있을 때와 비교할 때 주의 집중을 요하는 과제를 수행하는 동안 활동 수준이 감소하는 영역들을 양 반구 대칭으로 전 피질에 걸쳐 뇌 여러 군데에서 찾아냈다.[37] 이 영역들은 이후 '디폴트 모드 네트워크default mode network'라는 이름으로 알려졌으며, 아무런 일이 일어나고 있지 않을 때 나타나는 인간 뇌의 내재적인 활동과 관련된 것으로 여겨진다.

지난 20년간 뇌 영상 연구자들은 이 수수께끼 같은 현상에 점차 큰 관심을 가지게 되었고, 이는 인간뿐 아니라 다른 포유류에서도 관찰되었다. 이는 뇌 활동의 기저 단계에서 이루어지는 대규모 기능적 협응에 관여하는 것으로 보이며, 인지에 적극적으로 관여하고 기억에도 일부 영향을 미친다는 근거가 속속 발견되고 있다.[38] 하지만 해당 주제로 벌써 4,500건이 넘는 논문이 발표되었음에도 불구하고 아직까지 단순한 설명조차 만족스럽게 이루어지지 않고 있다. 이 네트워크가 뇌의 전반으로 뻗어나가는 방식과 기저 단계의 기능에 관여하는 양상은 매우 흥미롭지만, 최근 특정한 과제를 수행할 때 디폴트 모드 네트워크에서 나타나는 변화가 전기생리학적으로 상관관계가 있음이 밝혀졌음에도 불구하고 지금으로서는 비전문가의 눈으로 보기에는 아직 해당 네트워크의 제 기능이 무엇인지 찾아가는 과정에 있을 뿐인 것으로 여겨진다.[39]

기능들의 위치를 특정 구조물로 특정하거나 나아가 어떤 개념들이 뇌 특정 영역의 활동으로 표상된다고 제안하는 것만으로는 뉴런들의 총체가 상호작용의 결과로서 어떻게 지각이나 행동을 만들어내는지 설명해주지 못했을뿐더러 앞으로도 가능할 것으로 보이지 않는다. 지도는 그 대상이 어떻게 작용하는지 설명해주지 않으며, fMRI 데이터도 기껏해야 이러한 지도에 불과하다. '어디'는 '어떻게'가 아니다. 여러분도 다음에 어떤 특정한 능력이나 정서, 혹은 개념이 fMRI를 보니 인간 뇌의 특정한 영역에 국재화되어 있더라는 주장을 접한다면 이렇게 자문해보기 바란다. "그래서 그것이 시사하는 바가 무엇인가?"

*

기능을 특정한 구조물에 국재화시키려는 접근방식을 취하기 위해서는 당장 눈앞에 놓인 더 큰 문제부터 해결해야 한다. 신경해부학적으로 볼 때, 뇌의 각기 다른 영역들은 서로 분리되어 있으며 저마다 특정한 감각 양상과 연결되어 있다거나 특정한 유형의 세포를 가지고 있는 등 전문화되어 있다는 근거가 분명히 존재한다. 병변을 가지고 있는 환자나 동물 연구에서도 흔히 어떤 영역이 특정한 능력이나 기능에 중요한 역할을 수행함을 가리키는 결과가 관찰되며, 이는 곧 국재화를 지지하는 핵심 증거로 여겨지곤 한다. 그러나 뇌 영역의 위치와 기능을 규명하는 데 쓰이는 방식의 바탕이 되는 논리 상당 부분은 엉터리이며, 뇌는 손상을 입더라도 특히 젊을 때는 다시 회복할 수 있다. 제니퍼 애니스턴의 사진을 볼 때 특정 세포가 활성화된다고 해서 그것만이 해당 세포가 맡은 역할의 전부라거나(다른 얼굴 혹은 완전히 다른 종류의 자극 또한 표상할지도 모른다) 다른 신경망의 세포들은 여기에 전혀 관여하지 않는다는 의미가 아니다.

뇌 기능을 둘러싼 우리의 온갖 제한적인 지식들은 사실상 "전체를 조각조각 분해해서 이들 각각이 어떤 일을 하고 하나로 합쳐졌을 때는 어떤 일을 할 수 있는지 따져보는 것"을 목표로 삼아야 한다던 스테노의 1665년 제안을 따름으로써 얻어낸 결과물에서 비롯되었다. 이 분해 작업은 수술적, 유전적, 혹은 전극을 활용하는 등 다양한 방식으로 이루어졌지만 결국 근본적으로는 전부 동일한 접근법을 취한 것이다. 2017년 프랑스의 신경과학자 이브 프레냑Yves Frégnac은 멋들어진 말솜씨로 이 근본적인 문제를 설명했는데, 신경계의 복잡한 성질 탓에 "인과 기제에 의한 설명은 하위 단계의 연산을 수행하는 각각의 구성 요소들을 하나로 조합함으로써 어떻게 상위 단계의 창발적인 행동을 만들어내는지 이해하는 것과 질적으로 다르다"는 것이 그의 주장이었다.[40] 다시 말해 우리는 뇌의 각 구성 단위들의 상호작용에서 어떻게 복잡성이 출현하는지 탐구하는 데 중요한 오류가 담긴 가정에 기반한 조악한 모형을 사용하고 있다.

한 세기가 훌쩍 넘도록 과학자와 철학자 들은 어떻게 하면 논리적으로 뇌 기능의 소재를 특정 구조물과 연결 지을 수 있을지에 관해 같은 문제를 반복적으로 조명했다. 1877년에는 독일의 철학자 프리드리히 랑게Friedrich Lange가 단순한 비유를 써서 이렇게 설명했다.

> 누군가 뇌의 어느 부분에 가벼운 부상이 있고 그밖에는 아픈 데가 없는 고양이가 순전히 그 부상으로 인해 쥐 사냥을 그만두는 것을 내게 보여준다면, 나는 우리가 심리학적인 발견을 향해 올바른 길로 나아가고 있다고 믿을 것이다. 하지만 그러한 상황에서도 나는 뇌에서 쥐 사냥에 대한 개념이 자리한 유일한 지점이 발견되었다고 여기지는 않을 것이다. 태엽 하나가 손상되어 엉뚱한 시각을 가리키는 시계가 있다고 해서 바로 그 태엽이 시각을 알려주는 기능을 한다고 말할 수 없는 것과 같다.[41]

나의 친구인 미국의 신경과학자 마이크 니타배치Mike Nitabach가 이 책의 초고를 읽으며 말했듯 기능의 국재화에 대한 주장들은 일반적으로 지독하게 과장된 추측에 불과하다. 기껏해야 해당 기능에 필수적인 영역을 규명하는 정도이며, 대부분 그저 어떤 영역과 기능 사이의 상관관계를 보여줄 뿐이다.

영국의 심리학자 리처드 그레고리는 20세기 중반부터 반세기 내내 이 문제를 반복적으로 제기했다. 1958년, 셀프리지가 팬더모니엄 모형을 선보였던 바로 그 학회에서 그레고리는 특정한 구조물을 적출하거나 병변을 일으켜서 기능을 규명하는 방법은 논리적으로 흠이 있을 뿐만 아니라 그 어떠한 실질적인 통찰을 제공하는 데도 실패했다고 주장했다. 단순히 손상되어 제대로 작용하지 못하는 체계로 인해 발생한 결과에만 집중하고 있기 때문이다. 각 구성 요소의 역할을 제대로 이해하려면 우선 해당 체계가 어떻게 작용하는지에 대한 이론적 모형이 필요하다. 그리고 바로 이 부분에서 어려움이 발생한다. 그레고리의 주장에 따르면, "생물학자는 '제조 설명서'를 가지고 있는 것도 아니고 자신이 연구하는 '장치들'의 상당수가 무엇인지에 관한 명확한 개념도 없다. 각 장치들이 어떤 목적으로 존재하는지 추측하여 그럴 듯해 보이는 가설들을 검증함으로써 어떻게 기능하는지 알아내야만 한다."[42] 맥컬록은 그레고리의 논문에 대한 논의 과정에서 "병변에 기반한 주장은 충분히 주의하지 않으면 완전히 쓰레기로 이어질 수 있다"고 지적하며 그의 주장에 동의했다.

그 후로 몇 년간 그레고리는 이러한 비판을 확장시켜 특정한 구조물을 제거했을 때 변화가 나타난 행동이 곧 뇌의 해당 부위에 국재화되어 있는 것이라는 연구자들의 확신을 약화시키기 위해 온갖 비유를 다 갖다댔다. 이러한 비유에는 흔히 텔레비전에 달린 밸브 장치, 자동차 엔진의 점화 플러그 등 당시로서는 최신 기술로 여겨질 법하나 지금 와서 보면 한없이 예스럽게 느껴지며 젊은 층에서는 오히려 신기하게 볼 만한 장치들이 언급되었는데, 모두 핵심 부품을 제거하는 방식의 일견 단순해 보이는 실험 결과를 해석하는 데 발생하는 문제에 집중하고 있었다.[43]

가장 많은 의견을 불러일으킨 그레고리의 논증 중 하나는 스테노가 자신의 견해를 펼치는 데 출발점으로 삼았던 내용에 대한 문제 제기였다. 스테노는 전체를 조각들로 분해하고 각 부분들의 기능을 따로 분리하는 등 우리가 기계를 이해하는 것과 동일한 방식을 통해 우리 자신의 뇌도 이해할 수 있다고 제안한 바 있다. 이에 그레고리는 광범위한 영향력을 떨쳤던 자신의 1981년도 역작 《과학 안에서의 마음Mind in Science》에서 각각의 부분들을 따로 떼어봄으로써 특정한 기능을 밝혀내는 사례는 드물다는 것을 지적하며 스테노의 제안이 정말 사실일지 의문을 표했다.

> 누군가는 일부가 제거되면 다소 기이한 일들이 일어난다는 사실을 발견한다. 또는 극단적으로 강한 요구나 부하가 주어지는 것과 같이 특별한 조건 하에서가 아니라면 아무런 일도 일어나지 않을 수도 있다. 이를테면 자전거 바퀴의 살을 하나씩 하나씩 제거하면 그때마다는 영향이 크게 느껴지지 않다가 어느 순간 갑자기 풀썩 무너지게 된다. 또 전기회로의 각 부분들

을 제거하면 가령 라디오에서 삑삑거리는 소리가 나거나 텔레비전 화면에 복잡한 문양이 나타나는 등 기존에 존재하지 않던 특성을 만들어내는 결과를 낳을 수도 있다. (…) 실제로 각 부분들 간의 관계와 인과적인 상호작용 그리고 그로부터 발생하는 기능들은 매우 복잡하고 미묘해서 일반적인 지식으로 이해할 수 있는 수준을 뛰어넘는다. 이 같은 기능들이 **어디**에 위치하는지 특정하는 일은 특히나 어렵다. 이것이 바로 뇌 연구에서 가장 심각한 문제다.[44]

이러한 논증은 모두 정곡을 찌르는 주장이었으나 1960년대부터 1970년대 사이 일었던 적출 및 자극 연구들의 물결에 미친 영향은 미미했으며, 이후 신경계와 기타 영역에서 유전자가 어떤 기능을 하는지에 관한 연구에서도 같은 방법을 적용하는 바람이 불었지만 마찬가지로 큰 영향을 미치지 못했다. 21세기에는 광유전학, 뇌 영상 기법, 단일세포 기록법이 어마어마하게 성장했는데, 그중 상당수가 그레고리가 비판하던 가정에 바탕을 두고 있었다. 특정 세포나 신경망에 직접 조작을 가하여 기능에 변화를 주거나 회복시킨다고 하더라도 여전히 해당 기능의 소재가 바로 그 구조물이라는 의미는 아니었다. 이는 단지 그 구조물이 해당 기능을 수행하는 데 반드시 필요한 곳 중 하나임을 가리키며, 여기에는 일반적으로 큰 규모의 신경망이 관여한다. 배우의 얼굴이나 수식에 반응하는 일명 할머니 세포들은 엄밀히 말해 할머니 세포가 아니라 그저 그 자극이 주어졌을 때 활성화되는 거대한 신경망의 극히 일부일 뿐이며, 과학자는 우연히 그중 한 세포의 활동을 기록한 것에 불과하다.

여러 fMRI 연구에서 제시한 기능이 전문화되어 있다는 견해와 기능의 각기 다른 양상들이 뇌 전체에 분포되어 있다는 인식을 통합하기 위해 칼 프리스턴은 "기능주의와 연결주의 사이의 변증법"이라는 것을 연구함으로써 주어진 행동을 수행하는 동안 뇌의 여러 영역들에서 나타나는 활동 패턴들 간의 상관관계를 살펴보았다.[45] 그는 이를 가리켜 "기능적 연결주의"라고 칭했는데, 이 같은 접근법은 fMRI 연구자들로부터 엄청난 관심을 끌어모았다. 하지만 광역적인 규모에서 여러 뇌 영역들의 활동 간 상관관계를 상술한 이 수학적 설명 양식이 그보다 정밀한 연구가 이루어진 작은 동물의 뇌에서도 동일하게 성립하는지는 아직 증명이 더 필요하다.

어떤 기능이 특정한 구조물에 국재화되어 있다는 주장에 과학자들은 다시금 상황이 생각만큼 녹록치 않다는 사실을 발견하게 되었다. 이를테면 포유류의 공포심을 살펴본 연구자들은 과거 30년간 뇌 안쪽 깊숙이 자리한 편도체라는 한 쌍의 구조물에 초점을 맞추고 연구를 진행했다. 특히 희귀질환 중에 다른 무엇보다 편도체의 변성을 낳는 우르바흐-비테 증후군Urbach-Wiethe Syndrome이라는 것이 있다. 그리고 이 증후군을 앓는 환자들은 흔히 남들보다 공포를 덜 느끼곤 한다. 이 연구는 알려지자마자 순식간에 광범위하게 퍼져나갔고, 인터넷 커뮤니티에서는 공포를 이기기 위해 편도체를 적출하는 것이 가능한가를 놓고 최근 논란이 벌어지기도 했다. 공포는 편도체 내에 위치하고 있다는 것이 연구 결과가 시사하는 바였다.

하지만 실상은 그렇게 단순하지가 않다. 쥐(주 연구 대상)에게서는 현재 이 구조물이 공포라는 정서 자체보다는 방어적 행동, 그중에서도 특히 바짝 얼어붙는 반응과 연관된다고 보며, 오히려 이 같은 정서는 뇌의 여러 영역에 걸쳐 분산되어 있는 것으로 여겨진다.[46] 다시 인간으로 돌아와서 보면, 우르바흐-비테 증후군이 미치는 영향은 편도체에만 국한되는 것이 아닌데다, 공포심을 완전히 사라지게 만드는 것도 아니다(이 증후군을 겪는 환자들은 여전히 숨이 막히는 것을 두려워했다). 그리고 편도체는 공포에만 관여하는 것이 아니라 처벌이나 보상과 연관되지 않은 다양한 감각자극들을 통합하는 것에 더해 통증을 비롯한 부정적인 자극에 대한 정서 및 자율신경 반응에서도 중요한 역할을 하며, 심지어 (쥐의 경우에는) 양육 행동에서 성별 간 차이를 만들어내기도 했다.[47] 기능의 국재화는 처음 주장했던 것에 비해 점차 모호하고 복잡해졌다. 공포는 특별히 편도체 안에 위치한 것이 아니며, 편도체가 공포라는 정서에 관여하는 유일한 곳도 아니다. 그리고 행여 다른 생각을 할까 염려되어 덧붙이자면, 일부러 편도체를 적출해서는 안 된다.

그렇지만 뇌 기능의 국재화와 관련된 모든 것이 이처럼 혼란스럽지만은 않다. 감각 수준에서 일부 세포망은 정밀하고 제한된 활동을 수행하며, 적어도 초기 단계에서만큼은 기능의 국재화 양상이 뚜렷하게 나타난다. 감각자극은 초기 단계에서는 각각 분리되어 처리가 이루어지기에 후각 신호가 영장류의 일차 시각피질에서 표상된다는 증거나 시각 정보가 척추동물의 후각 신경구에서 발견된다는 증거는 어디에서도 볼 수 없다. 이 같은 현상은 곤충의 뇌에도 똑같이 적용된다. 하지만 테리 세즈노스키 연구팀이 쥐를 대상으로 한 연구에서는 해마와 내후각 피질에서 비롯된 하향식 신호가 후각 신경구 영역으로 보내져 그곳에서 냄새가 식별된다는 것이 밝혀졌다.[48] 이러한 사실은 기억이나 스트레스가 냄새의 지각에 영향을 줄 수 있음을 시사한다. 시각과 관련해서도 유사한 경로가 발견될 가능성이 있는데, 이는 감각자극을 처리하는 뇌 영역들의 기능이 우리가 기존에 생각했던 것보다 훨씬 더 복잡할 수도 있다는 것을 가리킨다. 그리고 이로부터 겨우 시냅스 몇 개 거리만큼 떨어진 곳, 아마도 여러분이나 개미나 생각이라는 기능이 이루어지는 뇌의 상위 영역에서는 상황이 아주 재미있어진다. 이곳에서는 각기 다른 감각 양상에서 보내진 신호들이 통합되고, 어떤 것들이 국재화되어 있는지를 둘러싼 우리의 이해도 엉망진창이 되어버린다.

이는 포유류의 뇌에서 가장 집중적으로 연구가 이루어진 몇몇 영역에도 해당되는 말이다. 해마 내의 개별적인 장소 세포들은 장소를 부호화하는 역할을 하지만 촉감, 냄새, 조명 등 해당 장소에서 일어났던 사건에 상응하는 특정한 감각 양상에도 반응한다. 한편 소뇌는 19세기에 플루랑스가 보여준 바와 같이 실제로 운동 통제와 관련이 있지만 이제는 광범위한 심리 기능에도 관여하며 피질과 감각영역에서 신호를 입력받아 뇌의 보상 영역들로 보내준다는 사실이 밝혀졌다. 또 시각적 주의와 사회적인 행동에도 중요한 역할을 한다.[49]

기능은 국재화되어 있기도, 여기저기 분산되어 있기도 하다. 아니, 더 명확히 말하자면 두 가지 용어 모두 오해의 소지가 있다. 국재화는 어느 한 곳으로 정밀하게 이루어지는 경우가 드물며, 분산된 기능 또한 담당하는 신경망이나 세포가 여기저기 퍼져 있다 뿐이지 특정한 신경망과 세포에 국재화되어 있다. 따라서 뇌 기능은 분리와 통합을 모두 수반한다.[50] 가장 단순한 동물의 뇌조차 단일한 형태가 아니며, 내부 구조가 고도로 발달되어 있다. 그렇지만 대부분의 경우라면 하나의 기능이 어느 하나의 영역으로 정확하게 국재화될 수는 없다. 어떤 기능이 존재하기 위해서는 해당 영역이 기능적 총체 내로 통합되어야만 한다.

## 거울뉴런의 등장과 인간 뇌의 놀라운 가소성

뇌의 각기 다른 부분들이 마치 기계의 부품처럼 저마다 특정한 과제를 수행한다는 발상이 어찌나 강력한지 우리는 몇몇 흥미로운 심리적 능력들이 매우 특정하게 국재화되어 있다는 주장에 자꾸만 이끌리곤 한다. 가령 몇 십 년 전만 해도 우리의 두개골 안쪽 깊은 곳에 가장 근본적인 행동들을 담당하는 '파충류의 뇌'가 자리하고 있다는 완전히 잘못된 개념이 인간의 뇌에 관한 과학적인 사실로 대중들의 인식에 큰 영향력을 떨쳤다.[51] 지금도 여전히 떠돌아다니고 있는 이 같은 견해는 인간에게는 세 개의 뇌가 있다던 신경학자 폴 맥린Paul MacLean의 주장을 바탕으로 한 것이었다.

> 이러한 뇌 중의 하나는 기본적으로 파충류의 것과 같고, 두 번째 뇌는 하등 포유류로부터 물려받은 것이고, 세 번째는 진화 후기에 발달한 것으로서 인간이 인간으로 존재할 수 있게 해준다. (…) 파충류의 뇌는 선조들의 지식과 선조들의 기억으로 채워져 있으며 조상들의 말을 충실히 따르지만 새로운 상황을 마주하기에는 썩 좋은 뇌가 아니다.[52]

신경과학자들이 전혀 대수롭지 않게 여겼던 맥린의 발상은 1960년대 및 1970년대, 당대 가장 영향력 있던 대중과학 작가 두 명이 차용하면서 대중문화 속으로 빠르게 퍼져나갔다. 특히 아서 쾨슬러Arthur Koestler는 1967년 자신의 베스트셀러 작품 《기계 속의 유령The Ghost in the Machine》에서 맥린의 연구를 요약하며 원죄에 대한 기독교 교리부터 프로이트의 유아 성욕 이론까지 온갖 것들을 다 때려넣어 세 개의 뇌 사이의 갈등이 "인간의 역사 속 만연한 편집증적 기질의 생리학적 근거를 제공"한다는 괴상한 주장에 무게를 실었다.[53]

1960년대에는 이런 실없는 이야기가 불티나게 팔렸고, 맥린은 일약 스타가 되어 관객이 빽빽이 들어찬 강당에서 강연을 하기도 했다. 맥린의 강론을 듣기 위해 모여든 인물 중에는 천문학자 칼 세이건Carl Sagan도 있었는데, 그는 이후 맥린이 제안한 개념을 기초로 《에덴의 용》을 집필해 퓰리처상을 수상했다.[54] 세이건도 쾨슬러와 마찬가지로 과학적인 사실 조금에다 어마어마한 정신분석학적 헛소리와 빈약한 인류학적 지식 한 아름을 뒤섞어 과도한 양의 추측성 발언들로 이야기를 전개했다. 가령 세이건은 어린 시절 꾸는 괴물에 대한 악몽이 우리 조상들이 공룡이나 부엉이와 조우한 기억의 흔적이 남아 있는 것이라고 주장한 것은 물론, 에덴동산의 뱀 이야기가 우리 머릿속 파충류의 뇌를 비유적으로 나타낸 것이라는 주장도 펼쳤다.[55] 그의 주장에 따르면, 이로써 용에 관한 신화가 그토록 널리 퍼져 있는 현상도 설명이 되었다. 에덴의 용은 바로 우리, 인간이었던 것이다.

1990년에는 77세가 된 맥린이 《진화학적으로 본 삼위일체의 뇌The Triune Brain in Evolution》를 펴내 자신의 생각들을 정리했다.[56] 이에 〈사이언스〉에서는 그의 책에 존중을 표하면서도 그의 근본적인 가설이 "현대의 지식과 일치하지 않는다"며 그로 인해 신경과학자들이 "그의 견해를 무시하기에 이르렀다"는 무자비한 평론을 발표했다.[57] 인간의 뇌 기능을 진화학적인 맥락에서 살펴보고자 했던 맥린의 열망은 가상하나, 그의 근본적인 발상은 결국 아무 근거 없는 망상에 불과했다.◆ 옥스퍼드대학교의 해부학자 레이 길러리Ray Guillery가 〈네이처〉에서 언급했듯, 맥린의 주장은 신경과학적 미신neuromythology으로 분류되었어야 마땅했다.[58]

최근에도 맥린의 이론과 유사한 연구 결과가 있었는데, 다만 이번에는 훨씬 더 신뢰할 만하고 훨씬 더 흥미로운 연구였다. 1992년, 이탈리아 파르마대학교의 연구자들은 우연히 원숭이의 복측 전운동피질ventral premotor cortex에서 일부 뉴런들이 원숭이가 실제 행동을 취할 때뿐만 아니라 다른 개체가 활동하는 모습을 볼 때에도 발화한다는 사실을 발견했다.[59] 얼마 안 가 '거울뉴런mirror neuron'이라는 재치 있는 이름(설명은 언제나 간결하고 명료할수록 좋다)이 붙은 이 세포들은 곧 어마어마한 관심의 대상이 되었다. 일

◆ 단순한 예시 세 개만으로도 맥린이 범한 오류의 깊이를 드러낼 수 있다. '파충류의 뇌'는 사실 파충류뿐만 아니라 어류에서도 발견된다. 또 초기 포유류의 뇌만이 양육 행동을 담당하는 것은 아니다. 이 구조물이 없는 조류도 훌륭한 부모 역할을 수행한다. 끝으로 신피질은 포유류 적응의 산물이 아니다. 이 중 일부 요소들은 조류나 어류에서도 찾아볼 수 있다.

각에서는 이 세포들이 언어의 진화에 관여했을 수도 있다고 추측한 반면, 또 다른 연구자들은 자폐증에서 관찰되는 사회적 상호작용 부족 현상이 거울뉴런의 기능 장애 탓일 가능성을 제기했다.[60] 2006년에는 〈뉴욕타임스〉에서 거울뉴런이 "마음을 읽는 세포"라고 선언했으며, 어떤 신경과학자는 이 뉴런들의 역할 덕에 인간이 공감을 할 수 있게 되었다는 이유로 "문명화를 조성한 뉴런"이라고 묘사했다.[61] 이들 중 어느 것 하나도 사실이 아니다.

거울 기능을 갖춘 뉴런이 마침내 2010년 인간의 뇌에서 발견되었을 때, 예상치 못했던 매우 흥미로운 사실이 드러났다. 이 세포들은 실험에 참가한 신경학적 질환의 환자들이 스스로 행동을 할 때나 타인의 행동을 관찰할 때 발화했지만(일부 뉴런들은 억제 반응을 나타냈는데, 이는 곧 이 세포들의 역할이 관찰 대상의 활동을 흉내 내지 않도록 막는 것이었음을 시사한다) 뜻밖에도 세포들의 위치가 원숭이의 뇌에서 밝혀진 영역에 국한되어 있지 않았다. 인간의 거울뉴런 중 11퍼센트는 해마에서 발견되었던 것이다.[62] 거울뉴런들이 운동피질 일부에 존재하며 인지적인 기능을 수행하고, 또 해마가 운동기능에 관여하는 듯 보인다는 사실은 곧 감각과 운동의 구분이 그동안 흔히 관찰된 것만큼 절대적이지만은 않다는 것을 보여주었다. 한편 레서스 원숭이의 편도체에서는 거울뉴런과 유사하게 의사결정 시 다른 개체의 행동을 표상하는 것으로 여겨지는 '시뮬레이션 뉴런simulation neuron'이 발견되었다.[63] 이는 편도체가 공포 외의 다른 반응에도 관여하고 있음을 조명하는 데 더해 다른 개체와 그들의 행동에 대한 표상이 여러 다양한 영역에서 발견될 수 있음을 강조하는 결과였다. 거울뉴런들이 만약 단순히 우리가 화려한 이름을 지어줬기 때문에 억지로 하나로 엮인 것이 아니라 모두 공통적인 정체성을 공유하는 것이 사실이라면, 이들은 국재화되어 있다기보다 뇌 전역에 분포하며 잡다한 기능들을 수행한다.

어떤 기능을 특정한 구조물에서 비롯되었다고 밝히는 데 이렇듯 예외가 존재하기 때문에 발생하는 복잡한 현실적 문제는 최근 인간의 뇌에서 놀라운 가소성을 나타낸 임상적 사례들이 보고되면서 한층 더 커졌다. 프랑스 마르세유에는 피질이 아주 작고 얇은 세포층으로까지 수축되었으나 거의 평균 수준의 지능을 보이며 공무원이라는 어엿한 직장인 중년 남성이 살고 있으며, 이스라엘에는 뇌의 후엽이 존재하지 않으나 정상적인 후각을 가지고 있는 여성들이 다수 있는 것으로 알려졌다.[64] 어떤 젊은 중국인 여성은 소뇌가 아예 없는데, 말할 때 발음이 다소 뭉개지고 약간의 정신지체 및 운동협응 문제를 안고 있기는 하지만 이러한 증상은 소뇌라는 구조물이 완전히 제거된 동물에게 벌어질 것이라고 예상했던 심각한 문제에 비하면 아주 사소한 수준이었다.[65] 끝으로 최악의 뇌졸중을 두 차례나 겪은 아르헨티나의 어느 여성은 이로 인해 감각운동능력 및 상위 수준의 심리 기능들에 관여하는 뇌 영역에 광범위한 손상을 입었지만 도저히 설명할 수 없는 거의 완벽에 가까운 회복을 보여주었다.[66]

최근 동물 연구에서는 더욱 큰 문제가 드러났다. 쥐와 명금이라는 조류의 경우 어떤 학습된 행동들이 뇌의 매우 특정한 영역에서 통제된다는 주장이 제기되었는데, 뇌의 해당 부위를 잠시 동안 불활성화시킴으로써 행동을 막는 것이 가능했기 때문이었다. 그런데 모순적이게도 이 구조물들이 **영구적**으로 적출되고 나면 이 실험동물은 기존에 학습했던 능력을 다시 회복할 수 있었다. 이토록 놀라운 가소성을 설명할 수 있는 방법은 우선 잠시 동안 뇌 영역을 불활성화시켰던 실험 중에는 실험동물의 뇌에서 변화가 가해진 영역에 의존하던 구조물들이 주어진 짧은 시간 내에 새로운 상황에 반응하도록 활동 패턴을 바꾸지 못했기에 관련 행동이 나타나지 않았던 것이라고 볼 수 있다. 반면 수술 후 회복 기간이 주어지는 것처럼 이 시간이 길어지게 되면 앞서 뇌졸중 환자들이 시간이 흐름에 따라 기존의 능력들을 회복할 수 있었던 것과 마찬가지로 다른 영역들이 활동 패턴을 바꾸어 해당 행

동을 다시 수행할 수 있게 되는 것이다.[67]

이 같은 현상들의 기제에 관한 설명은 곧 뇌의 구조물들이 서로 구분된 각각의 모듈이 아니라는 것을 가리킨다. 어떤 기계 내의 독립적인 부품들과는 다른 것이다. 뇌는 살아 있는 물질로 구성되어 있으므로 뉴런과 뉴런들의 연결망은 모두 상호연결되어 있으며, 주변의 구조물들의 활동뿐만 아니라 유전자의 발현 패턴까지 바꿈으로써 인접한 영역들에 영향을 줄 수 있다. 기능은 한 군데가 아닌 여러 곳으로 퍼져 있고, 심지어 시냅스 및 복잡한 방식으로 작용하는 신경조절물질들에 의해 유도될 수도 있다.[68] 바로 이러한 성질이 일부 가소성 사례들의 기저에 깔려 있어 주어진 영역의 기능을 정밀하게 밝히는 일의 어려움을 두드러지게 하는 원인으로 보인다.

갈증처럼 너무나도 단순하게만 보이는 현상조차도 알고 보면 놀라울 정도로 복잡하다. 2019년, 연구자들은 쥐가 물을 마시고 갈증을 충분히 해소하는 동안 34개의 뇌 영역 내 뉴런 2만 4천 개의 활동을 살펴본 결과를 보고했다. 이 중 절반이 넘는 뉴런들이 이처럼 극단적으로 단순한 행동에 각기 다양한 방식으로 관여하고 있었다.[69] 다시 말해 갈증과 이러한 감각에 대한 행동적 반응은 쥐의 뇌 전체에 걸쳐 매우 광범위하게 분포되어 있었다. 이와 더불어 보통 운동 통제에 관여하고 있다고 여겨지지 않는 뇌 영역들이 쥐가 달리거나 수염을 움직일 때 활성화되어 시각피질의 뉴런 활동에 영향을 주었다. 런던의 유니버시티 칼리지의 연구자들이 총 42개의 뇌 영역에서 3만 개의 뉴런들을 살펴본 유사한 연구에서도 이와 마찬가지로 쥐가 무엇인가 활동을 하기 시작하면 모든 영역의 뉴런들이 활성화된다는 결과를 발견했다. 하지만 쥐가 어떤 선택을 하게 되었을 때는 뇌의 특정한 영역 내 매우 특정한 세포들만이 반응했다. 실제 여기에 관여하는 회로들은 여전히 수수께끼지만 이러한 결과를 통해 뇌의 복잡한 특성과 함께 기능이 어떻게 국재화된 동시에 광역적으로도 분포된 양상을 보이는지 살짝 엿볼 수 있다.[70]

끝으로 포유류의 뇌가 어떤 기능을 수행하는 방식이 반드시 최선의 방식이거나 유일한 방식은 아닐 수 있는데, 이는 뇌의 구조와 기능들이 반드시 엄격하게 정해져 있는 것은 아님을 시사한다. 상위 심리 기능들에서 피질이 수행하는 역할은 일부 영역들에 대한 자극이나 적출 그리고 비교연구들을 통해 반복적으로 증명이 이루어지고 있다. 인간은 복잡하게 생긴 피질의 주름 덕분에 피질의 복잡성이나 심리 기능의 풍부함이라는 측면 모두에서 가장 상위의 수준을 보인다고 여겨진다. 하지만 포유류의 뇌와 달리 피질이 층으로 구성되어 있지 않은 조류 역시 여러 측면에서 포유류와 맞먹을 정도로 몇몇 매우 복잡한 심리적 과정들을 수행할 수 있는 능력을 갖추고 있다. 뉴칼레도니아 까마귀는 스스로 도구를 만들 수 있을 뿐만 아니라 그 도구를 만들기 위한 도구까지 만들 줄 안다. 심지어 까치는 일반적으로 어떤 동물이 자기라는 개념을 가지고 있는지 여부를 판단하게 해주는 '거울 자기 인식 검사mirror self-recognition test'까지 거뜬히 통과했다.[71] 조류와 포유류의 뇌가 조직되어 있는 방식이 발달 과정상으로는 공통의 뿌리에서 비롯되었을 수 있다 치더라도 어쨌든 요는 서로 다른 구조물이 똑같은 기능을 할 수 있다는 사실이다.[72]

여기서 뇌의 작용 기제를 이해하는 데 가장 큰 문제가 발생한다. 뇌가 어떻게 동물에게서 의식을 만들어내는가 하는 문제 말이다. 이러한 주제는 수 세기 동안 철학자들만이 논의한 영역이었다. 하지만 지난 반세기, 마침내 과학자들 역시 이 문제를 진지하게 다루기 시작했다.

# 15

# 의식

## 1950년대부터 오늘날

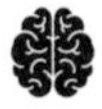

2005년, 〈사이언스〉의 편집위원들이 향후 수십 년 내에 풀릴 가능성이 높다고 여겨지는 미해결 과학 문제 125가지를 집중조명했다. 그중 "우주는 무엇으로 이루어져 있는가?"라는 물음 뒤에 이어진 두 번째 문제가 바로 "의식의 생물학적 기제는 무엇인가?"라는 것이었다.[1] 그보다 겨우 16년 전만 해도 영국의 심리학자 스튜어트 서덜랜드Stuart Sutherland는 이 문제에 훨씬 덜 낙관적인 태도를 보였다. "의식이란 대단히 흥미롭지만 이해하기 어려운 현상으로, 이것이 대체 무엇인지, 무엇을 하는지, 혹은 왜 생겨났는지 규정하기가 불가능하다. 이와 관련하여 지금껏 읽을 만한 가치가 있는 글이라곤 전무하다"[2]고 말이다.

그 짧은 시간 동안 의식을 대하는 태도에서 나타난 엄청난 변화는 의식을 향한 관심이 다시금 살아났음을 반영한다. 이제는 시중에 이 문제를 다룬 책만 해도 수백 권이 넘으며, 해당 주제로 진행되는 TED 강연은 조회 수 수백만 건을 기록한다. 서덜랜드가 글을 남긴 이후로 '의식'이라는 단어가 제목에 들어간 논문은 1만 6천 건 넘게 출간되었다. 그런데 아직도 만약 뇌가 의식을 만들어내는 것이 사실이라면 대체 어떻게 그러한 기능이 가능한 것인지에 대해서는 전혀 합의가 이루어지지 않고 있다.[3]

이렇듯 의식을 향한 관심이 폭발하게 된 원인을 제공한 인물로는 흔히 프랜시스 크릭이 거론되곤 한다. 서덜랜드가 글을 쓸 당시 크릭은 연구자들이 의식의 신경 상관물neural correlates, 즉 의식에 관련된 현상과 상관관계가 있는 신경 활동이 무엇인지 찾기 위해 노력해야 한다고 주장했다. 하지만 크릭의 지적 욕구가 의식에 관한 현대식 과학 연구의 틀을 조성하는 데는 일조했을지는 몰라도 문제 해결에는 그다지 도움을 주지 못했다.[4] 이 문제를 해결하기 위한 최초의 집단적인 시도 중 하나는 1953년 8월, 에드거 에이드리언, 도널드 헵, 칼 래슐리, 와일더 펜필드를 비롯한 과학자 스무 명이 캐나다 퀘백의 어느 산장에 모여 '뇌의 기제와 의식Brain Mechanisms and Consciousness'을 주제로 열었던 닷새짜리 학술 토론회였다.[5] 이때의 모임에서는 그보다 4년 앞서, 마취시킨 고양이의 뇌간을 자극하자 마치 깨어 있을 때와 같은 EEG 변화 양상이 나타났다는 호레이스 매균Horace Magoun의 놀라운 발견 사례가 주도적인 역할을 했다.[6] 이제 EEG도 조작이 가능해졌다는 사실을 접하고 과학자들은 의식의 본질과 소재를 탐구할 수단을 손에 넣은 듯 여겼다.

그러나 매균은 개회사에서 동료 연구자들을 향해 "미래의 연구자들은 의식의 신경 기제가 그리 쉽게 풀릴 문제가 아니라는 온갖 증거들을 가지고 있어 어쩌면 20세기 중반의 이러한 암중모색의 노력을 되돌아보고는 동정심에 고개를 절레절레 흔들지도 모른다"는 선지적인 경고를 보냈다.[7] 아마 그는 근 70년이 지난 지금까지도 의식의 신경 기제가 밝혀지기는커녕 최근 〈사이언스〉가 보여준 낙관성에도 불구하고 가까운 미래에 답을 찾을 수 있으리라는 어떠한 조짐도 보이지 않는다는 것을 알면 아주 재미있어 할 것이다. 그동안 대규모의 기술적 혁신이 이루어졌지만 활동이 국재화되어 있느냐 혹은 널리 분포되어 있느냐라는 문제와 의식의 생리적 근거의 중요성이라는, 퀘백에서 논의된 핵심 문제 두 가지는 여전히 뇌를 이해하기 위한 우리의 기나긴 여정에서 중심을 차지하고 있다.

퀘백 모임에서는 펜필드가 피질에 전기자극을 가할 때 꿈꾸는 듯한 상태와 신체의 움직임을 이끌어낼 수 있음을 밝힌 자신의 연구를 소개하면서 기능의 국재화를 지지하는 몇몇 설득력 있는 증거들도 거론되었다. 그렇지만 펜필드가 설명한 것처럼 운동피질이 자극됨에 따라 피험자의 신체가 움직였더라도 피험자는 늘 "자신의 의지와는 무관하게, 혹은 의지에 반하여" 이러한 움직임이 발생했다고 말했다. 마찬가지로 그가 불러일으킨 아주 정교한 경험들도 "일상적인 경험에서 보거나 느끼는 것"들과는 전혀 닮아 있지 않아 오히려 꿈에 가까운 모습이었다. 이는 절대로 의식에 관여하는 뇌 영역이 직접 자극되었을 때 나타날 것으로 예상되는 양상이 아니었다.[8]

어떻게 보면 이 같은 결론은 놀라울 것도 없다. 당시 학술 모임에 참가했던 연사들도 대부분이 의식이란 뇌 전역에 걸친 신경 활동이 어떤 식으로 통합하여 생겨난 기능이라고 여겼다. 스탠리 코브Stanley Cobb가 그보다 1년 앞서(퀘백 모임과는 관련 없이) 설명했던 것도 같은 맥락이었다.

> 마음과 의식이라는 현상을 만들어내는 것은 저마다의 기능을 수행하는 부분들 간의 관계와 통합 그 자체다. 이를 관장하는 중추라는 것은 존재할 수 없다. 의식을 담당하는 어떤 단일한 영역 따위는 없다. 복잡한 일련의 회로 내 신경충동들의 흐름이야말로 마음을 실현시킬 수 있는 것이다.[9]

새로운 EEG 기술과 새로운 수술적 중재법 덕분에 이제 이러한 통합의 중심을 밝히는 일도 가능할 것처럼 보였다. 하지만 근본적인 문제가 남아 있었다. 프랑스의 생리학자 알프레드 페사르Alfred Fessard의 말처럼 여기서 핵심 문제는 그 통합 과정이 얼마나 국재화되어 있느냐라는 것으로, 이를 "한 곳에 집중되어 있다고 보아야 할지 분산되어 있다고 보아야 할지, 다시 말해 뇌의 한정된 좁은 영역에서 일어나는 것으로 특정할 수 있는지 아니면 다양하게 위치한 신경 구조들로써 이를 규명할 수 있을지"에 관한 것이었다.[10] 퀘백에서의 논의가 계속 이어지면서 의식의 상태와 그 소재를 측정하는 도구로서 EEG를 활용할 수 있다고 기대했던 들뜬 분위기도 점차 지나친 거품에 불과한 것으로 여겨졌다. 아울러 언제나 의심이 가득했던 래슐리는 EEG가 어떻게 신경 활동이나 의식의 상태와 관련이 있는지 분명하지 않다는 점을 지적하며 EEG를 맹신하던 리하르트 융Richard Jung마저도 "EEG의 형태와 의식이나 지각의 상태 사이에는 그 어떠한 절대적인 상관관계도 가능하지 않다"는 것을 인정하게 만들었다.[11] 결국 펜필드는 신경 활동이 어떻게 생각으로 바뀔 수 있는지에 관해 자신이 완전히 무지했음을 인정하고 다음과 같은 결론으로 학술 모임을 마무리했다. "이것이 본질적인 문제다. 생리학과 심리학이 서로 대치하고 있는 것이다. 이를 완전히 이해하기까지는 아직 해결해야 할 일이 많은데, 인생은 너무나도 짧다!"[12]

그렇지만 아직 우리에게는 이 문제가 해결될 수 있으리라는 희망이 남아 있다. 그것은 헵이 제시한 어떤 과학적인 접근법을 통해 확인할 수 있는데, 40년 뒤 그와는 별개로 크릭이 동일한 주장을 제기하면서 그의 견해도 대단히 영향력 있는 것으로 밝혀지게 되었다.

> 인간이 알고, 느끼고, 행하는 것에서 우리가 알고 있는 모든 양상을 설명하기에 완전히 적합한 이론을 만들어내려 노력해서는 안 된다. 그보다는 이 같은 문제에서 우리가 어쩌면 설명할 수 있을지도 모르는 일부 양상을 설명하고자 노력하며, 그렇게 도출해낸 이론이 행여 전체 체계에 관해 지

금까지 알려진 모든 특징들 중 몇몇 측면들에 한해서는 적합하지 않은 것으로 밝혀질까 염려하지 말아야 한다.[13]

의식이 신경 활동으로부터 발생한다는 데 모든 이가 동의했던 것은 아니다. 1953년 초에는 존 에클스가 《마음의 신경생리적 기제The Neurophysiological Basis of Mind》를 출간하며 박사과정 당시 지도 교수였던 셰링턴의 뒤를 이어 마음이란 단순히 뇌와 어떤 방식으로 상호작용하는 무형의 물질이라고 제안함으로써 3세기 전 데카르트의 이원론적 개념을 효과적으로 반복하기도 했다.[14] 에클스의 이 같은 견해는 1951년 〈네이처〉에 발표한 논문에서도 피질 내 빽빽이 들어찬 뉴런들이 어떤 계기로 비물리적 실체에 대한 탐지기가 되었다는 가설과 함께 그대로 드러나 있었다. "마음은 대뇌피질의 기능에 대한 이 고유의 탐지기를 통해 효과가 발휘되는 시공간적인 '영향력의 장'을 행사함으로써 뇌와의 소통을 이루어낸다"고 말이다.[15] 에클스는 자신의 견해를 뒷받침하는 데 있어 정신력과 그 밖의 이른바 초감각적인 능력들이 "특히 중요하다"고 주장했다.

에클스의 접근법에 다른 과학자들은 시큰둥한 반응을 보였다. 그가 〈네이처〉에 게재한 논문은 당시가 이 학술지의 전성기가 아니었음을 감안해도 겨우 열 번밖에 인용되지 않은데다 그마저도 대부분 역사학자들이 인용한 것이었다. 1953년 퀘백 모임을 마치며 허버트 재스퍼Herbert Jasper는 마음과 뇌 활동을 연결 짓는 일이 어렵다는 사실을 인정하고는 "에클스 박사는 육신을 떠나 정신적인 세계에서 설명을 구함으로써 이 문제에 대처하려고 시도했다"고 쏘아붙였다.[16] 독실한 가톨릭 신자인데다 때때로 철학자 칼 포퍼Karl Popper와 함께 일하기도 했던 에클스는 평생 이원론자로서 자신의 입장을 견지했으며, 중간에 몇 차례 세부적인 부분들을 수정하기는 했지만 그때마다 매번 똑같이 전투적으로 강한 확신을 가지고 자신의 주장을

펼치곤 했다.[17]

에클스와 동시대를 살았던 또 다른 위대한 학자 한 명인 와일더 펜필드도 끝내 그와 유사한 견해를 취하게 되었다. 학자로서 그의 모든 인생은 "가장 상위 중추들의 활동과 심적 상태는 동일한 하나의 것이거나 혹은 같은 대상의 앞뒷면과 같다"는 가정을 바탕으로 하고 있었다.[18] 그러나 펜필드는 죽기 얼마 전인 1975년, "뇌 활동만을 기반으로 마음을 설명하려는 다년간의 분투 끝에 나는 비로소 우리의 존재가 두 개의 근본적인 요소들로 이루어져 있다는 가설을 받아들이면 문제가 보다 단순해진다는(그리고 훨씬 쉽게 논리적인 설명이 가능하다는) 결론에 도달했다"고 설명했다. 펜필드가 댔던 변명은 "뇌를 자극하는 전극을 활용하고, 의식이 살아 있는 환자들을 연구하고, 뇌전증 발작을 분석하는 등의 새로운 방법에도 불구하고 뇌 혼자서 마음이 하는 모든 일을 해낼 수 있음을 가리키는 강력한 증거가 없다"는 것이었다.[19] 하지만 단지 아직까지 의식을 명확하게 설명할 수 없다는 사실이 널리 통용되는 유물론적 사고방식이 완전히 틀렸다는 의미는 될 수 없었다.

## 뇌가 나뉘면 마음도 분리될까

1950년대에는 길버트 라일의 《마음의 개념》이 출간됨에 따라 철학적인 사고를 하는 심리학자들(그리고 심리학적인 사고를 하는 철학자들)이 의식의 본질에 주의를 기울이기 시작했다. 1956년, 옥스퍼드대학교의 심리학자 울린 플레이스Ullin Place는 의식을 뇌에서 일어나는 과정으로서 바라보는 것이 "합당한 과학적 가설"이라고 주장하며 철학적인 배경만으로는 이러한 견해를 일축하기에 충분치 않다고 강하게 주장했다.[20] 그리고 3년 뒤에는 오스트레일리아 애들레이드대학교의 철학자 잭 스마트Jack Smart가 플레이스의 주장을 발전시킴으로써 오랫동안 잠정적으로 받아들여졌던 의식과 뇌의 활동 과정이 동일한 현상에 대한 각기 다른 측면이라는 가설의 철학적 근거를 확립하는 데 도움을 주었다.[21]

한편 정면 돌파하기에는 문제가 너무 어려웠던 탓에 1962년에는 미국의 심리학자 조지 밀러George Miller가 "앞으로 10년에서 20년간은 의식이라는 단어를 아주 금지시켜버려야 한다"고 주장할 정도로 의식을 향한 과학계의 관심은 점차 시들기 시작했다.[22] 밀러의 제안이 얼마나 진심이었든 간에(그는 자신의 책에서 의식이라는 주제에 장 하나를 통째로 할애한 것을 비롯하여 이 단어를 무려 80회 이상 언급했다) 이듬해 출간된 뇌 기능에 관한 주요 개관 논문 한 편은 천 건 이상의 과학 논문들을 다루면서도 용케 의식이라는 용어의 언급을 피했다.[23] 하지만 이 단어가 없어도 근본적인 물음은 여전히 남아 있었는데, 이 논문에서는 인간의 뇌가 어떻게 작용하는지에 관한 우리의 견해에 과격한 도전장을 던지며 지금까지도 대단히 충격적으로 느껴질 만한 놀라운 결과들을 조명했다.

20세기 중반 미국 정신의학계를 지배했던 정신외과술에 대한 인기는 가여운 헨리 몰레이슨의 사례와 같은 파국적인 결과만을 초래한 것이 아니었다. 일부 환자들의 경우에는 삶을 피폐하게 했던 뇌전증 증상이 뇌의 두 반구 사이를 이어주는 어떤 구조물을 잘라내어 좌우반구를 분리함으로써 나아지기도 했다. 바로 뇌량이었다. 수술을 받은 환자들은 보통 외관상 아무런 부작용 없이 크게 호전되었고, 이에 뇌량은 단순히 구조적인 요소의 일종이라는 가정을 낳게 되었다.[24] 그런데 로저 스페리Roger Sperry가 1950년대에 진행한 동물실험에서 이 부분이 잘릴 시 뭔가 굉장히 이상한 일이 발생한다는 사실이 드러났다.

1956년, 스페리의 제자였던 로널드 마이어스Ronald Myers는 고양이의 시각적 학습을 연구하며 시야의 왼편에 속하는 망막 신호들은 뇌의 우반구로, 시야의 오른편에 속하는 신호들은 뇌의 좌반구로 보내짐으로써 시각 자극을 뇌의 어느 한쪽에만 제시하는 것이 가능하다는 기존에 잘 알려진 사실을 다시 살펴보고 있었다. 그러다 마이어스는 고양이가 뇌량이 제거되더라도 겉으로 보기에는 제법 정상적으로 행동한다는 것을 보여주었다. 어떤 아주 특별한 절차의 검사를 실시하지 않는 한 말이다. 고양이에게 좌측 시야에 주어진 자극을 바탕으로 어떤 과제를 수행하도록 훈련시킨 뒤 우측 시야에 자극을 제시하여 학습한 결과를 검사하자 고양이는 마치 아무런 훈련을 받지 않았던 것처럼 행동했다. 정상적인 고양이와 달리 이 고양이의 좌반구는 우반구가 무엇을 학습했는지 알지 못했던 것이다. 뇌량은 두 반구 사이에서 온갖 학습의 전이가 일어날 수 있도록 해주었다. 그리고 이 구조물이 잘려나가 스페리가 '분리 뇌split-brain'라는 극적인 이름을 붙여주었던 동물에게서는 이 같은 전이가 일어날 수 없었다. 1961년에 스페리는 자신이 발견한 바를 "분리 뇌 고양이나 원숭이는 여러 측면에서 볼 때 함께 혹은 교차로 쓰일 수 있는 두 개의 개별적인 뇌를 지니고 있는 것과 같다"라고 요약했다.[25]

이는 정말 굉장한 발견이었다. 지각 및 학습과 관련된 뇌 활동은 어느 특정한 곳에 구체적으로 국재화되어 있는 것도, 뇌 전역의 활동에 의존하는 것도 아니었다. 지각하고 학습하는 능력은 각 반구에 동등하게 분리되어 존재하고 있었으며, 뇌는 하나로서, 또 두 개의 개별적인 신경중추로서 활동할 수 있었다.

스페리의 1961년 논문에는 언급되어 있지 않지만 이보다 더 광대하고 불편한 진실이 숨어 있었다. 그는 뇌량이 절단된 사람들에게 무슨 일이 벌어질 수 있는지에 대해서는 한마디도 하지 않았다.

스페리의 또 다른 제자 마이크 가자니가Mike Gazzaniga의 연구와 더불어

**그림 30** 1961년 오스트레일리아 신문에 실린 동물 대상 분리 뇌 실험을 설명해주는 만화. 안대 사용에 관한 부분은 정확하지 않다.

점차 건강을 위협하는 뇌전증으로 인해 고통받던 48세의 남성 W. J.가 기꺼이 협조해준 덕분에 1년 만에 이 문제에 대한 경악할 만한 답을 구할 수 있었다.[26] 이때의 연구로 인해 스페리는 1981년에 허블, 위즐과 함께 노벨상을 수상했다.

1962년 2월, 본명 빌 젠킨스Bill Jenkins, 통칭 W. J.는 끔찍한 뇌전증 발작 증상을 완화시키기 위해 뇌량 절단술을 받았다. 이는 관련 과학자들에게도 뇌가 어떻게 작용하는지에 관한 뭔가 근본적인 원리를 발견할 수 있는 기회였다. W. J.는 그에게 가해질 의학적 중재법에 이 같은 두 가지 목적이 있다는 점을 분명히 이해하고는 수술에 들어가기 전, "있잖아요, 만약 이 수술로 내 발작이 좋아지지 않는다고 해도 선생님들이 뭔가 얻어가는 게 있다면 내가 요 몇 년간 할 수 있었던 그 어떤 일보다 가치가 있는 일일 거예요"라고 너그럽게 말했다.[27]

수술 후 6주가 지나 가자니가는 W. J.의 집을 찾아갔고(그는 완전히 회복한 듯했으며, 발작 증세도 눈에 띄게 나아졌다) 분리 뇌를 가지고 살아간다는 것이 어떤 의미인지에 관해 그로부터 수십 년간 이어갈 연구의 첫 발을 내디뎠다. 가자니가는 처음에는 이 환자의 왼쪽 또는 오른쪽 시야에만 깜박이는 그림을 띄워 한쪽 반구의 뇌만 이를 볼 수 있도록 하는 단순한 검사를 진행했다.[28] 이 같은 초기 실험의 결과는 아주 놀라웠다. 첫 번째 검사에서 가자니가는 우선 W. J.의 오른쪽 시야에 상자를 짧게 보여주었는데, 이는 좌반구에서만 탐지할 수 있었으며, 좌반구는 언어 통제에 관여하는 영역이었다.

가자니가: 무엇이 보이십니까?

W. J.: 상자요.

가자니가: 좋습니다. 한 번 더 해보죠.

그리고 이번에는 다른 그림을 우측 뇌에서만 볼 수 있게끔 제시했다.

가자니가: 무엇이 보이십니까?

W. J.: 아무것도 안 보이네요.

가자니가: 아무것도요? 아무것도 못 보셨나요?

W. J.: 아무것도 못 봤어요.

가자니가는 이 시점에서 흥분으로 자신의 맥이 마구 날뛰는 것이 느껴졌으며 갑자기 땀이 흐르기 시작했다고 회상했다. 동물실험에서와 마찬가지로 W. J.의 한쪽 뇌에서는 다른 쪽 뇌가 무엇을 보았는지 알지 못하는 것처럼 보였다.

그런데 여기에 함정이 있다. 뇌의 좌측 반구가 언어 통제를 담당하므로 좌측 뇌만이 가자니가의 물음에 답할 수 있었던 것이다. 이에 뇌의 우반구에서는 아무런 일도 일어나지 않는지 알아보기 위해 가자니가는 W. J.가 아무것도 보지 못했다고 했을 때 사물들이 그려진 카드 한 벌을 그에게 보여주며 화면에 제시되었던 그림이 어느 것이었을지 한번 추측해서 손가락으로 가리켜보라고 지시했다. 그러자 W. J.는 자신의 왼손(화면상에서 그림을 보았던 우측 뇌가 통제하는 손)으로 정확하게 올바른 카드를 가리켰다. 이 놀라운 실험 결과는 W. J.의 뇌의 각 반구가 이제 서로 완전히 독립된 존재(가자니가는 이를 '정신 통제 체계'라는 덜 정서적인 용어로써 지칭했다)가 되었음을 시사했다.[29] 한쪽은 말을 할 수 있고 다른 한쪽은 할 수 없었지만, 양쪽 다 듣고, 보고, 주어진 사물을 인식했으며, 물음에 답할 수 있었다. "아, 그 발견의 달콤함이란." 가자니가는 회상했다. 그는 자신도 모르는 사이 한 세기 앞서 1860년에 페히너가 뇌를 둘로 분리하면 하나가 아닌 두 개의 마음을 가지게 된다고 제안했던 이론을 뒷받침할 증거를 찾아낸 것이었다.

하지만 만사가 순조롭기만 했던 것은 아니었다. 처음 몇 달 동안 W. J.는 이따금씩 두 쪽의 뇌 사이에서 갈등을 경험했다. 그가 바지를 입거나 벨트를 차려고 할 때면 두 손은 제각기 다른 방식으로 움직였다.[30] 처음에는 이로 인해 실험에도 차질이 빚어졌는데, 두 손이 서로 과제를 마치려고 경쟁을 하다 보니 종종 다른 쪽 손이 답하는 것을 막는 일이 벌어지곤 했다.[31] 그러다 두 가지 버전의 그가 하나의 몸을 공유하는 일에 익숙해지는 듯하더니(비록 두 마음 모두 다른 쪽 마음의 존재를 알아차리지는 못했지만) 이러한 갈등도 점차 잦아들었다. 그의 머릿속에서 대체 어떤 일이 벌어지고 있었는지 상상조차 할 수 없지만 결국 W. J.는 정상적인 삶을 살았다.

이 같은 결과는 그저 놀라울 따름이다. 동물의 뇌만이 큰 악영향 없이 둘로 분리된 것이 아니라 사람의 뇌, 사람의 마음도 똑같은 일이 가능한 듯했다. 양측의 뇌가 서로 약간 다른 능력과 관점을 가지고 있기는 하지만 각각의 뇌 반구는 그 자체만으로 마음을 만들어내기에 충분했다. 하나의 마음에서 두 개의 마음을 얻게 되는 것이다. 컴퓨터의 경우에는 어떻게 될까.

하지만 우반구가 언어능력에는 전혀 접근하지 못한다던 초기의 가정은 지나치게 단순한 생각이었음이 밝혀졌다. 우반구도 이따금씩 글로 적힌 단어들을 알아볼 수 있었으며, 심지어 제한적으로나마 말하는 과정을 통제할 수도 있었다.[32] 좌반구만이 유일하게 말하기 능력에 접근할 수 있다는 예상을 깨고 어떤 환자는 단순한 질문에 우반구를 통해 언어적으로 답을 할 수 있었다. 어떻게 이러한 정보의 전이가 일어났는지는 분명하지 않지만, 어쩌면 온전하게 남아 있는 피질하 구조물들을 통해서 이루어졌을 가능성이 있으며, 이는 다시 말해 뇌의 양측 사이에는 의식에 관여하지 않는 연결도 존재함을 시사했다.[33]

또 한 실험에서 가자니가는 N. G.라는 여성 환자의 우반구에 여성의 누드 사진을 짧게 보여주었다. 그러자 그의 좌반구는 아무것도 보지 못했다고 보고했지만 그는 부끄러운 듯 히죽거리더니 끝내 낄낄거리기 시작했다.

가자니가: 왜 웃으시나요?

N. G.: 오, 모르겠어요. 선생님 기계가 참 웃기게 생겼네요.

그의 좌반구는 농담을 알아차리지 못했지만 우반구는 이를 눈치 챘고, 그는 웃었다.[34] 그의 우측 뇌는 좌측 뇌에서도 경험은 하되 이해하지 못했던 정서 반응을 만들어낸 것이다.

가자니가와 조지프 르두Joseph Ledoux는 통칭 P. S.라는 젊은 남성 환자도 살펴보았다. 이들이 지시 사항이 적힌 그림(일어서시오, 스트레칭 하시오, 웃으시오 등)을 P. S.의 우반구에 제시하면 P. S.는 그에 따랐다. 그에게 왜 그렇게 행동하느냐고 묻자 그의 좌반구는 변명거리를 꾸며내어 답했다. 이를테면 스트레칭이 필요했다든지, 연구자들이 재미있다고 느꼈다든지 하는 식이었다. 각각의 반구에 서로 다른 그림을 동시에 제시하고는 P. S.에게 그와 관련된 카드를 짚도록 하자 양손이 (대측의 뇌 반구 통제를 받아) 각기 적합한 카드를 짚어냈다. 하지만 그에게 어째서 왼손으로 그 카드를 골랐는지 묻자 우반구에 제시된 그림을 보지 못했던 좌반구는 두 카드 사이의 그럴싸한 연결고리를 만들어내어 두루뭉술하게 설명했다.

가자니가와 르두는 N. G.나 P. S.의 사례가 좌측 뇌 안의 마음이 우측 뇌 안에서 이루어지고 있는 추론에 대해 알지 못하는 경우 자신의 이해할 수 없는 행동에 대한 설명을 지어내려고 애쓴다는 사실을 보여준다는 것을 깨달았다. 좌측 뇌는 상황에 맞을 것처럼 보이는 이야기를 억지로 꾸며내었다. 이에 가자니가는 다음과 같이 회상했다.

> 좌반구에게는 아무런 단서도 없었지만 모르겠다고 답하는 것에 만족하지 못했다. 추측하고, 얼버무리고, 합리화하고, 인과관계를 찾으려 했지만 결국 언제나 상황에 적합한 답을 지어냈다. (…) 이것이 바로 우리의 뇌가 하루 종일 하는 일이다. 뇌의 다양한 영역들과 주변 환경으로부터 정보를 전해받고는 이를 종합하여 말이 되는 이야기를 만들어내는 것이다.[35]

이러한 해석을 할 때, 문제는 분리 뇌 환자의 좌측 뇌하고만 대화를 나눌 수 있다는 점이다. 일반적으로 우측 뇌는 자신의 느낌을 말로써 표현하지 못하기 때문이다. 어쩌면 우반구 역시 대체 무슨 일이 어떻게 돌아가고 있는가에 대한 나름의 설명을 만들어내려 애쓰고 있지만 그저 말하는 능력에 대한 통제력이 없는 탓에 자신의 당혹스러운 답을 표현하지 못하는 것일 수도 있다. 최근 몇몇 연구에서는 이러한 환자들 중 일부가 실제로 어느 정도는 뇌의 양쪽 반구 간의 정보를 통합하는 능력을 잃지 않고 있음을 시사했지만, 뇌를 분리하면 마음을 분리하는 것이라는 이미 잘 정립된 근본적인 연구 결과를 뒤집을 이유는 없었다.[36]

일상 속에서 환자들은 제법 정상적으로 기능할 수 있었는데, 그 이유 중 하나는 바로 우리의 감각 세계가 각각의 뇌 반구에 의해서만 통제되는 영역들로 명확하게 나뉘지 않기 때문이다. 가령 청각 자극은 전문용어로 동측성(왼쪽 귀로 들어온 정보는 왼편의 뇌로 향한다)인 반면, 촉각 정보는 복잡한 경로를 거쳐 양측 뇌 모두에서 처리된다. 그리고 보통 상황에서는 환자들도 여러분이나 나처럼 계속해서 머리와 눈을 움직임으로써 시각 정보를 뇌의 양측에 전달한다. 현실 세계는 심리 실험과는 다르다.

가자니가와 동료들은 이보다 훨씬 복잡한 도덕적 반응들에 대해서도 연구했다. 이들은 분리 뇌 환자들에게 주인공이 고의든 실수로든 다른 등장인물에게 해를 입히는 행동을 취하는 이야기를 들려주고는 방금 들은 이야기에 대해 도덕적 판단을 내리도록 지시했다.[37] 온전한 뇌를 가지고 있는 사람이라면 고의로 해를 입히는 행동을 한 경우에 더 무거운 책임을 져야 한다고 여기는데, 이러한 환자들은 구두로 질문을 던지자 고의로 해를 입힌 경우와 실수로 해를 입힌 경우를 똑같이 취급했다. 이야기 속 등장인물들이 어떤 생각을 가지고 있었는지는 무시한 채 해를 입혔다는 결과만을 바탕으로 부정적인 도덕적 판단을 내렸던 것이다. 이 같은 결과는 우리가 적절한 도덕적 판단을 내리기 위해서는 양측 뇌가 모두 필요하다는 것을 시사했다. 하지만 여기에도 함정이 있다. 이 실험에서는 구두적인 표현이 쓰였고, 이는 대부분 좌측 뇌의 영역이기 때문이다.

우측 뇌는 어떠한 도덕적 판단을 내렸는지 이해하고자 연구진은 분리 뇌 환자들에게 언어가 개입되지 않은 일련의 시각적 도덕극을 제시했다. 그러자 우반구 자체적으로는 온전한 피험자들처럼 반응한 반면, 좌반구는 "사건들을 설명하기 위해 거짓 가설을 꾸며내는 경향성"을 보이며 언어적으로 이야기를 들려준 경우와 똑같이 결과를 기반으로 판단을 내렸다.[38] 즉 분리 뇌 환자들의 좌반구는 부적절한 도덕적 판단을 내리는 반면 우측 뇌는 보다 일반적인 도덕적 관점을 취하는 것처럼 보였다.

분리 뇌를 가지고 살아간다는 것은 아마도 세상에서 가장 이상한 경험일 것이다. 언어적인 능력을 가진 좌반구는 수술 이전의 삶이 어떻게 달랐는지 전혀 이해하지 못하며, 무엇을 상실했는지에 대해 아무런 개념이 없는 듯했다. 우반구는 일반적으로 말하기에 일절 통제력이 없으므로 무슨 생각을 하는지는 단언하기 어려우나, 어쨌든 이러한 환자들에게는 각기 다른 관점과 능력을 가진 두 개의 마음이 존재하고 이들 각각이 전혀 이상하다는 느낌 없이 자신의 몫에 만족한다는 것은 분명했다.[39]

이 같은 연구는 온전한 피험자들에 대한 심리적인 탐구와 더불어 우리의 뇌는 양측이 각기 다른 능력과 사고방식들을 가지고 있어 서로 대단히 차별화된다는 흔하디흔한 엉터리 견해를 낳게 되었다. 이는 보통 '좌뇌'와 '우뇌'라는 부정확한 용어로써 표현되곤 한다. 이는 매우 큰 오해이다. 분리 뇌 환자들에게 두 개의 마음이 존재하는 것은 수술에 따른 결과일 뿐이다. 이것이 곧 모든 사람의 머릿속에 두 개의 마음이 있다거나 두 개의 서로 다른 뇌가 존재한다는 사실을 가리키는 것은 아니다. 그럼에도 불구하고 일각에서는 우리가 모두 자신의 성격과 관련하여 둘 중 우세한 반구를 가지고 있으며 '우뇌'는 보다 '창의적'이고 '좌뇌'는 훨씬 논리적이라는 속설이 돌고 있다. 몇몇 사람들은 이러한 특성이 성적 선호와도 연결되어 있다고 주장하기도 한다. 이는 모두 사실이 아니다.* 실제로는 좌반구가 언어를 통제하고 우반구가 정서적 반응들을 담당하는 경향성(이는 우리의 영장류 친척들에게서도 볼 수 있다)을 보이는 일부 예외적인 경우를 제외하면 뇌의 양측의 기능 사이에 근본적인 차이는 분명하지 않다. 이러한 사실은 주체할 수 없는 뇌전증 증세를 완화시키고자 어린 시절 뇌의 한쪽 반구 전체를 적출한 소수의 환자들을 통해 더욱 확실히 드러났다. 놀랍게도 이제 성인이 된 이들은 정상 수준의 인지와 행동을 보였으며, fMRI를 이용해 남아 있는 뇌 반구의 연결성을 측정한 결과에서도 정상처럼 보였다.[40]

뇌는 두 개의 분리된 반구로서가 아니라 통합된 하나의 전체로서 작용한다. 우리는 이해하지 못하는 어떤 방식을 통해 의식은 본질적으로 일원화되어 있는데, 다만 분리 뇌 환자의 경우에는 이것이 둘로 나뉘어 가자니가 연구팀이 보여준 것과 같은 기이한 결과를 낳을 수 있다. 두 반구 사이의 이러한 차이점들은 마음이 뇌의 구조에서 생겨난다는 일반적으로 통용되는 가설을 강력하게 뒷받침해준다. 뇌가 어떤 방식을 통해 무형의 마음을 '탐지'한다던 에클스의 주장을 비롯하여 마음과 뇌 사이를 연결 짓는 비유물론적 설명이라면 전부 뇌가 둘로 분리되었을 때 어떻게 두 반구가 각기 이처럼 다른 마음을 만들어낼 수 있는지를 설명해야 할 것이다.

매우 큰 영향력을 떨치고 호기심을 자아내던 분리 뇌 환자 연구들은 이제 자연스레 끝에 다다랐다. 기존의 환자들은 전부 상당히 나이가 들었고, 새로운 항뇌전증약 덕분에 지금은 뇌량을 절단하는 수술이 거의 이루어지지 않고 있다. 그들의 고통과 관용이 있었기에 분리 뇌 환자 연구들은

◆ 뇌와 관련된 수많은 미신적 속설들의 오류를 낱낱이 파헤치고 싶다면 크리스천 재럿Christian Jarrett의 《뇌를 둘러싼 오해와 진실》을 읽어보자. 앤 해링턴Anne Harrington이 《의학, 마음, 그리고 두 개의 뇌Medicine, Mind, and the Double Brain》(Princeton : Princeton University Press, 1987)에서 지적했듯이 두 개의 뇌가 서로 경합한다는 발상의 기원은 아서 위건Arthur Wigan 박사가 1844년에 발표한 《정신이상에 대한 새로운 관점: 마음의 이중성A New View of Insanity : Duality of Mind》으로까지 거슬러 올라간다.

우리에게 뇌를 이해할 수 있는 창을 열어주었지만 그것도 이제 곧 닫히게 될 것이다. 그들의 뇌에서 일어났던 일들의 모든 의의가 명명백백히 밝혀진 것은 아니다. 반세기가 넘는 시간을 분리 뇌 환자 연구에 바쳤던 가자니가 역시 아직도 완전히 이해하지 못했다. 이를 두고 그는 2014년 "오늘날에도 여전히 이 문제를 고민한다는 것은 힘들고 도전적인 일이다. 과연 마음을 쪼갤 수 있다는 것이 무슨 의미일 것인가?"라고 말했다.[41]

가자니가가 자신의 놀라운 분리 뇌 실험 결과를 처음 발표했을 때, 그가 마주했던 것은 그다지 경이로워하지 않는 듯한 반응이었다. 원로 심리학자 윌리엄 이스티스William Estes는 그에게 말했다. "좋아, 이제 우리는 이해하지 못하는 대상이 두 개가 되었군."[42]

## 의식을 만드는 뇌 부위 연구에 몰두한 신경과학자들

1977년 봄, 60세가 된 프랜시스 크릭은 캘리포니아의 솔크 연구소에서 신경과학을 연구하기 위해 케임브리지대학교 내 분자생물학 연구실을 떠났다. 크릭은 예리한 지적 능력을 갖추고 저명한 여러 학술지에 자신의 견해를 실을 더없는 기회를 얻음으로써 해당 분야에 어마어마한 영향을 미쳤다.[43] 신경학자이자 작가로도 활동했던 올리버 색스Oliver Sacks는 그와의 만남을 두고 "말하자면 약간 지적인 핵 원자로 옆에 앉아 있는 느낌이었다. (…) 나는 생전 그토록 **불타오르는** 느낌을 받아본 적이 없다"고 말했다.

연구 분야를 바꾸고 1년도 지나지 않아 크릭은 허블, 위즐, 캔들을 비롯한 여러 저명한 신경과학자들과 함께 〈사이언티픽 어메리칸〉 특별호에 초청 논문을 쓰게 되었다.[44] 뇌에 대한 어떠한 연구도 해본 적이 없었던 크릭은 해당호의 맺음말에 독자들(그리고 동료 저자들)에게 새로운 접근법이 필요하다고 썼다. 그리고 의식에 대해서는 어떠한 명시적인 언급도 없이 연구자들이 "크고 복잡한 체계 내에서 이루어지는 정보처리를 직접적으로 다루는 이론"을 개발하는 데 초점을 맞추어야 한다고 주장했다.

자신의 말처럼 크릭은 곧 시각계, 그중에서도 특히 시각적 주의에 집중하여 이 분야를 쉽게 다룰 수 있을 만한 몇 가지 양상들로 쪼갰다. 이에 관한 그의 첫 번째 연구 논문은 1984년에 모습을 드러냈다. 미국 프린스턴 대학교의 앤 트리스먼Anne Treisman이 발표한 연구에 영감을 받은 그의 논문은 꽤나 도발적이었으며, "모든 포유류뿐만 아니라 인간의 언어 체계와 같이 다양한 체계에까지 적용"하기 위해 대담한 예측도 서슴지 않은 추측성 가설들로 가득 채워져 있었다.[45] 트리스먼의 뒤를 이어 크릭은 주의가 일종의 스포트라이트로 여겨질 수 있다는 개념을 취했다. 뇌는 순차적으로 시각적 장면 안에 존재하는 다양한 요소들에 초점을 맞추는데, 이러한 기능은 뉴런들의 활동에서 탐지가 가능할 것이라는 생각이었다. 이에 크릭은 뇌의 이 서치라이트가 시상 내의 망상 복합체reticular complex에 의해 통제되고 있으며, 따라서 이 영역에서 주의와 관련된 활동을 탐지할 수 있을 것이라고 제안했다. 여기서 중요한 점은 크릭의 가설이 맞았는지 틀렸는지가 아니라(틀리긴 했다) 그가 명확하게 정의할 수 있는 양상을 선택한 뒤 그 기저의 신경 기제를 살피는 방식으로 의식에 접근하는 방법을 조금씩 발달시키고 있었다는 사실이다. 상대적으로 쉬운 어떤 것을 이해하고 나면 언젠가는 그보다 큰 문제도 다룰 수 있게 되리라는 희망을 가질 수 있다.

이 같은 발상은 크릭이 2004년에 사망할 때까지 함께 일했던 독일의 젊은 이론신경과학자 크리스토프 코흐와의 첫 번째 공동연구 결과물을 1990년에 발표하면서 분명하게 드러났다. 크릭의 전형적인 글솜씨에 의해 〈의식의 신경생물학 이론을 향하여Towards a Neurobiological Theory of Consciousness〉라는 제목을 가지게 된 이 논문에서 두 사람은 일명 "의식의 신경 상관물"

을 나타내는 영역으로 향하는 접근법을 제시했다.[46] 우리는 대부분 '의식'이 자각, 즉 우리가 세상을 경험할 수 있는 마법 같은 수단을 의미한다고 생각한다. 하지만 크릭은 현재 우리의 지식으로서는 답을 구할 수 없다고 보았으므로 이 문제에 곧바로 관심을 두지는 않았다. 대신 그는 모든 동물에게 존재할 수 있는 각성 상태의 신경 상관물을 찾음으로써 의식을 발생시키는 데 일조하는 조건을 밝히는 것이 가능하리라 여겼다. 막전위•와 시냅스 강도에서의 변화가 정확히 어떻게 우리가 세상에 대해 느끼는 감각으로 바뀌게 되는지 하나씩 확실하게 풀어나가다 보면 우리가 느끼는 개체성도 나중에 해결이 될 터였다. 훨씬 나중에.

이 같은 접근방식은 의식이 어떻게 작용하는가에 대한 어떤 강력한 가설을 내세우지는 않는다. 그저 뇌의 생리와 마음 사이에 어떤 단단한 상관관계가 있는 것으로 대할 뿐이다. 이에 만족하지 못한 철학자들은 상관관계를 탐색하는 크릭의 접근법이 마음과 신경 활동이 동일하다던 크릭의 당초 기본 바탕 개념 및 작업 가설과 전혀 일관성이 없다는 점을 지적했다. 어쨌든 상관관계라 함은 서로 동일하다는 것과는 다른 의미니까 말이다. 그런데 이는 철학자와 과학자의 접근방식의 차이를 보여주는 것이었다. 크릭은 이전에 헵이 그랬던 것과 마찬가지로 우리가 어떻게 그리고 왜 지금과 같은 방식으로 세상을 경험하는가를 둘러싼 문제는 당장 해결할 수 없는 문제인 반면, 원칙적으로 볼 때 신경 활동과 각성 상태 사이의 상관관계를 확립하는 일은 가능하다고 여겼다. 그리고 과학이란 할 수 있는 것, 그러니까 실험으로 가설을 증명할 수 있는 것이어야만 하며, 철학자들이 선호하는 바와 같이 반드시 모든 잠재적 반론에 대항할 수 있는 논리적으로 단단한 기틀을 마련해야 하는 것은 아니다. 크릭과 코흐는 이렇게 설명했다.

• 세포막에서 발생하는 세포 안과 밖의 전위 차이.

의식에 대한 그 어떠한 신경학적 이론도 처음부터 의식과 관련된 모든 것을 설명해주지는 않는다. 우선은 개략적인 틀을 잡아 몇몇 우세한 특징들을 설명하고자 시도하고, 이 같은 노력이 보다 포괄적이고 다듬어진 모형으로 이어질 수 있기를 바라야 한다.[47]

크릭과 코흐는 마치 우리의 머릿속에 일종의 호문쿨루스가 들어앉아 돌아가는 상황들을 관찰하고 있음을 암시하는 듯한 설명을 피하고자 했으나 이들이 1991년에 발표한 논문은 바로 이러한 이유로 《의식의 수수께끼를 풀다》에서 철학자 대니얼 데닛Daniel Dennett의 비판을 받았다. 데닛의 책은 지금까지 이어지고 있는 의식을 향한 철학계의 관심이 1980년대 후반에 되살아나면서 출간된 작품이다.◆ 이에 크릭과 코흐는 "의식의 기능 중 하나는 다양한 기저의 연산들로부터 도출된 결과를 보여주는 것"이라고 썼다. 데닛은 이를 놓칠세라 번뜩이는 철학자의 눈을 빛내며 달려들었고, "결과를 보여준다니, 누구에게 말인가? 여왕님? (…) 그럼 그 다음에는 어떤 일이 벌어진단 말인가?"라며 공격했다.[48] 그는 크릭과 코흐가 사소한 문제에 집중하며 의식이란 무엇인가에 관한 근본적인 문제는 회피하는 아주 전형적인 신경과학자들이라고 주장했다. 데닛의 비평문은 타당했지만, 결국 철학자와 과학자의 접근방식 차이에서 비롯된 것이었다.

크릭은 우리가 느끼고 지각하는 모든 것이 "사실 수많은 세포군 및

◆ 이 책에서 다루지 않는 다양한 철학적 주장들을 명확하게 정리해놓은 글을 읽고자 한다면 수전 블랙모어Susan Blackmore가 쓴 《의식: 아주 짧은 입문서Consciousness: A Very Short Introduction》(Oxford: Oxford University Press, 2017), 안드레아 카바나Andrea Cavanna와 안드레아 나니Andrea Nani가 쓴 《의식: 마음에 대한 신경과학 및 철학 이론Consciousness: Theories in Neuroscience and Philosophers of Mind》(Berlin: Springer-Verlag, 2014), 조시 와이스버그Josh Weisberg가 쓴 《의식Consciousness》(Cambridge: Polity, 2014)을 참고하기 바란다.

그와 관련된 분자들의 활동에 지나지 않는다"는 유물론적인 가정에서부터 출발했다. 그 자신도 강조했듯이 이 가설을 뒷받침하는 절대적인 증거는 없었지만 마음을 비물질적인 것으로 바라보는 그 어떠한 견해들보다는 이를 지지하는 근거가 훨씬 더 많았다.[49]

크릭은 열심히 과학적 탐구를 수행하고 세심한 실험을 하다 보면 언젠가 "우리 뇌의 모든 행동 양상들"을 설명할 수 있게 되리라 기대했다. 그가 첫 번째 공격으로 요새가 함락될 것이라는 환상을 품고 있지는 않았지만 그래도 여전히 함락 예상 시간에 대해 낙관적인 시각을 가지고 있었는지도 모른다. "나는 이러한 일이 빠르게 일어날 것이라고 주장하는 것이 아니다. 그렇지만 계속 공격을 밀어붙인다면 언젠가는 이해하는 경지에 다다를 것이라 믿고 있으며, 그 언젠가는 어쩌면 21세기가 될 수도 있다"고 말했던 것을 보면 말이다. 그가 말한 21세기는 이제 5분의 1이 지났다.[50]

각성에 관여하는 신경 상관물의 정체와 위치에 대한 크릭의 구체적인 제안 중 어느 것도 세월의 힘을 이겨내지는 못했다.[51] 코흐와 함께 집필하여 2004년 죽음을 앞에 두고 마무리 지은 마지막 논문에서 크릭은 이러한 상관물 일부가 대뇌피질 아래, 피질과 해마 등 이와 인접한 영역에 복잡하게 연결되어 있는 대상핵claustrum이라는 잘 알려져 있지 않은 얇은 층에 위치한다고 주장했다. 크릭과 코흐는 대상핵이 그 복잡한 특성으로 인해 의식의 바탕을 이루는 통합 과정의 중심이 될 수 있다고 제안했다. 논문의 맺음말은 말 그대로 이 주제에 관한 크릭의 마지막 한마디가 되었다.

> 대상핵의 신경해부학은 빠른 속도의 정보 통합에 광역적인 역할을 수행하기에 적합하다. 특히 이 구조가 의식에서 핵심 역할을 수행하는지에 초점을 맞추어 실험을 통한 보다 상세한 탐구가 이루어져야 할 것이다. 이 이상 중요한 일이 있는가? 그렇다면 무엇을 망설이겠는가?[52]

그러나 대상핵이 의식 상태의 일부 양상에 관여한다는 증거에도 불구하고 현재 코흐는 이 구조물이 의식 신경 상관물의 소재가 아님을 인정한다.[53]

크릭의 논문으로 인해 이와 관련된 연구의 물결이 한바탕 크게 일었지만 각성 상태를 만들어내는 일반적인 영역과 이것이 신경 활동이라는 측면에서 어떠한 형태로 나타나는가에 관한 문제는 아직까지 미제로 남았다. 아마도 의식의 국재화에서 가장 정확하게 합의가 이루어진 바로는, 의식 수준은 대부분 뇌간과 기저전뇌basal forebrain에 의해 결정되는 한편 의식을 통해 지각되는 내용은 피질이나 시상 등에서 처리된다고 여겨진다. 이는 그 자체로서 많은 정보를 주어 유용하기도 하지만 동시에 당혹스럽게 느껴지기도 한다. 소뇌는 대뇌피질보다 훨씬 더 많은 뉴런들로 빽빽하게 이루어진 구조물인데 일반적으로 의식의 과정에는 관여하지 않는 듯 보이는 것이다. 이러한 불가사의는 곧 아직까지 어느 누구도 어떤 뉴런들의 활동이 의식을 만들어내는 반면 또 다른 뉴런들의 활동은 그렇지 못한 것을 제대로 설명하지 못한다는 사실을 뚜렷하게 보여준다.

일부 연구자들은 의식의 중심으로 처음에는 전두 피질에 관심을 가졌다가 이제는 후두 피질의 '핫 존hot zone'에 집중하고 있다. 또 다른 연구자들은 이에 반대한다.[54] 역사적으로 보면 여러 연구자들이 정말 많은 영역들을 주요한 영역으로 꼽았지만 지금까지는 그중 어느 것도 실험연구에 기반한 통렬한 비판을 떨쳐내지 못했다. 만약 실제로 의식이 어느 특정한 하나의 영역에서 발생한다고 하더라도 아직까지는 피질의 전측이나 후측 영역 중 하나가 정말로 그러한 역할을 담당하는 곳이라고 가정하는 것은 다소 경솔한 일로 보인다.[55]

이 분야에서 지속적으로 연구자들을 괴롭히는 한 가지 문제는 실험에서 다른 관련 없는 측면(말을 하거나 버튼을 누르는 행위 등)에 의해 흐려지지 않고 의식 활동을 측정하는 신뢰할 수 있는 도구를 고안하는 것이다. 이상적인 방법은 '무보고no-report'• 측정치를 활용하는 것이겠지만 이는 상당히 어려운데다, 실험 결과의 의의를 논할 때 흔히 아주 엄밀한 방법론적 세부 사항들에 대해 지루하게 대안적인 해석들을 나열하는 데 초점이 맞춰지게 된다. 의식적인 활동 중에는 뇌의 어느 부분이 활성화되더라는 내용의 유명한 논문들이 그토록 많다는 점을 고려하면 EEG이건 fMRI이건 간에 의식적인 개체와 의식적이지 않은 개체를 구별해주는 신뢰할 수 있는 일관적인 측정치가 없다는 사실이 놀랍게 느껴진다. 완벽한 무보고식 실험 패러다임을 찾기 위한 여정은 지금도 여전히 진행 중이다.

이러한 연구는 비단 학문적인 관심사만의 문제가 아니다. 감금증후군locked-in syndrome••이나 혼수상태처럼 언어적으로 소통할 수는 없지만 가령 테니스 치는 상상을 해보라는 등의 지시를 받으면 뇌가 뚜렷하게 반응을 보이는 상태의 환자들에게서 fMRI나 EEG 반응을 살펴본 연구도 보고되고 있다.[56] 최근 들어 EEG 기능을 복잡하게 수학적으로 모델링하여 큰 성과를 이루었으며, fMRI 측정치를 통해 건강한 사람이나 최소한의 의식을 가지고 있는 사람에게서 뇌가 전혀 반응하지 않는 환자를 구별해낼 수 있다는 주장이 제기되기도 했지만, 지금으로서는 의식의 상관물로서 일반적으로 받아들여지는 측정치는 따로 없다.[57] 물론 의식 또한 물리적인 현상이기에 이러한 기법들을 통해 결국은 그 같은 측정 방법도 찾아낼 수 있게 될 것이다. 하지만 fMRI도 EEG도 뉴런들이 실제 무엇을 하고 있는지에 대해 직접적으로 알려줄 수 없으므로 기껏해야 의식의 신경 상관물에 대한 상관물을 찾는

• 피험자의 자기보고 혹은 의식적 반응에 의존하는 대신 생리적 지표 등으로 확인할 수 있는 정확하고 객관적인 측정 방법.

•• 의식은 있지만 전신마비로 인해 외부 자극에 반응하지 못하는 상태.

데 그치게 될 것이다. 임상의들이야 이에 만족할 테지만 신경과학자들은 그렇지 않다.

### 인위적으로 의식을 조종할 수 있을까

의식의 신경 상관물을 찾는 일은 크릭의 시각계에 대한 집중적인 연구를 따름으로써 가장 큰 가능성을 보여주었다. 의식과의 상관관계를 체화하고 있는 뉴런들의 부분집합을 밝히겠다는 크릭의 목표는 아직까지도 이루어지지 않았지만 그래도 극히 일부 뉴런들과 일부 잠재적 시각 자극 유형에서는 지속적으로 연구되고 있다. 크릭과 코흐가 1998년 "제한된 특정한 시각적 상황에서 특정 뉴런들이 NCC(의식의 신경 상관물)를 체화하고 있음을 보이는 것만으로는 충분하지 않다. 그보다는 모든 시각 자극 유형, 아니면 적어도 충분히 많은 수의 대표적인 표본에 대한 NCC의 위치를 밝혀야 한다"라고 지적했던 것처럼 이 목표를 이루기까지는 아직도 가야할 길이 멀다.[58]

2008년, 이차크 프리드 연구팀은 깨어 있는 환자들에게 의식적으로 식별하지 못하는 경우도 생길 만큼 짧은 시간 동안 그림들을 제시하고 그 동안 내측두엽medial temporal lobe 세포들에서 일어난 반응에 대해 보고했다.[59] 이 세포들의 반응은 환자가 그림을 알아보는 능력과 밀접한 상관관계가 있었다. 예컨대 어떤 환자의 세포 하나는 가수 엘비스 프레슬리Elvis Presley 사진이 알아볼 수 있을 정도로 오래 제시되자 이에 강한 반응을 보였지만 제시 시간이 너무 짧아 인식이 불가능할 때는 단 한 차례의 스파이크도 보이지 않았다. 이보다 더 최근에 진행했던 연구에서 프리드와 코흐는 각각의 눈에 제시된 그림으로부터 양안 지각binocular perception을 만들어내는 데 관여하는 뉴런들을 살펴보았다.[60] 가령 배우 아네트 베닝Annette Bening 또는 뱀 그림 중 하나의 그림을 실험자가 임의로 번갈아 양쪽 눈에 동시에 제시하는 조건과 각각의 눈에 다른 그림을 동시에 제시하여 양 눈의 지각이 경합을 일으키도록 함으로써 자연스레 두 단안 이미지가 교차 지각되는 조건을 비교하는 실험을 통해 연구진은 여러분이 지금 이 글을 읽는 동안에도 머릿속에서 일어나고 있는 비의식적 과정에 관여하는 신경 상관물을 발견했다. 일부 세포들은 환자들이 자신이 본 이미지를 보고하는 것보다 최대 2초 앞서 반응하기도 했다.

이 연구에서 미루어 알 수 있듯이 크릭의 연구에서 가장 중요한 시사점 중 하나는 우리가 무엇인가를 지각할 때 뇌의 활동 양상 중에는 지각이라는 전반적인 과정에서 핵심이 되는 것도 있을 수는 있겠으나 그것이 의식의 일부는 **아니**라는 점이다. 헬름홀츠가 최초로 제안한 이 같은 통찰로 인해 신경과학에서 무의식이라는 용어가 신비로운 프로이트식 개념이 아닌 의식적인 경험에서 접근이 불가능한 과정을 지칭하는 용어로 다시금 존중받을 수 있게 되었다. 이 연구에서 주요 대상은 영장류의 시각피질로, 특히 시각 처리 과정 중 가장 초기 단계의 활동에서 어떠한 요소들이 의식의 일부이며 또 어떠한 것들이 의식에 관여하지 않는지 판단하고자 시도하는 데 초점이 맞춰져 있었다.

크릭과 코흐는 1995년에 영장류의 시각피질 중 일부로 초기 시각 신호들을 처리하는 V1이라는 영역에서 일어나는 활동조차 제대로 파악하고 있지 못하다고 주장했다. 일반적으로 이 영역에서의 활동은 뇌의 보다 상위 구조물이 관여하는 전체적인 지각보다는 물리적인 자극의 식별과 관련이 있다고 받아들여진다. 이는 곧 전반적으로 V1이 의식의 신경 상관물이 아닐 수 있음을 시사한다. 이에 미국의 철학자 네드 블록Ned Block은 크릭과 코흐가 의식이라는 용어를 다소 지나치게 멋대로 사용하고 있다고 비판했다.[61] 의식이라는 주제에서 블록이 기여한 바는 상당히 컸는데, 그가 바로 현상적 의식phenomenal consciousness(phenomenal이라는 단어가 경이롭다는 의미를 가지고 있으며 실제로도 분명 경이로운 경험이기는 하지만, 그보다는 어떤 경험으로써 현상을 다루고 있어서 이 같은 이름이 붙었다)이라는 것과 접근적 의식access consciousness(행동을 이끌기 위한 수단으로 의식을 이용)이라는 것을 구별했기 때문이다. 이 같은 구별법이 철학자들 사이에서 보편적으로 받아들여진 것은 아니었지만(뭔들 그랬겠는가?), 몇몇 과학자들은 실험적으로 탐구할 수 있는 차이를 발견할 수 있기를 바라며 의식의 본질에 대한 이해를 넓히기 위한 수단으로 블록의 견해를 수용했다.[62] 이렇듯 의식을 두 가지 양상으로 나누어 보는 관점이 널리 받아들여지기 위해서는 심리학적으로, 또 신경생물학적으로 철저한 실험적 근거가 제시되어야 할 것이다. 수천 년간 철학자들끼리 멋대로 주물러왔던 의식에 관한 논의에 그들 스스로 다시금 개입한 것을 두고 크릭은 "그들의 물음에는 귀를 기울이되, 그 답에는 귀 기울일 것 없다"◆[63]고 언제나와 같은 직설적인 말을 남겼다.

우리가 일상적으로 경험하는 의식에 근본적인 도전장을 던진 것은 1980년대 및 1990년대 철학계를 흥분시키는 데 기여했던 원로 신경과학자 벤저민 리벳Benjamin Libet의 연구들이었다.[64] 리벳의 연구는 일반적으로 우리가 우리 스스로 어떻게 행동할 것인지 선택할 수 있다는 느낌을 가리키는 자유의지라는 개념을 무너뜨리는 데 쓰이곤 한다. 이후 수많은 연구자들이 다양한 형태로 반복 검증했던 아주 복잡한 어떤 실험에서, 리벳은 손가락

◆ 철학자들은 당한 만큼 그대로 갚아주었다. 미국의 철학자 조나단 웨스트팔Jonathan Westphal의 말에 따르면, "몇몇 철학자들이 그들의 영역에서 과학자들과 다투고 틀림없이 검증 가능한 과학적 이론들을 제시하는 모습을 보는 것은 유익하지만 그 반대의 현상은 그다지 교훈적일 것이 없다." Westphal, J., *The Mind-Body Problem* (Cambridge, MA: MIT Press, 2016), 137.

을 움직이려는 의도를 나타내는 피험자의 EEG 기록이 실제로 그 같은 행동을 수행하기로 피험자가 의식적인 결정을 내리는 것보다 시간적으로 약간 앞선다는 사실을 발견했다. 많은 과학자들과 일부 철학자들은 이 같은 결과가 정신적인 호문쿨루스라는 형태로 의식과 자유의지가 존재한다고 믿는 것은 착각에 불과함을 가리킨다고 여겼다. 리벳 연구팀은 손가락을 움직이겠다는 결정에 대한 의식적인 감각은 이미 신경계가 내린 결정을 깨닫는 과정일 뿐이라고 주장했다.

이를 극단적으로 해석하면 우리에게는 자유의지라는 것이 존재하지 않으며, 대신 의식이 그 즉시 알아차리지 못하지만 곧이어 "이해가 이루어지는" 신경 활동에 의해 통제를 받는다고 할 수 있다. 리벳의 실험 결과 자체는 의심의 여지가 없지만 이 같은 해석과 그에 따른 시사점들에 대해서는 여전히 논란이 계속되고 있다.[65] 최근 한 연구에서는 피험자들이 임의의 선택을 할 때에만 리벳이 발견한 근본적인 결과가 성립하며 그 외의 중요하고 신중한 결정을 내릴 때는 그 같은 결과가 나타나지 않음을 증명했다.[66] 이 문제는 아직 해결되기까지 더 많은 시간이 걸릴 듯하다.[67]

많은 사람이 자신에게 자유의지가 있어 어떠한 상황에서 무엇을 할 것인지를 스스로 결정한다고 너무나도 굳게 믿은 나머지 그 외의 대안적인 개념은 고려조차 할 수 없다고 여긴다. 또 다른 사람들은 리벳의 연구에서 제시한 엄격한 해석이 우리가 도덕적인 결정을 내릴 수 없으며 수많은 징벌적인 법률 체제가 근거 없는 행위임을 시사한다는 이유로 이에 깊은 거부감을 느낀다. 스스로 통제할 수 없는 행동을 저질렀다는 이유로 사람들을 처벌한다는 것은 불공평하고 무의미해 보였던 것이다. 만약 이 같은 해석이 옳고 자유의지라는 것이 정말 우리의 착각이라고 하더라도, 이런 관점으로는 우리가 어떻게 그리고 왜 이 같은 착각을 느끼는지, 이 같은 인상을 만들어내기 위해 우리 머릿속에서 정확히 무슨 일이 벌어지고 있는지에 대해 설명하지 못하는 것은 물론, 과거 우리의 진화 과정 중 대체 어느 시점에서 이러한 착각이 처음 발생했는지도 알지 못한다.

말년에 리벳은 이 같은 보다 심오한 문제들을 탐구하며 뇌와는 떼어 놓을 수 없는 신경 활동을 가리키는 비육체적 표현인 "의식의 정신적 장 conscious mental field"이라는 것이 머릿속에 존재한다고 제안했다. "이는 비육체적인 현상으로서 이를 통해 표상되는 주관적인 경험과 마찬가지다"라고 말이다.[68] 그렇지만 이러한 장이 어떻게 발생하는가라는 물음에는 그저 중력이나 자기장과 같이 세상에 당연하게 존재하는 현상이라고 일축했다.

그 같은 장을 생성하기 위해 어느 유형의 뉴런 몇 개가 어떤 종류의 활동을 해야 하는지에 관해서는 리벳이 해줄 수 있는 이야기가 별로 없었다. 의식의 신경 상관물에 대한 문제는 그의 고려 대상에 들어 있지도 않았다.

*

어떻게 보면 낮은 수준에서 의식의 신경 상관물은 이미 발견되었다고 할 수 있다. 피험자들이 제니퍼 애니스턴의 사진을 볼 때 발화했던 일명 제니퍼 애니스턴 세포들 말이다. 하지만 이 같은 상관적 활동을 통해서는 왜 하필 이 배우의 사진이 해당 피험자에게서 이처럼 특정한 반응을 만들어냈는지에 대해 아무런 통찰도 얻을 수 없다. (또 다른 피험자가 같은 사진을 본다면 똑같은 뇌세포에서 거의 틀림없이 다른 반응이 나타났을 것이다.) 가장 중요한 것은 이 결과로 의식이나 지각이 일반적으로 어떻다는 정보는 전혀 얻지 못한다는 사실이다. 어떤 한 명의 머릿속에서 특정한 인물의 사진을 볼 때 일어나는 일에 대한 부분적인 신경 상관물일 뿐 그 이상도 이하도 아니다. 이러한 유의 문제를 피하기 위해 연구자들은 목표를 살짝 다듬었다. 그리고 이제는 자신들이 "어떠한 특정한 의식적 지각에도 공통적으로 충분한 답을 줄 수 있는 최소한의 신경 기제"를 찾아야 한다는 데 대체로 동의한다.[69] 여기에 제니퍼 애니스턴 세포는 해당되지 않는데, 이 배우의 사진을 인식하는 데 필요한 수십만 개의 뉴런들 중 어느 하나일 뿐이기 때문이다.

우리가 관련 신경망들을 밝혀내고 이들을 경두개 자기자극법이나 머릿속에 이식해둔 전극, 또는 실험동물의 경우 광유전학을 통해 적확한 자극 패턴으로 활성화시킬 수 있게 된 다음에야 이 같은 상관관계의 바탕에 자리하고 있을 것으로 여겨지는 인과관계에 대한 궁극적인 검증이 가능할 것이다. 만약 기존에 밝혀진 신경 활동과 의식 사이에 정말 인과관계가 있다면 피험자는 이와 관련된 것들을 지각하게 될 터이다(혹은 이에 관여하는 뉴런들의 활동이 차단될 시 지각을 못하게 될 것이다).

실제 몇몇 연구들이 이러한 방향으로 나아가고 있다. 2014년, 연구자들은 뇌전증 치료를 위해 이식한 전극들을 이용해 얼굴 탐지를 담당하는 인간의 피질 영역들을 자극한 결과를 기록했다. 우측 뇌의 얼굴 탐지 영역들에 자극이 가해지자 환자들은 특히 얼굴의 지각과 관련된 기이한 지각적 효과를 보고했는데, 그중 한 명은 "방금 선생님이 다른 사람으로 변했어요. 얼굴이 변했다구요. 코가 못생기게 축 늘어지고 왼쪽으로 갔어요"라고 했다. 또 어떤 환자는 "눈 사이가 뒤틀려졌어요. (…) 턱은 처져 보이네요"라고 했으며, 어떤 이는 연구자에게 "선생님, 꼭 고양이 같아요"라고 말했다.[70]

2018년에는 프랑스의 연구자들이 어떤 환자가 다양한 사진들을 보는 동안 이 영역을 자극하자 매우 정밀한 환각도 만들어낼 수 있었다고 보고했다.[71] 이 환자는 일련의 검사들을 진행하면서 "사르코지Nicolas Sarkozy 사진이 다른 얼굴로 바뀌었어요"라든가 "선생님 눈은 아니고요, 제가 그전에 이미 봤던 누군가의 눈이에요"라고 말했다. 이번 연구에서는 얼굴 중 몇몇 부위만이 영향을 받았으며, 2014년 연구와는 달리 얼굴 내 개별적인 요소들이 왜곡되지 않고 제대로 된 위치를 유지하면서 환각을 일으켰다. 하지만 얼굴 탐지 영역에 대한 아주 정밀한 자극에서 비롯된 이처럼 괴상한 결과가 지각의 요소들을 재창조하는 데 성공했다고는 하나, 이 같은 활성화가 뇌의 다른 영역들의 활동에 어떠한 영향을 미치는지에 관해서는 알려진 바가 없다. 얼굴 탐지의 신경 상관물 중에서 겨우 아주 작은 부분만이 탐구되었을 따름이다.

2013년, 이번에도 치료를 위해 전극을 심은 환자들을 대상으로 한 실험에서 스탠퍼드대학교의 요제프 파비치Josef Parvizi 연구팀은 뇌의 앞쪽 깊은 곳에 자리한 내측 전대상회 피질mid-anterior cingulate cortex, Macc의 아주 특정한 영역에 자극을 가했다. 그러자 두 명의 피험자 모두 똑같이 놀라울 정도로 특정한 반응을 보고했다. 둘 다 물리적으로 거대한 도전을 앞두고 있을 때와 같은 신체적, 정신적 증상들을 느끼기 시작했던 것이다. 다음은 한 피험자가 보고한 내용이다(각각의 구절들은 서로 다른 자극 구간 중에 언급되었던 이야기이다).

> 가슴과 호흡계가 떨리기 시작했어요. (…) 꼭 폭풍우 속에서 운전할 때와 같은 느낌이 차츰 들었어요. (…) 이 같은 상황에서 어떻게 방법을 찾아야 할지, 어떻게 이겨내야 할지 애쓰는 듯한 (…) 그래도 긍정적인 편에 가까워서 마치 더 노력하면 해낼 수 있을 것만 같은 기분이에요.[72]

이러한 느낌들은 이 특정한 영역에 자극이 주어졌을 때에만 보고되었으며(그러니까 아주 조금만 벗어난 영역을 자극하거나 전류를 흘리지 않았을 때는 반응이 나타나지 않았다), 전류의 양이 증가함에 따라 점차 그 강도와 정밀도가 상승하고, 전류를 끊자 곧바로 사라졌다. 이에 연구진은 결과를 정리하여 〈인간의 대상회에 대한 전기자극으로 유도해낸 인내하고자 하는 의지The Will to Persevere Induced by Electrical Stimulation of the Human Cingulate Gyrus〉라는 제목의 논문을 발표했다.

자극이 가해진 영역의 상대적 크기로 보나 자극에 따라 발생한 느낌의 분명한 정도로 보나 매우 정밀하게 나타났던 이 효과로 인해 마치 우리의 뇌 안에는 모두 이 같은 느낌을 담당하는 작은 부분들이 존재할 것만 같다는 상상을 하게 될 수도 있다. 이 결과는 곧 철학자 퍼트리샤 처칠런드 Patricia Churchland의 다소 익살맞은 표현처럼 연구자들이 "불길한 위협 감지 및 용기 끌어 모으기에 관여하는 모듈"을 규명했음을 시사하는 것으로 받아들여질 수 있었다.[73] 실제로는 이와 동일한 뉴런들이 의식 상태의 다양한 측면에 관여하지만 각각의 상태에 따라 이들의 활동 패턴과 상호연결성은 달라진다. 이처럼 놀라운 결과들은 우리의 의식 경험과 뇌의 활동이 같은 것임을 증명하는 근거를 탄탄히 다지는 데 기여했으며, 결국 이 모든 것이 어떻게 작용하는가에 관한 수수께끼는 전부 풀리게 되리라는 사실을 시사했다. 이에 처칠런드는 다음과 같이 지적했다.

> 금세기에도 몇몇 철학자들은 의식이 인간 뇌의 속성일 가능성은 전혀 없다고 거만하게 단언하곤 했다. 하지만 그처럼 손가락을 가로저었던 모든 철학자들에게 고작 몇 밀리암페어의 전류를 인간의 mACC에 가함으로써 전류가 그치면 사라지고 말 복잡한 느낌들이 폭포처럼 역이어 일어나게 만들 수 있다는 사실은 그저 가벼운 성공 이상의 충격이다. (…) 누구나 알고 있듯이 비육체적인 영혼은 전류 밀리암페어 따위에 반응하지 않는다.[74]

현재까지는 인위적인 자극을 통해 한 인간이 지각하는 모든 양상을 바꾸는 완전한 환각을 지속적으로 만들어낼 수 있었던 사례는 보고된 바 없다. 환각성 약물들의 경우 존재하지 않는 것들을 보게 하는 등 다소 본래와 다른 상태를 야기하기는 하지만 이는 뇌에 전체적으로 영향을 미치며 결과를 예측하기가 매우 어렵다. 사고실험 속 세상이 아닌 실제 삶 속에서는 아직 인위적인 수단을 통해 지속적으로 의식 경험을 유도해낼 수 없다. 그렇지만 그렇게 될 순간도 조금씩 다가오고 있다.

## 의식을 향한 과학적 접근

1995년, 철학자 데이비드 차머스David Chalmers는 주의, 통제, 유형화 등과 같은 현상을 설명하는 것과 관계된 "쉬운 문제"(신경과학자들이라면 대체 이 중 어느 것이 '쉬운' 문제라는 것이냐며 트집을 잡을지도 모른다)와 애초에 어째서 우리가 어떤 것들을 경험하는가와 관련된 "어려운 문제"(경험이 신체를 바탕으로 생겨난다는 것이 정설이지만 어째서 그리고 어떻게 생겨나는가에 대한 타당한 설명은 찾지 못했다. 애초에 신체적인 과정은 무슨 연유로 우리에게 풍부한 내적 세계를 선사하는가? 객관적으로 불합리해 보이지만 이러한 일이 실제로 일어나고 있다)를 구별 지음으로써 의식과 관련된 다양한 문제에 모두의 시선을 집중시켰다.[75]

차머스가 딱히 지난 300년 동안 누구도 인식하지 못했던 새로운 사실을 강조한 것은 아니었지만 이처럼 색다른 시선으로 문제를 대할 수 있게 해준 영리한 시도는 의식과 관련된 문제들을 명확하게 구분되는 요소들로 나누었다는 이점이 있었다. 하지만 또 한편으로는 크릭이 경고했던 바와 같이 철학자들이 과학자와는 다른 규칙을 가지고 연구에 임하고 있었음을 드러냈다. 차머스는 의식에 대한 비유물론적 설명을 받아들인 몇몇 현대 철학자들 중 한 명으로 의식이 우주의 물리법칙들을 따르지 않는다며 이를 이해하려면 새로운 물리법칙을 만들어내야만 한다고 주장했다. 물론 그럴 가능성도 논리적으로 배제할 수는 없지만 지금으로서는 답을 찾을 수 없어 곤혹스러움에 절망하고 뭔가 새로운 발상에 대한 갈망이 있다는 것 말고는 이러한 견해를 지지할 그 어떠한 근거도 없다. 과학자들이 오랜 시간 견지해왔으며 의식과 같은 신비로운 현상들을 탐구할 실험적 도구들을 갖출 수 있게 해준 유물론적 접근법을 포기하려면, 유물론적인 작업 가설과 완전히 모순되어 전혀 설명이 불가능한 실험 결과를 마주한다든지 하는 훨씬 더 강력한 동기가 필요할 것이다. 지금까지 이 같은 실험 결과가 나타날 기미는 보이지 않는다.

의식에 관한 문제를 대하는 과학적인 접근법에 영향을 주었던 또 다른 철학적 사유는 토머스 네이글Thomas Nagel이 1974년 발표한 논문 〈박쥐로 살아간다는 것은 과연 어떠할까?What Is It Like to be a Bat?〉(그가 만들어낸 문제는 아니다)를 통해 제시되었다.[76] 네이글은 생생한 주관적 경험(예컨대 빨간 열매를 볼 때 경험하는 감각 등을 가리키는데, 이를 철학적인 용어로 '감각질qualia'이라고 한다)이 내가 나로서(혹은 박쥐가 박쥐로서) 고유하게 느끼는 본질적인 감각이며, 박쥐가 되었든 다른 인간이 되었든 다른 개체가 그 자신으로서 살아가며 느끼는 감각이 어떠한지 내가 안다는 것은 불가능하다고 주장했다.

이 물음이 인상적이었던 것에 비하면 네이글의 주장은 이 모든 것이 이토록 복잡하니 겁을 집어먹고 두 손 들자는 것 말고는 과학적으로 시사하는 바가 분명하지 않다.◆ 최근 네이글은 "주요 개념에서 적어도 상대성이론

◆ "우리는 박쥐로서 살아간다는 것이 어떤 느낌일지 결코 알 수 없으므로 의식의 정체를 밝히는 것도 영영 불가능할 것이다"라는 주장에 관해 솔크 연구소에서 진행한 어느 토론에서 조지프 보겐Joseph Bogen은 이렇게 빈정거렸다. "당연히 영영 알 수가 없지요. 그렇다고 우리가 의식을 이해할 수 없으리라는 의미는 아닙니다. 나는 내 부인으로 산다는 것도 어떤 느낌일지 요만큼도 모르겠거든요!" 그의 농담이 사람들을 웃게 하는 데는 성공했지만 사실 네이글의 주장의 핵심도 바로 이것이었다. Bogen, J., *The History of Neuroscience in Autobiography* 5 (2006): 46-122.

만큼 급진적인 혁명"이 있어야 연구에 진전이 있을 것이라 예측했는데, 그가 말한 혁명이란 물론 비유물론적인 것이었다.[77] 이 같은 새로운 이론은 대체 어디에서 찾을 수 있을지 알려주는 아무런 지표도 없는데다 무엇보다 그 필요성을 절감할 분명한 실험적 근거가 부재한 상황에서 그의 주장은 별 도움이 되지 않았다.

이러한 견해들은 사실 학자들의 자포자기한 심정을 고백한 것일 뿐인데, 가설적인 무형의 물질이나 추측상으로만 존재하는 어떤 물질의 색다른 상태 그리고 이들이 물리적인 세상과 어떻게 상호작용하거나 하지 않는지에 관해서는 심지어 뇌 활동이 어떻게 의식을 만들어내는지라는 문제보다도 알고 있는 바가 더 적기 때문이다. 마음에 대한 비유물론적 설명이 옳을 수 있음을 직접적으로 가리키는 실험적 증거는 단 하나도 없다. 그리고 무엇보다도 유물론적인 과학적 접근법에는 원칙적으로 실험을 통해 문제를 해결할 수 있는 구체적인 탐구 방안이 있다. 반면 그 어떠한 비유물론적 접근법도 이 같은 도구를 갖추고 있지 못하다.

지난 30년간 과학자들은 의식에 관한 문제를 이해하기 위한 노력을 더욱 강화했다. 그렇지만 어려운 문제는 특히 여전히 어렵고, 자연히 주어진 것이므로 문제 자체가 성립하지 않는다던 리벳의 견해(일부 철학자들 역시 이러한 입장을 취했다)와 같은 것들을 빼면 별로 다루어지지도 않았다.[78] 엄격한 유물론적 관점에서 이 문제를 살펴보려고 했던 이들에게 신체적 현상과 정신적 현상 사이의 격차는 18세기 라이프니츠, 혹은 그보다 150년 뒤 뒤부아 레몽과 틴들에게 그랬던 것만큼이나 무시무시하게 크게 남아 있었다. 하지만 둘 사이에 간극이 있다고 해서 그 둘을 이어줄 방법이 전혀 없다는 뜻은 아니다.

*

지난 10여 년간은 헵이 처음 제시하고 크릭이 뒤를 이었던, 정밀하고 해결 가능한 문제들에 먼저 집중함으로써 의식을 과학적으로 연구할 수 있다는 통찰을 아마도 망각했던 듯하다. 이 분야에서 이루어진 이론 연구 상당수가 돌연 방향을 바꾸어 온갖 추측의 영역을 향해 달려가고 있다. 어느 한 가지 다루기 쉬운 양상을 설명하기보다는 의식에 관한 여럿 혹은 대부분의 양상들을 단숨에 묘사해줄 수 있는 이론들을 찾느라 헤매고 있는 것이다. 의식을 이론화하는 방법은 물론 매우 다양하지만 현재는 주요 과학적 접근법이라고 할 만한 이론이 크게 두 가지가 있는데, 둘 다 아직 그다지 정설로 널리 받아들여지고 있지는 않다.

프랑스의 신경과학자 스타니슬라스 드앤Stanislas Dehaene과 장 피에르 샹제Jean-Pierre Changeux는 버나드 바스Bernard Baars의 견해를 이어받아, 특히 뇌 전역에 축삭이 퍼져 있는 뉴런들의 활동을 통해 복수의 뇌 체계에서 정보에 접근할 수 있을 때 비로소 의식이 발생한다고 설명하는 '전역 작업 공간 이론global workspace theory'을 개발했다.[79] 드앤이 무심코 오래된 비유를 사용해 표현했듯, "의식이란 피질의 뉴런들이 밀집되어 있는 배전반 내에서 정보가 유연하게 순환하는 현상에 불과하다"는 것이 이 이론의 핵심이었다.[80] 다만 이 문장 내에서 "불과하다"고 묘사된 것이 사실 꽤나 많은 일을 하고 있는데다가 이 이론은 어떻게 유연하고 밀집된 정보의 순환에 의해 의식이 튀어나오게 되는지는 설명하지 않고 있다. 궁극적으로 이 모든 것은 그저 주어진 것처럼만 보였다. 물론 이것이 사실일 수도 있지만 설명으로써 썩 만족스럽게 와 닿지는 않는다.

또 다른 접근법은 '통합 정보 이론integrated information theory'으로, 줄리오 토노니Giulio Tononi와 제럴드 에덜먼Gerald Edelman 그리고 크리스토프 코흐를 비롯한 다수의 공동 연구자들이 개발한 이론이었다.[81] 이는 경험의 필수 속성들과 관련하여 수학적으로 나타낸 공리들과 더불어 해당 공리들이 신체의 물질로 어떻게 유기적으로 조직되어 있는가에 관한 여러 가정을 수반하는 복잡한 수학적 접근법이다.[82] 통합 정보 이론에 따르면 의식이란 단순히 이러한 연결망에 관여하는 정보의 통합이며, 연결성의 정도를 통해 의식의 정도를 나타내는 수치를 측정해내는 것이 가능하다.◆ 하지만 이 경우에도 마찬가지로 의식과 이론의 핵심인 정보의 통합 사이의 연결고리는 불분명하다. 그냥 그렇다고 주장할 뿐이다.

현재 이 분야에 전념하고 있는 과학자들 중에는 셰링턴이나 에클스, 또 펜필드를 따라 드러내놓고 이원론적인 입장을 취하는 사람이 별로 없지만, 그래도 몇몇은 마음과 뇌라는 문제에서 17세기에 처음으로 분명하게 제기되었던 다른 해결 방법들, 특히 모든 물질은 어떠한 방식으로든 의식을 갖추고 있을지 모른다는 범심론(토노니는 자신의 이론이 범심론의 일부 '직관'들의 타당성을 입증한다고 주장했는데, 한편 또 다른 연구자들은 최소 단세포 동물 이상의 살아 있는 생물만이 의식을 가지고 있다는 견해를 선호했다)도 기꺼이 받아들이고 있다.[83] 이러한 이론은 인간이나 동물의 마음의 존재에 대한 어떠한 구체적인 설명도 필요치 않다는 점에서 큰 이점이 있지만 결국 그

◆ 이 자리에서 나는 내가 통합 정보 이론을 완벽하게 이해하지 못했음을 고백한다. 그렇지만 내 짐작처럼 이런 사람은 나뿐만이 아니었다. 프랑스의 과학철학자 마티아스 미셸 Matthias Michel이 이 이론에 대한 과학자들의 태도를 조사한 결과, 비전문 연구자들 중 상당수가 이를 제대로 파악하지는 못했지만 어쨌든 깊은 감명을 받았음을 알 수 있었다. "어떻게 보면 이 이론의 복잡해만 보이는 측면이 마치 이론에서 주장하는 바가 진실일 가능성을 대신 보여주는 듯했다. 사람들은 이를 제대로 이해하지 못하고 있었지만 만약 자신이 제대로 이해하기만 한다면 이 이론이야말로 의식에 관한 올바른 이론이라고 여길 확률이 높다고 믿었다." Sohn, E., *Nature* 571 (2019): S2-S5; Michel, M., et al., *Frontiers in Psychology* 9 (2018): 2134.

자체로는 아무것도 설명해주지 않으며, 통합 정보 이론이 목적론적으로 시사하는 바가 있다는 코흐의 주장처럼 종종 검증이 불가능한 신비주의적인 신념들을 낳는다. 심지어 코흐는 물질에는 의식을 갖고자 하는 일종의 강한 욕구가 있다고 주장하며 열광적으로 예수회의 신비주의자 테야르 드 샤르댕Teilhard de Chardin을 언급했다.[84] 크릭이 이런 인사를 동료로 인정했다니 쉽게 상상이 가지 않는다.

의식에 관한 심리학 이론들도 여럿 있는데, 뇌가 세상을 해석하고 이에 작용하는 방식과 관련되어 근본적인 기계론적 문제보다는 주로 의식의 기능에 초점을 맞추는 경향이 강하다.[85] 대중이 특히 흥미롭게 여길 만한 의식 이론으로는 뇌의 신경 내 미세소관에서 이루어지는 양자 효과들이 의식 경험의 핵심이라는 수학자 로저 펜로즈Roger Penrose의 이론(인간의 미세소관이 어째서 선충과는 다른 양자 효과를 보이는지는 분명치 않다)처럼 양자 영역을 들먹이는 이론들이 있다.[86] 최근에는 가자니가도 조금 더 일반적인 틀에 가깝기는 하지만 어쨌든 이처럼 양자의 길로 들어서, 의식이 그저 무엇이 살아 있고 무엇이 그렇지 않은지를 판단하는 심오한 문제를 조금 더 복잡하게 만든 문제일 뿐이며 양자 개념의 상보성이 모호하게나마 여기에서 핵심적인 역할을 수행한다고 보는 이론을 내놓았다.[87] 설명되지 않은 생물학적 현상들에 양자를 이용하여 접근하는 방식이 일부 사람들(대체로 물리학자와 수학자들)에게 매력적으로 다가갈 수 있는 이유는 두 가지 대상이 다 신비로운 것들이라면 분명 서로가 연결되어 있으리라는 가정 탓일 수도 있겠지만, 양자역학이 의식을 설명해줄 수 있다는 증거는 없다.[88]

절망적인 사실은 많은 이론가들이 경쟁 이론들과 아무리 유사한 측면이 있다고 한들 이들을 서로 연결 지을 생각을 하지 않는다는 점이다.[89] 다양한 이론들이 따로따로 제 갈 길만을 가는 이 놀라운 상황은 실제로 벌어지고 있을 뿐만 아니라 매우 광범위하게 나타나는데, 다양한 견해가 존재하지만 이들을 엮어줄 결정적인 실험적 근거가 거의 없기 때문이다.

바로 이것이 핵심이다. 이러한 이론 중 어느 하나가 옳다거나 적어도 가장 가능성이 높으므로 어떤 것은 취하고 어떤 것은 버려야 한다고 과학자들을 설득하기 위해서는 뚜렷한 실험 결과가 있어야만 한다. 그리고 이는 의식의 신경 상관물들이 마침내 발견되고 이론가들이 보다 정밀하고 국재화된 예측을 하는 데 집중할 수 있게 된 후에야 가능해질 것이다. 지금으로서는 이 같은 이론이 제시한 예측의 상당수가 너무나도 모호하여 실험을 설계하는 데 거의 아무런 정보를 주지 못하고 있다. 2019년 10월, 통합 정보 이론을 지지하던 연구자들과 전역 작업 공간 이론의 지지자들은 둘 중 어느 이론이 더욱 정확한지 보여줄 수 있는 실험들을 진행하기로 합의했다. 이 실험에서 둘 중 하나의 이론이 정말 사실로 밝혀질 것인지는 또 다른 문제이다.[90]

가능성은 매우 낮지만 또 다른 진로도 존재한다. 전역 작업 공간 이론과 통합 정보 이론은 기계가 의식을 가질 수 있게 된다는 가능성에 상반되는 견해를 보인다. 전역 작업 공간 이론에서는 이론의 핵심이 되는 정보의 전역적 분포를 그대로 모사하는 회로만 갖춘다면 기계 또한 의식을 가질 수 있음을 분명하게 시사한다(다만 드앤은 이렇게 될 가능성이 극히 낮다고 주장했다).[91] 반면 통합 정보 이론의 한 가지 해석에 따르면 뇌처럼 복잡한 조직을 지닌 것만이 의식을 가능케 할 정도의 통합 정보를 담을 수가 있다. 그러니까 정말로 의식을 갖춘 기계가 등장한다면(그렇지만 우리가 어떻게 판단할 수 있을까?) 어쩌면 이 문제를 해결해줄 수 있을 것이다. 그에 따라 훨씬 중요한 문제들이 또 많이 제기될 테지만 말이다. 따라서 지금으로서는 이 모든 것이 그저 추측일 뿐이다. 의식이 어떤 통합된 회로에서 툭 튀어나올 기미는 아직까지 보이지 않고 있다.

의식 그리고 의식이 뇌 기능으로부터 어떻게 발생하게 되었는지를 이해하는 데 앞으로 더욱 큰 진전을 이루려면 헵과 크릭이 강력하게 제안했던 실험적 접근법에 다시금 집중할 필요가 있다. 여기에 한마디 더 제안을 덧붙이자면, 과학자들은 어쩌면 철학적인 문제는 철학자들 손에 맡겨두는 편이 좋을 수 있다. 의식의 가장 복잡한 측면을 이론적으로 설명해야 한다는 걱정을 하기보다는 실험적으로 다룰 수 있는 문제들을 연구하는 것이 더 생산적인 접근법이 될 것이다.

그렇다고 연구자들이 분리 뇌 환자들의 괴상한 실험 결과라든지 잠에서 깨어나거나 전신마취 후 회복할 때처럼 의식을 잃었다가 되찾는, 일상적이지만 대단히 이해하기 어려운 경험 같은 것들을 외면하라는 의미는 아니다. 이러한 발견들은 분명 마음과 뇌 영역들 사이의 연결고리가 가지는 본질적인 특성에 관해 아주 중요한 정보를 주기 때문이다.[92] 하지만 일단 지금 상황에서는 이처럼 대단히 이해하기 어려운 사실들을 하나로 통합하여 뇌의 작용 기제에 대한 설명을 도출하기 위해 노력한다는 것은 아마도 현명한 일이 아닐 것이다. 우리가 지금보다 기본을 더욱 단단히 다지고 그 위에 차곡차곡 쌓아나간다면 명확한 답은 자연히 모습을 드러낼 것이다. 이 같은 접근법은 분명 철학자들에게는 만족스럽지 못하겠지만 과학자들이라면 모두 그 진가를 알아차리게 될 방법이다.

퍼트리샤 처칠런드가 날카롭게 지적했듯이 뇌 활동이 어떻게 의식이 되는지 보여줄 수 있는 단일한 실험이나 단일한 이론이 나타날 가능성은 매우 희박하다.◆ 15세기에서 18세기 사이 유럽의 사상가들은 아주 조금씩 생

◆ 처칠런드의 글은 그의 표현대로라면 "철학적 헛소리에 넋이 나갈 지경"이 되면 언제든 뛰어들어 머리를 식힐 수 있는 명쾌한 내용들이 담긴 맑은 물웅덩이다. Churchland, P., in K. Almqvist and A. Haag (eds.), *The Return of Consciousness: A New Science on Old Questions* (Stockholm: Axel and Margaret Ax:son Johnson Foundation, 2017), 39-58, 59.

각이 심장이 아닌 뇌에서 비롯된다는 사실을 받아들였다. 그때도 어느 한 순간에 뇌 중심적 사고로 바뀐 것이 아니었으며, 미래에도 어느 한 순간에 신경망 중심적 통찰이 이루어질 리 없다. 대신 증거들이 느리지만 차곡차곡 쌓이면서 점진적으로 가닥이 잡히게 될 것이다. 그렇지만 어떻게 되었든 1870년대 사상가들을 물들였던 비관주의로 다시 물러설 이유는 없다. 우리는 이 골칫덩어리 문제를 해결하고 말 것이다. 결국은.

그러한 돌파구가 얼마나 가까이 와 있는지에 대해서는 답하기 어렵다. 1998년, 독일 브레멘의 어느 학회에서 늦은 밤 술자리를 마치고 코흐는 차머스와의 내기에서 향후 25년 내(그러니까 2023년까지) 의식의 원인까지는 아닐지언정 "몇 가지 소수의 내재적 속성으로 특징 지을 수 있는 소규모의 뉴런 집단들"의 활동으로써 의식의 신경 상관물까지는 규명할 수 있을 것이라고 장담했다.[93] 내기의 승자는 좋은 와인을 한 병 받기로 했다. 지금으로서는 코흐가 사게 될 가능성이 농후해 보인다.

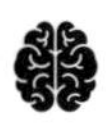

# 미래

*FUTURE*

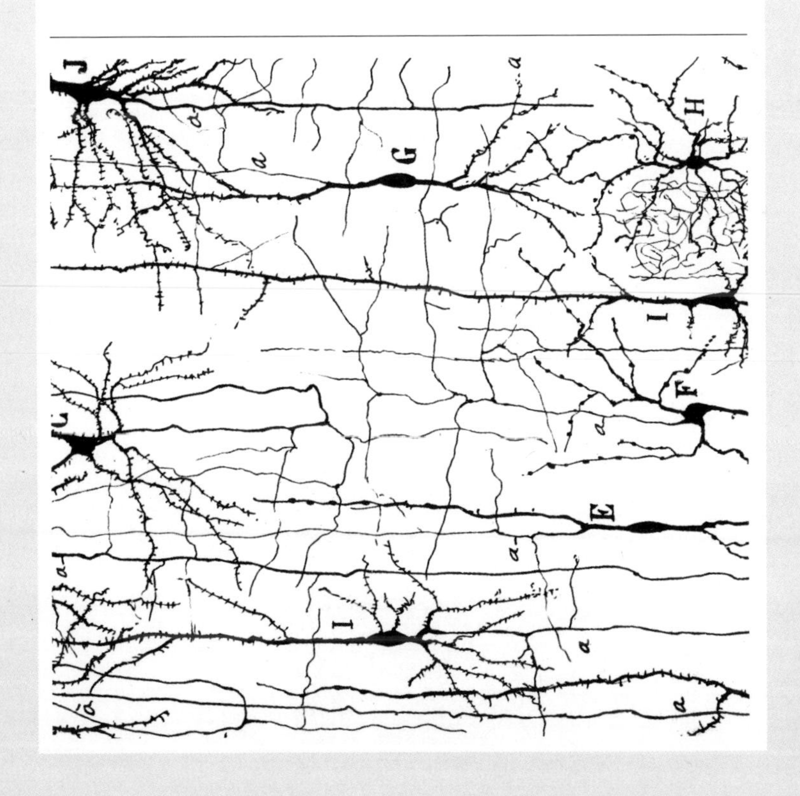

# 미래

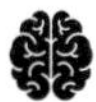

우리가 결국 어떻게 뇌를 이해하게 될 것인지 그리고 그렇게 이해한 바에는 어떠한 내용들이 담겨 있을 것인지는 예측하기가 어렵다. 또 무모한 일이기도 하다. 여러분 중에는 틀림없이 앞으로 이어지는 글에 동의하지 않는 독자도 많을 것이며(특히 신경과학자들), 예측이란 본래 실패할 확률이 더 높은 바보 같은 게임인데다 특히 미래와 관련된 경우에는 더더욱 그러하다. 그렇지만, 일단 가는 데까지는 한번 가보도록 하자.

놀라운 신기술들로 인해 이제 겨우 몇 년 전까지만 해도 공상과학으로 치부되었을 법한 뇌 실험들까지 어느 정도 통제할 수 있게 되었고, 온갖 생물의 뇌 안에서 무슨 일이 벌어지는지 상상할 수 있는 능력도 점차 정밀해지고 있다. 그렇지만 과학자들은 계속해서 이 모든 데이터를 가지고도 우리는 뇌를 이해할 수 없을 뿐 아니라 그 목적을 달성하기 위한 길에 오르지조차 못했다고 주장한다.[1] 올라프 스폰스Olaf Sporns의 표현에 따르면, "신경과학은 여전히 뇌 데이터를 근본적인 지식과 이해로 변환시킬 수 있는 조직화 원리도, 이론적 틀도 많이 부족하다."[2] 뇌를 이해하기 위한 연구는 이제 교착 상태에 다다르고 있는 듯하다.

2017년 〈사이언스〉에서 '신경과학: 새로운 개념을 찾아서Neuroscience: In Search of New Concepts'라는 큰 제목 하에 발표된 일련의 논문들을 통해 이러한 문제를 탐구하고자 했다.[3] 프랑스의 신경과학자 이브 프레냑은 현재 유행하는 고비용의 대규모 프로젝트에서 대량의 데이터를 수집하는 방식에 초점을 맞추었다. 프레냑은 이 같은 방법이 연구 재단(그리고 연구자들)이 "가장 비싸고 화려한 도구들을 사용하고 양으로 밀어붙이는 방법을 십분 활용하면 깨달음의 그날이 도래할 것"이라고 믿음으로써 굴러가는 뇌 연구의 산업화를 잘 보여준다고 생각했다.[4] 이런 식의 프로젝트는 오스트레일리아나 일본은 물론 미국(브레인 이니셔티브BRAIN initiative, 휴먼 커넥톰 프로젝트 등)에서부터 중국(브레인 프로젝트)을 거쳐 유럽(휴먼 브레인 프로젝트를 비롯한 다수의 연구들)에 이르기까지 전 세계적으로 진행되고 있다. 하지만 모순적이게도 이들이 생산해내는 데이터의 쓰나미는 문제 해결 과정에 있어 중대한 병목현상을 야기했는데, 이는 프레냑의 의미심장한 표현처럼 "빅데이터는 지식이 아니기 때문"에 벌어졌다고 볼 수 있다.

> 겨우 20~30년 전만 해도 마음과 관련된 과정을 이해하는 일이 손에 잡힐 듯 가까이 있는 반면 신경해부학 및 신경생리학적인 정보는 비교적 적었다. 오늘날 우리는 정보의 홍수 속에 빠져 익사 직전이다. 역설적으로 전체를 아우르는 분별력은 전부 쓸려가버릴 극심한 위험에 놓여 있다. 기술적인 장벽을 극복할 때마다 우리는 숨겨진 변인, 기제, 비선형성들을 밝혀냄으로써 판도라의 상자를 열어 주어진 문제에 새로운 차원의 복잡성을 더한 셈이 되어 버렸다.

그렇지만 프레냐은 지금보다 학제간 공동연구를 많이 하게끔 장려하고 단순히 다량의 정보만을 수집하기보다는 가설검증에 집중하도록 함으로써 빅데이터 프로젝트들을 제대로 다스리고 연구의 질을 향상시키는 데 도움을 줄 제안만을 할 뿐, 문제에 대한 직접적인 답을 해주지는 못했다.

그런데 생산되는 데이터의 산이 이토록 큰 것은 처음이라고 하더라도 근본적인 문제 자체는 새로운 것이 아니다. 1992년, 퍼트리샤 처칠런드와 테리 세즈노스키는 감각, 가소성, 감각 운동 통합에 대한 최신 모형들을 서술한 《계산적인 뇌The Computational Brain》를 출간했지만 그럼에도 "거의 대부분의 문제들이 그대로 남아 있고, 주요 수수께끼들은 사방에 도사리고 있다"며 이론적인 측면에서는 여전히 진전이 더디다고 주장했다.[5] 그로부터 근 25년이 흐른 뒤, 처칠런드의 딸인 신경과학자 앤 처칠런드Anne Churchland 역시 유사한 진단을 내렸다. 래리 애벗과 공동으로 쓴 논문에서 앤 처칠런드는 전 세계의 연구실에서 생산해내고 있는 어마어마한 양의 데이터를 해석하는 데 따르는 어려움을 강조했다. "이 같은 데이터의 맹렬한 습격으로부터 깊이 있는 이해를 이루기 위해서는 실험 기법들을 능숙하고 창의적으로 활용하는 데 더해 지금보다 데이터 분석 방법을 크게 발전시키고 이론적 개념과 모형을 강도 높게 적용해야 할 필요가 있다"[6]고 말이다.

이처럼 이론을 강화해야 한다는 반복적인 목소리는 어쩌면 이루어질 수 없는 희망인가보다. 뇌는 단일한 것이 아니기 때문에 사람은커녕 선충에서조차도 뇌 기능을 설명하는 단일한 이론은 존재할 수가 없다는 주장도 제기되곤 한다(과학자들은 심지어 뇌라는 것에 대한 정확한 정의를 내리는 데도 애를 먹는다).[7] 크릭의 관찰대로 뇌는 통합적이고 점진적인 진화를 거쳐 만들어진 구조물로서, 각기 다른 부분들은 서로 다른 진화의 순간에 저마다 다른 문제들을 해결하기 위해 생겨났다. 이 모든 것이 어떻게 작용하는가에 대해 우리가 현재 파악하고 있는 것은 극히 일부일 뿐이다. 이를테면 감각에 관한 대부분의 신경과학 연구들은 개념적으로나 기술적으로 훨씬 어려운 도전 대상인 후각이 아니라 시각에 집중되어 있다. 하지만 후각과 시각이 작용하는 방식은 계산적으로도 구조적으로도 많이 다르다. 그러니까 그동안 시각에 치중했기 때문에 뇌가 무엇을 어떻게 수행하는지에 관해 아직 이해하고 있는 바가 한정적인 것이다.[8]

하나의 통합체인 동시에 개별 요소들이 혼재되어 있는 복합체이기도 한 뇌의 본질적인 특성으로 인해 미래에는 어쩌면 필연적으로 여러 이론들로 분열되어 뇌의 각 영역별로 다른 설명을 만들어내야 할지도 모른다. 결국 데이비드 마가 말했던 것처럼 뇌는 "수많은" 정보처리 장치들로 구성되어 있다. 이를 두고 처칠런드와 애벗은 "전반적인 이해가 이루어진다면 이는 매우 다양한 천 조각들이 서로 느슨하게 짜인 조각보의 형태를 띠게 될 가능성이 높다"고 설명했다.[9]

### 뇌와 마음의 경계를 가를 수 있을까

반세기 넘는 시간 동안 우리는 이 매우 다양한 천 조각들의 조각보에 열중함으로써 뇌의 처리 과정에는 컴퓨터에서 이루어지는 것과 같은 과정이 수반된다는 생각의 틀 속에서 연구를 진행했다. 하지만 그렇다고 해서 이 비유가 반드시 미래에도 유용하리라는 의미는 아니다. 디지털 시대 초창기인 1951년, 칼 래슐리는 기계에 기반한 어떠한 비유도 쓰지 말아야 한다고 주장했다.

> 데카르트는 왕족들의 정원에 있는 수압식 동상들에 깊은 인상을 받아 뇌의 작용에 대한 수압식 이론을 개발했다. 그 이후로 전화 이론, 전기장 이

론을 거쳐 이제는 이론들이 컴퓨팅 기계와 자율 주행을 바탕으로 세워지고 있다. 나는 우리가 이제 터무니없는 물리적 비유에 탐닉하기보다는 뇌 그 자체와 행동 현상들을 연구함으로써 뇌의 작용 기제를 밝힐 수 있게 될 가능성이 더 높다고 주장한다.[10]

이처럼 비유법을 일축하는 분위기는 최근 프랑스의 신경과학자 로망 브레트Romain Brette가 뇌 기능을 묘사하는 어떤 가장 근본적인 비유에 이의를 제기하면서 더욱 심화되었다. 바로 부호화다.[11] 1920년대에 에이드리언이 처음 제안하고 무엇보다 1960년대에 호레이스 발로가 열렬히 밀어붙였던 신경 부호라는 개념은 신경과학적인 사고에서 지배적인 위치를 차지했으며, 지난 10년간 이를 주제로 해서만도 1만 1천 건이 넘는 논문이 출간되었다.[12] 브레트는 근본적으로 '부호'에 관해 생각하다 보면 과학자들이 무심코 자극과 뉴런의 활동 사이에 연결고리가 있다는 기술적인 사고방식에서 신경 부호가 자극을 표상한다는 표상적인 사고방식으로 흘러가버린다는 점을 비판했다. 이 문제는 앞서 1990년에 월터 프리먼Walter Freeman과 크리스틴 스카다Christine Skarda도 〈표상: 누가 필요로 하는가?Representations: Who Needs Them?〉라는 제목의 논문을 통해 제기한 바 있다.[13] 수십 년 동안 냄새에 대한 전기생리적 반응을 연구했던 프리먼은 자신이 신경계가 어떻게 환경을 표상하는가에 대한 걱정을 멈춤으로써 "뇌 안에서 표상되는 외부 세계에는 마음을 덜 빼앗기고 뇌가 실제로 무엇을 하는가에 더 집중"할 수 있었다고 설명했다. 아울러 신경계가 정보를 표상 혹은 부호화한다는 개념에는 더욱 근본적인 물음을 불러일으키는 의미가 숨겨져 있다. 데닛이 크릭과 코흐에게 말했듯, 과연 누구에게 보여주기 위한 표상일까?

신경 부호에 관한 대부분의 글에서 직접적으로 언급하지 않았지만 그 이면에는 신경망의 활동이 이 신호를 최적의 방식으로 해석할 수 있는 능력을 갖추고 후속 처리를 담당하는, 흔히 '다운스트림 구조물downstream structure'로 묘사되는 뇌 안의 어떤 이상적인 관찰자나 독자에게 제시된다는 가정이 내포되어 있다. 하지만 이 같은 구조물들이 실제로 말초신경의 활동을 처리하는 방식에 대해서는 알려진 바가 없으며, 단순한 신경망 기능의 모형에서조차 명시적인 가설로 제시되는 경우가 드물다. 신경 부호의 처리는 대체로 일련의 선형적인 단계들로 여겨진다. 반사 반응에서 본 것처럼 마치 한 줄로 세워져 있던 도미노가 순차적으로 넘어지는 과정과 유사하다. 그런데 뇌는 각각의 신경들이 서로 연결된 고도로 복잡한 신경망으로 구성되어 있고, 이들이 외부와도 연결되어 활동을 일으키게 된다. 그러니까 감각 및 처리에 관여하는 뉴런들의 집합에만 치중하고 이 같은 신경망을 개체의 행동과 연결시키지 않는다면, 이 모든 처리 과정의 핵심을 놓치는 것이다. "활동전위는 활동을 일으키는 전위이지 해독해야 할 상형문자가 아니다"라는 것이 브레트의 결론이었다.

죄르지 부자키도 최근 출간한《내부에서부터 파헤쳐본 뇌The Brain from Inside Out》에서 뇌에 대해 이와 유사한 견해를 밝혔다.[14] 그에 따르면 뇌는 단순히 수동적으로 자극을 흡수하고 이를 다시 신경 부호를 통해 표상하는 존재가 아니라 다양한 선택지들을 시험해보기 위해 능동적으로 대안적 가능성들을 탐색하는 존재다. 헬름홀츠와 마의 통찰을 바탕으로 세워진 그의 결론은 뇌가 정보를 표상하지 않는다는 것이었다. 뇌는 정보를 구축한다.

신경과학에서 사용하는 컴퓨터, 부호화, 회로도 등과 같은 비유는 필연적으로 불완전할 수밖에 없다. 그것이 비유의 본질이다. 과학자들의 사고방식에서 너무나도 중요한 위치를 차지해서 과학철학자나 과학자들이 집중적으로 연구하긴 했으나, 비유는 본래 불완전한 성질을 띤다.[15] 그렇지만 한편으로 비유는 풍부한 상상을 통해 새로운 통찰과 발견을 가능케 하기도 한다. 언젠가는 비유로 얻을 수 있는 통찰 및 이해보다 비유가 태생적으로 품고 있는 한계가 훨씬 더 크게 느껴지는 시점이 오겠지만, 뇌를 컴퓨터나 표상적인 과정으로 비유하는 데서 아직 그러한 순간에 다다랐다는 합의는 이루어지지 않고 있다.[16] 역사적으로 보면 이 같은 논쟁이 벌어진다는 사실 자체가 실제로 컴퓨터에 대한 비유의 시대가 끝물에 이르렀음을 가리킨다고 할 수 있다. 그렇지만 한 가지 확실치 않은 것이 있다면 무엇이 이를 대체할 것인가 하는 문제다.

보통 과학자들은 비유를 활용함으로써 자신의 견해가 얼마나 딱 들어맞는지 깨달을 때면 흥이 나서 새로운 비유법이 연구 주제에 대한 자신의 관점을 바꾸어주고 심지어 새로운 실험을 고안할 수 있게 도와줄 수도 있을 거라고 생각한다. 이러한 새로운 비유를 떠올리는 일은 상당히 어렵다. 과거 뇌와 관련해 쓰였던 비유 대부분은 새로이 개발된 기술과 결부시켜 고안되었다. 이는 앞서 수압식 기계나 전화교환국이나 컴퓨터가 그러했듯 뇌와 뇌의 작용 원리에 대한 새롭고 통찰력 있는 비유의 등장이 미래의 신기술 발전과 맞물려 있으리라는 점을 시사한다. 하지만 지금으로서는 그러한 발전의 기미는 보이지 않는다. 블록체인, 양자 우위(혹은 양자 어쩌구 하는 것들 전부), 나노 기술 등 최근 유행하는 기술 용어들이 많기는 하지만 이러한 분야들이 전혀 새로운 기술을 만들어 내거나 뇌가 무엇을 하는가에 대한 우리의 견해를 완전히 바꿀 가능성은 낮아 보인다.

인터넷과 클라우드 컴퓨팅이 등장하면서 뇌가 일종의 분산 컴퓨터 시스템이라는 발상이 잠시 동안 유행했다. 그리고 실제로 최근 발표된 연구에서는 우리의 뉴런들이 컴퓨터 한 대 안에 들어 있는 단순 부품들과는 다르다는 사실을 보여주었다. 뉴런들은 수많은 가지돌기 연결과 그에 관여하는 다수의 신경전달물질이 미묘한 세포의 변화를 만들어내는 방식을 통해 선형적으로 분리할 수 없는 기능들과 맞먹는 고도로 복잡한 처리 과정을 수행할 수 있다. 각각의 가지돌기는 세포체에 스파이크를 보냄으로써 다른 뉴런들에서 전달되는 지엽적인 자극에 반응할 수 있는데, 이때 역시 일대일의 선형적인 방식이 아니라 스파이크의 빈도를 불규칙적으로 증가시키는 방식을 취한다. 연구에 관여했던 영국의 신경과학자 마크 험프리스Mark Humphries는 이로 미루어 보아 세포 각각이 복잡한 미니컴퓨터처럼 활동한다는 것을 짐작할 수 있다고 말했다.[17]

그렇지만 클라우드나 인터넷에 대한 비유가 그렇게 큰 도움이 되었다는 뜻은 아니다. 개발 초창기부터 중시되었던 인터넷의 핵심적인 특징 중 하나는 이를테면 핵 공격을 받아 일부 주요 요소들이 제거되더라도 전체는 여전히 제대로 기능한다는 점이다. 반면 아무리 뇌 활동이 여기저기에 분포되어 있다고 여겨지고 가소성이 가능하다는 실제 사례들도 보고된다고 한들, 우리의 뇌는 특정 영역들이 손상될 경우 기능의 일부 양상들이 돌이킬 수 없게 망가질 수 있다.

*

우리의 비유들이 이제 설명력을 잃어가고 있음을 나타내는 징후 중 하나는 바닷가재의 위장 내 리드미컬한 분쇄 운동처럼 단순한 체계에서부터 인간의 의식에 이르기까지 신경계가 수행하는 활동 중 상당수가 그저 창발적 속성, 즉 각 요소들에 대한 분석을 통해서는 예측할 수 없었는데 전체 체계가 기능함에 따라 돌연 발생하는 특성으로서만 설명이 가능하다는 가정이 널리 통용되고 있다는 점이다.

1981년, 리처드 그레고리는 뇌 기능을 설명하는 데 창발성에 의존하는 것은 이론적 체제에서의 문제를 나타낸다고 주장했다. "'창발성'의 등장 또한 보다 일반적인(아니면 적어도 지금과는 다른) 개념 도식이 필요하다는 징후일지 모른다. (…) 창발성이 나타나지 않도록 해주는 것이 좋은 이론이 해야 할 역할이다. (따라서 창발성에 기댄 설명은 엉터리다.)"라고 말이다.[18] 그렇지만 이 같은 주장은 창발성에도 약한 의미와 강한 의미 등 서로 다른 유형이 있음을 간과한 것이다. 약한 의미의 창발성은 작은 물고기 떼가 상어에 대응하여 움직이는 것과 같이 각각의 구성 요소들의 행동을 지배하는 규칙으로써 이해가 가능하다. 이 경우 얼핏 수수께끼처럼 보이는 집단적 행동은 주변에 있는 물고기의 움직임 같은 요인들이나 포식자가 다가오는 등의 외부 자극에 대한 개별 물고기들의 행동에서 비롯된 것이다.

이러한 유의 약한 창발성은 우리 뇌의 작용은 고사하고 바닷가재의 위장에서 나타나는 마구 휘젓는 듯한 움직임도 설명해주지 못하므로 결국 우리는 개별 요소들의 활동으로는 설명할 수 없는 현상이 발생함을 가리키는 강한 창발성에 기대는 수밖에 없다. 그러나 여기에도 그만의 원칙이 있다. 여러분이나 여러분이 지금 글을 읽고 있는 이 책의 종이는 모두 원자로 만들어졌지만 여러분이 글을 읽고 이해하는 능력은 원자들의 단순한 상호작용의 결과가 아닌, 이 원자들이 구성하는 여러분 몸 안의 뉴런이나 이 뉴런들의 발화 패턴과 같은 상위 수준의 구조들을 통해 발생한 속성에서 비롯된 것이다. 최근 일부 신경과학자들은 강한 창발성이 "형이상학적으로 있을 수 없는 일"을 이야기하는 위험을 범하고 있다며 비판했는데, 확실한 인과적인 기제도 없을뿐더러 창발성이 어떻게 일어나는가에 대한 한마디의 설명도 없기 때문이다. 그레고리와 마찬가지로 이러한 비평가들은 복잡한 현상을 설명하기 위해 창발성에 의존하는 상황은 현재 신경과학이 과거 연금술이 서서히 화학으로 변했던 때와 같은 중요한 역사적 기로에 서 있음을 가리킨다고 주장했다.[19] 하지만 신경과학의 수많은 수수께끼를 마주하다 보면 흔히 창발성은 우리에게 주어진 유일한 돌파 수단이 되곤 한다. 더구나 창발성이 꼭 그렇게 바보 같기만 한 것은 아니다. 직접 고안해낸 사람들조차 근본적으로 설명할 수 없는 딥러닝 프로그램들의 놀라운 속성들도 사실 본질적으로는 창발적 속성들이다.

홍미로운 점은 일부 신경과학자들이 창발성의 형이상학에 혼란스러워하는 와중에 인공지능 연구자들은 현대 컴퓨터의 복잡성 및 인터넷을 통한 상호연결성이 결국 특이점singularity•이라는 극적인 순간에 도달하게 해줄 것이라 믿으며 이 같은 상황을 그저 누렸다는 것이다. 기계는 끝내 의식을 가지게 될 터였다. 이러한 가능성을 다룬 허구적인 이야기들도 많이 제작되었고(대부분 파국으로 끝이 난다) 분명 대중의 상상력을 자극하기에는 충분하지만, 현재 우리가 의식이 어떻게 작용하는지 모른다는 것 외에는 이와 같은 일이 가까운 미래에 벌어지리라 믿을 만한 이유가 없다. 원칙적으로는 가능할 것이다. 마음이 물질의 산물이므로 기계로써 우리의 존재를 흉내 내는 일이 가능하다는 것이 현재 널리 통용되고 있는 가설이기 때문이다. 하지만 가장 단순한 형태의 뇌조차도 그 복잡성은 우리가 현재 상상할 수 있는 어떠한 기계든 초라해 보이게 만든다. 이에 앞으로 수십 년, 수백 년이 다가와도 특이점은 과학이 아닌 공상과학에서 다룰 주제일 것이다.

이와 관련하여 의식의 본질을 대할 때 뇌를 컴퓨터로 바라본다는 비유를 그저 비유가 아닌 엄밀한 의미에서 둘이 유사하다는 뜻으로 받아들이는 견해도 있다. 몇몇 연구자들은 마음을 일종의 신경 하드웨어를 통해 구현하는 운영체제로 바라보며, 컴퓨터의 특정한 상태와 같은 우리의 마음을 어떤 장치나 다른 이의 뇌에 업로드하는 것도 가능하다고 제안한다. 이러한 견해가 일반적으로 제시되는 방식만 보면 이는 틀렸거나 잘해봐야 절망적일 정도로 순진한 발상이다. 유물론적 관점에서 현재 쓰이는 작업 가설에 의하면 인간이든 구더기든, 혹은 그 어떠한 생명체의 것이든, 뇌와 마음은 동일한 것이다. 즉 뉴런들과 각각의 뉴런이 관여하는 처리 과정(의식도

• 인공지능이 비약적으로 발전하여 인간을 뛰어넘게 되는 지점.

여기에 포함된다)들은 결국 같은 것이다. 반면 컴퓨터의 경우 소프트웨어와 하드웨어는 별개다. 그러니까 우리의 뇌와 마음은 어떤 일이 일어나는지와 어디에서 그 일이 일어나는지가 완벽하게 서로 뒤얽힌 웨트웨어wetware[••]로서 구성되어 있다고 묘사한다면 가장 정확할 것이다.

우리의 신경계로 하여금 본래의 것과 다른 프로그램을 실행하도록 수정하거나 마음을 서버에 업로드한다는 상상은 언뜻 과학적으로 들릴지 모르나 사실 그 이면에는 과거 데카르트 혹은 더 오래전 철학자들이 제안했던 비유물론적인 견해가 숨어 있다. 이러한 발상은 곧 우리의 마음이 뇌 속 어딘가에 둥둥 떠다니고 있어 다른 머리에 이식될 수 있거나 혹은 다른 이의 마음으로 대체될 수 있음을 시사한다. 어쩌면 뉴런들의 상태를 읽고 그 결과를 새로운 유기체나 인공지능에 기입한다는 식의 표현을 사용한다면 이 같은 견해도 허울뿐이나마 과학적이라는 체면치레는 가능할지 모르겠다. 하지만 이 과정이 실제 현장에서 대체 어떻게 실현될 수 있을지 상상하는 데만도 우리가 현재 상상할 수 있는 수준을 훌쩍 넘어서는 뉴런 기능에 대한 이해와 더불어 감히 상상조차 할 수 없을 만큼 어마어마한 컴퓨터의 연산력 및 뇌의 구조를 정밀하게 모사한 시뮬레이션이 필요하다. 이 과정이 이론상으로라도 가능하려면 전반적인 사고는 고사하고 단 하나의 심적 상태라도 이를 가능케 하는 신경계의 활동을 제대로 설명해줄 모형 개발이 선행되어야 한다. 다시 한 번 말하지만 우리는 아직 바닷가재의 구위 신경계도 제대로 이해하지 못했으므로 앞으로 가야 할 길이 한참 남았다.

*

[••] 유형의 하드웨어와 무형의 소프트웨어로 명확하게 구분되는 컴퓨터와 대조적으로 그 경계가 모호한 생명체의 두뇌를 지칭하는 신조어.

## 뇌의 생물학적 연구가 중요한 이유

지금으로서는 뇌를 컴퓨터에 비유하는 방식이 여전히 지배적인 영향력을 행사하고 있다. 비록 그 비유가 얼마나 강력하느냐를 두고는 논란이 있지만 말이다.[20] 2015년에는 로봇공학자 로드니 브룩스Rodney Brooks가 여러 학자들의 논평을 엮은 《이러한 생각은 사장되어야 한다This Idea Must Die》에서 자신이 가장 혐오하는 것 1순위로 컴퓨터에 대한 비유법을 꼽았다. 이보다 극적이지는 않았지만 20년 전에 역사학자 S. 라이언 조핸슨S. Ryan Johansson도 "'뇌란 컴퓨터다'와 같은 비유가 옳으냐 그르냐를 두고 끝도 없이 논하는 것은 시간 낭비다. 여기서 말하는 관계는 비유적으로 제시된 것이며, 이는 듣는 이에게 진실을 알려주기 위한 목적이 아니라 어떠한 행동을 촉구하기 위함이다"라는 유사한 결론을 내렸다.[21] 같은 맥락에서 신경과학자 마테오 카란디니Matteo Carandini는 최첨단 기술과 유사하게 여겨지는 것도 곧 예스럽고 시대에 뒤떨어진 것으로 보이게 될 수 있음을 알아차렸지만,◆ 그럼에도 "뇌는 명백한 정보처리 기관이므로 현재 우리가 가지고 있는 최고의 정보처리 장치와 비교해보는 것도 의미가 있다"며 컴퓨터에 대한 비유가 나름의 가치는 있다고 강조했다. 게리 마커스Gary Marcus는 이보다 훨씬 더 강력하게 컴퓨터를 이용한 비유법을 옹호했다.

컴퓨터는 간단히 말하면 입력 신호를 받고, 정보를 부호화 및 조작하고,

◆ 최신 기술을 적용하는 데 지나치게 열정적일 경우 빠질 수 있는 함정은 카를 프리브람Karl Pribram의 생각에서 엿볼 수 있는데, 그는 1960년대부터 1970년대까지 수많은 논문을 통해 "뇌는 무엇보다 지금까지 알려진 가장 정교한 정보 저장 원리를 활용하고 있다. 바로 홀로그램의 원리다"라고 주장했다. 물론 틀렸다. Pribram, K., *Scientific American* 220(1), (1969): 73-86.

입력 신호를 출력 값으로 변환시키는 체계적인 구조물이다. 현재 우리가 아는 한 뇌도 정확히 이러하다. 진짜 문제는 뇌가 정보 처리기인지가 아니라 뇌가 어떻게 정보를 저장하고 부호화하며, 부호화를 마친 정보에 어떠한 작용을 가하는가이다.[22]

나아가 마커스는 신경과학이 수행해야 할 과제는 뇌의 작용 원리의 비밀을 풀기 위해 컴퓨터를 연구할 때와 같이 뇌를 '역설계reverse engineer'함으로써 구성 요소들 및 그들 간의 상호연결성을 살펴보는 것이라고 주장했다. 그의 의견은 한동안 사람들 입에 오르내렸다. 1989년에는 크릭도 이 같은 접근법이 매력적임을 인식했지만, 뇌가 매우 복잡하고 제멋대로인 진화의 역사를 거친 탓에 결국 목적을 이루는 데 실패할 것이라고 생각했으며, 이는 마치 "외계인의 기술"을 역설계하려고 애쓰는 것과 같다는 극적인 주장을 펼쳤다.[23] 아울러 그는 뇌의 구조를 통해 그 작용 원리를 종합적으로 설명할 논리적인 답을 찾으려는 시도는 그 출발점부터가 완전히 잘못되었으므로 실패할 수밖에 없다고 주장했다. 종합적인 논리 따위는 존재하지 않는다.

흔히 이론적으로 우리가 어떻게 뇌를 이해할 수 있는지 보여주는 사고실험으로 컴퓨터를 역설계하는 행위를 언급하곤 한다. 이 같은 사고실험은 당연히 성공적이어서 우리 머릿속의 물컹한 기관을 이해하기 위한 수단으로 이를 적극 따를 것이 권장된다. 그런데 2017년 신경과학자 두 명이 진짜 논리와 진짜 부품들로 구성되어 있으며 그 기능이 명확하게 고안된 진짜 컴퓨터 칩을 가지고 이 실험을 해보기로 결정했다. 결과는 예상을 빗나갔다.

에릭 조나스Eric Jonas와 콘라트 파울 코딩Konrad Paul Kording은 1970년대 말부터 1980년대 초 사이에 제조된 컴퓨터 안에 장착되어 동키콩, 스페이스 인베이더, 피트폴 등의 게임을 실행시킬 수 있게 해주었던 MOS 6507 프로세서에다 자신들이 실제 뇌를 분석할 때 일상적으로 사용하는 기법들을 적용했다. 이를 위해 우선은 칩 안에 담긴 인핸스먼트 방식의 트랜지스터 3510개를 스캔하고 현대식 컴퓨터에서 이 장치를 시뮬레이션(10초간 게임을 실행시키는 과정 포함)하여 칩의 커넥톰을 획득했다. 그러고는 '병변(시뮬레이션에서 일부 트랜지스터들을 제거했다)' 등의 신경과학적인 기법들을 총동원하여 가상의 트랜지스터들이 만들어내는 '스파이크' 활동을 분석하고 트랜지스터들 간의 연결성을 탐구했으며, 각각의 게임들을 제대로 실행시킬 수 있는지 여부를 측정함으로써 다양한 조작들이 시스템의 활동에 미치는 효과들을 관찰했다.

뇌 영역에 병변을 일으키는 것과 마찬가지인 트랜지스터 제거하기의 경우 몇 가지 혹할 만한 뚜렷한 결과를 만들어냈다. 가령 각각을 제거했을 때 동키콩의 실행을 방해하는 트랜지스터가 98개 발견되었는데, 이 트랜지스터들을 제거한다고 해도 스페이스 인베이더나 피트폴을 실행하는 데는 아무런 영향도 나타나지 않았다. 그렇지만 연구자들도 인식하고 있었다시피 이 같은 결과가 칩 안에 동키콩 트랜지스터 따위가 존재함을 의미하는 것은 아니었으며, 그들의 말에 의하면 이는 "지독하게 오해를 불러일으키는" 해석이었다. 실제 이 각각의 부품들은 그저 동키콩을 실행시키는 데는 필요하지만 다른 두 게임에는 필요치 않은 어떤 단순한 기초 기능을 수행하고 있는 것에 불과했다.

이렇듯 강력한 분석 도구들을 효율적으로 사용하고 컴퓨터 칩의 작용 원리에 대한 분명한 설명(기술 용어로 실측 자료가 있다고 표현한다)이 이미 알려져 있음에도 불구하고 이들의 연구는 칩 내부에서 정보처리의 계층적 구조를 찾아내는 데 실패했다. 조나스와 코딩의 말처럼 실험적 기법들이 "의미 있는 이해"를 도출하기에 부족했던 것이다. 이들은 "궁극적인 문제는 신경과학자들이 마이크로프로세서를 이해할 수 없다는 사실이 아니라 현재 취하고 있는 접근법으로는 무슨 수를 쓰든 이해할 수 없으리라는 사실이다"라는 암울한 결론을 내렸다.[24]

이처럼 정신이 번쩍 들게 만드는 결과는 컴퓨터에 빗대는 방법이 아무리 매력적이고 뇌가 실제로 정보를 처리하고 외부 세계를 표상한다고 할지라도 여전히 우리에게는 이론적인 대변혁이 필요하다는 것을 시사했다. 물론 사실이 아니지만 만약 정말로 우리의 뇌가 논리적으로 설계되었다고 하더라도 지금 우리가 가지고 있는 개념적, 분석적 도구들은 이를 설명하기에 전혀 적합하지가 않다. 그렇다고 해서 시뮬레이션 프로젝트들이 아무런 의미도 없다는 뜻은 아니다. 모델링(혹은 시뮬레이션)을 통해 가설을 검증하고 그렇게 만들어진 모델과 정밀하게 조작이 가능한 잘 알려진 시스템을 연결 지음으로써 실제 뇌가 어떻게 기능하는지에 대한 통찰을 얻을 수도 있기 때문이다.[25] 굉장히 강력한 도구인 것은 분명하지만 이를 활용한 연구 결과들을 가지고 주장할 때는 어느 정도 겸손함이 필요하며, 뇌와 인공 시스템 사이에서 유사성을 도출하는 데 어려움이 따른다는 사실을 깨달아야 한다.

인간 뇌의 저장 용량을 측정하는 것처럼 마냥 간단해 보이는 일도 실제로 해보면 실패하고 만다. 테리 세즈노스키 연구팀은 시냅스의 신경전달물질 소낭의 수와 더불어 가지돌기 가지의 수와 크기에 대한 세심한 해부학적 연구를 진행하여 각 시냅스에서 평균적으로 적어도 4.7비트의 정보를 저장할 수 있다는 사실을 계산했다.[26] 이는 곧 인간의 뇌가 적어도 1페타바이트(1백만 기가바이트)의 정보를 담을 수 있음을 시사했다. 하지만 이 같은 결과가 얼마나 극적으로 느껴지는지 그리고 수학과 공학이 뇌의 작용 기제를 알려줄 수 있다는 발상을 선호하는 이들에게 얼마나 매력적으로 보이는지와는 별개로 이들의 계산은 시작부터가 한쪽으로 쏠려 있다. 뉴런은 디지털(정보의 비트라는 개념의 근거)이 아니며, 뇌는 하다못해 예쁜꼬마선충의 뇌조차도 불변의 존재가 아니다. 각각의 뇌는 지속적으로 시냅스의 수와 강도를 변화시켜 나가는데다가, 무엇보다도 시냅스만의 작용으로 이루어지는 것이 아니다. 신경조절물질과 신경호르몬도 뇌가 기능하는 방식에 많은 영향을 미치는데, 다만 이들은 작용하는 데 걸리는 시간이 컴퓨터로 비유하는 데 적합하지 않아서 이 같은 연구에서 고려하지 않았을 뿐이다.

뇌의 저장 용량을 계산하는 일은 개념적으로나 현실적으로나 어려움투성이다. 뇌라는 것은 자연적으로 진화한 현상이지 디지털 장치가 아니다. 이처럼 조악한(아니, 정교한 경우에도 마찬가지이다) 정보의 개념을 가지고는 완벽하게 이해할 수가 없다.

더구나 보다 근본적으로 뇌와 컴퓨터는 구조 자체도 완전히 다르다. 2006년, 래리 애벗은 23인의 저명한 신경과학자들이 미해결 문제들(이 중 대부분이 지금까지도 만족스러운 답을 찾지 못했다)에 초점을 맞추어 집필한 책의 한 부분을 맡았다.[27] '이것의 스위치들은 대체 어디에 있는가?Where Are the Switches on This Thing'라는 제목의 글에서 애벗은 전자 장치에서 가장 기초적인 구성 성분이 되는 요소, 바로 스위치의 잠재적인 생물 물리적 근거가 무엇일지 탐구했다. 비록 억제성 시냅스가 하위 뉴런을 반응하지 않게 만듦으로써 활동의 흐름을 바꿀 수 있다고는 하지만, 그러한 상호작용이 뇌에서 일어나는 경우는 상대적으로 드물었다.

각각의 세포는 켜지거나 꺼지거나 둘 중 한 가지로만 작용함으로써 회로도를 형성할 수 있는 이진법적 스위치가 아니다. 신경계가 작용 양상에 변화를 주는 데 주로 사용하는 방식은 다수의 구성 단위들로 이루어진 신경망의 활동 패턴을 변화시키는 것이다. 활동을 전달하고 바꾸고 방향을 전환하는 것은 바로 이 신경망 자체다. 우리가 상상할 수 있는 어떠한 장치와도 달리, 이 신경망의 각 마디는 트랜지스터나 밸브처럼 안정적인 하나의 점이 아니라, 구성 세포들이 때로 비일관적인 행동을 하더라도 시간이 지남에 따라 망으로 일관되게 반응할 수 있는, 수백, 수천, 수만 개의 강력한 뉴런들의 집합체이다.

이것이야말로 우리가 풀어내야 할 위대한 문제다. 한편으로 뇌는 뉴런과 그 외의 세포들로 구성되어 있으며, 신경망 내에서 이들 각각의 상호작용은 시냅스의 활동뿐만 아니라 신경조절물질과 같은 다양한 요인들에 의해서도 영향을 받을 수 있다. 그런데 또 한편으로는 어떤 동물이든 뇌의 기능이 전체 뉴런 단위의 수준에서도 복잡하고 역동적인 신경 활동 패턴을 수반한다는 사실이 분명하다. 이 두 수준의 분석 사이에서 연결고리를 찾아내는 일은 아마도 남은 세기 내내 아주 어려운 도전 과제로 남을 것이다.

### 뇌를 이해하기 위한 미래의 다양한 시나리오

구조에 기반하여 뇌 기능을 이해하려고 시도한 이론들(커넥톰 등)에는 이보다 더 큰 문제가 있는데, MOS 6507 칩과 칩의 부품들을 지구로 추락한 화성인의 우주선 안에서 발견된 장치로 크릭이 언급한 외계인 기술의 예시로 가정한다면 문제를 더욱 쉽게 알아차릴 수 있다. 이 장치의 각 부품들을 완벽하게 분석한다고 하더라도 외부에서 입력된 정보가 장치의 기능을 바꿀 수 있다는 사실은 알게 될지언정 이것이 화성인이 게임하는 데 사용한 장치라는 사실을 알아차릴 가능성은 극히 낮다. 또 화성인이 이 기계와 상호작용하는 모습을 관찰하지 않는 한 정확히 어떻게 작동하는 기기인지 완전히 파악하지는 못할 것이다. 그러니까 이 같은 결정적인 외부 요소가 부재한 상황에서는 이 장치의 의미도, 작동하는 방법도 이해하기 힘들다는 것이다.

이 개념을 확장시켜 뇌에 관한 통찰에 적용하면, 결국 1997년에 발표된 어느 논문의 인상적인 제목처럼 〈뇌는 육체를 가지고 있다The Brain Has a Body〉는 것이 핵심이다. 그리고 육체는 또 그만의 환경이 있어 뇌가 뇌의 역할을 하는 데 영향을 미친다. 이는 너무나도 당연해 보이지만 육체나 환경이나 뇌를 이해하기 위해 모델링 접근법을 취하지는 않는다. 모든 뇌는 발달하기 시작한 바로 그 순간부터 육체 및 외부 환경과 상호작용한다는 것이 생리적 현실이다. 이러한 측면들을 모형이나 실험 설계에서 배제시킨다면 기껏해야 부정확한 지식을 얻게 될 뿐이다. 여기서 끝이 아니다. 알렉스 고메즈-마린Alex Gomez-Marin과 아시프 가잔파Asif Ghazanfar가 최근 주장했듯, "동물의 행동은 그 동물의 뇌의 행동이 아니다." 동물은 단순히 뇌가 운전하는 로봇이 아니며, 구더기든 인간이든, 우리는 모두 주체성을 지닌 개체로서 저마다의 발달 및 진화의 역사를 가지고 있다. 이 같은 요인들이 모두 뇌의 작용에 관여하고 있으며 우리가 모형을 개발할 때 통합시켜야 할 요소들이다.[28]

커다란 통 속에서 뇌를 시뮬레이션하는 것(인간 대신 쥐의 뇌의 작은 일부분만을 대상으로 한다는 점만 제외하면 근본적으로 휴먼 브레인 프로젝트가 하고 있는 작업이 이것이다)은 해당 시스템이 반드시 필요로 하는 근본적인 구성 요소를 제공하지 않는 셈이다. 외부에서의 입력 말이다. 올라프 스폰스의 말을 빌리자면 "뉴런들은 그저 수동적으로 입력된 정보에 반응하는 것이 아니라 운동기관의 활동과 행동에 기여함으로써 능동적으로 어떤 것들이 입력되는지를 결정한다."[29] 즉 우리가 시뮬레이션이나 시스템 내에서 독립된 신경망을 통해 관찰할 수 있는 것들은 사실 정상적인 기능이 아닐 가능성이 있다. 이를 분명히 하기 위해서는 제브라피시를 대상으로 했던 것과 마찬가지로 실제 행동을 취하고 있는 동물의 뇌 활동을 이용한 시뮬레이션 연구 결과를 비교할 필요가 있을 것이다.[30]

뇌를 독립된 환경에서 연구한 결과는 명백히 한계가 있다는 관점은 배양접시에서 키운 줄기세포에서 유래한 뇌 조직 덩어리인 뇌 오가노이드 organoid•와 관련된 일부 최신 연구들을 향한 열광도 근거가 약해지게 만든다. 최근 연구자들은 미세교세포를 비롯하여 주어진 환경에 적합한 뇌세포 유형들이 뇌의 오가노이드에서 지속적으로 나타나며 재생될 수도 있다는 사실을 발견했다. 오가노이드의 뉴런들은 1950년대의 원시적인 컴퓨터 시뮬레이션에서와 같이 리드미컬한 행동을 보여주었으며, 이는 심지어 미숙아의 활동과도 닮아 있다는 주장이 제기되었다. 또 다른 실험에서는 망막 조직이 자라는 영역에 빛을 비추자 이에 반응을 보이는 오가노이드가 있었고, 쥐의 척수 일부와 연계하여 근수축을 유발하는 모습이 관찰된 오가노이드도 있었다.[31] 매우 기이해 보이지만 오가노이드는 겨우 몇 밀리미터 길이에 세포 3백만 개 정도(뇌의 극히 작은 일부분)까지 밖에 성장하지 못했는데, 육체가 환경과 상호작용하면서 생산해내는, 뇌의 발달을 이끌어주는 수많은 요인들과 따로 떨어져 있었기 때문이다.

이 렌틸콩 크기의 조직 덩어리는 뇌가 건강한 상황과 질병에 걸린 상황에서 단순한 구조물들이 어떻게 발달하는지 그리고 뇌가 어떻게 진화했는지에 관해 중요한 통찰을 제공한다.[32] 하지만 이 기술은 벌써부터 다소 불미스러운 행위에 연루될 기미를 보이고 있는데, 자만심에 가득 찬 어느 연구자가 네안데르탈인의 게놈을 이용해 뇌 오가노이드를 만들어 이를 "게를 닮은 로봇"에 연결한 뒤 인간의 뇌 오가노이드로 제어하는 로봇과 경주를 시키겠다는 목표를 세운 것이다.[33] 이 따위 구경거리는 뇌를 이해하는 데 아무런 도움이 되지 않는다. 이와 같은 무개념 행위들을 마주한 과학자와 생명윤리학자들은 이처럼 최신 과학이 만들어낸 장난감을 가지고 사소하거나 잠재적으로 해를 끼칠 수 있는 실험들이 이루어지는 상황을 뿌리뽑

• 줄기세포로 만든 장기 유사체.

기 위해 오가노이드에 관한 윤리적 체제가 마련되어야 한다고 주장했다.[34] 오가노이드가 의식을 가지게 될 가능성은 희박하지만 반드시 그렇지 않다고 장담하기는 어렵다. 1874년에 가여운 메리 래퍼티에게 벌어졌던 일을 생각하면 언제나 호기심이나 재미보다는 조심스러운 태도를 먼저 취해야 할 것이다.

뇌가 몸의 일부임을 명심하는 것이 중요하다는 사실은 특히 뇌가 장내미생물과 상호작용하는 방식을 통해 살펴볼 수 있다. '무균' 쥐의 장 안에는 미생물이 살지 않으며, 그 결과 쥐는 뇌 안의 세로토닌 수치가 정상 쥐와는 다르고 불안 행동의 수준도 낮다. 가능성이 낮아 보였던 미생물과 행동 사이의 인과관계는 정상 미생물을 쥐에게 주입하자 세로토닌 수치와 불안 행동 수준에서 모두 정반대의 결과가 나타남으로써 증명되었다. 즉 뇌 생화학의 근본적인 측면들은 장 안에 사는 미생물의 영향도 받을 수 있다.[35]

많은 과학자들이 실제로 뇌를 이해하기 위해 통합적인 접근법을 취한다. 이를테면 랠프 아돌프Ralph Adolphs와 데이비드 앤더슨David Anderson은 2018년《정서의 신경과학The Neuroscience of Emotion》에서 지금까지 이 책에서는 별로 다루지 않았지만 가장 까다로우면서도 정신적인 세계에서 가장 강력한 영역 중의 하나이기도 한 정서라는 분야에 집중했다. 포유류는 물론 문어와 파리에 이르기까지 동물계 전체를 아우르는 연구들을 통해 아돌프와 앤더슨은 아주 단순한 유기체로 여겨지는 것에서 생리적인 상태와 정신적인 상태가 상호작용하는 양상을 탐구했다. 이들이 내세운 특정 이론의 타당성이 어떠했든 간에 여기서 우리가 취해야 할 결론은 정서를 완전히 이해하기 위해서는 해당 유기체가 외부 세계와 상호작용하는 전체적인 맥락에서 연구가 이루어져야 한다는 점이다.[36] 신경과학자 앨런 재서노프Alan Jasanoff도《생물학적 마음》을 통해 유사한 입장을 밝혔는데, 책에서 그는 특히 '대뇌의 신비'로 불리는, 흔히 마음과 영혼이 뉴런이라는 복잡한 물질

안에서만 떠돈다는 개념을 암시하며 인간의 정신세계를 단순히 뇌의 활동으로 환원시키는 견해를 비판했다.[37] 뇌를 해부학적, 생리적 그리고 진화적인 맥락에서 바라보게 된다면 신체의 다양한 부분들이 제각기 어떻게 상호작용하여 우리의 행동, 나아가 마음까지 만들어낼 수 있는지에 관해 보다 풍부하게 이해할 수 있다. 이 같은 접근법은 심지어 뉴런에까지 적용될 수 있다. 가령 피터 스털링Peter Sterling과 사이먼 로린Simon Laughlin은 《뉴럴 디자인의 원칙Principles of Neural Design》에서 가장 단순한 형태의 뇌일지라도 생리학과 생물에너지학에서 기인한 뇌 구조의 기본적인 규칙들을 이해하는 일이 중요하다는 것을 강조했다.[38]

우리가 정신적인 경험을 하는 데 신체가 차지하는 중요성은 또한 오래전 인간의 마음이 머릿속이 아닌 육체 내 다른 어딘가에 존재한다고 믿었던 관점도 그리 엉터리는 아닐지도 모른다는 사실을 시사한다. 핀란드의 어느 연구팀은 저마다 다른 문화권에 속하며 다른 모국어를 구사하는 피험자들에게 여러 가지 정서와 관련된 신체감각을 묘사하고 그 감정들이 신체의 어디에 위치한다고 느끼는지 물어보는 연구를 진행했다.[39] 그리고 놀라울 것도 없이 피험자들이 몸통, 특히 심장 부위가 불안, 자부심, 공포, 분노 등과 같은 정서들과 연관되어 있는 반면 생각, 추론 기억 등과 같은 인지적인 느낌들은 머리에 집중되어 있다고 여긴다는 결과를 얻었다. 내 생각에는 이처럼 생각이 뇌를 중심으로 이루어진다는 개념은 현대적인 지식의 결과인 반면 특정 정서들의 소재가 신체의 다른 부분들이라는 감각은 생물학적으로 직접 경험하는 바에서 비롯되었다고 볼 수 있을 듯하다.

*

나는 개인적으로 우선 해결할 수 있는 개별적인 프로젝트들에 자원을 쏟아부어 통찰을 얻은 다음 이를 통합하여 보다 전체적인 접근법을 취하는 방식으로 나아가는 것이 뇌를 이해하는 최선의 방법이라고 생각한다. 크릭은 의식을 연구하기 위해 뇌를 하나의 전체로서 바라보는 접근법을 취했던 것으로 보인다. 몇몇 이론물리학 연구들에서 보여준 바와 같이 실험적 현실은 무시한 채 거대한 야망으로만 똘똘 뭉친 가설은 어마어마한 열광을 불러일으키고 학자로서의 인생 전부를 걸게 만들 수 있을지는 몰라도, 전반적인 이해를 넓히는 데 반드시 도움이 되는 것은 아니다. 우선은 파리가 무슨 생각을 하는지를 이해하기 위한 분석 기법과 이론적 체제를 개발함으로써 우리는 결국 훨씬 더 복잡한 뇌를 이해하기 위한 토대를 마련하게 될 것이다. 단순한 동물의 뇌를 이해하려는 시도만으로도 최소한 금세기 남은 시간 동안은 충분히 바쁠 터이다. 혹여 뇌 연구가 무조건 척추동물을 대상으로 이루어져야만 흥미로운 결과를 얻을 수 있다고 여긴다면 겨우 10만 개의 뉴런만을 가지고 있는 작은 제브라피시 유충도 너끈히 작은 뇌의 부류에 속하니 여기에서 시작해도 좋을 것이다.

인간의 뇌 영상 연구들이 미래에는 지금보다 훨씬 정밀하고 뇌 전체의 신경 활동과 상호연결성을 측정할 수 있게 된다면 정말 어떤 통찰을 제공할지도 모르지만, 개념적인 진전은 보다 단순한 체계의 연구를 통해 이루어질 가능성이 더 높아 보인다. 그렇다고 해서 뇌와 그 기능에 관한 모든 연구들이 환원주의를 따라야 한다는 뜻은 아니고, 다양한 종의 동물들에게서 구조 및 기능의 유사성이나 동일성이 발견되는 부분에서는 상대적으로 단순한 체계에 대한 방법론과 분석 기법들을 개발하는 일이 더 쉬우리라는 의미이다. 이것이 바로 대규모의 휴먼 게놈 프로젝트에서 활용했던 접근법으로, 이 프로젝트에서도 박테리아, 선충, 파리 등 단순한 유기체의 게놈을 손에 넣고 이들을 분석하는 데서 출발한 뒤 이렇게 얻은 지식을 나중에 인간에게 적용했다. 그리고 게놈 연구는 그 어떤 동물의 뇌를 이해하는 일보다도 기술적으로나 개념적으로 훨씬 단순한 문제였다.

작은 동물들의 뇌는 또한 뇌의 구조가 어떻게 두 가지 유형의 역사가 함께 작용한 결과로 탄생했는지를 탐구하는 일도 가능케 한다. 동물에게는 두 가지 역사가 존재한다. 각 개체의 배아기부터 성인기 전까지의 발달 과정에 영향을 주고 이후에도 지속적으로 활동을 변화시키는 내외부의 자극들에 대한 개체의 역사와, 종으로서 밟아온 진화의 역사다. 발달 과정에서 나타난 효과는 개체 간 차이를 설명할 수 있는 반면 종 간의 비교연구는 몇 가지 근본적인 문제에 통찰을 제공한다. 이를테면 서로 관련성이 높은 여러 초파리 종들도 각각의 종이 차지하는 생태적 지위에 따라 감각 구조물이나 행동에서 차이를 보이는 경우가 많다. 그리고 이 같은 차이는 다윈이 예측한 것처럼 뇌의 구조나 기능에 반영되어 있을 것이다. 따라서 이렇듯 유사한 종들끼리 비교하는 연구는 뇌의 기능을 이해하는 데 개체의 역사와 진화의 역사가 지니는 중요성을 탐구할 수 있는 기회이기도 하다.[40] 또한 모든 동물의 뇌가 과연 같은 구조로 이루어지는지, 인간과 파리와 문어의 공통 조상도 지금의 형태와 동일한 뇌를 가지고 있었는지와 같은 골치 아픈 문제에 대한 답을 찾는 데도 도움이 될 것이다. 만약 이것이 사실이라면 모든 동물에게서 뇌의 기능에 관여하는 공통의 유전자, 구조 그리고 처리 과정들이 있으리라 예측할 수 있으며, 아니라면 각기 다른 계통의 동물들의 뇌를 더욱 면밀히 살핌으로써 이들 사이의 중요한 차이를 발견할 수 있을 것이다.

곤충, 선충, 제브라피시 유충을 비롯한 단순한 유기체들의 뇌에 집중한다고 해서 복잡한 행동을 연구할 수 없는 것은 아니다. 2007년, 서로 관련성이 높은 다수의 종(11종의 초파리)들을 대상으로 한 첫 번째 게놈 연구 결과가 발표되었을 때, 나의 친구인 미국의 신경과학자 레슬리 보스홀Leslie Vosshall은 〈파리의 마음속으로Into the Mind of a Fly〉라는 도발적인 제목의 논문을 〈네이처〉에 게재했다. 그는 우리가 비교유전체학 덕분에 완전히 새로운 연구 영역으로 넘어가는 문턱에 서 있게 되었다고 말했다.

> 이제 우리는 그 어떠한 동물에게서도 유전 및 기능적 수준에서의 신경생물학적 기제가 잘 알려져 있지 않았던 복잡한 행동과 정서를 파리를 통해 접근할 수 있게 된 듯하다. 사회성, 상식, 이타심, 공감, 좌절, 동기, 증오, 질투, 또래 압력 등의 양상들 말이다. 이러한 특성들을 연구하는 데 태생적으로 부족한 유일한 부분은 파리도 이 같은 정서를 보여줄 수 있다는 신념과 이를 측정할 수 있는 타당한 행동적 실험 패러다임이다.[41]

당시에는 미심쩍은 기분이 들었지만 그 이후 지금까지 연구를 계속하면서 나는 그의 대담한 예측이 결국 옳았음을 확신할 수밖에 없었고, 유전자 가위의 등장으로 '비모형생물non-model organism'(다시 말해 쥐도, 초파리도, 예쁜꼬마선충도 아닌 실험실 밖의 동물)의 뇌를 연구할 수 있는 강력한 새 도구를 손에 넣음에 따라 이제는 사실상 실험실에서 기를 수 있는 거의 대부분의 동물의 유전자를 변형시키는 일도 가능해졌다. 발달생물학자 니팜 파텔Nipam Patel이 최근 언급한 대로 "진화가 우리가 관심을 두고 있던 모든 문제들을 해결해주었으므로 우리는 그저 그 생물들을 찾아 그들에게 어떻게 했느냐고 물을 방법만 알아내면 된다."[42]

작은 뇌도 지각과 학습에서부터 흥분, 망설임, 예측, 미래 조망, 공격성, 성격 그리고 고통에 대한 반응까지 인간의 뇌와 매우 유사하게 보이는 행동들을 만들어낸다.[43] 심지어 고유 수용성 감각과 내수용성 감각interoception이라는 쌍둥이 감각을 통해 표상되는 나라는 존재를 이루는 핵심 양상에 대한 통찰도 줄 수 있다. 고유 수용성 감각이란 자신의 팔다리가 어디에 있는지 느끼는 감각을 가리키며(이 같은 감각 덕분에 눈을 감고도 손가락으로 코를 만질 수 있는 것이다), 내수용성 감각이란 자신이 자신의 신체 안에 존재한다는 느낌을 의미한다. 인간에게 내수용성 감각은 자기라는 감각이 적어도 부분적으로는 이 같은 느낌들과 밀접하게 연결되어 있음을 시사한다. 가령 초파리는 자신의 덩치가 어느 정도 크기인지 알고 있어 그 짧은 다리로 올라앉을 수 없는 넓이의 틈은 피하게 된다. 이러한 지식은 학습된 것이다. 성충이 된 지 얼마 안 된 어린 파리들은 자신이 아직 유충이던 시절, 길쭉한 몸을 가지고 있을 때와 같은 크기라고 생각하고 넓은 틈을 무리해서 넘으려고 시도하는 경향을 보이는데, 이때 시각 피드백 덕분에 자신이 닿을 수 있는 거리를 가늠하는 능력이 빠르게 향상된다. 파리들은 뇌 중심부의 잘 알려진 뉴런들의 활동을 통해 신체 크기에 대한 기억을 부호화한다.[44] 올바른 실험방법을 고안하기만 한다면 이 같은 현상 기저에 있는 과정이 뇌가 자신의 신체 그리고 신체와 외부 세계와의 관계를 어떻게 표상하는지와 같은 훨씬 복잡한 문제를 해결하는 데도 실마리를 제공할 수 있을 것이다.

인간의 뇌란 "외부 사건을 본뜨거나 재현하는 능력을 갖춘 계산 기계"라던 크레이크의 주장은 작은 뇌에도 동일하게 적용된다. 작은 뇌 역시 이를 지니고 있는 동물이 환경 속에서 일어나는 사건들을 해석하고 조악하게나마 결과를 예측하도록 해준다. 이처럼 세상에서 가장 경이로운 물질들에 대해 다윈이 이야기한 바를 이해할 수 있다면, 다양한 조건 하에서 이 작은 뇌들이 전체적으로나 각각의 구성 요소들 및 그 상호작용으로나 어떻게 행동할지 예측할 수만 있다면 우리 자신의 뇌를 이해하는 데도 크나큰 한 걸음을 내딛게 될 것이다. 일부 과학자들은 이 같은 접근법이 의식의 기원까지 밝혀줄 수 있다고 주장하지만, 지금으로서는 예쁜꼬마선충의 움직임을 통제하는 과정을 밝히는 일조차도 예상했던 것보다 훨씬 복잡하다는 사실이 드러나고 있다.[45] 인간의 의식이 어떻게 작용하는지 이해하기에 앞서 동물에게서 의식이라는 어렴풋한 현상의 신경생물학적 기제를 이해할 수 있게 될지의 여부도 분명하지 않다.[46]

복잡하고 조건적인 행동들을 탐구하는 것에 더해 또 한 가지 생산적일 것으로 여겨지는 접근법은 실험동물들이 개인차를 거의 혹은 전혀 나타내지 않게끔 전적으로 외부요인들이 내부 감각 형판들에 영향을 준 결과에 따라 결정되는 듯 보이는 행동들을 살펴봄으로써 해당 행동을 통제하는 기저의 신경망을 탐색하는 방법이다. 이를테면 1978년 발표된 내가 가장 좋아하는 논문 중 하나에서는 앤드루 스미스Andrew Smith가 오스트레일리아 사냥땅벌이 둥지의 입구를 짓는 방식을 서술한 내용이 담겨 있다. 땅 위로 튀어나온, 구부러진 우산형의 깔때기 모양이다.[47] 벌은 이 구조물을 여러 단계로 나누어 짓는데, 스미스는 이 집의 일부를 부수거나 주변의 땅을 높임으로써 벌이 다른 방식으로 행동하도록 이끄는 핵심적인 감각자극이 무엇인지 밝혀내고자 했다.

예를 들면, 이 땅벌은 구멍을 발견하면 그 위에 세로형 깔때기를 짓기 시작하는데, 벌이 진흙을 모으러 떠난 사이에 스미스가 거의 다 완성된 둥지의 꼭대기에 구멍을 뚫자, 불쌍한 벌은 그냥 그 위에 다시 새로운 세로형 깔때기를 짓기 시작했고, 마침내 이중 깔때기 구조물을 만들어냈다. 벌의 뇌에는 최종 구조물에 대한 전체적인 상이 표상되어 있는 대신 단순히 주어진 특정한 형태의 자극에 맞추어 수행해야 할 다음 단계에 대한 표상만이 있을 뿐이었다. 이렇듯 불변의 행동 양식을 만들어내는 행동 경로는 간단한 플로다이어그램을 통해 나타낼 수 있다. 이 땅벌의 뇌 어딘가에는 이러한 경로의 각 단계에 상응하는 신경망이 존재하며, 따라서 그 신경망이 무엇이고 어떻게 상호작용하여 이와 같은 행동을 만들어내는지 규명하는 것도 가능할 터였다.

사냥벌이 이상적인 실험동물은 아니지만 유전자 가위가 출현함으로

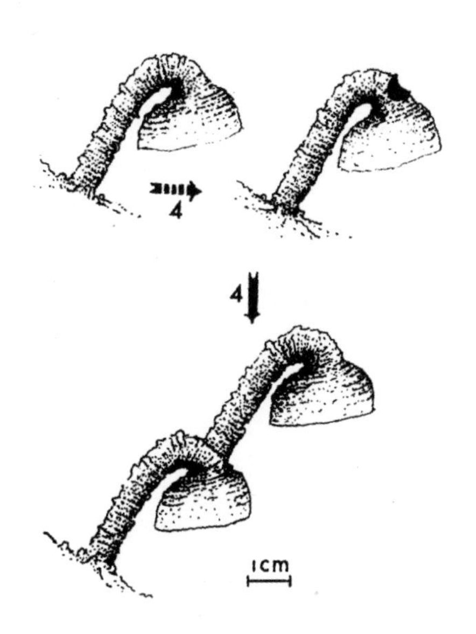


**그림 31** 땅벌이 둥지를 짓는 순서를 나타낸 앤드루 스미스의 그림. 땅벌이 지은 정상적인 깔때기 위에 구멍을 뚫자 땅벌은 그 위에 다시 새로운 깔때기를 만들었다.

써 이론적으로는 이 생물에 유전적인 조작을 가하여 뇌가 어떻게 작용하는지 이해를 시도하는 것도 가능해졌다. 이미 파리금좀벌이라는 기생벌의 뇌에 대한 상세한 해부학적 연구가 진행되어 땅벌을 비롯한 다른 동물과 비교 연구의 토대가 마련되었다.[48] 만약 땅벌이 실험실에서 기르기 너무 어렵다면 이보다 친숙한 곤충의 뇌에서 길 찾기와 같은 행동들이 어떻게 표상되고 있는지 살피는 것도 좋은 대안이 될 수 있다. 영국 에든버러대학교의 바버라 웹Barbara Webb과 미국 뉴욕대학교의 마크 거쇼Marc Gershow가 현재 진행하고 있는 연구도 바로 이러한 접근법에서 출발했다. 그렇지만 애덤 칼훈Adam Calhoun과 동료들이 최근 보여준 바와 같이 초파리의 구애 행동처럼 전적으로 사전에 짜인 대로만 행하는 것처럼 보이는 행동일지라도 사실은 그 동물이 다양한 상태를 취하면서 발생하는 피드백 신호에 의해 지속적으로 조절이 이루어지고 있다.[49] 그러니까 엄격하게 통제된 것처럼 여겨지는 행동의 신경 기제를 밝힘으로써 어떻게 훨씬 유연하고 복잡한 행동이 발생하는지에 대한 통찰을 얻는 것도 가능할지 모른다.

포유류 뇌의 복잡성은 개별 세포들에 조작을 가할 수 있는 능력과 더불어 점점 복잡해지는 커넥톰 연구를 비롯한 쥐 연구를 통해 밝혀질 것이며, 끝내는 인간 뇌의 기능을 설명할 수 있는 기틀이 마련될 것이다. 우리가 뇌에 관해 점점 더 많이 알아갈수록 기능의 국재화는 점차 애매하고 정교하지 않다는 사실이 드러나며, 뇌를 모듈로 바라보는 해부학적 영역에 기반하기보다는 주로 회로 및 그와 관련된 상호작용으로써 뇌를 이해할 수 있게 될 것이다. 작은 뇌를 바탕으로, 뇌를 단순히 신호를 처리하고 전달하는 기관이 아닌, 외부에서 들어오는 감각 정보들에 반응하고 미래의 가능성들을 탐색 및 선택하는 능동적인 기관으로 바라본 모형들을 적용한다면 뇌 기능을 더 역동적인 시각으로 대할 수 있게 될 것이다.

최근 들어 뇌 전체에서 얻은 데이터를 활용하여 뉴런들이 집단으로서 어떻게 반응하는지 탐구하고 이 복잡한 반응들을 아주 단순한 동물들에게서도 관찰할 수 있는 풍부한 행동 방식과 관련 짓는 데 대한 관심이 높아지고 있다. 예컨대 제브라피시 유충은 움직임을 제한하고 근거리에서 사냥하거나 먹이를 찾으러 다니며 사냥을 억제하는 두 가지 행동적 상태만을 교대로 오간다. 연구자들은 제브라피시의 뇌에서 사냥을 부호화하는 소수의 세포들을 규명해냈는데, 이 세포들의 활동은 제브라피시의 동기 상태를 표상하는 것처럼 보였다. 이 같은 신경망에 조작을 가한다면 신경망의 활동과 행동 및 동기 사이의 연결고리에 대한 통찰을 얻을 수 있을 것이다. 어쩌면 신경계 구조에 편재되어 있는 논리와 관련된 맥컬록과 피츠의 견해를 다시 논의하게 될 수도 있다. 이 책이 막 출간을 앞두고 있을 때, 인간의 뇌에서 XOR 함수를 연산하는, 두 개의 입력 정보가 다를 때에만 반응하는 단일세포들에 관한 논문이 한 편 등장했다. 이 같은 함수의 연산은 원래 신경망의 속성으로 개별 뉴런들은 AND와 OR 함수만을 연산할 수 있다고 여겨졌다. 다음으로 마주할 도전 과제는 이렇듯 놀라울 정도로 풍부한 개별 세포들의 활동이 신경망의 기능에 어떠한 영향을 주는지 탐구하는 일이 될 것이다.[50] 쥐의 일차 시각피질 내 단일세포들의 활동에서 발생하는 작은 변화들이 주변 세포들의 활동에 마치 물결처럼 번지는 효과를 미칠 수도 있다.[51]

모든 사람이 단일세포 수준에서 뇌의 활동을 이해하는 일에 역점을 두는 데 동의하는 것은 아니다. 포유류의 뇌를 연구하는 상당수의 연구자들이 1992년에 "실제 신경망이 세포별로 어떻게 작용하는지 설명하려고 시도하는 데 환원주의적 기반은 소용이 없으며, 어쩌면 우리는 뇌를 보다 상위 수준의 조직에서 이해하려고 시도하는 것에 만족해야 할지도 모른다"고 주장했던 미국 존스홉킨스대학교의 데이비드 로빈슨David Robinson과 의견을 같이 한다.[52] 하지만 우리가 바닷가재 위장의 작용 기제를 완전히 이해하지 못하고, 온갖 동물 종의 뇌를 전체 뉴런 집단의 수준에서 살펴보는 연구가 분명 강력한 힘을 지니고 있다고 해도 결국 전체 집단의 활동은 개별적인 구성 요소들에 의해 영향을 받는다. 이 같은 복잡한 성질로 인해, 아니 이러한 성질에도 불구하고, 의식의 신비는 끝내 내가 짐작조차 하지 못했던 방식으로 풀리게 될 것이다.

이것은 그저 내가 일어나리라 생각하는 일들일 뿐이다. 이 밖에도 우리의 미래에는 뇌를 이해하기 위한 다양한 시나리오들이 얼마든지 펼쳐질 수 있다.

어쩌면 다양한 계산과학 프로젝트들이 잘 풀리고 이론가들이 모든 뇌 기능이 담고 있는 비밀을 풀 수도, 커넥톰이 현재 감춰져 있는 뇌 기능의 원리를 밝혀낼 수도 있다. 아니면 우리가 생산하는 방대한 양의 뇌 영상 데이터에서 어느 순간 갑자기 이론이 튀어나올지도 모른다. 아니면 제각각이긴 해도 나름대로 만족스러운 설명을 제공하는 일련의 이론들을 조금씩 이어 붙여 어떤 이론(혹은 이론들)을 만들어낼 수도 있다. 아니면 단순한 신경망 원리에 집중함으로써 상위 수준의 조직을 이해하게 될 수도 있다. 아니면 생리학과 생화학과 해부학을 통합하는 어떤 급진적인 새로운 접근법이 지금 무슨 일이 벌어지고 있는가에 대한 결정적인 실마리를 던져줄 수도 있다. 아니면 새로운 비교진화 연구들이 다른 동물들은 어떻게 의식을 가지고 있는지 보여줌으로써 우리 자신의 뇌가 기능하는 방식에 대한 통찰을 전해줄 수도 있다. 아니면 단순한 뇌를 설명하기 위해 개발된 모델들이 알고 보니 확장이 가능하여 이 모델들을 통해 우리의 뇌를 설명할 수 있게 될 수도 있다. 아니면 인간에게서 밝혀진 디폴트 모드 네트워크가 다른 동물에게도 적용이 가능하게 되어 전반적인 기능을 이해할 열쇠가 되어줄 수도 있다. 아니면 전혀 생각지도 못했던 새로운 기술이 등장해 뇌에 대한 급진적인 새로운 비유를 제공하여 우리가 지금껏 믿었던 모든 견해들을 바꿀 수도 있다. 아니면 컴퓨터 시스템이 갑자기 의식을 가지게 되면서 경각심을 가질 만한 새로운 통찰을 제공할 수도 있다. 아니면 사이버네틱스, 제어이론, 복잡성 및 동적시스템 이론, 의미론 및 기호학에서 새로운 체제가 생겨날 수도 있다. 아니면 뇌에는 종합적인 논리 따위가 존재하지 않아 이론이라고 할 만한 것을 찾지 못하며 그저 각각의 작은 부분들에 대한 적절한 설명만이 가능하다는 사실을 인정하고 이에 만족해야 할 수도 있다. 아니면…….

# 감사의 말

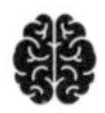

이 책은 2017년에 안타깝게 세상을 떠난, 담당 출판사 런던 프로파일 북스의 존 데이비와 함께 2015년 초에 처음 구상한 것이다. 이 책은 존의 아이디어였다고 생각한다. 그의 열정과 우정이 없었다면 결코 존재할 수 없었을 테니까 말이다. 존이 떠나고 난 뒤 에드 레이크가 편집자 역할을 넘겨받았고 편집자가 해주었으면 하고 바랐던 바로 그 역할을 해주었다. 어떤 때는 힘이 되어주었고, 또 어떤 때는 솔직한 말을 해주었다. 처음 출판사에 넘긴 원고는 느슨하고 장황하기만 했다. 에드의 격려 속에 전체 아이디어나 구조를 전혀 해치지 않고도 2만 5천 단어를 쳐냈고, 그 뒤로도 내가 계속해서 새로운 것들을 집어넣기는 했지만 최종본이 훨씬 좋아질 수 있었다. 뉴욕에서는 베이직 북스의 T. J. 켈리허가 제목을 지어주었고, 서론에서 책의 의도를 보다 명확히 드러낼 수 있도록 북돋아주었다. 프로파일 북스의 페니 대니얼은 원고 완성 단계에서 출판까지의 다양한 단계들을 능숙하게 이끌어주었다.

이 책은 케빈 코널리에게 헌사하는 바이지만 1970년대 중반 셰필드 대학교 심리학과에 있었던 케빈의 모든 동료에게도 감사하는 마음을 전한다. 케빈과 함께 나의 박사과정 공동 지도교수였던 유전학과의 배리 버넷과 더불어 이들 모두 귀중하고 감히 대체할 수 없는 역할을 해주었다. 모두 나의 스승들이다. 이 책을 쓰는 동안 나는 이들이 그 당시 나에게 가르쳐주었던 많은 것이 내가 지난 40년 동안 줄곧 생각했던 개념과 접근법들이며 이 책에도 꼭 필요한 요소였다는 사실을 거듭 깨달았다.

그레이엄 데이비, 폴 딘, 존 프리스비, 마거릿 매틀류, 존 메이휴, 로드 니콜슨, 제프 필킹턴, 피터 레드그레이브, 테리 릭, 데이비드 샤피로, 에이드리언 심슨, 크리스 스미스, 맥스 웨스트비 그리고 그 외 많은 분들에게 감사하다. 여러분 덕분에 나와 이 책이 있을 수 있었다.

원고를 쓰는 동안 수많은 교정본과 개요를 읽어준 친구들과 동료들에게도 감사의 말을 전한다. 앤-소피 바웍, 헬렌 비비, 서니 크리스티, 제리 코인, 개브리엘 핀켈스타인, 캐시 맥크로헌, 케빈 미첼, 마이크 니타배치, 데이미안 빌 그리고 레슬리 보스홀, 모두 감사하다. 나의 에이전트 피터 탤랙도 초창기 구상 단계에서 그랬지만 다들 정말 엄청나게 도움이 되는 지적들을 해주었다. 나의 삼촌 고든 랭리에게도 특별히 감사를 전한다. 그 밖에도 많은 이가 이메일이나 트위터나 직접 만나서 나누는 대화를 통해 제안을 해주거나 질문에 답해줌으로써 내가 올바른 길로 나아갈 수 있도록 방향을 잡아주었는데 이에 필립 볼, 셰리 케어니, 애덤 칼훈, 알베르트 카르도나, 댄 데이비스, 캐스퍼 헨더슨, 앤드루 하지스, 톰 홀랜드(스파이더맨 말고 다른 인물이다), 브리기테 널릭, 애덤 러더퍼드, 사라 솔라, 소피 스캇, 폴 서머그래드, 조시 와이즈버그 그리고 뉴로스켑틱neuro-skeptic 블로그와 트위터 계정 뒤에 숨어 도움을 준 모든 이에게도 고마움을 표한다. 맨체스터대학교에서 카스튼 티머먼의 1학년 수업 '20가지 대상으로 살펴본 생물학 역사'를 수강했던 학생들 또한 내 자문단이 되어 주었다. 이 모든 사람이 각기 다른 방식으로 도움을 주었는데, 물론 여전히 남아 있는 오류나 누락된 부분들은 전적으로 내 고양이의 책임이다.

이 책을 만들어내는 데 걸린 50여 개월 동안 세계적으로도 나 개인에게도 많은 일이 일어났고, 그중 상당수가 나에게 영향을 주었다. 점점 심각해지는 기후 비상사태, 트럼프의 대통령 당선, 브렉시트가 불러온 대혼란, 맨체스터 아레나 폭발 사건, 직장과 연금을 지키기 위해 우리 대학 내에서 반복적으로 일어나는 파업, 가까운 가족의 병과 죽음, 이와 더불어 진행 중인 두 권의 또 다른 책까지, 내가 글을 쓰느라 고심하는 내내 이 모든 것이 나의 기분과 밀접하게 얽혀 있었다. 내가 사랑하는 이들 덕분에 이 모두를 헤쳐나올 수 있었다. 티나, 로런, 이브. 그중에서도 특히 티나에게 미안하고, 감사하다.

# 후주

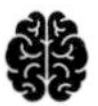

공간을 절약하기 위해 학술논문의 제목과 책의 장별 제목은 생략했다. 그렇지만 이 책에 인용한 모든 자료는 여기 제공된 정보만으로도 충분히 찾을 수 있을 것이다. 이 책의 웹사이트 theideaofthebrain.com에는 다양한 비디오나 그 외의 부가 정보와 함께 전체 참고문헌이 실려 있다(언제든 활용할 수 있도록 웨이백 머신 보관소를 이용해 기록되었다 https://tinyurl.com/Cobb-bibliography). 여기에 수록된 논문 대부분은 인터넷에서 찾을 수 있지만 일부는 유료로 제공되고 있다. 학술지를 구독하지 않아도 이 논문들을 얻을 수 있는 다양한 수단이 있는데, 논문의 저자에게 이메일을 보내 한 부 보내주기를 청하거나 사이허브를 이용하는 방법도 있다. 1945년 이전의 책들은 대부분 구글 북스나 archive.org에서 무료로 읽을 수 있다. 가능한 경우라면 여기에 인용한 웹사이트 페이지들은 웨이백 머신(archive.org)에 저장되어 미래에도 접근할 수 있게 해두었다. 여기에는 인용되지 않았지만, 앤드루 위킨스Andrew Wickens의 《뇌의 역사A History of the Brain》(Psychology Press, 2014)는 조금 더 해부학적인 접근법을 취하고 있으므로 강력히 추천하며, 존 터니Jon Turney의 《신경과학의 비밀을 풀다Cracking Neuroscience》(Cassell, 2018)는 신경과학의 전반적인 현황을 알기 쉽게 다루고 있으니 이 책과 함께 읽어보면 좋을 것이다.

**과거**

1. 심장: 선사시대에서 17세기까지

1 Lind, R., *The Seat of Consciousness in Ancient Literature* (London: McFarland, 2007), pp. 57–8.

2 Wallis Budge, E., *From Fetish to God in Ancient Egypt* (New York: Blom, 1972), p. 15.

3 Alter, R., *The Book of Psalms: A Translation with Commentary* (New York: Norton, 2007), p. 19, note 10 and p. 255, note 21.

4 Hultkrantz, A., *Conceptions of the Soul Among North American Indians: A Study in Religious Ethnology* (Stockholm: Ethnographical Museum of Sweden, 1953), p. 178; Spier, L., *Anthropological Papersof the American Museum of Natural History 29.* (1928) 파푸아뉴기니의 남측 포레 부족은 의식의 일환으로 죽은 자들의 뇌를 비롯한 육체를 먹고 의도치 않게 치명적인 신경변성 프라이온병의 일종인 쿠루를 퍼뜨렸다. 하지만 뇌가 의식에서 특별히 중요한 역할을 한 것은 아니었다. (Whitfield, J., et al., *Le Journal de la Société des Océanistes* 141, 2015: 303–21).

5 Jung, C., *Memories, Dreams, Reflections* (London: Flamingo, 1983), p. 276.

6 플린더스대학교의 셰리 케어니 덕분에 단순하게만 보이는 문제의 복잡성을 깨달았다. 놀랍게도 이들의 문화를 다룬 호턴의 책에서는 뇌에 대한 언급이 겨우 두 차례, 마음에 대한 언급이 세 차례 그리고 심장에 대한 언급이 열한 차례 등장했으며, 이 중 어느 것도 이 문제와 관련하여 서술되지 않았다 Horton, D. (ed.), *The Encyclopedia of Aboriginal Australia: Aboriginal and Torres Strait Islander History, Society and Culture* (Canberra: Aboriginal Studies Press, 1994).

7 Shogimen, T., in C. Nederman and T. Shogimen (eds.), *Western Political Thought in Dialogue with Asia* (Plymouth: Lexington, 2009), pp. 279–300.

8 Sanchez, G. and Meltzer, E., *The Edwin Smith Papyrus: Updated Translation of the Trauma Treatise and Modern Medical Commentaries* (Atlanta: Lockwood Press, 2012); Finger, S., *Minds Behind the Brain: A History of the Pioneers and Their Discoveries* (Oxford: Oxford University Press, 2000).

9 1979년, 줄리언 제인스는《의식의 기원》에서 약 4,000년 전 사회의 복잡한 성질이 작용한 결과로 의식이 등장했다고 주장하며 호메로스의《일리아드》에 제시된 근거를 내세웠다. 앞서 그는 사람들이 신의 목소리로서 의식을 경험한다고 주장했다. 일리아드도 고대 그리스 사회도 전 세계 인간 경험의 총체성을 표상하지는 않는데다 그의 주장을 뒷받침하지도 않는다(Greenwood, 2015). 사실상 우리의 모든 역

사 속 구성원이었던 수렵 및 채집인은 여러분이나 나만큼 의식을 가지고 있었다. Jaynes, J., *The Origin of Consciousness in the Breakdown of the Bicameral Mind* (Harmondsworth: Penguin, 1979); Greenwood, V. (2015), https://tinyurl.com/Jaynes-Bicameral

10 Lloyd, G., in G. Lloyd (ed.), *Methods and Problems in Greek Science: Selected Papers* (Cambridge: Cambridge University Press, 1991), pp. 164-98; Doty, R., *Neuroscience* 147(2007): 561-8.

11 Temkin, O., *The Falling Sickness: A History of Epilepsy from the Greeks to the Beginnings of Modern Neurology* (Baltimore: Johns Hopkins University Press, 1971), pp. 5-10.

12 Gross, C., *A Hole in the Head: More Tales in the History of Neuroscience* (London: MIT Press, 2009), p. 26.

13 Temkin (1971).

14 Lisowski, F., in D. Brothwell and A. Sanderson (eds.), *Diseases in Antiquity: A Survey of the Diseases, In Juries and Surgery of Early Populations* (Springfield: Thomas, 1967), pp. 651-72; Gross, C., in: R. Arnott, et al. (eds.), *Trepanation: History, Discovery, Theory* (Lisse: Swets and Zeitlinger, 2002a), pp. 307-22.

15 Gross, C., *The Neuroscientist* 1(1995): 245-50.

16 Von Staden, E., *Herophilus: The Art of Medicine in Early Alexandria* (Cambridge: Cambridge University Press, 1989), p. 26; Lang, P., *Medicine and Society in Ptolemaic Egypt* (Leiden: Brill, 2013), p. 258.

17 French, R., *Medicine Before Science: The Business of Medicine from the Middle Ages to the Enlightenment* (Cambridge: Cambridge University Press, 2003), pp. 30-31.

18 Boudon-Millot, V., *Galien de Pergame* (Paris: Les Belles Lettres, 2012).

19 Gill, C., et al., in C. Gill, et al. (eds.), *Galen and the World of Knowledge* (Cambridge: Cambridge University Press, 2009), pp. 1-18, p. 6.

20 Gleason, M., in C. Gill, et al. (eds.), *Galen and the World of Knowledge* (Cambridge: Cambridge University Press, 2009), pp.85-114, p.112; Rocca, J., *Galen on the Brain: Anatomical Knowledge and Physiological Speculation in the Second Century A.D.* (Leiden: Brill, 2003).

21 Following quotes from Gleason (2009), pp. 99-102.

22 Gleason (2009), p. 100.

23 Al-Khalili, J., *Pathfinders: The Golden Age of Arab Science* (London: Allen Lane, 2010).

24 Frampton, M., *Embodiments of Will: Anatomical and Physiological Theories of Voluntary Animal Motion from Greek Antiquity to the Latin Middle Ages, 400 BC - AD 1300* (Saarbruck: Verlag Dr. Müller, 2008), p. 370.

25 Micheau, F., in C. Burnett and D. Jacquart (eds.), *Constantine the African and 'Alī ibn al-'Abbās al-Ma Jūsī: The Pantegni and Related Texts* (London: Brill, 1994), p. 15.

26 이 인용구와 다음 인용구: Frampton (2008), pp. 335, 339.

27 Green, C., *Journal of the History of the Behavioral Sciences* 39 (2003): 131-42.

28 Van der Eijk, P., *The Lancet* 372 (2008): 440-41; Green (2003). 뇌실 기능의 국재화론을 주장한 것으로 여겨지는 또 다른 인물은 포세이도니오스라는 이름의 철학가였는데, 그에 대해서는 알려진 바가 많지 않다.

29 Manzoni, T., *Archives Italiennes de Biologie* 136 (1998): 103-52.

30 Frampton (2008), p. 372.

31 Ibid., p. 381.

32 French (2003), p. 113.

33 Savage-Smith, E., *Journal of the History of Medicine and Allied Sciences* 50 (1995): 67-110.

34 Frampton (2008), pp. 383-6.

35 Berengario da Carpi, J., *Commentaria cum amplissimis additionibus super Anatomia Mundini una cum textu e Jusdem in pristinum & verum nitorem redacto* (Bologna: de Benedictis, 1521).

36 Dryander, J., *Anatomia capitis humani* (Marpurg: Cervicorni, 1536).

37 Catani, M. and Sandrone, S., *Brain Renaissance from Vesalius to Modern Neuroscience* (Oxford: Oxford University Press, 2015).

38 Fleck, L., *Genesis and Development of a Scientific Fact* (London: University of Chicago Press, 1979), p. 141.

39 카르피의 베렌가도 20년 이상 앞서 이와 유사한 결론에 도달했다. Pranghofer, S., *Medical History* 53 (2009): 561-86.

40 Catani, M. and Sandrone, S., *Brain Renaissance: From Vesalius to Modern Neuroscience* (Oxford: Oxford University Press, 2015), pp. 153-4.

41 This and quotes in next paragraph from Catani and Sandrone (2015), pp. 49,

98, 48.

42 이 인용구와 다음 인용구: Du Laurens, A., *A Discourse of the Preservation of the Sight: of Melancholike Diseases; of Rheumes, and of Old Age* (London: Kingston, Iacson, 1599), pp. 3, 77.

43 17세기 영국 작가들이 뇌 기능에 관한 문제를 어떻게 탐구했는가를 상세히 논하는 글을 읽고 싶다면 다음을 참조하자. Habinek, l., *The Subtle Knot: Early Modern English Literature and the Birth of Neuroscience* (london: McGill-Queen's University Press, 2018). 다른 언어권 작가들에 초점을 맞추어서도 이와 유사한 책을 쓸 수 있다.

2. 힘: 17세기에서 18세기까지

1 Steno, N., *Discours de Monsieur Stenon, sur l'Anatomie du Cerveau* (Paris: de Ninville, 1669).

2 Martensen, R., *The Brain Takes Shape* (Oxford: Oxford University Press, 2004), pp. 52-5.

3 The Passions of the Soul, paragraph 33, in Descartes, R., *The Philosophical Writings of Descartes* (Cambridge, Cambridge University Press, 1985), p. 341.

4 데카르트가 동물 기계라는 개념에 대해 정확히 어떤 생각을 가지고 있었는지에 관한 철학적 논쟁도 벌어지고 있다. 이를테면, Newman, L., *Canadian Journal of Philosophy* 31 (2001): 389-426.

5 *The Passions of the Soul*, paragraphs 32 and 34, in Descartes (1985),pp. 340-41.

6 Descartes (1985), pp. 100-101.

7 Huxley, T., *Collected Essays*, vol. 1: *Method and Results* (London: Macmillan, 1898), 211-12.

8 steno, N., *Nicolaus Steno's Lecture on the Anatomy of the Brain* (Copenhagen: Nyt Nordisk Forlag Arnold Busck, 1965), p. 124.

9 Swammerdam, J., *The Book of Nature* (London: seyffert, 1758), vol. 2, can be found on pp. 122-32; Malpighi, M., *Philosophical Transactions of the Royal Society* 2 (1666): 491-2; Cobb, M., *Nature Reviews Neuroscience* 3 (2002): 395-400.

10 Dick, O. (ed.), *Aubrey's Brief Lives* (London: Vintage, 2016), p. cxx.

11 Frank, R., in G. Rousseau (ed.), *The Language of Psyche: Mind and Body in Enlightenment Thought* (Berkeley: University of California Press, 1990), pp.

107–47, p. 123; Zimmer, C., *Soul Made Flesh: Thomas Willis, the English Civil War and the Mapping of the Mind* (London: Heinemann, 2004).

12 Cole, F., *A History of Comparative Anatomy: From Aristotle to the Eighteenth Century* (London: Macmillan, 1944), p. 222.

13 Frank (1990), p.126.

14 Willis, T., *Dr Willis's Practice of Physick, Being the Whole Works of That Renowned and Famous Physician* (London: Dring, Harper and lee, 1684), can be found on pp. 71, 75, 92–3, 96.

15 Cobb, M., *The Egg and Sperm Race: The Seventeenth Century Scientists Who Unravelled the Secrets of Sex, Life and Growth* (London: Free Press, 2006).

16 Kardel, T. and Maquet, P. (eds.), *Nicolaus Steno: Biography and Original Papers of a 17th Century Scientist* (London: springer, 2013), p. 508.

17 이 인용구와 다음 인용구: Steno (1965), pp. 127, 136.

18 Kardel and Maquet (2013), p. 516.

19 Collingwood, R., *The Idea of Nature* (Oxford: Clarendon, 1945).

20 Hobbes, T., *Leviathan, or, The Matter, Forme, and Power of a Common Wealth, Ecclesiasticall and Civil* (London: Crooke, 1651), p. 1.

21 Whitaker, k., *Mad Madge: Margaret Cavendish, Duchess of Newcastle, Royalist, Writer and Romantic* (London: Vintage, 2004).

22 Cavendish, M., *Philosophical Letters* (london: n.p., 1664), p. 185. see Cunning, D., *History of Philosophy Quarterly* 23 (2006): pp. 117–36.

23 https://tinyurl.com/Descartes-elizabeth.

24 Spinoza, *Ethics*, part III, proposition 2.

25 Cunning (2006), p. 118. 인용구는 라이프니츠의 《단자론》에서 찾을 수 있다. 라이프니츠의 논증에 대한 현대적 비판은 다음을 참조하자. Churchland, P., *The Engine of Reason, the Seat of the Soul: A Philosophical Journey into the Brain* (London: MIT Press, 1995).

26 Yolton, J., *Thinking Matter: Materialism in Eighteenth-Century Britain* (Oxford: Blackwell, 1983); Hamou, P., in P. Anstey (ed.), *John Locke: Critical Assessments of Leading Philosophers*, series II, vol. 3 (London: Routledge, 2007).

27 locke, J., *An Essay Concerning Human Understanding* (1689), 4.3.6.

28 Browne, P., *The Procedure, Extent, and Limits of Human Understanding* (London: Innys, 1728).

29 Bentley, R., *Matter and Motion Cannot Think, or, A Confutation of Atheism from the Faculties of Soul* (London: Parkhurst, Mortlock, 1692), pp.14–15.

30 Giglioni, G., *Science in Context* 21 (2008): 1–29.

31 Bentley (1692), p. 29.

32 Thomson, A., *Early Science and Medicine* 15 (2010): 3–37, p.20.

33 Uzgalis, W., in J. Perry (ed.), *Personal Identity* (London: University of California Press, 2008), pp. 283–314, p. 296.

34 Uzgalis (2008), p. 284.

35 Thomson (2010).

36 Uzgalis (2008).

37 Ditton, H., *A Discourse Concerning the Resurrection of Jesus Christ* (London: Bell and Lintott, 1712), p. 474; Ditton, H., *The New Law of Fluids* (London: Cowse, 1714), p. 9.

38 Ditton (1714), appendix, p.24.

39 Vartanian, A., *La Mettrie's L'Homme Machine: A Study in the Origins of an Idea* (Princeton: Princeton University Press, 1960), p.74; Niderst, A., *L'Ame matériel (ouvrage anonyme). Edition critique, avec une introduction et des notes* (Paris: Nizet, 1969).

40 Fearing, F., *Reflex Action: A Study in the History of Physiological Psychology* (Cambridge, MA: MIT Press, 1970).

41 Yolton (1983), p. 177.

42 이 인용구와 다음 인용구: Boerhaave, H., *Dr. Boerhaave's Academical Lectures on the Theory of Physic*, vol. 2 (London: Innys, 1743), pp. 290 and 312–13.

43 Koehler, P., in H. Whitaker, et al. (eds.), *Brain, Mind and Medicine: Neuroscience in the 18th Century* (New York: Springer, 2007), pp. 213–31, p.219; Steinke, H., *Irritating Experiments: Haller's Concept and the European Controversy on Irritability and Sensitivity, 1750- 90* (Amsterdam: Rodopi, 2005), pp. 21–2.

44 이 인용구와 다음 인용구: Temkin, O., *Bulletin of the History of Medicine* 4 (1936): 651–99, pp. 675, 657, 661; Steinke (2005).

45 Koehler (2007), p. 223.

46 Munro, A., *The Works of Alexander Monro, M.D.* (Edinburgh: Elliot, Robinson, 1781), p. 324.

47 Smith, C., in H. Whitaker, et al. (eds.), *Brain, Mind and Medicine: Neuroscience in the 18th Century* (New York: Springer, 2007), pp. 15–28 and p. 27, note 4.

48 Anonymous, *An Enquiry into the Origin of the Human Appetites and Affections, Shewing How Each Arises from Association* (Lincoln: Dodsley, 1747), p. 41.

49 Glassman, R. and Buckingham, H., in H. Whitaker, et al. (eds.), *Brain, Mind and Medicine: Essays in Eighteenth-Century Neuroscience* (Boston, MA: Springer, 2007), pp. 177–90.

50 Hartley, D., *Observations on Man, His Frame, His Duty, and His Expectations* (London: Hitch and Austen, 1749), part I, p. iv.

51 Whytt, R., *An Essay on the Vital and Other Involuntary Motions of Animals* (Edinburgh: Hamilton, Balfour and Neill, 1751), p. 239; French, R., *Robert Whytt, the Soul, and Medicine* (London: Wellcome, 1969), p. 69.

52 Temkin (1936), p. 683.

53 French (1969).

54 Whytt (1751), pp. 2, 252.

55 Fearing (1970), p. 69.

56 French (1969), pp. 75, 91.

57 Fearing (1970), pp. 82–3.

58 Wellman, K., *La Mettrie: Medicine, Philosophy and Enlightenment* (London: Duke University Press, 1992); Thomson, A. (ed.), *La Mettrie: Machine Man and Other Writings* (Cambridge: Cambridge University Press, 1996).

59 Thomson (1996), p. 26.

60 La Mettrie, J. de, *L'Homme machine* (Leiden: Luzac, 1748). For recent translations see Vartanian (1960); La Mettrie, J. de, *Man a Machine; and, Man a Plant* (Indianapolis: Hackett, 1994); Thomson (1996). *For a full bibliography of La Mettrie's writings see Stoddard*, R., *The Papers of the Bibliographic Society of America* 86 (1992): 411–59.

61 Thomson (1996), pp. 13, 9, 25, 35, 6.

62 Makari, G., *Soul Machine: The Invention of the Modern Mind* (London: Norton, 2015).

63 이 인용구와 다음 인용구: Thomson (1996), pp. 28, 31, 33.

64 Vartanian (1960), p. 139.

65 Riskin, J., *The Restless Clock: A History of the Centuries-Long Argument Over What Makes Living Things Tick* (Chicago: University of Chicago Press, 2016), pp. 162–3.

66 De Saussure, R., *Journal of the History of Medicine and Allied Sciences* 4 (1949): 431–49, p. 432.

67 Thomson (1996), p. x; Vartanian (1960), p. 116.

68 Riskin (2016), p. 156.

69 Morange, M., *Une Histoire de la biologie* (Paris: Seuil, 2016), p. 101.

70 Braudy, L., *Eighteenth-Century Studies* 4 (1970): 21–40.

71 Riskin (2016), pp. 116–22.

72 Colliber, S., *Free Thoughts Concerning Souls* (London: Robinson, 1734), p. 8.

73 Priestley, J., *Disquisitions Relating to Matter and Spirit* (London: Johnson, 1777), p. 27.

74 Priestley, J., *A Free Discussion of the Doctrines of Materialism, and Philosophical Necessity* (London: Johnson, Cadell, 1778), p. 61.

75 Priestley (1777), p. 27.

76 Brown, T., *Journal of the History of Biology* 7 (1974): pp. 179–216.

77 Fearing (1970), p. 94.

3. 전기: 18세기에서 19세기까지

1 Shelley, M., *Frankenstein* (London: Penguin, 2003), pp. 6–7.

2 Holmes, R., *The Age of Wonder: How the Romantic Generation Discovered the Beauty and Terror of Science* (London: Harper, 2008).

3 Fara, P., *An Entertainment for Angels* (London: Icon, 2002).

4 Ewald Georg von Kleist had invented a similar device a year earlier in Pomerania – Torlais, J., *Revue d'histoire des sciences et de leurs applications* 16 (1963): 211–19.

5 Priestley, J., *The History and Present State of Electricity, with Original Experiments* (London: Dodsley, Johnson, Payne, Cadell, 1769), p. 98.

6 Bertucci, P., in H. Whitaker, et al. (eds.), *Brain, Mind and Medicine: Neuroscience in the 18th Century* (New York: Springer, 2007), pp. 271–83.

7 Beccaria, G., *A Treatise Upon Artificial Electricity* (London: Nourse, 1776), p. 270.

8 Haller, A. von, *Mémoires sur les parties sensibles et irritables du corps animal, tôme troisiéme* (Lausanne: Grasset, 1762); Kaplan, P., *Journal of the Royal Society of Medicine* 95 (2002): 577–8, p. 577.

9 Priestley (1769), p. 622.

10 Hartley (1749), part 1, p. 88.

11 Bonnet, C., *Essai de psychologie; ou considérations sur les opérations de l'âme, sur l'habitude et sur l'éducation* (London: n.p., 1755), p. 268.

12 Bonnet, C., *Essai analytique sur les facultés de l'âme* (Copenhagen: Philibert, 1760), pp. 21–2.

13 Home, R., *Journal of the History of Biology* 3 (1970): 235–51.

14 Koehler, P., et al., *Journal of the History of Biology* 42 (2009): 715–63.

15 Material from: Piccolino, M., in H. Whitaker, et al. (eds.), *Brain, Mind and Medicine: Neuroscience in the 18th Century* (New York: Springer, 2007), pp. 125–43; Finger, S., *Progress in Brain Research* 205 (2013): 3–17.

16 Home (1970), p. 250.

17 Bertholon, P., *De l'électricité du corps humain dans l'état de santé et de maladie* (Paris: Didot, 1780), pp. 70, 94.

18 Galvani, L., *Commentary on the Effect of Electricity on Muscular Motion* (Cambridge, MA: Elizabeth Licht, 1953); Bresadola, M., in F. Holmes, et al. (eds.), *Reworking the Bench: Research Notebooks in the History of Science* (Dordrecht: Kluwer, 2003), pp. 67–92.

19 Galvani (1953), p. 46.

20 같은 책, p. 97.

21 같은 책, pp. 60, 66, 67.

22 같은 책, p. 72.

23 Material in this paragraph from Valli, E., *Experiments on Animal Electricity, with Their Application to Physiology* (London: Johnson, 1793), pp. 5, 241–2

24 Fowler, R., *Experiments and Observations Relative to the Influence Lately Discovered by M. Galvani, and Commonly Called Animal Electricity* (Edinburgh: Duncan, Hill, Robertson & Berry, add Mudie, 1793).

25 Volta, A., *Collezione dell'opere del cavaliere Conte Alessandro Volta*, vol. 2, part I (Florence: Piatti, 1816), p. 111.

26 Finger, S., et al., *Journal of the History of the Neurosciences* 22 (2013):

237-352..

27 Mauro, A., *Journal of the History of Medicine* 24 (1969): 140-50.

28 Hoff, H., *Annals of Science* 1 (1936): 157-72. This was first demonstrated by Matteucci, C., *Annales de chimie et de physique*, Série 36 (1842): 301-39.

29 Darwin, E., *Zoonomia; Or, the Laws of Organic Life*, vol. 1 (London: Johnson, 1801), p. 83.

30 Pancaldi, G., *Historical Studies in the Physical and Biological Sciences* 21 (1990): 123-60.

31 Volta, A., *Philosophical Transactions of the Royal Society of London* 90 (1800): 403-31.

32 Holmes (2008), pp. 274, 325. 고드윈이 실제로 강연에 참석했다는 증거는 없다. 하지만 데이비의 강연과 《프랑켄슈타인》 사이의 유사성은 몹시도 두드러진다. 만약 고드윈이 강연에 직접 참석하지 않았다면 해당 강연의 인쇄본을 읽었음이 분명하다.

33 세세한 묘사는 여러분을 위해 아껴두었다. 원한다면 다음을 참조하자. Aldini, J., *An Account of the Late Improvements in Galvanism* (London: Murray, 1803), pp. 68-80.

34 Aldini: Aldini, J. (1804), *Essai théorique et expérimental sur le galvinisme* (Bologna: Piranesi, 1803).

35 Aldini (1803), p. 193.

36 *The Times*, 22 January 1803, p. 3.

37 Aldini (1804), p. 216.

38 이 인용구와 다음 인용구: Aldini (1803), pp. 57, 63-4.

39 Aldini (1804), pp. 116-20; Bolwig, T. and Fink, M., *Journal of Electro-Convulsive Therapy* 25 (2009): 15-18. 알디니는 이러한 절차를 찰스 벨리니라는 노동자에게도 시행하여 유사한 결과를 얻었다.

40 Finger, S. and Law, M., *Journal of the History of Medicine* 53 (1998): 161-80, p. 167.

41 Neuburger, M., *The Historical Development of Experimental Brain and Spinal Cord Physiology Before Flourens* (London: Johns Hopkins University Press, 1981), p. 199. 만약 더한 묘사도 견딜 수 있다면(결과가 사실이 아님은 분명하지만 과정 자체는 아마도 정확하게 묘사되었을 것임을 명심하자) 다음을 참조하자. Finger and Law (1998).

42 Finger and Law (1998), p. 169.

43 Neuburger (1981), pp. 199, 220.

44 Finger and Law (1998), p. 165.

45 Roget, P., *Supplement to the Fourth, Fifth, and Sixth Editions of the Encyclopaedia Britannica*, vol. 6 (Edinburgh: Constable, 1824a), p. 187 - entry on Physiology.

46 Rogers, J., in E. Yeo (ed.), *Radical Femininity: Women's Representation in the Public Sphere* (Manchester: Manchester University Press, 1998), pp. 52–78.

47 Sharples, E., *The Isis* 6 (1832): 81–5, p. 85.

48 저자 미상, *Vestiges of the Natural History of Creation* (London: Churchill, 1844); Secord, J., *Victorian Sensation: The Extraordinary Publication, Reception, and Secret Authorship of Vestiges of the Natural History of Creation* (Chicago: University of Chicago Press, 2000).

49 저자 미상 (1844), p. 334.

50 같은 책., p. 335.

51 Longet, F.-A., *Anatomie et physiologie du système nerveux de l'homme et des animaux vertebrés*, vol. 1 (Paris: Fortin, Masson et Cie, 1842), pp. 138–9.

52 Matteucci, C., *Traité des phénomènes électro-physiologiques des animaux* (Paris: Fortin, Masson et Cie, 1844).

53 Matteucci, C., *Philosophical Transactions of the Royal Society of London* 135 (1845): 303–17, p. 317.

54 Matteucci, C., *Philosophical Transactions of the Royal Society of London* 140 (1850): 645–9, p. 648.

55 Finger, S. and Wade, N., *Journal of the History of the Neurosciences* 11 (2002a): 136–55; Finger, S. and Wade, N., *Journal of the History of the Neurosciences* 11 (2002b): 234–54.

56 이 인용구와 다음 인용구: Müller, J., *Elements of Physiology* (Philadelphia: Lea and Blanchard, 1843), pp. 513, 515, 532.

57 Otis, L., *Müller's Lab* (Oxford: Oxford University Press, 2007).

58 Finkelstein, G., in C. Smith and H. Whitaker (eds.), *Brain, Mind and Consciousness in the History of Neuroscience* (New York: Springer, 2014), pp. 163–84, p. 164.

59 Clarke, E. and Jacyna, L., *Nineteenth-Century Origins of Neuroscientific Concepts* (London: University of California Press, 1987), p. 211.

60 Bowditch, H., *Science* 8 (1886): 196–8, pp. 196–7.

61 Meulders, M., *Helmholtz: From Enlightenment to Neuroscience* (Cambridge, MA: MIT Press, 2010).

62 Finger and Wade (2002a), p. 152.

63 Lenoir, T., *Osiris* 9 (1994): 184–207.

64 Helmholtz, H., *On the Sensations of Tone as a Physiological Basis for the Theory of Music* (London: Longmans, Green, 1875), p. 224.

65 Odling, E., *Memoir of the Late Alfred Smee, FRS, by his Daughter* (London: Bell and Sons, 1878). 나는 이 장을 쓰기 위해 조사하던 중 과학사학자 이완 리스 모러스의 글을 읽기 전까지는 스미에 대해 단 한 번도 들어본 적이 없다.

66 Smee, A., *Elements of Electro-Biology, or, the Voltaic Mechanism of Man* (London: Longman, Brown, Green, and Longmans, 1849), p. 39.

67 같은 책., p. 45.

68 이 인용구와 다음 문단: Smee, A., *Instinct and Reason Deduced from Electro-Biology* (London: Reeve, Benham and Reeve, 1850), pp. 29, 211, 98. 그림은 Plate VIII, opposite p. 210.

69 Morus, I., *Frankenstein's Children: Electricity, Exhibition, and Experiment in Early-Nineteenth-Century London* (Princeton: Princeton University Press, 1998), p. 150.

70 이 문단과 다음 두 문단: Smee, A., *The Process of Thought Adapted to Words and Language, Together with a Descriptionof the Relational and Differential Machines* (London: Longman, Brown, Green, and Longmans, 1851), pp. xv, 2, 39, 40, 42–3, 45, 49–50. Boden, M., *Mind as Machine: A History of Cognitive Science*, 2 vols. (Oxford: Clarendon, 2006), vol. 1, p. 121. 이를 통해 스미가 1847년 출간된 조지 불의 《논리학의 수학적 분석The Mathematical Analysis of Logic》에 영향을 받았음을 짐작할 수 있다. 다만 스미의 글에는 불이나 불의 견해에 대한 어떠한 언급도 없으며, 컴퓨팅 역사학자들은 둘 사이의 아무 연결고리도 없다고 주장한다 – Buck, G. and Hunka, S., *IEEE Annals of the History of Computing* 21 (1999): 21–7.

71 Aspray, W., *Computing Before Computers* (Ames: Iowa State University Press, 1999), pp. 108–10.

4. 기능: 19세기

1 Liebknecht, K., *Karl Marx: Biographical Memoirs* (Chicago: Kerr, 1908), p. 64.

1850년에 모였던 이 집단의 명칭은 보통 독일 노동자 교육협회 또는 공산당 클럽으로 불렸다.

2 Parssinen, T., *Journal of Social History* 7 (1974): 1-20, p. 1.

3 Shuttleworth, S., in J. Christie and S. Shuttleworth (eds.), *Nature Transfigured: Science and Literature, 1700-1900* (Manchester: Manchester University Press, 1989), pp. 121-51; Boshears, R. and Whitaker, H., *Progress in Brain Research* 205 (2013): 87-112.

4 McLaren, A., *Comparative Studies in Society and History* 23 (1981): 3-22.

5 Clark and Jacyna (1987), pp. 222-3.

6 Gall, F. and Spurzheim, G., *Anatomie et physiologie du système nerveux en général, et du cerveau en particulier*, vol. 1 (Paris: Schoell, 1810), p. xvii.

7 Young, R., *Mind, Brain and Adaptation in the Nineteenth Century: Cerebral Localization and its Biological Context from Gall to Ferrier* (Oxford: Oxford University Press, 1990), p. 56.

8 Gall, F. and Spurzheim, G., *Anatomie et physiologie du système nerveux en général, et du cerveau en particulier*, vol. 2 (Paris: Schoell, 1812), p. 225; Gall, F., *Anatomie et physiologie du système nerveux en général, et du cerveau en particulier*, vol. 3 (Paris: Librairie Grècque-latine-allemande, 1818), pp. 307-22.

9 '자부심pride'을 지칭할 때 갈이 사용한 단어는 '높이height'라는 뜻의 'hauter'였다.

10 Boring, E., *A History of Experimental Psychology* (Englewood Cliffs: Prentice-Hall, 1950), p. 53; Boshears and Whitaker (2013).

11 Spurzheim, J., *The Physiognomical System of Drs. Gall and Spurzheim* (London: Baldwin, Cradock, and Joy, 1815).

12 Gall (1818), p. xxix.

13 같은 책; McLaren (1981).

14 Cooter, R., *The Cultural Meaning of Popular Science: Phrenology and the Organisation of Consent in Nineteenth-Century Britain* (Cambridge: Cambridge University Press, 1984).

15 Combe, G., *Testimonials on Behalf of George Combe, as a Candidate for the Chair of Logic in the University of Edinburgh* (Edinburgh: Anderson, 1836), p. 5; Parsinnen (1974), p. 1.

16 McLaren (1981).

17 Hegel, G., *The Phenomenology of Mind* (Mineola: Dover, 2003), pp. 175–98.

18 Napoleon, *Profils des contemporains* (Paris: Pollet, 1824), p. 54.

19 Roget, P., *Supplement to the Fourth, Fifth, and Sixth Editions of the Encyclopaedia Britannica*, vol. 3 (Edinburgh: Constable, 1824b) – entry on Cranioscopy.

20 Clark, J. and Hughes, T., *The Life and Letters of the Reverend Adam Sedgwick*, vol. 2 (Cambridge: Cambridge University Press, 1980), p. 83.

21 Parssinen (1974), p. 12.

22 Young (1990), p. 61.

23 Material from Flourens, P., *Recherches expérimentales sur les propriétés et les fonctions du système nerveux, dans les animaux vertébrés* (Paris: Ballière, 1842), pp. 135, 131, 132, 244.

24 Swazey, J., *Journal of the History of Biology* 3 (1970): 213–34.

25 Flourens, P., *Recherches expérimentales sur les propriétés et les fonctions du système nerveux, dans les animaux vertébrés* (Paris: Crevot, 1824), p. 122.

26 Luzzatti, C. and Whitaker, H., Archives of Neurology 58 (2001): 1157–62.

27 Andral, G., *Clinique médicale, ou choix d'observations recueillies à l'Hôpital de la Charité*, vol. 5: *Maladies de l'encéphale* (Paris: Fortin, Masson, 1840), p. 155, 523; Stookey, B., *Perspectives in Psychological Science* 184 (1963): 1024–9.

28 Finger (2000), p. 139.

29 Broca, P., *Bulletins de la Société d'anthropologie de Paris* 2 (1861a): 139–204, 301–21, 441–6; LaPointe, L., *Paul Broca and the Origins of Language in the Brain* (San Diego: Plural Publishing, 2013).

30 Pearce, J., *European Neurology* 56 (2006): 262–4; Schiller, F., *Paul Broca: Founder of French Anthropology, Explorer of the Brain* (Berkeley: University of California Press, 1979), p. 175.

31 Auburtin, E., *Considérations sur les localisations cérébrales et en particulier sur le siège de la faculté du langage articulé* (Paris: Masson et Fils, 1863), pp. 24–5.

32 Joynt, R., *Archives of Internal Medicine* 108 (1961): 953–6; Schiller, F., *Medical History* 7 (1963): 79–81.

33 Broca, P., *Bulletins de la Société d'anthropologie de Paris* 2 (1861b): 235–38, p. 238; Schiller (1979), p. 178.

34 Broca, P., *Bulletins de la Société anatomique de Paris* 36 (1861c): 330–57.

35 Broca, P., *Bulletins de la Société anatomique de Paris* 36 (1861d): 398-407.

36 같은 논문, pp. 406-7.

37 Broca, P., *Bulletins de la Société d'anthropologie de Paris* 4 (1863): 200-202, p. 202.

38 Dax, M., *Gazette hebdomodaire de médicine et de chirurgie* 17 (1865): 259-60; Dax, M. G., *Gazette hebdomodaire de médicine et de chirurgie* 17 (1865): 260-62; Finger, S., *Archives of Neurology* 53 (1996): 806-13.

39 Dax, M. G. (1865), p. 262.

40 Broca, P., *Bulletins de la Société d'anthropologie de Paris* 6 (1865): 377-93, p. 383.

41 Glickstein, M., *Neuroscience: A Historical Introduction* (Cambridge, MA: MIT Press, 2014), p. 278.

42 Rutten, G.-J., *The Broca-Wernicke Doctrine. A Historical and Clinical Perspective on Localization of Language Functions* (Cham, Switzerland: Springer, 2017).

43 Duval, A., *Bulletins de la Société d'anthropologie de Paris* 5 (1864): 213-17, p. 215.

44 Bartholow, R., *American Journal of the Medical Sciences* 134 (1874a): 305-13; Bartholow, R., *British Medical Journal* 1 (700, 1874b): 727.

45 Ferrier, D., *The Functions of the Brain* (London: Smith, Elder, 1876), p. 296; Harris, L. and Almerigi, J., *Brain and Cognition* 70 (2009): 92-115.

46 Fritsch, G. and Hitzig, E., *Archiv für Anatomie, Physiologi und wissenschaftliche Medizin* 37 (1870): 300-332 - for a translation, see Wilkins, R., *Journal of Neurosurgery* 20 (1963): 904-16; Taylor, C. and Gross, C., *The Neuroscientist* 9 (2003): 332-42; Hagner, M., *Journal of the History of the Neurosciences* 21 (2012): 237-49.

47 Ferrier (1876), p. 80.

48 Wilkins (1963), p. 909.

49 같은 논문, p. 916.

50 Ferrier (1876); Taylor and Gross (2003).

51 Ferrier (1876), pp. 44-5, 124-5, 39, 40, 213, 130, 141-5.

52 Macmillan, M., *An Odd Kind of Fame: Stories of Phineas Gage* (London: MIT Press, 2000). Quotes from Ferrier (1876), pp. 231-2.

53 Ferrier, D., *British Medical Journal* 1 (1878a): 443-7; Ferrier, D., *The Localisation of Cerebral Function* (London: Smith, Elder, 1878b).

54 Macmillan (2000), pp. 401-22, 414-15.

55 같은 책, pp. 314-33 contains a rogue's gallery of mistaken accounts.

56 Ferrier (1876), pp. 288, 255-8.

5. 진화: 19세기

1 Abercrombie, J., *Inquiries Concerning the Intellectual Powers and the Investigation of Truth* (London: Murray, 1838), p. 34.

2 https://www.biodiversitylibrary.org/title/50381#page/52/ mode/1up.

3 Barrett, P., et al. (eds.), *Charles Darwin's Notebooks, 1836-1844: Geology, Transmutation of Species, Metaphysical Enquiries* (Cambridge: Cambridge University Press, 2008), p. 165.

4 Müller (1843), https://www.biodiversitylibrary.org/item/ 105993#page/53/ mode/1up; Richards, R., *Darwin and the Emergence of Evolutionary Theories of Mind and Behavior* (Chicago: University of Chicago Press, 1987), 94; Swisher, C., *Bulletin of the History of Medicine* 41 (1967): 24-43, p. 27.

5 Barrett et al. (2008), pp. 291, 614.

6 Partridge, D., *Biological Journal of the Linnean Society* 116 (2015): 247-51.

7 Darwin, C., *The Descent of Man, and Selection in Relation to Sex* (London: Penguin, 2004), p. 17; Bizzo, N., *Journal of the History of Biology* 25 (1992): 137-47.

8 Chadwick, O., *The Secularisation of the European Mind in the Nineteenth Century* (Cambridge: Cambridge University Press, 1975), p. 184.

9 Tyndall, J., *Popular Science Monthly*, February 1875, (1875), pp. 422-40, p. 438.

10 Harrington, A., *Medicine, Mind, and the Double Brain* (Princeton: Princeton University Press, 1987), p. 124.

11 저자 미상, *Popular Science Monthly*, February 1875, (1875), pp. 501-4, p. 503. See Tyndall, J., *John Tyndall's Address Delivered Before the British Association Assembled at Belfast, with Additions* (London: Longmans, Green, 1874) and various articles in *Popular Science*, February 1875.

12 Finkelstein (2014), p. 165; Finkelstein, G., *Emil du Bois-Reymond:*

*Neuroscience, Self, and Society in Nineteenth-Century Germany* (London: MIT Press, 2013).

13 Van Strien, M., *Annals of Science* 72 (2015): 381–400, p. 387.

14 Richards (1987), pp. 176–9.

15 같은 책, p. 178; Wallace, A., *Contributions to the Theory of Natural Selection. A Series of Essays* (London: Macmillan, 1871).

16 Smith, C., *Journal of the History of the Neurosciences* 19 (2010): 105–20, p. 118.

17 Lyell, C., *Geological Evidences of the Antiquity of Man* (London: John Murray, 1863); Cohen, C., in D. Blundell and A. Scott (eds.), *Lyell: The Past is the Key to the Present* (Bath: Geological Society, 1998), pp. 83–93.

18 Lyell (1863), 201; Richards, R., in J. Hodge and G. Radick (eds.), *The Cambridge Companion to Darwin* (Cambridge: Cambridge University Press, 2009), pp. 96–119, p. 106.

19 이 문단과 다음 두 문단: Darwin (2004), pp. 86, 231, 240.

20 Darwin (2004), p. 87.

21 이 인용구와 다음 인용구: 같은 책, pp. 74, 88–9, 151; Smith (2010).

22 Huxley, T., *Nature* 6 (1874): 362–6; Wallace, A., *Nature* 10 (1874): 502–3; Wetterhan, I., *Nature* 6 (1874): 438; Anger, S., *Victorian Review* 35 (2009): 50–52.

23 Huxley (1874), p. 365.

24 이 인용구와 다음 인용구: Huxley (1898), pp. 237, 240, 244, 191; also Huxley (1874).

25 Richards (1987), pp. 352, 368.

26 이 인용구와 다음 인용구: Lloyd Morgan, C., *Animal Behaviour* (London: Edward Arnold, 1900), pp. 95, 93.

27 McGrath, L., *Journal of the Western Society for French History* 42 (2014): 1–12, p. 1.

28 Maudsley, H., *The Lancet* 100 (1872): 185–9, pp. 186–7.

29 Maudsley, H., *Body and Will* (London: Kegan Paul, Trench, 1883), pp. 101–2.

30 Hughlings Jackson, J., *Journal of Mental Science* 33 (1887): 25–48, p. 37–8.

6. 억제: 19세기

1 Diamond, S., et al., *Inhibition and Choice: A Neurobehavioral Approach to*

*Problems of Plasticity in Behavior* (New York: Harper & Row, 1963); Smith. R., *Inhibition: History and Meaning in the Sciences of Mind and Brain* (Berkeley: University of California Press, 1992a).

**2** Smith (1992a), pp. 80-81.

**3** 같은 책, p. 77.

**4** Sechenov, I., *Reflexes of the Brain* (Cambridge, MA: MIT Press, 1965), pp. 19, 86.

**5** Young (1990), p. 205.

**6** Sechenov (1965), p. 89.

**7** Maudsley, H., *The Physiology and Pathology of the Mind* (New York: Appleton, 1867), p. 83.

**8** Ferrier (1876), p. 287.

**9** James, W., *Principles of Psychology*, 2 vols. (New York: Holt, 1890), vol. 2, p. 68.

**10** Smith (1992a), pp. 132-3.

**11** Diamond et al. (1963), p. 41.

**12** Smith (1992a), p. 134.

**13** McDougall, W., *Physiological Psychology* (London: Dent, 1905), p. 103.

**14** Diamond et al. (1963), pp. 40, 45.

**15** Ferrier (1876), p. 18.

**16** Anstie, F., *Stimulants and Narcotics, Their Mutual Relations* (Philadelphia: Lindsay and Blakiston, 1865), pp. 86-7.

**17** Smith, R., *Science in Context* 5 (1992b): 237-63.

**18** Hughlings Jackson (1887), p. 37.

**19** Smith (1992a), p. 154.

**20** Lloyd Morgan, C., *An Introduction to Comparative Psychology* (New York: Walter Scott, 1896), p. 182.

**21** Morton, W., *Scientific American Supplement* 256 (1880): 4085-6, p. 4085. 샤르코와 동료들의 연구를 살펴보고 정신질환의 생물학적 모형을 개발하는 데 신경매독의 의의를 탐구하고자 한다면 다음을 참조하자. Ropper, A. and Burrell, B., *How the Brain Lost Its Mind: Sex, Hysteria and the Riddle of Mental Illness* (London: Atlantic, 2020).

**22** Goetz, C., et al., *Charcot: Constructing Neurology* (Oxford: Oxford University Press, 1995).

23 Heidenhain, R., *Hypnotism or Animal Magnetism: Physiological Observations* (London: Kegan Paul, Trench, Trübner, 1899), p. 46.

24 Smith (1992a), p. 129.

25 Fletcher, J., *Freud and the Scene of Trauma* (New York: Fordham University Press, 2013), p. 28.

26 Freud, S., in P. Rieff (ed.), *General Psychological Theory: Papers on Metapsychology* (New York: Collier, 1963), pp. 116–50, p. 125.

27 Crews, F. (2017), *Freud: The Making of an Illusion* (London: Profile), p. 448.

28 As might be expected, Crews (2017), pp. 435–51 is critical of this work, while Makari, G., *Revolution in Mind: The Creation of Psychoanalysis* (London: Duckworth, 2008),pp. 70–74 is sympathetic.

29 Todes, D., *Ivan Pavlov: A Russian Life in Science* (New York: Oxford University Press, 2014).

30 Helmholtz, H. von, *Helmholtz's Treatise on Physiological Optics*, vol. 3 (New York: Dover, 1962), pp. 3, 4.

31 같은 책, pp. 4, 27.

32 같은 책, p. 14.

33 같은 책, p. 6.

34 Heidelberger, M., in D. Cahan (ed.), *Hermann von Helmholtz and the Foundations of Nineteenth-Century Science* (San Francisco: University of California Press, 1993), pp. 461–97, p. 493.

35 Cahan, D., *Helmholtz: A Life in Science* (Chicago: University of Chicago Press, 2018), p. 532.

36 Arbib, M., *Perspectives in Biology and Medicine* 43 (2000): 193–216.

37 Meulders (2010), p. 145.

38 Sherrington, C., *The Integrative Action of the Nervous System* (New Haven: Yale University Press, 1906); Swazey, J., *Reflexes and Motor Integration: Sherrington's Concept of Integrative Action* (Cambridge, MA: Harvard University Press, 1969).

39 Sherrington (1906), pp. 7, 16, 181.

40 같은 책, p. 238.

41 같은 책, p. 55.

42 같은 책, pp. 65, 113, 187.

43 같은 책, pp. 308–31, 352, 393.

44 Bastian, H., *The Brain as an Organ of Mind* (New York: Appleton, 1880).

45 Sherrington (1906), p. 35.

46 Ferrier (1876), pp. 290, 294.

47 Sherrington (1906), p. 83. 그림은 p. 108.

7. 뉴런: 19세기에서 20세기까지

1 Shepherd, G., *Foundations of the Neuron Doctrine*, 25th Anniversary Edition (Oxford: Oxford University Press, 2016).

2 Pannese, E., *Journal of the History of the Neurosciences* 8 (1999): 132–40; Shepherd, G., *Journal of the History of the Neurosciences* 8 (1999): 209–14.

3 이 인용구와 다음 인용구: Golgi, C., *The Alienist and Neurologist* 4 (1883): 236–269, 383–416, pp. 396, 394, 401.

4 Cajal, S., *Memoirs of the American Philosophical Society* 8 (1937): 1–638, p. 305.

5 같은 논문, p. 321.

6 Cajal, S., *Histologie du système nerveux de l'homme et des vertébrés*, vol. 1 (Paris: Maloine, 1909), p. 29.

7 Ranvier, L.-A., *Leçons sur l'Histologie du système nerveux* (Paris: Savy, 1878), p. 131; Boullerne, A., *Experimental Neurology* 283B (2016): 431–45.

8 Shepherd (2016), p. 163.

9 Cajal (1937), pp. 356–7.

10 같은 논문, p. 358.

11 Jones, E., *Journal of the History of the Neurosciences* 8 (1999): 170–78; Bock, O., *Endeavour* 37 (2013): 228–34.

12 Shepherd (2016), p. 189.

13 같은 책, p. 229.

14 López-Muñoz, F., et al., *Brain Research Bulletin* 70 (2006): 391–405.

15 Golgi, C., in Nobel Foundation (ed.) *Nobel Lectures. Physiology or Medicine, 1901-1921* (Amsterdam: Elsevier, 1967), pp. 215, 216.

16 Cajal, S., *Proceedings of the Royal Society of London* 55 (1894a): 444–68; Jones (1999).

17 Cajal, S. (1894a), p. 444.

18 같은 논문, pp. 457, 465.

19 같은 논문, p. 450.

20 같은 논문, p. 465; Berlucchi, G., *Journal of the History of the Neurosciences* 8 (1999): 191-201.

21 Shepherd (2016), pp. 203-10.

22 James (1890), vol. 2, p. 581.

23 Cajal, S. (1894a), p. 452.

24 Otis, L., *Networking: Communicating with Bodies and Machines in the Nineteenth Century* (Ann Arbor: University of Michigan Press, 2001); Otis, L., *Journal of the History of Ideas* 63 (2002): 105-28. 이 둘은 나에게 굉장히 유용했다.

25 Cajal, S. (1894a), pp. 466, 467.

26 Demoor, J., *Archives de Biologie* 14 (1896): 723-52; Jones, E., *Trends in Neurosciences* 17 (1994): 190-92; Berlucchi, G., *Journal of the History of the Neurosciences* 11 (2002): 305-9.

27 Cajal, S. (1894a), pp. 467-8. 최근 출간된 영문 번역판을 보면 카할이 막스 노르다우의 말을 차용하여 감각기관을 "진정한 컴퓨팅 기계"라고 묘사했음을 알 수 있다 - Cajal, S., *Texture of the Nervous System of Man and the Vertebrates* (Berlin: Springer, 1999), p. 8 — 혹은 "컴퓨팅 장치"라고 표현하였다 - Cajal, S., *Histology of the Nervous System* (Oxford: Oxford University Press, 1995). 그런데 실제 노르다우가 사용한 표현은 "다양한 기관들의 조합Zusammenfassung zahlreiche Organe"이었다. Nordau, *Paradoxe* (Leipzig: Elischer Nachfolger, 1885). 아마도 카할이나 다른 누군가의 오역이 있었고 그 이후부터 계속해서 뒤섞였을 가능성이 있어 보인다. 카할이 신경계의 어느 부분이건 간에 연산장치로서 바라보았다는 증거는 없다. 자세한 내용은 이 책의 웹사이트를 참조하자: theideaofthebrain.com.

28 Cajal, S., *Les Nouvelles idées sur la structure du système nerveux chez l'homme et chez les vertébrés* (Paris: Reinwald, 1894b), p. x.

29 Bergson, H., *Matter and Memory* (London: Allen and Unwin, 1911), pp. 19-20.

30 Keith, A., *The Engines of the Human Body* (London: Williams and Norgate, 1919), p. 259; Kirkland, K., *Perspectives in Biology and Medicine* 45 (2002): 212-23.

31 Keith, A.(1919), pp. 261-2.

32 Otis (2001), p. 67.

33 Robinson, J., *Mechanisms of Synaptic Transmission: Bridging the Gaps (1890-1990)* (Oxford: Oxford University Press, 2001), p. 21.

34 Foster, M. and Sherrington, C., *A Text Book of Physiology, part III: The Central Nervous System* (London: Macmillan, 1897), pp. 928–9.

35 같은 책, p. 969.

36 Sherrington (1906), pp. 2, 3, 18.

37 같은 책, pp. 141, 155, 39.

38 같은 책, p. 39.

39 Valenstein, E., *The War of the Soups and the Sparks: The Discovery of Neurotransmitters and the Dispute Over How Nerves Communicate* (New York: Columbia University Press, 2005). See also Dupont, J.-C., *Histoire de la neurotransmission* (Paris: Presses Universitaires de France, 1999); Robinson (2001); Marcum, J., *Annals of Science* 63 (2006): 139–56. 중심 내용으로부터 주의를 분산시킬 우려가 있어 월터 개스켈과 월터 캐넌의 연구는 여기에서 언급하지 않았다.

40 Valenstein (2005), p. 6.

41 Ackerknecht, E., *Medical History* 18 (1974): 1–8.

42 Valenstein (2005), p. 19.

43 같은 책, p. 22.

44 같은 책, p. 43.

45 Dale, H., *Journal of Pharmacology and Experimental Therapeutics* 6 (1914): 147–z 90.

46 Loewi, O., *Perspectives in Biology and Medicine* 4 (1960): 3–25, p. 17.

47 Valenstein (2005), p. 58.

48 Robinson (2001), pp. 63–7.

49 Valenstein (2005), pp. 59–60.

50 같은 책, p. 125; Eccles, J., *Notes and Records of the Royal Society of London* 30 (1976): 219–30, p. 221.

51 Eccles (1976), p. 225; Brooks, C. and Eccles, J., *Nature* 159 (1947): 760–64.

52 Brock, L., et al., *Journal of Physiology* 117 (1952): 31–60, pp. 452, 455.

8. 기계: 1900년대에서 1930년대까지

1 Riskin (2016), pp. 296–304.

2 Cohen, J., *Human Robots in Myth and Science* (London: Allen & Unwin, 1966); Mayor, A., *Gods and Robots: Myths, Machines, and Ancient Dreams of*

*Technology* (Princeton: Princeton University Press, 2018).

3 Hill, A., *Living Machinery* (London: Bell, 1927); Herrick, C., *The Thinking Machine* (Chicago: University of Chicago Press, 1929). Disappointingly, Herrick had little to say about thinking machines.

4 Loeb, J., *The Mechanistic Conception of Life: Biological Essays* (Chicago: University of Chicago Press, 1912); Watson, J., *Psychological Review* 20 (1913): 158–77.

5 Rignano, E., *Man Not a Machine: A Study of the Finalistic Aspects of Life* (London: Kegan Paul, Trench, Trübner, 1926); Needham, J., *Man a Machine* (London: Kegan Paul, Trench, Trübner, 1927).

6 Meyer, M., *The Fundamental Laws of Human Behaviour* (Boston: Badger, 1911), p. 39.

7 Russell, S., *Journal of Animal Behavior* 3 (1913): 15–35, p. 17, note 5.

8 같은 논문, p. 35.

9 Miessner, B., *Radiodynamics: The Wireless Control of Torpedoes and Other Mechanisms* (New York: Van Nostrand, 1916), p. 195.

10 Loeb, J., *Forced Movements, Tropisms and Animal Conduct* (London: Lippincott, 1918), pp. 68–9.

11 Miessner (1916), p. 199; Cordeschi, R., *The Discovery of the Artificial: Behavior, Mind and Machines Before and Beyond Cybernetics* (London: Kluwer, 2002).

12 Uexküll, J. von, *Theoretical Biology* (London: Kegan Paul, Trench, Trübner, 1926).

13 Magnus, R., *Lane Lectures on Experimental Pharmacology and Medicine* (Stanford: Stanford University Press, 1930), p. 333.

14 Uexküll (1926), p. 273.

15 Lotka, A., *Elements of Physical Biology* (Baltimore: Williams & Wilkins, 1925), p. 342.

16 Hull, C. and Baernstein, H., Science 70 (1929): 14–15; Baernstein, H. and Hull, C., *Journal of General Psychology* 5 (1931): 99–106; Krueger, R. and Hull, C., *Journal of General Psychology* 5 (1931): 262–9.

17 Krueger and Hull (1931), p. 267.

18 Baernstein and Hull (1931), p. 99.

19 Ross, T., *Scientific American* 148 (1933): 206–8.

20 Ross, T., *Psychological Review* 42 (1935): 387–93, p. 387.

21 Ross, T., *Psychological Review* 45 (1938): 185–9, p. 138.

22 *Time*, 16 September 1935.

23 Bernstein, J., *Pflüger, Archiv für Physiologie* 1 (1868): 173–207; Seyfarth, E.-A., Biological Cybernetics 94 (2006): 2–8.

24 Bernstein, J., *Pflüger, Archiv für Physiologie* 92 (1902): 521–62.

25 McComas, A., *Galvani's Spark: The Story of the Nerve Impulse* (Oxford: Oxford University Press, 2011); Campenot, R., *Animal Electricity: How We Learned That the Body and Brain are Electric Machines* (London: Harvard University Press, 2016).

26 Gotch, F. and Burch, G., *Journal of Physiology* 24 (1899): 410–26.

27 Gotch, F., *Journal of Physiology* 28 (1902): 395–416, p. 414.

28 Frank, R., *Osiris* 9 (1994): 208–35.

29 https://tinyurl.com/Adrian-Nobel.

30 Hodgkin, A., *Biographical Memoirs of Fellows of the Royal Society* 25 (1979): 1–73; Frank (1994); Garson, J., *Science in Context* 28 (2015): 31–52.

31 Adrian, E., *Journal of Physiology* 47 (1914): 460–74.

32 McComas (2011), pp. 73–4.

33 Forbes, A. and Thacher C., *American Journal of Physiology* 52 (1920): 409–71, p. 468. 영국의 달리와 독일의 회버도 이와 유사한 생각을 했다 – Adrian, E., The *Basis of Sensation* (London: Christophers, 1928), p. 42.

34 Frank (1994), p. 218.

35 Hodgkin (1979), p. 25.

36 같은 논문, p. 21.

37 Adrian, E., *Journal of Physiology* 61 (1926a): 49–72; Adrian, E., *Journal of Physiology* 62 (1926b): 33–51; Adrian, E. and Zotterman, Y., *Journal of Physiology* 61 (1926a): 151–71; Adrian, E. and Zotterman, Y., *Journal of Physiology* 61 (1926b): 465–83.

38 Frank (1994), p. 209.

39 Adrian, E. and Matthews, B., *Brain* 57 (1934): 355–85, p. 355.

40 같은 논문, p. 384. 우리는 여전히 EEG의 기원에 대해 완전히 이해하지는 못하고 있다 – Cohen, M., *Trends in Neurosciences* 40 (2017): 208–18.

41 이 인용구와 다음 인용구: Adrian (1928), pp. 6, 118–19, 120, 112.

42 Adrian, E., *The Mechanism of Nervous Action: Electrical Studies of the Neurone*

(Philadelphia: University of Pennsylvania Press, 1932), p. 12.

43 Thomson, S. and Smith, H., *A Dictionary of Domestic Medicine and Household Surgery* (Philadelphia: Lippincott, Grambo, 1853), p. 291.

44 Adrian (1928), pp. 91, 100, 98.

45 Garson (2015), p. 46.

9. 제어: 1930년대부터 1950년대까지

1 Smalheiser, N., *Perspectives in Biology and Medicine* 43 (2000): 217–26, pp. 217–18.

2 Easterling, K. (2001), Cabinet 5, https://tinyurl.com/Easterling-Pitts; Gefter, A. (2015), Nautilus 21, https://tinyurl.com/Gefter-Pitts.

3 Chen, Z., in R. Wilson and F. Keil (eds.), *MIT Encyclopedia of Cognitive Science* (Cambridge, MA: MIT Press, 1999), pp. 650–52, p. 650.

4 결국 이 모임은 강제로 해산되었고, 라세프스키는 이를 강행한 시카고대학교 당국과 연구비의 주 원천인 록펠러 재단에 몹시 분노했다. 모임을 멈추게 했던 학과장 딕 르원틴의 회상에 따르면, "라세프스키와 그 무리가 고려하지 못했던 것은 현실의 유기체들은 실제 행하는 행동이 이상화에 빠질 수 있는 복잡한 시스템 속에 있다는 생물학자들의 신념이었다. 이들의 연구는 생물학과 무관한 것으로 여겨졌기에 1960년대 후반 그 어떠한 흔적조차 남기지 않고 종료되었던 것이다." Lewontin, R., *New York Review of Books*, 1 May, (2003).

5 이 장은 타라 에이브러햄과 마거릿 보든의 신세를 많이 졌다. Abraham, T., *Journal of the History of the Behavioral Sciences* 38 (2002): 3–25; Abraham, T., *Journal of the History of Biology* 37 (2004): 333–85; Abraham, T., *Rebel Genius: Warren S. McCulloch's Transdisciplinary Life in Science* (London: MIT Press, 2016); Boden (2006).

6 Rashevsky, N., *Psychometrika* 1 (1936): 1–26, p. 1.

7 Kubie, L., *Brain* 53 (1930): 166–77.

8 Pitts, W., *Bulletin of Mathematical Biophysics* 4 (1942a): 121–9; Pitts, W., *Bulletin for Mathematical Biophysics* 4 (1942b): 169–75.

9 두 시점 모두 에이브러햄Abraham(2002)이 제시한 것으로, 둘 중 어느 하나를 선택하려 굳이 애쓰지 않은 현명함이 엿보인다.

10 Abraham (2016); Magnus (1930).

11 Lettvin, J., et al., *Proceedings of the Institute of Radio Engineers* 47 (1959):

1940-51, 1950. 에릭 캔들은 군소에 대한 자신의 연구가 칸트의 견해를 입증해주었다고 묘사했다 - Kandel, E., *In Search of Memory: The Emergence of a New Science of Mind* (New York: Norton, 2006), p. 202.

12 Hull, C. (1937), *Psychological Review* 44: 1-32.

13 Arbib (2000), p. 199; Heims, S., *Constructing a Social Science for Postwar America: The Cybernetics Group, 1946-1953* (London: MIT Press, 1991), p. 38.

14 Heims (1991), pp. 40-41; Conway, F. and Siegelman, J., *Dark Hero of the Information Age: In Search of Norbert Wiener the Father of Cybernetics* (New York: Basic, 2005).

15 McCulloch, W. and Pitts, W., *Bulletin of Mathematical Biophysics* 5 (1943): 115-33.

16 Arbib (2000), p. 207; Kay, L., *Science in Context* 14 (2001): 591-614, p. 592.

17 McCulloch, W., *Embodiments of Mind* (Cambridge, MA: MIT Press, 1965).

18 같은 책, p. 9.

19 Arbib (2000), p. 199.

20 McCulloch and Pitts (1943), pp. 122, 123, 120.

21 Masani, P., *Norbert Wiener 1894-1964* (Basel: Birkhaüser Verlag, 1990); Kay (2001); Abraham (2004); Piccinini, G., *Synthèse* 141 (2004): 175-215; Koch, C., *Biophysics of Computation: Information Processing in Single Neurons* (New York: Oxford University Press, 1999); 단일세포에 체화된 AND 게이트의 최신 사례는 다음을 참조하자. Dobosiewicz, M., et al., *eLife* 8 (2019): e50566.

22 Heims, S., *John von Neumann & Norbert Weiner: From Mathematics to the Technologies of Life and Death* (London: MIT Press, 1980), pp. 192-9.

23 von Neumann, J., *IEEE Annals of the History of Computing* 15 (1993): 27-43, pp. 33, 37, 38.

24 Conway and Siegelman (2005).

25 Abraham (2016), p. 89.

26 Rosenblueth, A., et al., *Philosophy of Science* 10 (1943): 18-24, p. 20.

27 Craik, K., *The Nature of Explanation* (Cambridge: Cambridge University Press, 1943), p. 52; Zangwill, O., *British Journal of Psychology* 71 (1980): 1-16.

28 Craik (1943), p. 53.

29 같은 책, p. 61.

30 Collins, A., *Interdisciplinary Science Reviews* 37 (2012): 254-68.

31 Craik (1943), p. 115.
32 Adrian, E., *The Physical Background of Perception* (Oxford: Clarendon Press, 1947), pp. 93–4.
33 Turing, A., *Proceedings of the London Mathematical Society* 42 (1937): 230–65.
34 McCulloch and Pitts (1943), 129.
35 Von Neumann, J., in L. Jeffress (ed.), *Cerebral Mechanisms in Behavior: The Hixon Symposium* (London: Hafner, 1951), pp. 1–41, p. 32.
36 Soni, J. and Goodman, R., *A Mind at Play: How Claude Shannon Invented the Information Age* (London: Simon and Schuster, 2017), p. 107.
37 Hodges, A., *Alan Turing: The Enigma* (London: Vintage, 2012), p. 251.
38 Heims (1991), p. 20.
39 Masani (1990), pp. 243–5.
40 힉슨 재단Hixon Fund에 의해 조직되어 흔히 힉슨 학회나 힉슨 학술모임으로 불린다.
41 Von Neumann (1951), pp. 10, 20, 24, 34.
42 McCulloch, W., in L. Jeffress (ed.), *Cerebral Mechanisms in Behavior: The Hixon Symposium* (New York: Wiley, 1951), pp. 45–57, p. 55.
43 Conway and Siegelman (2005), pp. 199, 169.
44 Wiener, N., *Cybernetics: or, Control and Communication in the Animal and the Machine* (New York: Technology Press, 1948), p. 124.
45 Pias, C. (ed.), *Cybernetics: The Macy Conferences 1946-1953* (Zurich: Diaphenes, 2016), pp. 171–202.
46 Von Neumann, J., *The Computer and the Brain* (New Haven: Yale University Press, 1958), p. 82.
47 Olby, R., *The Path to the Double Helix: The Discovery of DNA* (New York: Dover, 1994), p. 354.
48 Pias (2016), p. 128.
49 Conway and Siegelman (2005), pp. 217–29.
50 Husbands, P. and Holland, O., in P. Husbands, et al. (eds.), *The Mechanical Mind in History* (London: MIT Press, 2008), pp. 91–148; Pickering, A., *The Cybernetic Brain: Sketches of Another Future* (London: University of Chicago Press, 2010).
51 Husbands and Holland, pp. 116–17; Husbands, P. and Holland, O., *Interdisciplinary Science Reviews* 37 (2012): 237–53.

52 Hodges (2012), p. 251. 튜링의 제자 로빈 간디와 호지스의 인터뷰에서 발췌.

53 Pias (2016), pp. 474-9.

54 Soni and Goodman (2017), p. 204. 전체 영상 주소: https://www.youtube.com/watch?v=vPKkXibQXGA.

55 Pias (2016), p. 478.

56 Soni and Goodman (2017), p. 205.

57 Pias (2016), p. 346.

58 나도 말이 안 된다는 것을 안다. 닥터 후 농담을 차용한 것이다.

59 Paul Mandel, 'Deux ex Machina', *The Harvard Crimson*, 5 May 1950.

60 Riskin (2016), p. 321.

61 https://www.youtube.com/watch?v=wQE82derooc.

62 Pias (2016), pp. 593-619; Dupuy, J.-P., *On the Origins of Cognitive Science: The Mechanization of the Mind* (London: MIT Press, 2009), pp. 148-50.

63 애쉬비의 책은 제목에서 내비쳤던 것보다는 다소 빈약한 설명을 제공했다 - Ashby, R., *Design for a Brain* (London: Chapman & Hall, 1952). 호메오스타트 연구는 매우 유용했던 경우(e.g. Cariani, P., *International Journal of General Systems* 38 (2009): 139-54)와 화가 날 정도로 이해하기 힘든 경우(Dupuy, 2009)까지 아주 다양하다.

64 Dupuy (2009); Boden (2006), vol. 1, pp. 222-32.

65 Ryle, G., *The Concept of Mind* (London: Hutchinson, 1949); Turing, A., *Mind* 59 (1950): 433-60.

66 Turing (1950), p. 442.

67 같은 논문, p. 455.

68 MacKay, D., *British Journal for the Philosophy of Science* 2 (1951): 105-21, p. 120.

69 Laslett, P. (ed.), *The Physical Basis of Mind* (Oxford: Blackwell, 1950); Young, J., *Doubt and Certainty in Science: A Biologist's Reflection on the Brain* (Oxford: Clarendon, 1951).

70 Young (1951), pp. 50-51.

71 Sherrington, C., *Man on his Nature* (Cambridge: Cambridge University Press, 1940), p. 225.

72 Smith, R., *Science in Context* 14 (2001): 511-39.

73 Sherrington (1940), p. 357.

74 McCulloch and Pitts (1943), p. 132.

**현재**

1 Fields, R., *Journal of Neuroscience* 38 (2018): 9311–17; Carandini, M., *Neuron* 102 (2019): 732–4.

2 Hughes, J. and Söderqvist, T., *Endeavour* 23 (1999): 1–2.

10. 기억: 1950년대부터 오늘날

1 Eccles, J. and Feindel, F., *Biographical Memoirs of Fellows of the Royal Society* 24 (1978): 473–513; Lewis, J., *Something Hidden: A Biography of Wilder Penfield* (Toronto: Doubleday, 1981).

2 Penfield, W., *Archives of Neurology and Psychiatry* 67 (1952): 178–91, p. 178.

3 Lashley, K., *Symposia of the Society for Experimental Biology* 4 (1950): 454–82; Bruce, D., *Journal of the History of the Neurosciences* 10 (2001): 308–18.

4 Lashley (1950), pp. 477–8.

5 Penfield (1952), p. 185.

6 같은 논문, p. 196.

7 Penfield, W., in J. Delafresnaye (ed.), *Brain Mechanisms and Consciousness* (Oxford: Blackwell Scientific, 1954), pp. 284–304, p. 306.

8 Higgins, J., et al., *Archives of Neurology and Psychiatry* 76 (1956): 399–419; Jacobs, J., et al., *Journal of Cognitive Neuroscience* 24 (2012): 553–63.

9 Penfield, W., *The Mystery of the Mind: A Critical Study of Consciousness and the Human Brain* (Princeton: Princeton University Press, 1975), explains his change of view.

10 Penfield, W. and Boldrey, E., *Brain* 60 (1937): 389–443.

11 Pogliano, C., *Nuncius* 27 (2012): 141–62.

12 Penfield, W. and Rasmussen, T., *The Cerebral Cortex of Man* (New York: Macmillan, 1950).

13 펜필드는 딱히 '세부적으로 정확한 내용인 척'할 의도가 아니었음을 인정하기는 했지만 시상 내의 호문쿨루스의 존재에 대해서도 묘사했다. Penfield, W. and Jasper, H., *Epilepsy and the Functional Anatomy of the Human Brain* (New York: Little, Brown, 1954), p. 159. 훗날 어느 연구자는 펜필드가 제안한 시상에서의 호문쿨루스를 두고 "이 같은 그림이 지니고 있는 그 어떠한 과학적 의의도 알아차리기가 어렵

다"고 언급했다 - Schott, G., *Journal of Neurology, Neurosurgery and Psychiatry* 56 (1993): 329–33, p. 331.

14 Hebb, D., *The Organization of Behavior: A Neuropsychological Theory* (London: Chapman & Hall, 1949); Brown, R. and Milner, P., *Nature Reviews Neuroscience* 4 (2003): 1013–19.

15 Hebb (1949), p. xiii.

16 같은 책, pp. 12, 62, 70, 76, 197, 166.

17 Corkin, S., *Permanent Present Tense: The Man with No Memory, and What He Taught the World* (London: Allen Lane, 2013); Dittrich, L., *Patient H. M. - A Story of Memory, Madness, and Family Secrets* (London: Chatto & Windus, 2016).

18 Scoville, W. and Milner, B., *Journal of Neurology, Neurosurgery and Psychiatry* 20 (1957): 11–21, p. 11.

19 Milner, B., et al. . *Neuropsychologia* 6 (1968): 215–34, p. 217.

20 2018년, 밀너는 백 번째 생일을 맞았다. 그는 90대까지도 정정하게 활동했다.

21 Scoville and Milner (1957).

22 Shepherd, G., *Creating Modern Neuroscience: The Revolutionary 1950s* (Oxford: Oxford University Press, 2010), p. 173. 이 훌륭한 책은 정말 값을 헤아릴 수 없을 만큼 귀중한 정보를 담고 있다.

23 Dittrich (2016), p. 233.

24 Milner et al. (1968); Dittrich (2016).

25 Scoville and Milner (1957).

26 Annese, J., et al., *Nature Communications* 5 (2014): 3122.

27 Dittrich (2016), p. 230.

28 Tolman, E., *Psychological Review* 55 (1949): 189–208.

29 O'Keefe, J. (2014), *The Nobel Prizes 2014*, pp. 275–307.

30 O'Keefe, J. and Dostrovsky, J., *Brain Research* 34 (1971): 171–5, p. 174.

31 Yartsev, M. and Ulanovsky, N., *Science* 340 (2013): 367–72.

32 Hafting, T., et al., *Nature* 436 (2005): 801–6; Moser, E., et al., *Annual Review of Neuroscience* 31 (2008): 69–89.

33 O'Keefe (2014); Moser, E. (2014), https://www.nobelprize.org/prizes/medicine/2014/edvard-moser/lecture; Moser, M.-B. (2014), https://www.nobelprize.org/prizes/medicine/2014/may-britt-moser/lecture.

34 Maguire, E., et al., Science 280 (1998): 921–4; Maguire, E., et al., *Proceedings*

*of the National Academy of Sciences USA* 97 (2000): 4398–403.

35 Butler, W., et al., *Science* 363 (2019): 1447–52; Baraduc, P., et al., *Science* 363 (2019): 635–9.

36 Omer, D., et al., *Science* 359: 218–24; Danjo, T., et al. (2018), *Science* 359 (2018): 213–18.

37 Wilson, M. and McNaughton, B., *Science* 265 (1994): 676–9.

38 Ólafsdóttir, H., et al. (2015), *eLife* 4: e06063; Stachenfeld, K., et al., *Nature Neuroscience* 20 (2017): 1643–53.

39 Schuck, M. and Niv, Y. (2019), *Science* 364: eaaw5181; Liu, Y., et al., *Cell* 178 (2019): 640–52.

40 Eichenbaum, H., *Learning and Behavior* 44 (2016): 209–22, p. 213.

41 Lisman, J., et al., *Nature Neuroscience* 20 (2017): 1434–47.

42 Brodt, S., et al., *Science* 362 (2018): 1045–8.

43 Teyler, T. and DiScenna, P., *Behavioral Neuroscience* 100 (1986): 147–54.

44 Tanaka, K., et al., *Science* 361 (2018): 392–7.

45 Igarashi, K., et al., *Nature* 510 (2014): 143–7.

46 Eichenbaum, H., et al., *Brain* 106 (1983): 459–72.

47 Dahmani, L., et al., *Nature Communications* 9 (2018): 4162; Bao, X., et al., *Neuron* 102 (2019): 1066–75.

48 Knierim, J., *Current Biology* 25 (2015): R1116–R1121.

49 Kandel (2006), p. 134.

50 Hodgkin, A. and Huxley, A., *Proceedings of the Royal Society of London B* 140 (1952): 177–83.

51 Kandel (2006), p. 147.

52 Hesse, R., et al. (2019), https://www.biorxiv.org/ content/10.1101/631556v1; Asok, A., et al., *Trends in Neuroscience* 42 (2019): 14–22.

53 McConnell, J., et al., *Journal of Comparative and Physiological Psychology* 52 (1959): 1–5; Travis, G., *Social Studies of Science* 11 (1981): 11–32.

54 Morange, M., *Journal of Bioscience* 31 (2006): 323–7.

55 Byrne, W., et al., *Science* 153 (1966): 658–9.

56 Malin, D. and Guttman, H., *Science* 178 (1972): 1219–20.

57 Ungar, G., et al., *Nature* 238 (1972): 198–202.

58 Stewart, W., *Nature* 238 (1972): 202–9.

59 Wilson, D., *Nature* 320 (1986): 313–14.

60 Irwin, L., *Scotophobin: Darkness at the Dawn of the Search for Memory Molecules* (Plymouth: Hamilton, 2007); Setlow, B., *Journal of the History of the Neurosciences* 6 (1997): 181–92.

61 Nye, M., *Historical Studies in the Physical Sciences* 11 (1980): 125–56.

62 Shomrat, T. and Levin, M., *Journal of Experimental Biology* 216 (2013): 3799–810.

63 Bliss, T. and Lømo, T., *Journal of Physiology* 232 (1973): 331–56.

64 Lømo, T., *Acta Physiologica* 222 (2017): e12921.

65 Cooke, S. and Bliss, T., *Brain* 129 (2006): 1659–73.

66 Bliss, T. and Collingridge, G., *Nature* 361 (1993): 31–9.

67 Cooke and Bliss (2006).

68 Nabavi, S., et al., *Nature* 511 (2014): 348–52; Titley, H., et al., *Neuron* 95 (2017): 19–32.

69 Ryan, T., et al., *Science* 348 (2015): 1007–13.

70 Tonegawa, S., et al., *Nature Reviews Neuroscience* 19 (2018): 485–98.

71 Crick, F., *Trends in Neuroscience* 5 (1982): 44–6.

72 Roberts, T., et al., *Nature* 463 (2010): 948–52; Hayashi-Takagi, A., et al., *Nature* 525 (2015): 333–8.

73 Adamsky, A., et al., *Cell* 174 (2018): 59–71.

74 다른 형태의 학습도 다음을 참조. Tonegawa et al. (2018).

75 Han, J., et al., *Science* 323 (2009): 1492–6.

76 Ramirez, S., et al., *Science* 341 (2013): 387–91.

77 Redondo, R., et al., *Nature* 513 (2014): 426–30.

78 Ramirez, S., et al., *Nature* 522 (2015): 335–9.

79 Vetere, G., et al., *Nature Neuroscience* 22 (2019): 933–40.

80 Saunders, B., et al., *Nature Neuroscience* 21 (2018): 1072–83.

81 Phelps, E. and Hofmann, G. *Nature* 572 (2019): 43–50.

82 Liu, X., et al., *Philosophical Transactions of the Royal Society of London: B* 369 (2014): 20130142.

83 Poo, M.-M., et al., *BMC Biology* 14 (2016): 40.

11. 회로: 1950년대부터 오늘날


1 Hubel, D. and Wiesel, T., *Brain and Visual Perception: The Story of a 25-Year Collaboration* (Oxford: Oxford University Press, 2005), p. 60; Hubel, D. and Wiesel, T., *Journal of Physiology* 148 (1959): 574–91; Hubel, D. and Wiesel, T., *Neuron* 75 (2012): 182–4.

2 Barlow, H., *Journal of Physiology* 119 (1953): 69–88.

3 Lorente de Nó, R., *Journal of Neurophysiology* 1 (1938): 207–44.

4 Mountcastle, V., *Journal of Neurophysiology* 20 (1957): 408–34.

5 Lettvin et al. (1959); Maturana, H., et al., *Journal of General Physiology* 43 (1960): 129–76.

6 Spinelli, D., et al., *Experimental Neurology* 22 (1968): 75–84; Cayco-Gajic, N. and Sweeney, Y., *Journal of Neuroscience* 38 (2018): 6442–4.

7 Blakemore, C. and Cooper, G., *Nature* 228 (1970): 477–8.

8 Hebb (1949), p. 31.

9 Gross, C., *The Neuroscientist* 8 (2002b): 512–18; 할머니 세포의 역사적, 철학적 바탕에 대한 통찰을 얻고 싶다면 다음을 참조하자. Barwich, A.-S. *Frontiers in Neuroscience* 13 (2019): 1121.

10 Konorski, J., *Integrative Action of the Brain: A Multidisciplinary Approach* (Chicago: University of Chicago Press, 1967); Gross (2002b).

11 Gross, C., et al., *Journal of Neurophysiology* 35 (1972): 96–111.

12 Gross, C., et al., Science 166 (1969): 1303–6; Gross, C., *Brain, Vision, Memory: Tales in the History of Neuroscience* (London: MIT Press, 1998).

13 Perrett, D., et al., *Experimental Brain Research* 47 (1982): 329–42; Kendrick, K. and Baldwin, B., *Science* 236 (1987): 448–50.

14 Kendrick and Baldwin (1987), p. 450.

15 Quian Quiroga, R., et al., *Nature* 435 (2005): 1102–7.

16 Koch, C., *Consciousness: Confessions of a Romantic Reductionist* (London: MIT Press, 2012), p. 65.

17 Quian Quiroga, R., et al., *Trends in Cognitive Science* 12 (2008): 87–91.

18 Waydo, S., et al., *Journal of Neuroscience* 26 (2006): 10232–4.

19 Yuste, R., *Nature Reviews Neuroscience* 16 (2015): 487–97, p. 488.

20 Goodale, M. and Milner, A., *Trends in Neuroscience* 15 (1992): 20–25.

21 Milner, A., *Experimental Brain Research* 235 (2017): 1297–308.

**22** Vargas-Irwin, C., et al., *Journal of Neuroscience* 35 (2015): 10888–97.

**23** Saur, D., et al., *Proceedings of the National Academy of Sciences USA* 105 (2008): 18035–40.

**24** Barlow, H., *Perception* 1(1972):371–94; Barlow, H., *Perception* 38 (2009): 795–807.

**25** Crick, F., *Symposia of the Society of Experimental Biology* 12 (1958): 138–63.

**26** Boden (2006), vol. 2, p. 1206.

**27** James (1890), vol. 1, p. 179.

**28** Barlow (1972), p. 390.

**29** 같은 논문, p. 381.

**30** Barlow (2009), p. 797.

**31** White, J., et al., *Philosophical Transactions of the Royal Society of London: B* 314 (1986): 1–340.

**32** White J. (2013), in The *C. elegans* Research Community (eds.), *WormBook*, https://tinyurl.com/mindofworm.

**33** Crick, F. and Jones, E., *Nature* 361 (1993): 109–10.

**34** Felleman, D. and Van Essen, D., *Cerebral Cortex* 1 (1991): 1–47.

**35** Sporns O., et al., *PLoS Computational Biology* 1 (2005): e42, p. 245; Hagmann, P., 'From Diffusion MRI to Brain Connectomics' (PhD Thesis, Lausanne: EPFL, 2005), doi: 10.5075/epfl-thesis-3230; Seung, S., *Connectome: How the Brain's Wiring Makes Us Who We Are* (Boston: Houghton Mifflin Harcourt, 2012).

**36** Morabito, C., *Nuncius* 32 (2017): 472–500.

**37** Swanson, L. and Lichtman, J., *Annual Review of Neuroscience* 39 (2016): 197–216, p. 197.

**38** Bardin, J., *Nature* 483 (2012): 394–6.

**39** Smith, S., et al., *Nature Neuroscience* 18 (2015): 1565–7.

**40** Ingalhalikar, M., et al., *Proceedings of the National Academy of Sciences USA* 111(2014): 823–8; Joel, D. and Tarrasch, R., *Proceedings of the National Academy of Sciences USA* 111(2014): E637; Cahill, L., *Proceedings of the National Academy of Sciences USA* 111 (2015): 577–8.

**41** Morgan, J. and Lichtman, J., *Nature Methods* 10 (2013): 494–500, p. 497.

**42** Economo, M., et al., *eLife* 5(2016): e10566.

**43** Wolff, S. and Ölveczky, B., *Current Opinion in Neurobiology* 49 (2018): 84–94;

Winnubst. J., et al., *Cell*, 179 (2019): 268–81

44 Erö, C., et al., *Frontiers in Neuroinformatics* 12 (2018): 00084.

45 Bargmann, C., *Bioessays* 34 (2013): 458–65, p. 464.

46 White (2013).

47 Swanson and Lichtman (2016), p. 198.

48 Bargmann, C. and Marder, E., *Nature Methods* 10 (2013): 483–90.

49 Shimizu, K. and Stopfer, M., *Current Biology* 23 (2013): R1026–R1031.

50 Ohyama, T., et al., *Nature* 520 (2015): 633–9.

51 Morgan, J. and Lichtman, J. (2019), https://www.biorxiv.org/ content/10.1101/683276v1

52 Sasaki, T., et al., *Proceedings of the National Academy of Sciences USA* 109 (2012): 20720–5.

53 Mu, Y., et al., *Cell* 178 (2019): 27–43.

54 Savtchouk I. and Volterra, A., *Journal of Neuroscience* 38 (2018): 14–25; Fiacco, T. and McCarthy, K., *Journal of Neuroscience* 38 (2018): 3–13.

55 Fitzsimonds, R., et al., *Nature* 388 (1997): 439–48.

56 Bullock, T., et al., *Science* 310 (2005): 791–2.

57 Yuste (2015).

58 Harvey, C., et al., *Nature* 484 (2012): 62–8.

59 Yuste (2015), p. 494.

60 Buzsáki, G., *Neuron* 6 8(2010): 362–85; Buzsáki, G., *The Brain from Inside Out* (New York: Oxford University Press, 2019).

61 Saxena, S. and Cunningham, J., *Current Opinion in Neurobiology* 55 (2019): 103–11.

62 저차원 다양체에 관한 간단한 설명은 리처드 가오의 블로그 포스트를 참조. https://tinyurl.com/manifold-explanation.

63 Gallego, J., et al., *Neuron* 94 (2017): 978–84; Gonzalez, W., et al., *Science* 365 (2019): 821–5; Oby, E., et al., *Proceedings of the National Academy of Sciences* 116 (2019): 15210–5.

64 Nassim, C., *Lessons from the Lobster: Eve Marder's Work in Neuroscience* (Cambridge, MA: MIT Press, 2018).

65 Delcomyn, F., *Science* 210 (1980): 492–8; Marder, E. and Bucher, D., *Current Biology* 11 (2001): R986–R996.

66 Selverston, A., *Behavioral and Brain Sciences* 3 (1980): 535-40.

67 Nusbaum, N., et al., *Nature Reviews Neuroscience* 18 (2017): 389-403.

68 Turrigiano, G., et al., *Science* 264 (1994): 974-7.

69 Stern, S., et al., *Cell* 171 (2017): 1649-62.

70 Nassim (2018), p. 163.

71 Prinz, A., et al., *Nature Neuroscience* 7 (2004): 1345-52; Calabrese, R., *Trends in Neurosciences* 41 (2018): 488-91.

72 Sakurai, A. and Katz, P., *Current Biology* 27 (2017): 1721-34.

73 Bargmann and Marder (2013).

74 Hassenstein, B. and Reichardt, W., *Zeitschrift Für Naturforschung: B* 11 (1956): 513-24; Barlow, H. and Levick, W., *Journal of Physiology* 178 (1965): 477-504; Chi, K., *Nature* 531 (2016): S16-S17.

75 Takemura, S.-Y, et al., *eLife* 6 (2017): e24394.

76 Bargmann and Marder (2013); Motta, A., et al., *Science* 366 (2019): eaay3134.

77 Haley, J., et al., *eLife* 7 (2018): e41877; Bhattacharya, A., et al., *Cell* 176 (2019): 1174-89.

78 Kato, S., et al., *Cell* 163 (2015): 656-69.

79 Ryan, K., et al., *eLife* 5 (2016): e16962.

80 Wang, X., et al., *Science* 361 (2018): eaat5691.

81 Moffitt, J., et al., *Science* 362 (2018): eaau5324; Tasic, B., et al., *Nature* 563 (2018): 72-8.

82 Economo, M., et al., *Nature* 563 (2018): 79-84.

83 Mountcastle, V., *Perceptual Neuroscience: The Cerebral Cortex* (Cambridge, MA: Harvard University Press, 1998), p. 366.

84 Ohyama et al. (2015); Miroschnikow, A., et al., *eLife* 7 (2018): e40247.

85 https://tinyurl.com/Fly-brain-quote.

86 Vladimirov, N., et al., *Nature Methods* 15(2018):1117-25; Hanchate, N., et al. (2019), https://www.biorxiv.org/content/10.1101/454835v1; Kunst, M., et al., *Neuron* 103 (2019): 21-38.

87 Laurent, G., *e-Neuroforum* 7 (2016): 54-5.

88 Tosches, M., et al., *Science* 360 (2018): 881-8.

89 Mars, R., et al., *eLife* 7 (2018): e35237.

90 Laurent (2016), p. 55.

91 Morgan and Lichtman (2013).

92 같은 논문, p. 497.

93 Marr, D., *Vision* (London: W. H. Freeman, 1982), p. 15.

12. 컴퓨터: 1950년대부터 오늘날

1 Boden (2006); Abbott, L., *Neuron* 60 (2008): 489–95; Gerstner, W., et al., Science 338 (2012): 60–65.

2 Rochester, N., et al., *IRE Transactions on Information Theory* 2 (1956): 80–93.

3 Selfridge, O., in *Symposium on the Mechanisation of Thought Processes* (London: HMSO, 1959), pp. 513–26, p. 516.

4 Grainger, J., et al., *Trends in Cognitive Sciences* 12 (2008): 381–7.

5 Boden (2006), vol. 2, p. 899.

6 Rosenblatt, F., *Psychological Review* 65 (1958): 386–408.

7 Rosenblatt, F., *Two Theorems of Statistical Separability in the Perceptron* (Buffalo: Cornell Aeronautical Laboratory, 1959), p. 424.

8 Rosenblatt, F., *Principles of Neurodynamics: Perceptrons and the Theory of Brain Mechanisms*. Report no. 1196-G-8, 15 March 1961 (Buffalo: Cornell Aeronautical Laboratory, 1961).

9 *New York Times*, 7 July 1958.

10 McCorduck, P., *Machines Who Think: A Personal Inquiry into the History and Prospects of Artificial Intelligence* (San Francisco: W. H. Freeman, 1979), p. 87.

11 Rosenblatt (1961), p. 28.

12 Cowan, J., *Nature* 213 (1967): 237.

13 Minsky, M. and Papert, S., *Perceptrons: An Introduction to Computational Geometry* (Cambridge, MA: MIT Press, 1969); Boden (2006), vol. 2, p. 915.

14 민스키와 패퍼트의 비판이 과장되었다는 주장도 제기되었다. Olazaran, M., *Social Studies of Science* 26 (1996): 611–59.

15 Marr (1982), pp. 13–14.

16 같은 책, p. xvii.

17 Glennerster, A., *Current Biology* 17(2007):R397–R399; Frisby, J. and Stone, J., *Perception* 41 (2012): 1040–52; Stevens, K., *Perception* 41 (2012): 1061–72.

18 Marr (1982), p. 361.

19 Frisby, J. and Stone, J., *Seeing: The Computational Approach to Biological*

*Vision* (Cambridge, MA: MIT Press, 2010), p. 548. 내가 셰필드대학교의 심리학과 학생이던 시절, 존 프리스비는 마의 견해를 나에게 설명해주려고 애썼지만 허사였다. 전부 내 탓이다.

20 Marr (1982), p. 27.

21 Marr, D., *Cold Spring Harbor Symposia on Quantitative Biology* 40 (1976): 647–62, p. 653; Marr, D. and Hildreth, E., *Proceedings of the Royal Society: Biological Sciences* 207 (1980): 187–217; Martinez-Conde, S., et al., *Trends in Neurosciences* 41 (2018): 163–5.

22. Greene, M. and Hansen, B., *PLoS Computational Biology* 14 (2018): e1006327.

23 Stevens (2012), p. 1071.

24 Chang, L. and Tsao, D., *Cell* 169 (2017): 1013–28.

25 Landi, S. and Freiwald, W., *Science* 357 (2017): 591–5.

26 Abbott, A., *Nature* 564 (2018): 176–9, p. 179.

27 Kadipasaoglu, C., et al., *PLoS One* 12(2017): e0188834.

28 Ponce, C., et al., *Cell* 177 (2019): 999–1009.

29 Bashivan, P., et al., *Science* 364 (2019): eaav9436.

30 Carrillo-Reid, L., et al., *Cell* 178 (2019): 447–57; Marshel, J., et al., *Science* 365 (2019): eaaw5202.

31 Rumelhart, D., et al. (eds.), *Parallel Distributed Processing: Explorations in the Microstructure of Cognition*, vol. 1: *Foundations*; vol. 2: *Psychological and Biological Models* (Cambridge, MA: MIT Press, 1986); Anderson, J. and Rosenfeld, E. (eds.), *Talking Nets: An Oral History of Neural Networks* (Cambridge, MA: MIT Press, 1998).

32 Sejnowski, T., *The Deep Learning Revolution* (London: MIT Press, 2018), p. 118.

33 Crick, F., *Nature* 337 (1989): 129–32, p. 130.

34 Crick, F., *The Astonishing Hypothesis: The Scientific Search for the Soul* (New York: Charles Scribner's Sons, 1994), p. 186.

35 Sejnowski, T. and Rosenberg, C., *Complex Systems* 1 (1987): 145–68.

36 Rumelhart, D. and McClelland, J., in D. Rumelhart, et al. (eds.), *Parallel Distributed Processing: Explorations in the Microstructure of Cognition*, vol. 1: *Foundations* (Cambridge, MA: MIT Press, 1986), pp. 216–71.

37 Le, Q., et al. (2016), https://ai.google/research/pubs/pub38115.

38 Hochreiter, S. and Schmidhuber, J., *Neural Computation* 9 (1997): 1735–80;

LeCun, Y., et al., *Nature* 521 (2015): 436–44.

**39** Banino, A., et al., *Nature* 557 (2018): 429–33.

**40** Rajalingham, R., et al., *Journal of Neuroscience* 38 (2018): 7255–69; Gangopadhyay, P. and Das, J., *Journal of Neuroscience* 39 (2019): 946–8.

**41** Marcus, G., in G. Marcus and J. Freeman (eds.), *The Future of the Brain: Essays by the World's Leading Neuroscientists* (Oxford: Princeton University Press, 2015), pp. 204–15, p. 206.

**42** Hassabis, D., et al., *Neuron* 95 (2017): 245–58.

**43** Silver, D., et al., *Nature* 529 (2016): 484–9.

**44** O'Doherty, J., et al., *Neuron* 38 (2003): 329–37.

**45** Caron, S., et al., *Nature* 497 (2013): 113–17.

**46** Aso, Y., et al., *eLife* 3 (2014): e04577.

**47** Thum, A. and Gerber, B., *Current Opinion in Neurobiology* 54 (2019): 146–54.

**48** Ullman, S., *Science* 363 (2019): 692–3. 시스템 신경과학자들로 하여금 딥러닝 프로그램에 더 많은 관심을 가지기를 촉구하는 글은 다음을 참조. Richards, B., *Nature Neuroscience* 22 (2019): 1761–70.

**49** Sejnowksi and Rosenberg (1987), p. 157.

**50** Hutson, M. (2018), https://tinyurl.com/AI-alchemy. 청중들이 보였던 불편한 반응들은 다음을 참조. Sejnowski, T., *Daedalus* 144 (2015): 123–32, p. 122.

**51** https://tinyurl.com/Hinton-quote.

**52** Crick (1989). 1963년, 분자유전학계에서 출현한 획기적인 돌파구에 관해 〈부호화 문제와 관련하여 최근 일어났던 신나는 사건The Recent Excitement in the Coding Problem〉이라는 제목의 논문을 발표했다.

**53** 같은 논문, p. 130.

**54** 같은 논문, p. 132.

**55** Husbands, P., et al., *Connection Science* 10 (1998): 185–210.

**56** Lillicrap, T., et al., *Nature Communications* 7 (2016): 13276.

**57** LeCun et al. (2015).

**58** Wilson, M. and Bower, J., *Journal of Neurophysiology* 67 (1992): 981–95.

**59** Bower, J., in J. Bower and D. Beeman (eds.), *The Book of GENESIS: Exploring Realistic Neural Models with the GEneral NEural SImulation System* (New York: Springer-Verlag/TELOS, 1994), pp. 195–202, p. 196.

**60** Markram, H., et al., *Procedia Computing Science* 7 (2011): 39–42, p. 40.

**61** Kandel, E., et al., *Nature Neuroscience* 14 (2013): 659-66, p. 659; Hill, S., in G. Marcus and J. Freeman (eds.), *The Future of the Brain: Essays by the World's Leading Neuroscientists* (Oxford: Princeton University Press, 2015), pp. 111-24.

**62** Dudai, Y. and Evers, K., Neuron 84 (2014): 254-61; Serban, M., *Progress in Brain Research* 23 (2017)3: 129-48.

**63** Tiesinga, P., et al. *Current Opinion in Neurobiology* 32 (2015): 107-14.

**64** Frégnac, Y. and Laurent, G., *Nature* 513 (2014): 27-9. 휴먼 브레인 프로젝트에 대한 레오니드 슈나이더의 비평은 여기서 찾아볼 수 있다. https://tinyurl.com/Schneider-HBP; 계산신경과학자 마크 험프리스의 견해는 여기를 참조하자. https://tinyurl.com/ Humphries-HBP.

**65** Markram, H., et al., *Cell* 163 (2015): 456-92; Ramaswamy, S., et al., *Frontiers in Neural Circuits* 9 (2015): 44; Reimann, M., et al., *Frontiers in Computational Neuroscience* 9 (2015): 28.

**66** Markram et al. (2015), p. 483.

**67** Fan, X. and Markram, H. *Frontiers in Neuroinformatics* 13 (2019): 32.

**68** https://tinyurl.com/EdYong-HBP.

**69** Eliasmith, C., et al., *Science* 338 (2012): 1202-5.

**70** Chi (2016).

**71** Seth, A., in T. Metzinger and J. Windt (eds.), *Open MIND* (Frankfurt: MIND Group, 2015), pp. 1-24; Clark, A., *Surfing Uncertainty: Prediction, Action and the Embodied Mind* (Oxford: Oxford University Press, 2016).

**72** Gregory, R., *Philosophical Transactions of the Royal Society of London: B* 290 (1980): 192-7.

**73** Frith, C., *Making Up the Mind: How the Brain Creates Our Mental World* (London : Wiley-Blackwell, 2007).

**74** Friston, K., *Trends in Cognitive Sciences* 13 (2009): 293-301, p. 293.

**75** Friston, K., *Neural Networks* 116 (2003): 1325-52.

**76** Friston (2009), p. 294.

**77** Seth, A. and Tsakiris, M., *Trends in Cognitive Sciences* 22 (2018): 969-81.

**78** Gregory, R., *Perception* 12 (1983): 233-8.

**79** Clark (2016), Seth and Tsakiris (2018).

**80** Pascual-Leone, A. and Walsh, V., *Science* 292 (2001): 510-12. 이와 관련된 현상으로 '맹시blindsight'라는 것이 있는데, 피험자들이 임상적으로 시각을 상실한 상태임

에도 불구하고 시각 자극의 위치를 정확하게 맞춘다. Weiskrantz, L., et al., *Brain* 97 (1974): 709–28.

81 Knill, D. and Pouget, A., *Trends in Neurosciences* 27 (2004): 712–19, p. 712. 푸제와 동료들은 닐의 논문이 발표되고 나서 4년 뒤 이를 이해하는 데 도움이 되는 데이터를 내놓을 수 있었고, 이후 많은 연구에서 되풀이되었다. Beck, J., et al., *Neuron* 60 (2008): 1142–52.

82 Sohn, P., et al. *Neuron* 104 (2019): 458–470.

83 Collett, T. and Land, M., *Journal of Comparative Physiology* 125 (1978): 191–204.

84 Fabian, S., et al., *Journal of the Royal Society Interface* 15 (2018): 20180466; Mischiati, M., et al., *Nature* 517 (2015): 333–8; Dickinson, M., *Current Biology* 25 (2014): R232–R234.

85 Cannon, W., *American Journal of Psychology* 39 (1927): 106–24; Cannon, W., *Psychological Review* 38 (1931): 281–95.

86 Dalgleish, T., *Nature Reviews Neuroscience* 5 (2004): 582–9; Adolphs, R. and Anderson, D., *The Neuroscience of Emotion: A New Synthesis* (Princeton: Princeton University Press, 2018).

87 Hess, W., *The Functional Organization of the Diencephalon* (New York: Grune & Stratton, 1958).

88 Marzullo, T., *Journal of Undergraduate Neuroscience Education* 15 (2017): R29–R35, p. R33.

89 *New York Times*, 17 May 1965.

90 Delgado, J., *International Review of Neurobiology* 6 (1965): 349–449; Horgan, J. (2005), *Scientific American*, October 2005; Keiper, A., *New Atlantis* Winter 2006 (2006): 4–41.

91 Frank, L., *The Pleasure Shock: The Rise of Deep Brain Stimulation and Its Forgotten Inventor* (New York: Dutton, 2018); Baumeister, A., *Journal of the History of the Neurosciences* 9 (2000): 262–78.

92 Moan, C. and Heath, R., *Journal of Behavior Therapy and Experimental Psychiatry* 3 (1972): 23–30.

93 Bishop, M., et al., *Science* 140 (1963): 394–6.

94 Olds, J. and Milner, P., *Journal of Comparative and Physiological Psychology* 47 (1954): 419–27.

95 Olds, J., *Science* 127 (1958): 315-24.

96 https://www.defense.gov/Explore/News/Article/Article/1164793/ darpa-funds-brain-stimulation-research-to-speed-learning/.

97 Reardon, S., *Nature* 551 (2017): 549-50.

98 Chen, S., *Science* 365 (2019): 456-7.

99 Donoghue, J., in G. Marcus and J. Freeman (eds.), *The Future of the Brain: Essays by the World's Leading Neuroscientists* (Oxford: Princeton University Press, 2015), pp. 219-33.

100 Hochberg, L., et al., *Nature* 485 (2012): 372-5.

101 https://tinyurl.com/Cathy-coffee.

102 Ajiboye, A., et al., *The Lancet* 389 (2017): 1821-30.

103 George, J., et al. *Science Robotics* 4 (2019): eaax2352.

104 Penaloza, C. and Nishio, S., *Science Robotics* 3 (2018): eaat1228.

105 Dobelle, W., *ASAIO Journal* 46 (2000): 3-9.

106 Akbari, H., et al., *Scientific Reports* 9 (2019): 874; Anumanchipalli, G., et al., *Nature* 568 (2019): 493-8.

107 Gilbert, F., et al., *Science and Engineering Ethics* 25(2019): 83-96, pp. 87-8.

108 Drew, L., *Nature* 571 (2019): S19-S21. 와우 이식술에도 문제가 있을 수 있는데, 특히 개발도상국의 경우에는 망가진 이식물을 수리하는 데 드는 비용이 너무 높아 불가피하게 장치를 다시 제거해야 하는 상황이 발생할 수 있다. 장애를 대함에 있어서는 기술적이지 않은 접근법이 때로는 더욱 적절할지도 모른다. 이와 관련된 사례 연구는 다음을 참조하자. Friedner, M., et al., *New England Journal of Medicine* 381(2019): 2381-4.

13. 화학: 1950년대부터 오늘날

1 Hofmann, A., *Journal of Psychedelic Drugs* 11 (1979): 53-60. LSD는 독일어로 리세그르산 디에틸아미드Lyserg-Saure-Diathylamid의 약자이다.

2 Ban, T., *Dialogues in Clinical Neuroscience* 8 (2006): 335-44.

3 Healy, D., *The Creation of Psychopharmacology* (Cambridge, MA: Harvard University Press, 2004), pp. 91, 99.

4 Rose, S., *The 21st Century Brain: Explaining, Mending and Manipulating the Mind* (London: Cape, 2005), pp. 221-42.

5 Osmond, H. and Smythies, J., *Journal of Mental Science* 98 (1952): 309-15.

6 Barber, P., *Psychedelic Revolutionaries: Three Medical Pioneers, the Fall of Hallucinogenic Research and the Rise of Big Pharma* (London: Zed, 2018).

7 Hoffer, A., et al., *Journal of Mental Science* 100 (1954): 29–45, 39; Smythies, J., *Neurotoxicity Research* 4 (2002): 147–50.

8 Twarog, B. and Page, I., *American Journal of Physiology* 175 (1953): 157–61; Shore, P., et al., Science 122 (1955): 284–5; Costa, E., et al., *Annual Review of Pharmacology and Toxicology* 29 (1989): 1–21.

9 Brodie, B., et al., *Science* 122 (1955): 968; Brodie, B. and Shore, P., *Annals of the New York Academy of Sciences* 66 (1957): 631–42.

10 Loomer, H., et al., *Psychiatric Research Reports* 8 (1957): 129–41.

11 Ban (2006).

12 Cade, J., *Medical Journal of Australia* 1949–2 (1949): 349–51, p. 350.

13 Schou, M., et al., *Journal of Neurology, Neurosurgery and Psychiatry* 17 (1954): 250–60.

14 Harrington, A., *Mind Fixers: Psychiatry's Troubled Search for the Biology of Mental Illness* (London: Norton, 2019); Brown, A., *Lithium: A Doctor, a Drug, and a Breakthrough* (New York: Liveright, 2019).

15 Dupont (1999), p. 207.

16 Baumeister, A., *Journal of the History of the Neurosciences* 20 (2011): 106–22.

17 Frank (2018), p. 251.

18 Kety, S., *Science* 129 (1959): pp. 1528–32, pp. 1590–96.

19 같은 논문, p. 1593.

20 이 용어가 처음 쓰였던 곳은 1961년 9월 2일 〈란셋〉의 530쪽에 실린 어느 무기명 서평이었으며, 이때만 해도 명사가 아닌 형용사로 쓰였다.

21 Carlsson, A., *Science* 294 (2001): 1021, p. 1021.

22 Burgen, A., *Nature* 204 (1964): 412.

23 1998년, 로버트 퍼치고트, 루이스 이그나로, 페리드 뮤라드는 이 같은 산화질소의 역할을 보여줌으로써 노벨상을 수상했다.

24 Snyder, S., in D. Linden (ed.), *Think Tank: Forty Neuroscientists Explore the Biological Roots of Human Experience* (London: Yale University Press, 2018), pp. 88–93.

25 Dupont (1999), p. 227.

26 Zhu, S., et al., *Nature* 559 (2018): 67–72.

27 Leng, G., *The Heart of the Brain: The Hypothalamus and Its Hormones* (London: MIT Press, 2018).

28 같은 책.

29 Pert, C. and Snyder, S., *Science* 179 (1973): 1011–14.

30 Hughes, J., et al., *Nature* 258 (1975): 577–80.

31 Simantov, R. and Snyder, S., *Proceedings of the National Academy of Sciences USA* 73 (1976): 2515–19.

32 Pollin, W., Science 204 (1979): 8; Snyder, S., *Annual Review of Pharmacology and Toxicology* 5 7(2017): 1–11.

33 Jones, E. and Mendell, L., *Science* 284 (1999): 739.

34 Vander Weele, C., et al., *Nature* 563 (2018): 397–401.

35 Salinas-Hernández, X., et al., *eLife* 7 (2018):e38818; Mohebi, A., et al., *Nature* 570 (2019): 65–70.

36 Handler, A., et al., *Cell* 178 (2019): 60–75.

37 Leshner, A., *Science* 278 (1997): 45–7.

38 Nutt, D., et al., *Nature Reviews Neurosciences* 16 (2015): 305–12.

39 Lüscher, C. and Malenka, R., *Neuron* 69 (2011): 650–63; Sulzer, D., *Neuron* 69 (2011): 628–49.

40 Volkow, N., et al., *New England Journal of Medicine* 374 (2016): 363–71.

41 *Observer*, 4 March 2018.

42 Koepp, M., et al., *Nature* 393 (1998): 266–8.

43 Kirk, S. and Kutchins, H., *The Selling of DSM: The Rhetoric of Science in Psychiatry* (New York: Aldine de Gruyter, 1992); Decker, H., *The Making of DSM-III. A Diagnostic Manual's Conquest of American Psychiatry* (New York: Oxford University Press, 2013); Stein, D., et al., *Psychological Medicine* 40 (2010): 1759–65.

44 Andrews, P., et al., *Neuroscience and Biobehavioral Reviews* 51 (2015): 164–88.

45 Howard, D., et al., *Nature Neuroscience* 22 (2019): 343–52, p. 350.

46 Gøtsche, P., *The Lancet Psychiatry* 1 (2014): 104–6; Nutt, D., et al., *The Lancet Psychiatry* 1 (2014): 102–4.

47 이 저자들의 목표도 그것이었다. McGrath, C., et al., *JAMA Psychiatry* 70 (2013): 821–9.

48 Schildkraut, J., *American Journal of Psychiatry* 122 (1965): 509-22; Coppen, A., *British Journal of Psychiatry* 113 (1967): 1237-64, p. 1258.

49 Mendels, J. and Frazer, A., *Archives of General Psychiatry* 30 (1974): 447-51.

50 Van Praag, H. and de Haan, S., *Psychiatry Research* 1 (1979): 219-24.

51 이와 관련하여 내가 발견한 가장 초기 문헌은 루리의 연구다. Lurie, S., *American Journal of Psychotherapy* 45 (1991): 348-58. 프랑스의 논문에서는 이 견해의 기원을 밝히고 있다고 선언하지만 1991년 이전의 기록을 보여주지는 않는다. France, C., et al., *Professional Psychology: Research and Practice* 38 (2007): 411-20. 화학적 불균형이라는 용어는 곧 대중문화에 스며들었다. 1992년에는 시트콤 〈사인필드〉 시즌 4의 6화에서 제리 사인필드가 다른 등장인물에게 "그는 미친 게 아니야. 그저 화학적으로 불균형할 뿐이지"라고 말하는 장면이 나온다.

52 Leo, J. and Lacasse, J., *Society* 45 (2008): 35-45. 정신과에서 어떻게 이 같은 견해를 받아들였으며, 또 주요 정신과의사들은 이에 어떻게 반박했는지 살펴보고자 한다면 다음을 참조하자. Lacasse, J. and Leo, J. , *The Behavior Therapist* 38 (2015): 206-13, Pies, R., *The Behavior Therapist* 38 (2015): 260-2, and Carlat, D., *The Behavior Therapist* 38 (2015): 262-3. 라카세와 레오는 같은 호 263~266쪽에 실린 반박 글에 다시 반박하고 있으며, 피스는 계속해서 정신과의사들이 절대 진정으로 이 이론을 받아들이지는 않았다고 강력하게 주장하고 있다. https://tinyurl.com/imbalance-myth.

53 Fibiger, H., *Schizophrenia Bulletin* 38 (2012): 649-50.

54 Rose, N., *Our Psychiatric Future: The Politics of Mental Health* (Cambridge: Polity, 2019).

55 De Kovel, C. and Francks, C., *Scientific Reports* 9 (2019): 5986.

56 Border, R., et al., *American Journal of Psychiatry* 176 (2019): 376-87.

57 Mitchell, K., in G. Marcus and J. Freeman (eds.), *The Future of the Brain: Essays by the World's Leading Neuroscientists* (Oxford: Princeton University Press, 2015), pp. 234-42; Mitchell, K., *Innate: How the Wiring of Our Brains Shapes Who We Are* (Oxford: Princeton University Press, 2018).

58 The PsychENCODE Consortium, *Science* 362 (2018): 1262-3.

59 Shorter, E. and Healy, D., *Shock Therapy: A History of Electroconvulsive Treatment in Mental Illness* (New Brunswick, NJ: Rutgers University Press, 2007); Hirshbein, L., *Journal of the History of the Neurosciences* 21 (2012): 147-69.

60 Plath, S., The Bell Jar (London: Faber & Faber, 2005), p. 138.

61 Leiknes, K., et al., Brain and Behavior 2 (2012): 283–345.

62 Pollan, M., *How to Change Your Mind: The New Science of Psychedelics* (London: Allen Lane, 2018).

63 Preller, K., et al. , *Proceedings of the National Academy of Sciences USA* 116 (2019): 2743–8.

64 Deco, G., et al., *Current Biology* 28 (2018): 3065–74.e6.

65 Berman, R., et al., *Biological Psychiatry* 47 (2000): 351–4.

66 https://twitter.com/NIMHDirector/status/1103120788272697346.

67 https://www.wired.com/2017/05/star-neuroscientist-tom-insel-leaves-google-spawned-verily-startup/.

14. 국재화: 1950년대부터 오늘날

1 Uttal, W., *The New Phrenology: The Limits of Localizing Cognitive Processes in the Brain* (Cambridge, MA: MIT Press, 2001); Raichle, M., *Trends in Neurosciences* 32 (2008): 118–26; Poldrack, R., *The New Mind Readers: What Neuroimaging Can and Cannot Reveal about Our Thoughts* (Princeton: Princeton University Press, 2018).

2 Beckmann, E., *British Journal of Radiology* 79 (2006): 5–8, pp. 6–7.

3 Ter-Pogossian, M., *Seminars in Nuclear Medicine* 22 (1992): 140–49.

4 Petersen, S., et al., *Nature* 331 (1988): 585–9; Posner, M., et al., *Science* 240 (1988): 1627–31.

5 Kanwisher, N., *Journal of Neuroscience* 37 (2017): 1056–61, p. 1056.

6 Logothetis, N., et al., *Nature* 412 (2001): 150–57.

7 Racine, E., et al., *Nature Reviews Neuroscience* 6 (2005): 159–64.

8 Sajous-Turner, A., et al. (2019), *Brain Imaging and Behavior*, https://doi.org/10.1007/s11682-019-00155-y.

9 Rusconi, E. and Mitchener-Nissen, T., *Frontiers in Human Neuroscience* 7 (2013): 594; Satel, S. and Lilienfeld, S., *Brainwashed: The Seductive Appeal of Mindless Neuroscience* (New York: Basic Books, 2013); Sahakian, B. and Gottwald, J., *Sex, Lies, and Brain Scans: How fMRI Reveals What Really Goes On in Our Minds* (Oxford: Oxford University Press, 2017).

10 Eklund, A., et al., *Proceedings of the National Academy of Sciences USA* 113 (2016): 7900–905.

11 Brown, E. and Behrmann, M., *Proceedings of the National Academy of Sciences USA* 114 (2017): E3368–E3369; Cox, R., et al., *Proceedings of the National Academy of Sciences USA* 114 (2017): E3370–E3371; Eklund, A., et al., *Proceedings of the National Academy of Sciences USA* 114 (2017): E3374–E3375; Kessler, D., et al., *Proceedings of the National Academy of Sciences USA* 114 (2017): E3372–E3373.

12 Logothetis, N., *Nature* 453 (2008): 869–78, pp. 876–7.

13 Poldrack, R., *Nature* 541 (2017): 156.

14 Vaidya, A. and Fellows, L., *Nature Communications* 6 (2015): 10120.

15 Vul, E., et al., *Perspectives in Psychological Science* 4 (2009): 274–90.

16 Margulies, D., in S. Choudhury and J. Slaby (eds.), *Critical Neuroscience: A Handbook of the Social and Cultural Contexts of Neuroscience* (Oxford: Blackwell, 2012), pp. 273–85.

17 Bennett, C., et al., *NeuroImage* 47 (2009): S39–S40.

18 Poldrack, R., et al., *Nature Reviews Neuroscience* 18 (2017): 115–26; Poldrack (2018).

19 Haxby, J., et al., *Science* 293 (2001): 2425–30.

20 Kanwisher, N., *Proceedings of the National Academy of Sciences USA* 107 (2010): 11163–70, p. 11165.

21 Kanwisher (2017), p. 1060.

22 https://tinyurl.com/macarthur-tweet; https://tinyurl.com/cardona-tweet; https://tinyurl.com/mitchell-tweet.

23 Poldrack, R. and Farah, M., *Nature* 526 (2015): 371–9.

24 Logothetis (2008).

25 Dubois, J., et al., *Journal of Neuroscience* 35 (2015): 2791–802.

26 Guest, O. and Love, B., *eLife* 6 (2017): e21397.

27 Bargmann, C., *Perspectives in Psychological Science* 314 (2015): 221–2.

28 Kashyap, S., et al., *Scientific Reports* 8 (2018): 17063.

29 성차 연구에 대한 비판은 다음을 참조. Fine, C., *Delusions of Gender: The Real Science Behind Sex Differences* (London: Norton, 2010); Rippon, G., *The Gendered Brain: The New Neuroscience That Shatters the Myth of the Female Brain* (London: Bodley Head, 2019).

30 사이먼 배런코언은 성차에 대한 주장이 자폐 스펙트럼 장애로 넘어와 "극단적으로

남성적인 뇌"가 남녀 모두에게서 자폐의 주요 특징으로 꼽히게 되었다고 주장했다. Baron-Cohen, S., *The Essential Difference: Men, Women and the Extreme Male Brain* (London: Allen Lane, 2003).

31 Ritchie, S., et al., *Cerebral Cortex* 28 (2018): 2959–75.

32 Knickmeyer, R., et al., *Cerebral Cortex* 24 (2014): 2721–31.

33 Vidal, F. and Ortega, F., *Being Brains: Making the Cerebral SubJect* (New York: Fordham University Press, 2017).

34 Huth, A., et al., *Nature* 532 (2016): 453–8; Brennan, J., *Trends in Neurosciences* 41(2018):770–2.

35 Damasio, H., et al., *Nature* 380 (1996): 499–505.

36 Uttal (2001); Rose (2005); Nobre, A. and van Ede, F., *Journal of Neuroscience* 40 (2020): 89–100.

37 Raichle, M., et al. , *Proceedings of the National Academy of Sciences USA* 98 (2001): 676–82.

38 Raichle, M. , *Annual Review of Neuroscience* 38 (2015): 433–47; Sormaz, M., et al., *Proceedings of the National Academy of Sciences USA* 115 (2018): 9318–23; Kaplan, R., et al., *Current Biology* 26 (2016): 686–91.

39 Fox, K., et al., *Trends in Cognitive Sciences* 20 (2018): 307–24.

40 Frégnac, Y., *Science* 358 (2017): pp. 470–77, p. 472.

41 Lange, F., *History of Materialism and Criticism of Its Present Importance*, vol. 3 (London: Trübner, 1877), p. 137.

42 Gregory, R., in *Symposium on the Mechanisation of Thought Processes* (London: HMSO, 1959), pp. 669–82, pp. 680, 664.

43 Gregory, R., in W. Thorpe and O. Zangwill (eds.), *Current Problems in Animal Behaviour* (Cambridge: Cambridge University Press, 1961), pp. 307–30; Gregory, R., *Mind in Science: A History of Explanations in Psychology and Physics* (London: Weidenfeld and Nicolson, 1981).

44 Gregory (1981), p. 84.

45 Friston, K., *Brain Connectivity* 1 (2011): 13–36.

46 Paré, D. and Quirk, G., *npJ Science of Learning* 2 (2017): 6; Adolphs and Anderson (2018).

47 Pignatelli, M. and Beyeler, A., *Current Opinion in Behavioral Sciences* 26 (2019): 97–106; Corder, G., et al., *Science* 363 (2019): 276–81; Morrow, K., et

al., *Journal of Neuroscience* 39(2019):3663-75; Chen, P., et al., *Cell* 176 (2019): 1206-21.e18.

**48** Padmanabhan, K., et al., *Frontiers in Neuroanatomy* 12 (2019): 115.

**49** Baumann, O., et al., *Cerebellum* 14 (2015): 197-220; Carta, I., et al., *Science* 363 (2019): eaav058.

**50** Genon, S., et al., *Trends in Cognitive Sciences* 22 (2018): 350-63.

**51** Harrington, A., in Harrington, A. (ed.), *So Human a Brain: Knowledge and Values in the Neurosciences* (New York: Springer, 1990), pp. 247-325, p. 268; Butler, A., in L. Squire (ed.), *Encyclopedia of Neuroscience* (New York: Academic Press, 2009).

**52** Pogliano, C., *Nuncius* 32 (2017): 330-75, p. 352.

**53** Koestler, A., *The Ghost in the Machine* (London: Hutchinson, 1967), p. 296.

**54** Sagan, C., *The Dragons of Eden: Speculations on the Evolution of Human Intelligence* (London: Hodder and Stoughton, 1977). See also Holden, B., *Science* 204 (1979): 1066-8.

**55** Sagan (1977), p. 142. 이 같은 내용이 몇 페이지고 계속 이어지는데, 당시로서도 완전히 터무니없는 이야기이다.

**56** MacLean, P., *The Triune Brain in Evolution: Role in Paleocerebral Functions* (New York: Plenum, 1990).

**57** Reiner, A., *Science* 250 (1990): 303-5.

**58** Guillery, R., *Nature* 330 (1987): 29.

**59** Di Pellegrino, G., et al., *Experimental Brain Research* 91 (1992): 176-80; Rizzolatti, G. and Craighero, L., *Annual Review of Neuroscience* 27 (2004): 169-19; Hickok, G., *The Myth of Mirror Neurons: The Real Neuroscience of Communication and Cognition* (London: Norton, 2014).

**60** Gallese, V., *Brain Research* 1079 (2006): 15-24.

**61** Ramachandran, V., *The Tell-Tale Brain: Unlocking the Mystery of Human Nature* (London: Norton, 2011), p. 125.

**62** Mukamel, R., et al., *Current Biology* 20 (2010): 750-56.

**63** Grabenhorst, F., et al., *Cell* 177 (2019): 986-8.

**64** Feuillet, L., et al., *The Lancet* 370 (2007): 262; Weiss, T., et al., *Neuron* 105 (2020): 35-45.

**65** Yu, F., et al., *Brain* 138 (2015): e353.

66 García, A., et al., *Frontiers in Aging Neuroscience* 8 (2017): 335.

67 Otchy, T., et al., *Nature* 528 (2015): 358-63.

68 Li, X., et al., *Journal of Neuroscience* 38 (2018): 8549-62.

69 Allen, W., et al., *Science* 364 (2019): eaav3932.

70 Stringer, C., et al., *Science* 364 (2019): 255; Steinmetz, N., et al., *Nature* 576 (2019): 266-73.

71 Prior, H., et al., *PLoS Biology* 6 (2008): e202.

72 Maler, L., *Current Biology* 28 (2018): R213-R215.

15. 의식: 1950년대부터 오늘날

1 Miller, G., *Science* 309 (2005): 79. 철학자들은 자신들이 1000년 동안 골머리를 썩었던 이 두 가지 문제에 대해 과학도 여전히 답을 찾지 못했다는 사실에서 자신감을 가져도 좋다.

2 Sutherland, S., *International Dictionary of Psychology* (New York: Crossroad, 1989), p. 95.

3 1969년부터 2016년 사이, 신경과학학회에서는 해당 주제로 겨우 두 차례의 작은 심포지엄만을 개최했다. Storm, J., et al., *Journal of Neuroscience* 37 (2017): 10882-93. 나를 포함하여 수많은 신경과학자들이 의식은커녕 어떠한 형태의 뇌 연구도 하지 않는다.

4 Seth, A., in K. Almqvist and A. Haag (eds.), *The Return of Consciousness: A New Science on Old Questions* (Stockholm: Axel and Margaret Ax:son Johnson Foundation, 2017), pp. 13-37; Strawson, G., in K. Almqvist and A. Haag (eds.), *The Return of Consciousness: A New Science on Old Questions* (Stockholm: Axel and Margaret Ax:son Johnson Foundation, 2017), pp. 79-92.

5 Delafresnaye, J. (ed.), *Brain Mechanisms and Consciousness* (Oxford: Blackwell Scientific, 1954).

6 Marshall, L., *Biographical Memoirs* 84 (2004): 251-69. 이들은 우연히 지나치게 강력한 연산 능력을 동원하여 시뮬레이션을 시행하는 바람에 이 같은 발견을 하게 되었다 - Moruzzi, G. and Magoun, H., *Electroencephalography and Clinical Neurophysiology* 1 (1949): 455-73.

7 Magoun, H., in J. Delafresnaye (ed.), *Brain Mechanisms and Consciousness* (Oxford: Blackwell Scientific, 1954), pp. 1-20, p. 1.

8 Penfield (1954), pp. 286, 289.

9 Cobb, S., *Archives of Neurology and Psychiatry* 42 (1952): 172-7, p. 176.

10 Fessard, A., in J. Delafresnaye (ed.), *Brain Mechanisms and Consciousness* (Oxford: Blackwell Scientific, 1954), pp. 200-235, p. 206; Tyč-Dumont, S., et al., *Journal of the History of the Neurosciences* 21 (2012): 170-88.

11 Jung, R., in J. Delafresnaye (ed.), *Brain Mechanisms and Consciousness* (Oxford: Blackwell Scientific, 1954), pp. 310-44.

12 Penfield (1954), p. 304.

13 Delafresnaye (1954), p. 499.

14 Eccles, J., *The Neurophysiological Basis of Mind: The Principles of Neurophysiology* (Oxford: Oxford University Press, 1953), p. vi.

15 Eccles, J., *Nature* 168 (1951): 53-7, p. 56.

16 Delafresnaye (1954), p. 501.

17 Smith, C., *Brain and Cognition* 46 (2001): 364-72; Smith, C., in C. Smith and H. Whitaker (eds.), *Brain, Mind and Consciousness in the History of Neuroscience* (Dordrecht: Springer, 2014), pp. 255-72; Borck, C., *Nuncius* 32 (2017): 286-329.

18 Penfield (1975), p. 114.

19 같은 책, pp. 80, 114.

20 Place, U., *British Journal of Psychology* 47 (1956): 44-50.

21 Smart, J., *Philosophical Review* 68 (1959): 141-56.

22 Miller, G., *Psychology: The Science of Mental Life* (New York: HarperCollins, 1962), p. 40.

23 Meyer, D. and Meyer, P., *Annual Review of Psychology* 14 (1963): 155-74.

24 Lashley (1950).

25 Sperry, R., *Science* 133 (1961): 1749-57.

26 Gazzaniga, M., *Tales from Both Sides of the Brain: A Life in Neuroscience* (New York: HarperCollins, 2015); Schechter, E., *Self-Consciousness and 'Split' Brains: The Mind's I* (Oxford: Oxford University Press, 2018).

27 Bogen, J., *The History of Neuroscience in Autobiography* 5 (2006): 46-122, p. 90.

28 Gazzaniga (2015), pp. 35-7; https://vimeo.com/96626442.

29 Shen, H. , *Proceedings of the National Academy of Sciences USA* 111(2014): 18097.

30 Sperry, R., in J. Eccles (ed.), *Brain and Conscious Experience* (New York:

Springer, 1966), pp. 298-313, p. 304.

31 Gazzaniga, M., *The Consciousness Instinct: Unraveling the Mystery of How the Brain Makes the Mind* (New York: Farrar, Straus and Giroux, 2018), pp. 204-5.

32 Gazzaniga, M., et al., *Proceedings of the National Academy of Sciences USA* 48 (1962): 1765-9; Gazzaniga, M., et al., *Neuropsychologia* 1 (1963): 209-15; Gazzaniga, M., et al., *Brain* 88 (1965): 221-36; Gazzaniga, M. and Sperry, R., *Brain* 90 (1967): 131-48.

33 Gazzaniga, M., et al., *Neurology* 37 (1987): 682-2.

34 Gazzaniga (2015), p. 90, https://vimeo.com/96627695.

35 같은 논문, pp. 151, 153.

36 Pinto, Y., et al., *Brain* 140 (2017a): 1231-7; Pinto, Y., et al., *Brain* 140 (2017b): e68; Volz, L. and Gazzaniga, M., *Brain* 140 (2017): 2051-60; Volz, L., et al., *Brain* 141 (2018): e15; Corballis, M., et al., *Brain* 141 (2018): e46.

37 Miller, M., et al., *Neuropsychologia* 48 (2010): 2215-20.

38 Steckler, C., et al., *Royal Society Open Science* 4 (2017): 170172.

39 Gazzaniga (2018), p. 204.

40 Corballis, M., *PLoS Biology* 12 (2014): e1001767; Toga, A. and Thompson, P., *Nature Reviews Neuroscience* 4 (2003): 37-48; Kliemann, D., et al., *Cell Reports* 29 (2019): 2398-407.

41 Gazzaniga, M., *Proceedings of the National Academy of Sciences USA* 111 (2014): 18093-4.

42 Gazzaniga (2018), p. 230.

43 Koch (2012), p. 20.

44 Crick, F., *Scientific American* 241 (1979): 219-32.

45 Treisman, A. and Gelade, G., *Cognitive Psychology* 12 (1980): 97-136; Crick, F., *Proceedings of the National Academy of Sciences USA* 81 (1984): 4586-90.

46 Crick, F. and Koch, C., *Seminars in the Neurosciences* 2( 1990): 263-175.

47 같은 논문, p. 264.

48 Dennett, D., *Consciousness Explained* (London: Penguin, 1991), p. 255.

49 Crick (1994), p. 3.

50 같은 책, p. 259.

51 Crick, F. and Koch, C., *Nature Neuroscience* 6 (2003): 119-26, p. 123.

52 Crick, F. and Koch, C., *Philosophical Transactions of the Royal Society: B* 360

(2005): 1271–9, p. 1277.

53 Koch, C., et al., *Nature Reviews Neuroscience* 17 (2016): 307–21; Jackson, J., et al., *Neuron* 99 (2018): 1029–39.

54 Koch et al. (2016); Storm et al. (2017); van Vugt, B., et al., *Science* 360 (2018): 537–42.

55 Boly, M., et al., *Journal of Neuroscience* 37 (2017): 9603–13; Odegaard, B., et al., *Journal of Neuroscience* 37 (2017): 9593–602.

56 Owen, A., et al., *Science* 313 (2006): 1402; Stender, J., et al., *The Lancet* 384 (2014):514–22; Owen, A., *Neuron* 102(2019): 526–8.

57 Naci, L., et al., *Proceedings of the National Academy of Sciences USA* 111 (2014): 14277–82; Casarotto, S., et al., *Annals of Neurology* 80 (2016): 718–29; Massamini, M. and Tononi, G., *Sizing Up Consciousness: Towards an ObJective Measure of the Capacity for Experience* (Oxford: Oxford University Press, 2018); Demertzi, A., et al., *Science Advances* 5 (2019): eaat7603.

58 Crick, F. and Koch, C., *Cerebral Cortex* 8 (1998): 97–107, p. 105.

59 Quian Quiroga, R., et al., *Proceedings of the National Academy of Sciences USA* 105 (2008): 3599–604.

60 Gelbard-Sagiv, H., et al., *Nature Communications* 9 (2018): 2057.

61 Crick, F. and Koch, C., *Nature* 375 (1995a): 121–3; Crick, F. and Koch, C., *Nature* 377 (1995b): 294–5; Pollen, D., *Nature* 377 (1995): 293–4; Block, N., *Trends in Neurosciences* 19 (1996): 456–9.

62 Fahrenfort, J., et al., *Proceedings of the National Academy of Sciences USA* 114 (2017): 3744–9; Dehaene, S., *Consciousness and the Brain: Deciphering how the Brain Codes Our Thoughts* (New York: Penguin, 2014); Block, N., in G. Marcus and J. Freeman (eds.), *The Future of the Brain: Essays by the World's Leading Neuroscientists* (Oxford: Princeton University Press, 2015), pp. 161–76.

63 Olby, R., *Francis Crick: Hunter of Life's Secrets* (Cold Spring Harbor: Cold Spring Harbor Laboratory Press, 2009), p. 418.

64 Libet, B., et al., *Brain* 102 (1979): 193–224.

65 Dominik, T., et al., *Consciousness and Cognition* 65 (2018): 1–26.

66 Maoz, U., et al., *eLife* 8 (2019): e39787.

67 Frith, C. and Haggard, P., *Trends in Neurosciences* 41 (2018): 405–7.

68 Libet, B., *Journal of Consciousness Studies* 1 (1994): 119–26; Libet, B., *Progress*

*in Neurobiology* 78 (2006): 322-6, p. 324.

69 Koch et al. (2016).

70 Rangarajan, V., et al., *Journal of Neuroscience* 34 (2014): 12828-36, p. 12831.

71 Jonas, J., et al., *Cortex* 99 (2018): 296-310.

72 Parvizi, J., et al., *Neuron* 80 (2013): 1359-67.

73 Churchland, P., *Neuron* 80 (2013): 1337-8, p. 1337.

74 같은 논문, p. 1338.

75 Chalmers, D., *Journal of Consciousness Studies* 2 (1995): 200-219.

76 Nagel, T., *Philosophical Review* 83 (1974): 435-50; Strawson (2017).

77 Nagel, T., in K. Almqvist and A. Haag (eds.), *The Return of Consciousness: A New Science on Old Questions* (Stockholm: Axel and Margaret Ax:son Johnson Foundation, 2017), pp. 41-6, p. 45.

78 Strawson (2017).

79 Dehaene, S. and Changeux, J.-P., *Neuron* 70 (2011): 200-227; Dehaene (2014).

80 Dehaene (2014), p. 233.

81 이를테면, Edelman, G. and Tononi, G., *Consciousness: How Matter Becomes Imagination* (London: Penguin, 2000), and Tononi, G., et al. (2016), *Nature Reviews Neuroscience* 17: 450-61.

82 Tononi, G., *Biological Bulletin* 215 (2008): 216-42. 여기에는 솔직히 당황스러운 그림들도 포함되어 있다.

83 Baluška, F. and Reber, A., *Bioessays* 2019 (2019): 1800229.

84 Tononi, G. and Koch. C., *Philosophical Transactions of the Royal Society: B* 370 (2015): 20140167; Koch (2012).

85 Pennartz, C., *Trends in Cognitive Sciences* 22 (2018): 137-53; Morsella, E., et al., *Behavioral and Brain Sciences* 39 (2016): e168 (see also the critical discussion of their position that follows their article).

86 이를테면, Penrose, R., *Shadows of The Mind: A Search for the Missing Science of Consciousness* (London: Vintage, 1995).

87 Gazzaniga (2018).

88 Litt, A., et al., *Cognitive Science* 30 (2006): 593-603.

89 이를테면, Dehaene (2014); Clark (2016); Shea, N. and Frith, C., *Trends in Cognitive Sciences* 23 (2019): 560-71.

90 Tononi and Koch (2015), p. 10. 토노니는 통합 정보 이론이 분리 뇌 환자들에게서

분리 마음 현상을 '예측'해줄 수 있다고 주장한다. 뭐든 사건이 일어나고 난 뒤에 하는 예측은 쉽게 마련이다. 두 이론의 우위를 판단하기 위한 검사에 관한 세부 정보는 다음을 참조하자. Reardon, S., *Science* 366 (2019): 293.

91 Dehaene, S., et al., *Science* 358 (2017): 486–92.

92 Sarasso, S., et al., *Current Biology* 25 (2015): 3099–105.

93 Snaprud, P. (2018), *New Scientist*, 23 June 2018.

**미래**

1 Churchland, A. and Abbott, L., *Nature Neuroscience* 19 (2016): 348–9. 학자들이 신경과학의 향후 50년을 조망하기 위해 보인 공동의 노력은 다음을 참조하자. Altimus, C., et al., *Journal of Neuroscience* 40 (2020): 101–6.

2 Sporns, O. , in G. Marcus and J. Freeman (eds.), *The Future of the Brain: Essays by the World's Leading Neuroscientists* (Oxford: Princeton University Press, 2015), pp. 90–99, p. 95.

3 *Science*, 27 October 2017.

4 Frégnac (2017), pp. 471, 472.

5 Churchland, P. and Sejnowski, T., *The Computational Brain* (Cambridge, MA: MIT Press, 1992), p. 413.

6 Churchland and Abbott (2016), p. 346.

7 Pagán, O., *Philosophical Transactions of the Royal Society B* 374 (2019): 20180383.

8 Ballard, D., *Brain Computation as Hierarchical Abstraction* (Cambridge, MA: MIT Press, 2015); Borthakur, A. and Cleland, T., *Frontiers in Neuroscience* 13 (2019): 656.

9 Churchland and Abbott (2016), p. 349.

10 Abraham (2016), pp. 146–7.

11 Brette, R., *Behavioral and Brain Sciences* 42 (2019): e15; 같은 학술지에 실린 이 논문에 대한 반응도 참조하자.

12 Barlow, H., in W. Rosenblith (ed.), *Sensory Communication* (Cambridge, MA: MIT Press, 1961), pp. 217–34. 브레트는 논문의 수가 1만 5천 건이 넘는다고 주장했다. 그는 이를 추산하는 데 구글 학술 검색Google Scholar을 사용한 반면, 나는 웹 오브 날리지를 참고했다. 나 또한 논문에서 구더기의 후각세포가 냄새에 어떻게 반응하는지 탐구하기 위해 부호화에 대한 비유를 사용했다. – e.g. Hoare, D., et

al., *Journal of Neuroscience* 28 (2008): 9710–22; Grillet, M., et al., *Proceedings of the Royal Society B* 283 (2016): 20160665.

**13** Freeman, W. and Skarda, C., in J. McGaugh, et al. (eds.) *Third Conference, Brain Organization and Memory: Cells, Systems and Circuits* (New York: Guilford Press, 1990), pp. 375–80.

**14** Buzsáki, G., *The Brain from Inside Out* (New York: Oxford University Press, 2019).

**15** Arbib, M., *The Metaphorical Brain* (London: Wiley, 1972); Arbib, M., *The Metaphorical Brain 2* (London: Wiley, 1989); Keller, E., *Refiguring Life: Metaphors of Twentieth Century Biology* (New York: Columbia University Press, 1995); Brown, T., *Making Truth: Metaphor in Science* (Chicago: University of Illinois Press, 2003); Reynolds, A., *The Third Lens: Metaphor and the Creation of Modern Cell Biology* (Chicago: University of Chicago Press, 2018); Nicholson, D., *Journal of Theoretical Biology* 477 (2019): 108–26; Olson, M., et al., *Trends in Ecology and Evolution* 34 (2019): 605–15.

**16** Kriegeskorte, N. and Diedrichsen, J., *Annual Review of Neuroscience* 42 (2019): 407–32.

**17** Cazé, R., et al., *PLoS Computational Biology* 9 (2013): e1002867; https://tinyurl.com/Humphries-blog.

**18** Gregory (1981), p. 187.

**19** Turkheimer, F., *Neuroscience and Biobehavioral Reviews* 99 (2019): 3–10.

**20** Daugman, J., in E. Schwartz (ed.), *Computational Neuroscience* (London: MIT Press, 1990), pp. 9–18; Gigerenzer, G. and Goldstein, D., *Creativity Research Journal* 9 (1996): 131–44; Kirkland (2002); Borck (2012); Abrahams, N. (2018), *Humanity Journal* 8, https://novaojs.newcastle. edu.au/hass/index.php/humanity/article/download/49/53; Borck, C., in S. Choudhury and J. Slaby (eds.), *Critical Neuroscience: A Handbook of the Social and Cultural Contexts of Neuroscience* (London: Blackwell, 2012), pp. 113–33.

**21** Brooks, R., in J. Brockman (ed.), *This Idea Must Die: Scientific Theories That Are Blocking Progress* (New York: HarperPerennial, 2015), pp. 295–8; Johansson, S., in H. Haken, et al. (eds.), *The Machine as Metaphor and Tool* (Berlin: Springer-Verlag, 1993), pp. 9–44, p. 38.

**22** Carandini, M., in G. Marcus and J. Freeman (eds.), *The Future of the Brain:*

*Essays by the World's Leading Neuroscientists* (Oxford: Princeton University Press, 2015), pp. 177–85, p. 179; Marcus (2015), p. 210.

23 Crick (1989), p. 132. 크릭은 처칠런드와 세즈노스키의 논문(1988)을 이러한 통찰의 원조로서 인용했지만 나는 이들의 논문에서 그 같이 비교한 내용을 찾지 못했다. Brown, J., *Frontiers in Neuroscience* 8 (2014): 349.

24 Jonas, E. and Kording, K., *PLoS Computational Biology* 13 (2017): e1005268, pp. 1, 18.

25 이러한 접근법의 정당성은 다음을 참조하자. Einevoll, G., et al. *Neuron* 102 (2019): 735–44; 어느 모델러가 제시한 흥미로운 비평은 마크 험프리스의 블로그 포스트, '어째서 뇌를 모델링하는가?Why Model the Brain?'에서 확인할 수 있다. https://tinyurl.com/Humphries-Why.

26 Bartol, T., et al., *eLife* 4 (2015): e10778.

27 Abbott, L., in J. van Hemmen and T. Sejnowski (eds.), *23 Problems in Systems Neuroscience* (Oxford: Oxford University Press, 2006), pp. 423–31.

28 Chiel, H. and Beer, R., *Trends in Neurosciences* 20 (1997): 553–7; Gomez-Marin, A. and Ghazanfar, A., *Neuron* 10 (2019)4: 25–36, p. 34.

29 Sporns (2015), p. 99. 이 같은 견해가 인간 뇌 영상 연구들에 어떻게 적용될 수 있을지 알고자 한다면 다음을 참고하자. Nobre and van Ede (2019).

30 Dunn, T., et al., *eLife* 5 (2016): e12741.

31 Ormel, P., et al., *Nature Communications* 9 (2018): 4167; Quadrato, G., et al., *Nature* 545 (2017): 48–53; Giandomenico, S., et al., *Nature Neuroscience* 22 (2019): 669–79; Velasco, C., et al., *Nature* 570 (2019): 523–7.

32 Di Lullo, E. and Kriegstein, A., *Nature Reviews Neuroscience* 18 (2017): 573–84; Pollen, A., et al., Cell 176 (2019): 743–56; Ball, P., *How to Grow a Human: Adventures in Who We Are and How We Are Made* (London: Collins, 2019).

33 Cohen, J., *Science* 360 (2018): 1284.

34 Farahany, N., et al., *Nature* 556 (2018): 429–32.

35 Clarke, G., et al., *Molecular Psychiatry* 18 (2013): 666–73; Jameson, K. and Hsiao, E., *Trends in Neurosciences* 41 (2018): 413–14.

36 Adolphs and Anderson (2018).

37 Jasanoff, A., *The Biological Mind: How Brain, Body, and Environment Collaborate to Make Us Who We Are* (New York: Basic, 2018).

38 Sterling, P. and Laughlin, S., *Principles of Neural Design* (London: MIT Press,

2015).

39 Nummenmaa, L., et al., *Proceedings of the National Academy of Sciences USA* 111 (2014): 646–51; Nummenmaa, L., et al., *Proceedings of the National Academy of Sciences USA* 115 (2018): 9198–203.

40 Keesy, I., et al., *Nature Communications* 10 (2019): 1162.

41 Vosshall, L., *Nature* 450 (2007): 193–7.

42 https://tinyurl.com/Patel-quote.

43 Perry, C. and Chittka, L., *Current Opinion in Neurobiology* 54 (2019): 171–7; Buchanan, S., et al., *Proceedings of the National Academy of Sciences USA* 112 (2015): 6700–705; Khuong, T., et al, *Science Advances* 5 (2019): eaaw4099.

44 Krause, T., et al., *Current Biology* 29 (2019): 1833–41.

45 Feinberg, T. and Mallat, J., *The Ancient Origins of Consciousness: How the Brain Created Experience* (London: MIT Press, 2016); Scholz, M., et al. (2018), https://www.biorxiv.org/content/10.1101/445643v1 — 코멘트도 참조하자.

46 Gutfreund, Y., *Trends in Neurosciences* 40 (2017): 196–9.

47 Smith, A., *Animal Behaviour* 26 (1978): 232–40.

48 Groothius, J., et al., *Arthropod Structure & Development* 51 (2019): 41–51.

49 Webb, B., *Journal of Experimental Biology* 222 (2019): jeb188094; Calhoun, A., et al., *Nature Neuroscience* 22 (2019): 2040–9.

50 Saxena and Cunningham (2019); Marques, J., et al., *Nature* 577 (2020): 239–43.

51 Chettih, S. and Harvey, C., *Nature* 567 (2019): 334–40.

52 Robinson, D., *Behavioral and Brain Sciences* 14 (1992): 644–55.

# 그림 출처

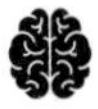

## 본문

**그림 1** Pearson Education, (2011)

**그림 2** QBI/Levent Efe

**그림 3** Reisch, G., *Aepitoma omnis phylosophiae, alias, Margarita phylosophica* (Strasbourg: Joannes Gruninger, 1504).

**그림 4** Vesalius, A., *De Humani Corporis Fabrica* (Basileae: Ioannem Oporinium, 1543).

**그림 5** Descartes, R., *L'Homme* (Paris: Le Gras, 1664). Credit: Wellcome Collection. CC BY

**그림 6** Swammerdam, J. , *Biblia Naturae* (Leyden: Severinus, Vander Aa, Vander Aa, 1737-8).

**그림 7** Galvani, A. *De Viribus Electricitatis in Motu Musculari (Bononiae: Ex Typographia Instituti Scientiarium*(1791). Credit: Wellcome Collection. CC BY

**그림 8** Aldini, G., *Essai théorique et experimental sur le galvanisme* (Paris: Fournier fils, 1804). Credit: Wellcome Collection. CC BY

**그림 9** Smee, A., *Instinct and Reason Deduced from Electro-Biology* (London: Reeve, Benham and Reeve, 1850).

**그림 10** Smee, A., *The Mind of Man* (London: Bell and Sons, 1875).

**그림 11** Ferrier, D., *The Functions of the Brain* (London: Smith, Elder, 1876); Ferrier, D., *The Localisation of Cerebral Function* (London: Smith, Elder, 1878). Credit: Wellcome Collection. CC BY

**그림 12** Ballet, G., *Le langage intérieur et les diverses forms de l'aphasie* (Paris: Alcan, 1886).

**그림 13** Ferrier, D., *The Functions of the Brain* (London: Smith, Elder, 1876); Sherrington, C. S., *The Integrative Action of the Nervous System* (New Haven: Yale University Press, 1906).

**그림 14** Cajal, S., *Proceedings of the Royal Society of London* 55 (1894a): 444–68.

**그림 15** Keith, A., *The Engines of the Human Body* (London: Williams and Norgate, 1919).

**그림 16** Uexküll, J. von, *Theoretical Biology* (London: Kegan Paul, Trench, Trubner, 1926).

**그림 17** Lotka, A., *Elements of Physical Biology* (Baltimore: Williams & Wilkins, 1925).

**그림 18** Adrian, E. and Zotterman, Y., *Journal of Physiology* 61 (1926): 465–83.

**그림 19** Adrian, E., *Journal of Physiology* 72 (1931): 132–51.

**그림 20** Adrian, E., *The Basis of Sensation* (London: Christophers, 1928).

**그림 21** McCulloch, W. and Pitts, W., *Bulletin of Mathematical Biophysics* 5 (1943): 115–33.

**그림 22** Young, J. Z., *Doubt and Certainty in Science: A Biologist's Reflection on the Brain* (Oxford: Clarendon, 1951).

**그림 23** Penfield, W., *Archives of Neurology and Psychiatry* 67 (1952): 178–91.

**그림 24** Penfield, W. and Rasmussen, T., *The Cerebral Cortex of Man* (New York: Macmillan, 1950).

**그림 25** Hubel, D. and Wiesel, T., *Journal of Physiology* 160 (1962): 106–54.

**그림 26** 트위터. 소피 스캇의 허락을 받아 사용.

**그림 27** Selfridge, O., in *Symposium on the Mechanisation of Thought Processes* (London: HMSO, 1959).

**그림 28** Rosenblatt, F., *Psychological Review* 65 (1958): 386–408.

**그림 29** Ponce, C. et al., *Cell* 177 (2019): 999–1009.

**그림 30** Rare Books and Special Collections, University of Sydney Library.

**그림 31** Smith, A., *Animal Behaviour* 26 (1978): 232–40.

## 삽지

1 16세기에 제작된 갈레노스의 상상 초상.

2 16세기에 출간된 갈레노스의 연구 모음집 표지에서 발췌한 돼지 해부 실험 장면. (Science History Images/Alamy Stock Photo)

3 니콜라우스 스테노(1638~1686). (코펜하겐대학교 해부학연구소)

4 쥘리앵 오프루아 드 라 메트리(1709~1751)의 저서 내 삽화에서 발췌한 그의 초상화. (하버드 미술 박물관/포그 박물관, 프랜시스 캘리 그레이 컬렉션 중 윌리엄 그레이 기증품. ©President and Fellows of Harvard College)

5 산티아고 라몬 이 카할이 실험실에서 촬영한 자신의 모습. (스페인 국립연구위원회 산하 카할 연구소 제공.)

6 〈R.U.R〉의 1923년 런던 공연.

7 1918년에 묘사된 전기 개 셀레노.

8 월터 피츠.

9 1981년에 촬영한 데이비드 허블(왼쪽)과 토르스튼 위즐(오른쪽). (하버드 박물관)

10 실험실에서 촬영한 이브 매더. (브랜다이스대학교 제공.)

11 도리스 차오. (도리스 차오 제공.)

12 뇌 활동을 밝히는 데 fMRI를 활용하는 모습을 묘사한 〈사이언스〉의 1991년도 표지.

13 2012년 도너휴 연구실에서 로봇 팔을 제어하는 S3번 환자(캐시 허친슨)의 모습. (©Maciek Jasik)

14 에릭 조나스와 콘라트 파울 코딩 저 〈신경과학자는 마이크로프로세서를 이해할 수 있는가Could a Neuroscientist Understand a Microprocessor?〉에서 발췌. (©2017 Jonas, Kording. Open access.)

• 그림의 저작권자들에게 연락을 취하기 위해 최선을 다했지만 그럼에도 판권 추적이 불가능했던 그림들의 경우 차후 개정판에 반영할 수 있도록 제보를 바란다.

# 찾아보기

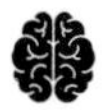

참고: 찾아보기에는 본문에 쓰인 주요 단어는 모두 담았지만 주석에 등장한 용어들은 꼭 필요한 것만 선택적으로 넣었다.

## 인명

### A~Z



### ㄱ

ㄴ



ㄷ



ㄹ

ㅁ

ㅇ

ㅈ

ㅍ



ㅎ

## 용어

### A~Z



### ㄱ

ㅅ

**ㅊ**



**ㅋ**

**옮긴이 이한나**

카이스트와 미국 조지아공과대학교에서 컴퓨터공학을 공부했다. 덕성여자대학교에서 심리학 학사를 받은 뒤 미국 UCLA에서 인지심리학으로 석사 학위를 받았다. 동 대학원 박사 과정에 재학 중 번역에 입문하여 지금은 뇌 과학과 심리학 도서 전문 번역가로 일하고 있다. 옮긴 책으로《긍정심리학 마음교정법》이 있다.

# 뇌 과학의 모든 역사

**첫판 1쇄 펴낸날** 2021년 9월 30일
**5쇄 펴낸날** 2024년 4월 17일

**지은이** 매튜 코브
**옮긴이** 이한나
**발행인** 김혜경
**편집인** 김수진
**편집기획** 김교석 조한나 유승연 문해림 김유진 곽세라 전하연 박혜인 조정현
**디자인** 한승연 성윤정
**경영지원국** 안정숙
**마케팅** 문창운 백윤진 박희원
**회계** 임옥희 양여진 김주연

**펴낸곳** (주)도서출판 푸른숲
**출판등록** 2003년 12월 17일 제2003-000032호
**주소** 서울특별시 마포구 토정로 35-1 2층, 우편번호 04083
**전화** 02)6392-7871, 2(마케팅부), 02)6392-7873(편집부)
**팩스** 02)6392-7875
**홈페이지** www.prunsoop.co.kr
**페이스북** www.facebook.com/simsimpress **인스타그램** @simsimbooks

© 푸른숲, 2021
ISBN 979-11-5675-896-9(03400)

**심심은 (주)도서출판 푸른숲의 인문·심리 브랜드입니다.**

◦ 이 책은 저작권법에 의해 한국 내에서 보호를 받는 저작물이므로
무단전재와 복제를 금합니다. 이 책 내용의 전부 또는 일부를 사용하려면
반드시 저작권자와 (주)도서출판 푸른숲의 동의를 받아야 합니다.
◦ 잘못된 책은 구입하신 서점에서 바꾸어 드립니다.
◦ 본서의 반품 기한은 2029년 4월 30일까지 입니다.

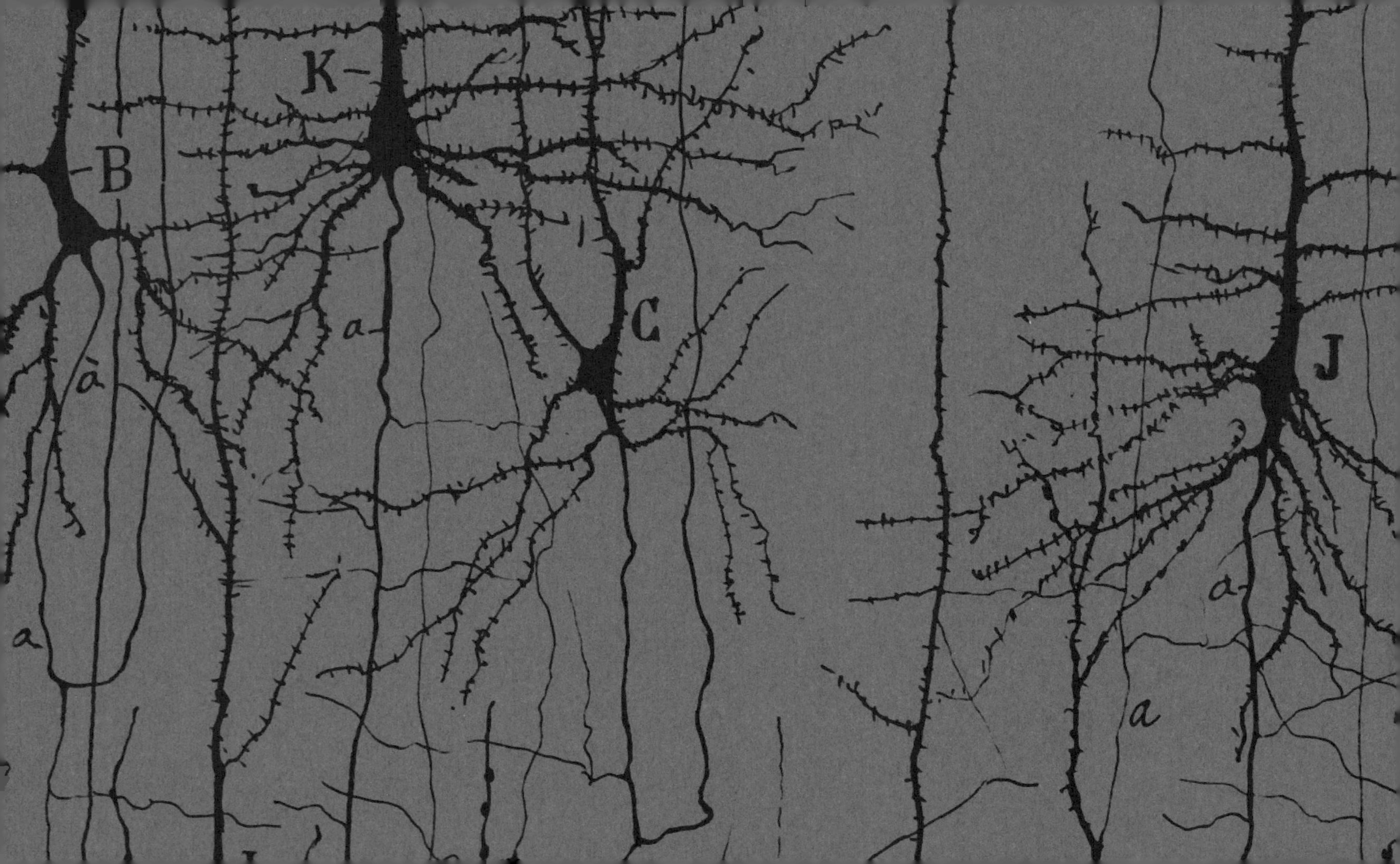
K
B
a
a
C
J
a
a